国防电子信息技术丛书

宽带数字接收机技术
（第三版）

Digital Techniques for Wideband Receivers
Third Edition

[美] James Tsui 著
Chi-Hao Cheng

张　伟　刘洪亮　卢俊道
刘　朋　范文俊　丁桂强 译

电子工业出版社
Publishing House of Electronics Industry
北京·BEIJING

内 容 简 介

在电子战接收机的数字信号处理技术领域,本书是认可度较高的参考书。本书为当今各种复杂接收机系统的数字处理实践提供了从基础概念和设计步骤,到数字接收机最新技术发展的全方位设计指南,给出了模拟和实现电子战接收机的详细指导,讨论了如何有效地实现模数转换,深入分析了用于电子战中的接收机,介绍了过零点技术。全书在前版基础上新增 4 章,并补充了许多近年来的新概念,为读者提供了解决宽带接收机关键技术问题的实用性方案,可帮助读者设计出时下先进的电子战接收机。

本书主要适合电子战和通信领域的研究人员作为工作指南,也适合相关领域的研究生参考阅读。

Digital Techniques for Wideband Receivers, Third Edition
9781613532171
by James Tsui and Chi-Hao Cheng
Original English Language Edition published by SciTech Publishing, Inc., Copyright 2016, All Rights Reserved.
本书中文简体翻译版由 IET Publishing 授权电子工业出版社。未经出版者书面许可,不得以任何方式复制或发行本书的任何部分。

版权贸易合同登记号　图字:01-2016-8044

图书在版编目(CIP)数据

宽带数字接收机技术:第三版 /(美)崔宝砚(James Tsui),(美)郑纪豪(Chi-Hao Cheng)著;张伟等译.
北京:电子工业出版社,2021.12
(国防电子信息技术丛书)
书名原文:Digital Techniques for Wideband Receivers, Third Edition
ISBN 978-7-121-42494-6

Ⅰ. ①宽… Ⅱ. ①崔… ②郑… ③张… Ⅲ. ①宽带通信系统-数字接收机 Ⅳ. ①TN85

中国版本图书馆 CIP 数据核字(2021)第 258017 号

责任编辑:马　岚
印　　刷:三河市鑫金马印装有限公司
装　　订:三河市鑫金马印装有限公司
出版发行:电子工业出版社
　　　　　北京市海淀区万寿路 173 信箱　邮编:100036
开　　本:787×1092　1/16　印张:28.75　字数:736 千字
版　　次:2021 年 12 月第 1 版(原著第 3 版)
印　　次:2021 年 12 月第 1 次印刷
定　　价:139.00 元

凡所购买电子工业出版社图书有缺损问题,请向购买书店调换。若书店售缺,请与本社发行部联系,联系及邮购电话:(010)88254888,88258888。
质量投诉请发邮件至 zlts@phei.com.cn,盗版侵权举报请发邮件至 dbqq@phei.com.cn。
本书咨询联系方式:classic-series-info@phei.com.cn。

译 者 序

Digital Techniques for Wideband Receivers 在电子战接收机数字信号处理领域是一本认可度较高的参考书。在第二版出版十多年之后,作者崔宝砚(James Tsui)和郑纪豪(Chi-Hao Cheng)对其进行了全面的修订与更新,使得本书内容更贴合技术进展。崔宝砚博士是电子战接收机领域的权威人士,IEEE 会士,他在电子战接收机领域内的开创性工作已令其拥有 50 多项专利。从事电子战、雷达、通信等系统接收机技术研发的工程师和科研人员普遍将本书作为主要参考资料。

与已出版的其他接收机类图书相比,本书的特色在于提供了关于如何模拟与实现电子战接收机的详细指导。书中不但拥有丰富的实例,而且给出了相关的 MATLAB 程序代码,以帮助读者深入理解所讨论的问题。与前版相比,本书新增了一系列崭新的内容(其中有 4 章是全新的),更新了许多近几年出现的新概念,并提供了解决宽带接收机关键技术问题的实用性方案,可帮助读者设计出时下先进的电子战接收机。值得一提的是,本书部分章节的内容需要参考其姊妹篇《数字宽带接收机特殊设计技术》(由电子工业出版社出版),后者对本书的有关内容做了进一步探讨。

本书内容涵盖广泛,图文并茂,为当今各种复杂接收机系统的数字处理实践提供了从基础概念、设计步骤到数字接收机最新技术发展的全方位设计指南。全书共 18 章,其中第 1 章和第 2 章由丁桂强和张伟合译,第 3 章和第 11 章由范文俊翻译,第 4 章、第 8 章和第 17 章由刘洪亮翻译,第 5 章、第 6 章和第 15 章由卢俊道翻译,第 7 章、第 9 章和第 10 章由刘朋翻译,第 12 章至第 14 章由张伟翻译,第 16 章由刘洪亮和卢俊道合译,第 18 章由张伟翻译。张伟负责组织全书的翻译并完成了统稿工作,全部译者参与了本书的校对工作,刘洪亮审阅了全书内容。

因译者水平所限,译文难免有不足和疏漏之处,恳请读者诸君不吝指正!

前　言

本书主要介绍已经用于宽带接收机设计或具有该方面应用潜力的数字处理方法，重点是技术层面而非理论探讨。由于接收机设计的最终目标是近实时地处理输入数据，所以我们主要关心这些处理方法的运算速度。

本书的目标读者是电子战和通信领域的研究人员，需要具备电气工程或计算机工程专业大学本科四年级或硕士研究生一年级的知识水平。为了帮助读者理解书中讨论的问题，本书不仅包括丰富的实例，还附带了许多计算机程序以进一步诠释作者的想法。与市面上其他的接收机类图书相比，本书的独特之处在于提供了关于如何模拟并实现电子战接收机的详细指导。该书像一本提供逐步操作说明的指南，这种贴近实际的风格令其极受接收机研究人员的好评。第三版在纳入前版未包含的新内容时延续了该风格。

数字信号处理已在许多技术领域得到了广泛应用。在以前的电子战接收机中，数字信号处理在晶体检波器之后进行。模数转换器技术的发展为接收机设计开启了一个新的时代。模数转换器可以取代晶体检波器并能够保留经后者检波后丢失的有用信息。

过去，电子战接收机和通信接收机的需求差异很大。电子战接收机需要很宽的带宽，而通信接收机只需要相对较窄的带宽。不过，两种类型接收机的需求在最近几年日益趋同。两者最显著的需求都是宽输入带宽和大动态范围。因此，许多以前被认为是电子战接收机独有的技术现在也能够应用在通信系统中。尽管如此，通信接收机和电子战接收机仍然存在一个至关重要的差异：通信接收机处理的信号来自合作发射机，而电子战接收机处理的信号来自非合作发射机。书中的大多数应用实例是针对电子战的，不过读者或许会发现一些技术也可应用于通信接收机的设计。

本书共18章。第1章为导论。第2章、第17章和第18章专门讨论电子战接收机。第2章对电子战进行了简明扼要的回顾，第17章给出了一种用于估计信号特征的电子战接收机算法，第18章讨论了对电子战接收机的评估。第3章和第4章涵盖了傅里叶变换、离散傅里叶变换，以及一些与宽带接收机设计相关的问题。第5章和第6章涉及接收机硬件，其中第5章讨论了模数转换器对接收机性能的影响，并给出了一种由放大器链和模数转换器组成的接收机前端设计方案，第6章讨论了同相和正交变换器的设计。第7章讨论了虚警概率和检测概率。第8章讨论了频率测量的相位测量法和过零点法。第9章至第11章讨论了与接收机设计密切相关的一些方法，其中第9章给出了一种简单的电子战接收机设计，第10章讨论了频率信道化及后续处理方法。第12章和第13章讨论了对二相相移键控(BiPhase Shift Keying, BPSK)信号和调频信号这两种非常规雷达信号的检测。第14章介绍了模拟-信息转换技术（简称"模信转换"），该技术允许接收机使用相对较低的采样率来覆盖大带宽。第15章讨论了测角问题。第16章给出了某测角系统的校准方法。

本书所用MATLAB程序等文件资料可下载获得[①]。

---

① 登录华信教育资源网(www.hxedu.com.cn)可注册并免费下载本书相关资料。——编者注

缩 略 词

Analog-to-Digital Converter	ADC	模数转换器
Akaike Information Criterion	AIC	赤池信息准则
Angle Of Arrival	AOA	到达角
AutoRegression	AR	自回归
AutoRegressive Moving Average	ARMA	自回归滑动平均
Band Pass Filter	BFP	带通滤波器
BiPhase Shift Keying	BPSK	二相相移键控
Criterion Autoregression Transfer (function)	CAT	自回归传递函数准则
Continuous Wave	CW	连续波
Direct Current	DC	直流
Discrete Fourier Transform	DFT	离散傅里叶变换
Direct Memory Addressing	DMA	直接存储器寻址
Electronic Counter-Counter Measures	ECCM	电子反对抗措施
Electronic Counter Measures	ECM	电子对抗措施
Electronic Intelligence	ELINT	电子情报
ElectroMagnetic	EM	电磁的
Electronic Order of Battle	EOB	电子战斗序列
Electronic Support Measures	ESM	电子支援措施
Estimation of Signal Parameters via Rotational Invariance Technique	ESPRIT	基于旋转不变技术的信号参数估计法
Electronic Warfare	EW	电子战
Fast Fourier Transform	FFT	快速傅里叶变换
Finite Impulse Response	FIR	有限冲激响应
Final Prediction Error	FPE	最终预测误差
Inverse Discrete Fourier Transform	IDFT	离散傅里叶逆变换
Intermediate Frequency	IF	中频
Instantaneous Frequency Measurement	IFM	瞬时测频
Infinite Impulse Response	IIR	无限冲激响应
Least Mean Square	LMS	最小均方
Low Probability of Intercept	LPI	低截获概率
Least Significant Bit	LSB	最低有效位
Moving Average	MA	滑动平均(或滑动平均数)
Minimum Description Length	MDL	最小描述长度
Maximum Entropy Method	MEM	最大熵法
Most Significant Bit	MSB	最高有效位

MUltiple SIgnal Classification	MUSIC	多信号分类
Pulse Descriptor Word	PDW	脉冲描述字
Pulse Repetition Frequency	PRF	脉冲重复频率
Pulse Repetition Interval	PRI	脉冲重复周期
Phase Shift Keying	PSK	相移键控
Radio Frequency	RF	射频
Short Time Fourier Transform	STFT	短时傅里叶变换
Time Of Arrival	TOA	到达时间
Time of Departure	TOD	离开时间

目 录

第1章 导论 ⋯⋯⋯⋯⋯⋯⋯⋯⋯⋯⋯⋯1
  1.1 宽带系统 ⋯⋯⋯⋯⋯⋯⋯⋯⋯⋯1
  1.2 数字方法 ⋯⋯⋯⋯⋯⋯⋯⋯⋯⋯1
  1.3 电子战接收机研发的难点 ⋯⋯⋯2
  1.4 本书的结构安排 ⋯⋯⋯⋯⋯⋯⋯3
  1.5 特别说明 ⋯⋯⋯⋯⋯⋯⋯⋯⋯⋯4
  参考文献 ⋯⋯⋯⋯⋯⋯⋯⋯⋯⋯⋯⋯4

第2章 电子战接收机的要求和特性 ⋯⋯5
  2.1 引言 ⋯⋯⋯⋯⋯⋯⋯⋯⋯⋯⋯⋯5
  2.2 电子战简介 ⋯⋯⋯⋯⋯⋯⋯⋯⋯5
  2.3 侦察接收机和通信接收机的区别 ⋯⋯⋯⋯⋯⋯⋯⋯⋯⋯⋯⋯6
  2.4 电子战接收机面临的信号环境 ⋯7
  2.5 电子战接收机的要求 ⋯⋯⋯⋯⋯9
  2.6 电子战接收机测量的信号参数 ⋯9
  2.7 频率信息 ⋯⋯⋯⋯⋯⋯⋯⋯⋯10
  2.8 到达角信息 ⋯⋯⋯⋯⋯⋯⋯⋯12
  2.9 电子战接收机的输出 ⋯⋯⋯⋯12
  2.10 模拟接收机概述 ⋯⋯⋯⋯⋯⋯13
  2.11 瞬时测频接收机 ⋯⋯⋯⋯⋯⋯14
  2.12 信道化接收机 ⋯⋯⋯⋯⋯⋯⋯15
  2.13 布拉格盒接收机 ⋯⋯⋯⋯⋯⋯16
  2.14 压缩(微扫)接收机 ⋯⋯⋯⋯⋯17
  2.15 数字接收机 ⋯⋯⋯⋯⋯⋯⋯⋯17
  2.16 电子战接收机的特性和性能 ⋯19
    2.16.1 单信号 ⋯⋯⋯⋯⋯⋯⋯19
    2.16.2 两个同时到达信号 ⋯⋯20
  2.17 电子战接收机的发展趋势 ⋯⋯20
    2.17.1 理论问题的解决方案 ⋯20
    2.17.2 排队接收机 ⋯⋯⋯⋯⋯21
    2.17.3 用于到达角测量的压缩接收机 ⋯⋯⋯⋯⋯⋯⋯⋯⋯21
    2.17.4 信道化IFM接收机 ⋯⋯21
    2.17.5 数字接收机 ⋯⋯⋯⋯⋯21
  2.18 电子战处理机 ⋯⋯⋯⋯⋯⋯⋯22
    2.18.1 信号分选 ⋯⋯⋯⋯⋯⋯22
    2.18.2 脉冲重复周期的产生 ⋯23
    2.18.3 雷达识别 ⋯⋯⋯⋯⋯⋯24
    2.18.4 跟踪 ⋯⋯⋯⋯⋯⋯⋯⋯24
    2.18.5 重访问 ⋯⋯⋯⋯⋯⋯⋯24
  2.19 电子战接收机设计目标 ⋯⋯⋯24
  2.20 小结 ⋯⋯⋯⋯⋯⋯⋯⋯⋯⋯⋯25
  参考文献 ⋯⋯⋯⋯⋯⋯⋯⋯⋯⋯⋯25

第3章 傅里叶变换 ⋯⋯⋯⋯⋯⋯⋯⋯28
  3.1 引言 ⋯⋯⋯⋯⋯⋯⋯⋯⋯⋯⋯28
  3.2 傅里叶级数和连续傅里叶变换 ⋯28
  3.3 常用函数 ⋯⋯⋯⋯⋯⋯⋯⋯⋯29
    3.3.1 矩形函数 ⋯⋯⋯⋯⋯⋯29
    3.3.2 冲激函数 ⋯⋯⋯⋯⋯⋯30
    3.3.3 梳状函数 ⋯⋯⋯⋯⋯⋯31
  3.4 傅里叶变换的性质 ⋯⋯⋯⋯⋯33
    3.4.1 线性 ⋯⋯⋯⋯⋯⋯⋯⋯33
    3.4.2 奇偶性 ⋯⋯⋯⋯⋯⋯⋯34
    3.4.3 对偶性 ⋯⋯⋯⋯⋯⋯⋯34
    3.4.4 共轭及共轭对称性 ⋯⋯34
    3.4.5 尺度变换特性 ⋯⋯⋯⋯35
    3.4.6 时移特性 ⋯⋯⋯⋯⋯⋯35
    3.4.7 频移特性 ⋯⋯⋯⋯⋯⋯35
    3.4.8 微分特性 ⋯⋯⋯⋯⋯⋯35
    3.4.9 积分特性 ⋯⋯⋯⋯⋯⋯36
    3.4.10 卷积特性 ⋯⋯⋯⋯⋯⋯36
    3.4.11 帕斯瓦尔定理 ⋯⋯⋯⋯37
  3.5 举例 ⋯⋯⋯⋯⋯⋯⋯⋯⋯⋯⋯39
  3.6 离散傅里叶变换 ⋯⋯⋯⋯⋯⋯45
  3.7 信号的数字化 ⋯⋯⋯⋯⋯⋯⋯45
  3.8 离散傅里叶变换的推导 ⋯⋯⋯46

  3.8.1 图形描述 …………… 46
  3.8.2 解析方法 …………… 48
 3.9 关于 DFT 的进一步讨论 …………… 50
  3.9.1 频带限制 …………… 50
  3.9.2 不匹配的时间间隔 …………… 51
  3.9.3 混叠效应对实值数据的影响 … 51
  3.9.4 循环卷积和线性卷积 …… 52
 3.10 窗函数 …………… 55
  3.10.1 矩形窗 …………… 56
  3.10.2 高斯窗 …………… 57
  3.10.3 a 阶升余弦窗 …………… 58
  3.10.4 广义汉明窗 …………… 58
 3.11 快速傅里叶变换 …………… 59
  3.11.1 推导 …………… 59
  3.11.2 使用复数 FFT 运算符计算实值输入 …………… 62
 3.12 接收机使用 DFT 的潜在优势 … 63
  3.12.1 初始数据积累 …………… 63
  3.12.2 滑动 DFT …………… 64
 3.13 小结 …………… 64
 参考文献 …………… 65

第 4 章 与傅里叶变换相关的运算 …………… 67
 4.1 引言 …………… 67
 4.2 周期图 …………… 67
  4.2.1 平均周期图 …………… 67
 4.3 补零技术 …………… 69
 4.4 加窗后的峰值位置估计 …………… 71
  4.4.1 加矩形窗后的峰值位置估计 … 71
  4.4.2 加汉宁窗后的峰值位置估计 … 73
 4.5 通过迭代运算进行峰值位置估计 …………… 74
 4.6 通过 FFT 确定实际频率 …………… 76
 4.7 自相关 …………… 77
 4.8 自相关(Blackman-Tukey)谱估计 …………… 78
 4.9 FFT 在自相关谱估计中的应用 … 79
 4.10 奈奎斯特欠采样的基本思想 …… 81
 4.11 奈奎斯特欠采样系统中的相位关系 …………… 84
 4.12 奈奎斯特欠采样中的问题及其解决方法 …………… 86
 4.13 通过抽取技术实现 DFT …………… 88
 4.14 抽取技术在电子战接收机中的应用 …………… 89
 4.15 简化的抽取技术 …………… 91
 参考文献 …………… 92

第 5 章 模数转换器、放大器及其接口 … 94
 5.1 引言 …………… 94
 5.2 关键器件的选择 …………… 94
 5.3 模拟接收机和数字接收机的灵敏度比较 …………… 95
 5.4 基本的采样保持电路 …………… 95
 5.5 基本的模数转换器性能和输入带宽 …………… 96
 5.6 模数转换器的最大输入信号和最小输入信号 …………… 98
 5.7 理想模数转换器的量化噪声 …… 99
 5.8 由处理带宽决定的噪声电平和颤动效应 …………… 100
 5.9 寄生响应 …………… 101
 5.10 寄生响应幅度的分析 …………… 102
 5.11 寄生响应幅度的进一步讨论 …… 105
 5.12 噪声对模数转换器的影响 …… 108
 5.13 采样窗口抖动的影响 …………… 110
 5.14 对模数转换器的要求 …………… 112
 5.15 符号 …………… 112
 5.16 噪声系数和三阶截点 …………… 113
 5.17 级联放大器的特性 …………… 115
 5.18 模数转换器 …………… 118
 5.19 放大器和模数转换器组合的噪声系数 …………… 119
 5.20 放大器和模数转换器间的接口 …………… 120
 5.21 M 和 M' 的意义 …………… 121
 5.22 计算机程序和运行结果 …………… 121
 5.23 设计实例 …………… 123
 5.24 实验结果 …………… 124

  5.24.1 噪声系数测量 ·················124
  5.24.2 动态范围测试 ·················125
 参考文献 ·································128

第6章 下变频器 ·······················134
 6.1 引言 ·································134
 6.2 基带接收机的频率选择 ···········134
 6.3 频率变换 ···························135
 6.4 同相(I)和正交(Q)信道变换 ·····137
 6.5 I/Q 信道的幅相不平衡 ···········138
 6.6 模拟 I/Q 下变频器 ···············141
 6.7 产生 I/Q 信道的数字方法 ······143
 6.8 希尔伯特变换 ······················143
 6.9 离散希尔伯特变换 ···············145
 6.10 离散希尔伯特变换实例 ········148
 6.11 采用特殊采样方案的窄带 I/Q
   信道 ·······························149
 6.12 采用特殊采样方案的宽带 I/Q
   信道 ·······························150
 6.13 实现宽带数字 I/Q 信道的滤
   波器硬件设计 ···················152
 6.14 I/Q 信道不平衡的数字校正 ···153
 6.15 I/Q 信道间不平衡的宽带数字
   校正 ·······························155
 参考文献 ·································158

第7章 灵敏度与信号检测 ············160
 7.1 引言 ·································160
 7.2 电子战接收机的检测方法 ······160
 7.3 数字电子战接收机潜在的检
   测优势 ····························161
  7.3.1 频域检测 ·······················161
  7.3.2 时域检测 ·······················162
 7.4 单个采样的虚警时间和虚警
   概率 ·································163
 7.5 单个采样的阈值设定 ············163
 7.6 单个采样检测的检测概率 ······164
 7.7 基于多个采样的检测 ············165
 7.8 多个采样的检测方案(L/N法) ···165
 7.9 概率密度函数和特征函数 ······166

 7.10 使用平方律检波器时采样之
   和的概率密度函数 ············167
 7.11 基于求和结果的多采样检测 ·····168
 7.12 单个采样检测示例 ·············169
 7.13 多采样(L/N法)检测示例 ···171
 7.14 阈值电平的选择 ················173
 7.15 阈值选择优化 ···················175
 7.16 N 个采样检测示例(求和法) ···176
 7.17 频域检测介绍 ···················176
 7.18 频域检测方法 ···················178
 7.19 频域中的虚警概率 ·············178
 7.20 频域检测的输入信号的情况 ···179
 7.21 频域检测概率 ···················180
 7.22 频域检测示例 ···················182
 7.23 频域检测小结 ···················183
 参考文献 ·································183

第8章 相位测量法与过零检测法 ·······190
 8.1 引言 ·································190
 8.2 数字相位测量 ·····················191
 8.3 角分辨率和量化电平 ············192
 8.4 相位测量法和 FFT 法的结果
   比较 ·································193
 8.5 相位测量法的应用 ···············193
 8.6 两个同时到达信号的情况
   分析 ·································194
 8.7 两个信号的频率测量 ············196
 8.8 使用过零法测量单频 ············198
 8.9 单信号过零检测中的病态情
   况与解决方法 ···················200
 8.10 简化的单信号过零点计算 ···200
 8.11 单频过零法的实验结果 ······202
 8.12 在相干多普勒雷达频率测量
   中的应用 ··························203
 8.13 用于一般频率测量的过零法 ·····204
 8.14 过零检测谱分析的基本定义 ·····205
 8.15 产生实过零点 ···················206
 8.16 计算过零检测谱分析的系数 ·····207
 8.17 过零检测谱分析器的可用配置 ···209
 参考文献 ·································210

第 9 章　单比特接收机 ... 212
9.1 引言 ... 212
9.2 单比特接收机的原创理念 ... 212
9.3 单比特接收机思想 ... 213
9.4 设计标准 ... 214
9.5 接收机的组成 ... 215
9.6 射频链、模数转换器和分路器 ... 216
9.7 基本的 FFT 芯片设计 ... 218
9.8 频率编码器设计 ... 219
9.9 阈值的选择 ... 220
9.10 单比特接收机性能的初步测试 ... 222
9.11 可行的改进方法 ... 223
9.12 芯片设计 ... 224
参考文献 ... 225

第 10 章　频率信道化及后续处理 ... 226
10.1 引言 ... 226
10.2 滤波器组 ... 226
10.3 FFT 运算中的输入数据重叠 ... 228
10.4 FFT 运算的输出数据速率 ... 230
10.5 抽取和内插 ... 231
10.6 抽取和内插对 DFT 的影响 ... 233
10.7 滤波器组的设计方法 ... 235
10.8 频域抽取 ... 235
10.9 利用加权函数展宽输出滤波器的频率响应特性 ... 238
10.10 利用多相滤波器实现信道化 ... 240
10.11 信道化之后的处理 ... 243
10.12 信道化方法的主要注意事项 ... 243
10.13 滤波器频率响应特性的选择 ... 244
10.14 后接相位比较器的模拟滤波器 ... 247
10.15 后接相位比较器的单比特接收机 ... 249
10.16 后接相位比较器的数字滤波器 ... 250
10.17 后接相位比较器的模拟滤波器 ... 251
10.18 数字滤波器后接单比特接收机时的注意事项 ... 255
10.19 倍增输出采样速率 ... 255
10.20 后接单比特接收机的数字滤波器 ... 257
10.21 后接单比特接收机和相位比较器的数字滤波器组 ... 258
10.22 后接另一个 FFT 的数字滤波器组 ... 258
参考文献 ... 259

第 11 章　高分辨率谱估计 ... 260
11.1 引言 ... 260
11.2 自回归法 ... 260
11.3 Yule-Walker 方程 ... 262
11.4 Levinson-Durbin 迭代算法 ... 264
11.5 输入数据处理 ... 266
　　11.5.1 协方差法 ... 267
　　11.5.2 自相关法 ... 267
11.6 后向预测和修正协方差法 ... 268
11.7 Burg 法 ... 270
11.8 阶数的选择 ... 272
11.9 Prony 法 ... 273
11.10 使用最小二乘方法的 Prony 法 ... 276
11.11 特征向量和特征值 ... 277
11.12 MUSIC 法 ... 279
11.13 ESPRIT 法 ... 281
11.14 最小范数法 ... 283
11.15 使用离散傅里叶变换的最小范数法 ... 285
11.16 自适应谱估计 ... 286
参考文献 ... 290

第 12 章　BPSK 信号的检测 ... 300
12.1 引言 ... 300
12.2 巴克码的基本性质 ... 300
12.3 射频与码元长度同步的 BPSK 信号生成 ... 301
12.4 11 位和 13 位巴克码在频域中的比较 ... 303

12.5 阈值和检测概率 ……………… 305
12.6 利用长帧FFT检测BPSK
信号 …………………………… 306
12.7 利用特征值区分BPSK信号
和连续波信号 ………………… 309
12.8 利用帧输出辨别连续波和BPSK
信号：FFT法和特征值法 …… 311
12.9 产生用于相变检测的信号 …… 314
12.10 检测相变的方法 ……………… 316
12.11 输入一帧数据的FFT法 ……… 316
12.12 特征值法检测相变及其与
FFT法的比较 ………………… 318
12.13 使用两帧数据确定相变的特
征值法 ………………………… 320
12.14 定位相变的比相法 …………… 322
12.15 联合使用一帧特征值法和比
相法 …………………………… 325
12.16 在相邻帧内存在两次相变的
输入数据 ……………………… 325
12.17 小结 …………………………… 327
参考文献 ……………………………… 327

第13章 调频信号的检测 …………… 330
13.1 引言 …………………………… 330
13.2 调频信号检测的潜在问题 …… 331
13.3 比幅法和比相法 ……………… 332
13.3.1 比幅法 ………………… 332
13.3.2 比相法 ………………… 332
13.4 三种测频方法 ………………… 334
13.5 幅度辅助比相法 ……………… 338
13.6 使用幅相比较法检测线性调
频信号 ………………………… 341
13.7 确定被测信号的调频速率 …… 343
13.8 检测弱的长信号的四种方法 …… 344
13.9 幅度求和法与最大幅度求和
法的阈值设定 ………………… 345
13.10 L/N检测法的阈值 …………… 347
13.11 特征值法的阈值及对阈值的
总结 …………………………… 350

13.12 对所有检测方法的灵敏度
研究 …………………………… 351
13.13 关于灵敏度的小结 …………… 353
13.14 穷举法 ………………………… 355
13.15 使用特征值法检测线性调频
信号 …………………………… 356
13.16 小结 …………………………… 358
参考文献 ……………………………… 358

第14章 模拟-信息转换 …………… 360
14.1 引言 …………………………… 360
14.2 数据采集 ……………………… 360
14.3 频率计算 ……………………… 362
14.4 虚警概率和检测概率 ………… 363
14.5 测量频率的准确度 …………… 365
14.6 幅度测量 ……………………… 367
14.7 双信号频率测量的研究 ……… 369
14.8 检测双信号的两帧法 ………… 371
14.9 无噪声时双信号幅度不同的
情况 …………………………… 373
14.10 两帧法的阈值生成问题 …… 375
14.11 两帧法中二次检测的灵敏度
与误检 ………………………… 376
14.12 根据第一个信号获取第二个
阈值 …………………………… 378
14.13 检测第二个信号的灵敏度与
瞬时动态范围 ………………… 380
14.14 小结 …………………………… 381
参考文献 ……………………………… 382

第15章 到达角的测量 ……………… 383
15.1 引言 …………………………… 383
15.2 排队接收机 …………………… 384
15.3 来自线阵天线的数字化数据 … 385
15.4 圆形天线阵列的输出 ………… 386
15.5 二元相控阵天线 ……………… 388
15.6 使用过零法测量到达角 ……… 390
15.7 多天线到达角测量系统的相
位检测 ………………………… 391
15.8 空域的傅里叶变换 …………… 391

15.9 二维傅里叶变换 394
15.10 频率分选后的到达角测量 396
15.11 最小天线间隔 397
15.12 孙子定理 398
15.13 孙子定理在到达角测量中的应用 399
15.14 关于孙子定理的几点思考 401
15.15 到达角测量数字系统的硬件方面的注意事项 401
参考文献 403

第16章 时间反转技术研究 404
16.1 目的 404
16.2 在到达角测量中的应用 404
16.3 冲激响应的测量 405
16.4 线性调频信号产生的冲激响应的质量 407
16.5 输入数据长度的影响 407
16.6 输入调频信号对冲激响应的影响 408
16.7 从输出信号恢复输入信号 410
16.8 恢复信号的结果 410
16.9 分数时延 413
16.10 相位调整 414
16.11 引入相位角的另一种方法 414
16.12 将延迟从输入信号转换至本振信号 416
16.13 从一组输入测量值产生输入数据 417
16.14 小结 417
参考文献 418

第17章 多帧长FFT电子战接收机 419
17.1 引言 419
17.2 电子战接收机示意图 419
17.3 编码器说明 420
17.4 脉冲描述字合并器 421
  17.4.1 脉冲描述字关联 422
  17.4.2 脉冲描述字合并 422
17.5 仿真结果与讨论 425
17.6 小结 429
参考文献 429

第18章 接收机测试 430
18.1 引言 430
18.2 接收机测试的类型 430
18.3 实验室接收机测试的预备知识 432
18.4 接收机的软件仿真测试 433
18.5 实验室测试配置 434
18.6 暗室测试配置 436
18.7 初步测试 436
18.8 单信号频率测试 437
  18.8.1 频率准确度测试 437
  18.8.2 频率精度测试 437
18.9 虚警测试 438
18.10 灵敏度与单信号动态范围 439
18.11 脉幅和脉宽的测量 440
18.12 到达角准确度测试 441
18.13 到达时间测试 441
18.14 保护时间、吞吐率和等待时间测试 442
18.15 双信号频率分辨率测试 442
18.16 双信号无寄生动态范围测试 443
18.17 瞬时动态范围测试 444
18.18 暗室测试 444
18.19 到达角分辨率测试 445
18.20 仿真测试 445
18.21 外场测试 446
参考文献 447

第1章 导 论

1.1 宽带系统

本书主要讨论有潜力应用于电子战接收机的数字信号处理方案。电子战接收机必须具有非常宽的瞬时输入带宽(大约 1 GHz)，以满足使用要求。这就意味着接收机无须调谐即可一直接收输入带宽内的任何信号。相比之下，通信接收机的带宽相对较窄，例如电视频道的分配带宽为 6 MHz(在美国，数字电视已成为现实，不过数字电视的频道带宽与模拟电视是一样的)，调频电台的分配带宽约为 200 kHz，而调幅电台的分配带宽仅为 10 kHz[1]。如果同时打开 10 台电视机，并且每台电视机接收不同的频道，那么可以认为这种接收方式的瞬时带宽为 60 MHz(10 个 6 MHz 带宽的频道)。

然而，由于带宽越宽，在单位时间内从一点到另一点传送的信息就越多，所以通信带宽在不断增大。一些现有的无线通信系统，例如 4G-LTE 系统，为了支持高数据传输率，使用的带宽可达 100 MHz[2]。如果这种趋势持续下去，则未来电子战接收机与通信接收机的工作带宽将可能变得大致相当。与通信工程师们的进一步讨论揭示了这样一个事实：很多硬件方面的考虑和起初针对电子战接收机而设计的数字信号处理方法，同样也适用于通信接收机。这也是本书选择"宽带数字接收机技术"这一书名的原因。不过，在电子战接收机和通信接收机之间还是存在着至关重要的差异。通信接收机主要用于恢复合作发射机的信号。与此相反，电子战接收机用于侦察非合作雷达的信号，测定信号特征，并利用这些信息来判断雷达的类型。虽然读者可能会发现本书给出的一些技术也可用于设计通信接收机，但本书的重点仍是电子战接收机而非通信接收机，并且书中采用的大多数实例也来自电子战接收机。

1.2 数字方法[3~6]

许多通信和控制问题都已经通过数字方法加以解决。现在，很少有人怀疑数字信号处理技术是解决通信、控制等领域的很多工程问题的最佳方法。数字电路在电子战接收机中应用已久，例如对接收机工作模式的数字控制。传统的电子战接收机利用晶体视频检波器将射频信号转化为视频信号。一旦射频信号通过晶体视频检波器被转换为视频信号，视频信号将进一步被数字处理。然而，晶体视频检波器会损坏信号中的载频和相位信息。如果用模数转换器代替晶体检波器，那么所有的信息都可以保留下来。在过去几十年里，数字宽带接收系统的研发取得了重大进展。

模数转换器主要用于将模拟信号转化为数字数据来做进一步处理。为了在宽带接收机中进行信号变换，模数转换器必须能在很高的采样率下工作。为了使信号数字化时具有较小的量化误差，模数转换器也必须使用较多的位数来表征每个样本。模数转换器要同时达到这两项要求是非常困难的，但是模数转换器技术的发展正在以惊人的速度向前推进。由于模数转换器技术发展迅速，要想对其性能进行有意义的评估也并不容易。图1.1显示了截至1993年4月对模数转换器进行的一项调查的结果。该图是基于参考文献[3]中的有关信息进行绘制的。"×DARPA目标"表示美国国防部高级研究计划局(DARPA)研制采样速率为100 MHz的12位模数转换器的计划，而"×WL目标"表示Wright实验室[其名字后来改为空军研究实验室(Air Force Research Laboratory，AFRL)]研制采样速率为20 GHz的4位模数转换器的计划。2014年，一些商用高速模数转换器能够以大于10位的采样精度工作于2 GHz以上的采样速率[4]。

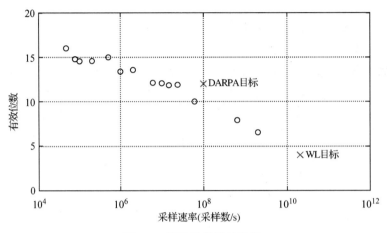

图1.1 模数转换器的性能

高速模数转换器的输出必须由高速数字电路来处理，否则数字化后的数据就会丢失，系统也将无法在实时模式下工作。现在的数字硬件电路工作速度还不能与最新型模数转换器的速度相匹配，而数字处理器的速度也很难赶上模数转换器的速度。不过，通过利用技术手段如并行处理，某些数字系统，例如现场可编程门阵列(Field-Programmable Gate Array，FPGA)[5]，在性能上已被证明可用于高速数字信号处理。

随着模数转换器和数字电路性能的提升，预期将来模数转换器将取代所有射频接收机中的晶体检波器，从而保留射频和相位信息。此外，模数转换器将会移向接收机前端，即从中频移向射频。将来可能出现的情况是，设计接收机时，在天线和模数转换器之间仅需射频放大器和带通滤波器，而无须混频器[6]。

1.3 电子战接收机研发的难点

从技术角度来看，在电子战接收机研发过程中至少存在两大困难。首先，非直接从事电子战领域工作的科学家和工程师对电子战知之甚少，也不了解其需求。通信和电子战两个领域有显著的区别。电气工程本科课程要求能够理解通信系统，因此大多数电气工程师对通信系统的基本概念都有一些了解。(Communication一词在文科和工程两类学校中拥有同样的含义，但是侧重点却不同。因此，对该词有不同的解读。在文科中Communication的意思是"交流"，研究如何提高人的人际沟通能力；而在工程领域的意思是"通信"，研究如何为发射和接收信号进行调制和解调。)

相反，电子战系统仅在很少几所军事院校讲授，或讲授的学时很少。因此，一名电子战工程师很难与本领域之外的科学家和工程师进行交流并获得新的想法。为了解决这一问题，本书第 2 章专门用来讨论电子战方面的知识，并将重点放在信号侦察系统上。

另一个难题是在电子战接收机领域中没有一个被广泛接受的评价标准。各种各样的性能参数都被用来描述电子战接收机。遗憾的是，其中的许多接收机甚至都不能被认为是电子战接收机，因为它们并不提供电子战行动所需的数据格式。这个问题将在第 18 章中进行讨论。第 2 章和第 18 章是本书专门用来介绍模拟电子战接收机和数字电子战接收机的两章。

1.4 本书的结构安排

我们尝试按照条理清晰的原则安排本书讨论的不同问题，它们被划分为以下几组。

第 2 章、第 17 章和第 18 章涵盖电子战接收机。其中，第 2 章对电子战进行概述，正如前面所述，重点放在电子战接收机上。在电子战接收机中，编码器用于产生脉冲描述字，脉冲描述字由诸如频率、功率、脉宽等信号特征组成。而产生脉冲描述字被认为是电子战接收机最难实现的功能。第 17 章主要介绍一个基于多帧长快速傅里叶变换（FFT）的编码器算法设计案例。第 18 章介绍了电子战接收机的一些测量方法，用于得到第 2 章所讨论的技术参数值。

第 3 章和第 4 章涉及傅里叶变换及其相关问题。由于傅里叶变换是讨论其他问题的基础，所以首先在第 3 章中对其进行讨论。一些常用的傅里叶变换对以速查表的形式收集在第 3 章中，如果读者熟悉傅里叶变换可以跳过这一章。第 4 章介绍了若干与傅里叶变换密切相关的问题。

第 5 章和第 6 章对应用在宽带接收机中的硬件进行讨论。其中，第 5 章讨论模数转换器、放大器以及它们的接口。在讨论模数转换器时，重点关注器件性能对接收机性能的影响而不是模数转换器的实现技术。由于模数转换器是非线性器件，对它进行数学分析是非常困难的，因此通常采用大量的计算机仿真对其性能进行粗略估计。第 5 章还讨论了某一数字接收机射频前端的设计，该射频前端由放大器链和模数转换器组成，讨论涉及在灵敏度和动态范围之间取折中的问题。第 6 章主要讨论变频问题，包括模拟方法和数字方法。将实信号下变频为复信号时出现的信道不平衡将降低接收机的性能。第 6 章的末尾将介绍对信道不平衡的补偿技术。

第 7 章到第 10 章涵盖灵敏度、频率测量和接收机设计的相关知识。其中，第 7 章给出信号检测的几种方案。使用的方法包括时域检测法和频域检测法。第 8 章给出两种提高频率测量精度的简单方法。这些方法的潜在优势是，频率分辨率取决于脉冲宽度，因此使用宽脉冲即可获得较高的频率分辨率，这正是希望电子战接收机具备的特性。第 9 章给出一种简单的单比特接收机，其性能较差但是具有装配在单片机上的潜力。第 10 章给出一种有效的频率信道化方法，并引入了抽取和多速率两个概念。第 10 章还讨论了在信道化后有潜力改善频率测量精度的一些方法，这些方法可适用于编码器的设计。

第 11 章到第 14 章讨论几种先进的电子战接收机技术。其中，第 11 章讨论高频率分辨率测量方法，以及近几十年来研究出的几种高分辨率参数谱估计方法，这些方法的频率分辨率通常要比 FFT 方法的高，不过计算量很大。电子战接收机的设计目的是用于检测雷达信号，不过本书前几版的大多数应用案例涉及的都是连续波信号。在本版中，第 12 章和第 13 章是关于电子战接收机技术的重要更新内容，分别讨论了非常规雷达信号，即二相相移键控（BPSK）信号和频率调制信号。数字接收机的带宽由其所用模数转换器的采样率决定。因此，增加接收机带宽的最简单方法就是提高模数转换器的采样率。然而，这种方法并不总是可行的。第 14 章将介绍一种模-拟信息转换（A-to-I）的技术方法，它可以让数字接收机在低采样率下实现大带宽。

本书中的大多数接收机案例仅考虑使用一个天线的情况，因此它们不能测量信号的到达角（AOA），但是到达角是一个重要的信号特征。第 15 章主要讨论到达角的测量，还探讨一些实际可能遇到的问题并提出一些解决方法。第 16 章将讨论基于时间反转技术的到达角系统校准方法。

1.5 特别说明

为帮助读者理解接收机的设计，在本书中附带了很多计算机程序。所有这些程序都是采用 MATLAB 编写的。第 11 章讨论的大部分高分辨率算法都有相应的计算机程序。

本书的很多图形都是使用 MATLAB 生成的。时间刻度通常标记为"时间采样"，因为它表示时域采样点。相应的频率图则标记为"频点[①]"，因为它是通过对时域采样点进行 FFT 运算后得到的频谱。

如果读者对这一技术领域不熟悉或者没有从头开始阅读，要识别某些首字母缩略词就可能有困难。使用首字母缩略词来表示技术术语非常方便。为便于读者对照查阅，本书在文前列出了常用的首字母缩略词。

参考文献

[1] Westman HP (ed.). *Reference Data for Radio Engineers*, 5th ed. Indianapolis: Howard W. Sams & Co.; 1968.

[2] Bleicher A. '4G gets real'. *IEEE Spectrum Magazine* 2014; **51**(1): 38–62.

[3] Walden R. Hughes Research Laboratories, Malibu, CA. Private communication.

[4] Knowles J. 'Technology survey: a sampling of analog-to-digital converters and modules'. *Journal of Electronic Defense* 2013; **36**(7): 35–41.

[5] Longbrake M. *Derivation of Parallel Polyphase Filter for FPGA Implementation*. Technical report [unpublished]. Air Force Research Laboratory; 2009.

[6] Brown A, Wolt B. 'Digital L-band receiver architecture with direct RF sampling'. *Proceedings of the Position Location and Navigation Symposium*, Las Vegas, NV, USA, New York: IEEE; April 1994: 209–216.

[①] 本书中的"频点"主要用于指称傅里叶变换的输出，与百度百科词条"频点"的含义类似，表示给某一频率或某一段频率的编号。也有人将 frequency bin 译为频率单元，翻译团队经过反复斟酌，将 frequency bin 译为频点。——译者注

第 2 章 电子战接收机的要求和特性

2.1 引言

在聘请研究人员来从事电子战接收机领域的工作时,最大的难题之一就是该学科不是很好理解,尤其对那些院校学者来说(也许是因为缺少接触实际问题的机会)。本章的主要目的是介绍电子战接收机的基本概念。为了给读者提供更为宽广的视角,本章将对电子战进行简单的讨论,并探讨信号环境和电子战接收机的要求。由于电子战基本上是针对敌方电子环境所进行的反应行动,所以电子战接收机的要求将随着时间发生变化。如果敌方实施了一种新的威胁,那么电子战工程师及电子战系统都必须及时做出反应。

本章将首先讨论雷达脉冲中所包含的信息,然后介绍接收机研发中遇到的一些困难。随后,简单介绍模拟接收机和数字接收机,最后讨论电子战接收机的特性。如果某个术语有多种定义,那么我们只讨论对电子战接收机有直接影响的定义。这里给出的所有特性都是可测的参量,并且测量方法将在第 18 章中进行讨论。本章最后将对电子战接收机的研究趋势进行讨论。已经具备电子战背景知识的读者可以跳过本章。

2.2 电子战简介[1~6]

电子战系统主要用来保护军事资源免受敌方威胁。电子战领域由公认的三大部分组成:

- 电子支援措施(ESM),主要用于收集电子环境信息。
- 电子对抗措施(ECM),主要用于干扰或扰乱敌方系统。
- 电子反对抗措施(ECCM),主要用于保护己方装备免遭电子对抗措施的破坏。

由于电子支援措施系统不辐射电磁能量,通常称其为无源电子战系统。电子对抗系统由于辐射电磁能量而被称为有源电子战系统。有些技术,例如目标隐身(避免被敌方雷达发现)和利用假目标或箔条(一种很细的金属丝)迷惑敌方雷达的方法也可以看成无源电子战,因为它们同样不辐射电磁能量。在雷达设计中经常包括电子反对抗措施,在这里我们不再讨论它。

电子战侦察系统可以分为以下五大类:

1. 声探测系统,用于探测敌方声呐和运动船只产生的噪声。这类系统主要探测声信号,其工作频率通常在 30 kHz 以下。
2. 通信侦察接收机,用于侦测敌方通信信号。这类系统通常工作在 2 GHz 以下,不过在侦察卫星通信信号时需要更高的工作频率。这类接收机的设计目的是用于侦收通信信号。
3. 雷达侦察接收机,用于侦测敌方雷达信号。这类系统通常工作在 2~18 GHz 范围内。

不过,有些研究者有意将其工作频率扩展为 2~100 GHz 范围。这类接收机的设计目的是用于侦收脉冲信号。
4. 红外侦察接收机,用于识别来袭导弹的羽流。这类系统工作在近红外至远红外波段(波长范围为 3~15 μm)。
5. 激光侦察接收机,用于侦测激光信号,这类接收机主要用于制导武器系统(即各种攻击导弹)。

侦察接收机通常与电子战信号处理机协同工作。电子战信号处理机主要用于处理侦察接收机截获到的信息,以对敌方威胁进行分类和识别。在威胁被识别后,相关信息就被传给 ECM 系统。ECM 系统须确定最有效的方式来干扰敌方,包括投放箔条在内。ECM 系统对抗雷达的措施包括噪声干扰和欺骗干扰。噪声干扰的目的是用噪声掩盖来自目标的雷达回波信号,使雷达检测不到任何有用的信号,令其显示屏幕布满噪声。欺骗干扰的目的则是在雷达显示屏幕上产生虚假目标,使雷达丢失真实目标。

图 2.1 显示了具备不同功能的电子战系统。除了本章关于电子战系统的概述部分,本书只介绍了电子战系统的一小部分,即电子战雷达侦察(或者电子战)接收机这一部分。电子战接收机用来侦察雷达信号,并把它们转换为数字脉冲描述字。

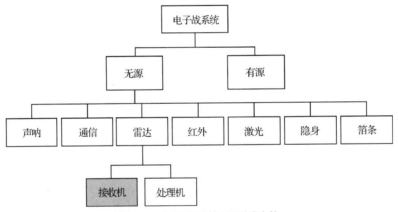

图 2.1 电子战系统的不同功能

过去,电子战接收机已被用于解调雷达信号,将其转换为视频脉冲,并产生耳机内的可听音。电子战指挥官通过仔细听音来确定该信号是否来自威胁雷达。在这种工作模式下,电子战指挥官承担了处理机的角色。然而,这种工作模式无法满足现代作战的要求。在现代电子战系统中,为了应对电子信号环境的复杂性,采用数字电子战处理机来进行威胁识别。因此,电子战接收机必须能够产生数字输出,该输出结果将用作电子战处理机的输入。

2.3 侦察接收机和通信接收机的区别[7~13]

大多数人或多或少都接触过通信接收机(如电视机或者汽车收音机)。在设计这类接收机时,接收信号的频率、调制方式和带宽都是已知的。因此,输入信号可被认为是一种合作型信号,那么这类接收机可以设计得很高效。由于输入信号已知,雷达接收机也可被认为是一种通信接收机。在侦察(或者说电子战)接收机中,不仅输入信号的有关信息未知,发射的信号还可能要经过特殊的设计,以避开侦察接收机的侦测。

电子战接收机和其他类型的接收机之间的主要区别还在于,电子战接收机的输出是描述所截获到的每个雷达脉冲特性的数字脉冲描述字。接收机为每个脉冲产生一个包含频率、入射方向、脉冲宽度、脉冲幅度和到达时间的脉冲描述字。电子战接收机的这种独特特性往往会引起其他类型接收机设计者的误解。例如,通信接收机的主要目的是恢复发射机所发射的信息。如果被发射的信号是模拟的(如声音、图片),那么接收机最终将在其输出端产生声音或者图片,大多数情况是不需要数字输出的。通信系统的最新趋势是将模拟信号转换为数字信号进行传送和处理,然后再将其变换回模拟信号的形式。在这种意义上,两种类型的接收机就存在相似之处了,但是通信接收机仍然不进行参数编码。

电子战接收机接收的信号(雷达脉冲)是模拟的,但输出总是用数字脉冲描述字的形式来表示。在大多数旧式的电子战接收机中,射频信号首先通过二极管包络视频检波器被转换为视频信号,然后使用专门设计的编码器将这些视频信号转换为脉冲描述字(见图 2.2)。虽然一些电子战接收机能够产生与计算机仿真结果相匹配的非常理想的视频输出,但是这些输出并不能保证产生令人满意的脉冲描述字。过去的经验表明,大多数电子战接收机的设计问题发生在将视频信号转换为脉冲描述字的过程中。因此,一部性能良好的电子战接收机必须能够产生令人满意的脉冲描述字输出。

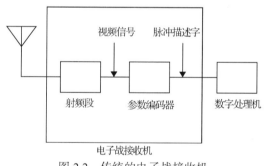

图 2.2 传统的电子战接收机

2.4 电子战接收机面临的信号环境[1~3,10,12~19]

由于电子战接收机用来侦察雷达信号,所以这里将讨论电子战接收机面临的信号环境。武器制导雷达是电子战接收机的主要关注目标。与通信信号不同,武器制导雷达信号波形非常简单。大部分雷达信号为脉冲调制的射频信号。有些雷达则采用调频脉冲信号,通常称这种信号为啁啾信号(即调频信号)。射频信号的频率范围大致为 2~100 GHz,但是最常用的频率范围为 2~18 GHz。这些脉冲的持续时间在几十纳秒至几百微秒之间。为了能够进行低空监视或者武器制导,一些雷达采用连续波(CW)信号。脉冲重复频率(PRF),或其倒数——脉冲重复周期(PRI)是脉冲雷达信号的一个重要参数。脉冲雷达的重复频率大致在几百赫兹到 1 MHz 之间。大多数雷达的重复频率是固定的,即大多数雷达的重复频率是一个常数。但有些雷达的重复周期是参差的,换言之,一组脉冲(几个到几十个)按照特定的重复频率来重复。有些雷达甚至采用捷变重复周期或者随机重复周期,即脉冲间的重复周期是变化的。捷变重复周期通常指重复周期按照某一特定的模式进行变化，而随机重复周期的重复周期变化则没有预先确定的模式。

还有一种低截获概率（LPI）雷达，它的主要设计目的之一是免遭敌方侦察接收机的侦测。这种类型的雷达能够控制辐射功率，或者能够产生宽带（扩频）信号或频率捷变信号。具有功率控制能力的雷达只辐射足以进行目标探测的功率。如果已发现的目标距离雷达越来越近，雷达就可以降低其辐射功率。其主要目的是发射刚好足够的功率，以保证已发现的目标在作用距离内。这种工作模式可以降低被侦察接收机侦测到的概率。

一些雷达通过产生宽带信号来提高距离分辨率。这种雷达的接收机采用匹配滤波或者信号处理技术来产生处理增益。如果不知道具体的信号波形，也就无法获得匹配滤波增益，因而使用侦察接收机截获宽带信号是非常困难的。不过，与通信信号相比，雷达产生的扩频信号相对简单。只有三种扩频信号是电子战接收机设计者所关心的：调频脉冲信号，脉冲二相相移键控（BPSK）信号和多相编码信号。这几种类型信号的脉冲宽度范围一般为几毫秒到几百毫秒。应对这些扩频信号的首要任务是信号检测。一旦检测到信号，就可以对其进行识别。在跳频雷达中，射频脉冲的频率是跳变的。侦察接收机通常不会太关心此类雷达，因为接收机可以很容易地截获这些脉冲。但是，由于要把这些脉冲进行信号分选并还原成脉冲串是很困难的，所以此类跳频雷达可能会给接收机之后的电子战信号处理机带来问题。

一部威胁雷达可以在几秒之内获取必要的信息并对飞机或舰船采取行动。如果电子战接收机检测到导弹制导信号，那么导弹击中目标的威胁可能已迫在眉睫。因此，电子战系统必须对输入信号以最快的速度做出反应。如果电子战系统不能在关键时间内做出反应，就无法如预期的那样对飞机和舰船提供保护，相当于根本没有电子战系统。

在常规的电子战行动中，干扰机几乎持续不断地工作。当干扰机工作时，因为它距离接收机很近，所以通常会妨碍电子战信息收集系统的正常运行。干扰信号会阻塞接收机，影响其正常接收。在实际工作中，干扰机通常会在短暂的时间内停止干扰，令接收机能够收集信息，以确定被干扰的信号是否仍存在。这一短暂的持续时间称为侦收窗口，其时间长度为整个工作周期的 5%或更少，如图 2.3 所示。实际的数据收集时间为几毫秒至几十毫秒。

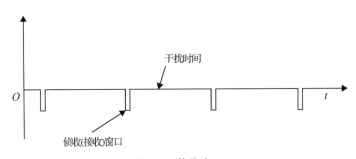

图 2.3　侦收窗口

在一个电子战斗序列中，存在许多不同的雷达，包括友方雷达。虽然脉冲密度取决于侦察接收机所处的位置和战场环境，但通常假定接收机将面临每秒数百万个脉冲的信号环境。这种复杂的信号环境就决定了对电子战接收机的要求。

2.5 电子战接收机的要求[1~3,6,13,20~27]

从前面章节的讨论来看，电子战接收机应该满足以下要求：

1. 电子战接收机能够做出近实时的反应。通常，电子战接收机在截获一个脉冲后，必须在几微秒之内把测量信息（即脉冲描述字）传送到电子战处理机。
2. 输入信号范围（例如 2~18 GHz）通常会被分割成许多子频带。这些子频带内的频率将在使用一个通用中频的情况下被转换成所需的输出。电子战接收机将分时处理所有的输出。为了能够快速覆盖整个输入频带，中频必须具备大带宽。这意味着电子战接收机必须具备大瞬时带宽。瞬时带宽的含义是，在这一带宽内的所有能量足够大的信号都能够同时被检测到。电子战接收机的最佳带宽现在还无法确定，因为这取决于信号输入情况、接收机之后的数字电子战处理机的能力和其他因素。因此，为了获得最短的反应时间，需要对非常多的参数进行优化。现在确定带宽的方法是应用现有技术使带宽尽可能宽，通常的带宽大约在 0.5~4 GHz 范围内。如果接收机带宽小于 500 MHz，对于电子战应用来说则是不可接受的。当然，如果有人能够将窄带接收机（带宽小于 500 MHz）做得小巧而低成本，那么理论上可以使用多部这种接收机以并行工作的方式来覆盖大的带宽。
3. 电子战接收机能够处理同时到达信号。如果超过一个脉冲在同一瞬间到达电子战接收机，那么该接收机应该能够获得所有脉冲的信息。通常认为需要接收机处理的最大同时到达脉冲数目为 4 个。
4. 在电子战接收机的灵敏度和动态范围之间必须进行适当的折中。毫无疑问，高灵敏度对接收机来说一直是希望获得的性能。因为灵敏度越高，可在距离雷达越远的位置检测到其信号，就能够提供越多的反应时间。高灵敏度还可以使接收机能够从天线的副瓣检测雷达信号。具有大动态范围的接收机可以无失真地接收同时到达信号。在接收机的设计过程中，灵敏度和动态范围这两个参数是互相制约的。较高的灵敏度往往会导致较小的动态范围。因此，对这两个参数的折中需要进行仔细的评估。

2.6 电子战接收机测量的信号参数[28,29]

电子战接收机必须能够获取雷达发射脉冲信号的所有信息。图 2.4 给出了雷达发射的一个脉冲波形。当脉冲到达飞机上的侦察接收机时，接收机可以测出以下信息：脉冲幅度（简称脉幅）、脉冲宽度（简称脉宽）、到达时间、载频（也称为射频），以及到达角。在个别情况下，输入信号的电极化方式也会被测量。脉幅和脉宽的测量比较容易理解。在电子战应用中，当脉宽大于某一预先给定值（如几十到几百微秒）时，输入信号可能被认为是连续波信号。到达时间的测量是把来自接收机内部时钟的精确时间标记指定给已接收脉冲的前沿。到达时间信息主要用于计算雷达的脉冲重复频率。电子战接收机设计的差别主要体现在用于测量脉冲载频的技术方法上。到达角是最为重要的信息，同时也是最难获得的。以下各节的讨论将主要集中在频率测量和到达角测量上。

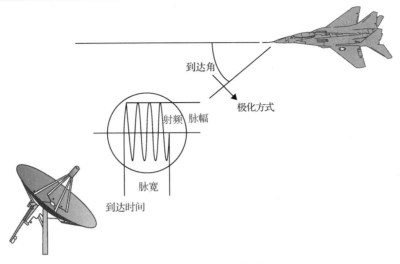

图 2.4 雷达脉冲的参数

2.7 频率信息[5,30~40]

侦察接收机只测量脉冲载频的中心频率,通常并不需要频谱分布特征。如果输入是一个啁啾信号,那么通常关心的信息主要是起止频率和脉宽。通常假定啁啾信号的调频方式是线性的。线性调频速率 R_c 等于起止频率之差除以脉宽,数学表达式为

$$R_c = \frac{f_t - f_l}{\text{PW}} \tag{2.1}$$

其中,f_l 和 f_t 分别表示脉冲前沿和后沿对应的频率。

为了测量频率变化的信号,理论上需要考虑瞬时频率的概念[28,29]。在电子战接收机中,瞬时频率使用一段时间(例如在前后沿上 100 ns)内的平均频率作为测量结果。如果输入是相位编码信号,那么我们主要关心的参数是载频和码元速率(移相时钟)。与通信接收机相比,这里希望得到的脉冲信息颇为不同。

我们希望获得对输入信号的高频率分辨率,因为由此带来的高精度可以令干扰机将干扰功率集中在目标雷达上。不过,在常规方法中,接收机被设计用于侦察不小于预期最小脉宽的信号。一般认为典型的最小脉宽为 100 ns。为了设计能够处理最小脉宽信号的带通滤波器,需要的带宽约为 10 MHz。这一带宽将频率分辨率限制在 10 MHz 左右。人们尝试采用各种设计方法使测频精度能够提高到仅为频率分辨率的一小部分(例如通过比较相邻滤波器的输出,在滤波器和信号带宽内插值)。其中的一些设计方法确实获得了一定的成功,却以引起其他问题为代价,例如检测到的寄生信号增多。

在接收机中,系统噪声带宽通常是由射频链中具有最窄带宽的滤波器决定的。噪声基底(noise floor)[①]可定义为系统工作在输入温度为 $T_0 = 290$ K 时的有效输入噪声电平。例如,10 MHz 系统的底噪 [N(dBm)] 为

---

① noise floor 即"噪声基底",一般简称"底噪"。为简便起见,后续译文将采用简称"底噪"。——译者注

$$N(\text{dBm}) = 10 \lg(kTB) = -104 \text{ dBm} \tag{2.2}$$

其中，k 为玻尔兹曼常数（$= 1.38 \times 10^{-20}$ mJ/K），$B = 10^7$ Hz，且有

$$P(\text{dBm}) = 10 \lg[P(\text{mW})] \tag{2.3}$$

如果接收机的噪声系数为 15 dB，且阈值为 15 dB，则其灵敏度约为 –74 dBm，即 –104+15+15。

我们还希望能够设计具有自适应频率分辨率（即，使频率分辨率和脉宽相关）的侦察接收机。对于短脉冲，接收机仅可以产生较低的频率分辨率，而对于长脉冲，接收机则可以产生较高的频率分辨率。这一思想也可以被推广到对接收机的灵敏度设计上（即对于短脉冲，接收机灵敏度较低；对于长脉冲，接收机灵敏度较高）。对于依靠硬件的模拟接收机，要达到自适应的要求可能比较困难，但是在数字化设计中使用软件来实现就会比较容易。

关于频率测量的另一个问题是理论层面上的，即在给定两个信号的频率间隔、脉宽和信噪比时，接收机对这两个信号的频率测量能够达到多高的精度。在大部分关于信号处理的文献中，Cramer-Rao 界被用作最大似然上限。Cramer-Rao 界决定无偏估计的最小方差。这里给出两个例子[36,37]。在图 2.5(a) 中，脉宽 PW = 0.1 μs，信噪比 S/N = 20 dB，期望的频率测量精度为 1 MHz。在此条件下，当两个信号落在曲线的右边时，双信号测量精度可达 1 MHz。例如，如果两个信号频率间隔为 10 MHz，幅度差为 18 dB，那么两个信号的频率测量精度都可达 1 MHz。对于两个 1 μs 的信号，图 2.5(b) 显示了相似的结果。在此条件下，如果两个信号频率间隔为 2 MHz，幅度差为 50 dB，那么两个信号的频率测量精度都可达 1 MHz。

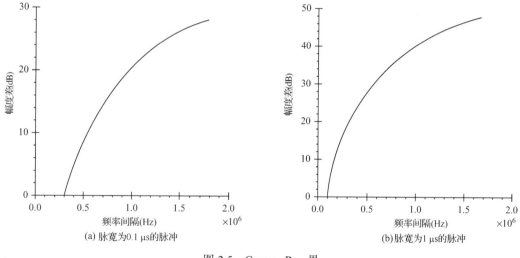

(a) 脉宽为 0.1 μs 的脉冲   (b) 脉宽为 1 μs 的脉冲

图 2.5　Cramer-Rao 界

事实上，对于脉宽为 0.1 μs 的两个同时到达信号，不论它们的频率间隔有多远，幅度大小有多接近，没有任何已知的电子战接收机在对它们进行测量时可达 1 MHz 的分辨率。只有瞬时测频（IFM）接收机能够以 1 MHz 的分辨率对 0.1 μs 的脉冲进行测量，但是它不能测量同时到达信号。2.11 节将对 IFM 接收机进行简单的讨论。大多数接收机不能对幅度差大于 40 dB 的两个同时到达信号进行检测，但是通过图 2.5(b) 可以看出，55 dB 的幅度差应该是没问题的。图 2.5 表明，当两个信号间隔几兆赫兹且幅度接近时，它们的频率是能够被测量的。不过，目前设计的大多数电子战接收机要求所测量同时到达信号的频率间隔至少在 20 MHz 以上。

从以上讨论可以很明显地看出，电子战接收机在理论和实际中存在着巨大的差异。不是接收机设计欠佳，就是 Cramer-Rao 界在电子战应用中不适用。后一种说法可能是符合实际情况的。因为电子战接收机的输入信号是未知的，所以在这种条件下，也就无法设计出最佳的接收机。因此，在开始设计电子战接收机时，所期望的性能是通过以前的经验而非根据理论分析来获得的。遗憾的是，这种方法不是很科学。一种解决方法是研究除了 Cramer-Rao 界，是否还有其他界可以用于实际侦察接收机的设计。

2.8 到达角信息[41~44]

由于雷达无法快速改变其位置，所以到达角是用于分选雷达信号的重要参数。即使是机载雷达的位置也不可能在几毫秒的脉冲重复周期内发生明显的变化。因此，侦察接收机对雷达的到达角测量值是相对稳定的。遗憾的是，到达角也是最难测量的一个参数。测量到达角，除了必需的到达角测量电路，还需要大量的天线和接收机。所有这些天线和接收机必须在幅度或相位上进行匹配设计，因此到达角测量系统的成本通常会非常高。

窄带到达角测量系统是有可能节省成本的。例如，首先可以测量到达脉冲的频率，然后将连接至不同天线的各个窄带接收机调谐到该频率上，以便对下一个到达脉冲的到达角进行测量。如前所述，电子战接收机应该逐脉冲测量到达角信息，上面这种方法无法满足该要求。另外，接收机必须能够对同时到达信号进行到达角测量，这一要求使接收机设计变得难上加难。

侦察接收机常用的到达角测量方法是比幅法和比相法。如果这两种测量方法的覆盖角度相同，它们的到达角测量精度就会基本相同。设计宽覆盖角的比幅系统比较容易，而比相系统则用于需要窄覆盖角的情况。机载比幅系统通常在方位上覆盖 360°，其到达角测量精度可达约±15°。采用这种方法时，每一个接收机的幅度从天线至到达角测量电路都必须匹配。如果要求具有多信号到达角测量能力，那么比幅法也会变得非常复杂。

与比幅系统相比，比相系统通常覆盖的角度范围要窄得多，到达角测量精度约为±1°，而这正是现代电子战应用所需要的。相位测量系统的所有测相信道都必须满足相位匹配的要求。如果要求系统具备大瞬时带宽并能够对同时到达信号进行到达角测量，那么不同信道之间的相位也必须匹配，而这绝非易事。如果不同信道之间的相位不能匹配，则理论上可以使用校准表来补救。但是，如果相位失配太严重，校准表的规模就会非常庞大。

2.9 电子战接收机的输出

电子战接收机的输出是脉冲描述字。由于电子战接收机的设计各有不同，因此每部接收机的脉冲描述字格式也就略有差异。脉冲描述字通常包括 2.6 节讨论的 5 个参数，但是每个参数的位数可能有所不同。例如，仅能检测二相相移键控信号和线性调频信号的接收机所报告的数据格式可能如表 2.1 所示。在该示例中，脉冲描述字的字长为 75 位。在某些接收机中，脉冲描述字的字长可能更长，但是一般都少于 128 位。

表 2.1 中各参数的取值范围是根据其分辨率和所占位数而得到的近似值。例如，32 GHz 的频率范围可由 $2^{15} \times 1$ MHz 得到。但是这并不代表接收机的性能。根据表 2.1 生成的脉冲描

述字通常通过 3 个 32 位字传送到数字处理机。如果出现两个信号同时到达的情况，接收机就将产生两个脉冲描述字，而且这两个脉冲描述字具有相同的到达时间值。由于通过两个信号各自脉冲描述字中的到达时间(TOA)读数可以识别它们是否为同时到达信号，所以无须对同时到达信号进行标记。

表 2.1　一种典型的脉冲描述字格式

参　数	范　围	位　数
频率	最高 32 GHz	15(1 MHz 的分辨率)
脉冲幅度	最大 128 dB	7(1 dB 的分辨率)
脉宽	最长 204 μs	12(0.05 μs 的分辨率)
到达时间	最大 50 s	30(0.05 μs 的分辨率)
到达角	360°	9(1° 的分辨率)
BPSK 信号标记		1
线性调频信号标记		1
总位数		75

在某些特殊情况下，到达时间参数可能会以相反的次序进行报告。例如，一个长脉冲比一个短脉冲先到达，而长脉冲的下降沿却位于短脉冲之后，如图 2.6 所示。在这种情况下，对短脉冲的测量就会先完成，对应的脉冲描述字也将立即传送给电子战处理机。然而，短脉冲的到达时间数据滞后于长脉冲，而长脉冲的到达时间数据是在长脉冲下降沿结束时报告的。在这种情况下，先报告的到达时间数据对应于短脉冲，而后报告的到达时间数据对应于长脉冲。电子战处理机必须具有处理按这种次序到达的多信号的能力。

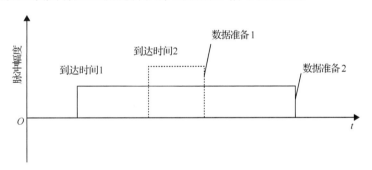

图 2.6　按倒序报告的 TOA

2.10　模拟接收机概述[45,46]

按照习惯，电子战接收机根据其结构形式分为 6 类：晶体视频接收机、超外差接收机、IFM 接收机、信道化接收机、压缩(微扫)接收机，以及布拉格盒(Bragg cell)接收机。这些接收机都属于模拟接收机的范畴。输入信号通过晶体检波器转换为视频信号。这些视频信号通过进一步处理产生包含全部所需参数的脉冲描述字。上面的分类方法似乎有些牵强，例如，信道化接收机可以使用超外差技术，而数字接收机也可以采用信道化方法。对这些类型电子战接收机的讨论见参考文献[13]。晶体视频接收机和超外差接收机无法处理同时到达信号，所以此处不讨论这两类接收机。IFM 接收机也不能处理同时到达信号，但是由于在后面章节中会用到这一概念,所以将其列入讨论范围。

信道化接收机、压缩接收机和布拉格盒接收机都可以处理同时到达信号。在这些接收机中,最关键的部分是参数编码器,如图 2.2 所示。几乎所有的接收机问题都出现在参数编码器的设计中。接收机前端的设计(即从射频输入到视频输出)通常比较容易满足要求,但在将这些视频信号转换为数字化频率数据时,往往会产生问题,例如报告错误的频率。这些问题经常出现在那些处理同时到达信号的接收机上。

在几乎所有设计合理的接收机中,参数编码器和射频部分均被设计为一个单元。为了得到参数编码器的输入,使用的射频器件(进行滤波整形和加权延迟)必须能够产生期望的视频信号。通常首先构建射频前端,这意味着可以获得视频信号,但是此时它还没有变成一部能够工作的接收机,因为很难设计一个符合要求的编码器。

2.11 瞬时测频接收机[47~49,65]

IFM 接收机不能处理同时到达信号,但是这种接收机在瞬时带宽、频率测量精度、尺寸、质量和成本等方面具有很大的吸引力。这类接收机对 0.1 μs 脉冲的频率测量精度可达 1 MHz,瞬时输入带宽可达 16 GHz(2~18 GHz)。由于 IFM 接收机具有如此优良的性能,在这里将对其进行简单的讨论。

从根本上讲,IFM 接收机利用晶体检波器的非线性特性来产生输入信号的自相关函数。相关器(即鉴频器)是 IFM 接收机的核心。相关器的基本结构如图 2.7 中的虚线框所示。延迟时间为 τ 的延迟线和相关器组合在一起,得到输入函数与自身延迟 τ 后所得函数的自相关函数,可用来确定输入信号频率。理论上,如果能够获得多个不同延迟的自相关函数,就可以解决多信号问题。因此,在 IFM 接收机中应该能够解决同时到达信号问题。人们为了提高 IFM 接收机处理同时到达信号的能力,已经做了许多尝试,但是到目前为止取得的进展非常有限,下面论述其中的原因。

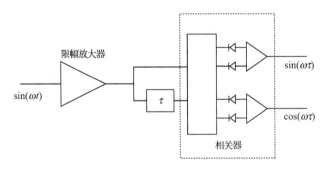

图 2.7 IFM 接收机的基本结构

在实际接收机中,相关器内有 4 个晶体检波器。检波器动态范围约为 15 dB。为了提高接收机的单频动态范围,在相关器前端采用了限幅放大器。限幅放大器是一个非线性器件。如果只有一个输入信号,非线性器件输出的最大信号就是真实的信号,接收机将对该信号进行测量。如果限幅放大器输入多个信号,就必须考虑非线性效应。其结果是,相关器的输出不再是所期望的多个信号的自相关函数。这是在此类接收机中解决同时到达信号问题的主要困难之一。

如果能够得到自相关函数，就可以采用第 11 章讨论的高频率分辨率法来解决多信号问题。即使这些方法在理论上是可行的，在实现上也必须做到实时处理。

2.12 信道化接收机[40~53]

信道化接收机的思想非常简单，它采用滤波器组来分选不同频率的信号。在滤波器输出后连接一个放大器来改善接收机的灵敏度。在滤波器组后面放置放大器不会影响动态范围，还可以提高接收机的灵敏度。由于在滤波器组后面的每个信道上一般只有一个信号存在，所以不存在交互调制（通常简称为"交调"）的问题。如果有两个信号出现在同一个信道里，这种输入情况就超出了接收机的能力范围，接收机将会产生错误的频率信息。通常使用两种放大器：限幅放大器（即工作在饱和电平的线性放大器）和对数视频放大器。对数视频放大器可用于测量滤波器组输出的脉冲幅度信息。在使用限幅放大器时，会丢失信号的幅度信息，因此必须在接收机的其他位置测量脉冲的幅度信息。

为了得到输入信号的中心频率，我们可以直观地找到与相邻滤波器相比输出最大的滤波器。因此，通常使用相邻信道间的幅度比较器来确定输入信号的频率。如果所要求的瞬时动态范围较小，这种方法就可以成功地给出正确的频率信息。如果所要求的瞬时动态范围较大，那么这种方法通常会产生寄生响应。这一缺陷可以借助图 2.8 来解释说明。该图给出了矩形脉冲的频谱，有一个主瓣和许多副瓣。靠近主瓣的相邻副瓣之间的能量差相对来说比较明显，而远离主瓣的相邻副瓣之间的能量差则变得非常小。

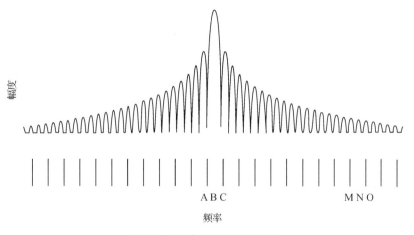

图 2.8　频谱显示和滤波器组

如图 2.8 所示，当滤波器 A、B 和 C 靠近主瓣时，采用幅度比较的方法非常有效。在这种情况下，得到的输出结果（为简便起见，直接使用 A、B 和 C 分别表示这三个滤波器的输出）为：$B>A$ 且 $B>C$。由于这几个滤波器的幅度输出差别较大，因此很容易检测出这种情况，并给出正确的频率。但是，滤波器 M、N 和 O 距离主瓣较远，其输出结果（同样，直接使用 M、N 和 O 分别表示这三个滤波器的输出）应为 $M>N>O$。在这种情况下，不应该报告任何频率。由于这三个滤波器的输出幅度非常相近，因此任何增益不平衡都会破坏上述结果。如果输出结果满足 $N>M$ 且 $N>O$，则会在输出 N 产生错误的频率报告。对信道之间的增益进行均衡，几乎是一项不可能完成的任务。当所要求的瞬时动态范围较小时，远离主瓣的滤波器输出可以忽略不计，并且还能避开寄生响应。

在许多信道化接收机设计中，均采用了相应的方法来确定一个信号是在给定滤波器的带内还是带外。这些方法并不对相邻信道输出的信号进行比较，而只使用单个滤波器的输出。也就是根据信号通过滤波器时的时域响应（暂态效应）来进行判断。紧随滤波器后的电路用来测量输出的波形。如果输出波形符合一定的标准，就可以认为信号频率在滤波器内，否则就在滤波器外。在这类设计中，检测滤波器带宽一般是滤波器间隔的 1.5 倍，以避免信道边界对齐的问题。因此，频率分辨率就是滤波器间隔的一半。这些方法在应用中是最为成功的。

2.13 布拉格盒接收机[54~58]

布拉格盒接收机使用光学布拉格盒来对频率进行分离。输入射频信号被转换成在布拉格盒中传播的声波，这些声波会使入射的平行激光束发生衍射。激光束衍射光斑的位置是入射频率的函数。再用一个光探测器阵列将激光输出信号转换为视频信号。在该装置中，输入的是射频信号，输出的是信道化视频信号。它与信道化接收机的前端类似，包含了视频检波器。如果忽略参数编码器，那么布拉格盒接收机主要的优点就是简单，它只需要少量的器件就可以构建大量信道：一个激光器、一只平行光管、两块光学透镜、一个布拉格盒和一个光探测器阵列。这种布局在体积上可以做得很小。

布拉格盒接收机的主要缺点是布拉格盒的输出是光学信号。利用现有技术，在布拉格盒和光电探测器之间放置一个光放大器来提高灵敏度而不影响动态范围是非常困难的。实际上，可将放大器置于布拉格盒的前面，以提高接收机的灵敏度。多个同时到达信号在这些放大器中产生的交调会限制瞬时动态范围的大小。由于缺乏廉价的光放大器，布拉格盒接收机的动态范围通常都比较小。这种接收机所测量的是激光输出的功率，因而将这种类型的接收机称为功率型布拉格盒接收机。

干涉式方法用来提高布拉格接收机的动态范围。在该方法中，使用两个布拉格盒：一个作为参考盒，一个作为信号盒。激光束被分为两路，每一路对应一个布拉格盒。这两路输出光束通过一个光探测器产生中频（IF）信号。这个 IF 输出是一个电信号，因此可以添加一个 IF 放大器来提高动态范围。理论上，这种方法可以提高接收机的动态范围。然而，由于激光源的功率限制和产生参考信号方面的困难，已实现的动态范围改善是非常有限的。干涉式布拉格盒接收机的结构是非常复杂的。在布拉格盒之后，每一个信道都有一个用做混频器的光探测器来产生所需的 IF 信号。该 IF 信号经过低通（或带通）滤波、放大，并通过晶体视频检波器转换为视频信号。如果把所有这些器件都考虑在内，干涉式布拉格盒接收机就可能比使用带通滤波器的传统信道化接收机更为复杂。

总之，功率型布拉格接收机的光学部分实质上是后接晶体检波器的一个滤波器组。与射频信道化接收机相比，布拉格盒方法更为简单，但是其性能较差。

布拉格盒接收机最常用的编码器设计采用了与相邻信道进行幅度比较的方案。如前所述，这种方法的动态范围通常是受限的。为了提高布拉格盒接收机的动态范围，不仅要改善整个光学装置，还要研究频率编码器。

2.14 压缩(微扫)接收机[49~61]

在压缩接收机中,通过对输入信号进行傅里叶变换,将不同频率的信号转换为时域中的短脉冲。简化的压缩接收机前端如图 2.9 所示。由图可见,输入信号通过由线性调频信号作为本振的混频器变换为线性调频信号。所得线性调频信号通过一段压缩(即色散延迟)线被压缩成短脉冲。这些短脉冲通过对数视频放大器并转换为视频信号。视频电路必须具有非常大的带宽,以便对视频窄脉冲进行处理。每个输出的短脉冲在时间上相对于本振(LO)扫描起始点的位置,表示对应输入信号的频率。

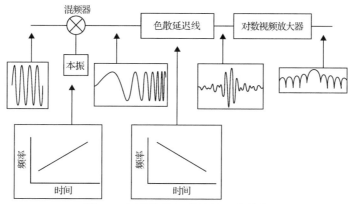

图 2.9 压缩接收机前端的基本结构

要把这些视频脉冲信号转换为所需的脉冲描述字,还需要参数编码器。由于视频脉冲是按照时间顺序从一个输出端口输出的,因此,与信道化接收机相比,压缩接收机的参数编码器需要的硬件更少。但是,这些硬件必须工作在与接收机带宽相同的频率上。在大多数接收机中,输入带宽等于色散延迟线的带宽。此时,如果一个接收机具有 2 GHz 的瞬时带宽,那么逻辑电路也必须工作在 2 GHz。每一个压缩脉冲都有一个主瓣和许多副瓣。参数编码器必须能够检测出主瓣并排除副瓣。如果检测到副瓣,就会产生对寄生信号的报告。一般而言,一个脉冲信号可以通过多次连续的扫描来截获。电子战处理机所需要的信息是基于逐个脉冲而非逐次扫描的。参数编码器需要将同一个脉冲内的每一次扫描所产生的所有信息综合在一起,并在脉冲结束时产生脉冲描述字。

压缩接收机最吸引人的特性是其简化到达角测量的潜力。压缩脉冲在进行对数视频放大之前仍保留所有输入信号的幅度和相位信息。幅度比较法和相位干涉法都可用于到达角测量。由于从压缩接收机出来的信息是串行的,因此测量到达角时所需的硬件较少。例如,假设需要 4 副天线和 4 个接收机通过相位比较来测量到达角信息,每个接收机产生 100 个频率分辨单元,则需 4 个具有 4 个输出的微扫接收机和 4 组相位比较电路。如果信道化接收机要实现同样的结果,则需 400 个信道和 400 个比较器,这样的接收机实现起来显然是不切实际的。

2.15 数字接收机

数字接收机是本书的主要研究对象。随着模数转换器(ADC)的发展和数字信号处理速度的提升，当前的研究重点主要集中在数字接收机上。数字接收机首先把输入信号下变频为中频信号，然后使用多位数的高速模数转换器对中频信号进行数字化，并利用数字信号处理技术来产生所需的脉冲描述字。

数字接收机不包含晶体视频检波器。从模数转换器输出的信号是数字化信号。这种处理方法的主要优点与数字信号处理技术有关。一旦信号被数字化，后续的所有处理都将是数字化处理。与模拟电路相比，数字信号处理没有温度飘移、增益变化或直流电平飘移等现象，具有更好的稳定性，因此需要的校准就更少。如果采用高分辨率谱估计技术，就可以得到很高的频率分辨率。在高信噪比条件下，许多谱估计方法所能获得的结果可以达到与Cramer-Rao边界相当的程度，而模拟接收机是不可能实现的。

数字电子战接收机有两个方面需要研究：增大输入瞬时带宽；产生所需脉冲描述字的实时处理技术。这些需求可以通过提高模数转换器和数字信号处理的速度来加以满足。输入带宽受奈奎斯特采样定理的限制。为了覆盖 1 GHz 带宽的实数据（相对于复数据而言），模数转换器至少需要工作在 2 GHz。由于模数转换器技术的发展，其工作速度和位数都实现了大幅的增加。接收机的容许带宽和模数转换器的采样率成正比，而模数转换器的位数直接与动态范围相关。

数字电子战接收机面临的主要问题是，如何处理速度高达 2 GHz 和位数多达 8 位的模数转换器的输出数据。一种可行的方法是对模数转换器输出进行多路传输。例如，如果模数转换器工作在 2000 MHz，而快速傅里叶变换（FFT）芯片只能工作在 500 MHz，则可将模数转换器输出分成 4 路并行输出，分别馈送给接在每个输出口的 FFT 芯片。另一种方法是采用常规的多速率数字滤波器设计技术。在该方法中，也需要对模数转换器输出进行多路传输，然后使用多个并行滤波器来分选信号。

一种暴力方法是构建许多窄带数字接收机，将其中的多个窄带接收机组合在一起，以覆盖一段较宽的瞬时带宽。必须合理地组合所有的接收机输出，以确定输入信号的个数和它们的中心频率。其实，这种方法与模拟信道化接收机在设计准则上是相似的。

数字电子战接收机的功能框图如图 2.10 所示。该图和图 2.2 所示的模拟接收机有相似之处。从模数转换器输出的信号是数字化信号。这些数据都是时域信号，需要将其转换为频域信号。在频域中，可以获得信号的谱线信息或频率谱密度信息。不过，这些输出并不能满足电子战的需求。得到的谱线必须转换为输入信号的载频。为了强调这一处理过程，图中已将参数编码器与谱估计器区分开。参数编码器将频率信息转换为所需的脉冲描述字。

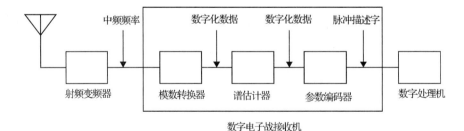

图 2.10 数字电子战接收机的功能框图

对数字接收机的研究应该集中在多个领域，包括接收机灵敏度、接收机动态范围，以及模数转换器的非线性效应。

2.16 电子战接收机的特性和性能[25,62~63]

电子战接收机研制中最突出的问题是缺少一个普遍接受的性能标准。对一些误导性结果的有意或者无意报道，令这一问题变得更加糟糕，也使该领域的研究人员感到困惑。研究人员可能并没有意识到接收机哪里存在问题，因而可能不知道应该将研究重点放在哪里。

有时会出现对某个不完整接收机的性能的报告。例如，该接收机不能实时地产生脉冲描述字。换言之，所报告的数据可能不是针对一台完整的接收机的，而是来自一些视频输出或者某些类型的显示器。对相同的接收机给出不同性能的报告也并不少见。例如，一部宽带接收机的灵敏度可以在整个频段内从−55 dBm 变化到−65 dBm。乐观的工程师会报告最好的结果，而悲观的工程师会报告最差的结果。甚至更糟糕的是，某个人可能通过观测视频输出，把接收机的灵敏度报告为−75 dBm。正确的方法是将灵敏度报告为接收机可重复生成正确脉冲描述字的最小功率电平。

另外，还应该给出灵敏度和频率的关系，或者灵敏度的最大值和最小值。例如，动态范围有三种类型：单信号动态范围、三阶交调动态范围和瞬时动态范围。所有这些动态范围对电子战接收机的性能都非常重要。接收机的单信号动态范围可以达到 70 dB，但是瞬时动态范围可能只有 20 dB。因此，如果在不加说明的情况下报告最好值或者报告最差值，则显然可能给人造成困惑。当然，正确的做法是报告全部三个数值。

为了使讨论既简单又准确，这里只给出能够输出脉冲描述字的接收机的可测量参数。这些参数既可以应用到模拟接收机上，也可以应用到数字接收机上。虽然有些接收机可以处理超过两个同时到达信号，但是这里将输入限制为一个信号或者两个同时到达信号。第 18 章将介绍如何测量这些参数，下面先介绍这些参数。

2.16.1 单信号

1. 频率数据分辨率：频率测量数据的最小步长。
2. 频率测量准确度：测量频率和输入频率之间的误差。
3. 频率测量精度：频率测量的可重复性。
4. 虚警率：在接收机输入端没有信号输入时，单位时间内报告的虚警次数。
5. 灵敏度：接收机能够正确检测和编码的最小信号功率，正确编码意味着所测量的参数必须在预定的容差内。
6. 动态范围(单信号)：在接收机不产生寄生响应的情况下，能够正确检测到的最强信号的功率与灵敏度信号功率之比。
7. 脉冲幅度数据分辨率：幅度测量数据的最小步长，通常用分贝(dB)表示。
8. 脉冲宽度数据分辨率：脉冲宽度测量数据的最小步长，通常测量脉冲宽度的最小步长是不统一的。高脉冲宽度数据分辨率用于测量短脉冲，而低脉冲宽度数据分辨率用于测量长脉冲。
9. 到达角(AOA)数据分辨率：AOA 测量数据的最小步长。
10. 到达时间(TOA)数据分辨率：TOA 测量数据的最小步长。因为 TOA 测量是以接收机内部时钟为参考的,所以将测量到的 TOA 和到达脉冲进行比较是无用的,常用的方法是测量 TOA 差(ΔTOA)。
11. 吞吐率:单位时间内接收机可以处理的最大脉冲数量。
12. 保护时间:在接收机能对两个相邻脉冲进行正常编码的情况下,脉冲的下降沿和下一个脉冲的上升沿之间的最小时间间隔。这个参数通常与脉宽有关,在这里是按照最小脉宽来定义的。
13. 等待时间:脉冲到达接收机的时间和接收机输出脉冲描述字之间的时间差。

2.16.2 两个同时到达信号

为了使讨论变得简单,下面的定义仅适用于具有相同脉宽且同时到达的两个输入信号。

1. 频率分辨率:在接收机可以对入射角相同的两个同时到达信号进行正常编码的情况下,这两个信号间允许存在的最小频率间隔。
2. 无寄生动态范围:在接收机可以对信号进行正常编码,且不产生可检测到的三阶交调分量的情况下,接收机允许输入的最大信号(两个等幅度信号之一)与灵敏度信号的功率之比。当频率分别为 f_1 和 f_2 的两个强信号到达接收机时,会产生三阶交调分量。三阶交调分量通常在使用两个等幅度输入信号的情况下进行测量,它出现在 $2f_1-f_2$ 和 $2f_2-f_1$ 这两个频率处。
3. 瞬时动态范围:在接收机对同时接收到的最大脉冲和最小脉冲均能进行正确编码时,最大脉冲和最小脉冲的功率比。
4. 到达角分辨率:在接收机对在相同频率上同时接收到的两个辐射源信号均能进行正确编码时,该两辐射源之间的最小角距(angular separation)[①]。

2.17 电子战接收机的发展趋势[13]

对电子战接收机的未来发展趋势进行正确评估是非常困难的。例如,在 1974 年左右,布拉格盒接收机最初是作为电子情报接收机进行研制的。某机载系统曾使用该型接收机搜集数据情报,得到的结果令人印象极为深刻。不过,经过多年的研究,一些关键问题依然没有得到满意的解决。本节的讨论主要基于现有的需求和预期的技术发展趋势。

2.17.1 理论问题的解决方案

在电子战接收机研究中需要解决两大理论问题:一个是确定电子战接收机的最佳带宽的问题,另一个是接收机可以处理两个同时到达信号的理论边界问题。第一个问题是颇具系统性的问题,从纯理论的角度来看,解决方案的获得不会是一蹴而就的。

第二个问题是在给定脉宽和信噪比的情况下,求出瞬时动态范围和频率分辨率。这个问题应在实时处理的前提下去寻求解决方案,它与 Cramer-Rao 界的问题类似。由于接收机尚未

---

① angular separation 又称为 angular distance,中文译法有"角距离""角间距"或"角距"等。它是指在存在两个点目标的情况下,当从其他某一点观测这两个点目标时,自该观测点出发分别指向两个点目标的两个方向之间的夹角。——译者注

能够设计成最大似然接收机，模拟接收机的性能远未达到 Cramer-Rao 界。寻找不同的界将是非常有用的，不过这个界可能与接收机的设计有关。如果事实的确如此，那么在设计接收机之前很难明确对它的要求。

电子战接收机未来的发展预期将集中在四个方面：排队接收机、压缩接收机、信道化 IFM 接收机和数字接收机。

2.17.2 排队接收机

实际上，排队接收机由两种或者更多种类型的接收机组成：至少有一个粗测接收机和一个精测接收机。此类接收机的基本理念是首先对一个参数进行粗测（如频率或到达角），然后利用粗测信息引导其他接收机对其进一步测量。这种接收机会有多种不同类型的设计，该问题将在第 15 章中进行讨论。

2.17.3 用于到达角测量的压缩接收机

如前所述，用于测量到达角信息的压缩接收机需要的硬件较少。由于测量到达角的相位比较系统虽然覆盖的角度较窄，但是测角精度高于幅度比较系统，所以研究的重点将集中在相位比较系统上。采用相位比较方法时，接收机必须保证相位匹配。可以预见的问题之一是如何测量压缩脉冲中的相位差。压缩脉冲非常短（如 1 GHz 输入带宽可以产生 1 ns 的压缩脉冲），在如此短的时间内测量相位差不是一项容易的任务。一种可能的解决方法是人为地展宽压缩脉冲，从而为测量提供更多的时间。由于压缩脉冲的宽度和频率分辨率相关，人为地增大压缩脉冲的宽度会降低接收机在频率上对两个相邻信号的区分能力。例如，压缩接收机可以测量频率间隔为 20 MHz 的两个信号，但是由于对压缩脉冲的展宽降低了压缩接收机的频率分辨能力，所以到达角测量电路无法测量这两个信号。

2.17.4 信道化 IFM 接收机

信道化 IFM 接收机已经不再是一个新的概念。IFM 接收机可以做得非常小，并可对短脉冲进行准确的频率测量，但是它不能处理同时到达信号。在接收机前端放置一个窄带滤波器来降低同时到达信号出现的概率，貌似是一种显而易见的解决方法。然而，窄带滤波器会在脉冲信号的情况下引起暂态效应，其影响程度还需要进行细致的研究。滤波器的带宽需要根据总的信道数量和预期的最小脉冲宽度来确定。IFM 接收机的主要问题还在于参数编码器。一个强信号可能在多个信道上被检测到，但是接收机必须能够正确报告该信号的实际频率。另一方面，当两个同时到达信号进入两个相邻信道时，接收机必须能够正确报告这两个信号的频率信息。通常，当两个同时到达信号进入同一个信道时，有可能得到错误的频率数据。

2.17.5 数字接收机

由于模数转换器技术的发展，在不久的将来，模数转换器可用于构建宽瞬时带宽（2 GHz）、较大动态范围（50 dB）的接收机。虽然一些谱估计方法可以产生非常高的频率分辨率，但是这些方法所需运算量太大，不适用于实时处理。高速 FFT 芯片已可供使用，在不久的将来，FFT 仍然可能是最有发展前景的方法。另一些有前景的方法是采用多速率信号处理中的抽取技术来构造数字信道化接收机。与模拟方法相比，数字信道化的一个优势在于所有信道可以做到更好的平衡。需要注意的是，模数转换器响应是与频率有关的，即使是数字信道化接收机也不会具有完全平衡的输出。

即使在数字接收机中，参数编码器依然是最重要的器件之一。这方面的工作在文献资料中论述得很少。在进行频率分析(如 FFT)之后，必须获得输入信号的载频和幅度信息。频率编码方法应该能够剔除副瓣并识别出主瓣。在电子战接收机中，强信号导致模数转换器饱和的情况无法避免；而这个饱和问题和许多其他问题未在通信接收机中发现，将来必须对此进行深入研究。在第 17 章中给出了编码器设计的一个实例。

2.18 电子战处理机

本节将介绍电子战处理机的基本概念。电子战处理机预期实现的功能有：信号分选、产生脉冲重复周期(PRI)数据、识别雷达个体、跟踪和重访问(revisiting)。下面逐一讨论每个功能。

2.18.1 信号分选

下面用一个例子来说明信号分选如何工作的。如果三部常规雷达具有恒定的 PRI，这些雷达就会辐射三个稳定的脉冲串，如图 2.11(a)至图 2.11(c)所示。当电子战接收机截获到这些脉冲串时，其结果可表示为图 2.11(d)。可以想像，接收机能够测量该图中所有同时到达信号的总数。所得结果来自交错在一起的三部雷达信号。据图很难判断哪一个脉冲来自哪一部雷达。如果电子战接收机不能确定同时到达信号的数量，那么所得结果将如图 2.11(e)所示。在此情况下，由于无法知道在任一时刻究竟接收到多少个脉冲，区分脉冲串将变得更加困难。

电子战处理机必须能够对截获的脉冲串进行分选处理，以分选出单部雷达的脉冲串。为了解决这个问题，必须对每个截获的脉冲进行对比，看它们是否来自同一部雷达。用于进行比对的常用参数是中心频率(或射频)、TOA 差(ΔTOA)和接收脉冲的到达角信息。如果两个脉冲在射频上非常接近，那么可以认为它们来自同一部雷达。但是，如果一部雷达每个脉冲的射频都发生改变，就很难用对比射频的方法来分选出脉冲串了。类似的情况也适用于 TOA 差的分选。对具有频率捷变和 PRI 抖动能力的雷达，到达角信息可能是脉冲分选最有效的一个参数。通过参数比对，截获的脉冲串可被分选为不同雷达的脉冲串。

电子战接收机测量的脉冲幅度信息取决于发射天线和接收天线的方向，因此这是一个不可靠的参数。多径效应会干扰脉宽测量的精度。多径效应是指一个信号通过不同的路径到达接收机(如来自建筑物的反射)。因此，脉幅和脉宽通常不会用来进行脉冲的分选处理。

可以将信号分选看成一个二维模式识别问题。射频和到达角是用来进行模式识别的两个参数。我们期望(通过某种变换)能找到比到达角更容易获得的一些新参数。虽然在这方面的研究已经开始，但是目前关于能够在电子战接收机中运行的实时系统尚未有报道。

信号分选是电子战处理机的主要功能，从设计上应该实现以最大效率进行信号分选。换言之，电子战处理机应该能够用最少数量的接收脉冲来完成信号分选处理。

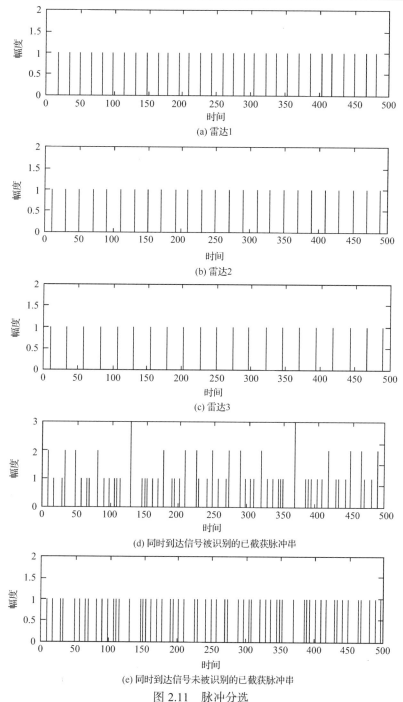

图 2.11 脉冲分选

2.18.2 脉冲重复周期的产生

一旦识别出单部雷达辐射的脉冲串，就可以用 TOA 信息来产生 PRI。如前所述，PRI 就是在已分选的脉冲串中两个相邻脉冲之间的 TOA 差。如果使用 TOA 差进行信号分选处理，PRI 信息就已经可用了。一些雷达具有稳定的 PRI，如图 2.11 所示，而有的雷达具有 PRI 参差功能，即具有多个 PRI 值。一些雷达甚至具有随机的（或抖动的）PRI。

2.18.3 雷达识别

射频频率、PRI 和脉宽可被认为是雷达的固有特性，因为这些参数是由雷达直接产生的，可以使用它们来判断雷达的类型。而脉冲幅度和到达角信息不是由雷达直接产生的，而是关于雷达和侦察接收机的相对位置的函数。根据射频、PRI 和脉宽，可以识别雷达类型。如果雷达具有威胁性，就可以确定用来对抗它的干扰技术。

2.18.4 跟踪

电子战处理机所能处理信号的脉冲密度是有限的，它能够处理的脉冲密度一般低于电子战接收机能够截获的脉冲密度。如果电子战处理机能够每秒处理 100 000 个脉冲，而电子战接收机每秒能截获 1 000 000 个脉冲，接收的脉冲密度就会阻塞处理机。不过，一旦雷达脉冲串被识别，就无须再对这些脉冲串进行分选处理。使用跟踪器的目的是防止已识别脉冲串再被处理机进行分选处理。跟踪器可被认为是一个阻止处理机对已识别脉冲进行分选处理的二维滤波器。其中一维是时域中的 PRI，另一维是频域中的射频。跟踪器选通在特定时间段和特定射频范围内的脉冲。如果接收机不能产生频率信息（如晶体视频接收机），跟踪器就只能在时域内根据脉冲串的 PRI 来工作。一个跟踪器通常跟踪一个信号，但是处理机可以具有许多跟踪器。在有些情况下，跟踪器被认为是有源电子对抗的一部分，因为跟踪器是技术生成器的一部分。技术生成器为实施干扰提供所需的被射频信号调制的视频脉冲。

2.18.5 重访问

一旦一个脉冲串被识别为威胁信号，就可以开启干扰机对该信号进行干扰。同时对该脉冲串进行跟踪，相关信息不会再到达信号分选电路。这样就不知道该信号是否还在发射（或者正被接收机截获）。弄清楚正在受干扰的信号是否仍在发射是非常重要的，否则能量会浪费在对已停止发射信号的干扰上。为了弄清楚信号是否仍可被截获，跟踪器需要暂时停止跟踪，并把将相关信息送到电子战处理机，这一处理过程通常称为重访问。如果信号仍可被截获，就把测量的脉冲参数送到处理机，跟踪器继续跟踪该信号。如果不再截获信号，则干扰机和跟踪器停止处理工作。

2.19 电子战接收机设计目标[64]

诸如在 2.7 节中讨论的 Cramer-Rao 界等一些理论限制应该是非常有用的。然而，对于电子战接收机而言，目前还没有得到这些界。因此，在本节中讨论的有关性能可视为电子战接收机设计的目标。这些目标是否能够同时实现是不确定的。表 2.2 列出了这些目标。如果接收机照此设计，那么通常可以达到所列的瞬时带宽、空间覆盖范围和同时到达信号的数量。

用于信号处理的数据长度通常与最小脉宽匹配，如此可以获得最好的信噪比[64]。这样还可以简化参数编码器的设计。短数据处理等效于宽带滤波器，虽然参数编码器设计简化了，但是信噪比却比较低，频率分辨率也较差。长数据处理等效于窄带滤波器。窄带滤波器会在载频和脉冲形状上对脉冲信号产生影响。由此导致的结果是，对载频、脉幅和脉宽的测量将不准确。为了覆盖相同的输入带宽，需要许多并行的窄带信道，构建这样的参数编码器将非常困难。一个短脉冲会从许多滤波器上同时产生输出，此时不仅载频难以确定，而且对信号数也难以做出判断。

表 2.2　电子战接收机性能设计目标

性　　能	设 计 目 标	性　　能	设 计 目 标
瞬时带宽	>1 GHz	双信号无寄生动态范围	55 dB
空间视场	4π rad 立体角	双信号频率分辨率	20 MHz
同时到达信号的处理能力	4	测频精度	1 MHz
最小脉冲宽度	100 ns	到达角测量精度	1°
灵敏度	−65 ~ −90 dBm	时间分辨率测量精度	1 ns ~ 1 μs
单信号无寄生动态范围	75 dB	脉冲幅度测量精度	1 dB
瞬时动态范围	50 dB	实时运算(延迟时间)	<2 μs

2.20　小结

虽然电子战接收机的研究是一个老话题，但是仍然有许多问题需要解决。以前，大多数研究集中在模拟接收机上，主要精力投入到改善接收机处理同时到达信号的能力上，如信道化接收机、压缩接收机和布拉格盒接收机。由于技术上的困难和经费的限制，上述提及的几种接收机实际研制成功的并不多。就研究而言，电子战领域始终是一个开放的领域。可以预见，将来许多受关注的问题会被深入研究，并且数字电子战接收机的研究和开发将会加速。

参考文献

[1] Boyd JA, Harris DB, King DD, Welch HW, Jr. (eds.). *Electronic Countermeasures*. Los Altos, CA: Peninsula Publishing; 1978.

[2] Fitts RE (eds.). *The Strategy of Electromagnetic Conflict*. Los Altos, CA: Peninsula Publishing; 1980.

[3] Price A. *The History of U.S. Electronic Warfare*, **vol. 1**. Alexandria, VA: Association of Old Crows; 1984.

[4] Davies CL, Hollands P. 'Automatic processing for ESM'. *IEE Proceedings-F: Radar and Signal Processing* 1982; **129**(3): 164–171.

[5] Hovanessian SA. 'Noise jammers as electronic countermeasures'. *Microwave Journal* 1985; **28**(9): 113–116.

[6] Mardia HK. 'New techniques for the deinterleaving of repetitive sequence'. *IEE Proceedings-F: Radar and Signal Processing* 1989; **136**(4): 149–154.

[7] Skolnik MI. *Introduction to Radar Systems*. New York: McGraw-Hill; 1962.

[8] Skolnik MI (ed.). *Radar Handbook*. New York: McGraw Hill; 1970.

[9] Stremler FG. *Introduction to Communication Systems*, 2nd ed. Reading, MA: Addison-Wesley; 1982.

[10] Wiley RG. *Electronic Intelligence: The Analysis of Radar Signals*. Norwood, MA: Artech House; 1982.

[11] Rohde UL, Bucher TTN. *Communications Receivers Principles and Design*. New York: McGraw Hill; 1988.

[12] Ziemer RE, Tranter WH. *Principles of Communications: Systems, Modulation and Noise*, 2nd ed. Boston: Houghton Mifflin; 1985.

[13] Tsui JBY. *Microwave Receivers with Electronic Warfare Applications*. New York: John Wiley & Sons; 1986.

[14] Cook CE, Bernfeld M. *Radar Signals: An Introduction to Theory and Application*. New York: Academic Press; 1967.

[15] Dixon RC. *Spread Spectrum Systems*. New York: John Wiley & Sons; 1976.

[16] Barton DK. *Radar System Analysis*. Norwood, MA: Artech House; 1976.

[17] Stimson GW. *Introduction to Airborne Radar*. El Segundo, CA: Hughes Aircraft; 1983.

[18] Rogers JAV. 'ESM processor system for high pulse density radar environments'. *IEE Proceedings-F:*

Communications, Radar and Signal Processing 1985; **132**(7): 621–625.

[19] Eaves JL, Reedy EK (eds.). *Principles of Modern Radars*. New York: Van Nostrand Reinhold; 1987.

[20] Rappolt F, Stone N. 'Receivers for signal acquisition'. *Microwave Journal* 1977; **20**(1): 29–33.

[21] Hoffmann CB, Baron AR. 'Wideband ESM receiving systems I'. *Microwave Journal* 1980; **23**: 24, 26, 28, 30–34.

[22] Cochrane JB, Markl FA. 'Broadband building blocks shape tomorrow's warning receivers'. *Microwaves* 1980; **November**: 92–95.

[23] Hinshaw J, Carpenter JA. 'A primer on digital output detector video receiver systems'. *Microwave Journal* 1984; **27**(10): 151–152, 154–156.

[24] Moore RA, Marinaccio RE. 'Advancing EW system strategies and supporting technologies'. *Microwave Journal* 1986; **February**: 26.

[25] Watson R. 'Receiver dynamic range. I – guidelines for receiver analysis'. *Microwave & RF* 1986; **25**: 113–116, 118, 119, 122.

[26] Lochhead DL. 'Receivers and receiver technology for EW systems'. *Microwave Journal* 1986; **29**: 139–140, 142, 144, 146, 148.

[27] Steinbrecher DH. 'Achieving maximum dynamic range in a modern receiver'. *Microwave Journal* 1985; **28**(9): 129–130, 134, 136, 140, 142, 146, 150.

[28] Engelson M. 'Sharpen pulse signal measurement accuracy'. *Microwave & RF* 1986; **25**(8): 81–83.

[29] Ball F. 'Measure the real impulse bandwidth'. *Microwave & RF* 1987; **26**(1): 93–96

[30] Ackroyd MH. 'Instantaneous and time varying spectra—an introduction'. *Radio and Electronic Engineer* 1970; **39**(3): 145–152.

[31] Boashash B. 'Estimating and interpreting the instantaneous frequency of a signal. I. Fundamentals'. *Proceedings of the IEEE* 1992; **80**(4): 520–538.

[32] Boashash B. 'Estimating and interpreting the instantaneous frequency of a signal. II. Algorithms and applications'. *Proceedings of the IEEE* 1992; **80**(4): 540–568.

[33] Slepian D. 'Estimation of signal parameters in the presence of noise'. *Transactions of the IRE Professional Group on Information Theory* 1954; **3**(3): 68–89.

[34] Rife DC, Vincent GA. 'Use of the discrete Fourier transform in the measurement of frequencies and levels of tones'. *Bell System Technical Journal* 1970; **49**(2): 197–228.

[35] Rife DC. *Digital Tone Parameter Estimation in the Presence of Gaussian Noise*. Ph.D. dissertation, Polytechnic Institute of Brooklyn, 1973.

[36] Rife DC, Boorstyn RR. 'Single-tone parameter estimation from discrete-time observations'. *IEEE Transactions on Information Theory* 1974; **20**(5): 591–598.

[37] Rife DC, Boorstyn RR. 'Multiple tone parameter estimation from discrete-time observations'. *Bell System Technical Journal* 1976; **55**(9): 1389–1410.

[38] Friedlander B, Porat B. 'A general lower bound for parametric spectrum estimation'. *IEEE Transactions on Acoustic, Speech, Signal Processing* 1984; **32**(4): 728–733.

[39] Tsui JBY, Thompson MH, McCormick W. 'Theoretical limit on instantaneous dynamic range of EW receivers'. *Microwave Journal* 1987; **30**: 147.

[40] Tsui JBY. *Digital Microwave Receivers: Theory and Concepts*. Norwood, MA: Artech House; 1989.

[41] Earp CW, Godfrey RM. 'Radio direction-finding by the cyclical differential measurement of phase'. *Journal of the Institute of Electrical Engineers – Part IIIA: Radiocommunication* 1947; **94**(15): 705–721.

[42] Chubb E, Grindon JR, Venters DC. 'Omnidirectional instantaneous direction finding system'. *IEEE Transactions on Aerospace and Electronic Systems* 1967; **AES-3**(2): 250–256.

[43] Baron AR, Davis KP, Hofmann CP. 'Passive direction finding and signal location'. *Microwave Journal* 1982; **25**(9): 59–76.

[44] Mosko JA. 'An introduction to wideband, two-channel direction finding systems'. *Microwave Journal* 1984; **27**: 91–92, 96–98, 100.

[45] Harper T. *Hybridization of Competitive Receivers*. Tech-Notes, **vol. 7**. Palo Alto, CA: Watkins-Johnson; 1980.

[46] Tsui JBY. 'An introduction to EW microwave receivers'. *Journal of Electronic Defense* 1989; **12**: 39.

[47] Cumming RC, Myers GA. *Performance of Receivers and Signal Analyzers Using Broadband Frequency Sensitive Devices*. Technical Report 1905-1. Stanford, CA: Stanford Electronics Laboratories; 1967.

[48] East PW. 'Design techniques and performance of digital IFM'. *IEE Proceedings-F: Communications, Radar and Signal Processing* 1982; **129**(3): 154–163.

[49] Bowler BL. 'Tradeoffs in digital IFM receiver design'. Presented at the Joint DADC/Dmpire AOC Technical Seminar, Griffiss Air Force Base, Rome, NY, Nov. 4, 1982.

[50] Harper T. 'New Trends in EW Receivers'. *Countermeasures* 1976; **December/January**: 34.

[51] 'The channelized receiving systems'. *Microwave System News* 1975/1976; **6**: 63.

[52] Hennessy P, Quick JD. 'The channelized receiver comes of age'. *Microwave System News* 1979; **9**(7): 36.

[53] Anderson GW, Webb DC, Spezio AE, Lee JN. 'Advanced channelization technology for RF microwave and millimeterwave applications'. *Proceedings of the IEEE* 1991; **79**(3): 355–388.

[54] Goodman JW. *Introduction to Fourier Optics*. New York: McGraw-Hill; 1968.

[55] Chang IC. 'I. Acoustooptic devices and applications'. *IEEE Transactions on Sonics and Ultrasonics* 1976; **23**(1): 2–21.

[56] Lugt AV. 'Interferometric spectrum analyzer'. *Applied Optics* 1981; **20**(16): 2770–2779.

[57] Wilby WA, Gatenby PV. 'Theoretical study of the interferometric Bragg-cell spectrum analyser'. *IEE Proceedings J-Optoelectronics* 1986; **133**(1): 47–59.

[58] Goutzoulis AP, Abramovitz IJ. 'Digital electronics meets its match'. *IEEE Spectrum* 1988; **25**(8): 21–25.

[59] White WD. *Signal Translation Apparatus Utilizing Dispersive Network and the Like, for Panoramic Reception, Amplitude-Controlling Frequency Response, Signal Frequency Gating, Frequency Time Domain Conversion, etc.* U.S. Patent 2,954,465, September 27, 1960.

[60] Kincheloe WR. *The Measurement of Frequency With Scanning Spectrum Analyzers*, Technical Report 557-2. Stanford, CA: Stanford Electronics Laboratories; 1962.

[61] Daniels WD, Churchman M, Kyle R, Skudera W. 'Compressive receiver technology'. *Microwave Journal* 1986; **29**(4): 175–176, 178.

[62] Watson R. 'Receiver dynamic range. II – Use one figure of merit to compare all receivers'. *Microwave & RF* 1987; **26**: 99–100, 102.

[63] Tsui JBY, Shaw RL, Davis RL. 'Performance standards for wideband EW receivers'. *Microwave Journal* 1989; **32**(2): 46, 48, 50, 52, 54.

[64] Lawson JL, Uhlenbeck GE (eds.). *Threshold Signals*. New York: McGraw-Hill; 1950: 199–210.

[65] East PW. 'Fifty years of instantaneous frequency measurement'. *IET Radar, Sonar & Navigation* 2012; **6**(2): 112–122.

第3章 傅里叶变换

3.1 引言

本章将对连续傅里叶变换和离散傅里叶变换进行讨论。本章介绍的内容是书中所讨论的宽带接收机处理技术的基础知识。许多书对该问题进行了讨论,本章末尾列出了其中部分书目。已经具备相关背景知识的读者可以跳过本章。

3.2 傅里叶级数和连续傅里叶变换[1~4]

傅里叶级数是由法国数学家和物理学家让·巴普蒂斯·约瑟夫·傅里叶(Jean Baptiste Joseph de Fourier)(1768—1830)在1807年提出的。他指出,在有限区间上由任意分段图形(连续或者不连续)所定义的任意函数,都可以表示为诸如正弦和余弦函数这样的连续函数的无穷多项之和。虽然几乎所有的法国科学院成员都质疑其有效性,但是结果证明它在信号处理领域是最强有力的工具之一。

傅里叶级数可以解释如下:一个周期实函数 $x(t)$ 可以表示为无穷多个具有离散频率的正弦波之和。傅里叶级数有多种书写形式。其中一种可表示为

$$x(t) = A_0 + \sum_{n=1}^{\infty} A_n \cos \frac{2\pi nt}{T} + \sum_{n=1}^{\infty} B_n \sin \frac{2\pi nt}{T} \tag{3.1}$$

其中,T 表示函数 $x(t)$ 的周期;A_0 表示函数 $x(t)$ 的平均值,可表示为

$$A_0 = \frac{1}{T} \int_{-T/2}^{T/2} x(t) \mathrm{d}t \tag{3.2}$$

常数 A_n 和 B_n 可由下式求得:

$$A_n = \frac{2}{T} \int_{-T/2}^{T/2} x(t) \cos \frac{2\pi nt}{T} \mathrm{d}t, \quad B_n = \frac{2}{T} \int_{-T/2}^{T/2} x(t) \sin \frac{2\pi nt}{T} \mathrm{d}t \tag{3.3}$$

这是因为指数项可以分解为正弦和余弦函数的形式,即

$$\mathrm{e}^{-\mathrm{j}\theta} = \cos \theta - \mathrm{j} \sin \theta \tag{3.4}$$

其中,$\mathrm{j} = \sqrt{-1}$。

复信号的傅里叶级数可以表示为

$$x(t) = \sum_{n=-\infty}^{\infty} X_n \mathrm{e}^{\frac{\mathrm{j}2\pi nt}{T}} \tag{3.5}$$

其中,X_n 可由下式求得:

$$X_n = \frac{1}{T} \int_{-T/2}^{T/2} x(t) e^{\frac{-j2\pi nt}{T}} dt \tag{3.6}$$

当 $x(t)$ 是实信号时，式(3.5)可以写成式(3.1)的形式。将式(3.6)代入式(3.5)中，重新整理，可得

$$x(t) = \sum_{n=-\infty}^{\infty} \frac{1}{T} \left(\int_{-T/2}^{T/2} x(t) e^{\frac{-j2\pi nt}{T}} dt \right) e^{\frac{j2\pi nt}{T}} \tag{3.7}$$

对于非周期信号，其周期 T 可认为是无穷大。当式(3.7)中的 T 趋于无穷大时，n/T 变为连续变量 f，$1/T$ 变为微分 df，且式(3.7)中的求和变为积分，从而得到如下结果：

$$x(t) = \int_{-\infty}^{\infty} \left(\int_{-\infty}^{\infty} x(t) e^{-j2\pi ft} dt \right) e^{j2\pi ft} df \tag{3.8}$$

因此，函数 $x(t)$ 的连续傅里叶变换定义为

$$F[x(t)] \equiv X(f) = \int_{-\infty}^{\infty} x(t) e^{-j2\pi ft} dt \tag{3.9}$$

其中，f 表示频率。而连续傅里叶逆变换可以定义为

$$F^{-1}[X(f)] \equiv x(t) = \int_{-\infty}^{\infty} X(f) e^{j2\pi ft} df \tag{3.10}$$

式(3.9)也可以写成如下形式：

$$X(f) = \int_{-\infty}^{\infty} x(t) \cos(2\pi ft) dt - j \int_{-\infty}^{\infty} x(t) \sin(2\pi ft) dt \tag{3.11}$$

上式可以用于研究偶函数和奇函数在傅里叶变换下的性质。

为了得到物理图像，可以想象用频域上的无数个频率来表示在时域上的一个周期函数，且这些频率是离散的，这就是傅里叶级数。如果一个函数在时域中不是周期函数，则可认为其周期是无穷大，该函数可用频域中的无数个频率来表示，而这些频率是连续的。

3.3 常用函数[5~11]

本节主要介绍本书中广泛应用的三个常用函数：矩形函数、冲激函数和梳状函数。

3.3.1 矩形函数

矩形函数的定义如下：

$$\text{rect}(t/T) = \begin{cases} A, & -\frac{T}{2} < t < \frac{T}{2} \\ 0, & \text{其他} \end{cases} \tag{3.12}$$

该函数是关于 t 的偶函数(关于 $t=0$ 对称)。然而，由于正弦函数关于 $t=0$ 是斜对称的，

所以矩形函数与正弦函数的乘积关于 $t=0$ 也是斜对称的。斜对称函数在 t 从负无穷到正无穷上的积分为零，这是因为正负分量相互抵消。因此，$\text{rect}(t/T)$ 的傅里叶变换为

$$\text{RECT}(f) = A\int_{-\frac{T}{2}}^{\frac{T}{2}} e^{-j2\pi ft} dt = A\int_{-\frac{T}{2}}^{\frac{T}{2}} \cos(2\pi ft) dt \tag{3.13}$$

$$= \frac{A\sin(\pi fT)}{\pi f} = \frac{AT\sin(\pi fT)}{\pi fT} = AT\,\text{sinc}(\pi fT)$$

上式的结果使用了 sinc 函数，sinc 函数定义为

$$\text{sinc}(x) = \frac{\sin(x)}{x} \tag{3.14}$$

函数 $\text{rect}(t/T)$ 和 $\text{RECT}(f)$ 如图 3.1 所示。在该图中，$A=2$，$T=1$。从式 (3.13) 和式 (3.14) 可见，函数 $\text{RECT}(f)$ 的第一个零点出现在 $f=1/T$，即 $\sin(\pi)=0$ 处，所以主瓣宽度为 $2/T$。

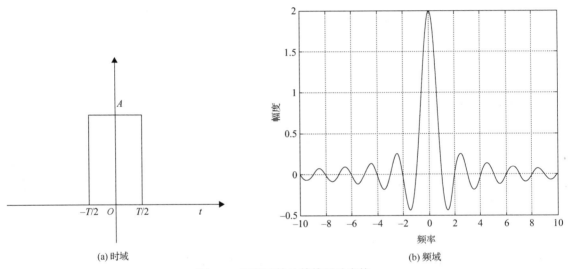

(a) 时域　　(b) 频域

图 3.1　矩形函数及其傅里叶变换

3.3.2　冲激函数

冲激函数用符号 $\delta(t)$ 来表示，有时也将它称为 Dirac delta 函数。将冲激函数作为系统输入时，产生的输出称为系统的冲激响应。冲激函数可认为是在 $t=0$ 处的非常窄的矩形函数，如图 3.1(a) 所示，其中 $A=1/T$，且 T 趋于零。该矩形函数的面积为 1。函数 $\delta(t-t_0)$ 表示 $t=t_0$ 时的冲激函数。对冲激函数积分，可以得到如下结果：

$$\int_a^b \delta(t-t_0) dt = \begin{cases} 1, & a \leqslant t_0 \leqslant b \\ 0, & \text{其他} \end{cases} \tag{3.15}$$

如果冲激函数在积分区间内，那么积分结果为 1，否则积分结果为 0。冲激函数只是一种概念性的数学表示，因为在实际中 $\delta(t)$ 函数是无法产生的。然而，冲激函数对数字化过程的概念化非常有用。我们可以把"采样"看成输入信号和周期性冲激脉冲串的乘积。

根据冲激函数的采样特性，也可以将其定义为如下更为通用的形式：

$$\int_a^b x(t)\delta(t-t_0)\mathrm{d}t = \begin{cases} x(t_0), & a \leqslant t_0 \leqslant b \\ 0, & 其他 \end{cases} \tag{3.16}$$

它表示在 $t=t_0$ 时刻 $x(t)$ 的特定值。

从式(3.9)的定义可以得到 $\delta(t)$ 函数的傅里叶变换为

$$X(f) = \int_{-\infty}^{\infty} \delta(t)\mathrm{e}^{-\mathrm{j}2\pi ft}\mathrm{d}t = \mathrm{e}^0 = 1 \tag{3.17}$$

其结果如图 3.2 所示。

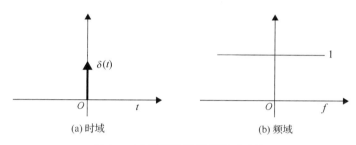

(a) 时域 　　　　　　　　　　　(b) 频域

图 3.2　冲激函数及其傅里叶变换

对于前文刚介绍的矩形函数，当 T 趋于无穷大时，其傅里叶变换趋于 $A\delta(f)$。换言之，常数的傅里叶变换是一个冲激函数，而冲激函数的傅里叶变换是一个常数。从式(3.10)可以推导出冲激函数的傅里叶逆变换为

$$\begin{aligned} \delta(t) &= \int_{-\infty}^{\infty} \mathrm{e}^{\mathrm{j}2\pi ft}\mathrm{d}f = \lim_{f\to\infty} \frac{\mathrm{e}^{\mathrm{j}2\pi ft}}{\mathrm{j}2\pi t}\bigg|_{-f}^{f} = \lim_{f\to\infty} \frac{\cos(2\pi ft)+\mathrm{j}\sin(2\pi ft)}{\mathrm{j}2\pi t}\bigg|_{-f}^{f} \\ &= \lim_{f\to\infty} \frac{\sin(2\pi ft)}{2\pi t}\bigg|_{-f}^{f} = \lim_{f\to\infty} \frac{2\sin(2\pi ft)}{2\pi t} = \lim_{f\to\infty} \frac{\sin(2\pi ft)}{\pi t} \end{aligned} \tag{3.18}$$

也可以将上式看成冲激函数的另一种定义，即

$$\delta(t) = \lim_{f\to\infty} \frac{\sin(2\pi ft)}{\pi t} \tag{3.19}$$

时移冲激函数可以表示为

$$\delta(t-t_0) = \lim_{f\to\infty} \frac{\sin[2\pi f(t-t_0)]}{\pi(t-t_0)} \tag{3.20}$$

更多关于冲激函数的例子将在后面的章节中加以说明。

3.3.3　梳状函数

梳状函数定义为无数个均匀分布的冲激函数之和，其形状就像一把梳子，如图 3.3(a) 所示。该函数既可以在时域中进行定义，也可以在频域中进行定义。在时域中的梳状函数的数学表达式可以写为

$$x(t) = \mathrm{comb}(t) = \sum_{n=-\infty}^{\infty} \delta(t-nT) \tag{3.21}$$

其中，T 为 δ 函数之间的间隔。

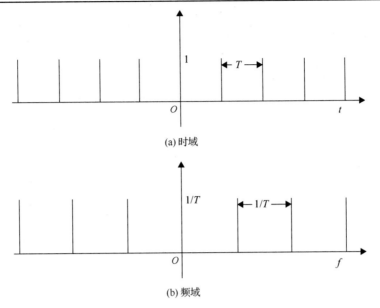

(a) 时域

(b) 频域

图 3.3 梳状函数及其傅里叶变换

梳状函数的傅里叶变换可以通过对上式直接积分而求得。其推导过程如下：

$$X(f) = \int_{-\infty}^{\infty} \sum_{n=-\infty}^{\infty} \delta(t-nT) e^{-j2\pi ft} dt$$
$$= \sum_{n=-\infty}^{\infty} \int_{-\infty}^{\infty} \delta(t-nT) e^{-j2\pi ft} dt = \sum_{n=-N}^{N} e^{-j2\pi fnT} \bigg|_{N\to\infty} \quad (3.22)$$

使用关系式

$$\sum_{n=-N}^{N} z^n = \frac{z^{N+1} - z^{-N}}{z-1} \quad (3.23)$$

式 (3.22) 可以写为

$$X(f) = \frac{e^{-j2\pi f(N+1)T} - e^{j2\pi fNT}}{e^{-j2\pi fT} - 1} = \frac{e^{-j2\pi fT/2}\left[e^{-j2\pi f\left(N+\frac{1}{2}\right)T} - e^{j2\pi f\left(N+\frac{1}{2}\right)T}\right]}{e^{-j2\pi fT/2}\left[e^{-j2\pi f\left(\frac{1}{2}\right)T} - e^{j2\pi f\left(\frac{1}{2}\right)T}\right]} = \frac{\sin\left[2\pi\left(N+\frac{1}{2}\right)fT\right]}{\sin(\pi fT)} \quad (3.24)$$

在式 (3.24) 中，f 是一个变量。图 3.4 给出了该方程的图形。在该图中，N 取值为 7，而 f 的取值范围为 $-3.9 \sim 3.9$。其中，$f = n/T$，当 n 取整数时，该函数会出现一个峰值。该图大致具有梳子的形状。最后一步就是要证明，当 $N \to \infty$ 时，式 (3.24) 的结果趋于 δ 函数，其结果可写为

$$\frac{\sin[2\pi(N+1)fT]}{\sin(\pi fT)}\bigg|_{N\to\infty} = \frac{\sin\left[2\pi(N+1)\left(f-\frac{n}{T}\right)T\right]}{f-\frac{n}{T}} \frac{f-\frac{n}{T}}{\sin(\pi fT)}\bigg|_{N\to\infty} \quad (3.25)$$

利用 δ 函数的其中一种定义表达式 (3.20)，式 (3.25) 等号右边的第一部分可以写为

$$\lim_{N\to\infty} \frac{\sin\left[2\pi(N+1)\left(f-\frac{n}{T}\right)\right]}{f-\frac{n}{T}} = \pi\delta\left(f-\frac{n}{T}\right) \quad (3.26)$$

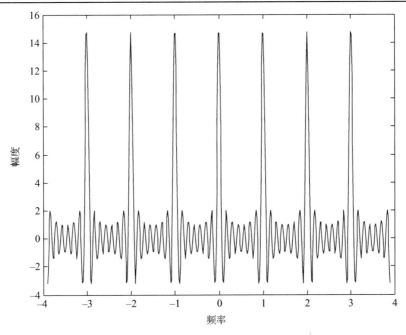

图 3.4 函数 $\sin[2\pi(N+1/2)fT]/\sin(\pi fT)$ 的图形

式(3.25)等号右边的第二部分可以用洛必达法则(L'Hospital's rule)求得，即

$$\left.\frac{f-\frac{n}{T}}{\sin(\pi fT)}\right|_{f=\frac{n}{T}} = \left.\frac{\frac{\mathrm{d}\left(f-\frac{n}{T}\right)}{\mathrm{d}f}}{\frac{\mathrm{d}[\sin(\pi fT)]}{\mathrm{d}f}}\right|_{f=\frac{n}{T}} = \left.\frac{1}{\pi T\cos(\pi fT)}\right|_{f=\frac{n}{T}} = \frac{1}{\pi T} \tag{3.27}$$

那么，任何峰值均可写为

$$\frac{\sin[(N+1)2\pi fT]}{\sin(\pi fT)} = \frac{\delta\left(f-\frac{n}{T}\right)}{T} \tag{3.28}$$

因此，梳状函数的傅里叶变换就是另一个幅度为 $1/T$，间隔为 $1/T$ 的梳状函数，如图 3.3(b) 所示。那么该结果的数学表达式可写为

$$X(f) = \mathcal{F}\left[\sum_{n=-\infty}^{\infty}\delta(t-nT)\right] = \frac{1}{T}\sum_{n=-\infty}^{\infty}\delta\left(f-\frac{n}{T}\right) \tag{3.29}$$

这一结论对于处理雷达信号是非常重要的，因为具有稳定脉冲重复频率(PRF)的雷达信号可以用梳状函数来表示。

3.4 傅里叶变换的性质[5~12]

本节将对傅里叶变换的一些性质进行讨论。如果数学关系显然可见，则不会给出证明过程。

3.4.1 线性

傅里叶变换是一个线性运算符，具有如下性质：

$$\mathcal{F}[\alpha x(t) + \beta y(t)] = \alpha X(f) + \beta Y(f) \tag{3.30}$$

利用傅里叶变换的定义，很容易证明该性质。

3.4.2 奇偶性

这一性质可以从式(3.11)推导出来。如果 $x(t)$ 是偶函数,则式(3.11)等号右边的第二项(虚部)为 0,输出是一个实函数

$$X(f) = \int_{-\infty}^{\infty} x(t)\cos(2\pi f t)\mathrm{d}t \tag{3.31}$$

因为 $\cos\theta = \cos(-\theta)$,所以 $X(f)$ 关于 $f=0$ 是对称的。

如果式(3.11)中的 $x(t)$ 是奇函数,那么等号右边的第一项(实数部分)为 0,输出只有虚部,即

$$X(f) = -j\int_{-\infty}^{\infty} x(t)\sin(2\pi f t)\mathrm{d}t \tag{3.32}$$

因为 $\sin\theta = -\sin(-\theta)$,所以 $X(f)$ 关于 $f=0$ 是斜对称的。

3.4.3 对偶性

对偶性是指如果函数在时域中为 $x(t)$,且其傅里叶变换为 $X(f)$,那么函数 $X(t)$ 的傅里叶变换为 $x(-f)$。这一性质可以通过式(3.10)傅里叶逆变换公式来证明。该证明过程比较简单,仅需要三步和改变两个变量符号就可以完成。在式(3.10)中,可以把变量 t 和 f 看成名义变量。第一步用 t' 代替 f,其结果为

$$x(t) = \int_{-\infty}^{\infty} X(t')\mathrm{e}^{\mathrm{j}2\pi t' t}\mathrm{d}t' \tag{3.33}$$

第二步用 $-f$ 代替 t,其结果为

$$x(-f) = \int_{-\infty}^{\infty} X(t')\mathrm{e}^{-\mathrm{j}2\pi f t'}\mathrm{d}t' \tag{3.34}$$

因为 t' 是名义变量, t' 可以直接写为 t,所以式(3.34)可以写为

$$x(-f) = \int_{-\infty}^{\infty} X(t)\mathrm{e}^{-\mathrm{j}2\pi f t}\mathrm{d}f \tag{3.35}$$

即所期望的结果。

3.4.4 共轭及共轭对称性

如果函数在时域中为 $x(t)$,且其傅里叶变换为 $X(f)$,那么其复共轭函数 $x^*(t)$ 的傅里叶变换为 $X^*(-f)$。对式(3.9)的两侧同时取复共轭,可得

$$X^*(f) = \left[\int_{-\infty}^{\infty} x(t)\mathrm{e}^{-\mathrm{j}2\pi f t}\mathrm{d}t\right]^* = \int_{-\infty}^{\infty} x(t)^*\mathrm{e}^{\mathrm{j}2\pi f t}\mathrm{d}t \tag{3.36}$$

用 $-f$ 替代 f,上式可以变为

$$X^*(-f) = \int_{-\infty}^{\infty} x^*(t) \mathrm{e}^{-\mathrm{j}2\pi ft} \mathrm{d}t \tag{3.37}$$

至此证明完成。

该性质的含义是，对于一个实函数 $x(t)$，其傅里叶变换是共轭对称的，即 $X(f) = X^*(-f)$。提高数字接收机输入带宽的一种方法就是将实信号转换为复信号，这样就破坏了该信号傅里叶变换的对称性。

3.4.5 尺度变换特性

如果将函数 $x(t)$ 中的时间变量 t 替换为 t/a，那么对应的傅里叶变换可以通过用 t' 替换 t/a 得到，其结果为

$$\mathcal{F}\left[x\left(\frac{t}{a}\right)\right] = \int_{-\infty}^{\infty} x\left(\frac{t}{a}\right) \mathrm{e}^{-\mathrm{j}2\pi ft} \mathrm{d}t = a \int_{-\infty}^{\infty} x(t') \mathrm{e}^{-\mathrm{j}2\pi a f t'} \mathrm{d}t' = aX(af) \tag{3.38}$$

该表达式的含义是，当时间除以一个因子 a 时，傅里叶变换的幅度和频率都增大至原来的 a 倍。

同样，如果频率除以一个因子 a，则傅里叶逆变换可以写为

$$\mathcal{F}^{-1}\left[X\left(\frac{f}{a}\right)\right] = ax(at) \tag{3.39}$$

上式的证明与式(3.38)类似。

3.4.6 时移特性

输入信号 $x(t)$ 的时间 t 在平移 t_0 后，得到 $x(t-t_0)$。$x(t)$ 的傅里叶变换可以通过用 t' 替换 $t-t_0$ 得到，结果为

$$\mathcal{F}[x(t-t_0)] = \int_{-\infty}^{\infty} x(t-t_0) \mathrm{e}^{-\mathrm{j}2\pi ft} \mathrm{d}t = \int_{-\infty}^{\infty} x(t') \mathrm{e}^{-\mathrm{j}2\pi f(t'+t_0)} \mathrm{d}t' = \mathrm{e}^{-\mathrm{j}2\pi ft_0} X(f) \tag{3.40}$$

这意味着在时域中的平移会导致频域中的相位移动，而输出幅度大小不会发生改变。

3.4.7 频移特性

傅里叶变换输出 $X(f)$ 的频率 f 在平移 f_0 后，得到 $X(f-f_0)$。此时，通过代入 $f' = f - f_0$，可看出对输入信号的影响，即

$$\mathcal{F}^{-1}[X(f-f_0)] = \int_{-\infty}^{\infty} X(f-f_0) \mathrm{e}^{\mathrm{j}2\pi ft} \mathrm{d}f = \int_{-\infty}^{\infty} X(f') \mathrm{e}^{\mathrm{j}2\pi (f'+f_0)t} \mathrm{d}f' = \mathrm{e}^{\mathrm{j}2\pi f_0 t} x(t) \tag{3.41}$$

正如预想的一样，相应的影响是在时域中发生了频移。

3.4.8 微分特性

对输入信号 $x(t)$ 关于时间 t 求导，可以表示为 $x'(t)$。$x'(t)$ 的傅里叶变换输出可以通过分部积分法求得：

$$\mathcal{F}[x'(t)] = \mathcal{F}\left[\frac{\mathrm{d}x(t)}{\mathrm{d}t}\right] = \int_{-\infty}^{\infty}\frac{\mathrm{d}x(t)}{\mathrm{d}t}\mathrm{e}^{-\mathrm{j}2\pi ft}\mathrm{d}t$$

$$= x(t)\mathrm{e}^{-\mathrm{j}2\pi ft}\Big|_{-\infty}^{\infty} - (-\mathrm{j}2\pi f)\int_{-\infty}^{\infty}x(t)\mathrm{e}^{-\mathrm{j}2\pi ft}\mathrm{d}t = \mathrm{j}2\pi f X(f) \tag{3.42}$$

在上式中，假设在 $t = \pm\infty$ 时，函数 $x(t)=0$。这个假设使得上式中的第一部分为 0。

3.4.9 积分特性

如果时域函数 $\theta(t)$ 为

$$\theta(t) = \int_{-\infty}^{t} x(\tau)\mathrm{d}\tau \tag{3.43}$$

且 $\theta(\tau)|_{\tau=\infty} = 0$，那么其傅里叶变换可以按如下方法求得。式(3.43)可以写为

$$\frac{\mathrm{d}\theta(t)}{\mathrm{d}t} = x(t) \tag{3.44}$$

根据式(3.42)，可以得到 $\mathrm{d}\theta(t)/\mathrm{d}t$ 的傅里叶变换为

$$\mathcal{F}\left[\frac{\mathrm{d}\theta(t)}{\mathrm{d}t}\right] = \mathrm{j}2\pi f \Theta(f) \tag{3.45}$$

上式可以写为

$$\Theta(f) = \mathcal{F}[\theta(t)] = \frac{\mathcal{F}\left[\frac{\mathrm{d}\theta(t)}{\mathrm{d}t}\right]}{\mathrm{j}2\pi f} \tag{3.46}$$

将式(3.43)和式(3.44)代入式(3.46)，可得

$$\mathcal{F}\left[\int_{-\infty}^{t} x(\tau)\mathrm{d}\tau\right] = \frac{\mathcal{F}[x(t)]}{\mathrm{j}2\pi f} \tag{3.47}$$

3.4.10 卷积特性

如果输入信号作用于线性时不变系统，则系统的输出为输入信号和系统冲激响应的卷积。函数 $x(t)$ 与函数 $h(t)$ 的卷积定义为

$$y(t) = h(t) \circledast x(t) = \int_{-\infty}^{\infty} h(\tau)x(t-\tau)\mathrm{d}\tau \tag{3.48}$$

$y(t)$ 的傅里叶变换可以写为

$$\mathcal{F}(y(t)) = \int_{-\infty}^{\infty} y(t)\mathrm{e}^{-\mathrm{j}2\pi ft}\mathrm{d}t = \int_{-\infty}^{\infty}\left(\int_{-\infty}^{\infty} x(\tau)h(t-\tau)\mathrm{d}\tau\right)\mathrm{e}^{-\mathrm{j}2\pi ft}\mathrm{d}t \tag{3.49}$$

改变上式中的积分顺序，则该式可以写为

$$Y(f) = \int_{-\infty}^{\infty} x(\tau)\left(\int_{-\infty}^{\infty} h(t-\tau)\mathrm{e}^{-\mathrm{j}2\pi ft}\mathrm{d}t\right)\mathrm{d}\tau \tag{3.50}$$

令 $t-\tau = u$，改变式(3.50)中的函数变量，可得

$$Y(f) = \int_{-\infty}^{\infty} x(\tau)\left(\int_{-\infty}^{\infty} h(u)\mathrm{e}^{-\mathrm{j}2\pi fu}\mathrm{d}u\right)\mathrm{e}^{-\mathrm{j}2\pi f\tau}\mathrm{d}\tau = \int_{-\infty}^{\infty} x(\tau)H(f)\mathrm{e}^{-\mathrm{j}2\pi f\tau}\mathrm{d}\tau$$

$$= H(f) \int_{-\infty}^{\infty} x(\tau) e^{-j2\pi f \tau} d\tau = H(f)X(f) \tag{3.51}$$

上述推导出的关系式表明，在时域中的卷积等价于在频域中的乘积。该关系通常表示为

$$h(t) \circledast x(t) \Leftrightarrow X(f)H(f) \tag{3.52}$$

该关系称为卷积定理。同样可以在频域中使用卷积，其方法和在时域中完全一样，如下：

$$X(f) \circledast H(f) = \int_{-\infty}^{\infty} X(\lambda)H(f-\lambda)d\lambda \tag{3.53}$$

其中，λ是一个名义变量。该结果的傅里叶逆变换为

$$\mathcal{F}^{-1}[X(f) \circledast H(f)] = \int_{-\infty}^{\infty} \int_{-\infty}^{\infty} X(\lambda)H(f-\lambda)d\lambda e^{j2\pi ft} df$$

$$= \int_{-\infty}^{\infty} X(\lambda) \left(\int_{-\infty}^{\infty} H(u)e^{j2\pi ut} du \right) e^{j2\pi \lambda t} d\lambda = h(t)x(t) \tag{3.54}$$

这里的证明和式(3.51)相同。上式可以表示为

$$x(t)h(t) \Leftrightarrow X(f) \circledast H(f) \tag{3.55}$$

式(3.52)和式(3.55)称为卷积和傅里叶变换的对偶性。

3.4.11 帕斯瓦尔定理[5~8]

帕斯瓦尔(Parseval)定理指一个给定信号在时域中的总能量等于其在频域中的总能量。其数学关系式可写为

$$\int_{-\infty}^{\infty} |x(t)|^2 dt = \int_{-\infty}^{\infty} |X(f)|^2 df \tag{3.56}$$

式(3.56)可证明如下。根据式(3.54)或者式(3.55)，可得如下关系：

$$\int_{-\infty}^{\infty} h(t)x(t)e^{-j2\pi \lambda t} dt = \int_{-\infty}^{\infty} H(\lambda-f)X(f)df \tag{3.57}$$

在式(3.57)中，方程两边都是关于名义变量λ的函数。如果$\lambda = 0$，则该方程变为

$$\int_{-\infty}^{\infty} h(t)x(t)dt = \int_{-\infty}^{\infty} H(-f)X(f)df \tag{3.58}$$

假设$h(t) = x^*(t)$，其中*表示复共轭。那么，根据共轭对称性，可得$H(-f)$等于$X^*(f)$。因此可以做如下推导：

$$\int_{-\infty}^{\infty} h(t)x(t)dt = \int_{-\infty}^{\infty} x^*(t)x(t)dt = \int_{-\infty}^{\infty} |x(t)|^2 dt$$

$$= \int_{-\infty}^{\infty} H(-f)X(f)df = \int_{-\infty}^{\infty} X^*(f)X(f)df = \int_{-\infty}^{\infty} |X(f)|^2 df \tag{3.59}$$

这样就完成了对帕斯瓦尔定理的证明。

表 3.1 总结了连续傅里叶变换相关性质，表 3.2 给出了一些常用函数的傅里叶变换结果。

表 3.1 连续傅里叶变换的性质

性　质	信　号	连续傅里叶变换
线性	$x(t)$ $y(t)$ $\alpha x(t) + \beta y(t)$	$X(f)$ $Y(f)$ $\alpha X(f) + \beta Y(f)$
奇偶函数	$x(t)$为偶函数 $x(t)$为奇函数	$X(f) = \int_{-\infty}^{\infty} x(t)\cos(2\pi ft)\mathrm{d}t$ $X(f) = -\mathrm{j}\int_{-\infty}^{\infty} x(t)\sin(2\pi ft)\mathrm{d}t$
对偶性	$X(t)$	$x(-f)$
共轭及共轭对称性	$x^*(t)$	$X^*(-f)$
尺度变换特性	$x\left(\dfrac{t}{a}\right)$ $ax(at)$	$aX(af)$ $X\left(\dfrac{f}{a}\right)$
时移特性	$x(t - t_0)$	$\mathrm{e}^{-\mathrm{j}2\pi f t_0} X(f)$
频移特性	$\mathrm{e}^{\mathrm{j}2\pi f_0 t} x(t)$	$X(f - f_0)$
微分特性	$x'(t)$	$\mathrm{j}2\pi f X(f)$
积分特性	$\int_{-\infty}^{t} x(\tau)\mathrm{d}\tau$	$\dfrac{X(f)}{\mathrm{j}2\pi f}$
卷积特性	$x(t) \circledast y(t)$ $x(t)y(t)$	$X(f)Y(f)$ $X(f) \circledast Y(f)$
帕斯瓦尔定理	$\int_{-\infty}^{\infty} |x(t)|^2 \mathrm{d}t = \int_{-\infty}^{\infty} |X(f)|^2 \mathrm{d}f$	

表 3.2 常用函数的连续傅里叶变换

信　号	连续傅里叶变换
$\mathrm{rect}(t/T) = A, \quad -T/2 < t < T/2$ $\phantom{\mathrm{rect}(t/T) } = 0, \quad \text{其他}$	$A\dfrac{\sin(\pi fT)}{\pi f} = AT\mathrm{sinc}(\pi fT)$
$\delta(t)$	1
$\cos(2\pi f_0 t)$	$\dfrac{1}{2}[\delta(f - f_0) + \delta(f + f_0)]$
$\sin(2\pi f_0 t)$	$-\dfrac{\mathrm{j}}{2}[\delta(f - f_0) - \delta(f + f_0)]$
$\displaystyle\sum_{n=-\infty}^{\infty} \delta(t - nT)$	$\dfrac{1}{T} \displaystyle\sum_{n=-\infty}^{\infty} \delta\left(f - \dfrac{n}{T}\right)$
$\mathrm{e}^{\mathrm{j}2\pi f_0 t}$	$\delta(f - f_0)$
$x(t) = \cos(2\pi f_0 t), \quad -T/2 < t < T/2$ $ = 0, \quad \text{其他}$	$X(f) = \dfrac{A}{2}\left\{\dfrac{\sin[\pi(f - f_0)T]}{\pi(f - f_0)} + \dfrac{\sin[\pi(f + f_0)T]}{\pi(f + f_0)}\right\}$

信　　号	连续傅里叶变换
$x(t) = A^2 T^2 \left(1 - \dfrac{\|t\|}{T}\right), \quad \|t\| < T$ $ = 0, \qquad\qquad\qquad\quad\;\; 其他$	$X(f) = A^2 \dfrac{\sin^2(\pi f T)}{(\pi f)^2} = [AT \text{sinc}(\pi f T)]^2$
$x(t) = a + (1-a)\cos(\frac{2\pi t}{T}), \quad -T/2 < t < T/2$ $ = 0, \qquad\qquad\qquad\qquad\quad\;\; 其他$	$X(f) = \dfrac{a \sin(\pi f T)}{\pi f} + \dfrac{1-a}{2}\left\{\dfrac{\sin[\pi(f-f_0)T]}{\pi(f-f_0)} \right.$ $\left. + \dfrac{\sin[\pi(f+f_0)T]}{\pi(f+f_0)}\right\}$
$\dfrac{1}{\sqrt{2\pi}\sigma} e^{\frac{-t^2}{2\sigma^2}}$	$e^{-2\pi^2\sigma^2 f^2}$
相参射频脉冲串（见例3.5） $x(t) = \left\{\left[\displaystyle\sum_{n=-\infty}^{\infty}\delta(t-nT)\right]\circledast s_1(t)\right\}s_2(t)\cos(2\pi f_0 t),$ 其中 $s_1(t) = 1, \quad \|t\| < \dfrac{\tau}{2}$ $ s_2(t) = 1, \quad \|t\| < \dfrac{NT}{2}$	$X(f) = \dfrac{\sin(\pi f \tau)}{\pi^2 f}\displaystyle\sum_{n=-\infty}^{\infty}\left\{\dfrac{\sin\left[\pi\left(f-f_0-\dfrac{n}{T}\right)NT\right]}{f-f_0-\dfrac{n}{T}}\right.$ $\left. + \dfrac{\sin\left[\pi\left(f+f_0-\dfrac{n}{T}\right)NT\right]}{f+f_0-\dfrac{n}{T}}\right\}$
$\dfrac{1}{\pi t}$	$-j \, \text{sgn}(f)$

3.5 举例[3,5,8,12,13]

本节给出了一些在信号处理和宽带接收机中经常遇到的例子。大多数问题没有进行直接求解，而是通过卷积和傅里叶变换的对偶性间接得到答案。

例 3.1　求解 $e^{j2\pi f_0 t}$ 的傅里叶变换。该结果可以直接通过傅里叶变换得到，或者通过对正弦和余弦函数进行傅里叶变换得到。已知

$$e^{j2\pi f_0 t} = \cos(2\pi f_0 t) + j\sin(2\pi f_0 t) \tag{3.60}$$

$\cos(2\pi f_0 t)$ 的傅里叶变换如下：

$$\int_{-\infty}^{\infty}\cos(2\pi f_0 t)e^{-j2\pi f t}df = \frac{1}{2}\int_{-\infty}^{\infty}\left[e^{-j2\pi(f-f_0)t} + e^{-j2\pi(f+f_0)t}\right]dt$$
$$= \frac{1}{2}[\delta(f-f_0) + \delta(f+f_0)] \tag{3.61}$$

为了得到最终的结果，需要用到式(3.18)。余弦函数的傅里叶变换是在 $f = \pm f_0$ 处的两个冲激函数。类似地，可以求得 $\sin(2\pi f_0 t)$ 的傅里叶变换

$$\int_{-\infty}^{\infty}\sin(2\pi f_0 t)e^{-j2\pi f t}df = \frac{1}{2j}\int_{-\infty}^{\infty}\left[e^{-j2\pi(f-f_0)t} + e^{-j2\pi(f+f_0)t}\right]dt$$
$$= \frac{-j}{2}[\delta(f-f_0) - \delta(f+f_0)] \tag{3.62}$$

利用式(3.30)的线性性质，将式(3.61)和式(3.62)相加，可得

$$\mathcal{F}(e^{j2\pi f_0 t}) = \mathcal{F}(\cos(2\pi f_0 t) + j\sin(2\pi f_0 t))$$
$$= \frac{1}{2}[\delta(f-f_0) + \delta(f+f_0) + \delta(f-f_0) - \delta(f+f_0)] = \delta(f-f_0) \quad (3.63)$$

可以看出上式是一个单边响应。这一结论在讨论第 6 章下变频器的 I/Q 信道时非常重要，如图 3.5 所示。需要注意的是，图 3.5(a) 不是在时域中，而是在复平面上，该图中用旋转向量表示时间。

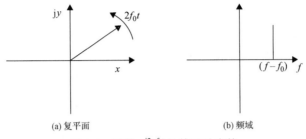

图 3.5　函数 $e^{j2\pi f_0 t}$ 的傅里叶变换

例 3.2　求解加矩形窗余弦函数的傅里叶变换。这种波形通常用来表示脉冲雷达的输出。如果窗函数在从 $-T/2$ 到 $T/2$ 上的幅度为 A，则该加窗余弦波函数可以通过窗函数和余弦函数相乘得到

$$x_1(t) = \cos(2\pi f_0 t)$$
$$w(t) = \begin{cases} A, & -\frac{T}{2} < t < \frac{T}{2} \\ 0, & \text{其他} \end{cases} \quad (3.64)$$
$$x(t) = w(t)x_1(t)$$

其中 f_0 是输入脉冲的频率。因为时域中的乘积等价于频域中的卷积，因此需要知道矩形窗函数和余弦波函数的傅里叶变换。矩形窗函数的傅里叶变换为 $W(f) = A\sin(\pi fT)/(\pi f)$。根据例 3.1，余弦波函数的傅里叶变换为 $X_1(f) = [\delta(f-f_0) + \delta(f+f_0)]/2$。因此函数 $x(t)$ 的傅里叶变换是 $W(f)$ 和 $X_1(f)$ 的卷积，即

$$X(f) = W(f) \circledast X_1(f) = \int_{-\infty}^{\infty} \frac{A\sin(\pi\lambda T)}{\pi\lambda} \frac{[\delta(f-f_0-\lambda) + \delta(f+f_0-\lambda)]}{2} d\lambda$$
$$= \frac{A}{2}\left\{\frac{\sin[\pi(f-f_0)T]}{\pi(f-f_0)} + \frac{\sin[\pi(f+f_0)T]}{\pi(f+f_0)}\right\} \quad (3.65)$$

式 (3.65) 的结果如图 3.6 所示。在图 3.6 中，$A=1$，$T=1$，$f_0=10$。由于余弦函数的傅里叶变换有两个 δ 函数，因此与之做卷积会产生两个输出。一个输出的频移为 f_0，另一个输出的频移为 $-f_0$。

例 3.3　求解下面表达式的傅里叶变换。

$$x(t) = \begin{cases} a + (1-a)\cos\left(\frac{2\pi t}{T}\right), & -\frac{T}{2} < t < \frac{T}{2} \\ 0, & \text{其他} \end{cases} \quad (3.66)$$

其中 $a<1$。该函数 $x(t)$ 一般称为广义的余弦窗函数。在信号处理中经常使用不同的窗函数。当 $a=0.54$ 时，$x(t)$ 称为汉明 (Hamming) 窗。上式在时域中有限时间内的响应 ($-T/2<t<T/2$) 可以通过将 $a+(1-a)\cos(2\pi t/T)$ 乘以矩形函数得到。卷积定理的对偶性可以用于获得所需的变

换。令 $x_1(t) = a + (1-a)\cos(2\pi t/T)$,$x_2(t)$ 表示矩形函数。它们的傅里叶变换为

$$X_1(f) = a\delta(f) + \frac{1-a}{2}[\delta(f-f_0) + \delta(f+f_0)], \quad \text{其中} f_0 = \frac{1}{T} \tag{3.67}$$

$$X_2(f) = \frac{\sin(\pi f T)}{\pi f} \tag{3.68}$$

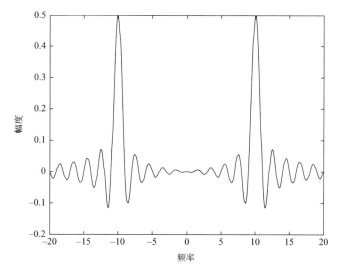

图 3.6 加矩形窗余弦函数的傅里叶变换

$x(t)$ 的傅里叶变换等于 $X_1(f)$ 和 $X_2(f)$ 的卷积,即

$$\begin{aligned}X(f) &= X_2(f) \circledast X_1(f) = \frac{\sin(\pi f T)}{\pi f} \circledast \left\{ a\delta(f) + \frac{1-a}{2}[\delta(f-f_0) + \delta(f+f_0)] \right\} \\ &= \frac{a\sin(\pi f T)}{\pi f} + \frac{1-a}{2}\left\{ \frac{\sin[\pi(f-f_0)T]}{\pi(f-f_0)} + \frac{\sin[\pi(f+f_0)T]}{\pi(f+f_0)} \right\}\end{aligned} \tag{3.69}$$

函数的时域和频域图形如图 3.7 所示。在该图中,$a = 0.5$,$T = 5$,因此有 $-2.5 < t < 2.5$,且 $-10/T < f < 10/T$。

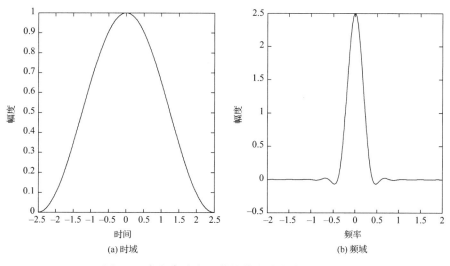

(a) 时域   (b) 频域

图 3.7 广义余弦窗函数的傅里叶变换 ($a = 0.5$)

例 3.4 求解正交移相的傅里叶逆变换。在求解这个问题之前,首先需要定义一个符号函数

$$\operatorname{sgn}(f) = \begin{cases} 1, & f > 0 \\ -1, & f < 0 \end{cases} \tag{3.70}$$

当 $f>0$ 时,函数值为 1,而当 $f<0$ 时,函数值为 -1。利用符号函数,正交移相可定义为

$$X(f) = -\mathrm{j}\operatorname{sgn}(f) \tag{3.71}$$

其相位关系如图 3.8(a) 所示,一般称为阶跃函数。求解该函数的傅里叶逆变换的方法是利用 $X(f)$ 的导数。其导数可以采用式(3.42)中类似的方法求解,结果如下:

$$\mathcal{F}^{-1}\left[\frac{\mathrm{d}X(f)}{\mathrm{d}f}\right] = -\mathrm{j}2\pi t x(t) \tag{3.72}$$

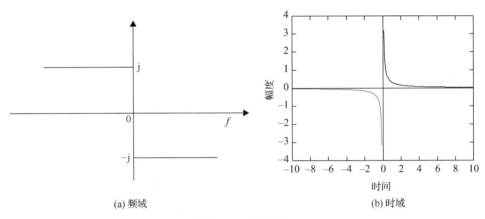

(a) 频域   (b) 时域

图 3.8 正交移相

下一步就是求出 $X(f)$ 的导数。阶跃函数的导数是在跳变点乘以一个常数的 δ 函数。该常数的大小取决于阶跃函数的幅度变化量。在这一特殊情况下,幅度变化量为 $-2\mathrm{j}$,即从 $+\mathrm{j}$ 到 $-\mathrm{j}$,因此 $X(f)$ 的导数为 $-\mathrm{j}2\delta(f)$。将 $X(f)$ 的导数代入式(3.72),结果为

$$x(t) = \frac{1}{-\mathrm{j}2\pi t}\mathcal{F}^{-1}\left[\frac{\mathrm{d}X(f)}{\mathrm{d}f}\right] = \frac{\mathrm{j}}{2\pi t}\int_{-\infty}^{\infty}[-\mathrm{j}2\delta(f)]\mathrm{e}^{\mathrm{j}2\pi ft}\mathrm{d}f = \frac{\mathrm{j}}{2\pi t}(-\mathrm{j}2) = \frac{1}{\pi t} \tag{3.73}$$

式(3.73)在 $t=0$ 处有一个奇点。这一结论将在第 6 章讨论希尔伯特变换(Hilbert transform)时用到。图 3.8 给出了正交移相的时域和频域图形。

例 3.5 求解射频脉冲串的傅里叶变换。本书将采用逐步组合法,来得到所需的脉冲串信号。在每一步中都使用卷积定理的对偶性。在时域中,可以通过四步产生脉冲串信号。每一步都给出了相应的时域运算和频域运算结果,最后一步给出所需的频谱分布。为了简化讨论,我们假设脉冲串幅度为 1。为了使该方法显得清晰明了,所选择的函数用 $c(t)$,$s_i(t)$ 和 $r(t)$ 表示,结果用 $x_i(t)$ 表示,其中 i 为整数。

1. 选择一个周期为 T 的梳状函数 $c(t)$

$$c(t) = \sum_{n=-\infty}^{\infty}\delta(t-nT) \tag{3.74}$$

其傅里叶变换为

$$C(f) = \frac{1}{T} \sum_{n=-\infty}^{\infty} \delta\left(f - \frac{n}{T}\right) \tag{3.75}$$

其中，T 表示脉冲串的脉冲重复间隔 (PRI)，n 为整数。

2. 选择一个宽度为 τ，幅度为 1 的矩形函数 $s_1(t)$ 来表示一个单独的脉冲，其时域和频域的数学形式如下：

$$s_1(t) = \begin{cases} 1, & |t| < \frac{\tau}{2} \\ 0, & \text{其他} \end{cases} \tag{3.76}$$

$$S_1(f) = \frac{\sin(\pi f \tau)}{\pi f} \tag{3.77}$$

将函数 $s_1(t)$ 与梳状函数做卷积，构建一个脉冲串 $x_1(t)$，这样可得

$$x_1(t) = c(t) \circledast s_1(t) \tag{3.78}$$

$$X_1(f) = C(f)S_1(f) = \frac{\sin(\pi f \tau)}{\pi f} \sum_{n=-\infty}^{\infty} \delta\left(f - \frac{n}{T}\right) \tag{3.79}$$

在以上运算过程中，将 $f = n/T$ 代入了 $S_1(f)$，这是因为在 $C(f)$ 中的 δ 函数只有在 f 取这些值时才存在。

3. 选择第二个矩形函数 $s_2(t)$ 来表示脉冲串的总长度，$s_2(t)$ 的宽度为 NT，幅度为 1，这样可得

$$s_2(t) = \begin{cases} 1, & |t| < \frac{NT}{2} \\ 0, & \text{其他} \end{cases} \tag{3.80}$$

$$S_2(f) = \frac{\sin(\pi f NT)}{\pi f} \tag{3.81}$$

将函数 $s_2(t)$ 乘以 $x_1(t)$ 来构建脉冲串，其结果用函数 $x_2(t)$ 表示。函数 $x_2(t)$ 的频域结果可通过 $X_1(f)$ 和 $S_2(f)$ 做卷积得到，即

$$x_2(t) = x_1(t)s_2(t) \tag{3.82}$$

$$X_2(f) = X_1(f) \circledast S_2(f) = \frac{\sin(\pi f \tau)}{\pi^2 f} \sum_{n=-\infty}^{\infty} \frac{\sin\left[\pi\left(f - \frac{n}{T}\right)NT\right]}{f - \frac{n}{T}} \tag{3.83}$$

需要强调的是，与 δ 函数做卷积就是将该函数平移 n/T。

4. 最后一步是向脉冲串加入射频。这里用 $r(t)$ 来表示余弦波，可得

$$r(t) = \cos(2\pi f_0 t) \tag{3.84}$$

$$R(f) = \frac{1}{2}[\delta(f - f_0) + \delta(f + f_0)] \tag{3.85}$$

其中，f_0 表示脉冲的射频频率。再将函数 $x_2(t)$ 乘以 $r(t)$ 来产生射频脉冲串，最终结果为

$$x(t) = x_2(t)r(t) \tag{3.86}$$

$$X(f) = X_2(f) \circledast R(f) = \underbrace{\frac{\sin(\pi f \tau)}{\pi^2 f}}_{1} \sum_{n=-\infty}^{\infty} \left\{ \underbrace{\frac{\sin\left[\pi\left(f - f_0 - \frac{n}{T}\right)NT\right]}{f - f_0 - \frac{n}{T}}}_{2} + \underbrace{\frac{\sin\left[\pi\left(f + f_0 - \frac{n}{T}\right)NT\right]}{f + f_0 - \frac{n}{T}}}_{3} \right\} \tag{3.87}$$

图 3.9(a)给出了利用这 4 个步骤产生的时域信号,这是一个射频脉冲序列。该信号在雷达中称为相干信号,因为脉冲之间的相位关系是确定的。换言之,由脉冲串选通的连续正弦波可产生相干脉冲串,因为此时每一个脉冲射频信号都是同一个正弦波的一部分。

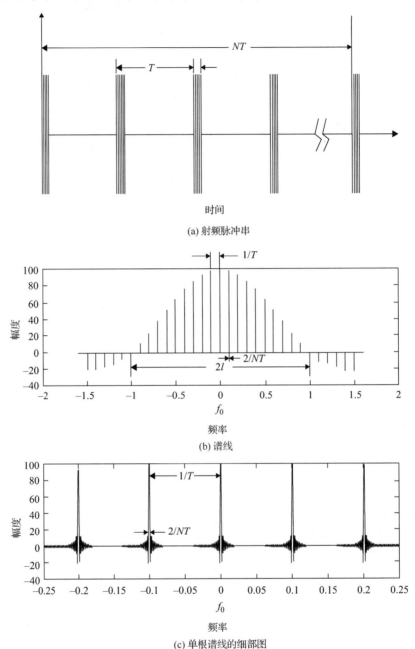

(a) 射频脉冲串

(b) 谱线

(c) 单根谱线的细部图

图 3.9 射频脉冲串的傅里叶变换

现在我们来对式(3.87)的结果进行讨论。该式中的第一项表示频谱的包络。第一个包络零点可以根据下式找到:

$$f = \frac{1}{\tau} \tag{3.88}$$

主瓣的宽度为 $2/\tau$，如图 3.9(b) 所示。式(3.87)的第二项和第三项分别表示上、下边带的谱线，它们位于 $\pm f_0$ 处，且关于零频对称。上边带谱线只出现在

$$f = f_0 + \frac{n}{T} \tag{3.89}$$

处，谱线间隔为 $1/T$。每根谱线的细微结构可以根据式(3.87)的第二项进行绘制，即

$$X(f) = K \frac{\sin\left[\pi\left(f - f_0 - \frac{n}{T}\right)NT\right]}{\pi\left(f - f_0 - \frac{n}{T}\right)NT} \tag{3.90}$$

其中，K 为常数。第一个零点出现在 $NT = 1$ 处，那么每根单独谱线的宽度为 $2/NT$，结果如图 3.9(c) 所示。

一些雷达通过多普勒频移 f_d 来测量目标的速度。在雷达系统中，多普勒频移可以写为

$$f_d = \frac{2f_0 V}{c} \tag{3.91}$$

其中，f_0 表示工作频率，V 表示目标的速度，c 表示光速[13]。方程中的常数因子 2 源自雷达信号往返传输。此类型的雷达一般称为脉冲多普勒雷达。为了减少频率测量的模糊性，两个频率谱线之间的间隔需要足够宽。这就要求具有较高的 PRF 或者较低的 PRI，即周期 T 要短。为了获得细窄的谱线宽度，NT 值必须要大，或者 N 值必须要大。换言之，需要积累大量的脉冲，因此脉冲多普勒雷达可以产生非常高的脉冲密度。

3.6 离散傅里叶变换

连续傅里叶变换是一个非常有用的分析工具，但是直接将其用于接收机的设计会受到限制，原因有二。首先，在时域中，函数必须能够表示为闭合形式，这样才能应用傅里叶积分。所以，除非输入函数能够表示为闭合式，否则不可能求出积分的值。其次，即使时间函数能够表示为闭合式，求出积分的闭合解也可能非常困难。

数字接收机通过数字化输入信号来获取输入数据。在电子战环境中，用时域函数表示的输入信号通常是未知的。即使输入信号已知，如由正弦或者余弦函数产生的用来测试信号处理算法的模拟数据，在处理前信号也会被数字化。当输入信号是数字化形式时，就可以用 DFT 来实现傅里叶变换。与连续傅里叶变换不同，离散傅里叶变换（DFT）可以用于任何类型的数字化输入数据，因此其使用是不受限制的。

DFT 提供的结果和连续傅里叶变换的不同，DFT 提供的是近似解，知道这一点非常重要。有时 DFT 给出的结果非常接近所期望的结果，但是当数据长度较短时，这种情况很少发生。另外，由 DFT 产生的结果有时可能会误导我们。为了更好地理解 DFT，首先将对 DFT 的基本运算进行论述，并介绍一些重要的性质，最后将会介绍快速傅里叶变换（FFT）。

3.7 信号的数字化

在时域 t 上的正弦函数可表示为

$$x(t) = A\sin(2\pi f_0 t) \tag{3.92}$$

其中，A 表示幅度，f_0 表示频率。在该正弦波上采样一些离散的点，可以得到一组数字化数据。执行该操作的设备称为模数转换器（将在第 5 章讨论）。数字化操作可以用一个开关来表示（见图 3.10），它以均匀的速率对输入信号进行采样。当然，也可以用非均匀的速率对输入信号进行采样，这是用于模拟-信息转换的一种方法，但是本书不对其进行介绍。本书只讨论均匀数字化的信号，因为这是进行 DFT 运算的前提条件。

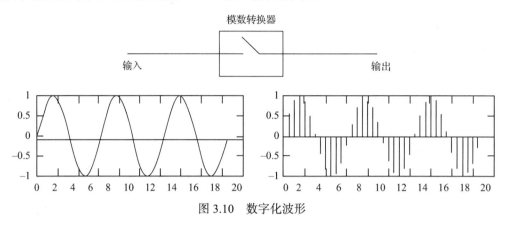

图 3.10　数字化波形

在图 3.10 中，输入信号是一个连续信号，而经过模数转换器的输出信号变成了具有输入信号包络的脉冲串。显然，不是所有的输入信号信息都被输出，采样点之间的信息丢失了。因此，输出信号不再与输入信号完全相同。信息损失将在 3.9 节讨论。

从数学上讲，数字化运算可以表示为时域中梳状函数与输入信号的乘积，即

$$x(nt_s) = x(t) \sum_{n=-\infty}^{\infty} \delta(t - nt_s) \tag{3.93}$$

其中，n 为整数，t_s 表示采样间隔，$x(nt_s)$ 表示数字化信号。如图 3.10 所示，数字化信号仅在 t_s 的整数倍处有输出。

3.8　离散傅里叶变换的推导

傅里叶变换在频域中对连续信号进行分析，并产生连续频谱。DFT 可看成对有限长度信号傅里叶变换的采样。因此，DFT 不等同于连续傅里叶变换，而仅是一种近似。本节将从两个不同的角度来对其进行阐释。

3.8.1　图形描述

本节将通过图形来描述 DFT，并讨论两方面的内容：数学公式，以及时域响应和频域响应。从信号数字化开始，逐步展开讨论。这里的讨论方式与例 3.5 有些相似。在例 3.5 中，频域数据仍然是连续的，而对 DFT 来说，频域数据是离散的，且这种方式可以避免解析积分。下面用一个简单的例子进行演示。

1. 为了解释 DFT，使用 $\text{sinc}^2 t$ 作为输入信号 $x(t)$。输入信号 $x(t)$ 是一个连续信号，它的傅里叶变换 $X(f)$ 是一个等腰三角形，如图 3.11(a) 所示。
2. 采样过程可以表示为 $x(t)$ 乘以时间间隔为 t_s 的梳状函数 $b(t)$。该梳状函数 $b(t)$ 的傅里

叶变换为 $B(f)$。$B(f)$ 也是一个梳状函数，幅度为 $1/t_s$，周期为 $1/t_s$，结果如图 3.11(b) 所示。

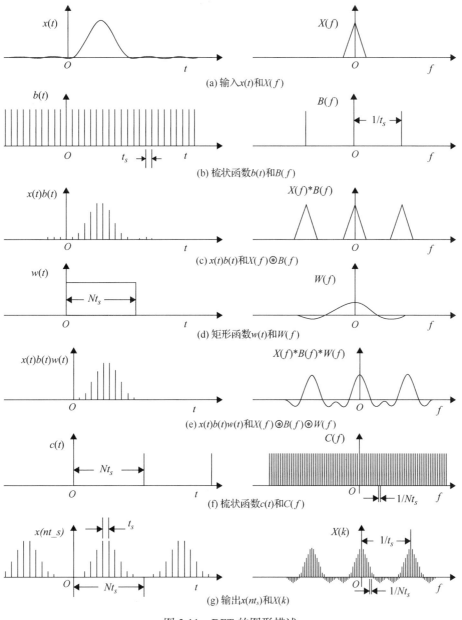

图 3.11 DFT 的图形描述

3. 输入信号 $x(t)$ 乘以 $b(t)$ 可以写为 $y_1(t) = x(t)b(t)$，相应的频域运算为 $Y_1(f) = X(f) \circledast B(f)$，其结果如图 3.11(c) 所示。需要注意的是，采样过程产生的离散数据的傅里叶变换结果是周期性的，周期为 $1/t_s$。

4. 为了能够对信号进行实时分析，输入信号的长度必须受到限制，这可以通过使用矩形函数 $w(t)$ 来实现。该函数可以覆盖 N 个点，点的编号从 0 到 $N-1$。函数 $w(t)$ 的傅里叶变换 $W(f)$ 是一个 sinc 函数，如图 3.11(d) 所示。

5. 信号 $y_1(t)$ 通过乘以矩形函数 $w(t)$，将数据长度限制在 N 个点内，这一运算过程可以写为 $y_2(t)=y_1(t)w(t)$，相应的频域运算为 $Y_2(f)=Y_1(f)\circledast W(f)$，结果如图 3.11(e) 所示。需要指出的是，$Y_2(f)$ 是一个周期函数，同时它仍然是连续的。为了求得 $Y_2(f)$，需要对 $y_2(t)$ 进行傅里叶变换。因此，频率信息还必须通过解析运算来获得。如果可以获得离散数据形式的频率信息，就可以避免解析运算。接下来的两个步骤用来实现此目的，同时在频域产生离散的频率分量。不过，这些运算过程同时改变了输入信号的形状。

6. 为了获得离散的频率分量，需要引入第二个频域梳状函数 $C(f)$。该梳状函数的周期不是任意的，而是由数据的持续时间 Nt_s 决定，即周期为 $1/(Nt_s)$。$C(f)$ 的傅里叶逆变换为时域函数 $c(t)$，其周期为 Nt_s，正好与矩形函数 $w(t)$ 的长度匹配，结果如图 3.11(f) 所示。

7. 最后一步是在离散形式下求解频率信息。该运算过程可通过 $Y_2(f)$ 乘以 $C(f)$ 来实现，其数学表达式写为 $X(k)=Y_2(k)C(k)$。在这一运算过程中，频率可以表示为 $f=k/(Nt_s)$，其中 k 是整数，$1/(Nt_s)$ 是频率分辨率。在时域中，对应的运算为 $x(nt_s)=y_2(t)\circledast c(t)$，其中 $x(nt_s)$ 表示离散的时域数据。该运算会产生无穷多个重复出现的数字化输入信号，结果如图 3.11(g) 所示。这是非常重要的一步，因为在该步骤之后，在时域中的输入信号不再是图 3.11(e) 所示的数字化信号了，而是变成了以 Nt_s 为周期的信号。如果完成了上面所有的运算，就可以得到输入信号的近似频率分量。

整个 DFT 过程可总结如下。首先对一个连续信号采样，从而产生一个周期频谱。然后将采样数据乘以一个矩形窗口函数，以限制信号数据的长度，从而改变了频率分量。最后一步是对频谱进行采样，这一过程产生了一个周期性的序列。如图 3.11 所示，我们从一个具有连续非周期频谱的连续非周期信号开始，到一个具有离散周期频谱的数字化周期信号结束。可以看出，DFT 是一个近似傅里叶变换的可行方法。不过，在这一处理过程中会丢失一些信息。因此，了解傅里叶变换和 DFT 之间的区别，以及哪些信息会在这一处理过程中丢失，是非常重要的，这些问题将在 3.9 节中予以考虑。

3.8.2 解析方法

上一节利用图形对 DFT 进行了解释说明，下面采用解析的方法。假设输入信号为 $x(t)$，梳状函数 $b(t)$ 为

$$b(t)=\sum_{n=-\infty}^{\infty}\delta(t-nt_s) \tag{3.94}$$

其中，t_s 表示是采样间隔。函数 $y_1(t)$ 为

$$y_1(t)=x(t)b(t)=x(t)\sum_{n=-\infty}^{\infty}\delta(t-nt_s)=\sum_{n=-\infty}^{\infty}x(t)\delta(t-nt_s) \tag{3.95}$$

构建一个矩形函数 $w(t)$，在区间 $t=0$ 到 $(N-1)t_s$ 上覆盖 δ 函数，以限制信号持续时间，得到

$$y_2(t)=y_1(t)w(t)=\sum_{n=0}^{N-1}x(t)\delta(t-nt_s) \tag{3.96}$$

下一步在频域中通过将 $Y_2(f)$ 乘以梳状函数 $C(f)$ 来对 $Y_2(f)$ 进行采样，梳状函数 $C(f)$ 的周期为 $1/(Nt_s)$。该运算等效于 $y_2(t)$ 和 $c(t)$ 做卷积，结果如下：

$$y(t) = y_2(t) \circledast c(t) = \sum_{n=0}^{N-1} x(nt_s)\delta(t-nt_s) \circledast \sum_{r=-\infty}^{\infty} \delta(t-rNt_s)$$

$$= \sum_{r=-\infty}^{\infty} \sum_{n=0}^{N-1} x(nt_s)\delta(t-nt_s-rNt_s) \quad (3.97)$$

最后一步是求解 $y(t)$ 的傅里叶变换。这一步可以写为

$$X(f) = \int_{-\infty}^{\infty} \sum_{r=-\infty}^{\infty} \sum_{n=0}^{N-1} x(nt_s)\delta(t-nt_s-rNt_s)\mathrm{e}^{-\mathrm{j}2\pi ft}\mathrm{d}t$$

$$= \sum_{r=-\infty}^{\infty} \sum_{n=0}^{N-1} x(nt_s) \int_{-\infty}^{\infty} \delta(t-nt_s-rNt_s)\mathrm{e}^{-\mathrm{j}2\pi \frac{k}{Nt_s}t}\mathrm{d}t \quad (3.98)$$

$$= \sum_{r=-\infty}^{\infty} \sum_{n=0}^{N-1} x(nt_s)\mathrm{e}^{\frac{-\mathrm{j}2\pi kn}{N}-\mathrm{j}2\pi kr} \equiv X(k)$$

在式(3.98)中使用了关系式 $f = k/(Nt_s)$。在频域中，只有在 $f = k/(Nt_s)$ 处才有输出值，这是由 δ 函数的采样性质导致的。$X(k)$ 用来表示傅里叶变换的离散分量。

从以上结果可知，DFT 有无限个频率分量。然而，由于 $\mathrm{e}^{-\mathrm{j}2\pi kr}$ 的周期性(其中 k 和 r 是整数)，输出的频谱将重复从 $k=0$ 到 $N-1$ 的数据。通常只把其中一个周期作为输出。如果将式(3.98)中的 r 取值为 0，则其结果将变为

$$X(k) = \sum_{n=0}^{N-1} x(n)\mathrm{e}^{\frac{-\mathrm{j}2\pi kn}{N}} \quad (3.99)$$

这就是著名的傅里叶变换的离散形式。在式(3.99)中已将 t_s 取值为 1。可以很容易地证明 $X(k) = X(k+N)$，因此 $X(k)$ 在频域中是一个周期序列，如图 3.11(g)所示。

DFT 逆变换可以写为

$$x(n) = \frac{1}{N}\sum_{k=0}^{N-1} X(k)\mathrm{e}^{\frac{\mathrm{j}2\pi kn}{N}} \quad (3.100)$$

其证明过程如下：将式(3.100)的结论代入式(3.99)中，可以得到式(3.99)的结果。很容易证明 $x(n) = x(n+N)$，因此 $x(n)$ 在时域中是一个周期序列，如图 3.11(g)所示。式(3.100)可以写为

$$X(k) = \frac{1}{N}\sum_{n=0}^{N-1} x(n)\mathrm{e}^{\frac{-\mathrm{j}2\pi kn}{N}} = \sum_{n=0}^{N-1}\left[\frac{1}{N}\sum_{k'=0}^{N-1} X(k')\mathrm{e}^{\frac{\mathrm{j}2\pi k'n}{N}}\right]\mathrm{e}^{\frac{-\mathrm{j}2\pi kn}{N}}$$

$$= \sum_{k'=0}^{N-1} X(k')\left[\frac{1}{N}\sum_{n=0}^{N-1}\mathrm{e}^{\frac{\mathrm{j}2\pi(k'-k)n}{N}}\right] = X(k) \quad (3.101)$$

在式(3.101)的推导中，使用了关系式

$$\sum_{n=0}^{N-1} \mathrm{e}^{\frac{\mathrm{j}2\pi(k'-k)n}{N}} = \begin{cases} N, & k' = k \\ 0, & k' \neq k \end{cases} \quad (3.102)$$

式(3.99)和式(3.100)分别是著名的 DFT 关系式和离散傅里叶逆变换(IDFT)关系式。

3.9 关于 DFT 的进一步讨论

在时域中对连续信号进行傅里叶变换时，无须对信号长度进行限制。在频域中的输出也没有带宽限制。然而，进行 DFT 的输入信号在时域中的长度是受限制的，并且由于在频域中的采样效应，变成了周期信号。同样，由于在时域中的采样效应，在频域中的输出也是周期性的。因此 DFT 仅是对连续傅里叶变换的近似。人们需要对 DFT 的输出进行仔细的评估，因为如果输入信号不满足特定的要求，所得结果就可能是错误的。本节将对 DFT 的一些问题进行讨论，以便帮助读者避免对 DFT 的结果产生误读。

3.9.1 频带限制

由图 3.11(b) 和图 3.11(g) 可知，频域输出的周期为 $f_s = 1/t_s$，其中 f_s 是采样频率，t_s 是采样间隔。由于实函数的频域输出有两个边带，所以信号频率必须小于 $f_s/2$。如果信号频率大于 $f_s/2$，输出信号的周期扩展就会导致如图 3.12 所示混叠的产生。图 3.12(a) 给出了信号 $x(t)$ 及其傅里叶变换。图 3.12(b) 给出了数字化梳状函数 $c(t)$ 及其傅里叶变换 $C(f)$。图 3.12(c) 给出了信号 $x(t)$ 和 $c(t)$ 的乘积，以及对应的频域输出 $X(f) \circledast C(f)$。在图中用点线表示实际的谱线。显然，由于频率重叠，输出谱线和输入谱线并不匹配，这一现象称为混叠。因此，通常输入频率保持在 $f_s/2$ 以下，这称为奈奎斯特(Nyquist)采样定理。如果输入信号带宽大于 $f_s/2$，其频谱就会在基带中产生混叠。有时，DFT 可以用于解决几个窄带信号在带宽大于 $f_s/2$ 的频带上分布的信号处理问题，例如在电子战接收机中就会遇到这样的问题。为了使用 DFT 解决此类问题，在信号处理中需要采用特殊的处理程序，该问题将在第 4 章中讨论。

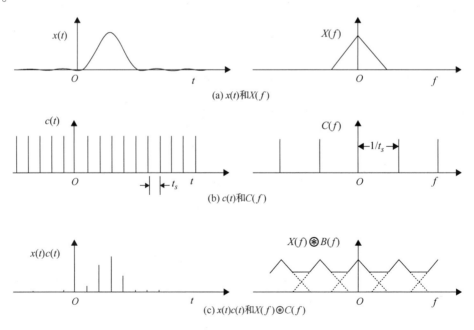

图 3.12 混叠效应

如果采样间隔 t_s 减至非常小的值,不模糊带宽将变宽。当输入信号的所有连续时间数据都被使用时,就相当于使采样间隔 t_s 趋于零,那么等效采样响应带宽将变为无限大。因此,可以认为带宽限制是由采样点之间信息的丢失导致的。

3.9.2 不匹配的时间间隔

前面已讨论过使用包含 N 个数据点(从 $n=0$ 到 $N-1$)的矩形函数对时域中的输入信号加窗。如果输入信号是如 $\sin(2\pi f_0 t)$ 这样的周期信号,就可能出现所加窗与正弦函数周期不匹配的情况。因为输入信号相对于 N 总是周期性的,所以当窗函数和信号周期不匹配时,输入信号将不再是一个连续的正弦波。图 3.13 显示了两种情况下的运算结果。图 3.13(a) 显示窗函数与输入信号周期匹配的情况。在此情况下,信号是连续的,其 DFT 有两个峰值,峰值的位置对应信号的频率。图 3.13(b) 显示时间窗和输入信号周期不匹配的情况。在此情况下,正弦波不再是连续的,而是被分割为许多不连续的段,其结果就是在频域中出现许多谱线。这些附加的谱线是由输入信号中明显的间断引起的。对该现象的另一种解释是 DFT 在频域中进行了采样。如果输入频率不在 DFT 的采样点上(即时间窗与输入信号周期不匹配),在频域中的信号能量就会从一个主分量泄漏到许多其他分量,这种现象称为泄漏效应(leakage effect)。要保证不发生泄漏效应,DFT 的频率分辨率 $1/(Nt_s)$ 需要趋于零,即 N(窗长度)需要趋于无穷大。泄漏现象并不容易避免,下面讨论的特殊窗函数可以帮助我们减少这种不连续性。

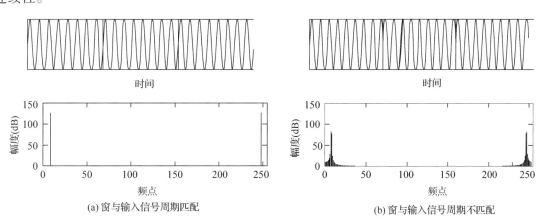

图 3.13 正弦波的泄漏效应

3.9.3 混叠效应对实值数据的影响

首先考虑连续傅里叶变换。如果数据为实值数据,那么频域输出会是两个共轭对称的正负频率分量。例如,如果输入信号是 $\sin(2\pi f_0 t)$,则其傅里叶变换结果输出在 $\pm f_0$ 处。如果输入频率比较小,则输出的两个频率分量将会靠近 y 轴。当输入频率增大时,输出的两个谱线的距离将会变大。

假定输入数据为实值数据。DFT 的输出频谱只能在从 0 到 $N-1$ 的频点处显示。负频率不会出现在 y 轴的负轴上。两个谱线都会出现在从 0 到 $N-1$ 的范围内。它们关于 $N/2$ 对称。应注意的是,由于输出结果的周期性,输出的最小频点 $X(0)$ 和最大频点 $X(N-1)$

应是相互邻近的。图 3.14 给出了正弦函数的功率谱。在图 3.14(a) 中,输入频率低,两个频谱在低端[接近 X(0) 处]和高端[接近 X(N−1) 处]有轻微的重叠。该结果仍然与实际的频率响应很相似。

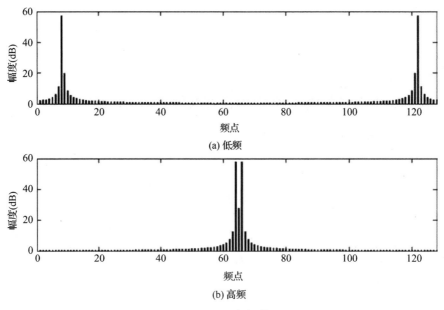

图 3.14 正负频谱

当输入频率增加时,DFT 输出的正频谱向右远离 X(0),负频谱向左远离 X(0),但是 X 没有负的编号。因为 X(0) 和 X(N−1) 相邻,向右远离 X(0) 等效于向左远离 X(N−1)。因此,如图 3.14(b) 所示,负频率远离 X(N−1) 向 X(0) 靠近。当输入频率增大到接近 $f_s/2$ 时,两个频谱一起靠近 X(N/2) 处。通常,由于每个频谱都有副瓣,所以这两个频谱会互相干扰。当输入频率等于采样频率的一半,即 $f_s/2$ 时,这两个响应将会重叠在一起,并互相发生强干扰。通常,当输入信号频率接近 f_i 时,正负频谱都会互相干扰。

$$f_i \approx \frac{nf_s}{2} \tag{3.103}$$

其中 n 表示包括 0 在内的整数。干扰的程度与泄漏效应、输入信号带宽以及副瓣情况有关。即使输入频率带宽小于 $f_s/2$(满足奈奎斯特采样速率),正负频谱依然会互相干扰。如果将实值正弦信号转换为复信号,就可以避免混叠效应。

3.9.4 循环卷积和线性卷积[14,15]

两个连续信号 $x(t)$ 和 $y(t)$ 的卷积定义为

$$x(t) \circledast y(t) = \int_{-\infty}^{\infty} x(\tau)y(t-\tau)d\tau \tag{3.104}$$

如 3.4 节所述,在时域中的卷积等效于在频域中的乘积,因此式 (3.52) 可以写为

$$x(t) \circledast y(t) \Leftrightarrow X(f)Y(f) \tag{3.105}$$

式 (3.104) 直接转换到离散域可表示为

$$x(n) \circledast y(n) = \sum_{m=-\infty}^{\infty} x(m)y(n-m) \tag{3.106}$$

式(3.106)中的卷积称为序列 $x[n]$ 和 $y[n]$ 的线性卷积。然而，将其 DFT 结果 $X(k)$ 和 $Y(k)$ 相乘，并对其乘积做 IDFT，得到的时域结果却不再是线性卷积，而是循环卷积：

$$\sum_{m=0}^{N-1} x(m)y(n-m) \Leftrightarrow X(k)Y(k) \tag{3.107}$$

应该指出，$y(n-m)$ 中的时间平移是循环的，因为 IDFT 创建了一个周期序列。式(3.107)可以按如下方式加以证明。通过对式(3.106)进行离散傅里叶变换，可得

$$\begin{aligned}
Z(k) &= \sum_{n=0}^{N-1} \sum_{m=0}^{N-1} x(m) y(n-m) e^{\frac{-j2\pi kn}{N}} \\
&= \sum_{m=0}^{N-1} x(m) \left[\sum_{n=0}^{N-1} y(n-m) e^{\frac{-j2\pi k(n-m)}{N}} \right] e^{\frac{-j2\pi km}{N}} \\
&= Y(k) \left(\sum_{m=0}^{N-1} x(m) e^{\frac{-j2\pi km}{N}} \right) = Y(k) X(k)
\end{aligned} \tag{3.108}$$

上式称为循环卷积。从该式没有得到所期望的线性卷积结果，这是由 DFT 和 IDFT 的周期属性导致的。

在解释该效应之前，先用一个简单的例子来做演示。假设 $x(n) = \{1, 1, 1, 1\}$，$y(n) = \{0, 1, 2, 3\}$ ($n = 0, 1, 2, 3$)，则可得到线性卷积 $z(n) = x(n) \circledast y(n) = \{0, 1, 3, 6, 6, 5, 3\}$ ($n = 0, 1, \cdots, 6$)，其结果如图 3.15 所示。图 3.15(a) 和图 3.15(b) 分别表示 $x(n)$ 和 $y(n)$。图 3.15(c) 是两者的卷积结果 $x(n) \circledast y(n)$。图 3.15(d) 显示 $y(n-m)$ 向右移动 7 (4+4–1 = 7) 次。在移动 7 次后 ($n = 6$)，$x(m)$ 和 $y(n-m)$ 就不再重叠了。如果对 $x(m)$ 和 $y(n-m)$ 每移动一次都进行点积运算，就可以得到如图 3.15(c) 所示的结果。

如果分别对 $x(n)$ 和 $y(n)$ 进行 DFT 运算，求得 $X(k)$ 和 $Y(k)$，再对乘积 $X(f)Y(f)$ 进行 IDFT 运算，就可以得到循环卷积的结果 $z(n) = \{6, 6, 6, 6\}$。所得结果仅有 4 个输出，如图 3.16 所示。由于 DFT 和 IDFT 的内在周期性，$x(n)$ 和 $y(n)$ 在本质上也具有周期性。当 $y(n-m)$ 向右移动一个单位时，整个序列也会移动一个单位。因此在 4 次移动后，整个图形会重复一次。就本例而言，每一步的输出都相同，且结果总是 6，即 3+2+1，这和 DFT 运算的结果完全相同。当使用循环相关的全球定位系统(GPS)进行信号搜索时，循环卷积是非常有用的[16]。

在许多信号处理应用中，我们希望用 DFT 获得线性卷积而不是循环卷积。一种实现此目的的方法是在执行 DFT 之前用 0 来填补原始序列(补零)，那么问题是需要补多少个 0。下面从一般方法的角度来讨论该问题。需要注意的是，在进行卷积运算时，x 和 y 的数据长度不必相同。从图 3.15(d) 可知，卷积的总长度为 $N+N-1$。如果 $x(n)$ 有 M 个数据点，$y(n)$ 有 N 个数据点，那么线性卷积输出就有 $M+N-1$ 个点，也就是其中一个输入在整个卷积过程中需要被移位 $M+N-1$ 次。这样操作后，两个序列就不会重叠，且点积的和为 0。因此，$x(n)$ 和 $y(n)$ 就必须补足够的 0，以使最小长度为 $M+N-1$ 个点。这就有足够的空间来完成线性卷积，而避免得到循环卷积的结果。

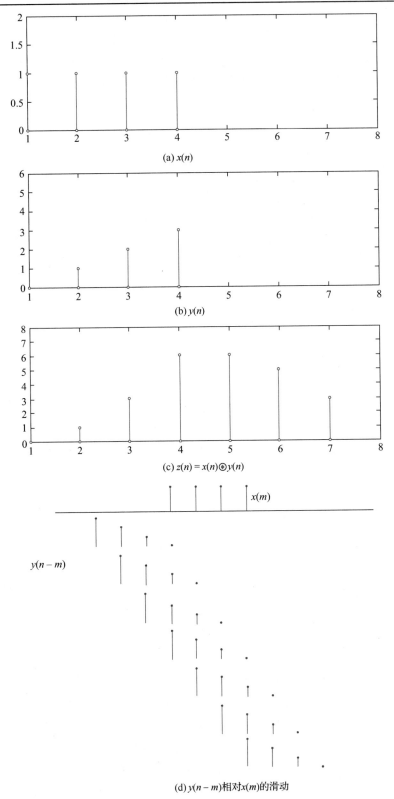

图 3.15 线性卷积结果

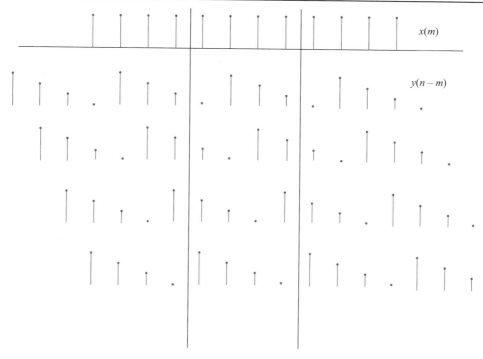

图 3.16 循环卷积

作为演示，本节的例子可以用补零的方法来解决。分别为 $x(n)$ 和 $y(n)$ 补 3 个 0，从而得到 $x(n) = \{1, 1, 1, 1, 0, 0, 0\}$ 和 $y(n) = \{0, 1, 2, 3, 0, 0, 0\}$。此时如果对 $x(n)$ 和 $y(n)$ 进行 DFT 运算，则可得到 $X(k)$ 和 $Y(k)$，然后再对 $X(k)Y(k)$ 进行 IDFT，就可以得到正确的线性卷积。

在实际应用中，$x(n)$ 可能是时域中的一个长信号，而 $y(n)$ 可能是滤波器的冲激响应，具有相对短的时间响应。在此情况下，对数据补零就不切实际了。首先，信号可能很长，需要的 DFT 计算量巨大。其次，在此操作过程中必须采集所有的信号数据。但是，如果信号很长，那么在进行线性卷积之前采集所有的数据就不可能实现，此时可以用循环卷积获得线性卷积。方法有两种：重叠相加和重叠保留。这两种方法可以在参考文献[14]和参考文献[15]中找到，此处不再讨论。

3.10 窗函数[17]

3.9 节讨论过，当时域中的矩形函数与输入信号的整数倍周期不匹配时，在窗边缘会出现不连续的现象。这种不连续将产生在实际傅里叶变换中不存在的寄生谱。时域窗的大小通常是预先确定的，因此窗长度与输入信号周期的整数倍匹配的可能性很小。

从图 3.13(b)可以清楚地看出，失配发生在窗函数的边缘。减少不连续的一种显而易见的方法是减小时间窗边缘处的信号幅度，使不连续减至最小或者消失。基本的思路是构建一些特殊的窗函数，而不是之前所讨论的矩形函数窗。图 3.17(a)给出了矩形窗边缘呈现的不连续图形，图 3.17(b)给出了余弦窗的情形。在这两种情况下，虽然信号在窗边缘都是不连续的，但是余弦窗最大程度地减少了这种不连续。

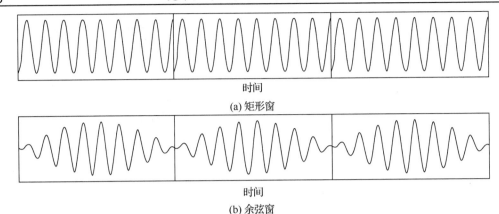

图 3.17 窗边缘的非连续性

通过卷积来解释泄漏效应是一种更常用的方法。如 3.8 节所述，选择特定长度的数据等效于用一个矩形窗函数乘以该数据。这一操作在频域中等效于使用 sinc 函数与输入信号进行卷积。sinc 函数包含许多副瓣，它们也会在频域中出现。当矩形窗长度和输入的正弦信号周期相匹配时，这些副瓣才会消失，这是因为此时用于频域采样的梳状函数周期与 sinc 函数的零点是匹配的。

在一般的采样情况下，为了减少频域输出的副瓣，可以使用在频域中具有低副瓣的窗函数。一般的方法是，设计一个可以最小化副瓣幅度的窗函数。然而，降低副瓣会增加主瓣的宽度，这是一种不良效应。一种评估窗函数性能的方法是测量频谱主瓣宽度和副瓣幅度大小。对于电子战接收机而言，低副瓣带来大的动态范围，而宽主瓣则意味着低频率分辨率。因此，对窗函数的选择通常是在频率分辨率和动态范围之间取折中的基础上进行的。

通常，频域响应决定窗函数的性能，而时域响应决定暂态效应，因此后者也是非常重要的。窗函数的时域响应和频域响应之间是傅里叶变换关系。下面讨论一些常用的窗函数。

3.10.1 矩形窗

矩形窗通常用作评估其他类型窗函数的参考窗函数。矩形窗的频域响应可以由矩形函数的傅里叶变换得到。其主瓣宽度（主瓣两个零点之间的宽度）等于 $N/2$。在对窗函数的比较中，通常把该宽度作为单位 1。图 3.18 给出了矩形函数的频率响应。为了在频域中能够清晰地观察副瓣，该图使用了第 4 章所讨论的补零技术。在本图中，取窗宽 $N=128$，在此数据之后需要增加 $31 \times N(=3968)$ 个 0 点，如图 3.18(a) 所示。矩形窗在频域中的峰值出现在 0 处，即在 $X(0)$ 和 $X(32N-1)$ 附近，如图 3.18(b) 所示。因为峰值出现在两端，所以很难看出窗函数的具体形状。可以将峰值向图的中心移动，以使整个峰值能被完整地显示出来。为了将峰值移动到该图中心 $X(16N)$ 处，首先画出 $X(16N)$ 到 $X(32N-1)$ 的点，然后接着再画 $X(0)$ 到 $X(16N-1)$ 的点，其结果如图 3.18(c) 所示。图 3.18(d) 只给出了峰值中心部分的图形，其主瓣宽度为 $N/2$。与其他窗函数相比，该主瓣宽度是最窄的。最高副瓣大概比主瓣低 13 dB。设计其他窗函数的目的主要是降低副瓣的幅度。

为了能够更加清楚地显示窗函数的形状，在以下的讨论中，所有窗函数都采用了补零技术和频域数据平移法。在参考文献[17]中列出了许多不同类型的窗函数。

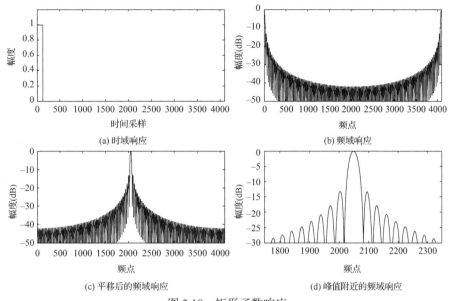

图 3.18 矩形函数响应

3.10.2 高斯窗

高斯函数可以写为

$$w(n) = e^{-\frac{1}{2}\left[\frac{2a\left(n-\frac{N}{2}\right)}{N}\right]^2} \tag{3.109}$$

其中，a 为常量，N 是窗函数中总的点数。可以证明，时域高斯函数(具有无限持续时间)的傅里叶变换在频域中也是高斯函数。从理论上讲，高斯窗不会产生任何副瓣。然而，在实际应用中，对高斯窗必须截取一定的长度，以便进行 DFT 运算，这样就会在频域中产生副瓣。当 $a = 2.5$ 时，主瓣宽度大概是矩形窗主瓣宽度的 1.33 倍，最高副瓣比主瓣低 42 dB，结果如图 3.19 所示。需要注意的是，在图 3.19(a) 中没有显示对时域数据补零的点。

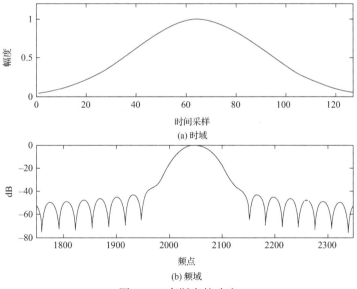

图 3.19 高斯窗的响应

3.10.3 a 阶升余弦窗

该窗函数可以写为

$$w(n) = \cos^a\left[\frac{\pi\left(n - \frac{N}{2}\right)}{N}\right] \tag{3.110}$$

当 $a = 2$ 时,该窗函数被称为 Hanning(汉宁)窗[①](以 Julius von Hann 的名字命名)。汉宁窗的主瓣宽度是矩形窗主瓣宽度的 1.5 倍,最高副瓣为 –32 dB。图 3.20 给出了汉宁窗的时域响应和频域响应。

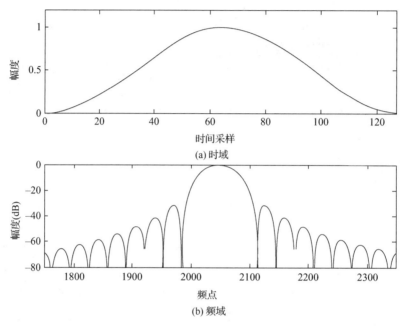

图 3.20 a 阶升余弦窗

3.10.4 广义汉明窗

广义 Hamming 窗函数可以写为

$$w(n) = a + (1-a)\cos\left[\frac{2\pi\left(n - \frac{N}{2}\right)}{N}\right] \tag{3.111}$$

其中 $a<1$。当 $a = 0.54$ 时,该窗函数被称为 Hamming(汉明)窗(以 Richard W. Hamming 的名字命名)。其主瓣宽度是矩形窗主瓣宽度的 1.36 倍,最高副瓣为 –43 dB。图 3.21 给出了汉明窗的时域响应和频域响应。有趣的是图中所有的副瓣具有大致相同的幅度。

当 $a = 0.5$ 时,从式(3.112)可以看出,广义汉明窗变为汉宁窗。

$$\cos^2\left[\frac{\pi\left(n - \frac{N}{2}\right)}{N}\right] = \frac{1}{2}\left\{1 + \cos\left[\frac{2\pi\left(n - \frac{N}{2}\right)}{N}\right]\right\} \tag{3.112}$$

---

① "Hanning 窗"实际上应是"Hann 窗",前者是对后者的误用。据称,这一误用源自命名该窗函数的那篇论文(Particular Pairs of Windows, by R. B. Blackman and John Tukey),其中使用了"hanning a signal"的表达方式,意思是"对一个信号加 Hann 窗"。目前,"Hanning 窗"这一称谓的使用已经非常普遍。——译者注

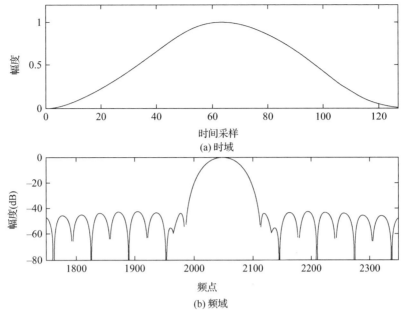

图 3.21 汉明窗的响应

注意，两个窗函数不仅具有相似的名字，而且在一些特殊的情况下，两者也是有关联的。汉明窗的副瓣比汉宁窗的低。假设这两个窗函数都有 N 个点，由于汉宁窗的两个端点都为 0，所以实际上汉宁窗仅有 $N-2$ 个点。这就是汉宁窗具有较高副瓣的原因，它的长度比汉明窗的短。事实上，这是汉明窗又称为升余弦窗的原因。

3.11 快速傅里叶变换[8,14,15,18~41]

通常，DFT 的计算量很大。例如，为完成对 N 个数据点的 DFT 运算，式 (3.99) 对频域每一个分量的计算都需要 N 次的相乘和相加，这意味着在完整的 DFT 计算中需要进行 N^2 次运算操作。在 1965 年，Cooley 和 Tukey 基于核函数 $e^{-j2\pi nk}$ 的对称性发现了一种非常高效地计算 DFT 的方法。这一发现使 DFT 成为分析信号频谱的首选方法。该方法由于对计算速度的提升，后来被称为快速傅里叶变换(FFT)。FFT 可被简单地看成计算 DFT 的一种高效方法。对于 2^m 个数据点，用 FFT 计算的结果和 DFT 计算的结果是相同的。所有 DFT 的特征和性质都适用于 FFT。

3.11.1 推导

下面的推导过程以参考文献[41]中的推导为基础。首先，引入一个新的变量 W_N：

$$W_N = e^{\frac{-j2\pi}{N}} \tag{3.113}$$

在对 FFT 的推导过程中将使用关于 W_N 的以下两个性质：

$$W_N^{k+N} = W_N^k \tag{3.114}$$

$$W_N^{k+\frac{N}{2}} = -W_N^k \tag{3.115}$$

N 应当是 2 的整数次幂。FFT 的基本思想是"分而治之"。它不是执行一次 N 个数据点的 DFT，而是执行两次 $N/2$ 个数据点的 DFT；如果允许，它也不是执行两次 $N/2$ 个数据点的 DFT，而是执行四次 $N/4$ 个数据点的 DFT。这一过程直至仅需计算两个点的 DFT 为止。

使用 W_N 可以将式 (3.99) 的 DFT 运算重写为

$$X(k) = \sum_{n=0}^{N-1} x(n) W_N^{kn}, \quad 0 \leqslant k \leqslant N-1 \tag{3.116}$$

那么，式 (3.116) 可以写为

$$X(k) = \sum_{n=0}^{\frac{N}{2}-1} x(n) W_N^{kn} + \sum_{n=\frac{N}{2}}^{N} x(n) W_N^{kn} = \sum_{n=0}^{\frac{N}{2}-1} x(n) W_N^{kn} + W_N^{\frac{kN}{2}} \sum_{n=0}^{\frac{N}{2}-1} x(n) W_N^{kn} \tag{3.117}$$

由于

$$W_N^{\frac{N}{2}} = \mathrm{e}^{-\mathrm{j}\pi} = -1 \tag{3.118}$$

所以式 (3.117) 可以写为

$$X(k) = \sum_{n=0}^{\frac{N}{2}-1} \left[x(n) + (-1)^k x\left(n + \frac{N}{2}\right) \right] W_N^{kn} \tag{3.119}$$

当 k 是偶数（$k = 2k'$）时，式 (3.119) 变为

$$X(2k') = \sum_{n=0}^{\frac{N}{2}-1} \left[x(n) + x\left(n + \frac{N}{2}\right) \right] W_N^{2k'n} \tag{3.120}$$

当 k 是奇数（$k = 2k'+1$）时，式 (3.119) 变为

$$X(2k'+1) = \sum_{n=0}^{\frac{N}{2}-1} \left[x(n) - x\left(n + \frac{N}{2}\right) \right] W_N^n W_N^{2k'n} \tag{3.121}$$

由于

$$W_N^2 = \mathrm{e}^{\left(-\frac{\mathrm{j}2\pi}{N}\right)2} = \mathrm{e}^{\left(-\frac{\mathrm{j}2\pi}{\frac{N}{2}}\right)} = W_{N/2} \tag{3.122}$$

所以式 (3.120) 和式 (3.121) 可以分别写为

$$X(2k') = \sum_{n=0}^{\frac{N}{2}-1} \left[x(n) + x\left(n + \frac{N}{2}\right) \right] W_{N/2}^{k'n} \tag{3.123}$$

$$X(2k'+1) = \sum_{n=0}^{\frac{N}{2}-1} \left[x(n) - x\left(n + \frac{N}{2}\right) \right] W_N^n W_{N/2}^{k'n} \tag{3.124}$$

检查式 (3.123) 和式 (3.124)，注意到通过重新整理输入数据的前半部分（$0 \leqslant n \leqslant N/2 - 1$）和输入数据的后半部分（$N/2 \leqslant n \leqslant N-1$），下标为偶数的 DFT 结果可作为一个 $N/2$ 的 DFT 来计算，而下标为奇数的 DFT 结果可作为另一个 $N/2$ 点的 DFT 来计算。图 3.22(a) 给出一个由两个 4 点 DFT 组成的 8 点 DFT。如果继续使用"分而治之"的方法，则最后可得 2 点 DFT 的运算

$$X(k) = \sum_{n=0}^{1} x(n)(-1)^n, \quad 0 \leqslant k \leqslant 1 \Rightarrow \begin{cases} X(0) = x(0) + x(1) \\ X(1) = x(0) - x(1) \end{cases} \tag{3.125}$$

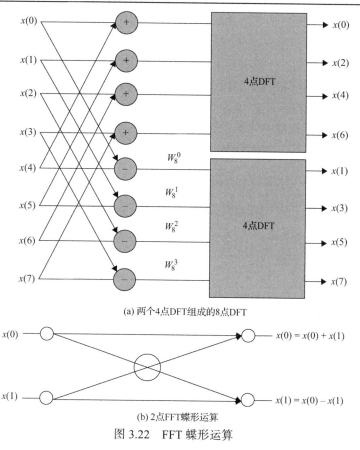

(a) 两个4点DFT组成的8点DFT

(b) 2点FFT蝶形运算

图 3.22 FFT 蝶形运算

图 3.22(b)给出了 2 点 DFT 的符号表示,通常将其称为基数为 2 的 FFT 或者 FFT 蝶形运算。对于 8 点 FFT,存在三层 FFT 蝶形运算,显示的最后一步运算为重新排序。重新排序处理过程也称为"位反转",因为如果将 FFT 输出的位置记为二进制数,即 $b_N b_{N-1} \cdots b_0$(最上面输出的位置为 $00\cdots0$),那么其对应的 FFT 数据点的下标为 $b_0 b_1 \cdots b_N$。

使用式(3.99)执行 N 点 DFT($N = 2^m$),需要的运算次数为 N^2,而 FFT 可以将运算次数减至 $(N/2)\log_2(N)$ 次复数乘法运算、$(N/2)\log_2(N)$ 次加法运算和 $(N/2)\log_2(N)$ 次减法运算。运算次数减少的情况如图 3.23 所示。从该图可以看出,节约的计算量十分惊人。FFT 运算的相乘次数和相加次数可以在参考文献[40]中找到。

同样的方法可用于快速傅里叶逆变换(IFFT)。唯一的区别是需要将式(3.113)中的 $-j$ 变为 $+j$,剩下的论述保持不变。

输入数据的数量必须是 2 的整数次幂。自从 FFT 算法被发现之后,许多与最初 Cooley-Tukey 法类似的不同方法相继被提

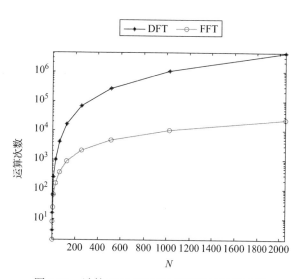

图 3.23 计算 FFT 和 DFT 所需要的运算次数

出来。输入数据的个数无须满足 2 的整数次幂的 FFT 方法也被研究出来。在一些算法设计中，输出直接是正确的排序，无须位反转操作；但是，在这些方法中，必须对输入数据点进行重新排序[8,41]。因此，这些算法并没有显著的优势。如今看来，最常用的 FFT 算法依然是最初的 Cooley-Tukey 法。在微波接收机应用中，内置于硬件的 FFT 芯片可能依然是最具有发展前景的。如果其运算速度能够和模数转换器相匹配，那么每个模数转换器后面接一个 FFT 芯片即可。如果 FFT 芯片的运算速度比模数转换器的慢，那么可以采用多个 FFT 芯片进行并行计算，或者可以采用其他方法，如抽取技术等。

3.11.2 使用复数 FFT 运算符计算实值输入

通常，FFT 运算符用于处理具有实部和虚部的复数数据。然而，在许多 FFT 运算中，仅能获得实数形式的输入，这是因为要获得同相(I)输出和正交(Q)输出平衡性很好的复数数据是非常困难的。同相和正交信道将在第 6 章中做详细介绍。实值数据可以作为 FFT 运算实数端口的输入，而 0 可以用作虚数端口的输入。不过，这种方法不能有效地利用资源。

本节将对使用 FFT 运算符同时处理两组实值数据的方法进行讨论。如果 $x(n)$ 是实值数据，那么 FFT 的第 k 个分量是

$$X(k) = \sum_{n=0}^{N-1} x(n) e^{-j2\pi nk/N} \tag{3.126}$$

第 $N-k$ 个分量可以写为

$$X(N-k) = \sum_{n=0}^{N-1} x(n) e^{-j2\pi n(N-k)/N} = \sum_{n=0}^{N-1} x(n) e^{j2\pi nk/N} = \sum_{n=0}^{N-1} x^*(n) \left[e^{\frac{j2\pi nk}{N}} \right]^* \tag{3.127}$$

因为 $x(n) = x(n)^*$，其中 * 表示复共轭，那么显然有

$$X(k) = X(N-k)^*$$

即

$$\begin{aligned} \mathrm{Re}[X(k)] &= \mathrm{Re}[X(N-k)] \\ \mathrm{Im}[X(k)] &= -\mathrm{Im}[X(N-k)] \end{aligned} \tag{3.128}$$

其中，$\mathrm{Re}(\cdot)$ 和 $\mathrm{Im}(\cdot)$ 分别表示函数的实部和虚部。FFT 的实部相对于编号 $(N-1)/2$ 是对称的，而虚部相对于编号 $(N-1)/2$ 是斜对称的。

如果 $y(n)$ 是另一个实函数，且和 $x(n)$ 具有相同的数据点数，则可以构建一个复函数 $z(n)$

$$z(n) = x(n) + jy(n)$$

$$\begin{aligned} Z(k) &= X(k) + jY(k) = \mathrm{Re}[X(k)] + j\mathrm{Im}[X(k)] + j\{\mathrm{Re}[Y(k)] + j\mathrm{Im}[Y(k)]\} \\ &= \mathrm{Re}[X(k)] - \mathrm{Im}[Y(k)] + j\mathrm{Im}[X(k)] + j\mathrm{Re}[Y(k)] \end{aligned} \tag{3.129}$$

该式可以写为

$$\begin{aligned} \mathrm{Re}[Z(k)] &= \mathrm{Re}[X(k)] - \mathrm{Im}[Y(k)] \\ \mathrm{Im}[Z(k)] &= \mathrm{Im}[X(k)] + \mathrm{Re}[Y(k)] \end{aligned} \tag{3.130}$$

由于 $x(n)$ 和 $y(n)$ 是实函数，所以 $X(k)$ 和 $Y(k)$ 的实数部分相对于 $(N-1)/2$ 是对称的，而其虚部是斜对称的。利用式(3.130)和式(3.128)，可以用第一部分来表示 k 分量的第二部分：

$$\begin{aligned} \mathrm{Re}[Z(N-k)] &= \mathrm{Re}[X(k)] + \mathrm{Im}[Y(k)] \\ \mathrm{Im}[Z(N-k)] &= -\mathrm{Im}[X(k)] + \mathrm{Re}[Y(k)] \end{aligned} \tag{3.131}$$

从式(3.130)和式(3.131)，容易看出

$$\begin{aligned}
\operatorname{Re}[X(k)] &= \frac{\operatorname{Re}[Z(k)] + \operatorname{Re}[Z(N-k)]}{2} \\
\operatorname{Im}[Y(k)] &= \frac{\operatorname{Re}[Z(N-k)] - \operatorname{Re}[Z(k)]}{2} \\
\operatorname{Re}[Y(k)] &= \frac{\operatorname{Im}[Z(k)] + \operatorname{Im}[Z(N-k)]}{2} \\
\operatorname{Im}[X(k)] &= \frac{\operatorname{Im}[Z(k)] - \operatorname{Im}[Z(N-k)]}{2}
\end{aligned} \tag{3.132}$$

这就是期望的结果。

我们也可以把实值数据 $x(n)$ 分为两部分：$x_1(n)$ 和 $x_2(n)$，并将 $x_1(n)$ 输入 FFT 的实数端口，将 $x_2(n)$ 输入 FFT 的虚数端口。FFT 的输出用 $Z(k)$ 表示。根据式(3.132)就可以分别得到 $X_1(k)$ 和 $X_2(k)$ 的实部和虚部。

3.12 接收机使用 DFT 的潜在优势[40,42]

虽然 FFT 比 DFT 需要更少的运算量，但是在宽带接收机应用中，在特定条件下 DFT 也具有一些优势。可以注意到，在图 3.23 中，当 $N = 2048$ 时，FFT 比 DFT 具有很大的优势，其节省的运算量可以用比值 $N/\log_2 N$ 表示。当 $N = 32, 64, 128$ 时，对应节省的运算量比值分别为 6.4、10.67 和 18.29。

对用于电子战的微波接收机而言，至少在不久的将来，输入数据的点数将可能是 32 点、64 点或者 128 点。输入数据长度主要受到两个因素的限制：运算速度和最小脉宽。如果采集的数据长度比输入的脉宽大得多，那么额外的数据将只包含噪声。无信号数据点会降低接收机的灵敏度。对现有的模数转换器运算速度来讲，在一个短脉冲上只能采集几十或者几百个数据点。因此，需要针对这些较少的数据点对 DFT 和 FFT 进行比较。下面将对 DFT 比 FFT 可能具有的两种优势进行讨论。

3.12.1 初始数据积累

需要注意的是，DFT 和 FFT 在时域中的初始数据积累是不同的。当计算 N 点 FFT 时，必须获取所有 N 个点的数据。与此相反，从式(3.99)可以看出，对 DFT 而言，数据在到达时就可被收集和处理。每一个输入数据点 $x(n)$ 都被 N 项相乘。例如，如果 $N = 64$，当第一个数据点 $x(0)$ 被收集后，就可以根据式(3.99)计算出 64 个中间数据点 $X_i(n, k)$

$$X_i(n, k) = x(0) e^{\frac{-j2\pi k 0}{N}} = x(0) \tag{3.133}$$

其中，$n = 0$，$k = 0 \sim 63$。类似的操作可应用于所有的输入数据。对于第 n 个数据点 $x(n)$，中间数据点 $X_i(n, k)$ 可写为

$$X_i(n, k) = x(n) e^{\frac{-j2\pi k n}{N}} \tag{3.134}$$

其中，$k = 0 \sim 63$。当最后一个数据被收集后，会产生总共 N^2 个中间数据点。将具有相同 k 值的中间数据相加，即可求得频域中的第 k 个分量。

当然，上述方法需要的运算次数为 N^2。不过，一旦收集了最后一个输入数据，一次求和

运算就可以得到期望的结果。而 FFT 方法则必须收集完所有数据后才能开始计算。因此，对于较小的 N 值，使用 DFT 方法更容易构建出一个实时处理器。

3.12.2 滑动 DFT

在电子战接收机中，输入数据可以包含或者不包含信号。一种常用的方法是按编号对输入数据进行划分，从 0 到 $N-1$，然后从 N 到 $2N-1$，以此类推。这种方法节约了处理时间，但是信号会被分割为两部分数据，因而降低了接收机的灵敏度和频率分辨率。一种改进方法是使用具有一定程度重叠的数据。当数据重叠 50% 时，第一部分将包含编号从 0 到 $N-1$ 的数据点，而第二部分包含编号从 $N/2$ 到 $(3N/2)-1$ 的数据点。这种方法所需的处理量加倍，但是可以提高接收机的性能。对数据重叠的进一步讨论将在第 10 章进行。

最为复杂的方法是每滑动一个数据点做一次 DFT。例如，第一部分包含编号从 0 到 $N-1$ 的数据，第二部分包含编号从 1 到 N 的数据，而第三部分包含编号从 2 到 $N+1$ 的数据，如图 3.24 所示。虽然这种方法可以提供最好的接收机性能，但是其所需运算量巨大。如果采用 FFT 进行计算，那么将会独立地计算每一组输入数据。如果采用 DFT 进行计算，则可以从前一运算获得新的信息。为了演示这一运算过程，将式 (3.99) 改写为

$$X_0(k) = x(0) + x(1)\mathrm{e}^{\frac{-\mathrm{j}2\pi k}{N}} + x(2)\mathrm{e}^{\frac{-\mathrm{j}2\pi k2}{N}} + \cdots + x(N-1)\mathrm{e}^{\frac{-\mathrm{j}2\pi k(N-1)}{N}} \tag{3.135}$$

其中，$X_0(k)$ 用于表示 DFT 的第一组数据。式 (3.135) 和式 (3.99) 完全相同，只是在形式上稍有区别。第二组数据产生的 DFT 为

$$X_1(k) = x(1) + x(2)\mathrm{e}^{\frac{-\mathrm{j}2\pi k}{N}} + x(3)\mathrm{e}^{\frac{-\mathrm{j}2\pi k2}{N}} + \cdots + x(N)\mathrm{e}^{\frac{-\mathrm{j}2\pi k(N-1)}{N}} \tag{3.136}$$

式 (3.135) 和式 (3.136) 之间仅有的区别是整组的数据点有所不同，两个方程的指数项完全相同。可以看出，对式 (3.136) 稍加修改即可得到式 (3.135)。两者之间的关系式可以写为

$$X_1(k) = [X_0(k) - x(0)]\mathrm{e}^{\frac{\mathrm{j}2\pi k}{N}} + x(N)\mathrm{e}^{\frac{-\mathrm{j}2\pi k(N-1)}{N}} = [X_0(k) - x(0) + x(N)]\mathrm{e}^{\frac{\mathrm{j}2\pi k}{N}} \tag{3.137}$$

其一般形式可表示为

$$X_{m+1}(k) = [X_m(k) - x(m) + x(N+m)]\mathrm{e}^{\frac{\mathrm{j}2\pi k}{N}} \tag{3.138}$$

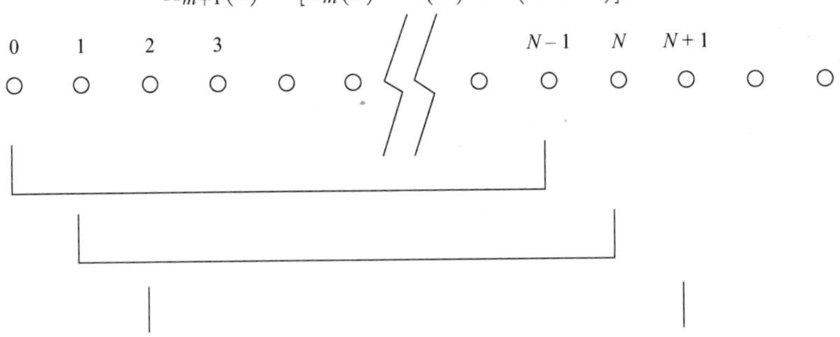

图 3.24 滑动 DFT

这种方法看来可能比 FFT 更加高效。如果能够高效地执行此运算，那么滑动 DFT 的实时处理是可能实现的。

3.13 小结

本章介绍了连续傅里叶变换和离散傅里叶变换。连续傅里叶变换为在频域中分析信号提

供了基础，而 DFT 为将傅里叶变换理论应用于接收机设计提供了可行的方法。DFT 可被认为是傅里叶变换的一种近似，但是它们之间的区别不应被忽视，本章也对其中一些不同点进行了讨论。减少由 DFT 引起的泄漏效应的一种方法是在采样数据时使用不同类型的窗函数。本章也对几种不同的窗函数进行了介绍。在实时应用中，FFT 是计算 DFT 的一种高效算法，本章对相关内容进行了讨论。下一章将介绍用于电子战接收机的与傅里叶变换相关的运算。

参考文献

[1] Campbell GA, Foster RM. *Fourier Integrals for Practical Applications*. New York: Van Nostrand Reinhold; 1948.

[2] Erdelyi A (ed.). *Table of Integral Transforms*, Vol. 1. New York: McGraw-Hill; 1954.

[3] Dwight HB. *Tables of Integrals and Other Mathematical Data*, 4th ed. New York: MacMillan; 1961.

[4] Robinson EA. 'A historical perspective of spectrum estimation'. *Proceedings of the IEEE* 1982; **70**(9): 885–907.

[5] Papoulis A. *The Fourier Integral and Its Applications*. New York: McGraw-Hill; 1962.

[6] Papoulis A. *Probability, Random Variables, and Stochastic Processes*. New York: McGraw-Hill; 1965.

[7] Bracewell R. *The Fourier Transform and Its Applications*. New York: McGraw-Hill; 1965.

[8] Brigham EO. *The Fast Fourier Transform*. Englewood Cliffs, NJ: Prentice-Hall; 1973.

[9] Carlson AB. *Communication Systems: An Introduction to Signals and Noise in Electrical Communication*. New York: McGraw-Hill; 1975.

[10] Stremler FG. *Introduction to Communication Systems*, 3rd ed. Reading, MA: Addison-Wesley; 1990.

[11] Ziemer RE, Tranter WH. *Principles of Communications: Systems, Modulation, and Noise*, 3rd ed. Boston: Houghton Mifflin; 1990.

[12] Stimson GW. *Introduction to Airborne Radar*. El Segundo, CA: Hughes Aircraft Co.; 1983.

[13] Skolnik MI. *Introduction to Radar Systems*. New York: McGraw-Hill; 1962.

[14] Rabiner LR. *Theory and Application of Digital Signal Processing*. Englewood Cliffs, NJ: Prentice Hall; 1975.

[15] Oppenheim AV, SchaferRW. *Digital Signal Processing*. Englewood Cliffs, NJ: Prentice Hall; 1975.

[16] Tsui JB. *Fundamentals of Global Positioning System Receivers*, 2nd ed. Hoboken, NJ: John Wiley & Sons; 2005.

[17] Harris FJ. 'On the use of windows for harmonic analysis with the discrete Fourier transform'. *Proceedings of the IEEE* 1978; **66**(1): 51–83.

[18] Kay SM. *Modern Spectral Estimation Theory and Application*. Englewood Cliffs, NJ: Prentice Hall; 1988.

[19] Marple SL Jr. *Digital Spectral Analysis with Applications*. Englewood Cliffs, NJ: Prentice Hall; 1987.

[20] Elliott DF (ed.). *Handbook of Digital Signal Processing: Engineering Applications*. San Diego: Academic Press; 1987.

[21] Tsui JBY. *Digital Microwave Receivers: Theory and Concepts*. Norwood, MA: Artech House; 1989.

[22] Tukey JW. 'An introduction to the calculations of numerical spectrum analysis', in Harris B (ed.), *Spectral Analysis of Time Series*. New York: John Wiley & Sons; 1967.

[23] Blackman RB, Tukey JW. 'The measurement of power spectra from the point of view of communications engineering'. *Bell System Technical Journal* 1958; **37**(1): 185–282.

[24] Cooley JW, Tukey JW. 'An algorithm for the machine calculation of complex Fourier series'. *Mathematics of*

Computation 1965; **19**(90): 297–301.

[25] Welch PD. 'The use of fast Fourier transform for the estimation of power spectra: a method based on time averaging over short, modified periodograms'. *IEEE Transactions on Audio and Electroacoustics* 1967; **15**(2): 70–73.

[26] Cooley JW, Lewis PAW, Welch PD. 'Historical notes on the fast Fourier transform'. *Proceedings of the IEEE* 1967; **55**(10): 1675–1677.

[27] Cochran WT, Cooley JW, Favin DL, *et al.* 'What is the fast Fourier transform?'. *Proceedings of the IEEE* 1967; **55**(10): 1664–1674.

[28] Brigham EO, Morrow RE. 'The fast Fourier transform'. *IEEE Spectrum* 1967; **4**(12): 63–70.

[29] Cooley JW, Lewis PAW, Welch PD. 'The finite Fourier transform'. *IEEE Transactions on Audio and Electroacoustics* 1969; **17**(2): 77–85.

[30] Bergland GD. 'A guided tour of the fast Fourier transform'. *IEEE Spectrum* 1969; **6**(7): 41–52.

[31] Sanderson RB. 'Instrumental techniques', in Rao RN, Matthews CW (eds.), *Molecular Spectroscopy: Modern Research*. San Diego: Academic Press; 1972.

[32] Palmer LC. 'Coarse frequency estimation using the discrete Fourier transform'. *IEEE Transactions on Information Theory* 1974; **20**(1): 104–109.

[33] Allen JB. 'Short term spectral analysis, synthesis, and modification by discrete Fourier transform'. *IEEE Transactions on Acoustics, Speech and Signal Processing* 1977; **25**(3): 235–238.

[34] Sorensen HV, Jones DL, Heideman M, Burrus CS. 'Real-valued fast Fourier transform algorithm'. *IEEE Transactions on Acoustics, Speech and Signal Processing* 1987; **35**(6): 849–863.

[35] Thong T. 'Practical consideration for a continuous time digital spectrum analyzer'. *Proceedings of the IEEE International Symposium on Circuits and Systems*. New York: IEEE; 1989: 1047–1050.

[36] Jenq Y-C. 'Digital spectra of nonuniformly sampled signals: a robust sampling time offset estimation algorithm for ultra high-speed waveform digitizers using interleaving'. *IEEE Transactions on Instrumentation and Measurement* 1990; **39**(1): 71–75.

[37] Agoston M, Henricksen R. 'Using digitizing signal analyzers for frequency domain analysis'. *Microwave Journal* 1990; **33**(9): 181–189.

[38] Fine B. 'DSPs address real-world problems'. *Microprocessor* 1990; 72–74.

[39] Sayegh SI. 'A pipeline processor for mixed-size FFTs'. *IEEE Transactions on Signal Processing* 1992; **40**(8): 1892–1900.

[40] Duhamel P. 'Implementation of "Split-radix" FFT algorithms for complex, real, and realsymmetric data'. *IEEE Transactions on Acoustics, Speech and Signal Processing* 1986; **34**(2): 285–295.

[41] Chassaing R, Reay D. *Digital Signal Processing and Applications with the TMS320C6713 and TMS320C6416 DSK*, 2nd ed. Hoboken, NJ: John Wiley & Sons; 2008.

[42] Springer T. 'Sliding FFT computes frequency spectra in real time'. *Electronic Design News* 1988; **September**: 161–170.

第 4 章 与傅里叶变换相关的运算

4.1 引言

本章将讨论与傅里叶变换相关的运算，其中一些运算对电子战接收机的设计非常有用，而另一些运算则可以提高 FFT 的性能。本章的内容包括周期图、补零技术、FFT 峰值的定位、自相关、提高接收机带宽的相位采样技术，以及用于电子战接收机的 DFT 抽取技术。

4.2 周期图[1~7]

一旦数字化的输入数据完成了 FFT 或者 DFT，下一步就是求解频谱或者频率分量。直接的方法是求解功率谱。由于 FFT 输出是复数，所以功率谱可以写为

$$P(k) = \frac{1}{N}|X(k)|^2 \tag{4.1}$$

其中 $X(k)$ 是 $x(n)$ 的 FFT。上式描述的功率谱又称为周期图。

实信号的功率谱具有偶对称性，下面予以证明。实信号的频率分量 $X(k)$ 和 $X(N-k)$ 可写为

$$X(k) = \sum_{n=0}^{N-1} x(n) e^{-\frac{j2\pi nk}{N}} \tag{4.2}$$

$$X(N-k) = \sum_{n=0}^{N-1} x(n) e^{-\frac{j2\pi n(N-k)}{N}} = \sum_{n=0}^{N-1} x(n) e^{\frac{j2\pi nk}{N}} = X(k)^* \tag{4.3}$$

因此，有

$$|X(k)|^2 = |X(N-k)|^2 \tag{4.4}$$

当 $k = N/2$ 时，有 $X(k) = X(N-k)$，所以输出关于 $X(N/2)$ 是对称的。如果有 N 点实值数据，在进行 FFT 后，其功率谱就具有 N 个频率分量。然而，在这 N 个频率分量中，只有一半是有用的信息。功率谱的另一半频率分量和前一半频率分量相同。因此，即使对 N 点实值输入数据进行 FFT 后 $X(k)$ 有 N 个分量，通常也只画出其中的 $N/2$ 个分量。

4.2.1 平均周期图[4,5,8,9]

如果输入信号仅包含方差为 σ^2 的噪声，那么我们可能会认为，当输入数据长度增加时，功率谱的方差会趋于零。然而，这种想法与事实并不相符。当输入数据长度增加时，功率谱

的起伏性并不会减小,该现象如图 4.1 所示。图中采集了 1024 个点的数据,且这些数据只包含噪声。所有数据被分为 8 个分组,每个分组包含 128 个点。图 4.1(a)给出了所有 1024 点数据周期图的平方根。图 4.1(b)给出了第一个分组的 128 点数据周期图的平方根。对于其余 7 个分组的数据可以获得类似的结果。根据这些图可以清楚地看到,增加参与计算的数据点数并不能减小频域噪声的起伏性。

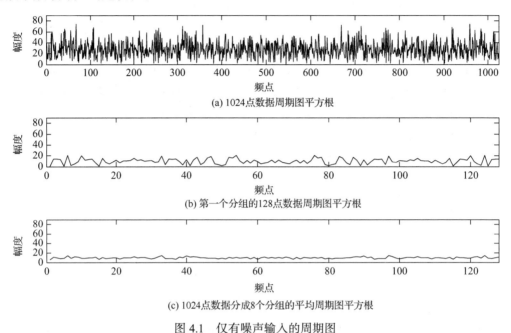

图 4.1 仅有噪声输入的周期图

为了减小上述例子中输出噪声的起伏性,可以首先计算所有 8 个分组数据的周期图,然后对其结果求平均值。上述例子的运算过程可写为

$$P_{av}(k) = \frac{1}{8}\sum_{i=0}^{7} X_i(k) \tag{4.5}$$

其中

$$X_i(k) = \frac{1}{8}\sum_{n=0}^{127} x(128i+n)e^{\frac{-j2\pi nk}{N}}, \quad i=0,1,\cdots,7$$

图 4.1(c)给出了平均周期图的平方根[4,5,8,9]。与图 4.1(a)和图 4.1(b)相比,从图 4.1(c)中可以看出,通过平均处理后,噪声谱的起伏性减小了。因为 8 个分组数据可被认为是独立的,所以求和运算会使噪声增大 $\sqrt{8}$ 倍。当所得结果再除以 8 时,噪声的起伏性就会减小。

现在,将输入信号变为含噪声的正弦信号,采集数据点总数为 1024。下面将使用同样的三种方法对输入数据进行处理。首先用所有数据求得周期图。其次,求最前面的 128 点数据的周期图。最后,将输入数据分为 8 个分组,然后求出每一分组的周期图,再求平均值。图 4.2 给出了这些周期图的平方根。在图 4.2(a)中,在进行 1024 点 FFT 的情况下,可以清楚地看到信号频率。在图 4.2(b)中,在进行 128 点 FFT 的情况下,信号频率较难辨认。在图 4.2(c)中,在取平均的情况下,信号频率清晰可见,但是频率分辨率比图 4.2(a)的差。

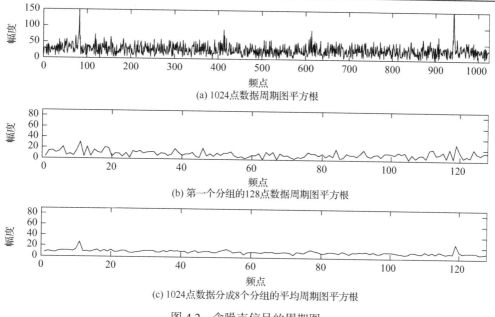

(a) 1024点数据周期图平方根

(b) 第一个分组的128点数据周期图平方根

(c) 1024点数据分成8个分组的平均周期图平方根

图4.2 含噪声信号的周期图

4.3 补零技术[4,5]

补零技术是指在进行FFT操作前,在数字化数据串末尾添加一些0。例如,如果采集到64个数据点,则通常使用64点FFT来获取频率。然而,我们可以在这些数据末尾添加64个0,以执行128点FFT。在为64点数据添加64个0的情况下,频率分量的输出数量将翻倍。注意,补零并不会添加任何新的信息,因而得到的FFT结果不会发生改变。

通常,假设有从$x(0)$到$x(N-1)$的N个数据点,在这N个数据点后添加N个0,即从$x(N)$到$x(2N-1)$,并执行$2N$点FFT,可以得到如下结果:

$$X(k) = \sum_{n=0}^{2N-1} x(n) e^{\frac{-j2\pi kn}{2N}} \qquad (4.6)$$

注意,上式中n的取值范围为$0 \sim 2N-1$,核函数是$e^{-j2\pi kn/2N}$,而不是$e^{-j2\pi kn/N}$。由于$x(N) = x(N+1) = \cdots = x(2N-1) = 0$,所以式(4.6)可以写为

$$X(k) = \sum_{n=0}^{N-1} x(n) e^{\frac{-j2\pi kn}{2N}} \qquad (4.7)$$

式(4.6)到式(4.7)的唯一变化是求和区间。注意,$X(k)$中k的取值范围为$0 \sim 2N-1$。那么,输出的谱线数量是$2N$个,比N点FFT的多出了一倍。

在式(4.6)中,如果只考虑偶数项谱线,则可以取$k = 2k'$,将其代入式(4.7)可得

$$X(k') = \sum_{n=0}^{N-1} x(n) e^{\frac{-j2\pi k'n}{N}} \qquad (4.8)$$

上式与N点FFT的表达式完全相同。因此,在这个例子中,补零不会改变偶数项频谱分量的幅度和相位,但是在奇数项频谱分量的位置提供了内插值。

上述讨论可以推广到对输入数据补LN个0的情况,其中L是正整数。上面讨论的例子

相当于 $L=1$ 时的情况。通常，为了保持数据点总数是 2 的整数次幂，L 的取值为

$$L = 2^i - 1, \quad i = 0, 1, 2, \cdots \tag{4.9}$$

图 4.3 给出了一个例子，采集的数据点总数为 32。图 4.3(a) 给出了 32 点 FFT 的结果。图 4.3(b) 给出了补 32 个 0 后，64 点 FFT 的结果。可以看出，图 4.3(b) 中的偶数项频率分量与图 4.3(a) 中的频率分量具有相同的幅度。图 4.3(c) 给出了补 96 个 0 后，128 点 FFT 的结果。可以看出，图 4.3(c) 中每 4 个频率分量中的 1 个与图 4.3(a) 中的频率分量完全相同。图 4.3(d) 给出了补 992 个 0 后，1024 点 FFT 的结果。显然可以看出，补零并不会改变谱线形状，而是仅在原有的 N 点 FFT 上进行了插值。

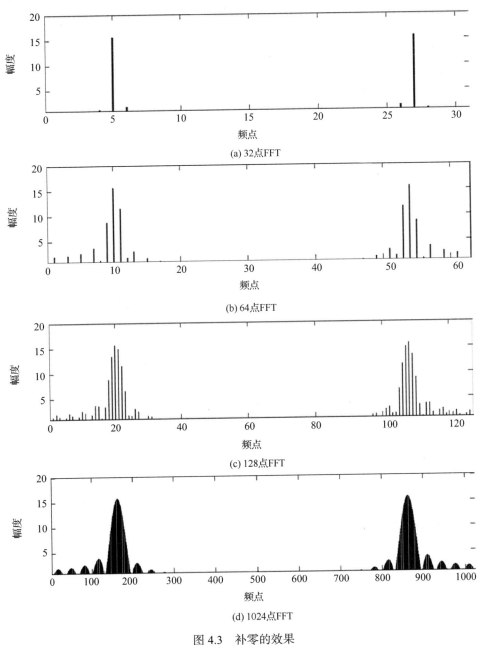

图 4.3　补零的效果

在图 4.3 中，频率范围为 $0 \sim f_s/2$，其中 f_s 是采样频率。如果输入数据是复数，那么频率范围为 $0 \sim f_s$。频点的编号与 FFT 的点数有关。

从这个例子可以看出，在 32 点 FFT 中很难找到功率谱的峰值，副瓣的细微结构就更难以观察到。利用补零技术，功率谱峰值的位置显示得更清晰，副瓣也能清楚地显示。因此，补零带来的额外处理可提高对功率谱峰值插值的能力。付出的代价是处理时间增加。如果不使用补零技术，就难以获得频域中频谱的细微结构。本书中的很多图形都采用了补零技术。

需要重点强调的是，补零并不会提高 FFT 的基础分辨率。换言之，FFT 的主瓣宽度并不会因为补零而发生改变。频率分辨率只取决于实际的数据长度。补零仅能提高在主瓣中选取峰值频率分量的能力。

4.4 加窗后的峰值位置估计

本节介绍从 FFT 输出结果来外推频率分量峰值的简单方法。4.3 节讨论的补零技术可以用于更好地确定峰值的位置，但是必须增加 FFT 的点数。下面要介绍的方法可以保持 FFT 的长度不变，使用 FFT 输出中的两点对峰值进行估计。

4.4.1 加矩形窗后的峰值位置估计[10~16]

首先考虑连续傅里叶变换的情况，并采用矩形窗函数。该情况在 3.3 节中已经讨论过，这里将结果重新给出。如果输入在时域中是一个矩形窗，其宽度为 T，幅度为 1，如图 4.4(a) 所示，那么其频域傅里叶变换就是 sinc 函数（见 3.3 节）

$$X(f) = \frac{\sin(\pi fT)}{\pi f} \tag{4.10}$$

结果如图 4.4(b) 所示，其峰值出现在 $f=0$ 处，第一个最小值出现在 $\pm 1/T$ 处。

但是，如果该矩形窗的频谱是通过 FFT 计算的，则频率分量是离散的，所得频谱轮廓为 sinc 函数（见图 4.5）。在该图中，功率谱最大的频率分量可能与 sinc 函数的最大值并不一致。本节讨论的目的就是从这些 FFT 分量中判断出最大值所在的真实位置。注意，这些频率分量具有相同的间隔 $1/T$。让我们用 X_i 来表示频率分量的幅度：最大幅度为 X_0，第二大值为 X_1，以此类推。从图 4.5 中可知，最大的两个幅度值位于主瓣内，而第三大的幅度值位于第一副瓣内。

假设 X_0 和实际峰值之间的距离为 k，相邻两个频率分量之间的距离是 $1/T$，可以把这个量作为单位距离。X_1 和 X_2 分别位于 $k-1/T$ 和 $k+1/T$ 处，它们对应的幅度可以分别写为

$$X_0 = \frac{\sin(\pi Tk)}{\pi k}$$

$$X_1 = \frac{\sin\left[\pi T\left(k - \frac{1}{T}\right)\right]}{\pi\left(k - \frac{1}{T}\right)} = \frac{-\sin(\pi Tk)}{\pi\left(k - \frac{1}{T}\right)} \tag{4.11}$$

$$X_2 = \frac{\sin\left[\pi T\left(k + \frac{1}{T}\right)\right]}{\pi\left(k + \frac{1}{T}\right)} = \frac{\sin(\pi k)}{\pi\left(k + \frac{1}{T}\right)}$$

因为窗宽度设为单位 1，所以可使用关系式 $1/T=1$。根据式(4.11)可得

$$\frac{X_1}{X_0} = \frac{k}{1-k}, \quad 即\ k = \frac{X_1}{X_0 + X_1} \tag{4.12}$$

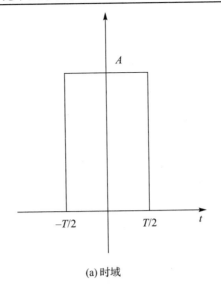

(a) 时域

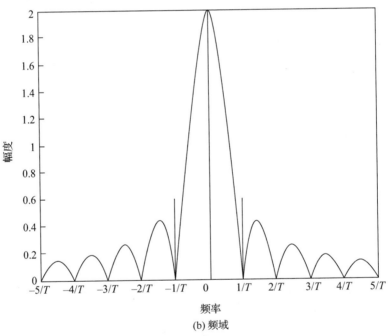

(b) 频域

图 4.4 矩形函数

同理可得

$$\frac{X_2}{X_1} = \frac{1-k}{1+k}, \quad 即 k = \frac{X_1 - X_2}{X_1 + X_2} \tag{4.13}$$

式(4.12)或式(4.13)都可用于求解频谱中心,且每个方程只需从频域输出中使用两个频率分量。如果信号是有噪声的,那么两个方程都可以用于求解 k,并且可以将两个值求平均,作为最终的 k 值。

如果在 X_0 和 X_1 处的频率分别为 k_0 和 k_1,那么一旦求出 k,就可以认为中心频率 f_c 为

$$f_c = k_0 \pm k \tag{4.14}$$

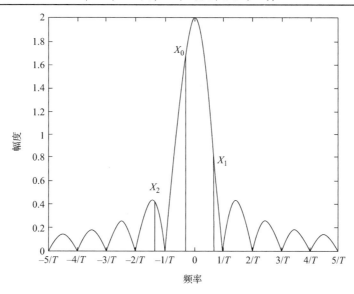

图 4.5 矩形窗的 FFT 输出的频率分量

如果 $k_1>k_0$，则上式取正号；如果 $k_1<k_0$，则上式取负号。注意，此时中心频率 f_c 不再是整数。

通过对式 (4.11) 中的结果取比值来消除正弦函数，是获得上述关系式的很重要的一步运算。一旦正弦函数被消除了，就能很容易地求得 k 值。

4.4.2 加汉宁窗后的峰值位置估计[10~16]

如果对输入数据加某一特定的窗，则上述方法依然适用。下面用汉宁(Hanning)窗来证明这一点。时域汉宁窗可以写为

$$w(t) = \frac{1}{2} + \frac{1}{2}\cos\left(\frac{2\pi t}{T}\right) \tag{4.15}$$

其中 T 表示数据的总长度。汉宁窗的频率响应如图 4.6 所示。

汉宁窗的频率响应可从式 (4.15) 中常数项和余弦项的傅里叶变换求得，这在第 3 章中已讨论过。如果所得结果中最大幅度与 $f = 0$ 处的理论最大值之间的距离为 k，那么根据式(3.69)，该最大幅度可以写为

$$\begin{aligned}
X_0 &= \frac{\sin(\pi T k)}{2\pi k} + \frac{1}{4}\left\{\frac{\sin\left[\pi T\left(k+\frac{1}{T}\right)\right]}{\pi\left(k+\frac{1}{T}\right)} + \frac{\sin\left[\pi T\left(k-\frac{1}{T}\right)\right]}{\pi\left(k-\frac{1}{T}\right)}\right\} \\
&= \sin(\pi T k)\left\{\frac{1}{2\pi k} - \frac{1}{4\pi\left(\frac{1}{k+T}\right)} - \frac{1}{4\pi\left(k-\frac{1}{T}\right)}\right\}
\end{aligned} \tag{4.16}$$

第二大幅度与 k 之间的距离为 $1/T$，可以写为

$$\begin{aligned}
X_1 &= \frac{\sin\left[\pi T\left(k-\frac{1}{T}\right)\right]}{2\pi\left(k-\frac{1}{T}\right)} + \frac{1}{4}\left\{\frac{\sin(\pi T k)}{\pi k} + \frac{\sin\left[\pi T\left(k-\frac{2}{T}\right)\right]}{\pi\left(k-\frac{2}{T}\right)}\right\} \\
&= \sin(\pi T k)\left\{\frac{-1}{2\pi\left(k-\frac{1}{T}\right)} + \frac{1}{4\pi k} + \frac{1}{4\pi\left(k-\frac{2}{T}\right)}\right\}
\end{aligned} \tag{4.17}$$

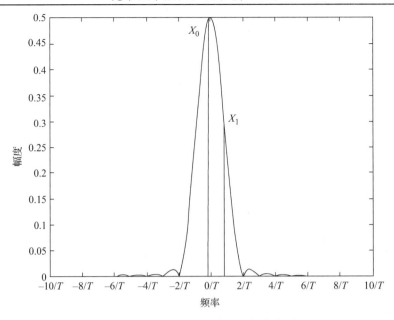

图 4.6　汉宁窗的 FFT 输出的频率分量

同理，如果求出 X_1/X_0 的比值，那么正弦函数也可以被消除。如果假设 $1/T = 1$，则结果可表示为

$$\frac{X_1}{X_0} = \frac{\frac{-1}{2(k-1)} + \frac{1}{4k} + \frac{1}{4(k-2)}}{\frac{1}{2k} - \frac{1}{4(k+1)} - \frac{1}{4(k-1)}} = \frac{k+1}{2-k}, \quad 即 k = \frac{2X_1 - X_0}{X_0 + X_1} \tag{4.18}$$

一旦求出 k 值，就可以通过式(4.14)来估算中心频率。

参考文献[14]不但对上面式(4.12)和式(4.18)表述的关系进行了讨论，还对其他窗函数进行了讨论。

本节介绍的谱估计法与补零技术类似，它们都不会改变功率谱的形状，仅为功率谱峰值位置的定位提供更好的估计。当在主瓣中存在多个信号时，这两种方法将会导致错误。本节讨论的两种方法对噪声都非常敏感，尤其是当 X_0 非常接近理论峰值时。在这种情况下，X_1 和 X_2 非常接近最小值，噪声可能会使其幅度发生反转。如果 X_1 和 X_2 的幅度发生反转，上述方程就会向错误的方向移动峰值，从而导致对频率的读数出现更多误差。

4.5　通过迭代运算进行峰值位置估计[16]

通过迭代运算可以从输入数据产生 X_0 和 X_1。该方法的思路是使 $X_0 = X_1$，如图 4.7 所示。如果可以找到具有相同幅度且靠近主峰值的两个频率，就能确定中心峰值频率在这两个值之间。为了简化讨论，下面以矩形窗为例。当两个频率间隔 $1/T$ 且具有相同的幅度时，它们的幅度为

$$\left| \frac{\sin(\pi T f)}{\pi f} \right|_{f = \pm \frac{1}{2T}} = \frac{2T}{\pi} \tag{4.19}$$

这两个频率的幅度峰值缩小至实际峰值的 $2/\pi$。该值已非常接近真实峰值，且受到噪声的影响不会太大。因此，这种方法对噪声不太敏感，但是需要更大的运算量。

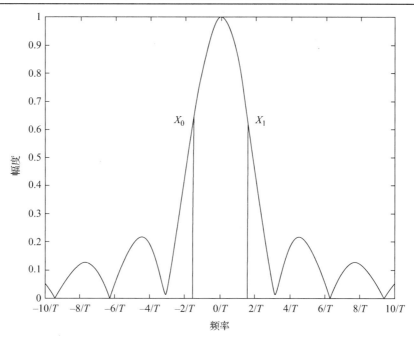

图 4.7 希望获得的 X_0 和 X_1 的关系

下面的步骤用于求解两个具有近似相等幅度的频率分量。为了使讨论清晰明了，这里列出了所有的步骤(包括先前推导的公式)。假设输入信号为 $x(n)$，X_0 和 X_1 是频域中最大的两个分量。利用这两个分量，可以根据式(4.12)求得 k 值为

$$k^{(1)} = \frac{X_1}{X_0 + X_1} \tag{4.20}$$

根据式(4.14)，中心频率应为

$$f_c^{(1)} = k_0 \pm k^{(1)} \tag{4.21}$$

在上面两式中，上标用于表示迭代的序号。根据该中心频率，在每一边各选取一个频率分量。为了使用式(4.21)，两个频率分量的间隔选取为 $1/T$。如果选取的间隔小于 $1/T$，则可使用线性近似法来求解中心频率。然而，两个频率分量在主瓣同侧的情况可能会发生，这会使收敛过程变得很慢。选取的两个频率为

$$k_0^{(1)} = f_c^{(1)} - \frac{1}{2T}, \quad k_1^{(1)} = f_c^{(1)} + \frac{1}{2T} \tag{4.22}$$

根据这两个频率，可以求得它们对应点的幅度为

$$X_0^{(1)} = \sum_{n=0}^{N-1} x(n) e^{\frac{-j2\pi n k_0^{(1)}}{N}}, \quad X_1^{(1)} = \sum_{n=0}^{N-1} x(n) e^{\frac{-j2\pi n k_1^{(1)}}{N}} \tag{4.23}$$

应该注意，在 $k_0^{(1)}$ 和 $k_1^{(1)}$ 处仅计算了一个频率分量。一旦求解出 $X_0^{(1)}$ 和 $X_1^{(1)}$，就可以根据式(4.20)求出 $k^{(2)}$，然后继续重复相同的计算步骤。

从仿真结果可看出，这个过程大概在三个循环后收敛。换言之，一旦知道 $X_0^{(3)}$ 和 $X_1^{(3)}$，就可以用它们来求解 $k_0^{(4)}$ 和 $k_1^{(4)}$。最终的频率可以表示为

$$f_c = \frac{k_0^{(4)} + k_1^{(4)}}{2} \tag{4.24}$$

与式(4.12)中的简单方法相比,这种方法对噪声相对不敏感。

该方法也可以应用到其他窗函数上,仅需对式(4.20)进行修改。为了简单起见,有时可以使用线性关系。

4.6 通过FFT确定实际频率[4,5]

本节将在输入信号经过 FFT 后,求解其实际频率。影响该运算的参数主要是数字化速度和数据点的总数。在 FFT 后,频率分量的单位应该为 Hz。让我们从 DFT 开始,将其形式重写如下:

$$X(k) = \sum_{n=0}^{N-1} x(n) e^{-j2\pi kn/N}, \quad x(n) = \frac{1}{N} \sum_{k=0}^{N-1} X(k) e^{j2\pi kn/N} \tag{4.25}$$

令输入信号为

$$x(t) = e^{j2\pi f_0 t} \tag{4.26}$$

在数字化后,输入信号变为

$$x(n) = e^{j2\pi f_0 n t_s} \tag{4.27}$$

其中 t_s 表示采样周期。将式(4.27)代入式(4.25)中,可得

$$\begin{aligned} X(k) &= \sum_{n=0}^{N-1} e^{j2\pi f_0 n t_s} e^{-j2\pi kn/N} \\ &= \sum_{n=0}^{N-1} e^{j2\pi n(f_0 N t_s - k)/N} = \frac{1 - e^{j2\pi(Tf_0 - k)}}{1 - e^{j2\pi(Tf_0 - k)/N}} \end{aligned} \tag{4.28}$$

其中,$T = Nt_s$,T 表示信号持续时间。注意,上式中并没有采样周期 t_s,而是仅有数据总长度 T。幅度可写为

$$|X(k)| = \frac{\sin[\pi(Tf_0 - k)]}{\sin\left[\frac{2\pi(Tf_0 - k)}{N}\right]} \tag{4.29}$$

峰值出现在 $Tf_0 = k$ 处。然而,k 必须是整数。因此,输入信号的频率为

$$f_0 \approx \frac{k}{T} \tag{4.30}$$

这里用一个数值例子来说明这一结果。假设输入信号是正弦波,仿真参数设置如下:信号频率 $f_0 = 200$ MHz $= 2\times10^8$ Hz,采样率为 1 GHz,采样周期 $t_s = 10^{-9}$ s,FFT 点数 $N = 64$,$T = 64\times10^{-9}$ s。

注意,从 $x(0)$ 到 $x(63)$ 的数据长度只覆盖 $63t_s$;然而,FFT 的输入信号是周期性的,其周期为从 $x(0)$ 到 $x(64)$。因此,数据长度应该被认为是 $64t_s$。该信号可以写为

$$x(n) = \sin\left(\frac{2\pi f_0 n t_s}{N}\right) \tag{4.31}$$

对其进行 FFT 后的结果如图 4.8 所示。由于输入信号是实值的,则不模糊带宽为 500 MHz,即 $1/2t_s$,图中只画出了一半的频谱分量(从 0 到 31)。每个频点的宽度为 $1/T = 15.625\times10^6$ Hz。

功率谱的峰值出现在 $k = 13$ 处，而实际频率峰值应该出现在 $Tf_0 = 12.8$ 处，而不是 13。对应的频率为 $k/T = 13 \times 15.6 \times 10^6 = 203 \times 10^6$ Hz，与输入频率非常接近。

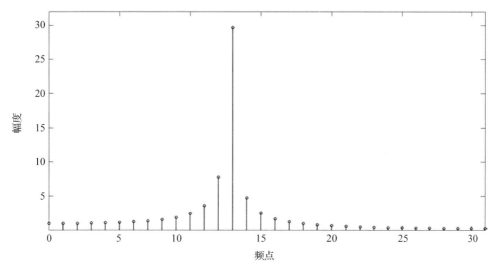

图 4.8　正弦波的 FFT 输出的频率分量

4.7　自相关[2~5]

在本节中，谱估计会用到自相关和自协方差这两个概念，因而会先讨论它们的定义。本节还将讨论自相关和卷积之间的区别。

在谱估计中经常会用到自相关。自相关和卷积十分类似。如果输入数据有 N 个点，用 $x(n)$ 表示，其中 n 的取值为从 0 到 $N-1$，那么自相关的定义为

$$R(m) = \frac{1}{N} \sum_{n=0}^{N-m-1} x(n)x(n+m) \qquad (4.32)$$

其中 m 称为自相关的延迟。严格来讲，上述自相关函数应该称为"采样"自相关，它近似于 $E[x(n)x(n+m)]$，其中 $E[\cdot]$ 表示期望值。m 的取值既可以是正数，也可以是负数。当参数 m 为负数时，该自相关函数与 m 取正数时的自相关函数有如下关系：

$$R(-m) = R(m)^* \qquad (4.33)$$

上式的前提条件是 $R(m)$ 为复数。如果 $R(m)$ 是实数，则有 $R(-m) = R(m)$。

可以用一个简单的例子来解释自相关。假设延迟为 m，输入数据从 0 到 $N-1$ 被分为等长度的两组：一组从 0 到 $N-m-1$，另一组从 m 到 $N-1$。这两组的各项数据分别相乘，如图 4.9 所示。所有乘积项的和等于自相关 $R(m)$ 的 N 倍。

$$x(0) \qquad x(1) \qquad x(2) \qquad \ldots \qquad x(N-m-1)$$

$$x(m) \qquad x(m+1) \qquad x(M+2) \qquad \ldots \qquad x(N-1)$$

$$NR(m) = x(0)x(m) + x(1)x(m+1) + x(2)x(m+2) + \ldots + x(N-m-1)x(N-1)$$

图 4.9　计算 $R(m)$ 的表达式

自相关可看成对两组数据相似度的度量。如果两组数据很相似,那么自相关值大;反之,自相关值小。当 $m=0$ 时,两组数据完全相同;因此,在具有不同延迟的多个自相关函数中,$R(0)$ 的值最大。当 m 值非常大时,在求和运算中仅可得到少数几项,但式(4.32)中的分母是一个固定常数,因此,求和结果除以 N 后,$R(m)$ 的幅度通常变得很小。然而,理论上该值可以比较大。式(4.32)定义的自相关称为自相关的偏置形式。

无偏置自相关函数可以定义为

$$R_u(m) = \frac{1}{N-m}\sum_{n=0}^{N-m-1}x(n)x(n+m) \tag{4.34}$$

在这个定义中,当 m 很大时,其分母较小,且等于求和项数。该形式很少在谱估计中使用,因为有可能导致出现负功率谱[4]。如果 $R(m)$ 较小,对计算的功率谱影响就会小一些。由于 $R(m)$ 只包含很少的几个数据点,所以希望 $R(m)$ 的值较小,这样应该对功率谱的影响也小。

另一个与自相关非常接近的量是自协方差。自协方差可以写为

$$\Gamma(m) = \frac{1}{N}\sum_{n=0}^{N-m-1}[x(n)-\mu][x(n+m)-\mu] \tag{4.35}$$

其中,μ 是输入数据 $x(n)$ 的"采样"平均值,可以写为

$$\mu = \frac{1}{N}\sum_{n=0}^{N-1}x(n) \tag{4.36}$$

严格来讲,式(4.35)的结果应该称为"采样"自协方差。自协方差和自相关之间的唯一区别是,在自协方差的计算中要从输入数据中减去平均值。如果平均值为 0,那么这两个量是完全相同的。

3.4 节讨论的卷积运算和自相关在数学上是类似的,但表示的含义却不同。如果输入信号 $x(n)$ 通过一个线性系统,则可以根据卷积求得输出信号。自相关的结果表示两组数据的相似度,而卷积的结果表示线性系统的输出。

卷积的数字化形式在数学上可表示为

$$y(m) = h \circledast x = \sum_{n=0}^{N-m-1}h(n)x(m-n) = \sum_{n=0}^{N-m-1}h(m-n)x(n) \tag{4.37}$$

其中,$x(n)$ 表示输入数据,$h(n)$ 表示线性函数的冲激响应,$y(m)$ 表示输出。式(4.37)与式(4.32)的主要区别是在 $x(n)$ 或 $h(n)$ 中有负号,而在式(4.32)中没有负号。因此,自相关可以通过对信号及其反转形式做卷积来实现,而卷积可以使用 FFT 运算来实现。

4.8 自相关(Blackman-Tukey)谱估计[2~5,17]

在本节中,自相关用于求解输入信号的功率谱。功率谱可以用两种方法进行估计。第一种方法是通过对时域输入数据进行 FFT,然后对结果求平方。这种方法称为周期图法,已在4.2 节中进行了讨论,结果可以直接从 FFT 运算得到。第二种方法是根据输入数据的自相关函数来获得功率谱,可表示为[17]

$$\lim_{T\to\infty}\frac{1}{T}E\left[\left|\int_{-T/2}^{T/2}x(t)\mathrm{e}^{-\mathrm{j}2\pi ft}\mathrm{d}t\right|^2\right] = \lim_{T\to\infty}\frac{1}{T}\int_{-T/2}^{T/2}R(\tau)\mathrm{e}^{-\mathrm{j}2\pi f\tau}\mathrm{d}\tau \tag{4.38}$$

其中 $E[\cdot]$ 表示期望值。

根据上式可得有限数据的功率谱 $P(k)$，即

$$P(k) = \sum_{m=-M}^{M} R(m) e^{-j2\pi k m t_s} \tag{4.39}$$

其中，m 的取值为从 $-M$ 到 M，k 表示频率分量，t_s 表示采样周期。该式通常称为 Blackman-Tukey 法。由于求和式中包含了 $m=0$ 这一项，所以求和项的总数量为 $2M+1$。如果在上式中使用偏置自相关函数，所得结果与周期图法相同，该问题在参考文献[4]中进行了讨论。

通常，偏置自相关函数 $R(m)$ 用于式(4.39)是为了产生正的功率谱。偏置自相关函数 $R(m)$ 可看成一个加窗函数。当 m 较大时，$R(m)$ 通常较小。有时把针对 m 的求和大约限制在 m 的取值为从 $-N/10$ 到 $N/10$，推荐的最大值通常为 $-N/5$ 到 $N/5$。另外，还可以对偏置自相关函数加窗来进一步减小副瓣。在加窗之后，功率谱可以写为

$$P(k) = \sum_{m=-M}^{M} W(m) R(m) e^{-j2\pi k m} \tag{4.40}$$

其中 $W(m)$ 表示窗函数。为了使 $P(k)$ 为偶函数，该窗函数必须是对称的。

$R(m)$ 的期望值可以求解如下。由于 $R(m) = R(-m)$，$R(m)$ 可以写为

$$R(m) = \frac{1}{N} \sum_{n=0}^{N-m-1} x(n) x(n+m)$$

$$= \begin{cases} \dfrac{1}{N} \sum_{n=0}^{N-|m|-1} x(n) x(n+m), & |m| \leqslant N-1 \\ 0, & \text{其他} \end{cases} \tag{4.41}$$

$R(m)$ 的期望值可以写为

$$E[R(m)] = \frac{1}{N} \sum_{n=0}^{N-|m|-1} E[x(n) x(n+m)] = \frac{1}{N} \sum_{n=0}^{N-|m|-1} R(m) = \frac{R(m)}{N} \sum_{n=0}^{N-|m|-1} 1 \tag{4.42}$$

这是因为 $R(m)$ 与 n 无关。求和式等于 $N-|m|$，因此上式可以写为

$$E[R(m)] = \frac{N-|m|}{N} R(m) \xrightarrow[N \to \infty]{} R(m) \tag{4.43}$$

式(4.43)中的 $(N-|m|)/N$ 项表示三角窗函数。由此可见，Blackman-Tukey 法本质上受到实际窗函数的限制，且当 $m>N$ 时，可认为 $R(m)=0$。

根据前面讨论的 DFT 和周期图法可以看出，频率分辨率等于 f_s/N，其中 f_s 表示采样频率，N 表示数据点的总数。如果两个频率 f_{i1} 和 f_{i2} 的间隔小于频率分辨单元，即 $|f_{i1}-f_{i2}| \leqslant f_s/N$，那么无论周期图法还是 Blackman-Tukey 法都无法区分它们。在这种情况下，补零技术也不起作用。唯一能区分它们的方法是在这两个方法的基础上，增加实际的数据长度 $(T=Nt_s)$。

4.9 FFT 在自相关谱估计中的应用[2]

本节使用 FFT 来计算式(4.39)的结果。式(4.39)与 DFT 运算类似，不过这里的 k 值可以任意指定。如果对 k 值加以严格限制，使其与 DFT 完全匹配，就可以采用 FFT 算法，以节省运算时间。为了能够使用 FFT，式(4.39)必须变换为合适的形式。DFT 可写为

$$X(k) = \sum_{n=0}^{N-1} x(n) \mathrm{e}^{\frac{-\mathrm{j}2\pi kn}{N}} \tag{4.44}$$

其中，$X(k)$ 表示频域响应，$x(n)$ 表示时域采样数据点，n 和 k 都是离散的，N 通常是 2 的整数次幂。

将式 (4.39) 变换为合适的形式需要下面几个步骤。

1. 更换符号 t_s。比较式 (4.39) 和式 (4.44)，可得

$$t_s = \frac{1}{N} \tag{4.45}$$

其中 N 是 2 的整数次幂。与式 (4.28) 相比，可知这里假定 $T=1$。

2. 将式 (4.39) 对 $2M+1$ 项求和，这不满足 2 的整数次幂的要求。为了能够使用 FFT，必须把所有求和项的总数变为 2 的整数次幂。为此，必须对式 (4.39) 进行补零操作。

3. 将式 (4.39) 对从 $-M$ 到 M 的各项进行求和，但在式 (4.44) 中，求和是从 0 项开始的，因此必须重新整理式 (4.39)，使求和从 0 项开始。

为了完成第一步，选择 N 值为

$$2M + 1 < N < 2(2M + 1) \tag{4.46}$$

但是 N 必须是 2 的整数次幂。

将对式 (4.39) 的求和分解为两部分，即

$$P(k) = \sum_{m=-M}^{M} R(m)\mathrm{e}^{\frac{-\mathrm{j}2\pi mk}{N}} = \sum_{m=0}^{M} R(m)\mathrm{e}^{\frac{-\mathrm{j}2\pi mk}{N}} + \sum_{m=-M}^{-1} R(m)\mathrm{e}^{\frac{-\mathrm{j}2\pi mk}{N}} \tag{4.47}$$

将第二个求和项中的变量更换为

$$m = m' + N \tag{4.48}$$

则式 (4.47) 可以写为

$$\begin{aligned} P(k) &= \sum_{m=0}^{M} R(m)\mathrm{e}^{\frac{-\mathrm{j}2\pi km}{N}} + \sum_{m'=N-M}^{N-1} R(m' + N)\mathrm{e}^{\frac{-\mathrm{j}2\pi k(m'+N)}{N}} \\ &= \sum_{m=0}^{M} R(m)\mathrm{e}^{\frac{-\mathrm{j}2\pi km}{N}} + \sum_{m'=N-M}^{N-1} R(m' + N)\mathrm{e}^{\frac{-\mathrm{j}2\pi km'}{N}} \end{aligned} \tag{4.49}$$

上式中用到了关系式

$$\mathrm{e}^{-\mathrm{j}2\pi k} = 1 \tag{4.50}$$

其中 k 为整数。

由于 m 和 m' 都是名义变量，可以用 n 代替它们，结果可以写为

$$P(k) = \sum_{n=0}^{M} R(n)\mathrm{e}^{\frac{-\mathrm{j}2\pi kn}{N}} + \sum_{n=M+1}^{N-M-1} 0 + \sum_{n=N-M}^{N-1} R(n + N)\mathrm{e}^{\frac{-\mathrm{j}2\pi kn}{N}} \tag{4.51}$$

在上式中需要注意两个重要的事实。第一，当 n 的取值为从 $M+1$ 到 $N-M-1$ 时，进行了补零操作。等号右边的总项数为 N，且是 2 的整数次幂。第二，必须对 $R(n)$ 进行适当整理。当 n 的取值为从 0 到 M 时，$R(n)$ 保持不变。对于第三个求和项，需要把 $R(n)$ 的变量取值范围从式 (4.47) 中 m 的取值为从 $-M$ 到 -1，变为 n 的取值为从 $N-M$ 到 $N-1$，那么式 (4.51) 可以写为

$$P(k) = \sum_{n=0}^{M} R(n) e^{\frac{-j2\pi nk}{N}} + \sum_{n=M+1}^{N-M-1} 0 + \sum_{n=N-M}^{N-1} R(n+N) e^{\frac{-j2\pi kn}{N}}$$
$$= \sum_{n=0}^{N-1} R(n) e^{\frac{-j2\pi kn}{N}}$$
(4.52)

式(4.52)和式(4.44)是完全一样的数学表达形式。因此，可以使用 FFT 完成此类运算。

下面用一个例子来说明这一运算过程。假设 $R(n)$ 中的 n 的取值范围为 $-4\sim4$ ($M=4$)，如图 4.10(a) 所示，可以看到共有 9 项。根据式(4.46)，从 9 和 18 之间选择一个值 N (N 需要满足是 2 的整数次幂的要求)，因此取 $N=16$。重新排列的 $R(n)$ 如图 4.10(b) 所示。经过这样的排列之后，就可以使用 FFT 来计算 $P(k)$ 了。

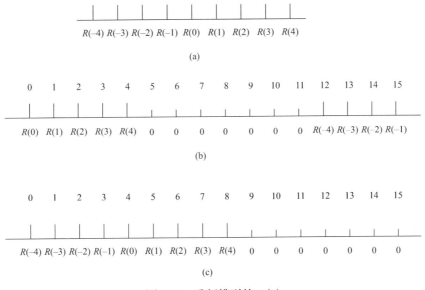

图 4.10　重新排列的 $R(n)$

前文将式(4.39)直接变换为式(4.44)的形式，因此保留了正确的相位关系，得到的 $P(k)$ 值通常是复数。如果需要得到功率谱，则对 $P(k)$ 取绝对值即可。对 $R(n)$ 进行略微不同的排列，仍然能够得到相同的结果。该方法是将整个 $R(n)$ 的定义域由从 $-M$ 到 M，移动到从 0 到 $2M$，并在数据串末端补零，如图 4.10(c) 所示。这种排列产生的结果和式(4.44)不同，同时具有相位上的差别。然而，$P(k)$ 的绝对值依然相同，这对于功率谱估计非常重要。这种排列 $R(n)$ 的新方式在某种程度上更容易实现。

4.10　奈奎斯特欠采样的基本思想[18~24]

接下来将讨论使用奈奎斯特欠采样方法来设计电子战接收机的原理。其中，4.10 节主要介绍基本思想。4.11 节讨论模拟系统和数字系统之间相位关系的差别，这在奈奎斯特欠采样方法中是非常重要的。4.12 节介绍在奈奎斯特欠采样方法中特有的一些潜在问题和解决办法。

奈奎斯特欠采样方法具有两个特点，可能引起电子战接收机设计者的兴趣。首先，这种方法能够增大接收机的瞬时带宽。其次，当带宽给定时，FFT 处理速度与瞬时带宽可以不匹配。实际上这两个特点是互相关联的。基本的奈奎斯特欠采样方法与第 2 章讨论过的瞬时频率测量(IFM)接收机非常相似。

IFM 接收机的主要部件是相关器。相关器的输入由同一个信号的延迟信号和无延迟信号组成。相关器的输出为

$$E = \sin(2\pi f \tau), \quad F = \cos(2\pi f \tau) \tag{4.53}$$

其中，f 表示输入信号的频率，τ 表示延迟通道的延迟时间。为了简单起见，上式中忽略了信号的幅度。由于延迟时间是已知的，可以由下式求得频率：

$$\theta = \arctan\left(\frac{E}{F}\right) = 2\pi f \tau \tag{4.54}$$

上式的唯一限制条件是 $\theta < 2\pi$。若 $\theta > 2\pi$，就会出现模糊问题。根据上式可得最大不模糊带宽为

$$\Delta B = \frac{2\pi}{2\pi\tau} = \frac{1}{\tau} \tag{4.55}$$

式(4.55)只限制带宽，对中心频率无限制，因此中心频率可以是任意值。例如，如果 $\tau = 0.5\ \mathrm{ns}$，那么不模糊带宽为 2 GHz。频率范围可以为 0~2 GHz，或者 2~4 GHz，或者其他带宽为 2 GHz 的任意值。

奈奎斯特欠采样方法可看成以数字技术实现的 IFM 接收机。一个重要的特点是，传统的 IFM 接收机一次只能处理一个信号，而数字 IFM 接收机由于采用了 FFT 运算，可以同时处理多个信号。

在本章所讨论的奈奎斯特欠采样方法中，输入信号分为两路，一路是延迟信号，另一路是非延迟信号。可以使用模数转换器对输入信号进行数字化，如图 4.11 所示。在实际设计中，延迟可在时钟脉冲上引入，而不是在射频电路中引入。

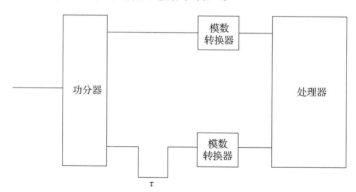

图 4.11　奈奎斯特欠采样方法基本原理图

数字化输出可以通过 FFT 进行处理，FFT 将在频域中产生实部分量和虚部分量。令 $X_{ru}(k)$ 和 $X_{iu}(k)$ 分别表示无延迟情况下的实频率分量和虚频率分量，令 $X_{rd}(k)$ 和 $X_{id}(k)$ 分别表示延迟情况下的实频率分量和虚频率分量。FFT 输出的幅度可以根据无延迟输出进行计算，即

$$X_u(k) = \left[X_{ru}(k)^2 + X_{iu}(k)^2\right]^{\frac{1}{2}} \tag{4.56}$$

延迟通道具有相同的幅度分量。令 $X_u(k_m)$ 表示无延迟通道频率分量的最大幅度值，那么 $X_u(k_m)$ 可以表示输入频率。需要注意的是，与 FFT 运算一样，输入频率并不需要准确地位于某一频点上。延迟通道和非延迟通道之间的相位差可以写为

$$\theta = \theta_d - \theta_u = 2\pi f \tau \tag{4.57}$$

其中

$$\theta_d = \arctan\left[\frac{X_{id}(k_m)}{X_{rd}(k_m)}\right], \quad \theta_u = \arctan\left[\frac{X_{iu}(k_m)}{X_{ru}(k_m)}\right] \tag{4.58}$$

根据该相位差 θ，由于 τ 已知，可以求得输入信号频率。

只要各输入频率（或者说多个 FFT 峰值）相隔得足够远，就可以通过观察幅度值超过阈值的那些频点来识别输入频率。这就是该方法可以处理多个同时到达的信号的原因。

总而言之，如果对信号采样的速率低于奈奎斯特速率，就会在 FFT 输出中出现频率模糊。通过式(4.57)中的相位差可以解此模糊。虽然这种方法由于均匀采样速率小于奈奎斯特速率而被称为奈奎斯特欠采样方法，但是它并不违背奈奎斯特采样定理。最接近的采样时间是延迟时间 τ。当输入带宽小于 $1/\tau$ 时，就不会违背奈奎斯特采样定理。

让我们用一个例子来说明该方法。如果模数转换器只能工作在 250 MHz，则最大的不模糊带宽为 125 MHz。如果所需输入带宽为 1000 MHz，且使用该模数转换器进行数据采集，整个输入带宽就会折叠到 125 MHz 的输出带宽内，如图 4.12 所示。在该图中，f_s = 250 MHz，这就意味着会出现 8 个模糊区域。FFT 只能在 125 MHz 的范围内不模糊地确定输入频率。如果式(4.55)中的延迟时间 τ 选取为小于 1 ns 的值（例如 0.8 ns），对应的不模糊频率带宽就会超过 1250 MHz。那么，通过式(4.57)中的相位差可以在 1000 MHz 带宽内唯一地确定任意频率。例如，如果根据 FFT 运算测得的频率为 40 MHz，就无法确定输入频率，因为它可以出现在 8 个模糊区域中的任何一个内。输入频率可能为 40 MHz, 210（即 250–40）MHz, 290（即 250+40）MHz, 460（即 500–40）MHz, 540（即 500+40）MHz, 710（即 750–40）MHz, 790（即 750+40）MHz 或 960（即 1000–40）MHz, 如图 4.12 所示。通过根据该峰值（靠近 40 MHz）处的相位差测得的频率，可以确定信号在哪一个模糊区域。根据该例，如果由相位差测得的频率接近 460 MHz，那么实际输入频率就是 460 MHz。因此，可以通过 FFT 来获得高频率分辨率，而相位差则可用于解决模糊的问题。

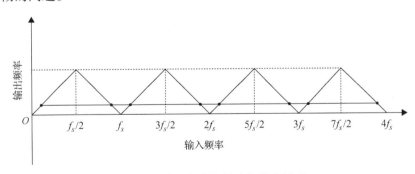

图 4.12　输入频带与输出频带的关系

从以上讨论可以看出，式(4.56)可以用来消除频率模糊的问题。如果相位信息从连续系统获得，例如在模拟 IFM 接收机中，那么情况正是如此。但是，在采样情况下，相位是不连续的。那么，当输入频率接近 $f_s/2$ 的倍数时，相位测量就可能产生错误。因此，存在一些无法得到输入信号频率的区域。为了消除这些区域，需要增加额外的硬件。

4.11 奈奎斯特欠采样系统中的相位关系[18,19]

本节将对模拟系统和数字系统中的相位差进行比较。与传统模拟系统相比，数字系统中的相位差使接收机设计出现了一些变化。

在传统 IFM 接收机中，相位关系是通过 I/Q 信道的输出获得的。相位与频率之间的关系曲线是连续的，因此延迟相位和无延迟相位之间的相位差也是连续的。图 4.13 给出了 IFM 接收机相位与频率之间的关系曲线，其中 f_1 和 f_2 分别表示低频和高频。

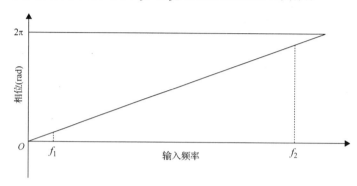

图 4.13　IFM 接收机的相位与频率的关系曲线

由图可知，除了在特定的频率上会发生 2π rad 相位突变(从 2π rad 降到 0)，相位差是单调递增的。为了简单起见，将图 4.13 中的相移限定在 2π rad 内。

对此，可以利用正弦函数在数学上做进一步解释说明。在模拟情况下，正弦波可以写为

$$s(t) = \cos[2\pi f_o(t - \tau) - \phi] \tag{4.59}$$

其中，f_o 表示输入频率，τ 表示延迟时间，ϕ 表示初始相角(单位为 rad)。正如第 3 章所讨论的，该信号的傅里叶变换可以由分别位于 $+f_o$ 和 $-f_o$ 处且具有正负相移的一对 δ 函数来表示，即

$$S(f) = \frac{1}{2}\left[\delta(f - f_o)e^{j\theta} + \delta(f + f_o)e^{-j\theta}\right] \tag{4.60}$$

其中，

$$\theta = \phi + 2\pi f_o \tau \tag{4.61}$$

注意，在式(4.60)中，两个 δ 函数的相位符号相反。

如果在时域中使用窗函数 $w(t)$ 对该信号进行截断，那么在频域中相当于由 δ 函数表示的 $S(f)$ 与窗函数 $w(t)$ 进行卷积，最终得到的傅里叶变换为

$$S(f) = \frac{1}{2}\left[W(f - f_o)e^{j\theta} + W(f + f_o)e^{-j\theta}\right] \tag{4.62}$$

窗函数 $W(f)$ 可能会改变输入信号的相位，然而正负频谱的相位依然具有相同的大小，而符号相反。

在数字系统中，以频率 f_s 对正弦信号进行采样，用 DFT 代替傅里叶积分。频域输出 $S_p(k)$ 表现出周期性重复的特点，表示为

$$S_p(k) = S(k) \circledast \sum_k \delta(k - nf_s) \tag{4.63}$$

其中 k 为整数。这样就出现了无数个区间，每个区间的宽度为 f_s 并包含正功率谱或负功率谱的复制（或者混叠）信号。如果将正负频率分开考虑，那么区间的宽度变为 $f_s/2$。

如果信号在区间 nf_s 到 $(n+1/2)f_s$ 内的频率为正，那么相邻的区间 $(n+1/2)f_s$ 到 $(n+1)f_s$ 内的频率就为负，因此它们的相位符号相反。当输入频率不断增加至穿过区间边界时，相位符号就会发生改变。图 4.14 给出了采样数据相位与频率之间的关系曲线。从该图可知，在每一个 $f_s/2$ 整数倍位置，相位都会发生反转。

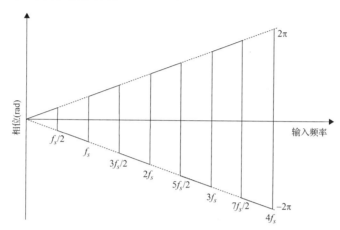

图 4.14　奈奎斯特欠采样方法中相位与频率的关系曲线

如果图 4.14 中的相位覆盖从 -2π 到 2π 的整个范围，相位测量就会产生模糊。下面对此进行解释说明。由于实部和虚部都是由 FFT 计算而来的，所以根据式 (4.57) 计算得到的 θ 角的范围为 $-\pi\sim\pi$。根据该关系式计算得到的相位差有两种可能的值。

我们用两个例子来说明对相移的计算。在第一个例子中，令 $\theta_d = \pi/6$，$\theta_u = 3\pi/4$，则相位差为 $\theta_1 = \theta_d - \theta_u = -7\pi/12$，或者 $\theta_1' = \theta_d - \theta_u = (\pi/6+2\pi) - 3\pi/4 = 17\pi/12$，这是因为计算所得的两个角度都在 $\pm 2\pi$ 之内。在第二个例子中，令 $\theta_d = \pi/6$，$\theta_u = -3\pi/4$，则相位差为 $\theta_1 = \theta_d - \theta_u = 11\pi/12$，或者 $\theta_1' = \theta_d - \theta_u = \pi/6 - (2\pi - 3\pi/4) = -13\pi/12$。在两个例子中，都出现了两个不同的相角，无法确定哪一个是实际的相位差。

从这两个例子可以明显看出，两种可能的相移具有如下关系：

$$|\theta_1| + |\theta_1'| = 2\pi \tag{4.64}$$

其中，θ_1 和 θ_1' 的绝对值都小于 2π，但是其符号既可以是正的，也可以是负的。

如果在数字接收机设计中希望使用的全部相移为从 -2π 到 2π，就会存在模糊频率区域。有两种方法可以消除这些模糊区域。一种显而易见的方法是将输入带宽的 θ 相角限制为从 $-\pi$ 到 π。例如，在前面讨论的例子中，为了使用 250 MHz 的模数转换器覆盖 1000 MHz 的带宽，可将延迟时间取为 0.4 ns，而不是 0.8 ns。那么，全部相位差就可以严格地限制在 $\pm\pi$ 范围内，从而消除模糊。

另一种方法是限制采样频率的选取。我们可以根据以下关系来选择延迟时间：

$$\left(n+\frac{1}{2}\right)f_s\tau = 1 \tag{4.65}$$

其中 n 为整数。该方法将输入带宽 $1/\tau$ 分为奇数个采样带宽（即 $f_s/2$）区间。在此情况下，就过图 4.15

所示 π 的垂线而言，相角 θ_1 和 θ_1' 具有相同的符号。如果两个相位角具有相同的符号，式(4.64)中的条件就不再满足。例如，在从 0 到 $f_s/2$ 的范围内，一个较小的正值 θ 是正确的相角。相应的 $\theta'(\theta-2\pi$，为负值)由于对称性位于 $3f_s\sim 7f_s/2$ 范围内。然而，θ 在该频率范围内必须是一个正值，如图 4.15 所示。那么，θ' 是不可接受的，而 θ 就成了唯一的答案。因此，如果利用关系式(4.65)，就不会存在模糊区域。

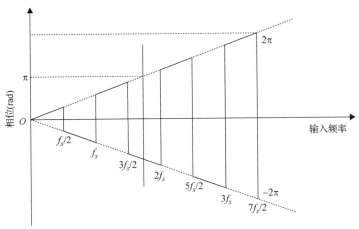

图 4.15 选取 τ，使有奇数个 $f_s/2$

4.12 奈奎斯特欠采样中的问题及其解决方法

如果信号频率接近 $f_s/2$ 的整数倍，欠采样方法就会失效。本节将对其原因和一些可能的解决方法进行讨论。

如 4.11 节所述，如果输入为实信号，频谱就会成对出现，其中一个位于 f_i 处，另一个位于 f_s-f_i 处。时域数据长度有限，因此频谱会出现副瓣。如果输入频率接近 $nf_s/2$，这两个频谱就会同时靠近 $nf_s/2$，如图 4.16 所示。那么，一个频谱的副瓣就会和另一个频谱产生互相干扰。这种干扰会使相位测量失真。错误的相位信息可能导致测得的频率被指定到错误的子频带上，从而使频率的读数产生巨大的误差。解决这一问题有如下三种方法。

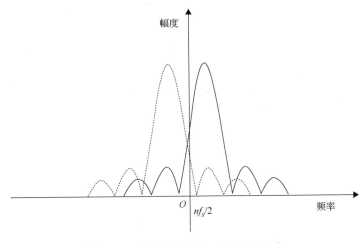

图 4.16 输入频率靠近 $nf_s/2$ 时的频谱

1. 一种直接的方法是降低副瓣幅度。如前面章节所述，选取一个合适的窗函数虽然会增大主瓣宽度，但是可以降低副瓣幅度。当副瓣非常低时，相邻区域的干扰就会减小。虽然加窗可以缩小干扰区间，但是无法完全消除这种干扰。接收机在使用该方法时，会在 $nf_s/2$ 附近产生"漏洞"。

2. 为了减少这些"漏洞"，可以构建第二个信道。第二个信道的采样率为 f_s'，与第一个采样率 f_s 互质。方案如图 4.17 所示。当输入信号接近 $f_s/2$ 的整数倍时，它与 $f_s'/2$ 整数倍的距离应该很远。那么，当第一个信道产生错误的频率信息时，第二个信道将产生正确的信息。当信号接近 $f_s'/2$ 的整数倍时，应该使用第一个信道来读取频率。换言之，在这两个信道中，其中一个频率读数必然是正确的。

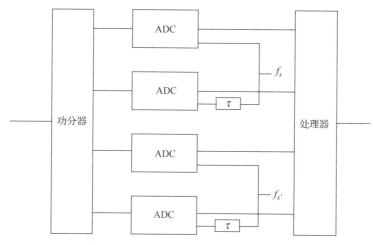

图 4.17 使用两种采样率的奈奎斯特欠采样图

3. 另一种消除奈奎斯特欠采样方法的"漏洞"的方法是使用 I/Q 信道。在延迟通道和非延迟通道中均使用 I/Q 信道，如图 4.18 所示。所有的 4 个模数转换器都工作于同一采样速率 f_s。在图 4.17 和图 4.18 中，延迟不是在射频电路中引入的，而是在时钟内引入的。

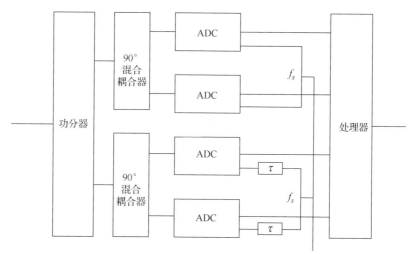

图 4.18 使用 I/Q 信道的奈奎斯特欠采样图

该方案产生的信号是复信号。如第 3 章所述，当输入信号为复信号时，频率分量只存在于频率轴的一侧（在正的一侧或负的一侧）。假设频谱出现在正的一侧。在此情况下，当频谱位于 $f_s/2$ 的整数倍时，没有负分量会对其产生干扰。通过该方案测得的相位关系总是正确的，且不会在 $f_s/2$ 的整数倍处产生频率误差。

虽然看上去 I/Q 信道法具有明显的优势，但还是有实际的局限性（即信道不平衡），特别是对宽带系统而言。如果两个信道在相位和幅度上完全平衡，这就是最理想的方法。如果两个信道不能完全平衡，负频率分量就无法完全消除，而负频率分量的幅度取决于两个信道平衡的程度。负频率会限制接收机的动态范围，第 6 章将对此进行详细讨论。

如果两个信号间隔 f_s，它们就会折叠为同一个峰值，利用奈奎斯特欠采样方法无法轻易地区分它们。奈奎斯特欠采样方法可被认为是一种将宽带输入折叠为窄带输出的特殊方法。该方法通常应用在模拟电子战接收机中。为此付出的代价是输入带宽中的噪声也会被折叠到输出带宽内。例如，将 8 个输入带宽折叠到一个输出中，将使噪声增加 9 dB（10lg8）。噪声的增加将导致接收机灵敏度的下降。

4.13 通过抽取技术实现 DFT[25,26]

本节将讨论 DFT 的抽取技术。这里的讨论主要基于参考文献[26]展开，这里仅给出最终的结果。预计该方法经过修改可适用于实时信号处理。DFT 抽取技术使用多个并行 FFT 运算程序来执行多个独立的 FFT，然后将它们合成单个 FFT 输出。本节将对其基本方法进行讨论。

如果总共有 N 个点，则可分为 r 组，每一组包含 s 个数据点。对每一组进行 FFT 运算，并将所有的结果合成，即可获得所需的最终结果。原始数据点用 $x(n)$ 表示，$n=0, 1, 2, \cdots, N-1$。进行分组后，每一组可表示为 $x_i(n)$，$i=0, 1, 2, \cdots, r-1$。数据点 n 可写为

$$n = lr + i, \quad l = 0, 1, \cdots, s - 1 \tag{4.66}$$

该处理过程称为抽取，也就是说，对输入数据每 r 个抽取一个。

让我们用一个例子来说明该运算过程。假设 $N = 128$，数据被分为 4 组 ($r = 4$)，每一组包含 32 个数据点 ($s = 32$)。在此情况下，$i = 0, 1, 2, 3$；$l = 0, 1, 2, \cdots, 31$。如果 $i = 0$，数据点由 $n = 0, 4, 8, 12, \cdots, 124$ 组成，对应 $l = 0, 1, 2, \cdots, 31$。这些结果意味着 $x_0(0) = x(0)$，$x_0(1) = x(4)$，$x_0(2) = x(8)$，$\cdots$，$x_0(31) = x(124)$。与此类似，当 $i = 1$ 时，数据点 $x(n)$ 由 $n = 1, 5, 9, 13, \cdots, 125$ 组成；当 $i = 2$ 时，$n = 2, 6, 10, 14, \cdots, 126$；当 $i = 3$ 时，$n = 3, 7, 11, 15, \cdots, 127$。图 4.19 只给出了起始的少数数据。

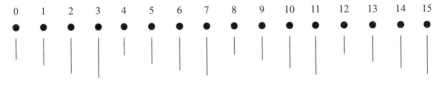

图 4.19 分为 4 组的数据

根据这 4 组数据，执行 4 次 DFT 得到的结果为

$$X_i(k) = \sum_{n=0}^{s-1} x_i(n) e^{-j2\pi kn/s} \tag{4.67}$$

其中 n 由式(4.66)给出,每个 X_i 包含 s(在本例中 $s = 32$)个频率分量,即 k 的取值范围为 $0 \sim s-1$,即 $0 \sim 31$。将由式(4.67)得到的全部结果合成后,可得 N 点数据的最终 DFT 结果,即

$$X(k) = \frac{1}{r}\sum_{i=0}^{r-1} X_i(k \bmod s) e^{-j2\pi ki/N} \tag{4.68}$$

其中 $(k \bmod s)$ 表示 k 除以 s 后所得的余数。如果 $k = 68$,由于 $s = 32$,那么 $k/s = 68/32 = 2+4/32$,即余数为 4。

由于 $X(k)$ 为所有点 $x(n)$ 的 DFT,所以结果应有 N 个频率分量,或 k 的取值范围为 $0 \sim 127$(对本例而言)。然而,$X_i(k)$ 中的 k 的取值范围为 $0 \sim 31$,因此上式中的 $(k \bmod s)$ 运算用于改变 k 值。用上面的例子可证明这一点。如果 $k = 2$,那么 $(k \bmod s) = (2 \bmod 32) = 2$,因此

$$X(2) = \frac{1}{4}\sum_{i=0}^{3} X_i(2) e^{-j2\pi 2i/N} \tag{4.69}$$

做 4 次复数乘法运算可得上述结果。对于 $k = 34$ 处的分量,$(k \bmod s) = (34 \bmod 32) = 2$,因此可得

$$X(34) = \frac{1}{4}\sum_{i=0}^{3} X_i(2) e^{-j2\pi 34i/N} \tag{4.70}$$

注意,在 $k = 34$ 处的计算中,由于根据式(4.68)没有可用的 $X_i(34)$ 值,所以使用 $X_i(2)$ 代替。式(4.69)和式(4.70)唯一的区别是核函数不同,前者使用 $k = 2$,而后者使用 $k = 34$。

如果使用该方法计算所有的 128 个点,则看上去式(4.68)的运算将需要做 $N \times r$ 次复数乘法运算。在本例中需要进行 $512(4 \times 128)$ 次运算,这比直接的 FFT 方法更复杂,后者大概需要 $(128/2)\log_2(128) = 448$ 次运算。除了上面所说的最后一步计算,还需要进行 4 个独立的 FFT 运算,以得到 4 个 $X_i(k)$。因此,如果使用该方法来求解所有的 DFT 分量,吸引力就不太大了。虽然可以对输入数据进行并行处理,但 4 个单独结果的合成运算也是相当复杂的。尽管如此,还是应对式(4.68)的运算做进一步的研究,以弄清运算能否被简化。

4.14 抽取技术在电子战接收机中的应用

本节的基本思路是在分组中计算所有 FFT 并找出其峰值。根据这些峰值,仅需对关注的频率进行计算。这样做与求出所有频率分量相比,计算量较小。虽然使用上述抽取技术来获得 FFT 的方法或许并不非常有吸引力,但是经过上述修改后,可能适用于电子战接收机。如第 2 章所述,由于接收机仅需在短时间内获得少数信号,所以可能无须计算 FFT 的所有频率分量。

假设输入信号被下变频为复数输出,并用 4 对模数转换器将输出进行数字化。如果每个模数转换器都工作在 250 MHz 且错开 1 ns,那么该方案等价于 1 GHz 的采样率。如果使用该方案计算 128 个数据点,则总的采集时间为 128 ns。在此时间内截获大量同时到达信号的概率是非常低的,因此接收机可设计用于处理数量很少的信号。

让我们用一个例子来说明该方法。所用方案如图 4.20 所示。在本例中,每一个输出都有 I/Q 输出。模数转换器工作在 250 MHz,延迟时间 $\tau = 1$ ns。如果仅考虑一对模数转换器的情况,那么采样率为 250 MHz,对应的带宽为 250 MHz,这是因为采用了 I/Q 信道。

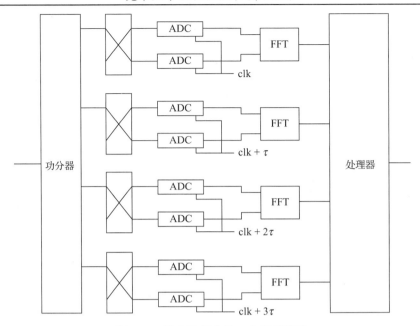

图 4.20 输入数据分为 4 个并行信道

在本方案中，取 $N=128$，$r=4$ 和 $s=32$。如果在数据中存在两个正弦波，则从 4 组 FFT 输出获得的任一功率谱都应该有两个不同的峰值。首先，做 4 次 FFT 来计算出 4 组输出值 $X_i(k)$，$i=0,1,2,3$。用 $X_0(k_1)$ 和 $X_0(k_2)$ 分别表示两个峰值的幅度。需要注意的是，所有 4 个输出 $X_i(k)$（$i=0,1,2,3$）中的峰值具有相同的 k 值和幅度。换言之，一旦根据 $|X_0(k)|$ 的幅度求得 k_1 和 k_2，取这些 k 值的其他 3 个 $X_i(k)$（$i=1,2,3$）将用在式(4.68)中以求解出正确的频率。

对于在 $X_i(k)$ 中的每个峰值(或者说每个 k 值)，在整个 FFT 输出中都有 4 个可能的取值：$X(k)$，$X(k+s)$，$X(k+2s)$ 和 $X(k+3s)$，在本例中 $s=32$。需要找出这 4 个分量，以确定实际的峰值。根据式(4.68)求解 $X(k+is)$（$i=0,1,2,3$）的其中一个需要 4 次复数相乘，总共需要 16 次运算。那么，两个信号就需要 32 次运算。全部运算量包含 4 组 FFT 的运算量，即 $4(32/2)\log_2(32)+32=352$ 次，小于直接求解 128 点 FFT 需要的 448 次运算量。

当两个信号的频率间隔为 250 MHz 的整数倍时，这两个输入频率会折叠到一个峰值上。在此情况下，由于两个信号的相位不同，从每个 $X_i(k)$ 得到的峰值具有不同的幅度。这是两个信号折叠到一个峰值上的重要标志。最大峰值可以用于选择 k 值。一旦选择了 k 值，就可以计算 $X(k)$，$X(k+s)$，$X(k+2s)$ 和 $X(k+3s)$。这些 $X(k+is)$ 值应有两个峰值，它们表示实际的频率。这只需要 16 次复数相乘。

通常，如果有 p 个信号，则复数相乘的总次数 N_c 可近似为

$$N_c = r\left(\frac{s}{2}\right)\log_2 s + pr^2 \tag{4.71}$$

其中，r 表示分组的总数，s 表示每一分组包含的数据点数。当 N_c 等于直接 FFT 所需的运算量时，该方法的优势就不复存在了。此时需满足的条件是

$$\frac{rs}{2}\log_2(rs) = \frac{rs}{2}\log_2 s + pr^2, \quad 即 \; p = \frac{s}{2r}\log_2 r \tag{4.72}$$

在上述例子中，p 可以高达 32。

当然，通过求出 $X_0(k)$ 及其在 k_1 和 k_2 处的峰值等，可以进一步简化计算，然后求出在这些 k 值处的其他 3 个 $X_i(k)$。此方法仅需要进行 1 次 FFT 计算，而不是 4 次。然而，可能出现的情况是，当两个信号间隔 250 MHz 时，$X_0(k)$ 的幅度可能很小，从而丢失信号。如果计算出所有 4 个 $X_i(k)$ 值，这 4 组输出就具有不同的幅度，并且信号总是能够被识别出来。

4.15 简化的抽取技术[27]

本节通过减少硬件对抽取方法做进一步的简化。这一基本方法与 4.10 节讨论的奈奎斯特欠采样方法在某种程度上是类似的。

我们继续使用上面的例子来说明该方法。该方法的基本思想是使用延迟为 t 的两组数据，通过 $X_0(k)$ 和 $X_1(k)$ 来求解峰值和对应的相位差。根据该相位差，可以得到 $X_2(k)$ 和 $X_3(k)$ 的值。当获得所有的 $X_i(k)$ 值时，通过式 (4.68) 可以求出实际的频率。

在图 4.21 中，仅保留了前面的两对采样器。模数转换器的采样速率保持 250 MHz 不变，延迟时间依然为 1 ns。在该方案下，只能获得图 4.21 所示数据的一半。总共将采集到 64 点复数据。在图 4.19 中可以得到数据点 0, 1, 4, 5, 8, 9,⋯但是由数据点 2, 3, 6, 7, 10, 11,⋯组成的另一半数据无法得到。根据第一组的 32 个点，可以计算出 $X_0(k)$。根据 $|X_0(k)|$ 的幅度，可以求得两个峰值，分别位于 k_1 和 k_2 处。根据第二组数据的 32 个点，可以求得 $X_1(k_1)$ 和 $X_1(k_2)$。根据 $X_0(k_m)$ 和 $X_1(k_m)$（此处 $m = 1, 2$），可求得相位差，即

$$\theta_m = \arctan\left\{\frac{\mathrm{Im}[X_1(k_m)]}{\mathrm{Re}[X_1(k_m)]}\right\} - \arctan\left\{\frac{\mathrm{Im}[X_0(k_m)]}{\mathrm{Re}[X_0(k_m)]}\right\} \tag{4.73}$$

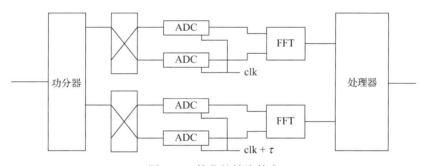

图 4.21 简化的抽取技术

正如在相位延迟法中，根据 θ_m 可以求得输入信号的频率。由于从一组数据到另一组数据的相位差可以表示为

$$X_{i+1}(k_m) = X_i(k_m) \mathrm{e}^{-\mathrm{j}\theta_m} \tag{4.74}$$

现在，我们使用 θ_m 的值来产生 $X_2(k_m)$ 和 $X_3(k_m)$。根据式 (4.74) 可得

$$\begin{aligned} X_2(k_m) &= X_0(k_m)\mathrm{e}^{-\mathrm{j}2\theta_m} \\ X_3(k_m) &= X_0(k_m)\mathrm{e}^{-\mathrm{j}3\theta_m} \end{aligned} \tag{4.75}$$

一旦求得所有的 $X_i(k_m)$，就可通过式 (4.68) 计算出 $X(k)$，$X(k+s)$，$X(k+2s)$ 和 $X(k+3s)$ 的值。

该方法的主要优势是需要使用的硬件较少，并且由于一些 $X_i(k_m)$ 的值是通过简单的相移求出的，所以处理过程相对简单。

该方法的劣势之一是可能丢失信号。当两个信号的间隔为 f_s 的整数倍时，两个输入信号功率谱中的两个峰值会折叠为一个峰值。如果可以获得 4.13 节中描述的所有信息，输入信号就可以被唯一地确定。然而，如果只有两对模数转换器可供使用，则没有足够的信息来确定这两个频率。

还有如下问题需要回答：如果只有两对模数转换器，且从功率谱中只检测到一个峰值，那么如何才能知道存在的信号是两个而不是一个呢？这一问题可以根据 $X_0(k_m)$ 和 $X_1(k_m)$ 的幅度来回答，其中 k_m 表示功率谱出现峰值的频率分量。当只存在一个信号时，$X_0(k_m)$ 和 $X_1(k_m)$ 的幅度相等；当存在两个信号时，$X_0(k_m)$ 和 $X_1(k_m)$ 的幅度不同。这一论断可以解释如下。当存在一个信号时，有

$$X_0(k_m) = c_1, \quad X_1(k_m) = c_1 \, \mathrm{e}^{-\mathrm{j}\theta_1} = c_1 \, \mathrm{e}^{-\mathrm{j}2\pi f_1 \tau} \tag{4.76}$$

其中，c_1 为常数，θ_1 表示由延迟引起的相移，f_1 表示输入频率，τ 表示延迟时间。显然，$X_0(k_m)$ 和 $X_1(k_m)$ 的幅度是相等的。

当存在两个信号时，有

$$\begin{aligned} X_0(k_m) &= c_1 + c_2 \\ X_1(k_m) &= c_1 \, \mathrm{e}^{-\mathrm{j}\theta_1} + c_2 \, \mathrm{e}^{-\mathrm{j}\theta_2} = c_1 \, \mathrm{e}^{-\mathrm{j}2\pi f_1 \tau} + c_2 \, \mathrm{e}^{-\mathrm{j}2\pi f_2 \tau} \end{aligned} \tag{4.77}$$

其中，c_2 为常数，θ_2 和 f_2 分别表示第二个信号的相移和频率。通常，$X_0(k_m)$ 和 $X_1(k_m)$ 的幅度是不相等的。根据 $X_i(k_m)$ 的相对幅度，可以发现存在不止一个信号。然而，没有足够的信息来确定它们的频率。需要额外的信息才能求出两个或两个以上信号的频率。

参考文献

[1] Brigham EO. *The Fast Fourier Transform*. Englewood Cliffs, NJ: Prentice Hall; 1973.

[2] Rabiner LR. *Theory and Application of Digital Signal Processing*. Englewood Cliffs, NJ: Prentice Hall; 1975.

[3] Oppenheim AV, Schafer RW. *Digital Signal Processing*. Englewood Cliffs, NJ: Prentice Hall; 1975

[4] Kay SM. *Modern Spectral Estimation Theory and Application*. Englewood Cliffs, NJ: Prentice Hall; 1988.

[5] Marple SL, Jr. *Digital Spectral Analysis with Applications*. Englewood Cliffs, NJ: Prentice Hall; 1987.

[6] Elliott DF（ed.）. *Handbook of Digital Signal Processing: Engineering Applications*. San Diego: Academic Press; 1987.

[7] Tsui JBY. *Digital Microwave Receivers: Theory and Concepts*. Norwood, MA: Artech House; 1989.

[8] Shanmugan KS, Breipohl AM. *Random Signals Detection, Estimation and Data Analysis*. New York: John Wiley; 1988.

[9] Papoulis A. *Probability, Random Variables, and Stochastic Processes*. New York: McGraw-Hill; 1965.

[10] Kleinrock L. 'Detection of the peak of an arbitrary spectrum'. *IEEE Transactions on Information Theory* 1964; **10**(3): 215–221.

[11] Palmer L. 'Coarse frequency estimation using the discrete Fourier transform'. *IEEE Transactions on Information Theory* 1974; **20**(1): 104–109.

[12] Rife DC, Boorstyn RR. 'Single-tone parameter estimation from discrete-time observations'. *IEEE Transactions on Information Theory* 1974; **20**(5): 591–598.

[13] Rife DC, Vincent GA. 'Use of the discrete Fourier transform in the measurement of frequencies and levels of tones'. *Bell System Technical Journal* 1970; **49**(2): 197–228.

[14] Rife DC, Boorstyn RR. 'Multiple tone parameter estimation from discrete-time observations'. *Bell System Technical Journal* 1976; **55**(9): 1389–1410.

[15] Ng S., 'A technique for spectral component location within a FFT resolution cell.' *Proceedings ICASSP '84. IEEE International Conference on Acoustics, Speech, and Signal Processing*. New York: IEEE; 1984: 147–149.

[16] Pasala K. University of Dayton, private communication.

[17] Papoulis A. *The Fourier Integral and Its Applications*. New York: McGraw-Hill; 1962.

[18] Rader CM. 'Recovery of undersampled periodic waveforms'. *IEEE Transactions on Acoustics, Speech and Signal Processing* 1977; **25**(3): 242–249.

[19] Sanderson RB, Tsui JBY, Freese NA. 'Reduction of aliasing ambiguities through phase relations'. *IEEE Transactions on Aerospace and Electronic Systems* 1992; **28**(4): 950–956.

[20] Shapiro HS, Silverman RA. 'Alias-free sampling of random noise'. *Journal of the Society for Industrial and Applied Mathematics* 1960; **8**(2): 225–248.

[21] Beutler FJ. 'Error-free recovery of signals from irregularly spaced samples'. *SIAM Review* 1966; **8**(3): 328–335.

[22] Beutler FJ. 'Alias-free randomly timed sampling of stochastic processes'. *IEEE Transactions on Information Theory* 1970; **16**(2): 147–152.

[23] Jenq Y-C. 'Digital spectra of nonuniformly sampled signals: fundamentals and high-speed waveform digitizers'. *IEEE Transactions on Instrumentation and Measurement* 1988; **37**(2): 245–251.

[24] Cheng C-H, Liou L, Lin D, Tsui J, Tai H-M. 'Wideband in-phase/quadrature imbalance compensation using finite impulse response filter'. *IET Radar, Sonar & Navigation* 2014; **8**(7): 797–804.

[25] Vaidyanathan PP. *Multirate Systems and Filter Banks*. Englewood Cliffs, NJ: Prentice Hall; 1992.

[26] Cooley JW, Lewis PAW, Welch PD. 'The finite Fourier transform'. *IEEE Transactions on Audio and Electroacoustics* 1969; **17**(2): 77–85.

[27] Choate DB, Tsui JBY. 'Note on Prony's method'. *IEE Proceedings F—Radar and Signal Processing* 1993; **140**(2): 103–106.

第5章 模数转换器、放大器及其接口

5.1 引言

模拟接收机和数字接收机之间的主要区别在于，后者不再采用晶体检波器，而是使用模数转换器将微波信号转换成数字信号。数字接收机的带宽取决于模数转换器的采样速率。输入信号在被模数转换器数字化之前，经过由若干放大器组成的放大器链被放大，而这些放大器具有不同的增益、噪声系数和三阶截点。在模数转换器之前使用放大器链的目的之一是，使输入信号与模数转换器相匹配。总的来说，使用放大器可以提高接收机的灵敏度。

本章的主要目的是介绍射频放大器和模数转换器的最优匹配方法。这里"最优"一词的含义是，在放大器性能和模数转换器的限制范围内，获得设计者想要的灵敏度和动态范围。

本章将简单介绍模拟接收机的性能，并指出其与数字接收机的区别。接着，将讨论模数转换器及其对接收机性能的影响。模数转换器的重要性能参数包括位数、有效位数、最大采样频率和输入带宽。模数转换器对接收机最重要的影响是动态范围。动态范围与接收机灵敏度密切相关，灵敏度是接收机动态范围的下限。评判动态范围的方法有若干种，每一种方法得到的结果会略有不同，本章将讨论所有这些方法。后面还将讨论线性放大器的性能(增益、噪声系数和三阶截点)，以及放大器与模数转换器之间的接口。在参考文献[1]中，可以找到对模拟接收机和放大器的详细讨论。本章最后提供了一个简单的程序，可产生接收机灵敏度和动态范围的不同组合。设计者可以据此选取所需的性能。

5.2 关键器件的选择[2~16]

模拟微波接收机已经发展了很多年，包括许多不同类型的接收机(例如通信接收机和电子战接收机)。这些接收机大部分都使用了诸如放大器、衰减器、混频器、本地振荡器等微波器件。在这些器件之后，使用晶体视频检波器将射频信号转换为视频信号，后续再做进一步处理。

在经过多年的发展后，可供使用的微波器件已有许多不同的类型。例如，现在微波放大器的可选范围很广，我们可以根据不同的工作频率范围、噪声系数、增益等来选用。尽管如此，可能依然很难选到具有所需性能的放大器。不过，在接收机设计中，可以将许多不同的射频放大器与合适的衰减器串联在一起，以获得接近所需性能的特性。

另一方面，虽然高采样频率和高位数(例如数 GHz 的采样频率和 8 位以上的位数)模数转换器的制造技术近年来得到显著发展，但仍仅有少数模数转换器的工作频率超过 2 GHz，且位数达到 10 位。由于高速模数转换器的可选范围有限，在设计数字接收机时，首先选择的器件是模数转换器，然后设计与所选模数转换器相匹配的射频放大器链。基于选择的模数转换器选取合适的射频放大器链性能参数(如噪声系数、增益、三阶截点)，以优化接收机的性能。

一旦确定接收机的性能，就可以选择不同的微波器件(例如放大器和衰减器)，并按所需的方式将它们连接起来以满足设计的性能。

在接收机，尤其是宽带接收机中，人们总是希望同时获得高灵敏度和大动态范围。遗憾的是，接收机的增益越高，三阶截点越低。因此，高灵敏度意味着小动态范围。由于这一特性，根据需要，在一些情况下选择稍高的灵敏度，在另一些情况下则选择稍大的动态范围。接收机设计的方法是列出一份接收机性能清单，不同的灵敏度和动态范围对应不同的放大器链参数表。这样，设计师就可以选择所需的组合。

5.3 模拟接收机和数字接收机的灵敏度比较[1]

在模拟接收机中，在射频链之后使用晶体检波器将微波信号转换成视频信号。在电子战接收机中，通常将该视频信号数字化，然后进行进一步的数字信号处理，以产生脉冲描述字。通常，设计的射频链具有足够的增益，以将底噪放大到检波器的切线灵敏度[1]。切线灵敏度根据示波器上的脉冲信号来定义。脉冲内的噪声底部大致与脉冲间的噪声顶部相切时的信号电平即为切线灵敏度。有了足够的射频增益，检波器本身就不对接收机噪声系数、灵敏度或者动态范围起任何作用。只有射频链(包括射频带宽和噪声系数)和检波器后的视频带宽决定接收机的灵敏度。

数字接收机没有晶体检波器，输入信号先被数字化，然后再进行处理。有时，在对信号数字化之前先进行下变频。数字信号处理决定射频带宽和视频带宽。如果利用快速傅里叶变换(FFT)处理输入信号，那么射频带宽等于视频带宽，此时可以认为FFT运算相当于对信号进行了滤波。因此，接收机灵敏度取决于FFT运算的长度。那么，模数转换器应被看成射频链的一部分。这一现象将在后续的章节中做进一步说明。

由于模拟接收机和数字接收机的主要区别在于模数转换器的应用，因此5.4节至5.14节将集中讨论模数转换器，下面从采样保持电路开始。

5.4 基本的采样保持电路[17~19]

为了对特定时刻的输入信号进行量化处理，该输入信号必须在这一时刻保持恒定。如果输入信号变化迅速而数字化过程缓慢，则输出数据的精度将很差。一种解决方法就是在量化器前加一个采样保持电路。采样保持电路可以产生一个非常窄的时间窗口，在所希望的时刻获取输入信号，并在一段相对较长的时间里保持信号电压恒定，这样数字化电路就可以正常工作了。

一个简单的采样保持电路如图5.1所示，它由一个采样/保持开关和一个保持电容组成。两个放大器用于阻抗匹配。

当开关关闭时，采样保持电路工作在采样模式，电容器上的电压随输入电压变化。当开关打开时，电容器上的电压保持恒定值，称为保持模式。

在采样模式下，工作可分为两个时段：捕捉和跟踪。当开关关闭时，电容器上的电压从之前的保持值快速地向输入电压值变化，直到最终达到输入电压值，这一段时间称为捕捉时间。电容器上的电压跟随输入电压的这段时间称为跟踪时间。

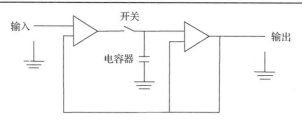

图 5.1 基本的采样保持电路

当开关打开时，电容器上的电压将保持恒定，称为保持模式。不过，在开关打开之后，电容器上的电压值由于暂态效应通常会轻微振荡，这段时间称为稳定时间。在稳定时间过后，由于通过放大器的有限输入阻抗会产生电荷泄漏，因此电容器上的电压将轻微下降。采样保持电路的时域响应如图 5.2 所示。图中的空隙时间就是从采样模式结束到保持模式开始所用的模式转换时间。

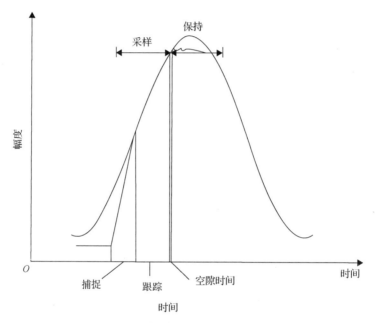

图 5.2 采样保持电路的时域响应

空隙时间的不确定性是指空隙时间的方差。这段时间可以很短，对高频模数转换器来说，通常是皮秒(ps)量级。空隙抖动是由其不确定性引起的有效采样瞬间的变化。采样时间偏移是指从采样到保持模式的转换命令发出到转换实际开始之间的时间间隔。采样时间的不确定性是指采样时间偏移的方差。

5.5 基本的模数转换器性能和输入带宽

模数转换器将连续输入电压转换为可用二进制编码表示的离散输出电平。最小的离散电压步长称为量化电平。通常，这种转换在均匀的时间间隔(即通常所指的采样时间)上进行。表示模数转换器输出与输入对应关系的转换函数如图 5.3 所示。图 5.3(a)和图 5.3(b)分别表示位数为 3 位的"踏步中分"(midtread)和"立面中分"(midriser)两种方案[①]。x 轴表示模拟输入,y 轴表示数字输出。在"踏步中分"方案中有一个零电平,而电平的总数通常是 2 的整数次幂,因此正电平数量不等于负电平数量。在图 5.3(a)中,负电平数量比正电平数量多一个。显然,"踏步中分"方案具有不对称的输出。

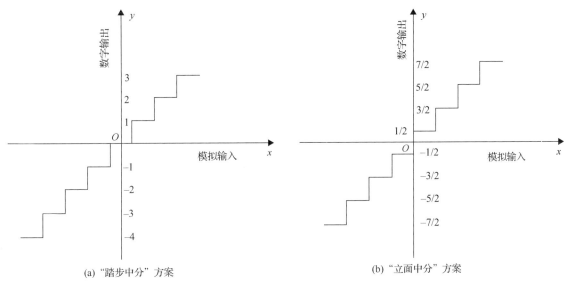

(a) "踏步中分"方案

(b) "立面中分"方案

图 5.3 模数转换器的转换函数

"立面中分"方案没有零电平,正电平数量与负电平数量相等,因此其输出是对称的。我们通常使用正弦波来测试高频模数转换器。由于正弦波是对称的,所以通常采用"立面中分"方案。

图 5.4 表示理想模数转换器的转换特性。如果输入随时间线性增长,则其输出和量化误差如图 5.4 所示。显然,量化过程是一个非线性过程,很难对其进行数学分析。实际情况下,模数转换器的量化电平也很难保持一致,因此量化误差比理想情况下的更糟。

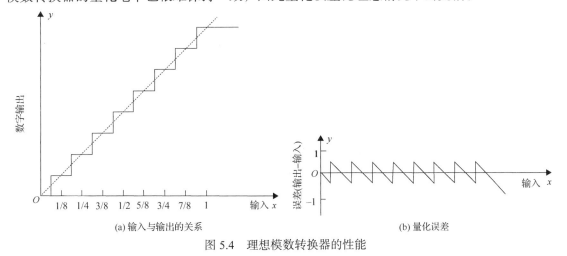

(a) 输入与输出的关系

(b) 量化误差

图 5.4 理想模数转换器的性能

---

① 译者认为,作者在此处的本意是将图 5.3 中的阶梯型函数图形比作楼梯,而楼梯台阶的水平部分称为"踏步",垂直部分称为"立面"。在图 5.3(a)中,坐标纵轴位于"踏步"的中间,而在图 5.3(b)中,坐标横轴位于"立面"的中间。因此,相应地将 midtread 和 midriser 分别译为"踏步中分"和"立面中分"。如果确需简称,则建议简称为"踏分"和"立分"。——译者注

为了满足奈奎斯特采样定理，通常假定模数转换器输入信号的频率是采样频率的一半，但实际上并非总是如此。为了避免产生混叠模糊，要求模数转换器的输入信号带宽（不一定是输入频率）必须小于采样频率的一半。通常，需要的输入频率高于最高采样频率，因为输入带宽并不一定从直流开始。例如，如果模数转换器的最高采样频率为 200 MHz，则不模糊采样带宽为 100 MHz。输入频率范围不一定是直流到 100 MHz，也可以是 120~220 MHz，那么如此选择使输入带宽低于倍频程带宽。低于倍频程带宽的输入带宽可以消除由模拟前端或模数转换器非线性变换特性造成的二次谐波。倍频程带宽意味着最高频率是最低频率的 2 倍，例如 1~2 GHz。

正如第 4 章所述，有时将多个模数转换器并联使用以提高采样速度。如果模数转换器的输入频率很高，这些模数转换器就能用来增加系统的带宽。如果模数转换器的输入频率被限制为采样频率的一半，就不能再采用并联的方法，因为此时模数转换器无法接收到高频输入信号。

5.6 模数转换器的最大输入信号和最小输入信号

通常，模数转换器的最大输入信号定义为幅度与模数转换器最高电平相匹配的正弦波。如果信号幅度比该最大电平还大，那么输出波形将被限幅。如果输入信号幅度比该最大电平小，则不会用到全部位长。最大电平通常决定动态范围的上限。如果在不存在噪声的情况下，输入电压与模数转换器最大范围匹配，那么该输入电压 V_s 为

$$2V_s = 2^b Q, \quad 即 \quad V_s = 2^{(b-1)}Q \tag{5.1}$$

其中，b 表示位数，Q 表示量化电平。该方程说明正弦波可达模数转换器量化范围的上下限。

幅度与最大电压匹配的正弦波功率为

$$P_s = \frac{V_s^2}{2} = \frac{2^{2(b-1)}Q^2}{2} = \frac{2^{2b}Q^2}{8} \tag{5.2}$$

其中，输入阻抗假设为单位 1。在后续的讨论中，功率比将是关注对象。在使用功率比时，阻抗将被抵消。但是，在某些计算中则需要包含阻抗以获得实际的功率值。

如果不存在噪声，就可以认为能够引起最低有效位(LSB)变化的电压是最小信号，否则模数转换器将无法检测到信号。在此情况下，最小电压 $V_{\min}$ 等于量化电平，即

$$2V_{\min} = Q \tag{5.3}$$

相应的功率为

$$P_{\min} = \frac{V_{\min}^2}{2} = \frac{Q^2}{8} \tag{5.4}$$

动态范围可以定义为 P_s 与 $P_{\min}$ 的比值，记为

$$DR = \frac{P_s}{P_{\min}} = 2^{2b} \tag{5.5}$$

上式通常表示为对数形式，即

$$DR = 10\lg\left(\frac{P_s}{P_{\min}}\right) = 20b\lg(2) \approx 6b \quad dB \tag{5.6}$$

这就是通常称模数转换器的动态范围为每位 6 dB 的原因。

然而，接收机的动态范围也取决于接收机和模数转换器两者前端的放大器性能，这个问题将在本章后面的小节中讨论。

5.7 理想模数转换器的量化噪声[17~25]

模数转换器将输入信号由模拟形式变换为数字形式，这是一个非线性过程。例如，一个 1 位的模数转换器相当于一个硬限幅器，它是非线性器件。如图 5.5 所示，正弦波信号被逐点转换为两个不同的输出电平。在正弦波的实际值和量化值之间存在差值（即误差）。误差可以是量化电平内的任意值，因此可以合理假设误差在量化电平 Q 的范围内是均匀分布的。那么，误差幅度的概率密度函数为 $1/Q$。根据量化误差可以计算量化噪声功率，即

$$N_b = \frac{1}{Q} \int_{-Q/2}^{Q/2} x^2 \mathrm{d}x = \frac{Q^2}{12} \tag{5.7}$$

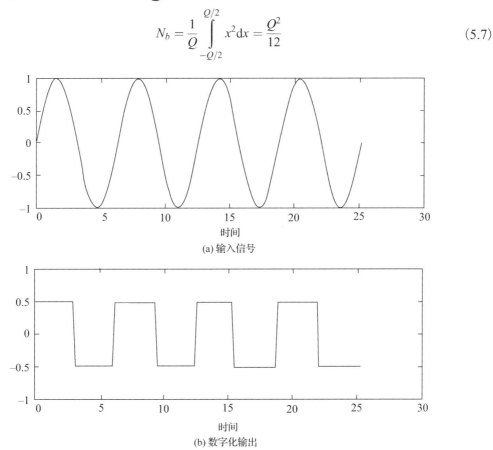

图 5.5 正弦波和 1 位量化器

该值有时可以用作接收机的灵敏度。在这种情况下，结合式(5.2)，则最大信噪比可以表示为

$$\left(\frac{S}{N}\right)_{\max} = \frac{P_s}{N_b} = \frac{3}{2} 2^{2b} \tag{5.8}$$

该值可以表示为对数形式，即

$$\text{DR} = 10\lg\left(\frac{P_s}{N_b}\right) = 10\lg(1.5) + 20b\lg(2) = 1.76 + 6.02b \quad \text{dB} \tag{5.9}$$

式(5.6)和式(5.9)之间的差别是因子 1.76，这是因为两式的下限不同。

5.8 由处理带宽决定的噪声电平和颤动效应[26,27]

动态范围的下限(噪声电平)取决于处理带宽,这里所指的处理带宽通常与数据长度有关。如果在模数转换器的输出端进行 N 点 DFT，那么处理带宽 B_v 与 DFT 长度的关系为

$$B_v = \frac{f_s}{N} = \frac{1}{Nt_s} \tag{5.10}$$

其中，f_s 和 t_s 分别表示模数转换器的采样频率和采样时间。因此，DFT 点数越多，其运算产生的处理带宽越窄，而带宽越窄，噪声电平越低。

由于信号是相干的，而噪声是非相干的，所以 DFT 输出信号电平与 N 成正比，而噪声电平与 $N^{1/2}$ 成正比。因此，当 DFT 长度增加时，信号幅度比噪声电平增加得快，所以模数转换器可以检测到弱信号。但是，正如前面所提到的，信号必须大到超过模数转换器的量化电平才能够被检测到。因此，可以给信号附加噪声，同时增加 FFT 的长度，以改善信噪比。该方法可用于检测非常微弱的信号，而这种处理方式通常称为"噪声颤动"。颤动的目的是为了使微弱信号能超过模数转换器的量化电平。

噪声颤动的一个实例如图 5.6 所示。在该实例中，输入信号本身非常微弱，难以超过最低有效位(LSB)，其输出是大小为 0.5 的恒定电平。如果对该信号附加噪声，则模数转换器可以检测到附加的噪声。这里，信噪比(S/N)设置为-10 dB。可以在第 100 个频点处检测到信号。频谱中出现了直流分量，这是因为要被数字化的信号的持续时间不是信号周期的整数倍。

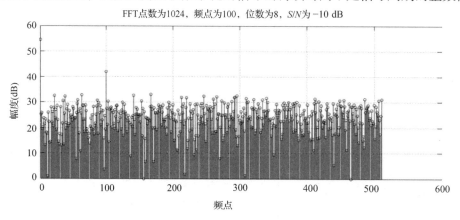

图 5.6 利用噪声颤动检测信号

如果存在不同幅度、不同频率的两个输入信号，则理想的电子战接收机将会同时检测到强信号和弱信号。强弱信号之间的幅度差值称为接收机的瞬时动态范围。

如果只有一个弱信号，且其幅度不足以超过量化电平，那么模数转换器将检测不到该信号。如果同时存在一个强信号，则弱信号可能无须超过量化电平就能被检测到。强信号将越过不同的量化级，而由于弱信号叠加在强信号上，所以两个信号都可能被检测到。在此情况下，可以将强信号视为颤动信号。

除了底噪，寄生响应通常也限制动态范围的下限。5.9 节将讨论模数转换器中的寄生响应。

5.9 寄生响应

如果将一个任意频率的输入信号送给模数转换器的输入端，则实际信号与量化值之间的误差是不可预知的，因此可以合理地假设误差是均匀分布的。但是，如果输入信号频率与采样频率 f_s 成比例，则误差函数将是高度相关的。在此情况下，均匀分布的假设不再是合理的。

例如，如果输入信号的频率 f_i 与采样频率 f_s 的关系为

$$f_s = nf_i \tag{5.11}$$

其中 n 为整数，那么误差从一个周期到下一个周期将呈现出重复的样式，如图 5.7 所示。基于这一事实，误差的均匀分布假设不再成立。图 5.7(a) 表示具有两个周期并进行 32 点采样的正弦波，而图 5.7(b) 表示量化位数为 3 时的量化结果。在这个例子中，可以认为 $f_s = 32, f_i = 2$。在时域中的误差如图 5.7(c) 所示。需要注意的是，从点 0 到点 15 的误差与从点 16 到点 32 的误差是相同的。如果增加采样点数，则误差将只会重复出现。图 5.7(d) 表示该正弦波的 FFT 结果。由于输入频率与 FFT 输出中的一个频点 ($n = 2$) 匹配，所以不存在副瓣。图 5.7(e) 表示信号量化后的 FFT 结果，其中包含寄生响应。

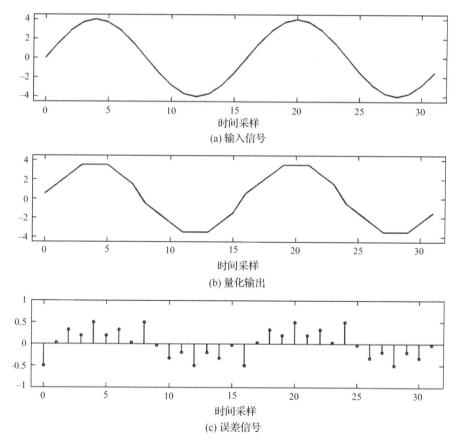

图 5.7 相干量化误差

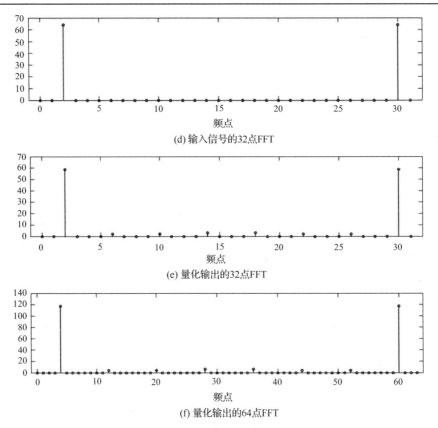

(d) 输入信号的32点FFT

(e) 量化输出的32点FFT

(f) 量化输出的64点FFT

图 5.7(续)　相干量化误差

由于误差数据在每个输入周期上重复，因此增加 FFT 长度并不会改变寄生响应电平。图 5.7(f)表示对四个周期的信号进行 64 点 FFT 的结果，其寄生响应电平与图 5.7(e)中的结果是一样的，因此增加 FFT 长度并不能使寄生响应电平减小。需要注意的是，在绘制图 5.7 的过程中，输入信号的起止时间为从 $t = 1\times 10^{-8}$ 到 $t = 4\pi+1\times 10^{-8}$。如果输入信号正好在 $t = 0$ 时通过，那么计算机引起的误差将会干扰量化数据。

这些寄生响应是由量化误差引起的。量化数据的 DFT 可以写成

$$X_d(k) = \sum_{n=0}^{N-1} x_d(n)\, e^{\frac{-j2\pi nk}{N}} = \sum_{n=0}^{N-1} [x(n) - x_\varepsilon(n)]\, e^{\frac{-j2\pi nk}{N}} \tag{5.12}$$

其中，$x(n)$ 表示时域输入，$x_d(n)$ 表示相应的量化数据，$x_\varepsilon(n)$ 表示误差函数。频域误差则是由 $x_\varepsilon(n)$ 的 DFT 引起的。

现已证明，量化信号的误差实际上呈现出周期性。在式(5.11)中，即使 n 不为整数，其输出仍然可以是周期性的。例如，如果 $f_s = 32$ Hz 且 $f_i = 0.5$ Hz 或 $f_i = 1.5$ Hz，那么输出将不再是每 32 点重复一次，而是每 64 点重复一次。本节说明了一些寄生响应是不能通过增加 FFT 的长度来减小的。

5.10　寄生响应幅度的分析[28~30]

5.9 节证明了量化信号会产生寄生响应。即使采用更多点数的 FFT，一些寄生响应也无法

减小。因此，需要找出最大的寄生响应电平，以确定接收机的动态范围。寄生响应也可通过其他过程产生（例如模数转换器的非理想特性）。有时副瓣也可视为寄生响应，因为它同样会限制接收机的瞬时动态范围。

本节将基于参考文献[29]对寄生响应的幅度进行研究。由于量化处理是非线性过程，因此难以进行一般的分析。下面的讨论可看成一种特殊情况，但它确实能提供一些令人关注的结果。如果 x 为模数转换器的输入信号，x_d 为输出信号，g 为模数转换器的转换函数，则有

$$x_d(t) = g(x(t)) \tag{5.13}$$

如果输入是余弦波，则有

$$x(t) = \cos(2\pi ft + \theta) \equiv \cos\phi(t)$$
$$x_d(t) = g[\cos\phi(t)] \tag{5.14}$$

由于量化信号具有内在的周期性，因此可用傅里叶级数将其表示为

$$x_d(t) = A_0 + \sum_{n=1}^{\infty} A_n \cos(n\phi) \tag{5.15}$$

其中，A_1 表示基频的幅度，更高阶的 A_n 表示寄生响应的幅度。可以求得 A 的值为

$$A_0 = \frac{1}{\pi}\int_0^\pi g(\phi)\,\mathrm{d}\phi, \qquad A_n = \frac{2}{\pi}\int_0^\pi g(\phi)\cos(n\phi)\,\mathrm{d}\phi \tag{5.16}$$

下面举例对此进行说明。图 5.8 表示一个 3 位模数转换器将正弦波量化成 8 种电平，且信号的幅度与模数转换器的满量程电平相匹配。转换函数 $g(\phi)$ 可写为

$$g(\phi) = \begin{bmatrix} 7/8 & \arccos(1) \geqslant \phi \geqslant \arccos(3/4) \\ 5/8 & \arccos(3/4) \geqslant \phi \geqslant \arccos(1/2) \\ 3/8 & \arccos(1/2) \geqslant \phi \geqslant \arccos(1/4) \\ 1/8 & \arccos(1/4) \geqslant \phi \geqslant \arccos(0) \\ -1/8 & \arccos(0) \geqslant \phi \geqslant \arccos(-1/4) \\ -3/8 & \arccos(-1/4) \geqslant \phi \geqslant \arccos(-1/2) \\ -5/8 & \arccos(-1/2) \geqslant \phi \geqslant \arccos(-3/4) \\ -7/8 & \arccos(-3/4) \geqslant \phi \geqslant \arccos(-1) \end{bmatrix} \tag{5.17}$$

在该式中，模数转换器为"立面中分"型，并对输出进行了归一化处理。为求得系数 A_n，可以将 $g(\phi)$ 代入式(5.16)，得到

$$\begin{aligned} A_n &= \frac{2}{\pi}\int_0^\pi g(\phi)\cos(n\phi)\,\mathrm{d}\phi \\ &= \frac{2}{\pi}\left[\frac{7}{8n}\sin(n\phi)\right]_{\arccos(1)}^{\arccos(\frac{3}{4})} + \frac{2}{\pi}\left[\frac{5}{8n}\sin(n\phi)\right]_{\arccos(\frac{3}{4})}^{\arccos(\frac{1}{2})} + \cdots + \frac{2}{\pi}\left[\frac{-7}{8n}\sin(n\phi)\right]_{\arccos(-1)}^{\arccos(\frac{-3}{4})} \\ &= \frac{1}{2n\pi}\left\{1 + 2\sin\left[n\arccos\left(\frac{1}{4}\right)\right] + 2\sin\left[n\arccos\left(\frac{1}{2}\right)\right] + 2\sin\left[n\arccos\left(\frac{3}{4}\right)\right]\right\} \end{aligned} \tag{5.18}$$

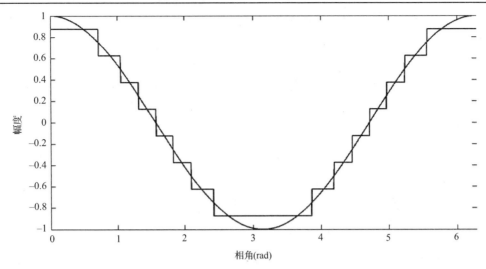

图 5.8 3 位模数转换器对余弦波的数字化

一般来说，该方法可以扩展到 b 位。如果模数转换器的位数为 b，则用类似的方法可以求得 n 次谐波的幅度为

$$A_n = \frac{(-4)j^{n+1}}{2^b n\pi}\left[1 + 2\sum_{k=1}^{\frac{2^b}{2}-1}\sin\left[\left[n\arccos\left(\frac{2k}{2^b}\right)\right]\right]\right] \quad (5.19)$$

在上式中，A_1 表示基频分量的幅度，A_3 表示三次谐波的幅度，通常三次谐波是最强的谐波，因为它是最低阶的奇数次谐波。那么，最强谐波与基频的幅度比值以分贝表示可写为

$$\left(\frac{A_3}{A_1}\right)_{dB} = 20\lg\left(\frac{A_3}{A_1}\right) \quad (5.20)$$

式(5.19)和式(5.20)的结果见表 5.1。从表中的数值可以看出，最大的寄生响应比基频分量低约

表 5.1 不同位数对应的最大寄生响应电平

位数	最大寄生响应(dBc)
1	-9.5
2	-18.3
3	-27.0
4	-35.9
5	-44.8
6	-53.8
7	-62.8
8	-71.8

$9b$ dB。如果 $b = 8$，则最强的寄生响应比基频分量低约 72 dB。根据这里的讨论，看上去最大的动态范围是 9 dB/位，而不是式(5.6)所预计的 6 dB/位。

需要注意的是，上述的讨论所基于的假设是时域数据是连续的，模数转换器的所有量化级将被用到，且每个量化级电平上都有许多数据点。这种情况在讨论的采样数据中不会出现，尤其是对高频信号来说。

下面用仿真结果来演示对寄生响应的分析。图 5.9 表示 3 至 5 位模数转换器的时域和频域结果。在这些仿真中，输入信号是具有一个完整周期的余弦波，并在时域中获取 1024 点数据。由于这些数据为实数，所以只有 512 个频率分量是独立的。不过，为了清楚地显示最初的几个频率分量，图中只显示了前面的 32 个分量。在这些图中，基频分量位于位置 1 且幅度最大。三次谐波位于位置 3，因为二次谐波为零，所以它与基频分量相邻。看上去，三次谐波接近最高谐波分量，且比输入信号低约 9 dB/位。然而，这些特殊情况可能并不代表实际中的最坏情况。

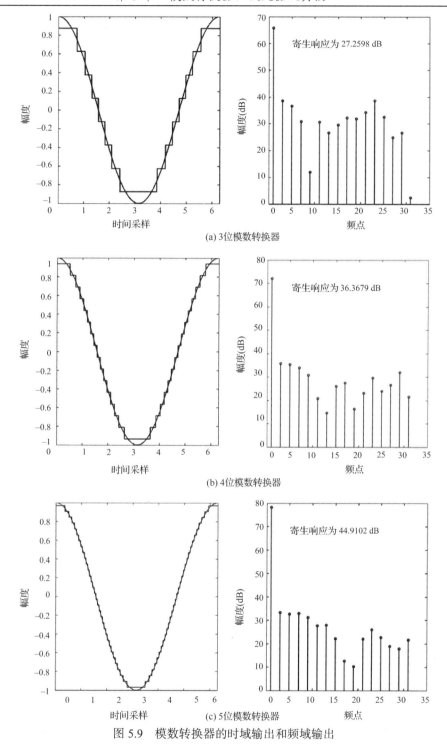

图 5.9 模数转换器的时域输出和频域输出

5.11 寄生响应幅度的进一步讨论

在数字接收机中,FFT 的长度可能受最小脉冲宽度的限制。与采样频率相比,如果输入频率较高,那么模数转换器可能采集不到所有量化级的电平。在此情况下,三次谐波分量可能不是谐波中最大的一个,最大寄生响应的幅度将难以预测。换言之,前面讨论的分析结果可能不再适用。图 5.10 和图 5.11 所示为 3 位模数转换器进行 64 点 FFT 的时域响应和频域响应。图 5.10(a) 所示为所有量化级电平都被采集到的情况,图 5.10(b) 所示频域输出的动态范围约为 25 dB,但是最大寄生响应并不是基频的三次谐波。在图 5.11(a) 中,许多量化级电平丢失了,图 5.11(b) 所示频域响应的最大输出约为 30 dB,高于期望值 27 dB。

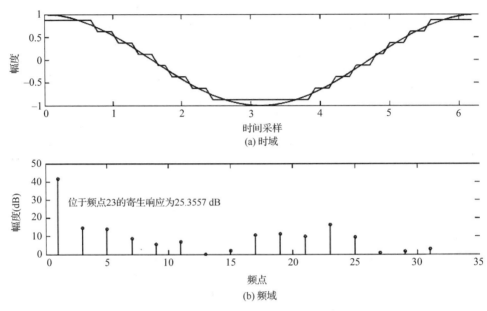

图 5.10　量化级无漏失时,3 位模数转换器的输出

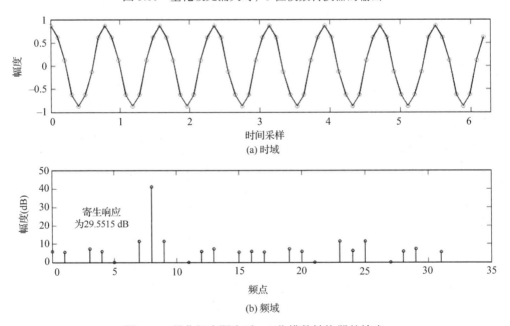

图 5.11　量化级有漏失时,3 位模数转换器的输出

在以上所有的仿真结果中,输入频率都与 FFT 输出中的一个频点正好相等。在此情况下,不会产生副瓣。如果输入频率与任何 FFT 输出频点都不吻合,那么输出将有很高的副瓣,且

难以区分副瓣与寄生响应。图 5.12 所示为具有 1.5 个周期的正弦波的仿真结果,频率输出如图 5.12(b)所示,从图中难以将寄生响应从副瓣中分离出来。

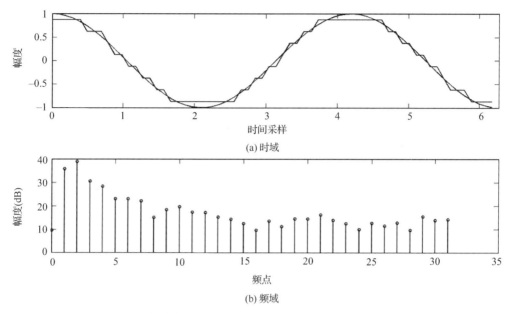

图 5.12 输入频率位于 FFT 输出频点之间时,3 位模数转换器的输出

最后,通过仿真数据估算寄生响应电平。仿真输入条件如下:使用最大副瓣为-58 dB 的 Blackman 窗来抑制产生的副瓣,FFT 长度选为 128 点,模数转换器的位数为 3 位至 12 位。使用 1000 个具有随机频率的正弦波作为每个模数转换器的输入。输出有 64 个频点。输入频率需要限制在第 2 个到第 62 个频点之间,因为如果输入频率太靠近边缘,就难以得出真正的动态范围。输入信号通过 Blackman 滤波器后进行量化,采集 128 个数据点。首先,取 FFT 结果的绝对值,然后取对数。将大于两侧相邻分量且至少比其中一个相邻分量大 1.5 dB(以避免错误的峰值)的频率分量定义为峰值。动态范围定义为最大峰值与第二大峰值之间的差值。对应于 1000 个输入频率将有 1000 个动态范围,将其中的最小值看成期望的动态范围。仿真结果在图 5.13 中以"*"标记表示。从该图中可以看出,模数转换器位数从 3 位增大到 7 位,对应动态范围的增加约为每位 6 dB,并且在模数转换器位数约为 8 位时开始趋于饱和,动态范围接近 58 dB,这就是 Blackman 窗的动态范围。

对 512 点 FFT 进行类似的仿真,结果在图 5.13 中以"○"标记表示。该结果与 128 点 FFT 非常相近。不过,当模数转换器位数从 3 位增加到 8 位时,与 128 点 FFT 的情况相比,512 点 FFT 时的动态范围略微大一些。这可能是因为更高的频率分辨率更容易获得主峰值。最大动态范围接近 58 dB。这是获得特定模数转换器最大动态范围近似结果的一种方法。

以上讨论仍然代表最好的结果,因为输入信号幅度与模数转换器满量程电平相匹配。如果输入信号与模数转换器满量程电平不匹配,则寄生响应电平将高于理想情况。假设输入信号比最优输入弱,那么不是所有的模数转换器量化级电平都有输出。在此情况下,实际用到的位数比可用位数少,并且寄生响应比理想情况下的高。如果输入信号比最优输入强,则量化输出会出现饱和效应,因而最大寄生响应电平也会增大。

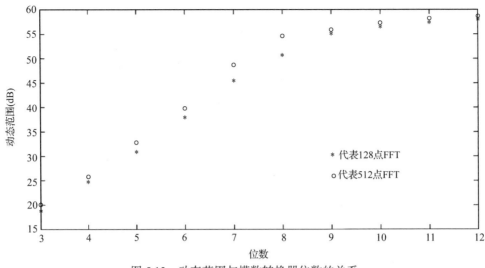

图 5.13 动态范围与模数转换器位数的关系

5.12 噪声对模数转换器的影响[26,27]

前几节对模数转换器的讨论都是在理想情况的假设下进行的。然而，实际上几乎所有模数转换器的性能都不完美。例如，量化步长可能不一致，有的步长较宽，而有的步长较窄。在极端情况下，某一特定量化电平过窄，以至于可能无法产生输出，这种情况称为"漏位"（missing bits）。采样窗口并非总是稳定的，它的抖动会带来不利影响。在模数转换器电路中还会产生噪声。某些模数转换器即使在没有输入信号的情况下，其最低有效位（LSB）也可能在 0 和 1 之间随机切换。本节将讨论噪声带来的影响。

常识告诉我们噪声会影响接收机的灵敏度。在许多窄带接收机（例如用于通信的接收机）中，需要保持尽可能低的噪声电平。在电子战接收机中，我们不仅关注噪声电平，还关注动态范围。高灵敏度（低噪声）通常意味着小动态范围，在数字接收机中也是一样的。

在模数转换器中，噪声有时会起到积极的作用。例如，噪声可能减小由相干量化误差产生的寄生响应。有些寄生响应是由相干误差产生的，但是噪声是非相干的。当噪声附加到输入信号时，数字化相干性会降低，因此寄生响应通常会减小，甚至可能消失。图 5.14 通过仿真数据显示了这种效应。图 5.14(a) 表示无噪声时数字化正弦波的 FFT 输出。该数据包含了两个正弦波，且模数转换器的位数为 8 位。为了简化讨论，两个输入信号频率分别与输出中的两个频点吻合。第一个信号位于第 100 个频点，第二个信号位于第 300 个频点且比第一个信号的幅度低 59 dB。由于高寄生响应电平的影响，难以从图中确定第二个信号的位置。如果设计一部接收机来处理多个同时到达信号，那么由于弱信号必须超过寄生响应电平才能被检测到，所以这些寄生响应将限制接收机的瞬时动态范围。

图 5.14(b) 使用相同的输入信号，但是附加了噪声。在此情况下，相对于强信号的信噪比为 50 dB，图中清晰地显示了第二个信号的幅度。

一般而言，噪声将减少大部分的寄生响应。由于噪声是随机的，所以在某些特定条件下，寄生响应幅度有可能会增加。如果寄生响应完全是由量化效应产生的，且在寄生响应频率上没有信号存在，那么，噪声相比真实信号更容易将寄生响应分散开来，这是因为噪声具有零均值，它对信号的影响可以通过在较长时间内取平均来消除。容易看出，当噪声功率增加时，它将掩盖所有的寄生响应，但是也会降低接收机的灵敏度。因此，少量的噪声将降低寄生响应电平。它可以略微提高动态范围（至少没有不利影响），但更多的噪声将降低接收机的灵敏度。对噪声影响进行全面分析可能很困难。下一章将对底噪做进一步分析。

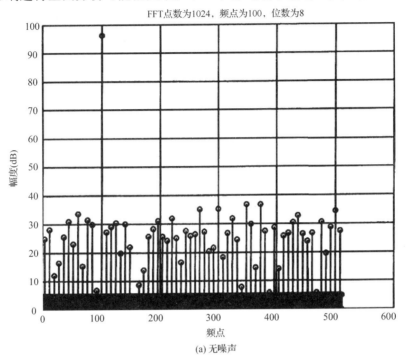

(a) 无噪声

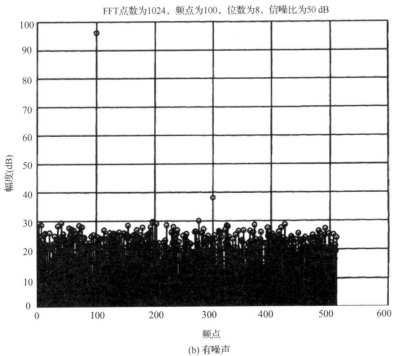

(b) 有噪声

图 5.14　噪声对寄生响应和信号的影响

5.13 采样窗口抖动的影响[30,31]

在 5.4 节中已提到,在采样保持电路中,采样窗口不可避免地具有不确定周期,该现象称为采样窗口抖动。下面举例说明采样窗口抖动的影响。

考虑下面的这种情况。如果输入是一个恒定电压,那么由于输入不随时间改变,抖动效应不会影响输出。如果输入电压变化得很快,采样窗口的很小抖动就会对输出产生明显的影响。如果输入为正弦波,那么由于信号幅度越大,其关于时间的变化也越大,所以模数转换器的输出还取决于信号幅度。这种影响如图 5.15 所示。图 5.15(a)表示幅度小且频率低的信号,图 5.15(b)表示幅度大且频率高的信号。如果模数转换器具有相同的抖动量,则幅度大且频率高的信号会具有更大的输出波动。

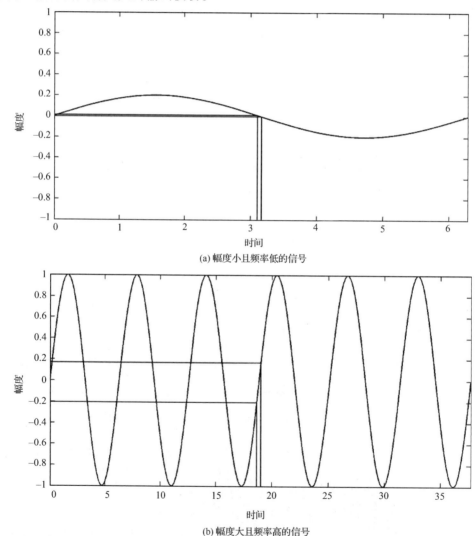

(a) 幅度小且频率低的信号

(b) 幅度大且频率高的信号

图 5.15 采样窗口抖动对信号输出的影响

抖动影响可以根据信噪比进行测量,下面我们对此进行探讨。如果输入信号为

$$v(t) = A \sin(2\pi f t) \tag{5.21}$$

其中，A 和 f 分别表示信号的幅度和频率，则其导数为

$$\frac{dv}{dt} = 2\pi f A \cos(2\pi f t) \tag{5.22}$$

该导数的均方根值（rms）为

$$\left.\frac{dv}{dt}\right|_{\text{rms}} = \frac{2\pi f A}{\sqrt{2}} \tag{5.23}$$

上式可用来构建误差电压均方根和抖动时间均方根之间的关系，两者的关系可以写为

$$\frac{\Delta V_{\text{rms}}}{t_a} = \frac{2\pi f A}{\sqrt{2}} \tag{5.24}$$

其中 t_a 表示抖动时间的均方根值。根据式（5.24），信噪比为

$$\left(\frac{S}{N}\right)_{\text{dB}} = 20 \lg\left[\frac{\frac{A}{\sqrt{2}}}{\Delta V_{\text{rms}}}\right] = 20 \lg\left[\frac{1}{2\pi f t_a}\right] \tag{5.25}$$

其中 $A/\sqrt{2}$ 表示输入信号幅度，ΔV_{rms} 可视为噪声。假设抖动服从均值为零且方差为 σ^2（即 $\sigma = t_a$）的正态分布。此时，式（5.24）可以写为

$$\Delta V_{\text{rms}} = \frac{2A\pi f \sigma}{\sqrt{2}} \tag{5.26}$$

如果只考虑抖动和量化噪声，则信噪比可以根据两个噪声功率之和来求得。总噪声 N_{qj} 为

$$N_{qj} = \frac{Q^2}{12} + \frac{(A2\pi f \sigma)^2}{2} \tag{5.27}$$

信噪比可以写为

$$\frac{S}{N} = \frac{A^2}{2N_{qj}} = \frac{A^2}{2\left[\frac{Q^2}{12} + \frac{(2\pi f A \sigma)^2}{2}\right]} \tag{5.28}$$

根据式（5.1），该式以 dB 形式可表示为

$$\frac{S}{N} = 10 \lg\left[\frac{3 \cdot 2^{2b}}{2 + 3(2^b 2\pi f \sigma)^2}\right] \quad \text{dB} \tag{5.29}$$

上述结果可绘成图 5.16，其中 $b = 8$，$t_a = \sigma = 2.5$ ps，信噪比从低频时的约 50 dB 降到 1 GHz 时的约 36 dB。如果模数转换器的信噪比可被测量，这类曲线就可用来确定采样窗口的抖动时间。

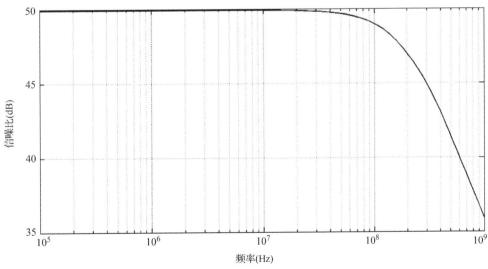

图 5.16 模数转换器信噪比与频率的关系曲线

5.14 对模数转换器的要求

接收机的性能取决于对接收机的设计和模数转换器的性能。我们简单介绍了模数转换器对接收机设计比较重要的一些特性。有兴趣了解更多模数转换器技术的读者可以查阅参考文献[32]。接收机的性能受到所采用模数转换器性能的限制。模数转换器的无寄生动态范围定义为模数转换器输出端信号与最大寄生响应之比。如果模数转换器单信号无寄生动态范围约为 57 dB，就不能期望采用该模数转换器设计出的接收机动态范围超过 57 dB。

接收机的射频输入带宽应该小于一个倍频程，以避免出现带内二次谐波。对于宽带接收机来说，在从 0 到 $f_s/2$ 的基带内通常不可能实现该设计目标，如图 5.17 所示。在中频频带内，例如从 $f_s/2$ 到 f_s，该目标可以实现。通常的做法是在图 5.17 所示第二段频率区域内构建宽带接收机的射频信道。此时，对射频采样的模数转换器必须能与输入频率相适应。因此，如果模数转换器的最大采样频率为 f_s，则输入频率应能达到 f_s。如果模数转换器能够以 3 GHz 的采样频率工作，那么输入频率也能达到 3 GHz，因此它适用于宽带接收机。为了达到第 2 章表 2.2 中所列的性能目标，显然需要位数为 10 且采样频率超过 2.5 GHz 的模数转换器。

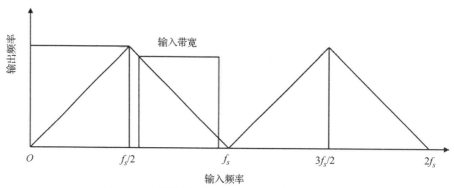

图 5.17 频带折叠时输入与输出频率的对应关系

5.15 符号

在对模数转换器的性能进行简单讨论之后，现在我们准备讨论模数转换器和放大器之间的接口，以及如何基于给定模数转换器的技术规格来设计射频链。需要注意的是，在本章中使用的公式既有常规形式，也有对数形式。对数形式的公式在式的末尾标注了"dB"。

在本章的讨论中，很多符号用来表示不同的量。其中一些量是用来描述放大器的参数，另一些量与模数转换器的性能有关。除此之外，放大器链中不同节点的噪声电平也用不同的符号予以表示。图 5.18 所示为后接模数转换器的放大器。实际上，该放大器包含了一个放大器链。

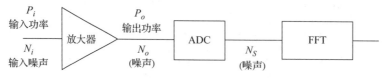

图 5.18 放大器与模数转换器连接示意图

讨论中使用的符号按照字母顺序排列如下,以便于快速查阅。

b　模数转换器的总位数;
B_R　放大器的射频输入带宽;
B_v　检波器后的视频带宽,或者 FFT 后的等效视频带宽;
DR　整个接收机的动态范围;
F　放大器链的噪声系数;
f_s　采样频率;
F_s　包括模数转换器在内的整个接收机的噪声系数;
G　放大器链的功率增益;
N　FFT 运算的数据点总数;
N_1　放大器输入端单位带宽的噪声功率 = kT(−174 dBm),其中 k(1.38×10^{-16} erg/K)为玻尔兹曼常数,T(290 K)表示室温;
N_b　模数转换器的量化噪声功率;
N_i　带宽 B_R 内的放大器输入端噪声功率;
N_o　带宽 B_R 内的放大器输出端噪声功率;
N_s　带宽 B_R 内的模数转换器输出端噪声功率;
N_v　带宽 B_R 内的放大器输出端噪声电压;
P_3　放大器输出端产生的三阶交调产物的功率;
P_i　放大器输入信号功率;
P_I　P_3 为期望噪声电平时的放大器输入信号功率;
P_o　放大器输出功率;
P_s　产生满量程输出时模数转换器输入端的功率;
P_{sn}　在噪声条件下产生满量程输出时模数转换器输入端的功率;
Q　量化电平(单位为 V);
Q_3　射频放大器链的三阶截点;
V_n　由噪声引起的电压下降;
V_s　不引起饱和时模数转换器的最大输入电压。

以上共列出用不同符号表示的 25 个量,其中许多符号是接收机领域的工程师们经常使用的。

5.16　噪声系数和三阶截点[33~44]

在讨论完模数转换器之后,现在准备阐述如何在选择模数转换器的基础上设计放大器链,从而优化接收机性能。这里从讨论放大器链的噪声系数和三阶截点这两者的定义开始,下一节将介绍如何确定放大器链的噪声系数和三阶截点。

放大器增益定义为输出功率与输入功率之比,可以写为

$$G = \frac{P_o}{P_i} \tag{5.30}$$

上式两边同时取对数并将结果乘以 10,则可以表示成分贝形式,结果为

$$10\lg G = 10\lg\left(\frac{P_o}{P_i}\right)$$

即

$$G = P_o - P_i \quad \text{dB} \tag{5.31}$$

当等式采用分贝(dB)的形式来表示时，该运算才适用。

接收机噪声系数的定义为

$$F = \frac{\text{实际接收机输出噪声}}{\text{理想接收机输出噪声}} = \frac{\text{实际接收机输出噪声}}{\text{接收机输入噪声} \times G} \tag{5.32}$$

其中 G 表示放大器增益。该定义将用于获得包含模数转换器在内的整个接收机的性能。

三阶交调产物是一个与接收机和器件(如放大器、混频器)的动态范围有关的量。假设有两个幅度相同的信号，频率分别为 f_1 和 f_2。如果将这两个信号增大至使放大器饱和的电平，就会出现另外两个频率分量，即 $2f_1-f_2$ 和 $2f_2-f_1$，这两个信号称为三阶交调产物(见图 5.19)。

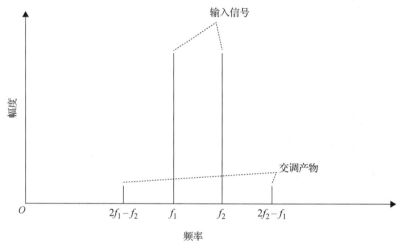

图 5.19 三阶交调产物

计算三阶交调产物的常用方法是利用三阶截点。根据输入与输出的关系曲线以及输入与三阶交调产物的关系曲线可以获取三阶截点，结果如图 5.20 所示。基频输出与输入的函数关系是一条斜率为 1 的直线，三阶交调产物与输入的函数关系是一条斜率为 3 的直线，这两条直线的交点即为三阶截点。

然而，我们很难准确地获得三阶截点。从理论上讲，当三阶交调产物幅度很小时，输入信号每增加 1 dB，三阶交调产物相应增加 3 dB。然而，实验数据表明，3:1 的比例很少能够实现。由于这一困难，三阶截点有时会从某一数据点获取。在此方法中，在接近底噪的电平上测量三阶交调产物。绘制一条通过该点且斜率为 3:1 的直线，以到达三阶截点。

图 5.20 所示的三阶交调产物 P_3 与输入信号 P_i 呈线性相关，即

$$\frac{y - Q_3}{x - (Q_3 - G)} = 3 \tag{5.33}$$

将 $x = P_i$ 和 $y = P_3$ 代入上式，得到结果为

$$P_3 = 3P_i - 2Q_3 + 3G \quad \text{dB} \tag{5.34}$$

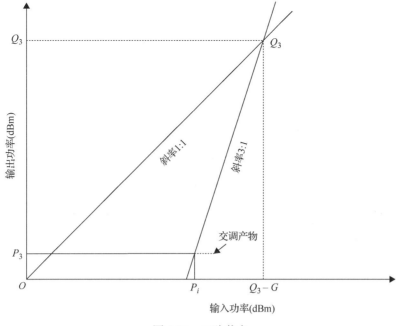

图 5.20 三阶截点

然而，输入功率 P_i 和输出功率 P_o 与放大器的增益 G 有关，它们的关系可写为

$$P_o = P_i + G \quad \text{dB} \tag{5.35}$$

将这一关系代入式(5.34)，得到三阶交调产物的幅度为

$$P_3 = 3\left(P_o - \frac{2}{3}Q_3\right) \quad \text{dB} \tag{5.36}$$

人们经常使用上式来确定双信号无寄生动态范围。例如，在很多接收机设计中，最大输入信号定义为所产生交调产物等于噪声电平时的输入电平。此时，输入功率记为 P_I，相应的动态范围通常称为双信号无寄生动态范围。该关系式在数字接收机设计中用来选择放大器链的性能，以匹配给定的模数转换器，相关内容将在 5.20 节中予以介绍。

5.17 级联放大器的特性[1,33~44]

本节将讨论放大器链的相关参数。放大器链定义为若干个级联在一起的放大器。放大器链有三个重要的参数：噪声系数、增益和三阶截点。这些参数影响接收机的性能，本节将对它们进行简单讨论。在放大器链设计中，如果一个参数改变，则另外两个参数通常也将随之改变。设计放大器链有很多不同的方法，本节的最后将介绍常用方法并给出几个实例。

总的来说，人们希望设计出的放大器链具有尽可能低的噪声系数和尽可能高的三阶截点。放大器链的增益由所设计的系统决定。增益值取决于放大器链后端所用模数转换器(或者模拟接收机中的晶体检波器)的特性。

增益、噪声系数和三阶截点的推导在参考文献[1]中给出，这里只介绍结果。

如果若干个放大器级联成一个放大器链，则总增益 G 可写为

$$G = G_1 G_2 \ldots G_n \tag{5.37}$$

即

$$G = G_1 + G_2 + \cdots + G_n \quad \text{dB}$$

其中，$G_1, G_2, \cdots, G_n$ 分别表示射频链中每个器件的增益。

级联放大器的总噪声系数可写为

$$F = F_1 + \frac{F_2 - 1}{G_1} + \frac{F_3 - 1}{G_1 G_2} + \cdots + \frac{F_n - 1}{G_1 G_2 \cdots G_{n-1}} \tag{5.38}$$

其中，$F_1, F_2, \cdots, F_{n-1}$ 分别表示射频链中每个器件的噪声系数。从该式可以看出，当 G_1 非常大时，总噪声系数大致上取决于 F_1。换言之，在第一个放大器前面使用的所有带有插入损耗的微波器件(如，滤波器和混频器)都将对噪声系数产生不利的影响。所有在高增益放大器之后使用的器件对总噪声系数产生的影响较小。

整个放大器链的三阶截点可按下式计算：

$$Q_3 = \frac{G}{\frac{G_1}{Q_{3,1}} + \frac{G_1 G_2}{Q_{3,2}} + \cdots + \frac{G_1 G_2 \cdots G_n}{Q_{3,n}}} \tag{5.39}$$

其中，$Q_{3,1}, Q_{3,2}, \cdots, Q_{3,n}$ 分别表示每个器件的三阶截点。放大器和混频器的三阶截点通常由制造商提供，具体数值对应该器件的输出端。从该式很难看出每个器件对整个放大器链三阶截点的影响。我们将通过几个例子对此加以说明。

在式(5.39)中，如果所用器件是放大器，则 G_i、F_i 和 $Q_{3,i}$ 都是已知的，并且可以直接使用公式。如果所用器件是无源器件(如衰减器或滤波器)，那么这 3 个参量都是未知的，不过插入损耗是已知的。在此情况下，增益和噪声系数可以根据插入损耗来求解，即增益等于插入损耗的负值，噪声系数等于插入损耗。因为无源器件通常没有非线性区，所以三阶截点非常高。于是，可以给无源器件分配一个很大的值(例如 100 dBm)。总之，如此高的值几乎不会对总三阶截点产生任何影响。

附录 5.D 提供了一个计算机程序(df7eql.m)。该程序可计算总增益、总噪声系数和总三阶截点。涉及的计算是以式(5.37)至式(5.39)为基础的。

下面用一个实例来结束本节。两个放大器和一个 3 dB 衰减器的特性见表 5.2。这三个器件按照图 5.21 以不同方式进行连接。图 5.21(a)和图 5.21(b)表示未使用衰减器的两个级联放大器，两图的放大器级联顺序是相反的。在图 5.21(c)中，衰减器放置在两个放大器中间，在图 5.21(d)中衰减器放置在第二个放大器的输出端，在图 5.21(e)中衰减器放置在两个级联放大器的输入端。

表 5.2 放大器和衰减器的特性一览表

特性	放大器 1	放大器 2	衰减器
增益(dB)	15	15	−3
噪声系数(dB)	3	5	3
三阶截点(dBm)	15	20	100

通常，放大器的所有特性参数都是以分贝(dB)或者相对于 1 mW 的分贝数来表示的，但是在式(5.37)至式(5.39)中，所有值均表示实际的功率。在使用这些公式之前，必须通过以下公式将以分贝形式或相对于 1 mW 的分贝数给出的值转换成比值或功率

$$G_{\text{dB}} = 10 \lg(G), \quad \text{即} \, G = 10^{G_{\text{dB}}/10} \tag{5.40}$$

其中 G_{dB} 表示以对数形式给出的增益。该式除了可用于计算增益，还可以计算其他的量，例如噪声系数。三种级联方式的计算结果为功率比或以瓦为单位，然后可将得到的结果转换回分贝或相对于 1 mW 的分贝数。附录 5.D 的计算机程序(df7eql.m)包含了所有这些转换运算。

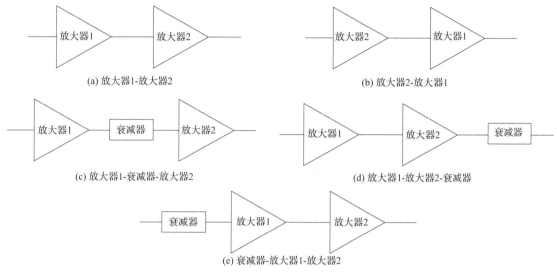

图 5.21 放大器和衰减器的不同级联方式

计算结果列在表 5.3 中。该实例有助于使用给定放大器来设计一部接收机，更多的讨论详见 5.23 节。为了说明不同连接方式的影响，结果保留了小数点后面 3 位数字。实际上，这种精度在接收机设计中没有太大意义，因为器件本身达不到如此高的精度。下列重要因素应予以关注。

表 5.3 放大器和衰减器不同连接方式下的计算结果

图号	总增益(dB)	总噪声系数(dB)	三阶截点(dBm)
图 5.21(a)	30	3.146	19.586
图 5.21(b)	30	5.043	14.957
图 5.21(c)	27	3.351	19.219
图 5.21(d)	27	3.148	16.586
图 5.21(e)	27	6.146	19.586

1. 比较前两种情况可以看出，它们具有相同的增益。但是，图 5.21(a)的级联方式具有更低的噪声系数和更高的三阶截点，这是我们所希望得到的结果。一般来说，射频放大器可以简单分为两类：一类具有低噪声，另一类具有高功率。低噪声放大器通常其三阶截点也低，而高功率放大器通常其噪声系数较高。在级联系统中，低噪声放大器应该放在放大器链的最前端，而高功率放大器应放在末端。从这一比较可以看出，放大器链的噪声主要由第一个放大器决定，而三阶截点主要由最后一个放大器决定。
2. 当两个放大器按照图 5.21(a)进行级联时，总噪声系数高于第一个放大器的噪声系数，总三阶截点低于第二个放大器的三阶截点。
3. 当衰减器插入射频放大链中时，不管它放在哪个位置，总增益都会因为衰减器的插入损耗而减小。

4. 当衰减器按照图 5.21(c)放置于两个放大器的中间时,与图 5.21(a)相比,总噪声系数和总三阶截点都会有轻微的恶化。

5. 当衰减器按照图 5.21(d)放置于放大器链的末端时,总噪声系数恶化很小,但总三阶截点比图 5.21(a)的降低了 3 dB。

6. 当衰减器按照图 5.21(e)放置于放大器链的前端时,总噪声系数恶化 3 dB,但总三阶截点没有变化。

根据这个简单的实例,大体上可以总结出,将衰减器放置于放大器链的前端会使总噪声系数恶化更多,而随着衰减器向末端移动,总三阶截点将恶化更多。总而言之,由于衰减器的插入损耗会使接收机灵敏度降低,因此很少将其放置于放大器链的输入端。

这个简单的例子也揭示了在接收机设计中需要做出的一个重要权衡。假设放大器和衰减器按合理的顺序连接。在此情况下,当噪声系数较低时,三阶截点也比较低。这就是高灵敏度接收机动态范围较小的原因。当动态范围较大时,它的灵敏度较低。在实际接收机设计中,通常有两个以上的放大器,而衰减器则被分成若干部分,放置于不同的位置以获得所期望的结果。

可以看出,如果使用图 5.21(a)的级联方式,将获得最高的增益、最低的噪声系数和最高的三阶截点。但是,我们不会使用这种级联方式,因为放大器链的增益必须是一个特定的值,过高的增益会对接收机性能产生不利的影响,这将在 5.20 节中进行讨论。

5.18 模数转换器[25]

5.2 节已经指出,在设计数字接收机时,首先选择的是模数转换器。本章的前面部分已经讨论了模数转换器的性能,本节将再次给出有关结果,而这些结果将用来决定放置在其前面的放大器链的性能指标。模数转换器的两个重要参数分别是量化噪声和不引起器件饱和的最大输入功率。

量化噪声功率可以由式(5.7)得到,此时系统阻抗是单位阻抗。这里重新写出其结果为

$$N_b = \frac{Q^2}{12R} \tag{5.41}$$

其中,Q 表示模数转换器的量化电平,R 表示模数转换器的输入阻抗。在该式中,假设输入阻抗为 R,而不是单位阻抗。

不引起饱和的模数转换器输入正弦波最大电压 V_s 为

$$V_s = 2^{(b-1)}Q \tag{5.42}$$

其中 b 表示模数转换器的位数。最大功率 P_s 与最大输入电压 V_s 的关系为

$$P_s = \frac{V_s^2}{2R} = \frac{2^{2(b-1)}}{2R}Q^2 \tag{5.43}$$

根据式(5.41)和式(5.43),可以得出信噪比为

$$\frac{S}{N} = \frac{P_s}{N_b} = \frac{3}{2}2^{2b}$$

即

$$\frac{S}{N} = P_s - N_b = 6b + 1.76 \quad \text{dB} \tag{5.44}$$

这里唯一考虑的噪声是量化噪声。

模数转换器用来采集数字化数据。如果采样频率为 f_s，且对数字化数据进行 N 点 FFT，那么处理带宽 B_v 可以如下求出。如果输入为复数数据，则最大输入带宽为 f_s，并且具有 N 个输出信道。如果输入为实值数据，则最大输入带宽为 $f_s/2$，并且具有 $N/2$ 个独立的输出信道。因此，这两种情况的处理带宽 B_v 均为

$$B_v = \frac{f_s}{N} \tag{5.45}$$

在数字接收机中，处理带宽也是射频分辨带宽。

5.19 放大器和模数转换器组合的噪声系数[45]

本节将确定放大器和模数转换器组合的总噪声系数。为了得到放大器和模数转换器组合的噪声系数，可将模数转换器视为一个附加噪声源。如图 5.18 所示，放大器输入端噪声为 N_i，该噪声可由下式得到：

$$N_i = N_1 + B_R \quad \text{dBm} \tag{5.46}$$

其中，$N_1 (= -17.4 \text{ dBm})$ 表示室温条件下单位带宽内的噪声电平，B_R 表示射频带宽。放大器的输出噪声为 N_o，可以写为：

$$N_o = N_i + F + G \quad \text{dBm} \tag{5.47}$$

其中，F 和 G 分别表示放大器的噪声系数和增益。

假设噪声具有有限带宽，并且没有噪声通过模数转换器折叠到基带内，则模数转换器的输出噪声 N_s 为放大器输出噪声 N_o 与量化噪声 N_b 之和。根据式(5.32)给出的噪声系数定义，总噪声系数可写为

$$F_s = \frac{N_s}{GB_R N_1} = \frac{N_s}{GN_i} = \frac{N_o + N_b}{GN_i} = F + \frac{N_b}{GN_i}$$

即

$$F_s = N_s - G - B_R - N_1 \quad \text{dB} \tag{5.48}$$

其中 F 表示放大器的噪声系数。由于 N_s 为放大器和模数转换器组合的实际输出噪声，而 GN_i 为理想系统的输出噪声，所以得到式(5.48)。一个理想系统产生的噪声等于输入噪声乘以放大器增益，理想系统本身不贡献任何噪声。总噪声系数恶化的程度为增大了 N_b/GN_i。

为了简化运算，放大器的输出噪声可以用量化噪声的形式来度量。定义 M 和 M' 分别为

$$M \equiv \frac{N_o}{N_b}, \quad M' \equiv M + 1 \tag{5.49}$$

那么，式(5.48)中的噪声系数可写为

$$F_s = \frac{N_o\left(1 + \frac{1}{M}\right)}{GN_i} = \frac{N_o(1 + M)}{GMN_i} = \frac{FM'}{M}$$

即

$$F_s = F + M' - M \quad \text{dB} \tag{5.50}$$

需要注意的是，在采用分贝表示时，$M' = 10 \lg(M+1)$。

5.20 放大器和模数转换器间的接口[45,46]

截至目前，对放大器和模数转换器的讨论都是分开进行的，并且只对放大器和模数转换器组合的噪声系数进行了计算。本节的讨论围绕放大器输出与模数转换器输入的匹配问题展开。匹配有两层意思：第一，在某一特定输入电平时，三阶交调产物等于噪声电平；第二，放大器能将输入信号放大至模数转换器的最大允许信号电平。根据这些关系可以得到放大器所需的增益和三阶截点。

首先，选取与噪声电平相匹配的放大器三阶交调输出 P_3。处理带宽内的噪声电平为 $N_s B_v/B_R$。使用对数形式表示，并结合式(5.48)和式(5.50)，结果可写为

$$P_3 = N_s - B_R + B_v = N_1 + G + F + B_v + M' - M \quad \text{dBm} \tag{5.51}$$

此时，输入功率 P_i 记为 P_I，P_I 为一特定输入电平。接着，根据该输入电平得出三阶截点。根据式(5.34)，输入功率 P_I 可写为

$$P_I = \frac{P_3 + 2Q_3 - 3G}{3} \tag{5.52}$$

将式(5.51)的 P_3 代入上式，则 P_I 可写为

$$P_I = \frac{2Q_3 + N_1 - 2G + F + B_v + M' - M}{3} \quad \text{dBm}$$

即

$$Q_3 = \frac{3P_I - N_1 + 2G - F - B_v - M' + M}{2} \quad \text{dBm} \tag{5.53}$$

Q_3 就是放大器所需的总三阶截点，放大器在输入功率为 P_I 时可产生与带宽 B_v 内噪声电平相匹配的三阶交调电平。

输入功率 P_I 在通过放大器之后应与模数转换器在不饱和情况下的最大输入功率相等。相应的电压为 V_s，如式(5.42)中所示。但是，放大器输出端存在噪声。附加到信号的噪声可导致模数转换器达到饱和。因此，在考虑最大允许输入电压时，应将噪声功率考虑在内。放大器输出端的噪声功率 N_o 将使模数转换器允许的最大输入信号变小。为此要进行调整，这里将模数转换器的最大输入功率减去 N_o 标准差的 3 倍。那么，由噪声引起的电压下降为

$$V_n = \sqrt{3N_o R} \tag{5.54}$$

考虑到噪声引起的电压下降，模数转换器的最大允许功率为

$$P_{sn} = \frac{(V_s - V_n)^2}{2R} = \frac{[2^{(b-1)}Q - V_n]^2}{2R} \tag{5.55}$$

该结果表示单个正弦波输入的最大功率。

在估计三阶交调产物时，需要两个信号。每个信号的幅度必须是电压(V_s–V_n)的一半。以功率形式表示，将会出现因子 4，这对应于以对数形式表示时的因子 6。因此，输入功率 P_I 与模数转换器最大允许输入功率的关系为

$$(P_I + 6) + G = P_{sn} \tag{5.56}$$

结合上式与式(5.54)和式(5.55)，就可以得到所期望的增益 G。

动态范围则为

$$DR = P_1 + G - P_3 \quad \text{dB} \tag{5.57}$$

其中，三阶交调产物 P_3 等于式(5.51)中的底噪。

这里需要强调的是，本节计算的三阶截点是所需的最小值。如果放大器链的三阶截点 Q_3 比计算值大，则不会产生任何不利的影响。这里计算的增益是一个最优值。如果放大器链的增益比计算值更大，则将使模数转换器达到饱和并导致寄生响应的产生。

5.21 M 和 M' 的意义

需要注意，M 和 M' 既用于表示数值，还用于表示它们的对数形式。当它们使用对数形式时，单位 dB 会包含在公式尾部。

式(5.50)的结果可以重写为

$$F_s = \frac{FM'}{M} = F\frac{M+1}{M} \tag{5.58}$$

如果 $M = 1$，则意味着量化噪声 N_b 等于放大器输出噪声。在此情况下，系统噪声系数是放大器噪声系数的两倍，或者说噪声系数恶化了 3 dB。M 值越大，噪声系数的恶化程度越小。

如果 $M<1$，从上式则可以看出系统噪声系数会比较高，这意味着主要由量化噪声决定噪声系数。此时，接收机的灵敏度会变差，这并不是我们所希望的结果。为了增加 M 值，放大器增益必须要高。

如果 $M = 9$，则有 $M' = 10$，$M'(\text{dB}) - M(\text{dB}) = 10\lg(10) - 10\lg(9) = 10 - 9.54 = 0.46$ dB，这意味着系统噪声系数将恶化 0.46 dB。在此情况下，放大器输出噪声功率是量化噪声的 9 倍。随着 M 增大到一个非常大的值，$M'(\text{dB}) - M(\text{dB})$ 的差值将会变得很小。此时，接收机噪声系数接近放大器的噪声系数，量化噪声对噪声系数的贡献可以忽略不计。

5.22 计算机程序和运行结果

前几节使用了许多公式来描述射频链设计，但是可能难以应用于实际。为了说明如何使用这些公式，下面给出一个设计实例。附录 5.E 列出了一个计算机仿真程序(df7eq2.m)。在该计算机程序中，将下面这个实例的参数作为它的输入。不过，该程序的主要目的是用来说明在能够获得输入数据的情况下如何设计其他的放大器链。

在本例中，需要得到关于放大器的两个参数：噪声系数 F 和射频带宽 B_R。第一个放大器的噪声系数可以用作程序的初始值。如果必须使用放大器链来获得合适的增益和三阶截点，那么放大器链的噪声系数通常高于第一个放大器的噪声系数。如果发生这种情况，则在程序中应当使用新的放大器链噪声系数，以做出必要的调整。

在模拟接收机中，使用分辨率带宽(即最窄频率滤波器带宽)计算接收机的底噪和灵敏度。总带宽在确定灵敏度时并不发挥重要作用。在数字接收机中，带宽取决于 FFT 长度，频率分辨率带宽等于视频带宽 B_v。在此情况下，有人可能会如此推断：射频带宽对接收机灵敏度不应该起任何作用。不过，由于模数转换器的量化噪声附加到射频带宽 B_R 内的噪声上，而不是附加到视频带宽 B_v 内的噪声上，所以这一推断是不符合实际情况的。

下面通过一个实例来说明附录 5.E 中计算机程序的应用。假设放大器的具体参数如下：$B_R = 30$ MHz（射频带宽），$F = 3.3$ dB（放大器噪声系数）。所用模数转换器的具体参数如下：$b = 8$（位数），$V_s = 270$ mV（模数转换器的最大允许输入电压），$f_s = 250$ MHz（采样频率），$R = 50\ \Omega$（模数转换器的输入阻抗）。FFT 的长度取为 $N = 1024$ 点。最大不模糊输入带宽 $f_s/2 = 125$ MHz。

在本例中，带宽受输入放大器的限制：$B_v = f_s/N = 244$ kHz，或者 $B_v(\text{dB}) = 53.87$，该结果源于式(5.45)。

最大功率 P_s 可以从式(5.43)得到，在式中使用了 R 值。在使用附录中的计算机程序时，必须注意单位。电压的单位是 mV，功率的单位是 mW。

该程序的输入是一系列的 M 值[定义见式(5.49)]，输出结果是对应于每个给定 M 值的增益、三阶截点、噪声系数、动态范围，以及输入噪声与量化噪声电压的比值 N_v/Q。这里讨论的动态范围指的是 2.16 节讨论的双信号无寄生动态范围。比值 N_v/Q 可以给出量化电平中噪声的整体情况。

程序的仿真结果见表 5.4。需要注意，P_3 值也是 FFT 处理后的底噪。接收机性能取决于噪声系数 $F_s(\text{dB})$ 和动态范围 DR(dB)。表中的 M 值是任意选取的，分别为 0.25，0.5，1，2，4，8，16，32，64，128，256 和 512。正如 5.20 节所讨论的，较小的 M 值会导致较高的噪声系数。当 $M = 1$ 时，噪声系数将恶化约 3 dB。为了显示其变化趋势，在表 5.4 中选取了几个较小的 M 值。

表 5.4 射频链性能的仿真结果

M	G(dB)	Q_3(dBm)	P_3(dBm)	F_s(dB)	DR(dB)	N_3/Q
0.25	38.78	24.41	−71.06	10.29	63.64	0.21
0.5	41.79	24.02	−70.27	8.07	62.86	0.29
1	44.80	23.38	−69.02	6.31	61.60	0.42
2	47.81	22.46	−67.26	5.06	59.81	0.59
4	50.82	21.31	−65.04	4.27	57.57	0.83
8	53.83	19.97	−62.49	3.81	54.97	1.18
16	56.84	18.51	−59.72	3.56	52.15	1.66
32	59.85	16.94	−56.84	3.43	49.19	2.35
64	62.86	15.29	−53.90	3.37	46.13	3.33
128	65.87	13.54	−50.92	3.33	42.98	4.71
256	68.88	11.68	−47.93	3.32	39.74	6.66
512	71.89	9.63	−44.93	3.31	36.37	9.42

设计人员可以选择所需的接收机性能（如噪声系数和动态范围）。表 5.4 第 2 列的增益是期望值，这意味着为了达到所需的接收机性能，增益必须调整到表中所列的值。另一方面，表中列出的三阶截点 Q_3 代表所需的最小值。如果实际 Q_3 小于表中所列值，则接收机动态范围将会小于表中所列值，并且三阶交调产物将是动态范围的下限。如果实际 Q_3 大于表中所列值，则动态范围将等于表中所列值。在此情况下，底噪将是动态范围的下限。当实际 Q_3 等于表中所列值时，交调产物将等于底噪，并且两者都成为动态范围的下限。

5.23 设计实例

借助于表 5.4，下面使用实际硬件设计一部接收机。在设计中，使用的模数转换器型号为 Tektronix TKAD20C，其性能在上一节中列出。因此，表 5.4 所列结果可直接应用。可供使用的放大器有两个，它们的特性列在表 5.5 中。

表 5.5 放大器特性

放大器	增益(dB)	噪声系数(dB)	三阶截点(dBm)
放大器 1	42	3.3	12
放大器 2	29	4.0	33

如果将这两个放大器级联，则总增益为 71 dB。根据表 5.4 所示结果，当增益约为 71 dB 时，系统的噪声系数约为 3.3 dB，要求的最小 Q_3 值为 9.6 dBm，动态范围为 36 dB。其中，动态范围看上去比较小。

噪声系数和动态范围关于 M 值的函数关系如图 5.22 所示。有趣的现象是，当 $M>16$ 时，噪声系数变化不大，但是动态范围却随着 M 值的增大而迅速恶化。在本实验中，选择的动态范围约为 52 dB ($M=16$)。在此情况下，噪声系数将恶化约 0.26 dB，即 3.56–3.3。接收机的增益应该约为 57 dB，要求的最小 Q_3 值约为 18.5 dBm，动态范围为 52.1 dB。

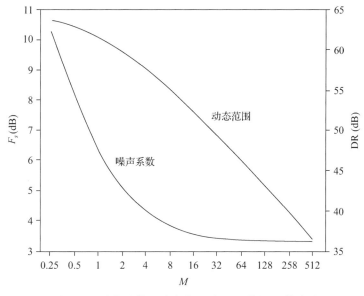

图 5.22 噪声系数和动态范围关于 M 值的函数关系

为了达到这一增益，必须在放大器链中插入 14 dB 的衰减器以减小可用增益。为了简化设计流程，我们只使用衰减值为 14 dB 的单个衰减器，而不是拆分为两个衰减器。放大器的连接有两种可能的方式：一是将衰减器置于两个放大器之间，二是将衰减器置于第二个放大器的末端。两种连接方式的结果可以通过附录 5.D (df7eql.m) 得到，所得结果同时在表 5.6 中列出。

表 5.6 放大器两种不同连接方式的结果

连接方式	增益(dB)	噪声系数(dB)	三阶截点(dBm)
方式 1	57	3.3	26.0
方式 2	57	3.3	18.4

从表 5.6 的结果来看,两种连接方式都满足对放大器的要求。有趣的是,两种方式具有几乎一样的噪声系数。由于这里的噪声系数从第一个放大器开始不再发生变化,所以计算所得的系统噪声系数无须调整。否则,应当使用新的噪声系数来重新计算以产生新的性能数据。

一般来说,应当采用连接方式 1,因为它对所要求的三阶截点 Q_3 提供了较大的余量,而通过方式 2 所得的 Q_3 几乎到了所需的最小值。不过,本例采用了方式 2,因为此时可以演示三阶交调产物非常接近底噪。本例证明了在 Q_3 为满足要求的最小值时,底噪和三阶交调产物都能成为动态范围的下限。如果选择方式 1,则三阶交调产物将比底噪小得多,我们将看不到三阶交调产物。

5.24 实验结果[46]

实验设置如图 5.23 所示。放大器链的前面放置一个 30 MHz(20~50 MHz)的带通滤波器(BPF),以消除外界可能的杂散信号并限制噪声带宽。噪声系数在滤波器后测量。将上一节提到的两个放大器进行级联,并将可变衰减器置于放大器的输出端。可变衰减器可调节放大器链的增益。在衰减器后,使用型号为 Tektronix TKAD20C 的模数转换器来采集数据。使用 1024 点 FFT 运算对采集到的数据进行分析。

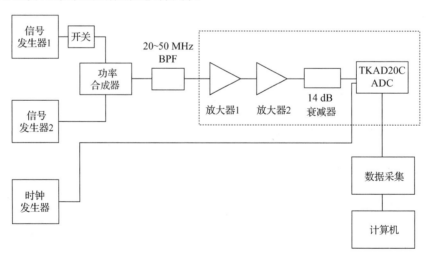

图 5.23 放大器链的实验设置

5.24.1 噪声系数测量

首先测量系统的噪声系数。可采用两种不同的方法完成该测试。在第一种方法中,在放大器链的输入端接一个 50 Ω 的电阻。在 20~50 MHz 的频域内进行 5 次 1024 点 FFT 运算,然后对幅度谱取均值,由此得到噪声功率。

在第二种方法中，将一个 36 MHz 的满量程正弦波注入放大器链，并且噪声功率同样在频域中测量。一旦得到 N_s 值，就可以利用式(5.48)计算得到噪声系数，结果如图 5.24 所示。该图包含了 3 组数据：理论计算值、输入端接电阻时的测量值，以及注入信号时的测量值。在有输入信号的情况下测量得到的噪声系数非常接近于理论值。

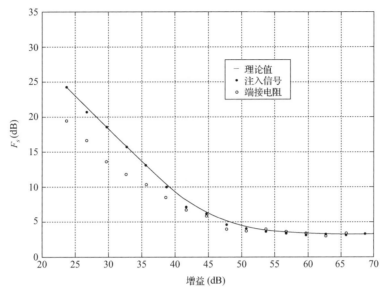

图 5.24　噪声系数与增益的关系曲线

利用输入端接电阻的方法测量得到的噪声系数在高增益时与理论值非常吻合，但是在低增益时低于理论值。这种差异可作如下解释。在低增益时，来自放大器的噪声只填充了第一个量化电平的一小部分。量化噪声模型基于的前提是输入信号平均分布于给定的整个量化电平，而此时平均分布的前提不再成立。当使用满量程信号时，噪声模型有效，因而所得结果与计算值吻合。

从该实验可以看出，当接收机增益较低时，其噪声系数与信号有关。这种现象是由模数转换器的非线性效应引起的。然而，在大多数的接收机设计中，通常增益都足够高，噪声系数与信号无关且与理论值吻合。

5.24.2　动态范围测试

第二个测试是找出接收机的动态范围。测试的目的就是检测三阶交调产物。两个输入信号的频率分别为 36 MHz 和 41 MHz，幅度相等，功率均设为 −7.3 dBm，比模数转换器的满量程值(−1.3 dBm)低 6 dB。如果考虑噪声的影响，则应当将最大输入功率从 −7.3 dBm 降至 −7.5 dBm。由于两者差值(0.2 dBm)在测量误差范围内，所以在本实验中忽略噪声的影响。时域图如图 5.25 所示，清晰地显示出这两个信号没有使模数转换器达到饱和状态。

为了演示底噪和三阶交调产物，选择了 3 种衰减值(见表 5.7)。

频谱如图 5.26 所示。所示幅度谱是 5 次运算结果的平均值。在图 5.26(a)中，测得的底噪为 −62.2 dBm，三阶交调产物清晰地显示在频率轴上。在此情形下，三阶交调产物就是动态范围的下限。三阶交调产物在 31 MHz 处是 −56.4 dBm，因此动态范围为 49.1 dB，即 −7.3+56.4。这就是双信号无寄生动态范围。

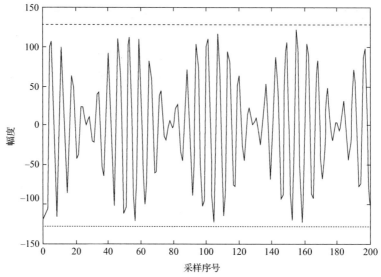

图 5.25　幅度相同的两个信号的时域图

在图 5.26(b)中,测得的底噪为-58.6 dBm,三阶交调产物应该出现在 31 MHz 和 46 MHz 处,但却未能发现。底噪就是动态范围的下限。该情况的动态范围为 51.3 dB(-7.3+58.6)。

在图 5.26(c)中,底噪为-55.2 dBm,三阶交调产物也未能发现。底噪就是动态范围的下限。该情况的动态范围为 47.9 dB,即-7.3+55.2。

表 5.7　不同衰减时的增益和三阶截点

图号	衰减(dB)	增益(dB)	三阶截点(dBm)
图 5.26(a)	17	54	15
图 5.26(b)	14	57	18
图 5.26(c)	11	60	21

在以上三种情况中,图 5.26(b)所示情况提供的动态范围最大。测量值非常接近设计值。另外两种情况提供的动态范围较小的原因是:增益不是最优值。从这些实验数据可以看出,计算机程序可以非常精确地预测接收机的性能。

为了观察三阶交调产物与底噪[见图 5.26(b)]的接近程度,将输入信号增大 0.5 dB。频谱结果如图 5.27 所示,这里三阶交调产物清晰可见。因此,可以说图 5.26(b)中的三阶交调产物与底噪非常接近,这与设计目标是吻合的。

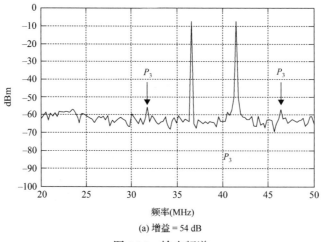

(a) 增益 = 54 dB

图 5.26　输出频谱

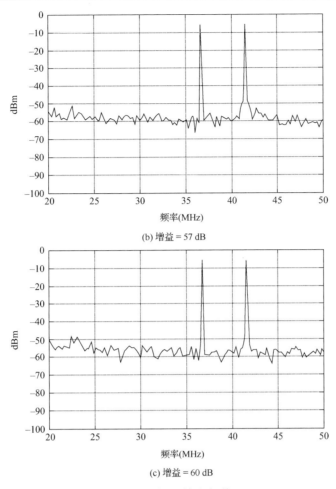

(b) 增益 = 57 dB

(c) 增益 = 60 dB

图 5.26(续)　输出频谱

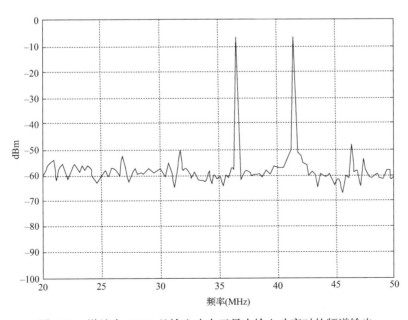

图 5.27　增益为 57 dB 且输入略大于最大输入功率时的频谱输出

参考文献

[1] Tsui JBY. *Microwave Receivers with Electronic Warfare Applications*. New York: John Wiley & Sons; 1986.

[2] Tserng HQ. 'Design and performance of microwave power GaAs FET amplifiers'. *Microwave Journal* 1979; **22**(6): 94–95, 98–100.

[3] Ohta K, Jodai S, Fukuden N, Hirano Y, Itoh M. 'A five watt 4-8 GHz GaAs FET amplifier'. *Microwave Journal* 1979; **22**(11): 66–67.

[4] Dilorenzo JV, Wisseman WR. 'GaAs power MESFET's: design, fabrication, and performance'. *IEEE Transactions on Microwave Theory and Techniques* 1979; **27**(5): 367–378.

[5] Peter G. 'Low noise GaAs FET dual channel front end'. *Microwave Journal* 1982; **25**(5): 153–154, 156, 158.

[6] Whelehan J. 'Low noise amplifiers for satellite communications'. *Microwave Journal* 1984; **27**(2): 125, 128–130, 132–136.

[7] Ayasli Y. 'Decade bandwidth amplification at microwave frequencies'. *Microwave Journal* 1984; **27**(4): 71, 72, 74.

[8] Bharj JS. '17 GHz low noise GaAs FET amplifier'. *Microwave Journal* 1984; **27**(10): 121–122, 124, 126–127.

[9] Sholley M, Maas S, Allen B, Sawires R, Nichols A. 'HEMT mm-wave amplifiers, mixers and oscillators'. *Microwave Journal* 1985; **28**(8): 121–124, 126–131.

[10] '6–18 GHz fully integrated MMIC amplifier'. *Microwave Journal* 1986; **29**(8): 121–122.

[11] Browne J. 'MMIC chip amplifier boosts 0.5 to 5 GHz'. *Microwave & RF* 1986; **25**(9): 157–159.

[12] Morgan W. 'Minimize IM distortion in GaAs FET amplifiers'. *Microwave & RF* 1986; **25**(10): 107–108, 110.

[13] Franke E, Deleon J. 'Broadband noise improvement in RF power amplifiers'. *RF Design* 1986; **November**: 104.

[14] Smith MA, Anderson KJ, Pavio AM. 'Decade-band mixer covers 3.5 to 35 GHz'. *Microwave Journal* 1986; **29**(2): 163–164, 166–171.

[15] Browne J. 'Microwave mixer family converts 1 to 18 GHz'. *Microwave & RF* 1986; 25(10): 209.

[16] 'Mixer-amplifier combination is virtually load-insensitive'. *Microwave Journal* 1987; **30**(12): 131–132, 134–135.

[17] Jaeger RC. 'Tutorial: analog data acquisition technology part I—digital-to-analog conversion'. *IEEE Micro* 1982; **2**(2): 20–37.'Tutorial: analog data acquisition technology part II—analog-todigital conversion'. *IEEE Micro* 1982; **2**(3): 46–57.'Tutorial: analog data acquisition technology part III—sample-and-holds, instrumentation amplifiers, and analog multiplexers'. *IEEE Micro* 1982; **2**(4): 20–35.'Tutorial: analog data acquisition technology part IV—system design, analysis, and performance'. *IEEE Micro* 1983; **3**(1): 52–61.

[18] Stafford KR, Blanchard RA, Gray PR. 'A complete monolithic sample/hold amplifier'. *IEEE Journal of Solid-State Circuits* 1974; **9**(6): 381–387.

[19] Tewksbury SK, Meyer F, Rollenhagen D, Schoenwetter H, Souders T. 'Terminology related to the performance of S/H, A/D, and D/A circuits'. *IEEE Transactions on Circuits and Systems* 1978; **25**(7):

419–426.

[20] Naylor J. 'Testing digital/analog and analog/digital converters'. *IEEE Transactions on Circuits and Systems* 1978; **25**(7): 526–538.

[21] Hewlett Packard. Dynamic Performance Testing of A to D Converters. Product note 5180A-2.

[22] Carrier P. 'A microprocessor based method for testing transition noise in analog to digital converters'. *Proceedings of 1983 IEEE International Test Conference*. New York: IEEE; 1983: 610–620.

[23] Doernberg J, Lee H-S, Hodges D. 'Full-speed testing of A/D converters'. *IEEE Journal of Solid-State Circuits* 1984; **19**(6): 820–827.

[24] IEEE Trial-Use Standard for Digitizing Waveform Recorders. IEEE Standard 1057. New York: IEEE; 1989.

[25] Waveform Measurement and Analysis Committee of the IEEE Instrumentation and Measurement Society. *A Guide to Waveform Recorder Testing*. New York: IEEE; April 1990. This guide contains four papers: 1) Linnenbrink TE. 'Introduction to waveform recorder testing'; 2) Green PJ. 'Effective waveform recorder evaluation procedures'; 3) Souders TM, Flach DR. 'Step and frequency response testing of waveform recorders'; 4) Grosby PS. 'Waveform recorder sine wave testing-selecting a generator'.

[26] Sklar B. *Digital Communications: Fundamentals and Applications*. Englewood Cliffs, NJ: Prentice Hall; 1988.

[27] Wong PW. 'Quantization noise, fixed-point multiplicative roundoff noise, and dithering'. *IEEE Transactions on Acoustics, Speech and Signal Processing* 1990; **38**(2): 286–300.

[28] Davenport WB, Root WL. *An Introduction to the Theory of Random Signals and Noise*. New York: McGraw-Hill; 1958. Reprinted by IEEE Press, 1987.

[29] West PD. Georgia Tech Research Institute. Private communication.

[30] Larson LE. 'High-speed analog-to-digital conversion with GaAs technology: prospects, trends and obstacles'. *Proceedings of IEEE International Symposium on Circuits and Systems*, vol. 3. New York: IEEE; 1988: 2871–2878.

[31] Walter K. 'Test video A/D converters under dynamic condition'. EDN 1982; August: 103–112.

[32] Kester WA (ed.). *Data Conversion Handbook*. Oxford: Newnes; 2005.

[33] Solid state microwave amplifiers. Catalog no. 5978. Sunnyvale, CA: Aertech Industries.

[34] Avantek high frequency transistor primer. Santa Clara, CA: Avantek; 1971.

[35] Designing with GPD amplifiers. Santa Clara, CA: Avantek; 1972.

[36] Cheadle DL. Cascadable amplifiers. Tech-note, vol. 6, no. 1. Palo Alto, CA: Watkins-Johnson; January/February 1979.

[37] Solid state amplifiers. Palo Alto, CA: Watkins-Johnson; June 1979.

[38] Blackham D, Hoberg P. 'Minimize harmonics in scalar tests of amplifiers'. *Microwave & RF* 1987; **26**(8): 143, 145, 147, 149.

[39] Sorger GU. 'The 1 dB gain compression point for cascaded two-port networks'. *Microwave Journal* 1988; July: 136.

[40] '17 most asked questions about mixers'. Brooklyn, NY: Mini-Circuits.

[41] Cheadle D. 'Selecting mixers for best intermod performance'. *Microwaves* 1973; **12**(11): 48–52 (part 1), 1973; **12**(12): 58–62 (part 2).

[42] Neuf D, Brown D. 'What to look for in mixer Specs'. *Microwaves* November 1974.

[43] Reynolds JF, Rosenzweig MR. 'Learn the language of mixer specification'. *Microwaves* 1978; **17**(5): 72–80.

[44] Jacobi JH. 'IMD: still unclear after 20 years'. *Microwave & RF* 1986; **25**(12): 119–126.

[45] Steinbrecher DH. 'Broadband high dynamic range A/D conversion limitations'. *Proceedings of International Conference on Analogue to Digital and Digital to Analogue Conversion*. New York: IEEE; 1991: 95-99.

[46] Sharpin DL, Tsui JBY. 'Analysis of the linear amplifier/analog-digital converter interface in a digital microwave receiver'. *IEEE Transactions on Aerospace and Electronic Systems* 1995; **31**(1): 248–256.

附录 5.A

```
% df6_18a.m simulates an ideal ADC and find spur levels with automatic change
% of input frequencies.
% JT 26 March 92
% ******** USER INPUT ********
clear
input(' # of bits = ');
bits = ans;
kk = input('Do you want window? y/n: ', 's');
if kk == 'y',
      ws = 'Blackman window';
else
      ws = 'square window';
end
snr = 20*log10((2^(bits-1))/sqrt(2));
f_samp = 250;
ts = 1/f_samp;
% ***************
n = 516;
points = n;
time = [0:n-1];
amp_no = 1;
% ******** CALCULATION OF CONSTANTS ********
amp1 = sqrt(2*amp_no)*(10^(snr/20));
% ******** START LOOP CHANGE INPUT FREQUENCY ********
To = n*ts;
for k= 1:1000;
kn = randn(1,1);
fi1 = (kn*240+8)/To;
x = amp1*cos(2*pi.*fi1*ts*time);
% ******** QUANTIZATION ********
x_q1 = quantiz(x, bits);
% ******** WINDOW ********
win = blackman(n);
if kk == 'y',
      x_q = x_q1 .* win';
else
      x_q = x_q1;
end
% ******** FFT ********
x_qf = fft(x_q);
y = abs(x_qf);
```

```
y_log = 20*log10(y);
% ******** FIND MAX SPURS ********
[p1 i1 p2 i2 dr(1,k)] = peak(y_log(1:n/2));
end
% ******** END OF LOOP ********
m_min = min(dr)
```

附录 5.B

```
% QUANTIZ simulates an ideal mid-rise quantizer
% JT 6 April 92
% x : input data to exercise all bits xmax=2^(bits-1)
% bits : number of bits
% x_q: output
% ****************
function x_q = quantiz(x,bits)
% ****************
q_levels = 2^bits;
q_max = 2^(bits-1);
q_min = -2^(bits-1)+1;
n = length(x);
adj = 0.5 * ones(size(n));
% adj = 0.5 * ones(1:n);
x_adj = x + adj;
x_qt = round(x_adj);
bigger = find(x_qt >= q_max);
if length(bigger) > 0,
      x_qt(bigger) = (q_max)*(ones(size(bigger)));
      % x_qt(bigger) = (q_max)*(ones (1:length(bigger)));
end
smaller = find(x_qt <= q_min);
if length(smaller) > 0,
      x_qt(smaller) = (q_min)*(ones(size(smaller)));
      % x_qt(smaller) = (q_min)*(ones(1:length(smaller)));
end
x_q = x_qt-.5;
```

附录 5.C

```
% PEAK detects the highest two peaks
% JT Modified 12 May 1992
function [peak1,ind1,peak2,ind2,dr] = peak(r)
% r = input(' input matrix = ');
rif = r(1);
ril = r(length(r));
th = 1.5; % threshold
[max_r ind_r] = max(r);
if ind_r==1,
      m1 = [0 r ril-1];
      m2 = [0 0 r];
      m3 = [r ril-1 ril-1];
elseif ind_r==length(r),
      m1 = [rif-1 r 0];
      m2 = [rif-1 rif-1 r];
      m3 = [r 0 0];
else
      m1 = [rif-1 r ril-1];
```

```
            m2 = [rif-1 rif-1 r]; % shift right
            m3 = [r ril-1 ril-1]; % shift left
end
m4 = m1-m2 > 0; % compare amp
m5 = m1-m3 > 0; % " "
m4_th = m1-m2 > th; % threshold right shift
m5_th = m1-m3 > th; % " left "
m6_th = m4_th + m5_th > 0; % Combine threshold ones
m6_zo = m4.*m5; % combine m4 and m5
m6 = m6_th .* m6_zo;
ind = find(m6); % find the peaks
m7 = m1(ind); % form a new matrix of peaks only
[peak1 indm7_1]= max(m7);
Ind1 = ind(indm7_1)-1;
m7(indm7_1) = -200;
if length(m7) == 1,
        peak2 = 0;
        ind2 = 0;
        dr= 100;
else
        [peak2 indm7_2] = max(m7);
        ind2 = ind(indm7_2)-1;
        dr = peak1-peak2;
end
[peak1 ind1 peak2 ind2 dr];
```

附录 5.D

```
% df7eq1.m :This prog calculates total gain, noise figure and 3rd
order intercept pt
% ******** input data ********
gc_db = input('gain of all components in dB i.e. [15 15 -3] = ');
fc_db = input('noise figure of all components in dB [ ] = ');
qc_db = input('3rd order intercept pt of all components in dB [ ] = ');
len = length(gc_db);
% ******** convert dB into power/ratio ********
gc = 10 .^(gc_db./10);
fc= 10 .^(fc_db./10);
qc= 10 .^(qc_db./10);
% ******** calculate gain ********
g1 = cumprod(gc);
g1m = [1 g1(1:len-1)];
gt = g1(len);
gt_db = 10*log10(gt);
% ******** calculate noise figure ********
f1 = [0 ones(1,len-1)];
f2 = fc-f1;
f_div = f2./g1m;
ft = sum(f_div);
ft_db= 10*log10(ft);
% ******** calculate 3rd order intercept pt ********
q1 =g1./qc;
q_den = sum(q1);
qt = gt/q_den;
qt_db = 10*log10(qt);
outp2 = [gt_db ft_db qt_db];
```

```
            disp(' ')
            disp(' Gain? NF Q3')
            disp(outp2)
```

附录 5.E

```
% df7eq2.m provides the design between an amplifier and ADC.
% JT 24 June 1992
clear
%******** INPUT ********
        % ** AMP **
n1_db = -174;      % noise at input of amplifier per unit bandwidth
br = 30e6;  % rf bandwidth
br_db = 10*log10(br);
f_db = 3.3; % noise figure
        % ** ADC **
        b = 8;       % # of bits
vs = 270;    % saturation voltage in mv
q = vs/(2^(b-1));  % voltage per quantization level
fs = 250e6;  % sampling frequency in Hz
R = 50;      % input impedance
n = 1024;    % FFT length
m = input('enter the value of m = ');
m_db = 10*log10(m);
m1 = m+1;    %Eq 20
m1_db = 10*log10(m1);
md_db = m1_db - m_db;
% ******** GENERATE CONSTANT ********
ps = (vs*vs)*1e-3/(2*R);     %Eq 14 1e-3 changes to mw
ps_db = 10*log10(ps);
nb_db = ps_db - 1.76 - 6*b;  %Eq 15
bv = fs/n;   %Eq 16
bv_db = 10*log10(bv);
no_db = nb_db + m_db;    %Eq 20
no = 10.^(no_db/10);
von = sqrt(no*1e3*2*R);  %noise voltage
similar as Eq 14
vn = sqrt(3*no*1e5);     %Eq 25
ns_db = no_db + md_db;   %Eq 17 18 19 21
vsn = vs-vn;     %Eq 26
psn = (vsn.*vsn)/1e5;    %Eq 26
psn_db = 10*log10(psn);
g_db = no_db - n1_db - f_db - br_db;  %Eq 17 18
pi_db = psn_db - 6 - g_db;   %Eq27
p3_db = ns_db - br_db + bv_db;    %Eq 22
% ******** CALCULATION ********
q3_db=(3*pi_db-n1_db+2*g_db-f_db-bv_db-md_db)/2;    %Eq 24
fs_db = f_db + md_db;    %Eq 21
dr_db = pi_db + g_db - p3_db;    %Eq 28
nqvr = von/q;
disp(' m Gain Q3 P3 NF DR N/Q')
en = length(m);
dp = [m' g_db'q3_db' p3_db' fs_db' dr_db' nqvr'];
disp(dp)
```

第6章 下变频器

6.1 引言

电子战应用所关注的频率范围为 100 MHz~18 GHz。只有一些远程搜索雷达的工作频率在 2 GHz 以下。我们可以认为电子战行动名义上覆盖的频率范围为 2~18 GHz。电子战接收机的瞬时带宽通常在 0.5~4 GHz 范围内,这主要受硬件的约束。这种接收机通常是指中频(IF)接收机,它以时分的方式覆盖 2~18 GHz 的频率范围。一般来说,很难构造具有大瞬时带宽的中频接收机。即使能够构造出这样的中频接收机,接收机后面的数字处理机也无法近实时地处理数据。那么,处理机将忽略部分数据。在此情况下,数字处理机限制了中频接收机的带宽容量。为了增加中频接收机的带宽,必须同时提高接收机技术和处理机技术。

为了简化本章的讨论,这里假设中频接收机的瞬时带宽约为 1 GHz,即在这一带宽内的任何信号都能被截获。为了覆盖关注的频率范围,整个输入频率范围被分成数个并行信道(称为信道化),每个信道均进行频率变换以匹配中频接收机的输入频率范围。

在传统的模拟接收机中,2~18 GHz 的输入频率被分成多个 1 GHz 的带宽,每个频段都变换到公用的中频。在数字接收机中,通常采用的变频方法有两种。一种方法是采用单信道(或称为实数据变换),该方法只有一个输出数据信道。另一种方法是产生相位相差 90°的两路输出信道,称为同相或正交下变频,或者简称 I/Q 信道。

本章讨论上述两种变频方案,即单信道变频和双信道变频。讨论的内容还包括模拟变频和数字变频,以及几种产生 I/Q 信道的数字方法。本章还将论述 I/Q 信道间不平衡对接收机性能的影响。最后将讨论解决 I/Q 信道间不平衡问题的补偿方法。针对通信系统已经提出过许多对信道间不平衡进行补偿的方法,但是通信接收机已知接收信号的频率,并且与电子战接收机相比,其工作带宽通常较窄。对宽带接收机应用来说,信号的频率是未知的。本章还将对窄带系统和宽带系统的不平衡补偿技术进行讨论。

6.2 基带接收机的频率选择[1,2]

一般而言,中频接收机的输入应当保持在一倍频程带宽之内。一倍频程带宽是指带宽最高端频率是最低端频率的两倍。例如,如果输入带宽为 1 GHz,那么 1~2 GHz 的频率范围为一倍频程。如果输入频率范围端值比这两个端值低(如 0.5~1.5 GHz),则带宽就超出了一倍频程;如果输入频率范围端值比这两个端值高(如 2~3 GHz),则带宽低于一倍频程。

如果带宽超过一倍频程,则低频信号的二次谐波可能落入带宽内。二次谐波将会限制动态范围。对 0.5~1.5 GHz 频段来说,如果输入频率为 600 MHz,那么二次谐波为 1200 MHz,仍然在输入带宽内。

目前,已知的设计带宽超过一倍频程的模拟接收机只有晶体视频接收机和瞬时测频

(Instantaneous Frequency Measurement，IFM)接收机。但是，这两种接收机都不能识别或处理同时到达信号。晶体视频接收机只能给出脉幅、脉宽和到达时间(TOA)。在此情况下，二次谐波不会产生任何不利影响。正如第 2 章所述，瞬时测频接收机可以对信号频率进行编码，而二次谐波通常比输入信号小，不会对频率编码电路产生影响。几乎所有其他类型的模拟接收机的输入带宽都小于一倍频程。

模数转换器限制了输入频率的范围。在很多情况下，由于模数转换器的限制，具有很高的输入频率是不切实际的。正如第 5 章所述，当输入频率较高时，许多模数转换器的动态范围会下降。于是，我们有两种可选的方法。一种方法是使输入带宽变窄，将输入频率范围限制在一倍频程以内。随着模数转换器技术的提高，使用该方法应该能够能实现较大的带宽。第二种方法是选择大于一倍频程的带宽，或者频率下限甚至从接近直流的频率开始。在第二种方法中，接收机的输入带宽内可能出现许多寄生信号，下一节将对此进行讨论。

6.3 频率变换[3~7]

频率变换的目的是将输入频率从一个频率范围变换到另一个频率范围。常用的方法是通过混频器实现频率变换，如图 6.1 所示。混频器是非线性器件，其输出电流与输入电压 V 的关系可以表示为

$$I = a_0 + a_1 V + a_2 V^2 + \cdots \tag{6.1}$$

其中 a_i 为常数。假设输入电压包含两个正弦波分量，可表示为

$$V = V_i \sin(2\pi f_i t) + V_o \sin(2\pi f_o t) \tag{6.2}$$

其中，V_i 和 f_i 分别表示信号的幅度和频率，V_o 和 f_o 分别表示本振的幅度和频率。将该关系代入式(6.2)，这里先考虑非线性项 $a_2 V^2$：

$$\begin{aligned} a_2 V^2 &= a_2 V_i^2 \sin^2(2\pi f_i) + a_2 V_o^2 \sin^2(2\pi f_o) \\ &\quad + a_2 V_i V_o \{\cos[2\pi(f_o - f_i)t] - \cos[2\pi(f_o + f_i)t]\} \end{aligned} \tag{6.3}$$

上式中的最后一项对应于期望输出的频率 f_o-f_i(或者 f_i-f_o)和 f_o+f_i。如果输出频率低于输入频率，则该处理过程称为下变频，反之则称为上变频。

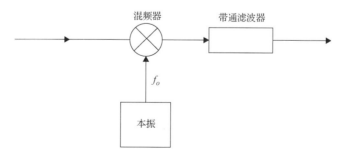

图 6.1 混频器电路示意图

虽然混频器是非线性器件，但是从输入/输出与本振在频率上线性叠加的意义上讲，通常认为混频处理是线性过程。输入信号所包含的信息没有发生改变，只是频率发生了偏移。在放大器链中，混频器可被视为一个放大器，它具有上一章所讨论的增益、噪声系数和三阶截点。混频器的增益通常小于 1(负的 dB 数，即插入损耗)，但是某些混频器的增益可能是正

的。通常可以认为混频器的噪声系数与其插入损耗值相等，除非制造商给出了另外的值。混频器的三阶截点由制造商提供。

式(6.3)表明，混频器的输出除了所需要的频率，还包括许多其他频率分量。这些中频输出可以写为

$$f_{if} = mf_l + nf_h \tag{6.4}$$

其中，m 和 n 为正整数或负整数，f_l 表示低输入频率，f_h 表示高输入频率。f_l 和 f_h 中的任何一个都可以用来表示信号频率或者本振频率，因而该式中没有使用 f_i 和 f_o。如果 m 和 n 都为1，则输出为两个频率分量之和；如果其中一个为+1，另一个为–1，则输出为两个频率的差值。除了这两个输出频率，所有其他频率都被视为寄生频率，应该设法使这些寄生频率最小化。

一种展示寄生频率的简单方法是利用寄生频率图，如图 6.2 所示。在该图中，差频是所需的结果。为了简化标注，用 H 来表示较高频率，它可以是信号或者本振；用 L 来表示较低频率。图中标有 $H–L$ 的对角线表示所需的输出频率。所有其他的线都表示寄生频率输出。图中最高阶寄生信号为6阶，用 $6H$ 或 $6L$ 表示。通常，阶数越高则寄生信号的幅度越小。

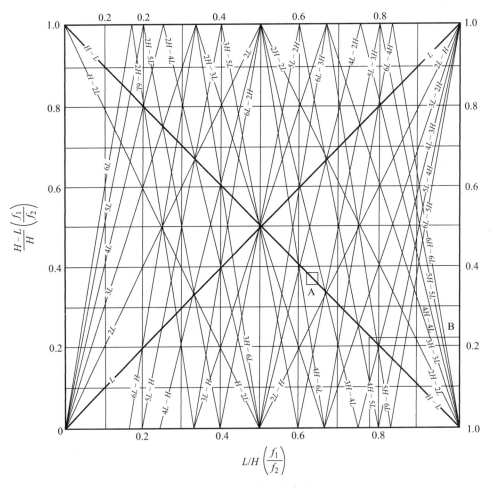

图 6.2 混频器寄生频率图

在图 6.2 中，标记为"A"的正方形表示无寄生频率区域。在窄带下变频器中，该区域即是我们所需选择的频率。图中右下角标记"B"的正方形区域表示从零频开始的中频输出，在该区域内存在许多寄生频率(如 2H–2L，3H–3L 等)，因此中频带宽从零频开始并不是一个好的选择，这只是为了覆盖较宽频带而需要做的折中。如果模数转换器技术和数字处理技术可以提高到 GHz 量级的工作速度，那么将可能实现小于一倍频程的大中频带宽。

6.4 同相(I)和正交(Q)信道变换

接收机的输入总是单信道的，并且可以认为所获得的数据是实值的。为了简化讨论，考虑下面的输入信号 $S(t)$：

$$S(t) = A \sin(2\pi f_i t) \tag{6.5}$$

其中，A 和 f_i 分别表示输入信号的幅度和频率。为了将单信道实信号变换为双信道复信号，需要产生两路输出，即 I/Q 信道，两者的相位相差 90°。如果对信号进行下变频，则两个输出可写为

$$I(t) = A \cos[2\pi(f_i - f_o)t], \qquad Q(t) = A \sin[2\pi(f_i - f_o)t] \tag{6.6}$$

其中，f_o 表示本振频率。在该式中，I 信道和 Q 信道是任意指定的。只要两个输出相位相差 90°，就可以将其中一个称为 I 信道，而将另一个称为 Q 信道。这两个输出的复数形式为

$$I(t) + jQ(t) = A\{\cos[2\pi(f_i - f_o)t] + j\sin[2\pi(f_i - f_o)t]\} = Ae^{j2\pi(f_i - f_o)t} \tag{6.7}$$

为了实现从实信号到复信号的变换，需要更多的硬件，但变换具有以下优点。

1. 如果两路输出信号均被数字化，则输入信号带宽可以翻倍。从时域和频域均可对这一点做出解释。从时域来说，如果采样频率为 f_s，那么在最高输入频率上对每个周期必须采样两个点才能满足奈奎斯特采样速率，因此最高输入频率为 $f_s/2$。如果还存在 Q 信道，将会多采集一个样本，那么最高输入频率可扩展至 f_s。从频域来说，如果输入为实数，如第 3 章所述，则输出既有正频率分量又有负频率分量，最大不模糊频率为 $f_s/2$。如果输入为复数据，则没有负频率分量，最大不模糊频率扩展至 f_s。
2. I/Q 信道变换保留了幅度信息。如果利用模拟接收机对实值数据进行处理，则可以从视频检波器中恢复幅度信息。视频检波器利用低通滤波器平滑射频波动。因此，对模拟微波接收机来说，幅度检测从来就不是问题。当然，通过对实值输入数据取绝对值，可以将类似的思想推广至数字接收机。实现方法是将实值输入的平方通过低通滤波器，以获得幅度信息的近似值。

   在采用 I/Q 信道的情况下，一种获取幅度信息的方法可通过如下关系式来实现：

$$A = \sqrt{A^2 \sin^2[2\pi(f_i - f_o)t] + A^2 \cos^2[2\pi(f_i - f_o)t]} \tag{6.8}$$

   如果只有一个信号，则对每一个采样来说，根据该式计算的幅度 A 将会是一个常数。如果幅度发生变化，则可以说该信号被幅度调制，或者在电子战接收机中，此时可以推断存在同时到达信号。因此，根据 I/Q 信道的输出，可以得到信号的幅度或者检测出同时到达信号的存在。
3. 如果只存在一个信号，则 I/Q 信道可以用来确定信号的瞬时频率。该方法可以推广至确定两个信号频率，在第 8 章中将会对此进行讨论。假设式(6.6)中的信号在 t_i 和 t_{i+1}

时刻进行数字化，则这两个时刻的瞬时相角分别为

$$\theta_i = \arctan\left[\frac{A\sin[2\pi(f_i-f_o)t_i]}{A\cos[2\pi(f_i-f_o)t_i]}\right] = 2\pi(f_i-f_o)t_i$$

$$\theta_{i+1} = \arctan\left[\frac{A\sin[2\pi(f_i-f_o)t_{i+1}]}{A\cos[2\pi(f_i-f_o)t_{i+i}]}\right] = 2\pi(f_i-f_o)t_{i+i} \tag{6.9}$$

两个相角的差值可用来得到瞬时频率，即

$$f_i - f_o = \frac{\theta_{i+1} - \theta_i}{2\pi\Delta t} \tag{6.10}$$

其中，$\Delta t = t_{i+1} - t_i$。

如果输入信号只包含单一频率，则该方法可以提高频率分辨率。相比之下，如果以 1 μs 的间隔对信号进行采样，并对输入数据进行 FFT 运算，那么频率分辨率为 1 MHz。如果采用上述方法且时间延迟为 1 μs，则最大不模糊带宽为 1 MHz。如果利用 6 位的分辨率来测量相角，则分辨率为 5.625°，即 360°/64。这种情况下测得的频率分辨率将为 15.625 kHz，即 1000 kHz/64，这意味着频率分辨率通过 FFT 法的改善达 64 倍。然而，如果同时存在其他信号，该简单方法就很难奏效。不过，第 10 章将讨论一种略微不同的方法，可以解决信号中包含两个频率的问题。

6.5 I/Q 信道的幅相不平衡[8,9]

在进行 I/Q 下变频仿真时，通常假设两路输出是完全平衡的（即两路输出分量的幅度相等且相位相差 90°）。但是，在 I/Q 下变频器的实际制造中，尤其是当变频器覆盖较大的带宽时，情况并非如此。换言之，两个信道的输出可能幅度不同，而且相位也不是精确地相差 90°。这种不平衡带来的影响可能会产生镜像信号，进而限制接收机的瞬时动态范围。

我们使用傅里叶变换来解释镜像频率的产生原因。先不直接求 $\exp(j2\pi f_i t)$ 的傅里叶变换，而是利用下列关系式：

$$e^{j2\pi f_i t} = \cos(2\pi f_i t) + j\sin(2\pi f_i t) \tag{6.11}$$

$\cos(2\pi f_i t)$ 和 $\sin(2\pi f_i t)$ 的傅里叶变换可以分别写为

$$\mathcal{F}[\cos(2\pi f_i t)] = \frac{\delta(f-f_i) + \delta(f+f_i)}{2}$$

$$\mathcal{F}[\sin(2\pi f_i t)] = \frac{-j\delta(f-f_i) + j\delta(f+f_i)}{2} \tag{6.12}$$

根据式 (6.12)，$\exp(j2\pi f_i t)$ 的傅里叶变换为

$$\mathcal{F}\left(e^{j2\pi f_i t}\right) = \frac{1}{2}\{\delta(f-f_i) + \delta(f+f_i) + j[-j\delta(f-f_i) + j\delta(f+f_i)]\} = \delta(f-f_i) \tag{6.13}$$

负频率分量 $\delta(f+f_i)$ 相互抵消，只有正频率分量被保留下来，结果如图 6.3 所示。其中，图 6.3(a) 表示余弦信号的傅里叶变换，图 6.3(b) 表示正弦信号的傅里叶变换，图 6.3(c) 表示式 (6.13) 的合成结果，即 $\exp(j2\pi f_i t)$ 的傅里叶变换。

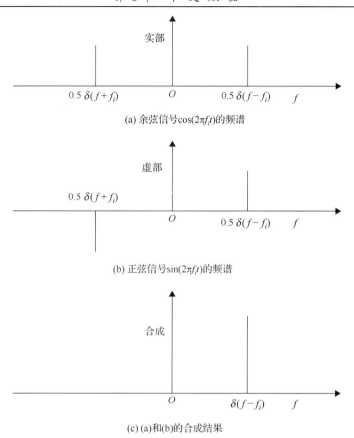

图 6.3　I/Q 信道幅相平衡时信号 $\exp(j2\pi f_i t)$ 的傅里叶变换输出

I/Q 两路信道输出幅度可能不同，例如 I 路输出为 $\cos(2\pi f_i t)$，对应的 Q 路输出为 $0.8\sin(2\pi f_i t)$，合成结果的负频率分量将不会正好相互抵消，负频率分量的位置将有输出，如图 6.4 所示。该分量通常称为真实信号的镜像信号。在接收机设计中，由于弱信号必须比镜像信号强才能被检测到，强信号的镜像将会限制接收机的瞬时动态范围。

现在，我们来求解镜像信号的幅度（该幅度是关于两信道间幅相不平衡度的函数），并找出它与接收机瞬时动态范围之间的关系。下面的讨论在参考文献[9]的基础上展开。首先，两路输出可以表示为

$$\begin{aligned}
s(t) &= \cos(2\pi f_{if}t) + j\alpha\sin(2\pi f_{if}t + \varepsilon) \\
&= \frac{1}{2}\left[e^{j2\pi f_{if}t} + e^{-j2\pi f_{if}t}\right] + \frac{\alpha}{2}\left[e^{j(2\pi f_{if}t+\varepsilon)} - e^{-j(2\pi f_{if}t+\varepsilon)}\right] \\
&= \frac{1}{2}\left[e^{j2\pi f_{if}t}(1+\alpha e^{j\varepsilon})\right] + \frac{1}{2}\left[e^{-j2\pi f_{if}t}(1-\alpha e^{j\varepsilon})\right]
\end{aligned} \tag{6.14}$$

其中，f_{if} 表示中频输出频率，α 表示幅度不平衡度，ε 表示相位不平衡度。在本例中，假设余弦信道是完好的，而正弦信道是不平衡的。由于幅度差和相位差是两信道间的相对值，可以将差值归于一个信道内，该做法不失一般性。从式(6.14)可看出，有用信号是 $\exp(j2\pi f_{if}t)$，镜像信号是 $\exp(-j2\pi f_{if}t)$。如果 $\alpha = 1$ 且 $\varepsilon = 0$，则正如所期望的，第一项（有用信号）为 $\exp(j2\pi f_{if}t)$，第二项（镜像信号）则为零。

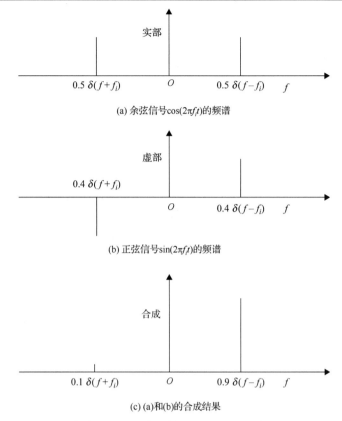

图 6.4 I/Q 信道幅相不平衡时信号 $\exp(j2\pi f_i t)$ 的傅里叶变换输出

通常，信号及其镜像的幅度分别为 $1+\alpha e^{-j\varepsilon}$ 和 $1-\alpha e^{-j\varepsilon}$，它们可以用相量来表示，如图 6.5 所示，其中 A_d 是有用信号的幅度，A_i 是镜像信号的幅度。根据余弦定理并参考图 6.5，所期望的输出 A_d 和镜像 A_i 可以表示为

$$\begin{aligned} A_d^2 &= 1 + \alpha^2 + 2\alpha \cos(\varepsilon) \\ A_i^2 &= 1 + \alpha^2 - 2\alpha \cos(\varepsilon) \end{aligned} \tag{6.15}$$

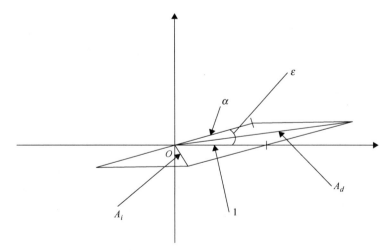

图 6.5 I/Q 信道输出的图示

镜像信号幅度与有用信号幅度的比例关系可以写成分贝形式，即

$$10 \lg \left(\frac{A_i}{A_d}\right)^2 = 10 \lg \frac{1 + \alpha^2 - 2\alpha \cos(\varepsilon)}{1 + \alpha^2 + 2\alpha \cos(\varepsilon)} \tag{6.16}$$

该值就是在信道幅相不平衡影响下 I/Q 下变频器的动态范围。

式 (6.16) 的结果如图 6.6 所示。图中的曲线或者是水平的，或者是垂直的。这种效应可解释如下。假设相位不平衡度为 2°。从图中可知，只要幅度不平衡度约小于 0.15 dB，镜像幅度将比有用信号小 35 dB，如果幅度不平衡度大于 0.15 dB，则镜像幅度取决于幅度不平衡度。例如，如果幅度不平衡度为 1.5 dB，那么只要相位不平衡度小于 20°，镜像信号就会比有用信号小 15 dB。换言之，决定镜像信号幅度的主要因素是不平衡因素的最坏情况。通常，相位匹配较难做到，尤其是在宽带下变频系统中。

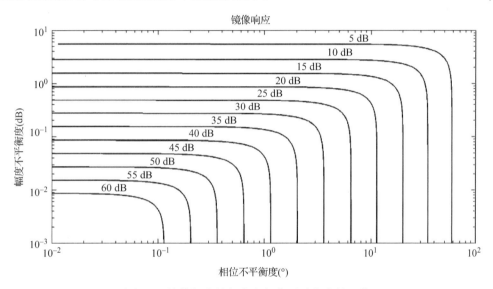

图 6.6　镜像幅度是幅度和相位不平衡度的函数

6.6　模拟 I/Q 下变频器

在电子战接收机设计中，采用模拟 I/Q 下变频器是最常用的方法。这种设计的主要优点是带宽较宽，它可以做到几 GHz 的带宽；主要缺点是很难做到信道间良好的平衡性。

模拟 I/Q 下变频器的主要器件是 90°移相器。有两种不同的方法构建模拟 I/Q 下变频器，如图 6.7 所示。

这两种方法都有两个混频器，但是两个混频器共用一个本振。在图 6.7(a) 中，在变频器的输入端引入了 90°相移，而图 6.7(b) 是在本振中引入了 90°相移。

这两种方法得到的结果非常相似。选择哪种方法通常取决于可获得的器件。窄带器件用在本振和混频器之间的网络中，其工作频率等于本振频率 f_o。用在输入与混频器之间的器件是宽带的，它们需要与输入信号带宽一致。

通常有 3 种方法选择本振频率：①本振频率 f_o 低于输入频率 f_i；②本振频率 f_o 高于输入频率 f_i；③本振频率 f_o 位于输入带宽内。前两种方法显而易见，因此只讨论最后一种方法。

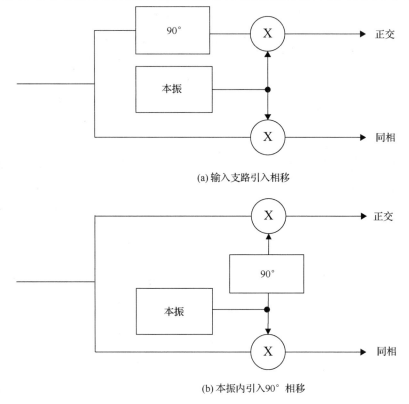

(a) 输入支路引入相移

(b) 本振内引入90°相移

图 6.7　模拟 I/Q 下变频器

设 f_1 和 f_2 分别为输入频带的上下边界。在第 3 种方法中，本振频率通常取为 f_1 和 f_2 之间的中心频率，即 $(f_1+f_2)/2$ 处。在本方法中，中频带宽是输入带宽的一半，即 $(f_1-f_2)/2$，因为上半频段和下半频段都折叠在同一个频率范围内。但是，可以从 I 和 Q 信道的相位关系中确定输入频率是高于还是低于本振频率 f_o。因此，尽管中频带宽是输入带宽的一半，但总带宽等于输入带宽。

可以用一个简单的例子来演示上面的想法。假设送给两个混频器的本振信号的相位相差 90°，那么本振送给两个混频器的输入可写为

$$v_{o1} = \sin(2\pi f_o t), \ v_{o2} = \cos(2\pi f_o t) \tag{6.17}$$

设输入信号为

$$v_i = \sin(2\pi f_i t) \tag{6.18}$$

这里假设所有信号的幅度均为单位幅度，则混频器的输出可写为

$$\begin{aligned} v_{if1} &= v_{o1} v_i = \sin(2\pi f_o t)\sin(2\pi f_i t) \\ &= \frac{1}{2}\{\cos[2\pi(f_i - f_o)t] - \cos[2\pi(f_i + f_o)t]\} \\ v_{if2} &= v_{o2} v_i = \cos(2\pi f_o t)\sin(2\pi f_i t) \\ &= \frac{1}{2}\{\sin[2\pi(f_i - f_o)t] + \sin[2\pi(f_i + f_o)t]\} \end{aligned} \tag{6.19}$$

讨论中将忽略高频项(即以上两式中的最后一项),因为实际设计中会采用低通滤波器将它们过滤掉。

如果式(6.19)中输入信号频率高于本振频率($f_i > f_o$),那么

$$v_{if1} = \cos[2\pi(f_i - f_o)t], \quad v_{if2} = \sin[2\pi(f_i - f_o)t] \tag{6.20}$$

其中,v_{if1} 比 v_{if2} 超前 90°。如果输入信号频率低于本振频率($f_i < f_o$),则式(6.19)的结果将为

$$v_{if1} = \cos[2\pi(f_i - f_o)t], \quad v_{if2} = -\sin[2\pi(f_i - f_o)t] \tag{6.21}$$

其中,v_{if1} 比 v_{if2} 滞后 90°。因此,通过测量 I 和 Q 信道间的相对相位,即可确定输入频率,即使中频带宽只有输入带宽的一半。

如果中频带宽很宽,且常规的运算放大器无法容纳如此宽的带宽,那么可以采用射频放大器。正如前面所讨论的,射频放大器通常不能覆盖直流和甚低频频段。因此,该方法将使频段中心产生"漏洞",这种情况是需要极力避免的。

若有两个输入信号,一个高于本振频率,另一个低于本振频率,且两者与本振频率的频率差相同,那么下变频之后它们将会占用同一个频点。在这种情况下,相位关系将会产生混乱,并且两个输入信号的频率可能得不到正确鉴别。

由于两个相似的模拟分量难以在较宽的频率范围内实现平衡,因此很难造出具有平衡输出的模拟 I/Q 下变频器。不过,通过数字处理可以产生具有高平衡度的 I 和 Q 信道。下面的几节将对此进行讨论。

6.7 产生 I/Q 信道的数字方法

在上一节中,I 和 Q 信道是通过模拟方法产生的。该方法的优点是带宽很宽,缺点是信道间的平衡性较差。数字方法也可以用来产生 I 和 Q 信道。一种方法是利用希尔伯特变换,另一种方法则是采用特殊的采样方案。在数字方法中,如果一个信道(比如 I 信道)的数据从单信道下变频器获得,则 Q 信道的数据必须通过处理 I 信道的数据来产生。由于 Q 信道的数据是数字化产生的,所以 I 和 Q 信道输出的不平衡度可以保持最低。

数字方法最主要的一个劣势是运算速度低。因为较慢的处理速度,带宽被限制在数十或者数百 MHz。对于电子战应用来说,这样的带宽通常太窄了。然而,随着数字处理速度的提高,这种方法可能会获得电子战应用所需的带宽。

接下来的几节将讨论希尔伯特变换。尽管希尔伯特变换的概念可能会比较难,但其数学定义看起来是直观易懂的。不过,实际的计算通常难以执行。一种实现希尔伯特变换的常用方法是通过傅里叶变换(与 MATLAB 中的实现方法一样)。

6.8 希尔伯特变换[8,10~13]

函数 $x(t)$ 的希尔伯特变换定义为 $x(t)$ 与函数 $h(t)$ 的卷积。该关系在数学上可用下面的公式表示:

$$H[x(t)] \equiv x^h(t) = x(t) \circledast h(t) = x(t) \circledast \frac{1}{\pi t} = \frac{1}{\pi} \int_{-\infty}^{\infty} \frac{x(\tau)}{t - \tau} d\tau \tag{6.22}$$

其中，⊛ 表示卷积，$H[x(t)]$ 和 $x^h(t)$ 表示时域中的希尔伯特变换。函数 $h(t)$ 定义为

$$h(t) = \frac{1}{\pi t} \quad (6.23)$$

值得注意的是，时域函数的希尔伯特变换仍然在时域内。在频域中，希尔伯特变换可写为

$$X^h(f) = X(f)H(f) \quad (6.24)$$

函数 $h(t)$ 的傅里叶变换可从式(3.71)和式(3.73)得到

$$\mathcal{F}[h(t)] \equiv H(f) = -\mathrm{j}\,\mathrm{sgn}(f) = -\mathrm{j}\begin{cases} 1, & f > 0 \\ -1, & f < 0 \end{cases} \quad (6.25)$$

其中，sgn 表示符号函数。因此，为了获得频域的希尔伯特变换，只需将 $X(f)$ 的负频率乘以 j，正频率乘以-j。

可以从式(6.24)得到 $X(f)$：

$$X(f) = \frac{X^h(f)}{H(f)} \quad (6.26)$$

然而，从式(6.25)可知 $1/H(f) = -H(f)$，因此有

$$X(f) = -X^h(f)H(f)$$

或

$$x(t) = -x^h(t) \circledast h(t) = \frac{-1}{\pi}\int_{-\infty}^{\infty}\frac{x^h(\tau)}{t-\tau}\mathrm{d}\tau \quad (6.27)$$

希尔伯特变换及其逆变换都是广义积分，因为它们在 $t = \tau$ 处都含有无穷间断点。为了避开间断点，积分应当在 $t = \tau$ 两端对称地进行，可以写为

$$\int_{-\infty}^{\infty}\frac{g(\tau)}{t-\tau}\mathrm{d}\tau = \lim_{\varepsilon=0}\left[\int_{-\infty}^{t-\varepsilon}\frac{g(\tau)}{t-\tau}\mathrm{d}\tau + \int_{t+\varepsilon}^{\infty}\frac{g(\tau)}{t-\tau}\mathrm{d}\tau\right] \quad (6.28)$$

其中，ε 表示无穷小量。此时，必须使用柯西主值来计算该积分。通过傅里叶逆变换也可获得希尔伯特变换的结果，即

$$x^h(t) = x(t) \circledast h(t) = \mathcal{F}^{-1}[X(f)H(f)] \quad (6.29)$$

这里用一个例子来结束本节。如果输入信号为

$$x(t) = \sin(2\pi f_i t) \quad (6.30)$$

则它的傅里叶变换为

$$X(f) = \frac{\mathrm{j}}{2}[\delta(f+f_i) - \delta(f-f_i)] \quad (6.31)$$

结果如图 6.8 所示。

当 $f<0$ 时，乘以 j 得到的结果为 $-0.5\delta(f+f_i)$；当 $f>0$ 时，乘以-j 得到的结果为 $-0.5\delta(f-f_i)$。结果如图 6.9 所示。

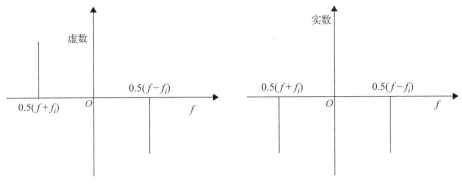

图 6.8 正弦函数的傅里叶变换　　图 6.9 $X(f)$ 和 $H(f)$ 的乘积

如果熟悉傅里叶变换，就可以很容易地看出上述结果是 $-\cos(2\pi f_i t)$ 的傅里叶变换。因此，可以得出如下关系：

$$H[\sin(2\pi f_i t)] = -\cos(2\pi f_i t) \tag{6.32}$$

其中，$H[x(t)]$ 表示希尔伯特变换。该式表明正弦函数的希尔伯特变换是负的余弦函数，结果就是输入信号的相位移动了 $-j$。

若输入信号是余弦函数，则可使用类似的方法，通过希尔伯特变换将其变换成正弦函数，即

$$H[\cos(2\pi f_i t)] = \sin(2\pi f_i t) \tag{6.33}$$

该变换也使输入信号的相位移动了 $-j$。因此，希尔伯特变换可以提供 90° 相移而不影响其频谱分量的大小。

在本例中，可以很容易地得到输入信号的傅里叶变换。在数字接收机中，输入信号 $x(t)$ 被数字化，快速傅里叶变换（FFT）用来确定 $X(f)$。通过利用式(6.25)中 $H(f)$ 的定义，可以从式(6.29)所示的傅里叶逆变换得到时域希尔伯特变换 $x^h(t)$。然而，离散傅里叶变换本质上具有周期性，这将会影响离散希尔伯特变换。

6.9 离散希尔伯特变换[10,11,14,15]

本节讨论离散希尔伯特变换。函数 $H(f)$ 在频域中的范围为 $-\infty \sim +\infty$。在离散域中，数据点数必须是有限的，例如共 $2M+1$ 点，这相当于给输入信号加了一个矩形窗。$h(nt_s)$ 的 z 变换为

$$H(z) = \sum_{n=-M}^{M} h(nt_s) z^{-n}$$

而不是

$$H(z) = \sum_{n=-\infty}^{\infty} h(nt_s) z^{-n} \tag{6.34}$$

根据定义，这两个方程不具有因果关系，因为求和都是从负值开始的。为了能在实际中实现该滤波器，上述方程必须具备因果关系。

下面讨论利用有限冲激响应滤波器设计方案来实现离散希尔伯特变换。

1. 将函数 $h(nt_s)$ 的 z 变换写成

$$H(z) = \sum_{n=-\infty}^{\infty} h(nt_s) z^{-n}$$

$$= \sum_{n=-\infty}^{-1} h(nt_s) z^{-n} + h(0) + \sum_{n=1}^{\infty} h(nt_s) z^{-n} \quad (6.35)$$

$$= h(0) + \sum_{n=1}^{\infty} [h(-nt_s) z^n + h(nt_s) z^{-n}]$$

将 $z = \exp(\mathrm{j}2\pi f t_s)$ 代入上式，结果可以写成

$$H(\mathrm{e}^{\mathrm{j}2\pi f t_s}) \equiv H_r(\mathrm{e}^{2\pi f t_s}) + \mathrm{j} H_i(\mathrm{e}^{2\pi f t_s})$$

$$= \sum_{n=-\infty}^{\infty} h(nt_s) \mathrm{e}^{-\mathrm{j}2\pi f t_s n}$$

$$= h(0) + \sum_{n=1}^{\infty} [h(-nt_s)\cos(2\pi n f t_s) + \mathrm{j} h(-nt_s)\sin(2\pi n f t_s) \quad (6.36)$$

$$+ h(nt_s)\cos(2\pi n f t_s) - \mathrm{j} h(nt_s)\sin(2\pi n f t_s)]$$

其中，

$$H_r(\mathrm{e}^{\mathrm{j}2\pi f t_s}) = h(0) + \sum_{n=1}^{\infty} [h(-nt_s) + h(nt_s)] \cos(2\pi n f t_s)$$

$$H_i(\mathrm{e}^{\mathrm{j}2\pi f t_s}) = \sum_{n=1}^{\infty} [h(-nt_s) - h(nt_s)] \sin(2\pi n f t_s) \quad (6.37)$$

2. 当采样频率为 f_s 时，传递函数 $H(f)$ 被限制在带宽 $f_s/2$ 内。由于采样的周期性，实际的希尔伯特变换函数如图 6.10 所示。该函数可用傅里叶级数表示为

$$H_i(\mathrm{e}^{\mathrm{j}2\pi f t_s}) = \sum_{n=1}^{\infty} b_n \sin(2\pi n f t_s) \quad (6.38)$$

其中，b_n 可按如下求得：

$$b_n = \frac{2}{f_s} \int_{-f_s/2}^{f_s/2} H_i(\mathrm{e}^{\mathrm{j}2\pi n f t_s}) \sin(2\pi n f t_s) \mathrm{d}f$$

$$= \frac{2}{f_s} \left[\int_{-f_s/2}^{0} \sin(2\pi n f t_s) \mathrm{d}f + \int_{0}^{f_s/2} -\sin(2\pi f n t_s) \mathrm{d}f \right] \quad (6.39)$$

$$= \frac{1}{n\pi}[-2 + 2\cos(n\pi)]$$

$$= \begin{cases} 0, & n \text{ 为偶数} \\ \dfrac{-4}{n\pi}, & n \text{ 为奇数} \end{cases}$$

在式 (6.39) 中，使用了关系式 $f_s t_s = 1$。

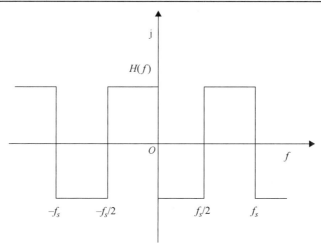

图 6.10 $H(f)$ 的周期性示意图

3. 根据对式(6.35)(连续意义上的希尔伯特变换)的讨论,可以明显地看出表示希尔伯特变换的传递函数 $H(f)$ 只有虚部,因此有 $H_r(f) = 0$ 且 $H_i(f) \neq 0$。该条件可以实现的前提是

$$h(0) = 0$$

且

$$h(-nt_s) = -h(nt_s) \tag{6.40}$$

利用这一关系,式(6.37)中的 H_i 可写为

$$H_i(e^{j2\pi nft_s}) = -2\sum_{n=1}^{\infty} h(nt_s)\sin(2\pi nft_s) \tag{6.41}$$

将结果与式(6.38)比较可得

$$h(nt_s) = -\frac{b_n}{2} \tag{6.42}$$

利用这一关系和式(6.39),可得

$$h(nt_s) = \begin{cases} 0, & n \text{ 为偶数} \\ \dfrac{2}{n\pi}, & n \text{ 为奇数} \end{cases}$$

$$h(-nt_s) = \begin{cases} 0, & n \text{ 为偶数} \\ \dfrac{-2}{n\pi}, & n \text{ 为奇数} \end{cases} \tag{6.43}$$

这些就是所希望得到的 h(nts)值。

4. 因果关系。前面已经提到,式(6.43)求得的结果不具有因果性。为了使结果具有因果性,可以在时域内使用简单的移动操作。如式(6.34)所示,$h(nt_s)$ 中的 n 值截取范围为 $-M \sim M$。在时域中移动相当于将式(6.34)的第一个结果乘以 z^{-M}。将 $k = n+M$ 代入,得到新的结果为

$$H(z) = \sum_{n=-M}^{M} h(nT)z^{-(n+M)} = \sum_{k=0}^{2M} h(kT - MT)z^{-k} \tag{6.44}$$

该结果具有因果性，因为 k 值是从零而不是从负值开始的。

5. 加窗。数字化输入信号并限制其数据点数，等效于在时域中加矩形窗，在频域内等效于将输入信号与 sinc 函数 $(\sin x/x)$ 卷积，这将破坏相位关系和输出。为了减小 sinc 函数在频域内产生的影响，通常使用特殊的窗函数 $W(nt_s)$。

6.10 离散希尔伯特变换实例

本节将利用两个例子来演示离散希尔伯特变换。第一个例子使用加矩形窗的 FIR 滤波器，第二个例子使用加汉明窗的 FIR 滤波器。这里选择一个 10 阶 FIR 滤波器来实现希尔伯特变换。此时，$2M+1=11$，相应的 n 值取为 -5 至 $+5$。从式(6.43)中求得的 $h(n)$ 值列于表 6.1 中。有趣的是，如果 n 值取为 -6 至 $+6$，则会得到同样的结果，因为两端的值都为 0。

表 6.1 $h(n)$ 的值

n	-5	-4	-3	-2	-1	0	1	2	3	4	5
$h(n)$	$-2/5\pi$	0	$-2/3\pi$	0	$-2/\pi$	0	$2/\pi$	0	$2/3\pi$	0	$2/5\pi$
新的 n	0	1	2	3	4	5	6	7	8	9	10

第二步是将 $h(n)$ 转换成因果形式，这可以通过将 n 重新排序为从 0 到 10 来完成，如表 6.1 第 3 行所示。所选 FIR 滤波器的结构如图 6.11 所示。$h(n)$ 只有 6 个值，但是每个值之间都有 2 个单位的时延。如果滤波器的输入信号为正弦波，则输出将通过输入信号与 $h(n)$ 的卷积求得。图 6.12(a) 为输入信号，剔除了开始和结束时的 5 个点以匹配滤波器输出的稳定状态。图 6.12(b) 为希尔伯特变换后的时域输出。

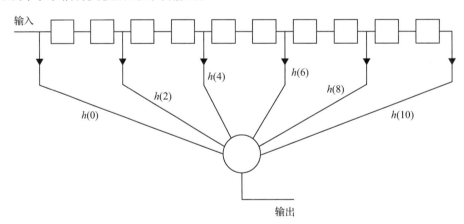

图 6.11 用于希尔伯特变换的直接型 FIR 滤波器结构示意图

因为滤波器共有 10 个单位的时延，所以它的输出需要经过 10 个单位的时间后才能达到稳态，而且最后 10 个输出数据点也是不准确的，因为部分输入数据为 0。开始和结束时的输出数据可视为暂态，图中没有把它们包括在内。一般来说，如果输入脉冲有 n 个数据点，且滤波器有 m 个数据点，则输出数据将有 $n+m-1$ 个点，其中有 $n-m$ 个点的数据处于稳态。

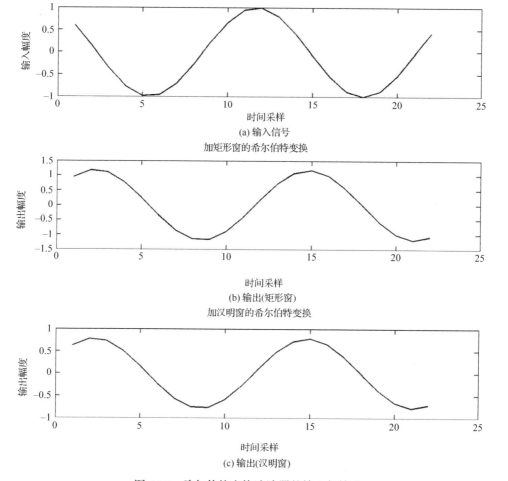

图 6.12 希尔伯特变换滤波器的输入与输出

第 2 个实例是给 $h(n)$ 加汉明窗。式(3.111)已经给出了汉明窗的定义,那么此处令

$$w(n) = 0.54 + 0.46 \cos\left[\frac{n\pi(n-N/2)}{N}\right] \tag{6.45}$$

其中 $N = 10$,且 $n = 0\sim10$。滤波器 $w(n)$ 和 $h(n)w(n)$ 的值列于表 6.2。

表 6.2 滤波器 $w(n)$ 和 $h(n)w(n)$ 的值

n	0	1	2	3	4	5	6	7	8	9	10
$h(n)$	$-2/5\pi$	0	$-2/3\pi$	0	$-2/\pi$	0	$2/\pi$	0	$2/3\pi$	0	$2/5\pi$
$w(n)$	0.080	0.168	0.398	0.682	0.912	1	0.912	0.682	0.398	0.168	0.080
$h(n)w(n)$	-0.010	0	-0.084	0	-0.581	0	0.589	0	0.084	0	0.010

输出如图 6.12(c)所示。在这种特殊情况下,加汉明窗在时域内没有引起差别,但是在频域内,汉明窗将最大副瓣抑制到低于主瓣 43 dB。

6.11 采用特殊采样方案的窄带 I/Q 信道[16~22]

另一种构建 I/Q 信道的方法来源于一种特殊的采样方案。这里从窄带信号开始,如果输

入为窄带实信号，且频率已知为 f_i，则它可以写成

$$V_i = A\sin(2\pi f_i t + \theta) \tag{6.46}$$

其中，A 表示输入信号的幅度，θ 表示初始相位。

如果采样周期 t_s 始于零时刻，且以 2 倍奈奎斯特采样率（即 $4f_i$）的速度进行采样，此时 $t_s = 1/4f_i$，则从 $t = 0$ 开始的输出为 $V_i = A\sin\theta, A\cos\theta, -A\sin\theta, -A\cos\theta, A\sin\theta, \cdots$ 显而易见的是，奇数项和偶数项的相位相差 90°，因此可以把奇数项当成 I 信道，把偶数项当成 Q 信道。这种方法可能适用于窄带系统。在电子战系统中，输入信号频率是未知的，因此这种方法一般是不适用的。

6.12 采用特殊采样方案的宽带 I/Q 信道

下面介绍的方法与 6.11 节讨论的方案略有相似，但它用于输入信号频率未知的情况。其概念可以通过模拟方法来解释。再次使用图 6.7(b)，图中输入信号被分成两路同相支路，本振信号送给两个混频器的相位相差 90°，两个混频器的输出分别为

$$\begin{aligned}
v_{if1} &= \sin(2\pi f_i t + \theta) \cdot \cos(2\pi f_o t) \\
&= \frac{1}{2}\{\sin[2\pi(f_i - f_o)t + \theta] + \sin[2\pi(f_i + f_o)t + \theta]\} \\
v_{if2} &= \sin(2\pi f_i t + \theta) \cdot \sin(2\pi f_o t) \\
&= \frac{1}{2}\{\cos[2\pi(f_i - f_o)t + \theta] - \cos[2\pi(f_i + f_o)t + \theta]\}
\end{aligned} \tag{6.47}$$

其中，两个输出中的低频信号和高频信号都相差 90° 相位。有趣的是，这与式 (6.19) 的结果基本上相同。在模拟接收机设计中，每个输出端都使用低通滤波器，以过滤频率相加项。

在式 (6.47) 中，本振频率 f_o 及其初始相位可视为已知，但是输入频率 f_i 是未知的。由于混频器的输入相位和采样频率已知，因此可以选定采样时间为 $1/4f_o$，并且从零相位开始。在此情况下，将 $t = 1/4f_o$ 代入式 (6.47)，两个混频器的输出则分别为

$$\begin{aligned}
V_{if1} &= \sin(\theta), \quad 0, \quad -\sin(2\pi f_i t_2 + \theta), \quad 0, \quad \sin(2\pi f_i t_4 + \theta) \\
V_{if2} &= 0, \quad \sin(2\pi f_i t_2 + \theta), \quad 0, \quad -\sin(2\pi f_i t_3 + \theta), \quad 0
\end{aligned} \tag{6.48}$$

其中 $t_0 = 0$。根据式 (6.47) 可知，这两个输出相位相差 90°。如果将这些数据合并到一个信道，并按时间先后顺序排列，同时忽略掉 "0"，则结果为

$$V_{if} = \sin(\theta), \quad \sin(2\pi f_i t_1 + \theta), \quad -\sin(2\pi f_i t_2 + \theta), \quad \sin(2\pi f_i t_3 + \theta) \tag{6.49}$$

这些结果可以从一个实信号获得。如果输入信号为

$$V_{if} = \sin(2\pi f_i t + \theta) \tag{6.50}$$

则式 (6.49) 的结果可以通过令 $t = t_0, t_1, t_2, t_3, \cdots$ 得到，其中 $t_0 = 0$。结果如图 6.13 所示。图中假设初始相位为零。现在可以从相反的角度来看待这个问题。如果以任意时间间隔对一个实信号采样，则结果将与式 (6.49) 一致。可以将 0 加入采样序列，这样该序列就可以分成 2 个信道，以与式 (6.48) 的结果相匹配。

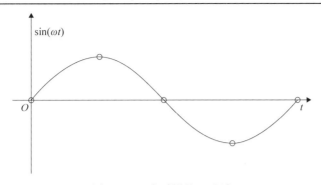

图 6.13 5 点采样的正弦波

如果采样频率为 f_s，根据奈奎斯特采样定理，那么输入带宽将限制在 $f_s/2$ 内。基于得到式 (6.48) 的条件，可假设本振频率与采样频率的关系为

$$f_o = f_s/4 \tag{6.51}$$

该方法将产生式 (6.48) 的结果，所得结果可以转换到相位相差 90° 的两个信道中。两个信道的输出分别为

$$\begin{aligned} v_{if1} &= \frac{1}{2}\{\sin[2\pi(f_i - f_o)t + \theta] + \sin[2\pi(f_i + f_o)t + \theta]\} \\ v_{if2} &= \frac{1}{2}\{\cos[2\pi(f_i - f_o)t + \theta] - \cos[2\pi(f_i + f_o)t + \theta]\} \end{aligned} \tag{6.52}$$

这是与式 (6.47) 相同的结果，但不是所期望的结果。所期望的结果是

$$\begin{aligned} v_{if1} &= \frac{1}{2}\sin[2\pi(f_i - f_o)t + \theta] \\ v_{if2} &= \frac{1}{2}\cos[2\pi(f_i - f_o)t + \theta] \end{aligned} \tag{6.53}$$

为了获得这一结果，必须使用低通滤波器以滤除高频率项，即式 (6.52) 中用 $f_i + f_o$ 表示的项。既然输入频率被限制为 $f_s/2$，则滤波器的截止频率应当与该值相吻合。

这里用一个实例来说明上述思路。如果按照 100 MHz 的采样频率对一个输入信号进行采样，则输入带宽被限制为 50 MHz。从式 (6.51) 可知，相应的本振频率为 25 MHz。如果输入为 $x(1), x(2), \cdots, x(n)$，那么根据式 (6.48)，这些数据可以补零并分为两组：

$$\begin{aligned} I(t) &= x(1), 0, -x(3), 0, x(5), 0, -x(7) \\ Q(t) &= 0, x(2), 0, -x(4), 0, x(6), 0 \end{aligned} \tag{6.54}$$

两组数据都必须通过一个截止频率为 50 MHz 的低通滤波器。使用一个低通 FIR 滤波器，是为了滤除高频分量。该滤波器的冲激响应可写为

$$h(t) = h(1), h(2), h(3), h(4), h(5), h(6), \cdots \tag{6.55}$$

需要使用两个相同的滤波器，每路输出各用一个。I/Q 信道的输出可以通过输入信号与滤波器冲激响应的卷积求得，即

$$y_I = h(t) \circledast I(t), \qquad y_Q = h(t) \circledast Q(t) \tag{6.56}$$

式 (6.56) 给出了期望的结果。该想法如图 6.14 所示。输入信号经采样并被交替分配到两个数据信道中。每个信道的输出端都接有一个低通滤波器。下面将给出有关滤波器设计的硬件方面的考虑。

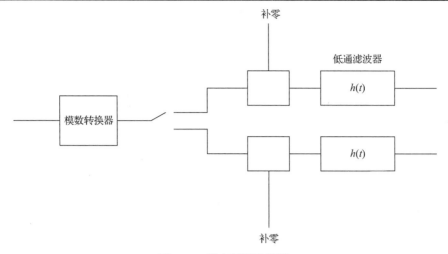

图 6.14 数字混频和滤波

6.13 实现宽带数字 I/Q 信道的滤波器硬件设计

在实现 6.12 节所述的方法时,一个重要的设计需求是降低低通滤波器的工作速度。如果对输入数据以 100 MHz 的速率进行采样,则滤波器也必须工作在同样的速率,以与输入数据率同步。然而,如式(6.54)所示,一半的数据为零。考虑到这些"0"数据,滤波器的工作速度可以降至 $f_s/2$,即 50 MHz。这种方法要付出的代价是滤波器的数量加倍,即每个输出信道不是用一个滤波器,而是需要用两个。对这种方法的讨论如下。

将式(6.54)和式(6.55)的结果代入式(6.56),根据卷积的定义,可得结果为

$$
\begin{aligned}
y_I(1) &= x(1)h(1) \\
y_I(2) &= x(1)h(2) \\
y_I(3) &= x(1)h(3) - x(3)h(1) \\
y_I(4) &= x(1)h(4) - x(3)h(2) \\
&\vdots \\
y_Q(1) &= 0 \\
y_Q(2) &= x(2)h(2) \\
y_Q(3) &= x(2)h(3) - x(4)h(1) \\
y_Q(4) &= x(2)h(4) - x(4)h(2)
\end{aligned}
\tag{6.57}
$$

在这些等式中,输出 y_I 和 y_Q 可以分为奇数时间项和偶数时间项。奇数时间项输出为 $y_I(1)$, $y_I(3)$, $\cdots$, $y_Q(1)$, $y_Q(3)$, $\cdots$,偶数时间项输出为 $y_I(2)$, $y_I(4)$, $\cdots$, $y_Q(2)$, $y_Q(4)$, $\cdots$。有趣的是,奇数项输出只包含 $h(t)$ 的奇数项,如 $h(1)$, $h(3)$,并且偶数项输出只包含 $h(t)$ 的偶数项,如 $h(2)$, $h(4)$。我们可以用 $h_o(t)$ 和 $h_e(t)$ 分别表示 $h(t)$ 的奇数项和偶数项。

如果 $h(t)$ 共有 N 个系数,那么 $h_o(t)$ 和 $h_e(t)$ 分别包括 $N/2$ 个系数。I 和 Q 信道的输出则都可以分成 2 个信道,每个信道都有一个低通滤波器,共有 4 个滤波器,如图 6.15 所示。由于 I 信道的滤波器只用于奇数输出项,如 $x(1)$, $x(3)$,而 Q 信道的滤波器只用于偶数输出项,如 $x(2)$, $x(4)$,所以这些滤波器的工作速度只有采样频率的一半。这种方法没有像图 6.14 所示的那样给输出数据补零。

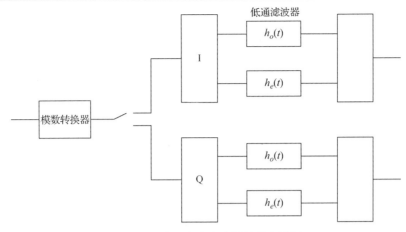

图 6.15　采用改进滤波器的数字混频

附录 6.A 所列的计算机程序演示了该方法。输入信号为正弦波。注意，在式(6.57)中，数据点 $y_Q(1)=0$，但是计算机仿真中产生的第一个数据点 $y_Q(1)$ 不为 0。为了使仿真结果正确，在 $y_Q(t)$ 的起始处加一个 0，代表 $y_Q(1)$。输出结果如图 6.16 所示。需要注意的是，在脉冲的输入端和输出端都存在暂态效应。由于每个滤波器的长度都是 16 点，所以暂态持续的长度相同。

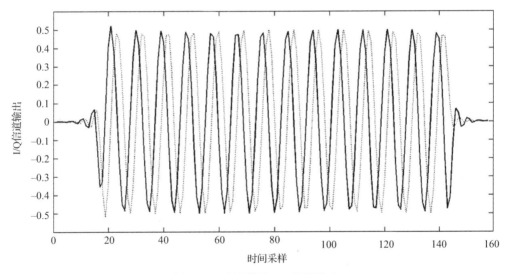

图 6.16　滤波器的 I/Q 信道输出

6.14　I/Q 信道不平衡的数字校正

如果两个信道间的不平衡度可以测量，就可以对其进行校正。校正方案是使用 Gram–Schmidt 程序，下面将在二维情况下对其进行叙述[24,25]。任意两个向量都可以用两个标准正交向量表示，参考文献[26]已对此进行证明，这里只引用其结果。

为了简化讨论，可以把幅度误差归于 I 信道，而把相位误差归于 Q 信道。通常，输出中会包括直流偏量，必须将其去除。去除直流偏量之后，结果可写为

$$I_1 = (1+\alpha)A\cos(2\pi f_{if}t), \qquad Q_1 = A\sin(2\pi f_{if}t + \varepsilon) \tag{6.58}$$

其中，α 表示幅度不平衡度，ε 表示相位不平衡度。校正后的输出可写成矩阵形式，即

$$\begin{bmatrix} I_2 \\ Q_2 \end{bmatrix} = \begin{bmatrix} E_1 & 0 \\ P & 1 \end{bmatrix} \begin{bmatrix} I_1 \\ Q_1 \end{bmatrix} \tag{6.59}$$

其中，I_2 和 Q_2 是正交且平衡的。求解出 E_1 和 P 的值分别为

$$E_1 = \frac{\cos\varepsilon}{1+\alpha}, \qquad P = \frac{-\sin\varepsilon}{1+\alpha} \tag{6.60}$$

若将式(6.60)的值代入式(6.59)，则结果为

$$I_2 = A\cos\varepsilon\cos(2\pi f_{if}t), \qquad Q_2 = A\cos\varepsilon\sin(2\pi f_{if}t) \tag{6.61}$$

该结果表明两路输出具有相同的幅度，且相位相差90°。

由于 α 和 ε 都是接近于 0 的量，所以 E_1 接近于 1。数字计算的惯常做法是把系数 E_1 变成一个很小的数值。因此通常定义一个新的系数 $E = E_1 - 1$，则增益和相位所需的校正系数变为

$$E = \frac{\cos\varepsilon}{1+\alpha} - 1, \qquad P = \frac{-\sin\varepsilon}{1+\alpha} \tag{6.62}$$

下面的讨论围绕获得不平衡度以及从采集的数据中产生上式所述的校正系数来展开。校正可以通过采用一个频率为 f 的测试信号来完成。I/Q 信道的输出可以写成如下复数形式：

$$s_t(t) = (1+\alpha)A\cos(2\pi ft + \psi) + a + \mathrm{j}[A\sin(2\pi ft + \psi + \varepsilon) + b] \tag{6.63}$$

其中，ψ 为输入信号的初始相位，ε 为相位不平衡度，a 和 b 为直流电平。以 $f_s = 1/t_s$（t_s 为单位采样时间）的频率对输入信号进行采样。采样频率必须为输入频率的 4 倍，即意味着 $f_s = 4f$。这里只需要时域中的 4 个采样就可以计算校正系数，分别为

$$\begin{aligned} s_t(0) &= (1+\alpha)A\cos\psi + a + \mathrm{j}[A\sin(\psi+\varepsilon) + b] \\ s_t(t_s) &= -(1+\alpha)A\sin\psi + a + \mathrm{j}[A\cos(\psi+\varepsilon) + b] \\ s_t(2t_s) &= -(1+\alpha)A\cos\psi + a + \mathrm{j}[-A\sin(\psi+\varepsilon) + b] \\ s_t(3t_s) &= (1+\alpha)A\sin\psi + a + \mathrm{j}[-A\cos(\psi+\varepsilon) + b] \end{aligned} \tag{6.64}$$

相应的 FFT 可以写为

$$S_t(k) = \sum_{n=0}^{N-1} s_t(t)\mathrm{e}^{-\mathrm{j}2\pi nk/N} \tag{6.65}$$

由于输入频率为 f，以 $4f$ 的频率对输入进行采样，且只获得 4 个采样点，所以频域和 $S_t(k)$ 都只有 4 个输出。4 个频率分量中的 3 个分别为直流分量 $S_t(0)$，输入频率 $S_t(1)$ 和镜像分量 $S_t(3)$。

将式(6.64)的结果代入上式，则得到频域的输出为

$$S_t(0) = 4(a + \mathrm{j}b) \tag{6.66}$$

该信息可以用来校正直流偏量。

可以通过测试信号频率 $S_t(1)$ 及镜像频率 $S_t(3)$ 的频域输出，求得用来校正增益误差和相位误差的系数 E 和 P。其中，测试信号频率 $S_t(1)$ 的输出为

$$S_t(1) = 2A[(1+\alpha) + \cos\varepsilon + \mathrm{j}\sin\varepsilon]\mathrm{e}^{\mathrm{j}\psi} \tag{6.67}$$

在测试信号频率的镜像处的滤波器输出 $S_t(3)$ 为

$$S_t(3) = 2A[(1+\alpha) - \cos\varepsilon + \mathrm{j}\sin\varepsilon]\mathrm{e}^{-\mathrm{j}\psi} \tag{6.68}$$

很容易看出

$$S_t^*(1) + S_t(3) = 4A(1+\alpha)\mathrm{e}^{-\mathrm{j}\psi} \tag{6.69}$$

其中，$S_t^*(t)$ 表示 $S_t(t)$ 的共轭。从式(6.68)和式(6.69)可得

$$\frac{2S_t(3)}{[S_t^*(1) + S_t(3)]} = 1 - \frac{\cos\varepsilon}{1+\alpha} + \frac{\mathrm{j}\sin\varepsilon}{1+\alpha} \tag{6.70}$$

从式(6.62)和式(6.69)可得以下结果：

$$E = -\mathrm{Re}\left[\frac{2S_t(3)}{S_t^*(1) + S_t(3)}\right], \quad P = -\mathrm{Im}\left[\frac{2S_t(3)}{S_t^*(1) + S_t(3)}\right] \tag{6.71}$$

上述这些关系式用来估计校正因子。这种校正方法应当在不同的频率上进行测试。

此校正方法在同一时间只对一个频率适用。如果 I/Q 信道覆盖较宽的频带，则不平衡度将是频率的函数。由于电子战接收机面对的信号频率是未知的，因此本节讨论的不平衡补偿方法可能不适用。下一节将讨论宽带数字校正方法。

6.15 I/Q 信道间不平衡的宽带数字校正[27]

6.14 节讨论了一种基于固定不平衡值的补偿方法。电子战接收机需要覆盖很宽的带宽，带内信号的幅度和相位可能取决于频率。为了解决这个问题，找到一种宽带不平衡补偿方案是必要的。空军研究实验室的 Liou 博士提出了一种适于电子战应用的宽带不平衡补偿方法[27]，本节将对该方法进行介绍。

可以用图 6.17 来解释幅度和相位不平衡及其补偿方法。在图 6.17 中，向量 $X[\cos(\omega t), \sin(\omega t)]^\mathrm{T}$ 表示一个平衡的复信号，其中的两个分量分别为同相和正交信道。用矩阵 A 对由非理想下变频器引入的幅相不平衡进行建模。如图 6.17 所示，信号 Y(矩阵 A 的输出)的同相和正交分量具有不同的幅度，且相位差不是 90°。X、Y 和 A 之间的关系可写为

$$Y = AX \tag{6.72}$$

其中，

$$\begin{aligned} X &= [\cos(\omega t) \quad \sin(\omega t)]^\mathrm{T} \\ Y &= [\cos(\omega t) \quad \gamma\sin(\omega t + \phi)]^\mathrm{T} \end{aligned} \tag{6.73}$$

可以推导出矩阵 A 为

$$A = \begin{bmatrix} 1 & 0 \\ \gamma\sin\phi & \gamma\cos\phi \end{bmatrix} \tag{6.74}$$

其中，γ 和 ϕ 分别为角频率 ω 处的幅度失配和相位失配。

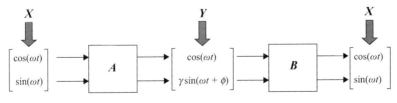

图 6.17 幅相不平衡及其补偿方法

逆矩阵 B 用来补偿幅相不平衡。令矩阵 B 的输入信号为不平衡信号 Y，那么其输出信号

应该为 X，即原来的平衡信号。Y、X 和 B 之间的关系如下：

$$X = BY \tag{6.75}$$

矩阵 B 为 A 的逆矩阵，即

$$B = \begin{bmatrix} 1 & 0 \\ -\tan\phi & 1/[\gamma\cos\phi] \end{bmatrix} \tag{6.76}$$

应当指出的是，由于幅相不平衡与频率有关，因此矩阵 A 和 B 也与频率有关。

为了将不平衡补偿的频域向量转化为时域复数运算，首先将向量 X 和 Y 重写为

$$Y = [I_{in} \quad Q_{in}]^T, \quad X = [I_{out} \quad Q_{out}]^T \tag{6.77}$$

其中，I_{in} 和 I_{out} 分别为输入和输出的同相分量，Q_{in} 和 Q_{out} 分别为输入和输出的正交分量。令 Z_{in} 和 Z_{out} 为补偿矩阵 B 的复数形式的输入信号和输出信号：

$$Z_{in} = I_{in} + jQ_{in}, \quad Z_{out} = I_{out} + jQ_{out} \tag{6.78}$$

式(6.77)中的向量 Y 和 X 则可分别重写为

$$Y = \left[\frac{1}{2}(Z_{in} + Z_{in}^*) \quad \frac{1}{2j}(Z_{in} - Z_{in}^*)\right]^T \tag{6.79}$$

$$X = \left[\frac{1}{2}(Z_{out} + Z_{out}^*) \quad \frac{1}{2j}(Z_{out} - Z_{out}^*)\right]^T \tag{6.80}$$

将式(6.79)和式(6.80)代入式(6.75)，可导出以下关系：

$$Z_{out} = CZ_{in} + DZ_{in}^* \tag{6.81}$$

其中，Z_{in}^* 为 Z_{in} 的共轭，系数 C 和 D 可由下式给出：

$$C = \frac{1 - j\tan\phi + 1/(\gamma\cos\phi)}{2} \tag{6.82}$$

$$D = \frac{1 - j\tan\phi - 1/(\gamma\cos\phi)}{2} \tag{6.83}$$

C 和 D 取决于耦合器在角频率 ω 处的相位失配和幅度失配。

式(6.81)是不平衡补偿器的"准传递"函数。之所以称为"准传递"，是因为该函数的输入为补偿器的输入及其复共轭的混合。基于从式(6.81)到式(6.83)所示的频域表示，两组时域滤波器系数(一组为补偿器输入信号，另一组为其共轭)可由与频率相关的 C 和 D 的傅里叶逆变换推导出来。

为了利用数字滤波器实现补偿器，首先应确定在下变频器工作带宽内 C 和 D 在离散频率处的值。其次，在离散频率上对 C 和 D 进行离散傅里叶逆变换。不平衡补偿器在时域中的输入与输出的关系可写为

$$z_{out,k} = \sum_{m=-M}^{M} c_m z_{in,k-m} + \sum_{m=-M}^{M} d_m z_{in,k+m}^* \tag{6.84}$$

其中，c 和 d 分别为 C 和 D 的傅里叶变换对，而 $(2M+1)$ 为 FIR 滤波器的抽头数量。滤波器的抽头数量越多，补偿性能就越好，前提是以提高系统复杂性为代价。式(6.84)右边第一项来自式(6.81)的非共轭项，第二项则来自式(6.81)的共轭项。需要注意的是，第二项在求和时具有正的时间下标，而第一项具有负的时间下标。这是共轭输入的结果。

为了证明该算法的有效性，我们考虑一个下变频器，其幅度和相位不平衡度如图 6.18 所示。假设该下变频器的工作带宽为 (0, 2.56 GHz)。其幅度和相位的不平衡度曲线是为了证明

而任取的。我们利用下变频器工作带宽内(20 MHz 分辨率)的幅相不平衡度来确定向量 C 和 D 的值。向量 C 和 D 的数据长度为 128 点。C 和 D 的逆傅里叶变换用来获取滤波器系数 c 和 d。由于需要减少滤波器抽头的数量，只有下标为 $-5 \sim 5$ 的值才会用到，即式(6.84)中 $M = 5$。换言之，滤波器长度为 11。

然后，使用余弦信号作为输入信号并改变其频率，从而可以使下变频器的输出频率在 300 MHz 至 2.30 GHz 的范围内变化。以 2.56 GHz 的采样频率对下变频器的输出信号进行采样，对输出的复信号在补偿器前后分别进行 FFT。在进行 FFT 之前，先去掉补偿器输出的暂态周期。计算出在不同频率处补偿器前后镜像信号之间的功率差，结果如图 6.19 所示。由图 6.19 可见，补偿器可以有效地减小镜像信号功率，因此增加了电子战接收机的瞬时动态范围。不过，在 1.28 GHz 附近镜像信号功率没有减小，因为在该处的原始信号的频率与其镜像信号的频率相同。

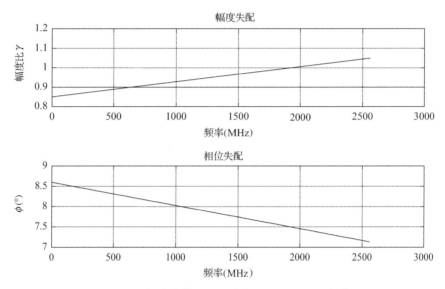

图 6.18　仿真中使用的下变频器的幅相不平衡谱

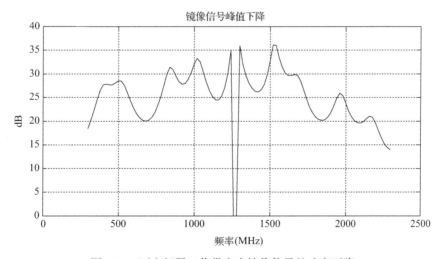

图 6.19　下变频器工作带宽内镜像信号的功率下降

参考文献

[1] East PW. 'Design techniques and performance of digital IFM'. *IEE Proceedings F: Communications, Radar and Signal Processing* 1982; **129**(3): 154–163.

[2] Tsui JBY. Microwave Receivers with Electronic Warfare Applications. New York: John Wiley & Sons; 1986.

[3] Brown TT. 'Mixer harmonic chart'. *Electronic Buyers' Guide* 1953; **June**: R58–59.

[4] Smith T, Wright J. *Spurious Performance of Microwave Double-Balanced Mixers*. Application note. Palo Alto, CA: Watkins-Johnson; August 1975.

[5] Huang MY, Buskirk RL, Carlisle DE. 'Select mixer frequencies painlessly'. *Electronic Design* 976; **24**(8): 104–109.

[6] Henderson BC. *Mixers: Part 1, Characteristics and Performance*. Tech-Notes. Palo Alto, CA:Watkins-Johnson; March/April 1981.

[7] Henderson BC. *Predicting Intermodulation Suppression in Double-Balanced Mixers*. Tech-Notes. Palo Alto, CA: Watkins-Johnson; July/August 1983.

[8] Papoulis A. *The Fourier Integral and its Applications*. New York: McGraw-Hill; 1962.

[9] Engler H. Georgia Tech Research Institute, Atlanta, GA. Private communication.

[10] Stremler FG. *Introduction to Communication Systems*, 2nd ed. Reading, MA: Addison-Wesley; 1982.

[11] Ziemer RE, Tranter WH, Fannin ER. *Signals and Systems: Continuous and Discrete*. New York: Macmillan; 1983.

[12] Urkowitz H. 'Hilbert transforms of bandpass functions'. *Proceedings of the IRE* 1962; **50**: 2143.

[13] Bedrosian E. 'A product theorem for Hilbert transforms'. *Proceedings of the IEEE* 1963; **51**(5): 868–869.

[14] Rabiner LR. *Theory and Application of Digital Signal Processing*. Englewood Cliffs, NJ: Prentice Hall; 1975.

[15] Oppenheim AV, Schafer RW. *Digital Signal Processing*. Englewood Cliffs, NJ: Prentice Hall; 1975.

[16] Waters WM, Jarrett BR. 'Bandpass signal sampling and coherent detection'. *IEEE Transactions on Aerospace and Electronic Systems* 1982; **AES-18**(6): 731–736.

[17] Rice DW, Wu KH. 'Quadrature sampling with high dynamic range'. *IEEE Transactions on Aerospace and Electronic Systems* 1982; **AES-18**(6): 736–739.

[18] Rader CM. 'A simple method for sampling in-phase and quadrature components'. *IEEE Transactions on Aerospace and Electronic Systems* 1984; **AES-20**(6): 821–824.

[19] Waters WM, Jarrett BR. 'Tests of direct-sampling coherent detection with a laboratory analog-todigital converter'. *IEEE Transactions on Aerospace and Electronic Systems* 1985; **AES-21**(3): 430–432.

[20] Nitchell RL. 'Creating complex signal samples from a band-limited real signal'. IEEE Transactions on *Aerospace and Electronic Systems* 1989; **25**(3): 425–427.

[21] Liu H, Ghafoor A, Stockmann PH. 'A new quadrature sampling and processing approach'. *IEEE Transactions on Aerospace and Electronic Systems* 1989; **25**(5): 733–748.

[22] Pellon LE. 'A double Nyquist digital product detector for quadrature sampling'. *IEEE Transactions on Signal Processing* 1992; **40**(7): 1670–1681.

[23] Miniuk J, Shoemaker M. Naval Surface Warfare Center, Dahlgren, VA. Private communication.

[24] Van Trees HL. *Detection, Estimation, and Modulation Theory, Part I*. New York: John Wiley & Sons; 1968.

[25] Carlson AB. *Communication Systems: An Introduction to Signals and Noise in Electrical Communication*, 2nd ed. New York: McGraw-Hill; 1986.

[26] Churchill FE, Ogar GW, Thompson BJ. 'The correction of I and Q errors in a coherent processor'. IEEE *Transactions on Aerospace and Electronic Systems* 1981; **AES-17**(1): 131–137.

[27] Cheng C-H, Liou L, Lin D, Tsui J, Tai H-M. 'Wideband in-phase/quadrature imbalance compensation using finite impulse response filter'. *IET Radar, Sonar & Navigation* 2014; **8**(7): 797–804.

附录 6.A

```
% df8_16.m IQBK generates I and Q channels from fs/2
% clear
n1 = 128;
n=[0:n1-1];
% f = input('enter input frequency in MHz from 1 to 49 = ');
f=14*10^6;
x = sin(2*pi*f*1e-8*n+.01); % sampled at 100 MHz
% ******** generate I and Q channels ********
xx = reshape(x,4,n1/4);
xrm = [xx(1,1:n1/4); -xx(3,1:n1/4)];
xim = [xx(2,1:n1/4); -xx(4,1:n1/4)];
xr = reshape(xrm,1,n1/2);
xi = -1*reshape(xim,1,n1/2);
% ******** create a low pass filter ********
dbst = 70;
betat = .1102*(dbst-8.7);
windowt = kaiser(32,betat);
hkt = fir1 (31,0.5, windowt);
filtab = reshape(hkt,2,16);
filtat = filtab(1,1:16);
filtbt = filtab(2,1:16);
% ******** filtering ********
cnvlra = conv(filtat,xr);
cnvlrb = conv(filtbt,xr);
cnvlia = conv(filtat,xi);
cnvlib = conv(filtbt,xi);
I1 = [cnvlra; cnvlrb];
It = reshape(I1,1,2*length(cnvlra));
Q1 = [cnvlia; cnvlib];
Qt1 = reshape(Q1,1,2*length(cnvlra));
Qt = [0 Qt1(1:n1+30-1)]; % add 0 as the first point
% ******** plot the results ********
plot(1:n1+30,Qt, 1:n1+30,It)
axis([0 160 -.6 .6])
xlabel('Time sample')
ylabel('Outputs of I Q channels')
```

第 7 章 灵敏度与信号检测

7.1 引言

本章将讨论接收机灵敏度。接收机灵敏度被定义为能够测量到最弱信号的能力。模数转换器输出的是数字信号，该输出信号会影响到输入信号的测量方法，进而影响接收机灵敏度。计算灵敏度的传统方法是利用数学建模。然而由于模数转换器的非线性特性，难以进行数学计算，因此仍要采用模拟方法进行基本分析。如果模数转换器的位数很多，则计算结果将与模拟方法接近。在数字接收机中，检测虚警和信号的阈值不能任意设置，该阈值只能在有限数量的电平中进行选择。

本章讨论几种不同类型的检测方案，强调了模拟和数字接收机之间检测方法的差别。从检测的角度讨论数字接收机的潜在优点。首先讨论基于一个采样数据的检测问题，然后扩展到多个采样数据的情况，最后研究能用于数字接收机的频域检测。在说明某些检测方法时，会用到一些包含计算机程序的例子。

在一般性讨论前，我们首先来阐明"detection"[①]一词的含义。在讨论接收机时，该词有两种截然不同的含义：一是指将射频信号或噪声转换为视频信号的过程(检波)；二是指确定是否存在信号的过程(检测)。从书中内容可以区分开这两种含义。

7.2 电子战接收机的检测方法

本节讨论模拟接收机的检测过程。所讨论的检测是在脉冲信号的基础上进行的。虽然并非所有的接收机(例如通信接收机)都是这种情况，但是这代表了大多数电子战接收机的情况。在模拟接收机中，通过晶体视频检波器将输入的射频信号转化为视频信号。有时先将输入的射频信号变换到中频，再通过晶体视频检波器变换为视频信号。视频检波器的输出连接一个简单的阈值比较器。如果视频信号高于检测阈值，接收机就会检测到信号，如图 7.1 所示。由于视频信号是在时域中，所以这类检测也是在时域中实现的。

在雷达接收机中，由于输入信号波形是已知的，因此可用匹配滤波器与输入信号相匹配，从而使接收机灵敏度达到最优。此外，还可以通过脉冲积累来进一步提高接收机灵敏度。

在电子战接收机中，由于输入信号不可预知，因此不可能设计一种匹配滤波器来获得最优的接收机灵敏度。通常将电子战接收机设计得与预期最短的脉冲相匹配。例如，如果设计一部电子战接收机来截获最小脉宽为 100 ns 的脉冲，那么用来确定频率分辨率的最小滤波器带宽约为 10 MHz(即 1/100 ns)。接收机灵敏度由底噪、噪声系数(在第 5 章中已讨论过)和系

[①] 英文 detection(名词，相应的动词形式为 detect)的含义有检波、检测、探测等。本章主要的讨论内容为信号检测，这里采用其"检测"含义。——译者注

统阈值决定。最小滤波器带宽决定底噪的大小,因而决定了接收机灵敏度的高低。在此假设条件下的灵敏度使得接收机能够检测到任何脉宽大于 100 ns 的脉冲信号。理论上,接收机能设计成用窄的带宽截获较长的脉冲,以获得较高的灵敏度。因此有必要设计一种具有可变灵敏度的电子战接收机,即输入脉冲越长,接收机灵敏度越高。

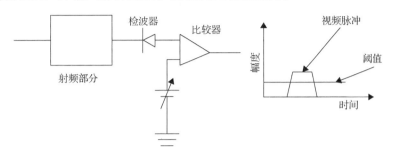

图 7.1 电子战接收机中的检测电路

通常,电子战接收机被设计为逐脉冲接收输入信号,并将脉冲中的信息转化为脉冲描述字,该问题已在第 2 章讨论过。所接收脉冲的脉冲描述字通过数字信号处理机进行比对,以实现信号分选,得到来自某一特定雷达的脉冲串。因此,在设计电子战接收机时一般不使用脉冲积累来提高灵敏度。

7.3 数字电子战接收机潜在的检测优势

在数字接收机中,中频(IF)输出在非常高的速率下进行数字化。在一个脉冲内,就可以采到许多数据点。可对采到的数据进行快速傅里叶变换(FFT),把模数转换器输出变换到频域。因此,信号检测可在时域或频域进行。时域检测和频域检测各自的潜在优势将在下面予以讨论。

7.3.1 频域检测

在频域检测方法中,对所有输入数据进行 FFT 处理。为了进行 FFT 处理,必须预先确定输入数据的长度(例如 64 点作为一组),以不重叠的方式对数据进行 FFT 处理,如图 7.2(a)所示,或者以重叠 50% 的方式对数据进行 FFT 处理,如图 7.2(b)所示。这一运算过程有时也称为短时傅里叶变换(STFT)[1]。第 10 章将详细讨论 STFT。

频域检测可定义为对每一个单独的 FFT 输出进行检测。严格地说,如果以这种方式对一串 FFT 输出进行检测,那么可认为检测是在时域中进行的。但是在本章中,仅限于对单组数据的 FFT 输出进行频域检测。

在相邻 FFT 输出中的重叠越多,运算量就越大,但是如果重叠较少,又有丢失信息的可能。例如,若将 64 点长度的脉冲信号分成两个不重叠的相邻数据组,则 FFT 输出将扩散到若干频点上,其幅度将低于预期值。因此,接收机灵敏度也会降低。通过对数据逐点滑窗处理,可以得到最高的接收机灵敏度,如图 7.2(c)所示。这种方法称为滑窗 FFT 法。将 FFT 输出与一个特定阈值进行比较,可以确定是否存在信号,然后再确定信号的数量。在该方法中,必须忽略或消除副瓣的影响。

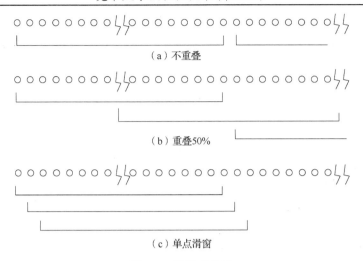

图 7.2 数据点分组

频域检测的主要优势是,对大量数据点进行 FFT 处理可以把信号从噪声中提取出来。它的劣势是需要进行大量的 FFT 运算,并且 FFT 的长度要预先确定。换言之,FFT 速度必须和采样速度相匹配。即使数据中只含有噪声,也必须进行 FFT 处理。由于 FFT 的长度是预先确定的,当信号长度不能与 FFT 匹配时,就不能获得最优的接收机灵敏度。虽然理论上可以进行多种不同长度的 FFT 处理,但是这可能大大增加信号处理的复杂性。

7.3.2 时域检测

实现简单的时域检测是相对容易的。通过比较信号幅度与固定阈值,可以确定数据中是否存在信号。假定以复数形式采集信号,则可得信号的幅度为

$$x_r = A\cos(2\pi ft), \quad x_i = A\sin(2\pi ft), \quad A = \sqrt{x_r^2 + x_i^2} \tag{7.1}$$

其中,x_r 和 x_i 分别表示输入信号的实部和虚部,A 和 f 分别表示输入信号的幅度和频率。

显然,时域检测比上面提到的频域检测更容易。如果能在时域先对模数转换器的输出数据进行信号检测,就能对只含有信号的数据进行 FFT 处理,进而获得频率信息。当数据中只含有噪声时,可以避免对数据进行 FFT 处理。如果这种方法能够得到有效执行,就可以不要求 FFT 速度与模数转换器采样速度必须匹配。不过,接收机灵敏度将由时域检测方法决定。

在数字接收机中,在一个脉冲上能得到的数据点数量取决于脉宽和采样速率(f_s)。将每个数据点与阈值相比都能获得一个灵敏度。但是,多个数据点一起处理能够改善灵敏度,而一起处理的数据点数量必须预先确定。由于在时域中进行阈值比较很简单,因此可以选择多个不同的数据长度。如果输入脉宽与预先确定的数据长度之一接近,那么对矩形脉冲而言该检测应接近于匹配滤波器,可以获得高灵敏度。虽然该方法也增加了信号处理的复杂程度,但是与使用不同长度数据进行 FFT 处理的方法相比,它更容易实现。

在对检测方案进行有意义的讨论之前,必须先确定检测阈值。检测阈值取决于接收机使用者确定的虚警概率。因此,这里首先讨论接收机的虚警问题。

7.4 单个采样的虚警时间和虚警概率

在电子战接收机中，通常需要明确虚警时间。虚警时间是在没有输入信号时接收机产生一次虚警所需的平均时间。例如，如果虚警时间为 100 s，则表示接收机平均每 100 s 产生一次虚警。如果模数转换器的采样频率是 f_s，且单个采样的虚警概率是 P_{fas}，则虚警时间 T_f 可以写成

$$T_f = \frac{1}{P_{fas}f_s}, \quad 即 P_{fas} = \frac{1}{T_f f_s} \tag{7.2}$$

上式假设模数转换器的每次采样输出都与阈值做比较。如果任何一个输出超过阈值，就将其看成一次虚警。如果采样频率 f_s=100 MHz，那么每 100 s 产生一次虚警，则由式(7.2)得到虚警概率 $P_{fas} = 1 \times 10^{-10}$。一旦确定了容许的虚警概率，接下来就是在输出端设定相应的阈值，以产生该虚警概率。

7.5 单个采样的阈值设定[2~6]

本节只考虑单个数据点与固定阈值比较的情况。假定噪声的概率密度 $p(x)$ 是高斯型的，则有

$$p(x) = \frac{1}{\sqrt{2\pi}\sigma} e^{-\frac{x^2}{2\sigma^2}} \tag{7.3}$$

其中，σ^2 表示噪声方差。为产生输入信号的包络，需要 I 和 Q 两个信道。如果式(7.3)表示 I 信道的输出噪声，则 Q 信道的输出噪声概率密度可类似地表示为

$$p(y) = \frac{1}{\sqrt{2\pi}\sigma} e^{-\frac{y^2}{2\sigma^2}} \tag{7.4}$$

信号包络的概率密度是 $p(x)$ 和 $p(y)$ 的乘积，它可以写成关于 r 的函数，即

$$p(r) = \int_0^{2\pi} rp(x)p(y)\,d\phi = \int_0^{2\pi} \frac{r}{2\pi\sigma^2} e^{-\frac{(x^2+y^2)}{2\sigma^2}}\,d\phi = \frac{r}{\sigma^2} e^{-\frac{r^2}{2\sigma^2}} \tag{7.5}$$

其中，$r^2 = x^2 + y^2$，$\phi = \arctan(y/x)$。该概率密度函数称为瑞利分布。

虚警概率可以写为

$$P_{fas} = \int_{r_1}^{\infty} p(r)\,dr = \int_{r_1}^{\infty} \frac{r}{\sigma^2} e^{-\frac{r^2}{2\sigma^2}}\,dr = e^{-\frac{r_1^2}{2\sigma^2}} \tag{7.6}$$

其中，r_1 表示阈值。对上式稍加变形，可表示为

$$-\frac{r_1^2}{2\sigma^2} = \ln(P_{fas}), \quad r_1 = \sqrt{-2\sigma^2 \ln(P_{fas})} \tag{7.7}$$

通常，由上式获得的数值不会正好与模数转换器的某个量化电平相等。应该选择一个接近 r_1 的量化电平值。值取大了就会减小虚警概率和降低灵敏度，而值取小了则效果相反。

在式(7.7)中，如果选择的 r_1 和模数转换器的某个量化电平匹配，且 P_{fas} 由式(7.2)决定，那么 σ 是唯一的变量。第 5 章已经讨论过，噪声包括来自模数转换器的量化噪声和来自模数转换器前端射频放大器的噪声。因此，根据式(5.41)和式(5.49)，噪声方差为

$$\sigma^2 = (1+M)\frac{Q^2}{12R} \tag{7.8}$$

其中，M 为放大器输出噪声与量化噪声之比。由式(5.58)可看出接收机灵敏度降低了：

$$F_s - F = 10\lg\left(\frac{1+M}{M}\right) \text{ dB} \tag{7.9}$$

其中，F_s 和 F 分别表示包含模数转换器和不包含模数转换器的放大器链的噪声系数。如果 M 值较小，则接收机灵敏度将恶化。

将式(7.8)代入式(7.7)，结果为

$$\frac{r_1^2}{2\sigma^2} = \frac{(nQ)^2}{2(1+M)\frac{Q^2}{12}} = -\ln(P_{fas}) \tag{7.10}$$

其中，r_1 被 nQ 取代，n 为整数，nQ 表示阈值电平。

根据式(7.10)，M 值为

$$M = -\left[\frac{6n^2}{\ln(P_{fas})} + 1\right] \tag{7.11}$$

通过调节模数转换器前端放大器的增益可以改变 M 的值。

7.6 单个采样检测的检测概率[2~6]

当数据中存在信号时，I 和 Q 信道输出的概率密度函数可以写成

$$p(x) = \frac{1}{\sqrt{2\pi}\sigma}e^{\frac{-(x-\mu_x)^2}{2\sigma^2}}, \quad p(y) = \frac{1}{\sqrt{2\pi}\sigma}e^{\frac{-(y-\mu_y)^2}{2\sigma^2}} \tag{7.12}$$

其中，μ_x 和 μ_y 是高斯分布的均值，与输入信号的关系分别为

$$\mu_x = A\cos\alpha, \quad \mu_y = A\sin\alpha \tag{7.13}$$

式中，α 表示信号的初始相位。类似地，x，y 与 r 的关系为

$$x = r\cos\phi, \quad y = r\sin\phi \tag{7.14}$$

联合密度函数为

$$\begin{aligned} p(r,\phi/\alpha) &= rp(x)p(y) \\ &= \frac{r}{2\pi\sigma^2}e^{\frac{-[r^2+A^2-2rA(\cos\alpha\cos\phi+\sin\alpha\sin\phi)]}{2\sigma^2}} \\ &= \frac{r}{2\pi\sigma^2}e^{\frac{-[r^2+A^2-2rA\cos(\alpha-\phi)]}{2\sigma^2}} \end{aligned} \tag{7.15}$$

对上式关于 ϕ 进行积分，则概率密度为

$$p(r|\alpha) = \int_0^{2\pi} p(r,\phi|\alpha)\,\mathrm{d}\phi = \frac{r}{\sigma^2}e^{-\frac{r^2+A^2}{2\sigma^2}}I_0\left(\frac{rA}{\sigma^2}\right) = p(r) \tag{7.16}$$

其中 $I_0(x)$ 表示修正的零阶贝塞尔函数。值得注意的是，上式的结果与 α 无关，因此可用 $p(r)$ 表示，该分布称为莱斯分布。

单个采样的检测概率 P_{ds} 可由下式计算：

$$P_{ds} = \int_{r_1}^{\infty} p(r)\,\mathrm{d}r = 1 - \int_{0}^{r_1} p(r)\,\mathrm{d}r \tag{7.17}$$

其中 r_1 是阈值。通常采用上式的第二步进行积分计算，可以避免出现极限∞，得到更精确的结果。遗憾的是，无法对上式进行解析计算，只能通过数值积分才能得到结果。

以上结果适用于单个数据点。有时也可以在多个数据点的基础上描述虚警概率，那么检测问题也要基于多个数据点来讨论。以下几节将讨论多个采样的检测问题。

7.7 基于多个采样的检测

通常，采样速率能达到数百兆赫兹，相应的采样时间为几纳秒。没有必要在一个采样数据的基础上进行检测。更合理的方法是根据包含多个数据点的整个脉宽来检测输入信号。为了基于多个采样数据来检测输入信号，必须推导一组新的方程式，其中包括基于多个采样的虚警概率和检测概率的表达式。这些表达式可以从单个采样检测的方程式（前几节讨论过）获得。本节将讨论几种检测方法。

式 (7.2) 给出的虚警时间和虚警概率之间的关系经修改可以适用于多个数据采样的检测。假设使用总共 N 个采样数据来确定虚警概率和检测概率。为保持所需的虚警时间，虚警概率要增大 N 倍。这是因为不再是每 $t_s = 1/f_s$ 做一次检测，而是每 Nt_s 做一次检测。由此，虚警概率可以写为

$$P_{fam} = \frac{N}{T_f f_s} \tag{7.18}$$

其中 P_{fam} 表示多个采样的虚警概率。使用多个采样来设置阈值，类似于使模拟微波接收机中的视频带宽变窄。等效视频带宽可以看成 f_s/N。在模拟接收机中，视频带宽必须与预期的最小脉宽匹配。在数字接收机中，等效视频带宽也应该与预期最小脉宽匹配。不过，如果能够设计出具有不同 N 值的接收机，接收机就能匹配不同的脉宽。这种方法将提高接收机对不同脉宽信号的灵敏度。

下面将讨论如何基于每 N 个采样进行检测，这里介绍两种方法：

1. 基于单个采样检测结果的 $L|N$ 法。该方法选取某个量化电平作为检测阈值。设 L 为小于 N 的数值，若 N 个采样中至少有 L 个采样超过阈值，则认为检测到了输入信号。
2. 基于 N 个采样之和的方法。该方法更类似于传统雷达使用在 N 个脉冲上的求和结果进行检测决策。下面几节将讨论这两种方法。

7.8 多个采样的检测方案（$L|N$ 法）[7~9]

本节讨论 $L|N$ 检测法。首先从给定的虚警时间得到虚警概率 P_{fa}，再根据 P_{fa} 的值选择阈值。

可将这里的虚警视为二项分布问题。为了从 N 个连续采样得到虚警概率，至少 L 个采样需要超过阈值。若单个采样超过阈值（某个量化电平）的概率是 p，则不超过阈值的概率是 $(1-p)$。参考文献 [7~9] 给出的恰好 L 个采样超过阈值的概率是

$$p(L|N) = \frac{N!}{L!(N-L)!}p^L(1-p)^{N-L} \tag{7.19}$$

其中，$p(L|N)$ 表示 L 个采样超过阈值的概率。

根据 p 值的含义，上式中的 $p(L|N)$ 既可以表示虚警概率，也可以表示检测概率。当用 p_{fas} 替代 p 时，$p(L|N)$ 表示虚警概率；当用 p_{ds} 替代 p 时，$p(L|N)$ 表示检测概率。

令 $p(L+|N)$ 表示至少有 L 个采样超过阈值（即有从 L 到 N 个采样超过阈值）的概率。概率 $p(L+|N)$ 可以写为

$$p(L+|N) = \sum_{i=L}^{N} p(i|N) \tag{7.20}$$

上式可以用来确定所需的虚警概率或者检测概率。

计算多个数据采样的检测概率与前几节提到的方法非常相似。首先，必须确定所需的 P_{fam}。式(7.19)和式(7.20)用于匹配所需的 P_{fam}。然而，由于存在许多 L 值和 N 值的组合，因此难以求解出 L、N 和 p_{fas} 的唯一值。所以，建议先选择一个 N 值和 p_{fas} 值。根据式(7.19)和式(7.20)找到一个 L 值，使由 L 值求解出的 P_{fam} 接近期望值。虽然使用该方法得不到精确的 P_{fam}，但是能够得到一个接近它的值。7.13节将给出相关例子来说明上述这些方程式的用法。

7.9 概率密度函数和特征函数[9~13]

接下来的检测方法是对 N 个数据点的输出求和，并将求和结果与一个阈值进行比较。为便于分析，需要给出关于这 N 个数据点的概率密度函数。这些概率密度函数将用来推导虚警概率和检测概率。本节的最后将讨论检测方案。本节将给出概率密度函数和特征函数的关系，用于推导概率密度函数。

为了确定多个随机变量之和的概率密度函数，定义一个特征函数会便于后续的推导。这里的特征函数定义为

$$C(\omega) \equiv \int_{-\infty}^{\infty} p(x)e^{j\omega x} dx \tag{7.21}$$

其中，$p(x)$ 表示概率密度函数，ω 表示一个任意选择的变量。该函数与傅里叶逆变换相同，因此在以下的讨论中可以使用傅里叶变换的性质。

N 个相互独立的随机变量之和的概率密度函数由它们各自概率密度函数 $p_i(x)$ 的 $n-1$ 重卷积给出。如参考文献[9]所述，数学表达式可写为

$$p_n(x) = \int_{-\infty}^{\infty} \cdots \int_{-\infty}^{\infty} \int_{-\infty}^{\infty} p_{n-1}(x-x_{n-1})\cdots p_2(x-x_2)p_1(x_1)dx_1 dx_2 \cdots dx_{n-1} \tag{7.22}$$

其中 x_i 是名义变量。根据3.4节，应该可以看出上式是在 x 域中对 $p_1, p_2, \cdots$ 的卷积。如式(7.21)所示，由于 $C(\omega)$ 是 $p(x)$ 的傅里叶逆变换，所以在 x 域中的卷积等价于在 ω 域中它们特征函数的乘积，即

$$C_n(\omega) = C_{n-1}(\omega) \cdots C_2(\omega) C_1(\omega) \tag{7.23}$$

通过上式的逆变换，可以得出所需的联合概率密度函数

$$p_n(x) = \frac{1}{2\pi} \int_{-\infty}^{\infty} C_n(\omega) e^{-j\omega x} d\omega \tag{7.24}$$

通常，在求解所需的概率密度函数时，与对式(7.22)进行积分相比，使用特征函数来获取会更加容易。

7.10 使用平方律检波器时采样之和的概率密度函数[2,9~13]

参考文献[2]指出，对包络检波器的数学分析比对平方律检波器的数学分析更加复杂。不过，由这两种检波器得出的结果却非常接近。在平方律检波器中，输出采样来自对数字化数据的平方运算。这里讨论平方律检波器，所得结果应该也适用于包络检波器。

本节的讨论仍然以参考文献[2]为基础。当仅存在噪声时，使用式(7.5)的概率密度函数。对平方律检波器而言，$z = r^2$ 可用于替代 r，且有 $dz/dr = 2r$。$p(z)$ 和 $p(r)$ 之间的关系可以写为

$$p(z)\,dz = p(r)\,dr$$

即

$$p(z) = p(r)\frac{dr}{dz} = \frac{p(r)}{dz/dr} \tag{7.25}$$

则相应的概率密度函数 $P_{1n}(z)$ 为

$$p_{1n}(z) = \frac{p(r)}{2r} = \frac{1}{2\sigma^2}e^{-\frac{r^2}{2\sigma^2}} = \frac{1}{2\sigma^2}e^{-\frac{z}{2\sigma^2}} \tag{7.26}$$

这是平方律检波器的概率密度函数。$p(z)$ 的下标"1n"表示只有一个仅包含噪声的数据点作为输入。下面将用特征函数推导 N 个采样数据的概率密度函数。

需要注意的是，接下来几节涉及的积分运算很难。但是，Campbell 和 Foster 在参考文献[12]中给出了所有的积分运算。为了匹配参考文献中的公式，将做出以下改变。习惯上，特征函数定义为式(7.22)中的傅里叶逆变换，通过傅里叶变换得到概率密度函数。在接下来的几节中，重新定义特征函数为傅里叶变换，而通过傅里叶逆变换得到概率密度函数。由于运算是成对进行的，所以最终结果也是相同的。

式(7.26)的特征函数可以写为

$$C_{1n}(\omega) = \int_0^\infty \frac{1}{2\sigma^2}e^{-\frac{z}{2\sigma^2}}e^{-j\omega z}dz = \frac{1}{j2\omega\sigma^2 + 1} \tag{7.27}$$

如果使用 N 个采样来确定总的概率密度函数，那么特征函数可以写为

$$C_{Nn} = [C_{1n}(\omega)]^N = \left[\frac{1}{j2\omega\sigma^2 + 1}\right]^N = \left(\frac{1}{2\sigma^2}\right)^N\left[\frac{1}{j\omega + \frac{1}{2\sigma^2}}\right]^N \tag{7.28}$$

直接使用傅里叶逆变换公式得到最后的表达式 (no. 431, p. 44 [12])，结果为

$$P_{Nn}(z) = \frac{z^{N-1}e^{-\frac{z}{2\sigma^2}}}{(2\sigma^2)(N-1)!} \tag{7.29}$$

下标"Nn"表示只含有噪声的 N 个数据点的概率密度函数。该表达式可用于计算虚警概率。

如果存在信号，参考从式(7.25)推导式(7.26)的方法，则可通过式(7.16)得到概率密度函数，结果为

$$p_{1s}(z) = \frac{1}{2\sigma^2}e^{-\frac{z+A^2}{2\sigma^2}}I_o\left(\frac{\sqrt{z}A}{\sigma^2}\right) \tag{7.30}$$

上式是在一个信号通过平方律检波器时，来自其输出的单个采样数据的概率密度函数。

该式的特征函数 $C_{1s}(\omega)$ 可以写为 Campbell 和 Foster(no. 655.1, p. 79 [12])给出的形式。傅里叶变换结果为

$$C_{1s}(\omega) = \frac{1}{2\sigma^2} e^{-\frac{A^2}{2\sigma^2}} \int_0^\infty e^{-\frac{z}{2\sigma^2}} I_o\left(\frac{A\sqrt{z}}{\sigma^2}\right) e^{-j\omega z} dz = \frac{1}{j2\omega\sigma^2 + 1} e^{-\frac{jA^2\omega}{j2\omega\sigma^2+1}} \quad (7.31)$$

其中，下标"1s"表示对一个信号的单个采样。对于 N 个采样的情况，特征函数可以写成

$$C_{Ns}(\omega) = [C_{1s}(\omega)]^N = \frac{1}{(j2\omega\sigma^2+1)^N} e^{-\frac{jN\omega A^2}{j2\omega\sigma^2+1}}$$

$$= \left(\frac{1}{2\sigma^2}\right)^N e^{-\frac{NA^2}{2\sigma^2}} \frac{1}{\left(j\omega + \frac{1}{2\sigma^2}\right)^N} e^{-\left[\frac{1}{\frac{4\sigma^4}{NA^2}\left(j\omega + \frac{1}{2\sigma^2}\right)}\right]} \quad (7.32)$$

上面最后的表达式与 Campbell 和 Foster(no. 650.0, p. 77[12])给出的结果相匹配。通过傅里叶逆变换可以得出概率密度函数如下：

$$p_{Ns}(z) = \frac{1}{2\sigma^2}\left(\frac{z}{NA^2}\right)^{\frac{N-1}{2}} e^{-\frac{NA^2+z}{2\sigma^2}} I_{N-1}\left(\frac{A\sqrt{Nz}}{\sigma^2}\right) \quad (7.33)$$

其中 I_{N-1} 是第一类修正贝塞尔函数。使用式(7.29)和式(7.33)的结果可得出虚警概率和检测概率。

7.11 基于求和结果的多采样检测[2,9~20]

该方法使用 N 个采样数据来确定虚警概率。该方法区别于 $L|N$ 法之处在于将每个采样数据的输出都加在一起。在获取 N 个采样数据之后，将求和结果与阈值进行比较。这种情况与参考文献[2]中提到的脉冲雷达检测问题相似。这里只做简单的讨论。可以使用与前述单个采样情况相同的步骤来确定虚警概率和检测概率。

第一步是根据式(7.18)得到虚警概率 P_{fam}，进而据此确定检测阈值。一旦确定了阈值，就可以确定检测概率。使用与式(7.6)相似的方法来确定阈值，同时将式(7.29)作为概率密度函数，结果为

$$P_{fam} = \int_{r_1}^\infty p_{Nn}(z)\,dz \quad (7.34)$$

在上式中，P_{fam} 是给定的，因此能求出阈值 r_1。

如式(7.18)所示，使用与之相似的方法来求出检测概率，结果为

$$P_{dm} = \int_{r_1}^\infty p_{Ns}(z)\,dz = 1 - \int_0^{r_1} p_{Ns}(z)\,dz \quad (7.35)$$

这两个方程没有闭合解，需要使用数值积分的方法求解结果。在接下来的几节中将给出一些例子，用于说明求出虚警概率和检测概率的步骤。

在实际应用中，随着阈值的不同，N 可以选取不同的值。只要一个或多个阈值被超过，即可认为检测到了信号。N 值甚至可以从 1 开始。

7.12 单个采样检测示例

下面的例子用于演示应用前述方程来求解数字接收机的虚警概率和检测概率。这里将使用在 5.22 节和 5.23 节中设计的例子。假定输入带宽为 125 MHz，要求的虚警时间约为 100 s，即允许接收机平均每 100 s 产生一次虚警。采样速率是 250 MHz，模数转换器为 8 位，即 T_f = 100 s，f_s = 250 MHz，b = 8 位。

本例中仅用一个采样数据来检测输入信号是否存在。根据式(7.2)，虚警概率为

$$P_{fas} = \frac{1}{T_f f_s} = 4 \times 10^{-11} \tag{7.36}$$

根据式(7.7)，阈值应设置为

$$-\frac{r_1^2}{2\sigma^2} = -23.94, \quad 即 \frac{r_1^2}{\sigma^2} = 47.88 \tag{7.37}$$

需要注意的是，阈值 r_1 等于 Q 值的整数倍，即 $r_1 = nQ$，其中 n 是整数，Q 是量化单位。如果将式(7.8)的噪声代入上述方程，那么得到的结果为

$$\frac{(nQ)^2}{\frac{(1+M)Q^2}{12}} = \frac{12n^2}{1+M} = 47.88 \tag{7.38}$$

其中 M 表示放大器输出噪声，以量化噪声为单位[见式(5.49)]。M 值近似等于 16（见 5.23 节），相应的 n 值为 8.24。有三种方法来选择 M 和 n 的值：

1. 改变 M 值，使得 $n = 8$ 或 $n = 9$，以满足式(7.38)。该方法会略微改变前端的增益。
2. 保持 $M = 16$，并选取 $n = 8$。
3. 保持 $M = 16$，并选取 $n = 9$。

由于所有方法的数学处理完全相同，因此在接下来的讨论中保持 $M = 16$，并选取 $n = 8$ 和 $n = 9$。

当 $M = 16$ 时，n 取这些值将得到

$$\frac{12n^2}{1+M} = \begin{cases} 45.18, & n = 8 \\ 57.18, & n = 9 \end{cases} \tag{7.39}$$

相应的虚警概率为

$$P_{fas} = \begin{cases} e^{-22.59} = 1.55 \times 10^{-10}, & n = 8 \\ e^{-28.59} = 3.84 \times 10^{-13}, & n = 9 \end{cases}$$

$$T_f = \frac{1}{P_{fas}f_s} = \begin{cases} 25.8 \text{ s}, & n = 8 \\ 10\,416 \text{ s}, & n = 9 \end{cases} \tag{7.40}$$

可以看出，如果选择 $n = 8$，则虽然虚警时间仍可接受，但比期望值差；如果选择 $n = 9$，则虚警时间远好于期望值。后面对两种情况都会进行讨论。最后一步是根据式(7.16)和式(7.17)得到检测概率。相应的 r_1 可以从式(7.7)得到。

图 7.3 表示瑞利分布曲线和莱斯分布曲线。瑞利分布曲线表示只有噪声的情况，而莱斯分布曲线表示信噪比 S/N = 10 dB 时的情况。r_1 是任意选择的。瑞利分布曲线（只有噪声）的右边区域表示虚警概率，而莱斯分布曲线（S/N = 10 dB）的右边区域表示检测概率。

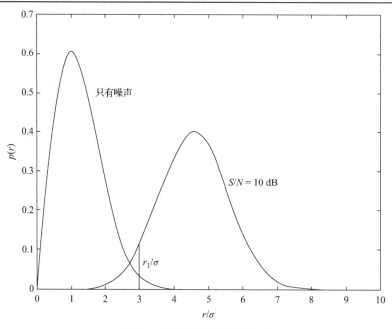

图 7.3 瑞利分布和莱斯分布

在本章的附录中列出了生成图 7.4 的一组程序。图 7.4(a) 和图 7.4(b) 分别显示了 $n = 8$ 和 $n = 9$ 时检测概率随信噪比的变化情况。为获得 90% 的检测概率,当 $T_f = 25.8$ s 时,需要的信噪比近似为 14.95 dB;当 $T_f = 10\ 416$ s 时,需要的信噪比近似为 15.8 dB。可见,在接收机灵敏度和虚警概率之间需要做出权衡。接受较高的虚警概率意味着接收机可以具有较高的灵敏度。

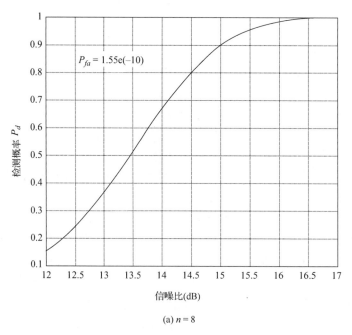

(a) $n = 8$

图 7.4 检测概率与信噪比的关系曲线

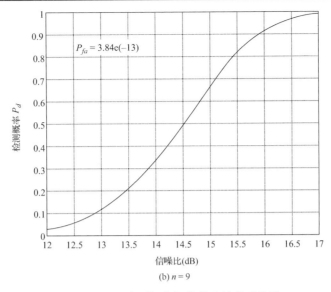

(b) $n = 9$

图 7.4(续)　检测概率与信噪比的关系曲线

7.13　多采样($L|N$ 法)检测示例

本节的例子与上节举例条件相同,区别在于这里使用 64 个采样数据($N = 64$)来确定虚警概率和检测概率。模数转换器前置放大器保持不变,即放大因子 $M = 16$。

由于 $N = 64$,根据式(7.18)得出相应的虚警概率 $P_{fam} = 2.56 \times 10^{-9}$。接下来确定 L 的值,而 L 值由阈值电平决定,有多个量化电平值可以选作阈值。在本例中,我们尝试选用第一级量化电平作为检测阈值。如果选用其他量化电平作为阈值,过程完全相同。第一步是得出在只有噪声时采样超过阈值的概率。取 $n = 1$,由式(7.10)得到

$$P_{fas}(1) = e^{-\frac{6}{1+M}} = e^{-\frac{6}{1+16}} = 0.7026 \tag{7.41}$$

其中,$P_{fas}(1)$ 表示单个采样的噪声超过第一级量化电平的概率。因此,式(7.19)中的概率 p 可以写为 $p = P_{fas}(1)$。为确定全部 64 个采样中有多少个超过阈值,需要使用式(7.19)和式(7.20)。在该计算过程中,由于阈值必须是量化电平中的其中一个,所以最后的结果只是接近期望值,无法得到与预期一样的虚警时间 T_f。

计算过程说明如下。将式(7.41)得到的结果作为式(7.20)中的 p 值。表 7.1 列出的结果来自程序 binomial.m(见附录 7.I)。

当 $L = 63$ 时,虚警概率是 4.351×10^{-9},大于期望值 2.56×10^{-9}。通过附录 7.D 中的程序 df9_4.m,利用试错法可以得到这些结果。这说明此时产生的虚警数量大于设计值。当 $L = 64$ 时,总的虚警概率是 1.549×10^{-10},小于期望值 2.56×10^{-9}。因此,若选择第一级量化电平值作为阈值,那么只有全部 64 个采样均超过阈值时才应该认为检测到信号。在该例中 $L = N$,这是一种非常特殊的情况。一般情况下有 $L < N$。

表 7.1　由式(7.41)和式(7.20)得到的结果

L	$p(L+|N)$
63	4.351×10^{-9}
64	1.549×10^{-10}

现在考虑检测概率的问题,将 90% 作为标准。这里的求解步骤略微有些变化。首先要得

到式(7.20)中能够使 $p(L+|N) = P_{dm} = 0.9$ 的 $p(i|N)$ 值,但是没有直接解法。图 7.5(a)表示 $p = p(i|N)$ 与 $p(L+|N) = P_{dm}$ 的关系曲线。在 $L = N$ 的特殊情况下,这条曲线由 $P_{dm} = p^{64}$ 产生。如果 $L<N$,则该曲线可以由附录 7.E 中的程序 **df9_5.m** 画出。通过进一步优化 $p(i|N)$ 的值,可发现 $p(i|N) = (0.90)^{1/64} = 0.998\,355$ 将会产生所需的 P_{dm}。

最后一步是求得超过阈值的单个采样的信噪比,在该信噪比下,当虚警概率为式(7.41)给出的 0.7026 时,将得到检测概率 $P_{dm} = 0.998\,355$。得出检测概率的过程与前一节所讨论的完全一样。得到的结果在图 7.5(b)中绘出。需要的信噪比约为 8 dB,它远小于单个采样检测方法需要的 15 dB。这表明接收机灵敏度可以得到改善。应该注意的是,所得 $P_{fam} = 1.549 \times 10^{-10}$,对应的虚警时间是 1653 s,因而虚警时间也得到了改善。

上述改善是通过对输入数据积累得到的。如果信号长度大于 L,那么该方法将以高灵敏度检测到输入信号;如果信号长度小于 L,那么该方法检测到信号的可能性非常小,因为只靠噪声超过第一个阈值的可能性很小。应该基于接收机要截获的最小脉宽来选择 N 值。

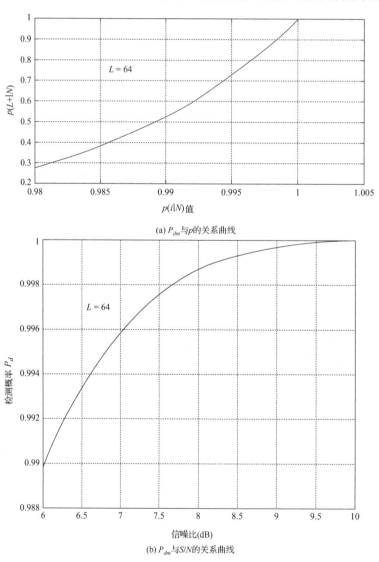

(a) P_{dm} 与 p 的关系曲线

(b) P_{dm} 与 S/N 的关系曲线

图 7.5 使用第一级量化电平作为阈值

7.14 阈值电平的选择

在上一节中,选择第一级量化电平作为阈值。也可以使用其他电平作为阈值,方法与前几节讨论的相同。由于使用第一级量化电平作为阈值得到的结果是一种特殊情况,因此将再次给出选择其他电平作为阈值的详细过程。

当选择第二级电平作为阈值时,噪声超过阈值的概率为

$$P_{fas}(2) = e^{-\frac{6n^2}{1+M}} = e^{-\frac{24}{17}} = 0.2437 \tag{7.42}$$

其中 $n = 2, M = 16$。为了使产生的虚警概率小于但接近 $2.56×10^{-9}$,选取 $L = 39$。根据式(7.19)和式(7.20),使用试错法或者通过程序 binomial.m(见附录 7.I)可以得到该值。这就意味着 64 个采样中的 39 个必须超过阈值才能被认为是检测到信号。根据式(7.20)可得到的相应虚警概率为

$$p_{fam} = p(L+|N) = \sum_{i=39}^{64} p(i|64) = 5.6835 \times 10^{-10} \tag{7.43}$$

下一步求解检测概率。为得到 $P_{dm} = 0.90$,需要 $p = 0.676\ 98$。根据程序 df9_5.m(见附录 7.E)产生的图 7.6(a)可以得到该结果。最后,获得在虚警概率为 0.2437 时,单个采样超过第二个阈值($n = 2$)所需的信噪比。结果如程序 df9_4.m(见附录 7.D)产生的图 7.6(b)所示。得到 $p = 0.676$ 需要的信噪比约为 2.3 dB,远小于之前要求的 8 dB。

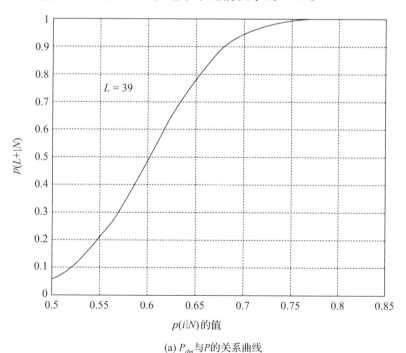

(a) P_{dm} 与 P 的关系曲线

图 7.6 使用第二级量化电平作为阈值

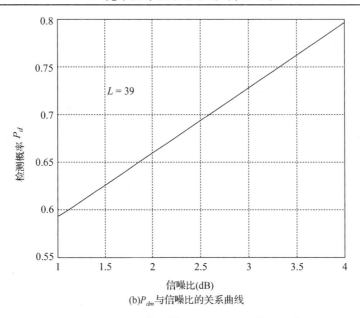

(b) P_{dm}与信噪比的关系曲线

图7.6(续)　使用第二级量化电平作为阈值

类似地，也可以把第三、四、五和六级电平作为阈值。第七级电平太高，不适合作为阈值，因为产生的虚警会低于期望值。表7.2列出了相应的结果，其中包括单个采样检测的结果。

由程序 ta9_1.m（见附录7.A）可以得到这些结果。在该程序中，只要给定 N、L 和 P_{fam} 的值，就能得到正确的信噪比。从这些结果看，显然多采样检测会得到更高的灵敏度，这在雷达检测中是众所周知的。然而，在多采样的情况下，因为每种情况下的虚警概率是不同的，所以很难做出精确的比较。不过，可以看出 $n=2$ 时的结果最好。在这个条件下，$L=39$。

表7.2中最后一行是由求和法得到的结果，所需要的信噪比低于 $L|N$ 法。有关计算将在7.16节中给出。

表7.2　不同检测方案的结果

N	n	L	P_{fas}	P_{fam}	$T(s)$	$S/N(dB)$
1	8			1.55×10^{-10}	25.8	14.95
	9			3.84×10^{-13}	10 417	15.84
64	1	64	0.7026	1.55×10^{-10}	1652	7.78
	2	39	0.2437	5.68×10^{-10}	451	2.22
	3	17	0.0417	7.41×10^{-10}	345	2.25
	4	8	3.52×10^{-3}	8.91×10^{-11}	2873	3.92
	5	4	1.47×10^{-4}	2.96×10^{-10}	865	5.66
	6	3	3.03×10^{-6}	1.16×10^{-12}	220 690	7.74
	求和法			2.295×10^{-9}	111.5	0.79

通常，在选择某个量化电平作为阈值时，如果相应的 L 接近于 $N/2$，就可以预期接收机能达到最佳灵敏度。该问题将在下一节中做进一步讨论。

7.15 阈值选择优化[10]

本节将证明使用 $L \mid N$ 法选择的最优阈值是在 L 接近于 $N/2$ 的情况下得到的。由于涉及的数学运算相当冗长，很难用解析的方法证明。因此，本节将通过数值方法来说明。希望这里的说明也能使上一节所讲的步骤更为清楚。

为了在不同阈值电平上比较接收机的灵敏度，虚警概率必须保持不变。从前面各节可以看出，如果在离散值上选择阈值电平，就达不到该目的。因此，将在连续值上选择阈值。基本过程是首先从 1 到 64 确定 L 值，然后针对每一个 L 值，在虚警概率相同的情况下，得到产生相同检测概率所需的信噪比。这里仍然使用 $N = 64$ 个采样，采样频率为 250 MHz，总的虚警概率为 2.56×10^{-9}，检测概率为 90%。

对于每个给定的 L 值，该过程可以分为以下 3 步。

1. 根据给定的总的虚警概率（来自所有 64 个采样），求出用来产生所需的值的单个虚警概率。根据式(7.20)和式(7.21)，通过调整 p 值产生所需的值 $p(L+|N) = 2.56 \times 10^{-9}$。在此计算过程中，$p(L+|N)$ 存在 $\pm 0.1\%$ 的误差。
2. 根据给定的总的检测概率（来自所有 64 个采样），求出用来产生所需的值的单个检测概率。该过程与上一步十分相似。不同之处在于，当 $p(L+|N) = 0.900$ 时，$p(L+|N)$ 存在 $\pm 0.1\%$ 的误差。
3. 求出每个采样所需的信噪比。该方法使用了式(7.16)和式(7.17)。通过调整信噪比，匹配期望的检测概率，信噪比的最小调整步长是 0.01 dB。由程序 ta9_1.m（见附录 7.A）执行这些计算，得到的结果如图 7.7 所示。此计算过程中所需的最小信噪比是 1.85 dB，该情况发生在 $N = 27$ 和 $N = 28$ 时。图中曲线在最小值处相当平坦，因此确定最小信噪比并不重要。

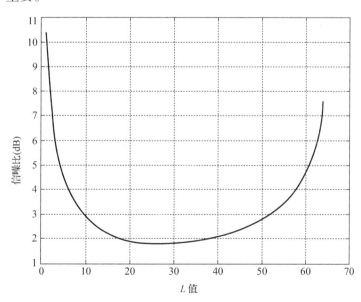

图 7.7 信噪比与 L 值的关系曲线

依上述说明可理解选择合适的量化电平作为阈值的规则。在 $L|N$ 法中，如果选取的阈值能使 L 值约为 N 的一半，所用的方法就是合理的。Davenport 在参考文献[9]中给出了相似的结果。

7.16　N 个采样检测示例（求和法）

本节举例说明 7.11 节讨论的求和法。正如前面所讨论的，首先必须找到一个产生期望虚警概率的阈值。由式(7.29)的数值积分可以得到阈值。为得到期望的虚警概率 2.56×10^{-9}，阈值应为 244.5562。然而，由于数据是量化取整的，所以使用 245 作为阈值。在这种情况下，虚警概率为 2.295×10^{-9}。根据式(7.33)和式(7.34)可以得出检测概率。由参考文献[2]可知，积分中的修正贝塞尔函数 $I_n(x)$ 近似为

$$\underset{x \gg n}{I_n(x)} \approx \frac{e^x}{\sqrt{2\pi x}} \tag{7.44}$$

可以使用程序 ta9_la.m（见附录 7.B）计算出上面的结果。该程序需要输入虚警概率值。表 7.2 最后一行的结果表明，需要的信噪比为 0.79 dB。

应该指出，求和过程是在平方律检波器的输出上进行的，没有考虑数字化。

比较求和法和 $L|N$ 法，可以发现求和法有两个优点：①求和法可以得到较高的灵敏度；②如果信号的数据点少于 64 个，并且信号为强信号，那么求和法可以比 $L|N$ 法更有效地检测出信号。

在 $L|N$ 法中，一旦采样数据超过阈值，幅度信息就会丢失，不再予以考虑。与之相反，在求和法中，整个信号的幅度信息得以积累，并加以考虑。

7.17　频域检测介绍

前面讨论的预设条件是在时域中进行检测。当检测到信号时，可以使用 FFT 来确定输入信号的频率。现在假定 N 点 FFT 运算可以快到与数字化速度相匹配。在此条件下，输入数据将被 N 点 FFT 连续处理，但是没有数据重叠。虽然希望 N 点 FFT 处理能与预期最小脉宽匹配，但是具有最小脉宽的脉冲信号可能会被分到两个不同的 FFT 处理窗口中，导致该信号在接收机最高灵敏度下也无法被检测到。如果输入信号长度超过 N 个数据点，那么将很难做到改变 FFT 长度以与输入信号匹配，也难以提高长脉冲情况下的接收机灵敏度。

经过 FFT 运算后，必须确定：①加窗后的数据中是否存在信号；②出现在数据中的信号数和频率。一个重大的技术挑战是避开强信号产生的副瓣，并且能够在强信号存在时检测出弱信号。当然，这对于具备同时到达信号检测能力的其他类型电子战接收机也是一个挑战。

看来频域检测遇到的问题远比时域检测的情况复杂。主要问题之一是不知道信号什么时候会出现在时域内的采样数据点中。例如，如果 FFT 的整个长度是 64 点，则时域中的 64 个采样数据点将参与处理。如果该时间帧内所有数据点都包含信号，那么 FFT 输出结果应会比较理想，检测信号应该是比较容易的。

如果该时间帧内仅有一小部分采样数据包含信号，则信号主瓣将展宽（信号长度的倒数）。一种极端情况是在时间窗内只包含强脉冲信号前沿的一个采样数据点，结果如图 7.8 所示。

图 7.8(a)表示时域中只有噪声的情况，图 7.8(b)表示相应的 FFT 输出的功率谱；图 7.8(c)表示时域中只有一个数据点含有信号的情况，图 7.8(d)表示相应的频域输出。从这些图中可

以明显看出，即使时域中只有一个含有信号的数据，频域输出的幅度也将增大。如果使用固定的阈值来确定是否存在信号，则许多频率分量可能都会超过阈值。此外，因为一个采样可产生非常宽的频谱，所以频域中的峰值不一定对应输入信号的正确频率。

如果时域中的大部分采样数据都包含信号，那么频域中的峰值表示输入信号的频率。下面的小节将讨论频域中的信号检测。

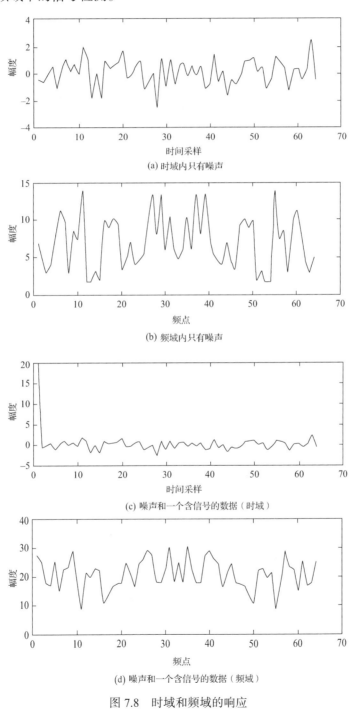

图 7.8 时域和频域的响应

7.18 频域检测方法

在本节的讨论中，假定 FFT 长度比预期最短脉冲短。FFT 处理在无数据重叠的情况下连续进行。换言之，一个信号可以分为多个（至少两个）时间帧。

参考文献[14]提出了一种可能解决频域检测问题的方法，该方法使用的程序步骤与微扫接收机的类似。输入微扫接收机的信号在时域中被分为许多段（扫描时间）。每个时间段包含多个串行输出，表示输入频率。通常，接收机的设计使扫描时间等于或小于要处理的最小脉宽。如果将微扫接收机与采用固定长度 FFT 运算的数字接收机比较，那么处理结果将十分相似。

微扫接收机获得频率信息的一种方法是根据两个连续的扫描时间产生频率信息。将数据分成两个连续的时间段，有 5 种可能的情况。

第 1 种情况是，脉冲等于或大于最小脉宽的 2 倍。在数字接收机中，这种情况对应于脉宽大于 $2N$。在此情况下，很可能第一个时间帧内的数据只有一部分包含信号，而第二个时间帧内的数据全部包含信号。因此，应该使用第二个时间帧来确定输入频率。

第 2 种情况是，第 2 到第 5 种情况假定脉宽等于窗时间，或者脉宽为 N。如果输入信号占满一个时间帧，那么根据该时间窗将能准确地计算出该信号的频率。

第 3 种情况是，输入信号被等分到两个时间帧中。在此情况下，从两个时间窗得到的功率谱是相同的，两个时间帧都可以用来确定频率。

第 4 种情况是，输入信号被分到两个连续的时间窗中，其中第一个时间帧包含更多的信号数据。

第 5 种情况是，输入信号被分到两个连续的时间窗中，其中第二个时间帧包含更多的信号数据。

在微扫接收机中，输出信息是在逐个脉冲，而不是逐个扫描的基础上产生的。通常，将从两个连续时间帧得到的频率分量进行比较。如果两个时间窗包含相同的频率（或频率很接近），就认为它们是同一个信号。使用包含强信号的时间帧来确定信号的频率。在上述提到的 5 种情况下，本方法给出了合理的频率读数。相同的方法可以用于数字接收机。

7.19 频域中的虚警概率

在频域中计算虚警概率的方法与在时域中十分相似，可按 7.5 节所示的方法进行计算。唯一不同的是用频率分量的幅度替代时域中的采样幅度。第一步是找到频域中的噪声分布。因为 FFT 是线性运算，所以频域中的噪声分布与时域中的分布相似，这可通过噪声功率谱进行数学证明。假定噪声在时域中不相关，且噪声功率可以写为

$$E[x_n x_n] = \sigma^2 \tag{7.45}$$

其中，$E[\ ]$ 表示期望值。在频域中相应的噪声功率 σ_f 可以由谱分量 X_k 和 X_l 的期望值得到：

第 7 章　灵敏度与信号检测

$$\sigma_f^2 = E\left[\left(\sum_{m}^{N-1} x_m e^{-\frac{j2\pi mk}{N}}\right)\left(\sum_{n}^{N-1} x_n e^{-\frac{j2\pi nl}{N}}\right)^*\right]$$

$$= \sum_{m}^{N-1}\sum_{n}^{N-1} E[x_m x_n^*] e^{-\frac{j2\pi(mk-n1)}{N}} = \sum_{n}^{N-1} E[x_n x_n^*] e^{-\frac{j2\pi n(k-1)}{N}} \quad (7.46)$$

$$= \sigma^2 \sum_{n}^{N-1} e^{-\frac{2\pi n(k-1)}{N}} = \begin{cases} 0, & k \neq 1 \\ N\sigma^2, & k = 1 \end{cases}$$

其中*表示复共轭，噪声谱用其傅里叶变换表示。该式表明噪声具有相同的分布，但是方差扩大了 N 倍。由于在计算噪声功率谱时用到了时域中所有 N 个采样点，所以这个结果是合理的。

该结果意味着功率谱分布是瑞利型的。概率密度函数可以写成式 (7.5) 的形式，只需用 $N\sigma^2$ 代替 σ^2。该结果也可以从 FFT 的实部和虚部得到，分别写为

$$p_f(x) = \frac{1}{\sqrt{2\pi N}\sigma} e^{-\frac{x^2}{2N\sigma^2}}$$

$$p_f(y) = \frac{1}{\sqrt{2\pi N}\sigma} e^{-\frac{y^2}{2N\sigma^2}} \quad (7.47)$$

$$p_f(r) = \int_0^{2\pi} r p_f(x) p_y d\phi = \frac{r}{N\sigma^2} e^{-\frac{r^2}{2N\sigma^2}}$$

其中，下标 f 表示频域中的概率密度。虚警概率为

$$P_{faf} = \int_{r_1}^{\infty} p_f(r) \, dr = e^{-\frac{r_1^2}{2N\sigma^2}} \quad (7.48)$$

对于给定的虚警概率，式 (7.48) 可以用来设置阈值 r_1。如果给定了虚警时间 T_f，那么在频域中相应的虚警概率 P_{faf} 为

$$P_{faf} = \frac{N}{T_f f_s} \quad (7.49)$$

其中，N 表示 FFT 中全部数据的点数，f_s 表示采样频率。由于每 N 个采样做一次检测，因此这个结果与式 (7.18) 相同。

7.20　频域检测的输入信号的情况

频域中的检测概率取决于输入信号的情况。例如，如果输入信号功率不变，且输入频率和 FFT 输出频率之一匹配，那么与输入频率恰好处于两个 FFT 输出频率之间的情况相比，前者的功率谱幅度要高一些。这里讨论 4 种信号情况。在前两种情况中，信号均覆盖整个时间窗，一种情况是输入频率和 FFT 输出频率之一相同，另一种情况是输入频率处于两个 FFT 输出频率的正中间。在后两种情况中，信号仅覆盖半个时间窗，一种情况是输入频率和 FFT 输出频率之一相同，另一种情况是输入频率处于两个 FFT 输出频率的正中间。假定输入信号是一个复正弦波，则可以写为

$$x(n) = A e^{\frac{j2\pi n k_o}{N}} \quad (7.50)$$

其中，A 表示信号幅度，k_o 表示频率，N 表示 FFT 的长度。

以下是四种输入信号情况。

1. 信号覆盖整个时间窗，并且输入频率和 FFT 输出谱线之一相同。这种情况将产生最大的功率谱输出，因而具有最高的检测概率。在此情况下，$k_o = k_i$，其中 k_i 表示某个频谱分量。FFT 的最大输出为

$$X(k_i) = \sum_{n=0}^{N-1} A e^{\frac{j2\pi n k_o}{N}} e^{\frac{-j2\pi n k_i}{N}} = A \sum_{n=0}^{N-1} e^{\frac{j2\pi n (k_o - k_i)}{N}} = NA \tag{7.51}$$

2. 信号覆盖整个时间窗，并且输入频率正好位于 FFT 输出的两条相邻谱线的正中间。在这种情况下，$k_o = k_i + 0.5$，并且有两个相同幅度的最大输出。功率谱输出 $X(k_i)$ 为

$$X(k_i) = A \sum_{n=0}^{N-1} e^{\frac{j2\pi n (k_o - k_i)}{N}} = A \sum_{n=0}^{N-1} e^{\frac{j\pi n}{N}} = A \frac{1 - e^{j\pi}}{1 - e^{j\pi/N}} \tag{7.52}$$

它的幅度为

$$|X(k_i)| = \frac{2A}{\sqrt{2 - 2\cos\frac{\pi}{N}}} \tag{7.53}$$

需要注意的是，下一个频率分量 $X(k_i+1)$ 具有相同的幅度。但是，如果有噪声，则这两个幅度可能不同。为了确定检测概率，这两个频率分量都要考虑。

3. 信号覆盖半个时间窗，并且输入频率与 FFT 输出谱线之一相同。在这种情况下，$k_o = k_i$，FFT 的最大输出为

$$X(k_i) = A \sum_{n=0}^{\frac{N}{2}-1} e^{\frac{j2\pi n (k_o - k_i)}{N}} = \frac{NA}{2} \tag{7.54}$$

4. 信号覆盖半个时间窗，并且输入频率正好位于 FFT 输出的两条相邻谱线的正中间。这种情况会产生最差的检测概率。在此情况下，$k_o = k_i + 0.5$，输出分量 $X(k_i)$ 为

$$X(k_i) = A \sum_{n=0}^{\frac{N}{2}-1} e^{\frac{j2\pi n (k_o - k_i)}{N}} = A \sum_{n=0}^{\frac{N}{2}-1} e^{\frac{j\pi n}{N}} = A \frac{1 - e^{j\pi/2}}{1 - e^{j\pi/N}} \tag{7.55}$$

它的幅度为

$$|X(k_i)| = \frac{A}{\sqrt{1 - \cos\left(\frac{\pi}{N}\right)}} \tag{7.56}$$

并且 $X(k_{i+1})$ 具有相同的幅度。

情况 1 和情况 4 分别给出了最高和最低检测概率。一般情况下，检测概率处于最高值和最低值之间。下面将计算上述 4 种情况的检测概率。

7.21 频域检测概率

本节讨论频域检测概率问题。求解该问题的办法类似于时域中采用的方法。如果输出数据中存在信号，那么概率密度函数形式与式 (7.16) 相同，只需使用 $N\sigma^2$ 替代 σ^2，即

$$p(r) = \frac{r}{N\sigma^2} e^{-\frac{r^2 + x_m^2}{2N\sigma^2}} I_0\left(\frac{r X_m}{N\sigma^2}\right) \tag{7.57}$$

上面的结果将用于求解检测概率。

对于情况 1 和情况 3，输入频率与 FFT 输出的其中一条谱线相同，此时检测概率为

$$P_{df} = \int_{r_1}^{\infty} p(r) \, dr = 1 - \int_{0}^{r_1} p(r) \, dr \tag{7.58}$$

其中，P_{df} 表示频域中的检测概率，$p(r)$ 是式(7.57)所示的概率密度函数。

对于情况 2 和情况 4，输入频率正好位于 FFT 输出的两条相邻谱线的正中间，检测概率应略有不同。如果这两条相邻谱线中有一条或两条都超过了阈值，那么认为存在输入信号。两条相邻谱线的检测概率可以通过对以下 3 种情况的概率求和得到：①$X(k_i)$ 超过阈值；②$X(k_{i+1})$ 超过阈值；③$X(k_i)$ 和 $X(k_{i+1})$ 都超过阈值。

这里采用一种略微不同的方法。首先，计算信号不超过阈值的概率，可以写为

$$P_{uf} = 1 - P_{df} = 1 - \int_{r_1}^{\infty} p(r) \, dr = \int_{0}^{r_1} p(r) \, dr \tag{7.59}$$

其中，P_{uf} 表示其中一个输出不超过阈值的概率，两条功率谱线都不超过阈值的概率是 P_{uf}^2。因此，两条功率谱线中至少有一条谱线超过阈值的概率为

$$P_{df2} = 1 - P_{uf}^2 = 1 - \left[\int_{0}^{r_1} p(r) \, dr\right]^2 = 1 - (1 - P_{df})^2 = P_{df}(2 - P_{df})$$

即

$$P_{df} = 1 - \sqrt{1 - P_{df2}} \tag{7.60}$$

在上式中，P_{df2} 表示相邻两条谱线的检测概率，以避免与 P_{df} 混淆。

最后一步是将频率输出与时域信息相关联。由于频域中的信噪比用于求解虚警概率和检测概率，所以此信息应该转换为时域信噪比。该计算同样按照 7.20 节提到的 4 种情况予以考虑。

情况 1

最高谱线是 $X_m = X(k_i) = NA$，信噪比在时域和频域的关系可以表示为

$$\left(\frac{S}{N}\right)_f = \frac{X_m^2}{2\sigma_f^2} = \frac{(NA)^2}{2N\sigma^2} = N\frac{A^2}{2\sigma^2} = N\left(\frac{S}{N}\right)$$

即

$$\left(\frac{S}{N}\right) = \frac{1}{N}\left(\frac{S}{N}\right)_f \tag{7.61}$$

应该注意，在式(7.61)中，N 既表示 FFT 运算的全部点数，也表示噪声。当它表示噪声时，总是和信号 S 一起出现，下标 f 表示频域，无下标时表示时域。频域噪声 σ_f 由式(7.46)得到。

情况 2

$X_m = 2A[2-2\cos(\pi/N)]^{-1/2}$，信噪比在时域和频域的关系可以表示为

$$\left(\frac{S}{N}\right)_f = \frac{X_m^2}{2\sigma_f^2} = \frac{2}{N\left[1-\cos\left(\frac{\pi}{N}\right)\right]}\frac{A^2}{2\sigma^2} = \frac{2}{N\left[1-\cos\left(\frac{\pi}{N}\right)\right]}\left(\frac{S}{N}\right)$$

即

$$\left(\frac{S}{N}\right) = \frac{N\left[1 - \cos\left(\frac{\pi}{N}\right)\right]}{2} \left(\frac{S}{N}\right)_f \qquad (7.62)$$

情况 3

$X_m = NA/2$，结果与情况 1 类似，信噪比在时域和频域的关系可以表示为

$$\left(\frac{S}{N}\right)_f = \frac{N}{2}\left(\frac{S}{N}\right), \quad 即 \quad \left(\frac{S}{N}\right) = \frac{2}{N}\left(\frac{S}{N}\right)_f \qquad (7.63)$$

情况 4

$X_m = A[1-\cos(\pi/N)]^{-1/2}$，结果与情况 2 类似，信噪比在时域和频域的关系可以表示为

$$\left(\frac{S}{N}\right)_f = \frac{1}{N\left[1 - \cos\left(\frac{\pi}{N}\right)\right]} \left(\frac{S}{N}\right)$$

即

$$\left(\frac{S}{N}\right) = N\left[1 - \cos\left(\frac{\pi}{N}\right)\right] \left(\frac{S}{N}\right)_f \qquad (7.64)$$

一旦得到频域中的信噪比，通过上面的 4 个关系式就可以得到时域中的信噪比。下面两个例子用于说明计算过程。

7.22 频域检测示例

本节将用两个例子说明如何在频域中求解虚警概率和检测概率。在例 1 中，考虑的是当所有数据都包含信号且输入频率与 FFT 输出频率之一相同时的最佳检测情况。在例 2 中，考虑的是最差的情况，即一半数据包含信号，且输入频率位于 FFT 输出的两个相邻频率之间。为了简便起见，讨论中忽略量化效应。由于得到的频域检测结果将与时域检测结果做比较，所以会使用时域的例子。假设条件为 $T_f = 100$ s，$f_s = 250$ MHz，$N = 64$，$b = 8$ 位。

根据式(7.18)，计算得到的虚警概率为

$$P_{fa} = 2.56 \times 10^{-9}$$

来自模数转换器前置放大器的噪声被确定为在时域计算中 $M = 16$ 时的情况，在频域中相应的噪声方差为 $N\sigma^2$。

首先，必须找到一个阈值来得到所需的虚警概率。该阈值设置为

$$e^{-\frac{r_1^2}{2\sigma_f^2}} = 2.56 \times 10^{-9}, \quad 即 \quad \frac{r_1^2}{\sigma_f^2} = 6.2902 \qquad (7.65)$$

该结果由式(7.6)得到。

例 1 输入信号覆盖整个时间窗，并且输入频率与 FFT 输出谱线之一相同。在此情况下，当 $P_{fa} = 2.56 \times 10^{-9}$ 时，根据式(7.58)和程序 df9_4.m(见附录 7.D)可知，达到 90%检测概率所需的 $(S/N)_f$ 为 14.5 dB。根据式(7.61)可以得到对应于时域中的信噪比，以 dB 形式可表示为

第 7 章 灵敏度与信号检测

$$\left(\frac{S}{N}\right) = -10\lg(N) + \left(\frac{S}{N}\right)_f = -10\lg(64) + 14.5 \tag{7.66}$$
$$= -18.1 + 14.5 = -3.6 \text{ dB}$$

该结果甚至好于时域检测的求和法，求和法需要的信噪比为 0.79 dB。这是因为在时域检测中，可认为信号的积累是非相干的，而 FFT 处理是对信号进行相干积累的。

例 2 信号覆盖半个时间窗，并且输入频率正好位于 FFT 输出的两条相邻谱线的正中间。换言之，这是前面讨论的最坏的信号情况。

当 $P_{fa} = 2.56 \times 10^{-9}$ 时，阈值为 $r_1/\sigma_f = 6.2902$，这与前面的例子相同。当检测概率为 90%，即 $P_{df2} = 0.9$ 时，由式 (7.60) 可以求得相应的 P_{df} 为

$$P_{df} = 1 - \sqrt{1 - P_{df2}} = 0.6838 \tag{7.67}$$

为了达到这一检测概率，需要 $(S/N)_f = 13.5$ dB。由式 (7.64) 可以得到在时域中的信噪比，以 dB 形式表示为

$$\left(\frac{S}{N}\right) = 10\lg(N) + 10\lg\left[1 - \cos\left(\frac{\pi}{N}\right)\right] + \left(\frac{S}{N}\right)_f \tag{7.68}$$
$$= 18.1 - 29.2 + 13.5 = 2.4 \text{ dB}$$

该结果非常接近时域检测中 $L \mid N$ 法所需的信噪比。通常，所需信噪比应处于最佳信号情况和最差信号情况之间。换言之，需要的信噪比一般在 –3.6~2.4 dB 之间。

7.23 频域检测小结

有关频域检测方法的讨论仅限于确定接收机的灵敏度。很难把该方法推广应用到处理强信号，特别是检测同时到达信号。一般而言，通过简单的阈值超越来判断检测到同时到达信号，不会得到令人满意的结果。频谱的主峰应被检出，但是应避免检出副瓣。处理同时到达信号需要我们付出特别的努力和使用特殊的算法。在设计具有检测同时到达信号能力的模拟电子战接收机时，主要的工作在于选出真正的输入信号，避免由信号副瓣产生虚假的信息。可以预计的是，在设计数字电子战接收机时会遇到类似的问题。

参考文献

[1] Chen VC, Ling H. *Time-Frequency Transforms for Radar Imaging and Signal Analysis*. Norwood, MA: Artech House; 2002.

[2] Marcum J. 'A statistical theory of target detection by pulsed radar'. *IRE Transactions on Information Theory* 1960; **6**(2): 59–267.

[3] Robertson GH. 'Operating characteristics for a linear detector of CW signals in narrow-band Gaussian noise'. *Bell System Technical Journal* 1967; **46**(4): 755–774.

[4] Van Trees HL. *Detection, Estimation, and Modulation Theory, Part I*. New York: John Wiley & Sons; 1968.

[5] DiFranco JV, Rubin WL. *Radar Detection*. Englewood Cliffs, NJ: Prentice Hall; 1968.

[6] Whalen AD. *Detection of Signals in Noise*. New York: Academic Press; 1971.

[7] Papoulis A. *Probability, Random Variables, and Stochastic Processes*. McGraw-Hill; 1965.

[8] Drake AW. *Fundamentals of Applied Probability Theory*. New York: McGraw-Hill; 1967.

[9] Davenport WB Jr. *Probability and Random Processes: An Introduction for Applied Scientists and Engineers*. New York: McGraw-Hill; 1970.

[10] Schwartz M, Shaw L. *Signal Processing: Discrete Spectral Analysis, Detection and Estimation*. New York: McGraw-Hill; 1975.

[11] Scharf LL. *Statistical Signal Processing, Detection, Estimation, and Time Series Analysis*. Reading, MA: Addison-Wesley; 1991.

[12] Campbell GA, Foster RM. *Fourier Integrals for Practical Applications*. New York: Van Nostrand Reinhold; 1948.

[13] Shaw A, Xia W. *Wright State University, Dayton, OH. Private communication*.

[14] Tsui JBY. *Microwave Receivers with Electronic Warfare Applications*. New York: John Wiley & Sons; 1986.

[15] Press WH, Flannery BP, Teukolsky SA, Vetterling WT. *Numerical Recipes*. Cambridge: Cambridge University Press; 1986.

[16] Hansen VG. 'Optimization and performance of multilevel quantization in automatic detectors'. *IEEE Transactions on Aerospace and Electronic Systems* 1974; **AES-10**(2): 274–280.

[17] Knight WC, Pridham RG, Kay SM. 'Digital signal processing for sonar'. *Proceedings of the IEEE* 1981; **69**(11): 1451–1506.

[18] Rohling H. 'Radar CFAR thresholding in clutter and multiple target situations'. *IEEE Transactions on Aerospace and Electronic Systems* 1983; **AES-19**(4): 608–621.

[19] Gandhi PP, Kassam SA. 'Analysis of CFAR processors in homogeneous background'. *IEEE Transactions on Aerospace and Electronic Systems* 1988; **24**(4): 427–445.

[20] Polydoros A, Nikias CL. 'Detection of unknown-frequency sinusoids in noise: spectral versus correlation domain'. *IEEE Transactions on Acoustics, Speech and Signal Processing* 1987; **35**(6): 897–900.

附录 7.A

```
% ta9_1.m for table calculation
%find SNR using Tsui (binomial) method

clear;

r=[8:.1:20]';
global snr var st_dev

ns=input(' How Many Samples N ? ');
%q=input(' Q = ? ');
q=1;
%m=input(' M = ? ');
m=16;
pfa=input(' Probability of False Alarm = ? ');
%pd=input(' Pd = ? ');
pd=0.9;
l=input(' L = ? ');
var=(1+m)*(q.^2)/12;

if ns==1,
```

```
            n=sqrt(-1*(1+m)*log(pfa)/6);
        else
            pk=inverse(ns,round(1),pfa);
            n=sqrt(-1*(1+m)*log(pk)/6);
        end

        st_dev=1;
        snr=100;
        for ii=1:2:5
            for jj=1:10
                snr=snr-(10.^(2-ii));
                if ns==1,
                    p_DET=1-quad('pd1',0,sqrt(abs(2*var*log(pfa))));
                else
                    det=1-quad('pd1',0,sqrt(abs(2*var*log(pk))));
                    p_DET=binomial(ns,round(1),det);
                end
                if (p_DET<=pd),break,end
            end
            for j=1:10,
                snr=snr+(10.^(1-ii));
                if ns==1,
                    p_DET=1-quad('pd1',0,sqrt(abs(2*var*log(pfa))));
                else
                    det=1-quad('pd1',0,sqrt(abs(2*var*log(pk))));
                    p_DET=binomial(ns,round(1),det);
                end
                if (p_DET>=pd),break,end
            end
        end
        snr
```

附录 7.B

```
%ta9_1a.m the summing method
%Find SNR using Square-Law detection from known ns,pfa and pd

clear;
r= [8:.1:20]';
global snr var st_dev ns pfa

ns=input(' How Many Samples N ? ');
pfa=input(' Probability of False Alarm = ?  ');
%pd=input(' Pd = ?  ');
pd=0.9;
var=1;
d_square=msr1;
st_dev=1;
snr=1;
for ii=1:2:7
    for jj=1:20,
        snr=snr-(10.^(1-ii));
        if ns==1,
            p_DET=1-quad('pd1',0,sqrt(abs(2*var*log(pfa))));
        else
```

```
                    p_DET=1-quad('pd3',0,d_square);
                end
                if (p_DET<=pd),break,end
            end
            for jj=1:20,
                snr=snr+(10.^(-ii));
                if ns==1
                    p_DET=1-quad('pd1',0,sqrt(abs(2*var*log(pfa))));
                else
                    p_DET=1-quad('pd3',0,d_square);
                end
                if (p_DET>=pd),break,end
            end
        end

        snr
```

附录 7.C

```
% df9_3.m
clf
r = [0:.01:10];
out1 = rayleigh(r);
plot(r,out1)
hold on
out2 = ricianns(r,10);
plot(r, out2)
plot([3, 3], [0, .11])
xlabel('r')
ylabel('P(r)')
text(1.5, .55, 'noise only')
text(5.5, .35, 'S/N = 10 dB')
text(3.1, .08, 'r1')
```

附录 7.D

```
% df9_4.m RICI_INT This program generates prob of detection given the
% prob of false alarm rate and signal-to-noise ratio. Plot Pd vs. snr
clear
clf

snrends = input('enter starting and ending snr values [a b] = ');
%[12 17]
r = [8:.1: 20]';
global snr

p_fa = input('enter probability of false alarm p_fa =' );
%1.55e-10;3.84e-13
threshold = sqrt(abs(2*log(p_fa)));
l=0;
for snr = snrends(1,1):.1:snrends(1,2);
    l = l+1;
    p_d(l) = 1- quad('rician', 0, threshold);
end
plot([snrends(1,1) : .1 : snrends(1,2)], p_d)
grid
```

```
xlabel('Signal-to-noise ratio in dB')
ylabel('Probability of detection Pd')
% text(12.5, .85, 'pfa = 1.55e(-10)')
text(12.5,.85,'Pfa = 3.84e(-13)');
```

附录 7.E

```
% df9_5.m BINOPD_P This program calculates the probability of
binomial distribution
% and plot P_dm versus p.
clear

xx = input('enter that starting pt of L (from 1 to 64) = ');
x = [xx:64];

p = input('ent a range of p(i/N) values [.7:.01:.99] = ');
 % exp(-12/(1+M));
v = length(p);
b = length(x);
ex = zeros(v,b);
p1 = zeros(v,b);

coff = gamma(65)./(gamma(65-x).*gamma(x+1));
n = 1;
while n <= v,
    ex(n,1:b) = (p(n) .^x) .* ((1-p(n)) .^(64-x));
    coff(n,1:b) = coff(1,1:b);
    p1(n,1:b) = coff(n,1:b) .* ex(n,1:b);
    n = n+1;
end
if b == 1
    pd = p1';
    else
    pd = sum(p1');
end
plot(p, pd)
grid
xlabel('value of p(i/N)')
ylabel('P(L+/N)')
```

附录 7.F

```
% ricianns.m This function calculates the rician pdf given r, snr,
% sigma, and A

function y = ricianns(r,snr)
sigma = 1;
A = (10^(snr/20))*sqrt(2);
arg = (r.*A)./(sigma^2);
J = besselj(0, 1i*arg);
I = real(J);
y = (r.*exp(- (r.^2 + A^2) ./ (2*(sigma^2))) .* I) ./(sigma^2);
```

附录 7.G

```
% rayleith.m  This function generates the rayleith distribution

function y = rayleigh(r);
```

```
sigma = 1;
y = r .*exp(-(r.^2) ./(2*(sigma^2))) ./(sigma^2);
```

附录 7.H

```
% rician.m   This function calculates the rician pdf given r, sigma,
% and A
function y = rician(r)
global snr
sigma = 1;
A = (10^(snr/20))*sqrt(2);
arg = (r.*A)./(sigma^2);
J = besselj(0, i*arg);
I = real(J);
y = (r.*exp(- (r.^2 + A^2) ./ (2*(sigma^2))) .* I) ./(sigma^2);
```

附录 7.I

```
% binomial.m
function y=binomial(n,l,p)
y=0;
for a=1:n
    pl(a)=prod(linspace(n-a+1,n,a))*((1-p).^(n-a))/
    prod(linspace(1,a,a))*(p.^a);
    y=y+pl(a);
    end
end
```

附录 7.J

```
function d=inverse(n,l,p)

pfas=1;

%for i=1:2:13,
for i=1:2:9,
    for j=1:10,
        pfas=pfas-(0.1.^(i));
        %pp=pfas/1000000;
        y=binomial(n,l,pfas);
        if (y<=p),break,end
    end
    for j=1:10
        pfas=pfas+(0.1.^(1+i));
        %pp=pfas/1000000;
        y=binomial(n,l,pfas);
        if (y>=p),break,end
    end
end
d=pfas;
end
```

附录 7.K

```
%file name: msr1.m
%Find the threshold d for square-law detection

function d=msr1
```

```
global ns pfa

if ns==1
    d=-2*1*log(pfa);
else
    x=1000;
    for ii=1:2:5
        for jj=1:10,
            x=x-(10.^(3-ii));
            y=1-gammainc(x,ns);
            if (y>=pfa),break,end
        end
        for jj=1:10
            x=x+(10.^(2-ii));
            y=1-gammainc(x,ns);
            if (y<=pfa),break,end
        end
    end
    d=2*1*x;
end
```

附录 7.L

```
%file name: pd1.m

function y=pd1(r)

global snr st_dev var

a=sqrt(2)*st_dev*(10^(snr/20))*sqrt(var);
arg=(r.*a)./var;
I = besselj(0,1i*arg);
j=I(1);
digits=I(2);
b=real(j);
y=(r.*exp(-(r.^2+a^2)./(2*var)).*b)./var;
end
```

附录 7.M

```
%file name: pd3.m
%ideal one or multiple samples square_law
%probability density function of detection

function y=pd3(r)

global st_dev snr var ns

a=sqrt(2)*st_dev*(10^(snr/20))*sqrt(var);
arg=a.*sqrt(ns.*r)./var;
I=besselj((ns-1),1i.*arg);
j=I(1);
b=real(j.*((-1i).^(ns-1)));
y=((r./ns./(a.^2)).^((ns-1)./2)).*exp(-((ns.*(a.^2)+r)./var./2)).*b./var./2;
end
```

第8章 相位测量法与过零检测法

8.1 引言

本章将对相位测量法和过零检测法进行讨论。这些方法相对简单，但是仅能在一定的条件下使用。如果输入信号只包含一个正弦波，则使用这些方法可以得到非常精确的频率测量结果。理论上，这些方法可以对同时到达信号进行检测。相位测量法将模拟同相和正交(I/Q)信道用作前端。如果 I/Q 信道处于完全平衡的状态，相位测量法就可以测量两个输入信号的频率。过零检测法可以测量多个输入信号的频率。但是，当对多信号进行测量时，与只有一个输入信号的情况相比，这两类测量方法的频率测量精度都将变差。其中的一些方法还需要更进一步的研究来确定其性能。

如果输入信号是调频(FM)信号，采用这些方法就可以测出信号的瞬时频率。换言之，用这些方法可以得到频率随时间变化的关系。这些信息是很难通过傅里叶变换得到的。如果信号调制样式是相移键控(Phase Shift Keying, PSK)，那么相敏法可以对信号中的相位突变进行检测，因此相敏法可以检测 PSK 信号的码元速率(或时钟频率)。这些检测能力也仅限于单信号的情况。如果同时存在多个信号，使用这些方法就可能得到错误的信息。

瞬时频率测量(IFM)接收机是在第 2 章中已经讨论过的一种模拟接收机，它通过测量输入信号及其延迟信号的相位关系来获得频率信息。该接收机仅可以处理单信号，如果存在同时到达信号，就会出现错误。相位测量法和该类接收机十分类似。IFM 接收机的第一个单元是限幅放大器，它是一个非线性器件。该非线性器件使得对多信号的分析变得十分困难，甚至几乎不可能实现。在相位测量法中，在模数转换器的前端并没有使用限幅放大器，因此可对双信号进行测量。

与 IFM 接收机相比，数字相位测量法还具有另一个优势，即它的适应能力。在模拟接收机中，延迟时间不仅是固定的，而且是基于所要测量的最小脉宽进行选择的，因此其频率分辨率也是固定的。在使用数字相位测量法时，延迟时间可以是自适应的，也就是延迟时间的改变可以以采样间隔时间为最小单位。换言之，延迟时间可以与脉宽有关。因此，频率分辨率可以与脉宽有关，这是我们非常希望电子战接收机能够具有的一项性能。由于数字相位测量法可以得到非常好的频率分辨率，所以它会用在特殊的电子战应用中。本章将对一些可能的应用进行讨论。

数字相位测量法的最大劣势是接收带宽较窄。一部模拟 IFM 接收机可以覆盖 16 GHz 的瞬时带宽(2~18 GHz)。而数字方法受限于模数转换器及其后面的数字信号处理器的处理速度。输入带宽较窄的好处是出现同时到达信号的概率较低。当仅以单信号输入时，该方法可以对频率进行精确的测量。

8.2 数字相位测量[1~8]

最简单的数字测量方法如图 8.1 所示。该图与图 6.7 类似,输入信号被分为两路,并进行下变频。两个输出信道相位相差 90°,称为 I/Q 输出。为了简化讨论,假设这两个信道处于完全平衡的状态。

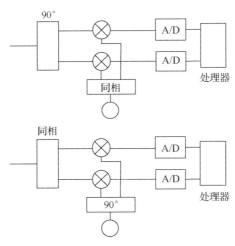

图 8.1 数字化 I/Q 信道

从式(6.20)可知,中频输出为

$$V_{if1} = A\cos[2\pi(f_i - f_o)t + \phi]$$
$$V_{if2} = A\sin[2\pi(f_i - f_o)t + \phi] \quad (8.1)$$

其中,A 和 f_i 分别表示输入信号的幅度和频率,f_o 表示本振频率,ϕ 表示输入信号的初始相位。用 $I(n)$ 和 $Q(n)$ 分别表示数字化信号,其中 n 为整数。式(8.1)可写为

$$I(n) = A\cos[2\pi(f_i - f_o)nt_s + \phi]$$
$$Q(n) = A\sin[2\pi(f_i - f_o)nt_s + \phi] \quad (8.2)$$

其中 t_s 表示数字化时间间隔。

为了测量信号的相位,需要处理器完成以下工作:①取 $Q(n)/I(n)$ 的反正切,得到相位 $\theta(n)$;②求出不同时间间隔的相位差。这两步可以写为如下形式:

$$\theta(n) = \arctan\left\{\frac{Q(n)}{I(n)}\right\} = 2\pi(f_i - f_o)nt_s + \phi$$
$$\Delta\theta(i) = \theta(n+i) - \theta(n) = 2\pi(f_i - f_o)it_s \quad (8.3)$$

其中,$\theta(n)$ 表示 n 时刻的相角,$\Delta\theta(i)$ 表示间隔 i 个单位时间 t_s 的两个相角的相位差。如果可以求得 $\Delta\theta(i)$,则输入信号的频率可以通过下式得到:

$$(f_i - f_o) = \frac{\Delta\theta(i)}{2\pi i t_s} \quad (8.4)$$

在式(8.4)中,有一点很重要:相角限制在 $0 \sim 2\pi$(或$-\pi \sim \pi$)rad 之间。如果相位变化大于 2π rad(即 360°),则相位将被折叠到 2π rad 以内。在此情况下,就会发生报告错误频率的模糊问题。为了使输入信号不出现模糊问题,需要选择一个较小的 i 值,使得相差保持在 2π rad 以内。

另一个重要问题是相位的不连续。根据式(8.3)求得的相差来自两个相位值。如果其中一个相位值小于 2π，而另一个大于 2π，就会在这两个值之间出现相位不连续的问题。为了避免产生错误的结果，必须考虑相位不连续问题。该处理过程通常称为相位解缠(phase unwrapping)。

8.3 角分辨率和量化电平

本节将讨论角分辨率和模数转换器位数之间的关系。这里不采用解析的方法来推导这一关系，而是用几个简单的例子通过图形方式展示，如图 8.2(a) 至图 8.2(d) 所示。在这些图形中，信号的幅度总是与模数转换器的最大输入电平相匹配的。

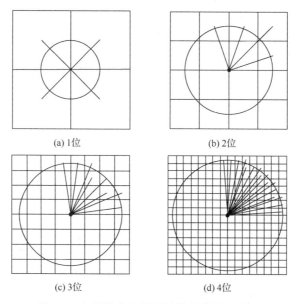

图 8.2 角分辨率与模数转换器位数的关系

在图 8.2(a) 中，模数转换器的转换位数只有 1 位。1 位沿着 x 轴(I 信道的输出电压)，1 位沿着 y 轴(Q 信道的输出电压)。圆圈表示角度变化。当圆处于某一正方形中时，该正方形的中心表示数字化角度。在每个象限只有一个角量化单元，总共有 4 个量化单元，且每个单元都具有相同的大小。在图 8.2(b) 中，模数转换器的转换位数有 2 位。每个象限有 3 个量化单元。量化单元大小由其所在正方形中的弧长决定。可以看到，量化单元的大小是不一致的。图中共有 12 个量化单元。在图 8.2(c) 中，模数转换器的转换位数有 3 位，每个象限有 7 个量化单元，量化单元大小不一致的情况依然存在。图中共有 28 个量化单元。在图 8.2(d) 中，模数转换器的转换位数有 4 位，且每个象限有 15 个大小不一致的量化单元。图中合计有 60 个量化单元。

从上述说明中可以得到如下结论：当信号幅度与模数转换器的最大输入电平相匹配时，每个象限的角量化单元数 A_q 为

$$A_q = 2^b - 1 \tag{8.5}$$

其中，b 表示模数转换器的位数。由于一个圆圈有 4 个象限，因为总的量化单元数 A_r 为

$$A_r = 4(2^b - 1) \tag{8.6}$$

A_r 代表角量化单元的最大数量。通常，这些量化单元的大小是不一致的。如果输入信号的幅度小于模数转换器的最大输入电平，那么角量化单元的数量会减少。例如，如果在图 8.2(b) 中信号的幅度仅达到第一位的电平，那么角量化单元数将降至 4 个，情况就如图 8.2(a) 所示了。如果输入信号的幅度非常强，使模数转换器达到饱和，那么量化单元数也将减少。在极限情况下，当信号非常强时，正弦波被数字化后类似于方波。该结果与 1 位的情况比较类似。为了简化讨论，下文将假设量化单元大小是统一的，且输入信号和模数转换器最大输入电平相匹配。

8.4 相位测量法和 FFT 法的结果比较

本节将对相位测量法和 FFT 法分别得到的频率分辨率进行比较。下面用一个例子来进行说明，在本例中假设模数转换器有 8 位，采样频率 f_s 为 250 MHz（即 $t_s = 1/f_s = 4\times10^{-9}$ s = 4 ns）。如果采用 64 点复数 FFT，则一组数据的总采样时间 T = 256 ns，即 4×64。在该计算中，如 4.6 节所述，应该采用采样周期而不是采样点之间的实际时间。相邻频点之间的频率分辨率为 $1/T$ = 3.906 MHz，它与模数转换器的位数无关。

如果信号的幅度和模数转换器最高电平匹配，那么根据式 (8.6) 可求得角量化单元数为 1020 个。如果使用第一个和最后一个数据点计算相位，那么实际时间差为 T' = 252 ns，对应相位测量法的不模糊带宽为 3.968 MHz。从另一个角度看不模糊带宽，可以这样理解：当输入频率改变（增加或减少）3.968 MHz 时，相位变化 2π rad。因此，理论上相角测量精度可以达到 1020 个量化单元的水平，且每个单元的频率分辨率为 3.890 kHz，即 3.968 MHz/1020。

从这个例子可以看出，对于同一组输入数据，如果信号为简单的正弦波，则相位测量法可以得到比 FFT 法更好的频率分辨率。此外，相位测量法的处理方案也比 FFT 法更简单。但是，如果存在同时到达信号，这种方法就可能会产生错误的频率，正如在 IFM 接收机中发生的情况，这也是该方法的主要缺点。

8.5 相位测量法的应用

式 (8.3) 和式 (8.4) 用于求解输入信号的频率。一般来说，使用相位测量法求解信号的精确频率应用在两个方面：①测量输入调频信号的瞬时频率；②求得正弦波信号的最高频率分辨率。

第一个方面的应用需要计算每两个数据点之间的相位差。如果数据采样时间间隔为 4 ns (250 MHz)，且考虑采用 64 个数据点，则必须计算每个数据点的相角和两个相邻数据点之间的相位差。计算过程如下：

$$\begin{aligned}\Delta\theta(1) &= \theta(2) - \theta(1) \\ \Delta\theta(1) &= \theta(3) - \theta(2) \\ \Delta\theta(1) &= \theta(4) - \theta(3) \\ &\vdots \\ \Delta\theta(1) &= \theta(64) - \theta(63)\end{aligned} \quad (8.7)$$

其中，$\Delta\theta(1)$ 表示两个相邻相位之间的相位差，总共需要 63 次运算。如果输入信号频率随时间变化，那么该方法可以每 4 ns 测量一次频率变化。但是，由于延迟时间短，频率分辨率会相当差。不模糊带宽为 250 MHz。如果使用的模数转换器有 8 位，则最佳的频率分辨率可达 245 kHz，即 250 MHz/1020。如果期望得到更好的频率分辨率，则可以计算每隔一个位置的两个数据点之间的相位差。在这种情况下，最佳频率分辨率可达 122.5 kHz。一般来说，如果选择了某一确定的延迟时间，那么在延迟周期内的频率被认为是一个常数。

如果输入信号频率是一个固定频率，那么可以使用相位测量法获得非常高的频率精度。此时，没有必要每 4 ns 计算一次频率，而是可以用一种更简单的方法来求解频率。二分法可以节省时间和计算量。例如，第一个、第二个、第三个、第五个等数据点可以用于求解相位差：

$$\begin{aligned}\Delta\theta(1) &= \theta(2) - \theta(1)\\ \Delta\theta(2) &= \theta(3) - \theta(1)\\ \Delta\theta(4) &= \theta(5) - \theta(1)\\ &\vdots\\ \Delta\theta(63) &= \theta(64) - \theta(1)\end{aligned} \quad (8.8)$$

除了最后一个数据点，相位差都可以写为 $\theta(2^n)$，其中 n 表示整数，2^n 表示两个数据点之间的延迟时间（单位为 ns）。最后一个延迟时间为 2^n-1。

式 (8.8) 总共有 64（即 2^6）个数据点，而相位差值只计算了 7（即 6+1）次，延迟时间分别为 1、2、4、8、16、32 和 63。该计算次数比第一种方法所要求的 63 次运算少了很多。通常，如果数据点有 2^b 个，则需要的总的计算次数为 $b+1$ 次。在这些运算中，短延迟时间用于解决频率模糊问题，长延迟时间用于获得较好的频率分辨率。在本例中，最短的延迟时间为 4 ns，其对应的不模糊带宽为 250 MHz。由短延迟时间产生的频率分辨率无须很高，只需要解决下一级（即至少需要两个频率分辨率单元）的模糊问题即可。例如，$\theta(2)$ 的延迟时间为 8 ns，对应的不模糊带宽为 125 MHz。这种方法与模拟 IFM 接收机的设计非常相似。

8.6 两个同时到达信号的情况分析

如前所述，相位测量法最大的不足就是容易受到同时到达信号的影响。本节将介绍一种可以测量同时到达信号频率的相位测量法，并进行理论分析。这种方法以参考文献[8]为基础，仅限于处理两个同时到达信号。

同时到达信号检测方案非常简单。如果仅有正弦信号，则 I/Q 信道的输出可以写成式 (8.2)。可以求出其幅度为

$$\sqrt{I(n)^2 + Q(n)^2} = A \quad (8.9)$$

所得结果是一个与时间无关的常数。

如果存在频率分别为 f_1 和 f_2 的两个信号，则合成输入信号可以写为如下复数形式：

$$s(t) = e^{-j2\pi f_0 t}(e^{j2\pi f_1 t} + Re^{j2\pi f_2 t}) \quad (8.10)$$

其中，f_0 表示本振频率，$0 < R < 1$ 表示第二个信号的幅度。这里假设第一个信号幅度为单位 1，第二个信号比第一个信号弱，且两个信号在 $t=0$ 时刻的相位均为零。这一假设不失一般性。上式可以写为

$$s(t) = e^{-j2\pi f_o t}e^{j2\pi f_1 t}\left(1 + Re^{j2\pi \Delta f_2 t}\right) \qquad (8.11)$$
$$= e^{-j2\pi f_o t}e^{j2\pi f_1 t}[p(t) + jq(t)]$$

其中，$\Delta f = f_2 - f_1$ 表示频率差，且有

$$p(t) = 1 + R\cos(2\pi \Delta f t) \qquad (8.12)$$
$$q(t) = R\sin(2\pi \Delta f t)$$

式(8.11)也可以按照幅度和相位写为如下形式：

$$s(t) = e^{-2\pi f_o t}E(t)e^{j\theta(t)} \qquad (8.13)$$

其中，$E(t)$ 和 $\theta(t)$ 分别表示与时间有关的输入信号的包络和瞬时相位，可写为

$$E(t) = \sqrt{p(t)^2 + q(t)^2} = \sqrt{2 + 2R\cos(2\pi \Delta f t)} \qquad (8.14)$$

和

$$\theta(t) = 2\pi f_1 t + \arctan\frac{q(t)}{p(t)} \qquad (8.15)$$

根据式(8.14)可明显看出，如果存在不止一个信号，则幅度是随时间变化的。那么通过测量不同时刻的信号幅度，就能确定是有一个还是多个信号。

瞬时频率 $f(t)$ 可以定义为相位 $\theta(t)$ 的导数[3]，结果为

$$f(t) = \frac{1}{2\pi}\frac{d[\theta(t)]}{dt} = f_1 + \frac{1}{2\pi}\left(\frac{p\dot{q} - q\dot{p}}{p^2 + q^2}\right)$$
$$= f_1 + R\Delta f\left[\frac{R + \cos(2\pi \Delta f t)}{1 + R^2 + 2R\cos(2\pi \Delta f t)}\right] \qquad (8.16)$$
$$\equiv f_1 + R\Delta f k_r(t)$$

其中，$\dot{p}$ 和 $\dot{q}$ 表示对时间 t 求导，且有

$$k_r(t) = \frac{R + \cos(2\pi \Delta f t)}{1 + R^2 + 2R\cos(2\pi \Delta f t)} \qquad (8.17)$$

可以通过测量信号的幅度和瞬时频率这两个量来判断是否存在同时到达信号，并得到它们的频率值。由于本振频率已知，所以可以确定信号的瞬时频率。

式(8.14)中包络的幅度随时间变化的关系如图8.3所示。在此特例中，$R = 0.8$。

从式(8.17)可知，$k_r(t)$ 的最大值出现在 $2\pi f t = 0$、2π、4π、6π 等处，其中 $\cos(2\pi \Delta f t) = 1$ 且 $k_r(t) = 1/(1-R)$。$k_r(t)$ 的最小值出现在 π、3π、5π 等处，其中 $\cos(2\pi \Delta f t) = -1$ 且 $k_r(t) = -1/(1-R)$。瞬时频率取决于 Δf 的符号。

如果 Δf 为正，即 $f_1 < f_2$，则瞬时频率的最大值为

$$f_{\max}(t) = f_1 + \frac{R\Delta f}{1 + R} \qquad (8.18)$$

最小值为

$$f_{\min}(t) = f_1 - \frac{R\Delta f}{1 - R} \qquad (8.19)$$

最小的瞬时频率可以变为负值，相应条件可以根据式(8.19)找到：

$$f_1(1 - R) < R\Delta f \equiv R(f_2 - f_1), \text{ 即 } f_1 < Rf_2 \qquad (8.20)$$

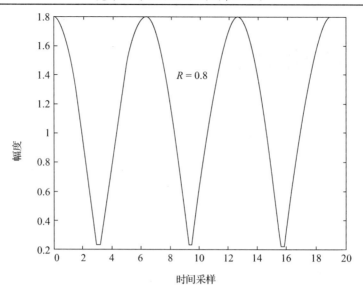

图 8.3 信号包络幅度与时间的关系

由于在式(8.10)中定义了 0<R<1，为了获得负频率，瞬时频率 f_2 必须大于 f_1，且要同时满足式(8.20)。通过式(8.15)定义的相角可以很容易地理解负的瞬时频率。当相位往负方向旋转时，其对应的瞬时频率为负值。

如果 Δf 为负，即 $f_1 > f_2$，式(8.19)表示瞬时频率的最大值，而式(8.18)表示瞬时频率的最小值。在此条件下，无法满足式(8.20)；因此瞬时频率总是为正。

上述讨论给出了测量两个输入信号频率的基本公式。以上讨论基于时域连续函数，而不是数字化以后的函数。下一节将介绍测量这些频率的方法。

8.7 两个信号的频率测量[8]

本节将使用上节得到的结论来测量两个信号的频率。频率信息主要从式(8.16)的瞬时频率来获取。首先，观察式(8.17)中的变量 $k_r(t)$。该方程是一个周期方程，其周期 T 满足 $\Delta f T = 1$。如果测量出周期 T，就可以确定频率差 Δf。

图 8.3 表明包络的幅度具有与变量 $k_r(t)$ 相同的周期 T。因此，可以通过测量包络幅度的变化或者变量 $k_r(t)$ 来得到频率差。但是，$k_r(t)$ 不是一个可以明确测量的项，而式(8.16)中的瞬时频率 $f(t)$ 是可以测量的。图 8.4 给出了两种条件下 $f(t)$ 的图形：①在图 8.4(a)中，$f_1 = 100$，$f_2 = 150$，$R = 0.8$，Δf 为正；②在图 8.4(b)中，$f_1 = 100$，$f_2 = 50$，$R = 0.8$，Δf 为负。两个频率 f_1 和 f_2 以及幅度比 R 是任意选择的，因为它们的取值对这里的讨论的影响很小。

在图 8.4(a)中，部分瞬时频率是负的。最小值的宽度与最大值的宽度相比显得非常尖锐。这样的形状表明 Δf 为正($f_1 < f_2$)，而在图 8.4(b)中正好相反，瞬时频率都位于正值区域内。这样的形状表明 Δf 为负($f_1 > f_2$)。频率变化是周期性的，而其周期 T 既可以通过图 8.4(a)中的最小值来测量，也可以通过图 8.4(b)中的最大值来测量。不论在哪种情况下，应该用曲线 $f(t)$ 中的尖点来确定周期 T，这样才能得到一个更精确的结果。在确定频率差 Δf 的符号和数值后，就可以同时求得强信号和弱信号的频率值。

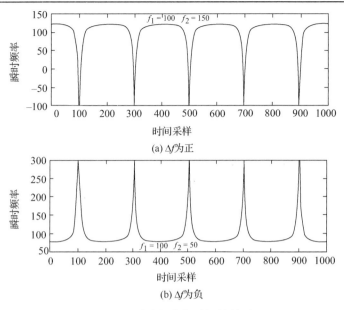

图 8.4 瞬时频率与时间的关系

首先，求解强信号的频率值。为了求得该频率值，可以对 nT 时间内的瞬时频率求平均。根据式(8.15)和式(8.16)可以求得如下结果：

$$\hat{f} = \frac{1}{2\pi T} \int_{t_1}^{t_1+nT} \frac{\mathrm{d}[\theta(t)]}{\mathrm{d}t} \mathrm{d}t = f_1 + \arctan\left\{\frac{q(t_1+nT)}{p(t_1+nT)}\right\} - \arctan\left\{\frac{q(t_1)}{p(t_1)}\right\} = f_1 \tag{8.21}$$

其中，t_1 表示任意起始时间，n 为整数。由于根据式(8.12)可知，$p(t)$ 和 $q(t)$ 的周期为 T，所以式(8.21)中的两个反正切项相互抵消。该结果表明 $f(t)$ 的平均值为 f_1。在式(8.21)中，周期 T 的精确值是未知的；但是，当取多个周期平均后，频率误差值可以降至很小。

其次，确定 Δf 的符号。Δf 的符号可以借助图 8.4 来确定。方法是测量 $f(t)$ 的最大值和最小值的持续时间。在图 8.4(a)中，$f(t)$ 的平均值(即 f_1)非常接近 $f(t)$ 的最大值，而 $f(t)$ 的最小值持续时间较短，因此 $\Delta f<0$。一旦确定了 Δf 的符号，就可以求出第二个频率值

$$f_2 = f_1 \pm \Delta f \tag{8.22}$$

如果可以测得包络的幅度，如最大值和最小值，则两个信号的幅度也可通过式(8.14)得到：

$$\begin{aligned} E_{\max}^2 &= 2 + 2R \\ E_{\min}^2 &= 2 - 2R \end{aligned} \tag{8.23}$$

而强信号的幅度 A_{st} 为 1，弱信号幅度 A_{wk} 为 R，从而可以求出它们各自的幅度：

$$\begin{aligned} A_{st} &= \frac{E(t)_{\max}^2 + E(t)_{\min}^2}{4} = 1 \\ A_{wk} &= \frac{E(t)_{\max}^2 - E(t)_{\min}^2}{4} = R \end{aligned} \tag{8.24}$$

上述讨论概述了如何根据相位测量法求解两个信号的频率。该讨论是以 I/Q 信道完全平

衡的假设为基础的。如果 I/Q 信道不完全平衡，那么即使是一个幅度和频率固定不变的单信号，也会引起其输出幅度随时间变化。因此，在实际的接收机设计中，I/Q 信道的不平衡会制约这种方法在测量两个同时到达信号频率时的应用。

8.8 使用过零法测量单频

在相位测量法中，需要将输入信号分为两个并行输出：I/Q 信道。如果输入信号是一个简单的正弦波，那么其频率可以根据信号的周期进行测量。而周期可以通过数字化数据的最大值、最小值或者零幅度点来测量。由于零幅度点通常是根据分别为正值、负值的两个相邻数据点求得的，所以通常将零幅度点称为过零点，将使用过零点求解信号频率的方法称为过零检测法(简称过零法)。

在本节中，将使用过零法来求解频率值。该方法与 IFM 接收机测频方法具有相同的局限性。测量同时到达信号可能会导致错误的结果。在相位测量系统中，为了能够测量输入信号的频率，每个周期内至少需要 2 个采样。这里讨论的过零法采用实信号，因此每个周期至少需要 4 个采样。

如果输入信号以 $f_s = 1/t_s$ 的采样频率进行数字化，那么幅度零点不一定会被采样到。因此，首先需要设法从数字化数据中找出过零点的时间。这可以从下面任意一个三角函数关系[9]求出：

$$\cos[(n+2)2\pi f t_s + \alpha] = 2\cos(2\pi f t_s)\cos[(n+1)2\pi f t_s + \alpha] - \cos(n2\pi f t_s + \alpha)$$
$$\sin[(n+2)2\pi f t_s + \alpha] = 2\cos(2\pi f t_s)\sin[(n+1)2\pi f t_s + \alpha] - \sin(n2\pi f t_s + \alpha)$$
(8.25)

其中，n 为整数，t_s 表示采样周期，f 表示输入信号频率，α 表示任意初始角度。接下来使用上面的第二个公式，可以先写出如下三个连续的采样数据：

$$x(n) = A\sin(n2\pi f t_s + \alpha)$$
$$x(n+1) = A\sin[(n+1)2\pi f t_s + \alpha]$$
$$x(n+2) = A\sin[(n+2)2\pi f t_s + \alpha]$$
(8.26)

将上述这些数据代入式(8.25)，得到的结果为

$$x(n+2) = 2x(n+1)\cos(2\pi f t_s) - x(n)$$
(8.27)

根据该式，可以求得频率为

$$2\pi f t_s = \arccos\left[\frac{x(n+2) + x(n)}{2x(n+1)}\right]$$
(8.28)

从上式可以求出输入信号的频率，第 11 章将对该方法做进一步的讨论。

图 8.5(a)给出了采样数据的例子。在该图中，选择了 3 个点，其中在点 $x(n+1)$ 和 $x(n+2)$ 之间符号发生了变化。符号改变前的这个点被作为 $t = 0$ 的参考点。在本例中，参考点为 $x(n+1)$，可以写成 $\sin \alpha$。为了满足该条件，假设式(8.26)中的 $n = -1$，则有如下结果：

$$x(-1) \equiv x_1 = A\sin(-2\pi f t_s + \alpha) = A\sin\alpha\,\cos(2\pi f t_s) - A\cos\alpha\,\sin(2\pi f t_s)$$
$$x(0) \equiv x_2 = A\sin\alpha$$
$$x(1) \equiv x_3 = A\sin(2\pi f t_s + \alpha) = A\sin\alpha\,\cos(2\pi f t_s) + A\cos\alpha\,\sin(2\pi f t_s)$$
(8.29)

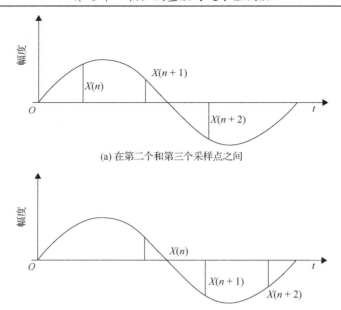

(a) 在第二个和第三个采样点之间

(b) 在第一个和第二个采样点之间

图 8.5　用于计算过零点的三个数据点

在式(8.29)中，只是为了简化下面的推导结果而使用了 x_1、x_2 和 x_3 这三个新符号。根据式(8.29)，容易得出

$$\cos(2\pi f t_s) = \frac{x_1 + x_3}{2x_2} \tag{8.30}$$

该结果与式(8.28)的一样。显而易见，为了求得 x_2 与过零点之间的时间，必须求出角度 α。因此，下一步要根据式(8.29)和式(8.30)求解 $\sin \alpha$，可得

$$\frac{x_2}{x_3} = \frac{\sin \alpha}{\sin \alpha \cos(2\pi fT) + \cos \alpha \sin(2\pi fT)} \tag{8.31}$$

$$x_3 \sin \alpha - x_2 \sin \alpha \cos(2\pi fT) = x_2 \sqrt{1 - \sin^2 \alpha} \sin(2\pi fT)$$

$$\sin^2 \alpha = \frac{x_2^2[1 - \cos^2(2\pi fT)]}{x_3^2 - 2x_2 x_3 \cos(2\pi fT) + x_2^2}$$

根据上式可以求得 x_2 和过零点之间的时间差为

$$\alpha = \arcsin\left\{ \sqrt{\frac{x_2^2[1 - \cos^2(2\pi fT)]}{x_2^2 - 2x_2 x_3 \cos(2\pi fT) + x_3^2}} \right\} \tag{8.32}$$

根据式(8.29)的第二个等式，x_2，即 $x(0)$ 与零点的距离为 $\sin \alpha$。由于相位角变化了 2π rad，覆盖了周期为 $1/f$ 的一个周期，且 f 可以根据式(8.28)求出，所以可求出从 x_2 到过零点之间相应的时间 δt 为

$$\delta t = \frac{\alpha}{2\pi f} \tag{8.33}$$

一旦确定了该时间，真正的过零点即可通过将式(8.26)中第二个数据点的 $n+1$ 加 δt 求得。

8.9 单信号过零检测中的病态情况与解决方法

在上述方法中存在一个问题，该问题出现在式(8.26)中 $x(n+1)$ [即式(8.30)中的 x_2] 的值非常小时。在此情况下，计算 f 的误差会非常大。为了避免该问题的发生，可以选择三个不同的数据点。例如，如果在图 8.5(a) 中的 $x(n+1)$ 值接近 0，就可以选择接下来的三个点，如图 8.5(b) 所示。在这种情况下，过零点出现在第一个和第二个采样点之间。

在过零点之前的数据点仍然作为 $t=0$ 的参考点。三个值可以写为如下形式：

$$x(0) \equiv x_1 = A \sin \alpha$$
$$x(1) \equiv x_2 = A \sin(2\pi f t_s + \alpha) = A \sin \alpha \cos(2\pi f t_s) + A \cos \alpha \sin(2\pi f t_s) \quad (8.34)$$
$$x(2) \equiv x_3 = A \sin(4\pi f t_s + \alpha) = A \sin \alpha \cos(4\pi f t_s) + A \cos \alpha \sin(4\pi f t_s)$$

根据这些关系式，容易推导出：

$$\cos(2\pi f t_s) = \frac{x_1 + x_3}{2x_2} \quad (8.35)$$

$$\sin^2 \alpha = \frac{x_1^2[1 - \cos^2(2\pi f t_s)]}{x_2^2 - 2x_1 x_2 \cos(2\pi f t_s) + x_1^2} \quad (8.36)$$

求解从 x_1 到过零点之间的延迟时间可以使用与前面相同的方法。

需要注意的是，在这两种情况下，计算时间都是以过零点前的数据点作为参考点的。仿真数据表明，当信噪比较高时，计算结果非常精确。如果信噪比 $S/N=1000$ dB，则频率误差小于 10^{-8} Hz。当信噪比 $S/N=100$ dB 时，频率误差小于 10 Hz，而当信噪比 $S/N=10$ dB 时，频率误差约为 100 kHz。

尽管由以上公式计算的过零时间建立在精确解基础上，但计算本身是相当冗长的。它涉及乘法、求平方根和反正弦等计算。除此之外，可能还存在病态情况。因此下一节将讨论一种简化的方法。

8.10 简化的单信号过零点计算

一种相对简单的确定过零点的方法是将零点两侧的两个数据点直接用直线连接起来。这是一种近似方法，如图 8.6 所示。在这种方法中，两个相邻点的其中一个要选在 0 值以上，另一个要选在 0 值以下，反之亦然。在这两个点之间画一条直线，并将这条直线与 x 轴的交点近似地看成过零点。

计算该近似过零点的方法如下。令这两个点分别为 x_1 和 x_2，分别对应的时间为 t_1 和 t_2。穿过这两个点的直线可表示为

$$\frac{x - x_1}{t - t_1} = \frac{x_1 - x_2}{t_1 - t_2} \quad (8.37)$$

该直线与直线 $x=0$ 相交，可得

$$t = t_1 + \frac{x_1(t_2 - t_1)}{x_1 - x_2} = t_1 + \frac{x_1 t_s}{x_1 - x_2} \quad (8.38)$$

其中的推导使用了关系式 $t_2 - t_1 = t_s$。

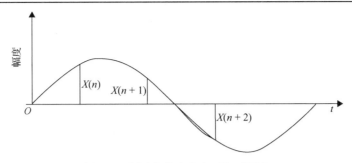

图 8.6 利用直线法求出近似过零点

由于式(8.37)没有求出真正的过零点，因此我们希望知道误差的大小。在下面的讨论中，将会推导出最大误差。最大误差出现在输入频率最高时，这时每个周期内有 4 个采样点。在此情况下，$t_s = \pi/2$。假设 $x = \cos t$，那么 $x_2 = \cos(t + \pi/2)$。将 x_1 和 x_2 的值代入上述公式可以求得关于 t 的误差函数

$$e(t) = \left\{ t + \frac{t_S \cos t}{\cos t - \cos(t + \pi/2)} \right\} - t_z \\
= \left\{ t + \frac{\frac{\pi}{2} \cos t}{\cos t - \sin t} \right\} - t_z \tag{8.39}$$

其中 t_z 表示真正的过零时间。为了求解最大误差，可对误差函数 $e(t)$ 关于 t 进行求导，结果为

$$\frac{de(t)}{dt} = 1 + \frac{\pi}{2} \left[\frac{(\sin t + \cos t)(-\sin t) - \cos t(\cos t - \sin t)}{(\sin t + \cos t)^2} \right] \\
= 1 - \frac{\pi}{2} \left[\frac{\sin^2 t + \cos^2 t}{(\sin t + \cos t)^2} \right] \\
= 1 - \frac{\pi}{2} \left[\frac{1}{(\sin t + \cos t)^2} \right] \tag{8.40}$$

令该结果等于 0，可得

$$(\sin t + \cos t)^2 = \frac{2}{\pi} \tag{8.41}$$

上式可按下面的过程求解：

$$\sin^2 t + 2 \sin t \cos t + \cos^2 t = \frac{\pi}{2}$$

$$2 \sin t \cos t = \frac{\pi}{2} - 1$$

$$\sin 2t = \frac{\pi - 2}{2}$$

即

$$t = \frac{1}{2} \arcsin\left(\frac{\pi - 2}{2}\right) = \begin{cases} 0.304 \\ \pi - 0.304 = 2.838 \end{cases} \tag{8.42}$$

该结果如图 8.7 所示。此时对应的过零点可以通过式(8.38)求得，如下所示：

$$t_1 = 2.838$$
$$x_1 = \sin(t_1) = \sin(2.838) = 0.299$$
$$x_2 = \sin\left(t_1 + \frac{\pi}{2}\right) = \sin(4.409) = -0.954$$
$$t_{zs} = t_1 + \frac{0.299 \times \frac{\pi}{2}}{0.299 + 0.9541} = 3.213 \qquad (8.43)$$
$$t_z = \pi$$
$$e(t_1) = t_{zs} - t_z = 0.071$$

其中，t_1 是根据式(8.42)得到的结果，t_{zs} 表示使用直线近似法求得的过零时间，t_z 表示真正的过零时间。因此，使用百分比表示的每个采样周期内的最大误差为 $e(t_1)/t_z = 4.5\%$。

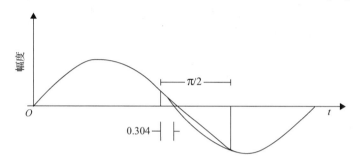

图 8.7 利用直线法所得近似过零点的最大误差

该方法不仅简化了频率计算，而且不存在病态情况。正如在 8.9 节中所讨论的，当一个数据点接近于 0 值时，该方法不会产生不准确的结果。

8.11 单频过零法的实验结果

在本节中，过零检测法将被应用于来自正弦波的采样数据。所用数据是使用惠普公司的数字示波器采集的，输入信号频率为 200 MHz。该数字示波器的输出为 8 位。采样时间的标称值为 1 ns，但实际采样时间为 9.99401×10^{-10} s。数字化数据如图 8.8(a)所示。在该示例中，仅使用了 200 个采样点。信号的频率是通过第一个过零点和第 n 个过零点计算的，相应的关系可写为

$$f_n = \frac{n-1}{2(t_{zn} - t_{z1})} \qquad (8.44)$$

其中，n 表示从 2 开始的第 n 个过零点，t_{zn} 表示第 n 个过零时间，t_{z1} 表示第 1 个过零时间，f_n 表示根据第 n 个和第 1 个过零时间所计算的频率。该方法在多个过零点之间使用了更长的时间差来求解输入频率，因此可以获得更好的频率分辨率。

通过不同方法计算得到的过零点结果如图 8.8(b)至图 8.8(d)所示，这些图给出了不同计算方法产生的频率差(测量频率减去输入频率)随时间变化的结果。这里忽略了频率的偏置误差，只比较频率误差的变化，因为偏置误差可能是由实验设置导致的。图 8.8(b)给出了当时间分辨率限制为 1 ns 时的结果。当两个数据点具有相反的符号时，假设第一个点为过零点。这种处理方法得到的频率误差波动范围约为 ±200 kHz。图 8.8(c)给出了根据

8.8 节所讨论的过零法进行计算的结果。在该计算过程中，出现了 8.9 节所讨论的病态情况，并用该节提出的校正方法进行了更正。如果病态情况没有得到合理的更正，在结果中就会出现较大的误差。不过，这里并没有给出这些结果。图 8.8(c) 中最大的频率误差变化范围约为 ±20 kHz。在 8.10 节中讨论的直线近似法得到的结果如图 8.8(d) 所示，其结果与图 8.8(c) 类似。

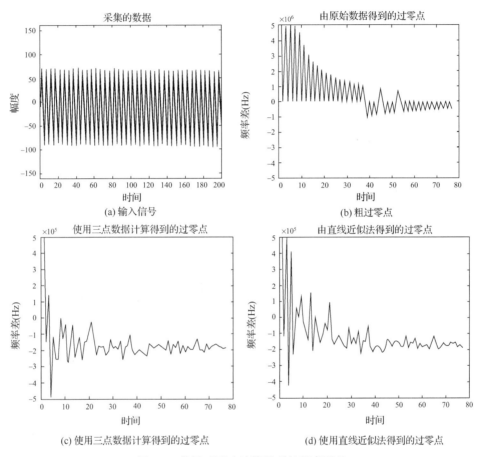

(a) 输入信号　　(b) 粗过零点

(c) 使用三点数据计算得到的过零点　　(d) 使用直线近似法得到的过零点

图 8.8　使用过零法计算得到的频率误差

8.12　在相干多普勒雷达频率测量中的应用[10]

相位测量法和过零检测法在单信号频率测量上都很准确。前面的讨论局限于对连续波的频率测量。不过，这些方法也可以用于测量相干多普勒雷达的频率。

相干雷达是一种脉冲雷达，它的脉冲信号通过开启和关断连续波而得到，如图 8.9 所示。在该图中，连续波信号是通过一些矩形窗来选通的，窗内的信号是发射的雷达脉冲。因为这些脉冲都是连续波信号的一部分，因此其相位关系是确定的。

多普勒雷达通过多普勒效应来测量目标的速度。为了测量一定范围内的多普勒频率，频谱谱线的间隔必须足够大，以避免频率模糊。要实现较宽的谱线间隔，在时域中各脉冲必须靠得很近。在 3.5 节中对此已经进行了讨论。

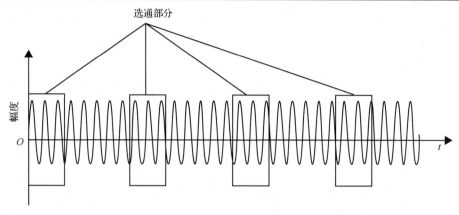

图 8.9 相干脉冲串

相位法和过零法的实现有两个关键的条件：①脉冲信号必须从同一正弦波获得（相干）；②这些脉冲必须靠得很近。图 8.10 给出了脉宽为 τ、重复周期为 T 的四个脉冲。

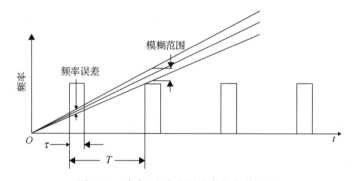

图 8.10 在相干雷达测量中的相位误差

如果雷达载频为 f_i，则相应的周期为 $t_i = 1/f_i$。在时间 τ 内测量的频率精度 Δf_m 可以写为

$$\Delta f_m = \frac{1}{k\tau} \tag{8.45}$$

其中 k 为常数。一般来说，$k>1$，它取决于测量方法和噪声大小。百分比误差可以写为

$$\frac{\Delta f_m}{f_i} = \frac{1}{k\tau f_i} \tag{8.46}$$

为了使用这些信息继续进行下一个脉冲的测量，需要评估扩散到下一个脉冲中的误差。如图 8.10 所示，误差放大了 T 倍。然而，为了使该外推法正常工作，扩散误差必须小于 f_i 的一个周期，因此关系式可以写为

$$\frac{T\Delta f_m}{f_i} = \frac{T}{k\tau f_i} \leqslant \frac{1}{f_i}, \quad 即 \frac{\tau}{T} \geqslant \frac{1}{k} \tag{8.47}$$

τ/T 的值一般称为占空比。这意味着占空比必须大于 $1/k$。如果能够满足上述要求，多普勒脉冲串的频率分辨率就能达到连续波信号的情况。

8.13 用于一般频率测量的过零法[11~24]

在前面的几节中，过零法主要用于确定输入信号的频率。该方法可以提供非常精确的频

率信息,但是只针对单一信号。如果有多个信号输入,前面所讨论的方法就会产生错误的频率数据。在下面的几节中,将使用过零法产生与离散傅里叶变换(DFT)所得结果相同的频率数据。该运算的理论基础是,带限信号可以由函数中的实零点和复零点来表示,或者由多项式来表示。实零点和复零点将在下一节中讨论。

数字接收机的动态范围依赖于系统中的模数转换器的量化电平。在第 5 章中已经讨论过,要让具有很多量化电平的模数转换器进行高速工作是非常困难的。过零检测谱分析的一个潜在优点是,如果高时钟速度和精确的过零点检测可以实现,则模数转换器无须具有很多量化电平。然而,如果使用模数转换器来测量过零点,模数转换器的位数就变得很重要了,这是因为模数转换器位数越多,过零点检测时间越精确。使用过零时间对多信号频谱进行分析可能存在的缺点是,所要求的信号处理会相对复杂一些,其所需的运算量实际上可能与 DFT 方法相当。

在接下来的几节中,讨论相对简单,忽略掉了一些理论分析。这些讨论都以参考文献[22]为基础,其中包含更详细的理论推导。这里讨论的内容将集中于解决问题的机理。下面的内容分为三个部分:①问题的基本定义;②过零点的正确产生;③谱估计。

8.14 过零检测谱分析的基本定义[11~25]

输入信号 $x(t)$ 必须是带限信号,这意味着该信号(或者说所有具有窄频带的信号加在一起)的带宽必须小于或等于 B,其中 B 是系统的单边带宽。观测时间 t 满足 $-T/2 \leq t \leq T/2$。该信号会在时间窗 T 外重复出现。这个假设来自信号处理的基本思想,并且该现象在第 3 章中做过解释。系统的时间带宽积为 BT。信号 $x(t)$ 可以使用傅里叶级数表示为[22]

$$x(t) = \sum_{n=-N}^{N} C_n e^{\frac{j2\pi nt}{T}} \tag{8.48}$$

其中,$N = BT$,C_n 为复常数,$C_n = C^*_{-n}$,*表示复共轭。现在假设参数 t 具有复数值,比如 $t \to \xi = t + j\sigma$,且 $Z = e^{j2\pi t/T}$。那么,$x(t)$ 可以写为 Z 的组合,即

$$x(Z) = \sum_{n=-N}^{N} C_n Z^n \tag{8.49}$$

上式中有 $2N$ 个零点,$x(Z)$ 的零点由下式给出:

$$Z_i = e^{\frac{j2\pi \xi_i}{T}} = e^{\frac{j2\pi(t_i + j\sigma_i)}{T}} \tag{8.50}$$

其中,$i = 1, 2, 3, \cdots, 2N$。$x(t)$ 实际的过零点就是满足 $\xi_i = t_i$(即 $Z_i = e^{j2\pi t_i/T}$,$\sigma_i = 0$)的实零点。$x(t)$ 的复零点就是那些满足 $\sigma_i \neq 0$ 且 $\xi_i = t_i + j\sigma_i$ 的点。

假设 $x(t)$ 只有实零点,则函数 $x(t)$ 可以按正弦函数展开为

$$x(t) = 2^{2N} |C_N| \prod_{i=1}^{2N} \sin\left[\frac{\pi}{T}(t - t_i)\right] \tag{8.51}$$

其中,t_i 表示过零时间。只要 $t = t_i$,就有 $x(t) = 0$。应该指出的是,实零点的总数有 $2N$ 个。函数 $\sin[\pi(t-t_i)/T]$ 可以写为

$$\sin\left[\frac{\pi(t - t_i)}{T}\right] = \frac{e^{\frac{j\pi(t-t_i)}{T}} - e^{\frac{-j\pi(t-t_i)}{T}}}{2j} = \frac{-j}{2}\left[\sqrt{\frac{Z}{Z_i}} - \sqrt{\frac{Z_i}{Z}}\right] = \frac{-j}{2\sqrt{Z_i}} Z^{-\frac{1}{2}}(Z - Z_i) \tag{8.52}$$

如果$|C_N|$未知，则函数$x(t)$可以用一个比例因子重构。使用式(8.52)中的关系，式(8.51)中的多项式$x(Z)$可以写为

$$\frac{x(Z)}{C_N} = Z^{-N} \prod_{i=1}^{2N} (Z - Z_i) = Z^{-N} \prod_{i=1}^{2N} \left(Z - e^{\frac{j2\pi t_i}{T}}\right) \quad (8.53)$$

其中，C_N为常数，$x(Z)$由式(8.49)给出。一旦$x(Z)$以式(8.49)中的形式写出，且所有的系数C_N已知，则可以得到每个频率分量的幅度为

$$X(k) = (2BT+1)C_k \quad (8.54)$$

其中，$k = -N, -N+1, \cdots, 0, \cdots, N$。因此，可以从式(8.52)出发，也就是根据所有$(Z-Z_i)$项相乘来得到式(8.49)所示的形式。$C_N$的幅度表示频率分量的幅度。

在该过零检测法中，需要存在足够多的实零点，否则就不能使用该方法。8.15节将讨论所需过零点的最小数目，以及产生这些过零点的方法。

8.15 产生实过零点[22]

为了从过零点中获得信息，实过零点的数量必须等于$2BT$，即$2N$。如果没有足够的实过零点，就必须产生一些实过零点，以满足所需的条件。

一种产生所有需要的过零点的方法是在输入信号中加入高频信号。高频信号可以写为

$$x_h(t) = A_h \cos(2\pi f_h t), \quad \frac{-T}{2} \leqslant t \leqslant \frac{T}{2} \quad (8.55)$$

其中

$$A_h > \max|x(t)|, \quad f_h = B + \frac{1}{T} \quad (8.56)$$

这个高频信号的频率f_h比带宽B稍大一点，其幅度A_h要比所有输入信号的合成信号幅度稍高。如果添加的高频信号太强，它就会主导所有的过零点，所要测量的信号对过零点的影响几乎丧失。导致的后果就是过零检测法的测量精度会受到影响。在实际接收机的设计中，可以使用强的高频信号。式(8.56)中的关系可以认为是动态范围的上限。

添加高频信号后的新信号可以写为

$$y(t) = x(t) + x_h(t) \quad (8.57)$$

经过频率分析后，添加的高频信号应该在频域从输入信号中分离出来。经过上述修改后，总的过零点数为$2(BT+1)$，可以满足要求。

图 8.11 用于演示过零点的产生过程。图 8.11(a)是两个正弦波相加的结果：频率较低的信号的幅度为 1，第二个信号的幅度为 0.25，其频率是第一个信号的 5.5 倍。第一个点和最后一个点不是过零点。在这个图中，有 5 个过零点。从直觉上就可以判断过零点数目不够，因为图中曲线上的许多细微变化并未穿过实轴。在此条件下，可以认为存在复过零点，但很难从这个图中将它们识别出来。如果存在另外一个信号，其幅度为 1.3，大于 1.25（即 1+0.25），且频率是第一个信号的 10 倍，那么结果如图 8.11(b)所示。在该图中，可以看到存在很多过

零点，并且所有的由第二个信号产生的细微变化都可以通过这些过零点表现出来。这一处理过程称为将复零点转换为实零点。

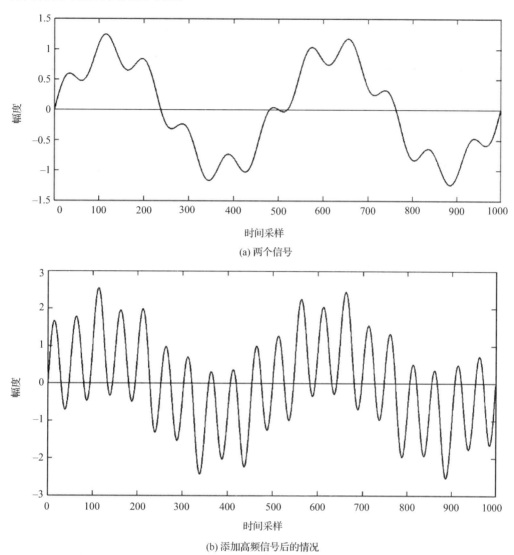

图 8.11 多信号的过零点

如果 B 为 1 GHz，T 为 1 μs，则有 $2BT = 2000$，这意味着该系统需要 2000 个过零点。所需添加的高频信号为 $(B+1/T)$，即 1001 MHz，也就是 1000+1。因此，如果将该信号加入输入信号中，则所有的过零点数应该为 2002。显然，面对如此大量的过零点数，根据式 (8.53) 计算相应的系数并非易事。

8.16 计算过零检测谱分析的系数[22,26]

本节将讨论计算这些系数的方法。我们所关心的函数是 $y(Z)$，它有 $2(BT+1)$ 个过零点而不是 $2BT=N$ 个。因此，该式可以写为

$$y(t) = \prod_{n=-N-1}^{N+1} C_n \mathrm{e}^{\frac{\mathrm{j}2\pi nt}{T}} \tag{8.58}$$

在上式中，由于最高频率信号的幅度和频率已知，因此有 $C_{N+1} = A_h/2$。根据式(8.53)可知，$y(Z)$ 可以写为

$$\frac{y(Z)Z^{N+1}}{C_{N+1}} = \prod_{i=1}^{2(N+1)} (Z - Z_i) = a_0 Z^{2N+2} + a_1 Z^{2N+1} + \cdots + a_{2N+2}$$

且

$$Z_i = \mathrm{e}^{\frac{\mathrm{j}2\pi t_i}{T}} \tag{8.59}$$

其中，t_i 表示过零时间。在接收机应用中，测量所有频率分量的相对幅度是非常重要的，这些相对幅度等于系数 C_n 的大小。

一种求解式(8.59)系数的方法称为直接计算法。在该方法中，通过将式(8.59)中的所有 $(Z-Z_i)$ 项相乘来求解 Z 的系数。这种方法适合在过零点数目较少的时候使用。

如果过零点数目较大，直接计算法就会变得很麻烦。在此条件下，可以使用递推法。从直接相乘开始的递推法如下：

$$\begin{aligned}
y^1(Z) &= Z - Z_1 \\
y^2(Z) &= y^1(Z)(Z - Z_2) = (Z - Z_1)(Z - Z_2) = Z^2 - (Z_1 + Z_2)Z + Z_1 Z_2 \\
y^3(Z) &= y^2(Z)(Z - Z_3) = (Z - Z_1)(Z - Z_2)(Z - Z_3) \\
&= Z^3 - (Z_1 + Z_2 + Z_3)Z^2 + (Z_1 Z_2 + Z_2 Z_3 + Z_3 Z_1)Z - Z_1 Z_2 Z_3 \\
&\vdots \\
y^{k+1}(Z) &= y^k(Z)(Z - Z_{k+1})
\end{aligned} \tag{8.60}$$

其中，$y^k(Z)$ 表示 k 个过零点的乘积。上述关系式可以扩展到更一般的情况，即

$$\begin{aligned}
y^k(Z) &= \prod_{i=1}^{k}(Z - Z_i) = Z^k + \sum_{i=1}^{k} a_{i,k} Z^{k-1} \\
&= Z^k + a_{1,k} Z^{k-1} + a_{2,k} Z^{k-2} + \cdots + a_{k-1,k} Z + a_{k,k} \\
y^{k+1}(Z) &= (Z - Z_{k+1})y^k(Z) = Z^{k+1} + (a_{1,k} - Z_{k+1})Z^k + (a_{2,k} - Z_{k+1} a_{1,k})Z^{k-1} + \cdots \\
&\quad + (a_{k,k} - Z_{k+1} a_{k-1,k})Z - a_{k,k} Z_{k+1} \\
&= Z^{k+1} + \sum_{i=1}^{k}(a_{i,k} - Z_{k+1} a_{i-1,k})Z^{k+1-i} - a_{k,k} Z_{k+1}
\end{aligned} \tag{8.61}$$

上式中的每个系数有两个下标。第一个下标表示系数的序号，第二个下标表示递推的阶数。系数 a_{k+1} 可以根据过零点 Z_{k+1} 和 a_k 的两个系数求得，递推关系如下：

$$\begin{aligned}
a_{0,k} &= 1 \\
a_{i,k+1} &= a_{i,k} - Z_{k+1} a_{i-1,k}, \quad & i = 1, 2, \cdots, k \\
&= -Z_{k+1} a_{k,k}, \quad & i = k+1
\end{aligned} \tag{8.62}$$

利用这些关系式可得

$$a_{0,0} = 1$$
$$a_{1,1} = -a_{0,1}Z_1 = -Z_1$$
$$a_{1,2} = a_{1,1} - Z_2 a_{0,1} = -Z_1 - Z_2$$
$$a_{2,2} = -Z_2 a_{1,1} = Z_1 Z_2 \qquad (8.63)$$
$$a_{1,3} = a_{1,2} - Z_3 a_{0,1} = -Z_1 - Z_2 - Z_3 = -(Z_1 + Z_2 + Z_3)$$
$$a_{2,3} = a_{2,2} - Z_3 a_{1,2} = Z_1 Z_2 + Z_2 Z_3 + Z_3 Z_1$$
$$a_{3,3} = -Z_3 a_{2,2} = -Z_1 Z_2 Z_3$$

上式中 $a_{i,3}$ 的值为最终结果，与从式(8.60)中 $y^3(Z)$ 求解的结果相同。

显然，用直接计算法和递推法计算系数比计算单频的情况更为复杂，但是能够对同时到达信号进行处理。

如果计算所得的系数表示 FFT 的频率分量，那么仅有一半的系数携带信息，这是 FFT 频率分量的特性。根据式(8.59)，可以看到共有 $2N$ ($N=BT$)个根，以及从 a_0 到 a_{2N} 共 $2N+1$ 个系数。从数学上讲，这些系数应存在如下关系：

$$a_i = a^*_{2N-i} \qquad (8.64)$$

其中，$i = 0, 1, \cdots, N$。

但是，可以看出这些关系式在这里并不成立，例如

$$a_0 = 1, \quad a_{2N} = \prod_{i=1}^{2N} Z_i \qquad (8.65)$$

通常，它们并不是彼此的复共轭。

然而，下面的关系式是成立的[26]：

$$|a_i| = |a_{2N-i}| \qquad (8.66)$$

其中，$i = 0, 1, \cdots, N$。因此，如果关心的是频率分量的幅度，利用一半系数就能提供所有需要的信息了。这个结果与 FFT 的结果是一致的。

系数 a_i 可以通过一个因子来修正，以满足式(8.64)中的关系[26]。该因子为

$$Z_f = \frac{-1}{2} \sum_{i=1}^{2N} \theta_i \qquad (8.67)$$

其中，$\theta_i = \arctan(\mathrm{Im}(Z_i)/\mathrm{Re}(Z_i))$，$\mathrm{Im}(\cdot)$ 和 $\mathrm{Re}(\cdot)$ 分别表示虚部和实部。

系数 a_i 也可以修正为

$$b_i = a_i Z_f \qquad (8.68)$$

其中，b_i 的值满足如下关系：

$$b_i = b^*_{2N-i} \qquad (8.69)$$

其中，$i = 0, 1, \cdots, N$，且 b_N 表示实数。因此，严格地讲，式(8.59)中的系数可以通过乘以一个常数相位项来获得式(8.64)呈现的性质。

8.17 过零检测谱分析器的可用配置

总结前面关于过零检测谱分析的讨论可以得出如下结论，实现这种分析方法只需简单地采用两个步骤：①产生足够多的实零点；②利用这些实零点计算由所有 $(Z-Z_i)$ 项相乘而

构成函数的系数。

在使用过零点进行谱分析时,需要在输入信号中添加一个已知的高频强信号来构建需要的实零点。对接收机设计者来说,在输入信号中注入一个高频信号可能是一件麻烦的事。设计者必须在整个频谱范围内进行频谱分析,同时必须不能受注入的高频信号的影响。如果存在一个自身频率与注入频率相近的输入信号,结果就会产生混淆。

一种分离注入信号的方法如图 8.12 所示。在该图中,输入信号带宽限制为 f_2,其远小于 f_h。这样,输入信号的频率就可以远离注入信号的频率。由于输入信号带宽限制为 f_2,因此仅需计算与不大于 f_2 的频率相关的系数。

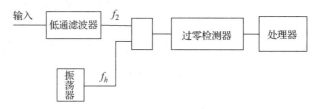

图 8.12 过零检测谱分析的配置

假设信号带宽为 B,包含 f_h 频率的带宽为 B_h,且 $B_h>B$,则有 $2B_hT$ 个零点。式(8.59)可写为

$$\frac{y(Z)Z^{B_hT}}{C_{B_hT}} = \prod_{i=1}^{2B_hT}(Z - Z_i) \tag{8.70}$$

上式中仅需计算 BT 个系数。我们还需要构建一个可以实时计算这些系数的处理器。

这些输出与 FFT 运算的频率分量相同。为了确定输入信号的数量及其中心频率,需要进行进一步的信号处理。

参考文献

[1] Earp CW. *Frequency Indicating Cathode Ray Oscilloscope*. U.S. Patent 2434914A, January 27, 1948.

[2] Wilkens MW, Kincheloe WR Jr. *Microwave Realization of Broadband Phase and Frequency Discriminators*. Technical Report no. 1962/1966-2 SU-SEL-68-057. Stanford, CA: Stanford Electronics Laboratories; November 1968.

[3] Myers GA, Cumming RC. 'Theoretical response of a polar-display instantaneous-frequency meter'. *IEEE Transactions on Instrumentation and Measurement* 1971; **IM-20**(1): 38–48.

[4] Lang Stephen W, Musicus BR. 'Frequency estimation from phase differences'. *Proceedings of the 1989 International Conference on Acoustics, Speech, and Signal Processing*, vol. 4. New York: IEEE; 1989: 2140–2143.

[5] Kay S. 'A fast and accurate single frequency estimator'. *IEEE Transactions on Acoustics, Speech and Signal Processing* 1989; **37**(12): 1987–1990.

[6] Panter PF. *Modulation Noise and Spectral Analysis Applied to Information Transmission*. New York: McGraw-Hill; 1965.

[7] Chu D. 'Phase digitizing sharpens timing measurements'. *IEEE Spectrum* 1988; **25**(7): 28–32.

[8] McCormick WS, Lansford JL. 'Time domain algorithm for the estimation of two sinusoidal frequencies'. *IEE*

Proceedings—Vision, Image and Signal Processing 1994; **141**(1): 33–38.

[9] Kay SM, Marple SL Jr. 'Spectrum analysis—a modern perspective'. *Proceedings of the IEEE* 1981; **69**(11): 1380–1419.

[10] Paciorek LJ. Anaren Microwave Inc. Private communication.

[11] Bond FE, Cahn CR. 'On the sampling the zeros of bandwidth limited signals'. *IRE Transactions on Information Theory* 1958; **4**(3): 110–113.

[12] Voelcker HB. 'Toward a unified theory of modulation part I: phase-envelope relationships'. *Proceedings of the IEEE* 1966; **54**(3): 340–353.

[13] Voelcker HB. 'Toward a unified theory of modulation—part II: zero manipulation'. *Proceedings of the IEEE* 1966; **54**(5): 735–755.

[14] Sekey A. 'A computer simulation study of real-zero interpolation'. *IEEE Transactions on Audio and Electroacoustics* 1970; **18**(1): 43–54.

[15] Voelcker HB. 'Zero-crossing properties of angle-modulated signals'. *IEEE Transactions on Communications* 1972; **20**(3): 307–315.

[16] Voelcker HB, Requicha AAG. 'Clipping and signal determinism: two algorithms requiring validation'. *IEEE Transactions on Communications* 1973; **21**(6): 738–744.

[17] Voelcker HB, Requicha AAG. 'Band-limited random-real-zero signals'. *IEEE Transactions on Communications* 1973; **21**(8): 933–936.

[18] Logan BF Jr. 'Information in the zero crossings of bandpass signals'. *Bell System Technical Journal* 1977; **56**(4): 487–510.

[19] Papoulis A. *Signal Analysis*. New York: McGraw-Hill; 1977.

[20] Requicha AAG. 'The zeros of entire functions: theory and engineering applications'. *Proceedings of the IEEE* 1980; **68**(3): 308–328.

[21] Higgins RC. 'The utilization of zero-crossing statistics for signal detection'. *Journal of the Acoustical Society of America* 1980; **67**(5): 1818–1820.

[22] Kay SM, Sudhaker R. 'A zero crossing-based spectrum analyzer'. *IEEE Transactions on Acoustics, Speech, and Signal Processing* 1986; **34**(1): 96–104.

[23] Kedem B. 'Spectral analysis and discrimination by zero-crossings'. *Proceedings of the IEEE* 986; **74**(11): 1477–1493.

[24] Marvasti FA. *A Unified Approach to Zero-Crossings and Nonuniform Sampling of Single and Multidimensional Signals and Systems*. Chicago: Department of Electrical Engineering, Illinois Institute of Technology; 1987.

[25] Kedem B. *Time Series Analysis by Higher Order Crossings*. New York: IEEE; 1994.

[26] Marden M. *Geometry of Polynomials*, 2nd ed. Providence, RI: American Mathematical Society; 1985.

第 9 章　单比特接收机

9.1　引言

本章介绍单比特接收机的概念。单比特接收机技术可以视为一种数字信道化方法。快速傅里叶变换(FFT)比较简单，可以在一个芯片上实现该功能。在 FFT 输出之后使用一个简单的频率编码器来检测输入信号的数目和频率值。接下来介绍一种编码器的设计方法，可以把编码器和 FFT 集成到一个芯片上。这样的芯片已经制造出来，并且已经在实验室里成功地验证了单比特接收机的概念。

单比特接收机这一概念是受商用全球定位系统(Global Positioning System，GPS)接收机设计的启发而提出来的。在商用 GPS 接收机中使用的模数转换器的位数一般为 1 或 2，并且 GPS 信号比脉冲射频信号复杂。该思想在宽带接收机应用中得以采纳，并使用"单比特接收机"的名字。采用单比特接收机技术，可以在实现给定接收功能的同时，使接收机硬件减少至最低限度，且接收机的性能仅有轻微的降低。

由于在单比特接收机中使用的模数转换器的位数较小，所以系统基本上是非线性的。非线性系统很难从理论上进行分析，因此在设计接收机时需要使用数据采集系统采集数据，并将数据输入计算机中进行处理，以评估接收机的性能。为了确定输入信号的数目，在设计芯片时必须纳入阈值参数。阈值参数的取值是以计算机仿真结果为基础的。

单比特接收机的主要优点是简单，而为此付出的代价是在配置一定的情况下，接收机性能会有所下降。不能认为单比特接收机技术可以直接替代后面章节所讨论的数字信道化方法，也不能将单比特接收机与数字信道化接收机相提并论。单比特接收机可以用于某些特殊场合，或者用于加强或补充其他接收机的功能。目前的演示芯片只能实现 FFT 和频率编码功能。由于这种接收机是非线性的，所以其射频前端的设计非常简单。射频链和模数转换器将来可能会集成到一个芯片中，换言之，整个单比特接收机可以在一个芯片上制造出来。在电子战领域中，尤其是对机载系统而言，尺寸是非常重要的因素。而对于野外系统应用来说，易重构和最小化集成成本是非常重要的。

9.2　单比特接收机的原创理念

提出单比特接收机的初衷是通过消除 FFT 操作中的乘法运算来降低其复杂度。一种消除乘法运算的简单方法就是使用 1 位模数转换器。1 位模数转换器产生的输出只有±1，这也是 FFT 的输入数据。

离散傅里叶变换(DFT)可以表示为

$$X(k) = \sum_{n=0}^{N-1} x(n) e^{\frac{-j2\pi kn}{N}} \tag{9.1}$$

其中，$x(n)$ 表示输入数据，$e^{-j2\pi kn/N}$ 表示核函数(kernel function)。如果输入 $x(n)=\pm 1$，则输入数据与核函数无须进行乘法运算。如果 FFT 只需要进行加减法运算，芯片的设计就非常简单。

接下来的一步是处理核函数。在计算机中，需要相当多的位数来表示核函数的值。因为这些运算都是由硬件来实现的，所以位数的多少是非常重要的，并且应该尽量使用最小的位数。由于输入数据只有 1 位，因此采用较少的位数表示核函数不会显著降低频域输出的性能。通过实验观察频域 FFT 的输出结果，可以确定信号位数和核函数位数的最优组合。

9.3 单比特接收机思想[1]

避免 FFT 进行乘法运算的另一种方法是将核函数的位数减至 1。可以使用式(9.1)来说明这一点。不过，核函数是一个复函数，因此不能使用 1 位的实数来表示。使用最少的位数表示核函数的方法是，使用 1 位表示实部，1 位表示虚部。在数学上可以表示为

$$e^{\frac{-j2\pi kn}{N}} \Rightarrow +1,\ -1,\ +j,\ -j \qquad (9.2)$$

核函数的值可以取上述 4 个值之一。在此条件下，FFT 运算也无须进行乘法运算。

如图 9.1 所示，使用图形来表示核函数，它的值均匀分布在复平面的单位圆上。核函数的取值从 1 开始，且相邻两点之间的角度(指两点分别与原点连线后所成夹角)为 $2\pi/N$，这里 N 表示 FFT 点数。在图 9.1 中 $N=8$。在图 9.2 中，在实数轴和虚数轴上分别用 1 位数字化值表示核函数的值。从图中看出，核函数在 $7\pi/4 \le \theta < \pi/4$ 范围内取值量化为 1，在 $\pi/4 \le \theta < 3\pi/4$ 范围内取值量化为 j，在 $3\pi/4 \le \theta < 5\pi/4$ 范围内取值量化为 -1，在 $5\pi/4 \le \theta < 7\pi/4$ 范围内取值量化为 $-j$。

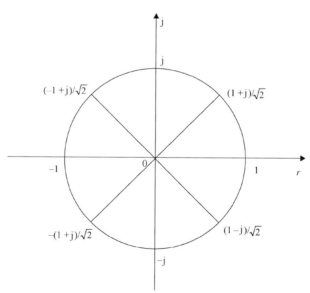

图 9.1　$N=8$ 时 DFT 的核函数

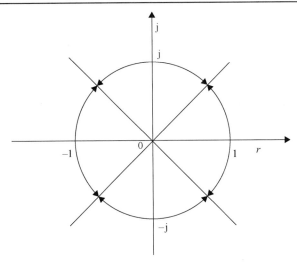

图 9.2　核函数在实轴和虚轴上量化位数为 1

一旦核函数被量化成 1 位,那么输入信号的位数可以为多位且无须乘法运算。通过仿真可以得出增加输入信号量化位数对 FFT 输出的影响。输入信号量化位数由 1 增加至 2 时,FFT 输出有改善,但是量化位数由 2 增加至 3 时的改善非常小,超过 3 时几乎没有改善。为保持芯片设计简单,可以使用 2 位模数转换器。

9.4　设计标准

一旦确定基本方法,就需要选择设计标准。为了达到 1 GHz 的输入信号带宽,需要的奈奎斯特采样频率为 2 GHz。考虑到输入滤波器的有限陡峭性,通常使用的采样频率为输入信号带宽的 2.5 倍。因此,2 位模数转换器的采样频率为 2.5 GHz,对应的采样时间间隔为 0.4 ns。根据 5.14 节的描述,模数转换器必须能处理 2.5 GHz 的输入信号。这类模数转换器只需要 2 位,很容易获得。

如果采用 256 点 FFT 运算,则输入数据的时间长度为 102.4 ns,即 256×0.4,约等于所需的最窄脉冲宽度 100 ns。因此,在设计时可以选择 256 点 FFT。在 FFT 运算时使用矩形窗,这样输入数据没有衰减。为了简化芯片设计,在相邻 FFT 之间没有数据重叠,时间分辨率被限定为 102.4 ns。如果能够设计一个运算速度更快的 FFT 芯片,时间分辨率就可以得到改善。每个信道的带宽约为 9.77 MHz,因此接收机具有良好的灵敏度,并能分辨出频率比较接近的信号,如频差为 10 MHz 的两个信号。采用这样的设计,输出数据的采样间隔为 102.4 ns,对应的输出采样频率为 9.77 MHz。

矩形窗具有高副瓣,将接收机的动态范围限制在小于 10 dB 的水平。由于 FFT 的输入数据只有 2 位,模数转换器相当于一个硬限幅器,因此输入信号的幅度信息将丢失。一个硬限幅器(例如 1 位的数字转换器)在出现同时到达信号的情况下,会表现出捕获效应(capture effect)。捕获效应是指强信号会抑制弱信号,这种效应还会在频域中产生很多谐波分量。

图 9.3 显示了 1 位数字转换器的捕获效应。图 9.3(a) 显示了两个幅度相差 3 dB 的正弦波的频谱。图 9.3(b) 显示了信号经过 1 位模数转换器量化后的信号频谱,两个信号的幅度相差

约 7 dB，并且产生了很多谐波分量。从图 9.3 可以看出，这种接收机不能处理两个幅度相差较大的信号。换言之，此类接收机的瞬时动态范围很小。这是单比特接收机的主要缺陷。

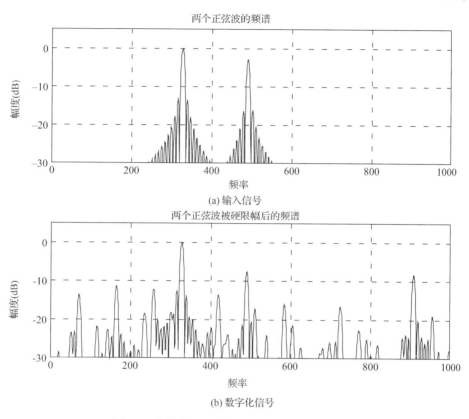

图 9.3 硬限幅器(1 位模数转换器)的捕获效应

9.5 接收机的组成

单比特接收机可以分成 5 个主要组成部分：射频链、模数转换器、分路器、FFT 和频率编码器。图 9.4 是单比特接收机的构成框图。模数转换器采样频率为 2.5 GHz，位数为 2。分路器为 1 分 16，连接输入，有 16 个并行输出。每个数据包含 2 位，每位需要一个分路器。为了简化讨论，接下来只使用数据点个数，不提数据位数。

图 9.4 单比特接收机的五个主要组成部分

FFT 运算使用 256 个数据点，每 6.4 ns(16×0.4)取 16 个并行数据，总共需要 16 个周期，即 102.4 ns 取完所有数据。FFT 运算每 102.4 ns 进行一次。这里的编码器确定输入信号的个数和频率，因此可以看成频率编码器。2.6 节已经提到过，一般的编码器通常能提供频率、幅度、脉宽、到达时间等信息。由编码器产生时间标记相对较容易，但是当前芯片设计还没有纳入时间标记。如果在芯片设计中纳入时间标记，时间分辨率就是 102.4 ns，可以用来产生脉宽和到达时间(TOA)信息。输入信号通过 2 位模数转换器后，幅度信息丢失，因此接收机不能提供幅度信息。如果需要幅度信息，就必须通过其他电路获得，例如与单比特电路并行配置的视频对数放大器。

目前的设计只是把 FFT 和频率编码器集成在一个芯片上。本章将重点讨论这种芯片设计。由于所用的模数转换器非常简单，在以后的设计中也可将模数转换器集成在同一个芯片上。

9.6 射频链、模数转换器和分路器

在宽带接收机中，射频链的设计非常重要。第 5 章已经讨论过，为了获得所需的接收机灵敏度和动态范围，射频链的增益必须等于某个特定值，而且三阶截点必须大于某个特定值。在单比特接收机中，瞬时动态范围很小，一般约为 5 dB。这说明当两个输入信号的幅度差大于 5 dB 时，接收机只处理强度大的那个信号。

由于瞬时动态范围很小，射频链可以做得非常简单，可以不使用线性放大器，而使用限幅放大器。限幅放大器的输入与输出信号之间的关系如图 9.5 所示。限幅放大器的特性与工作在饱和状态的放大器相似，两者之间的差别在于限幅放大器的输出是恒定的，而工作在饱和状态的放大器的输出是变化的。在许多设计中，限幅放大器和常规放大器可以互换。在瞬时测频接收机(IFM)的前端普遍使用限幅放大器。

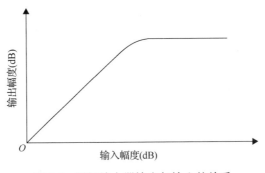

图 9.5　限幅放大器输出与输入的关系

位于模数转换器前端的射频链的组成如图 9.6 所示。两个滤波器的中心频率位于图 9.7 所示的第 2 个混叠区的中心。第一个滤波器用于抑制带外干扰，第二个滤波器用于过滤由放大器产生的噪声。如果没有第二个滤波器，那么从 0 到 2.5 GHz 的噪声都会出现在模数转换器的输入端。图 9.8 给出了一个射频链的实物照片，其中使用了两个限幅放大器，每个放大器增益约为 30 dB，增益总共约为 60 dB。

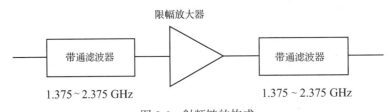

图 9.6　射频链的构成

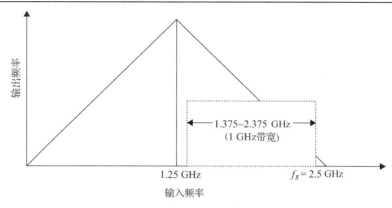

图 9.7 射频链的频率规划

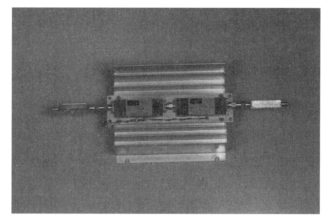

图 9.8 射频链实物图

FFT 芯片不能接受 2.5 GHz 的输入信号。如果对数据进行 16 分之一抽取，并存入一个 16 位的缓冲器中，则等效的采样频率为 156.25 MHz(2500/16)，FFT 芯片可以接受该传输速率。模数转换器有 2 位输出，每一位输出都连接分路器(见图 9.9)。FFT 芯片将以 156.25 MHz 的传输速率接收 16 位并行数据。图 9.10 给出了接收机集成在单板上的实物照片，上面还集成了模数转换器、分路器和 FFT 频率编码器。该电路板使用了专门为单比特接收机设计的器件。电路板左边是 3 位的模数转换器。模数转换器后面是 3 个分路器，实际上只用了其中的两个。电路板右下角较大的一个芯片是 FFT 频率编码器。电路板中间的器件是电平转换器，其作用是把射极耦合逻辑电路(Emitter Coupled Logic，ECL)的电压电平(简称 ECL 电平)转换为互补金属氧化物半导体晶体管(Complementary Metal Oxide Semiconductor，CMOS)逻辑电路的电压电平(简称 CMOS 电平)。模数转换器和分路器均为 ECL 电平，而 FFT 频率编码器为 CMOS 电平。因为两类工艺使用了不同的逻辑电平，所以需要用电平转换器进行电压匹配。将来，如果模数转换器、分路器和 FFT 频率编码器使用相同的逻辑电平，就不再需要电平转换器。电路板边缘还有多个射频输入口，它们是给不同器件(如分路器)提供时钟信号的。由于芯片上的所有时钟都是锁相的，所以只需要一个时钟输入信号。这个实验型号相当复杂，随着技术的发展，该电路板的未来版本将会大大简化。

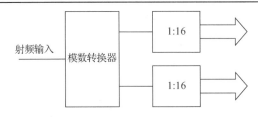

图 9.9 模数转换器和分路器

图 9.10 实验用单比特接收机

射频链所需的增益可以通过实验来确定。在实验配置中，使用了一个 8 位模数转换器来采集数据，这些数据再通过软件转换为 2 位的数据。将 8 位模数转换器的输出转换为 2 位有多种方法。当 2 位 4 电平模数转换器的输出产生大约相同数量的输出时，接收机会产生比较好的结果。该实验可用于调整射频链的增益，以匹配 2 位模数转换器。

9.7 基本的 FFT 芯片设计[2,3]

基本的 FFT 芯片设计遵循 FFT 运算过程。在 3.11 节中已讨论过，FFT 运算过程使用了蝶形运算方法将输入数据从一层传递到另一层。图 9.11 给出了 FFT 运算过程的示意图。由于输入数据有 256 个，需要 8 层处理器（因为 $2^8=256$）。层与层之间的运算结果是由核函数得到的数值。由于核函数只有 4 种数值：+1，−1，+j，−j，所以层与层之间只需要加法运算。采用计算机软件对信号流进行跟踪。根据信号流，产生一个表格以确定使用的加法器和取反器。将从加法器和取反器得到的最终结果与由式（9.1）和式（9.2）计算所得的结果进行对比，以确保设计的正确性。

256 点 FFT 运算会产生 256 个输出。由于其中的 128 个输出携带冗余信息，所以只保留 128 个输出作为输出结果。这 128 个输出覆盖了 1.25 GHz 的带宽。为了覆盖 1 GHz 的带宽，只需要 104 个输出。不过，对于该演示芯片，所有 128 个输出均可获得。

FFT 芯片的输入数据只有 2 位。由于运算过程使用加法和减法，所以输入值可正可负。为了适应这些运算，需要在模数转换器输出的 2 位数据上再加上 1 位符号位。这样，FFT 的输入数据可以看成 3 位数据。经过第一次蝶形运算，第一层的输出数据变为 4 位，其中 3 位是幅度数据位，1 位是符号位。每从一层传递到下一层，位数将加 1。这样，最后的输出数据就有 11 位,其中 1 位是符号位。为了简化芯片的设计,需要进行反复的实验以减少更高层的位数。第 5 层的输出有 8 位。通过实验发现,如果第 6 层、第 7 层和第 8 层的输出只保留 8 位,对最后结果就没有显著影响。为将输出数据由 9 位截短到 8 位,可以忽略最低有效位。该操作可应用在第 6 层、第 7 层和第 8 层的输出上。

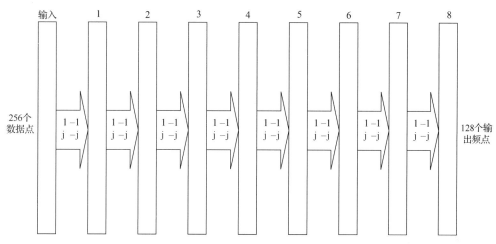

图 9.11 FFT 运算过程的示意图

9.8 频率编码器设计[2,3]

设计频率编码器的主要目的是确定输入信号的个数和频率。FFT 的 128 个复输出是频率编码器的输入。在下面的讨论中使用的数据,有的来自仿真结果,有的来自对实际数字化数据处理的结果。

从仿真结果可以看出,单比特接收机可以处理多个同时到达信号。这意味着,如果出现多个幅度相近的输入信号,FFT 将会输出正确频率的峰值。不过,为了简化芯片的设计,这里的接收机只处理两个输入信号。在此设计目标下,接收机输出只有三种可能的情况:无信号、一个信号和两个信号。与需要处理众多未知信号的传统频率编码器相比,这种有限的输出可能性使得单比特接收机频率编码器的设计变得相对简单。

实现频率编码器的一种明显的方法是求出 128 个频率分量的幅度。由于 FFT 的输出是复数,所以需要通过下式求出幅度:

$$|X(k)| = \sqrt{X_r^2(k) + X_i^2(k)} \tag{9.3}$$

其中,$X_r(k)$ 和 $X_i(k)$ 分别表示第 k 个频率分量的实部和虚部。然而,在芯片设计时实现这样的运算过程是相当复杂的,很难对所有 128 个输出分量进行运算。

为了避免这种复杂的运算,需要对 FFT 的输出设置一个阈值。由于 FFT 的输出是复数,所以阈值要针对实部和虚部分别设置。阈值设置的详细过程将在下一节中讨论。如果 FFT 的输出超过了阈值,则认为是有效的信号。实验结果表明,采用合适的阈值后,超过阈值的输出最多为 4 个,这些输出的幅度根据式(9.3)来计算。由于总的数目不超过 4 个,所以在芯片设计中相关运算是易于实现的。再用另一个阈值比较输出的幅度。如果一个频率分量的幅度超过这个阈值,就认为它是一个输入信号。

图 9.12 是频率编码器基本功能的示意图。频率编码器的最后输出可能为 0，即没有检测到信号；也可能是一个具体的数字，该数字表示输入信号的频率；还可能是两个数字，表示两个输入信号的频率。

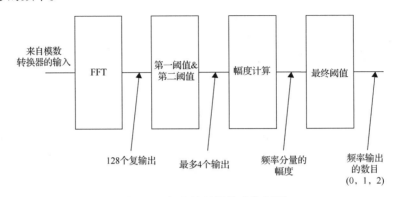

图 9.12　频率编码器的功能框图

9.9　阈值的选择[1~3]

阈值的确定是单比特接收机设计中最难的问题之一。由于系统是非线性的，所以很难对其进行分析。一种方法是通过大量的实验数据来确定阈值。

在讨论阈值选择的详细过程之前，这里先给出相关基本要求：①当只存在噪声时，接收机几乎不会产生虚假的频率报告，这通常是指接收机的虚警概率；②当输入单信号时，接收机应该只报告一个频率。如果接收机报告不止一个频率，那么多余的信号通常称为寄生信号；③当输入两个信号时，接收机应该报告两个频率。

先考虑第一项要求。通常，接收机持续地报告错误信号是不可接受的。如果阈值设置得够高，那么虽然虚警概率变低，但是接收机灵敏度也会降低，这同样不可接受。一般情况下，每隔几十秒出现一次错误报告是可接受的。考虑第二项和第三项要求，通常需要做出折中。如果要降低产生寄生响应的概率，则相应地会增大漏检第二个信号的概率。普遍的共识是，宁愿漏检一个信号，也不愿报告一个错误信号。一个错误信号可能会导致接收机后的信号分选处理器把它当成真实的信号去处理，这会造成处理器资源和时间的浪费。

在确定虚警概率时，需要在无输入信号时测量 FFT 的输出结果。为估计噪声频谱输出，必须处理大量数据。每次 FFT 运算使用 256 个数据点，数据采样率为 2.5 GHz。每次实验把频率分量的最大幅度存储起来，在大约 72 小时内共处理了 350 000 组数据。每 256 个数据点代表约 100 ns 的时间长度，因此 350 000 次记录代表 35 ms 时间长度的数据。这样的处理存储了 350 000 个最大值。为了确保接收机不产生虚警报告，设置的阈值必须大于所存储最大值中最大的一个，该阈值称为初始阈值。初始阈值虽然并不作为编码器设计时的实际阈值，但它可以用于确定实际的阈值。在该测试中，初始阈值仅确保接收机在 35 ms 内不会产生虚警。在采用仿真方法设计时这是个大问题，因为花费了大量的时间，得到的结果却很少。如果用实际的硬件接收机来监视虚警，只需 35 ms 就能处理 35 ms 时间长度的数据。

一旦确定了初始阈值，就可以使用单个信号作为输入来测试接收机的响应。期望的结果是在存在一个输入信号时得到一个输出。不过，测试结果表明，当存在一个输入信号时接收机可能报告不止一个输出信号。这意味着初始阈值设置得过低。为了减少寄生响应，实际阈值必须高于初始阈值。该阈值称为第一阈值。在确定第一阈值时，使用实验数据。所用实验数据是在输入不同功率电平信号的情况下测试得到的。通常，使用强输入信号来进行该测试。第一阈值将用于编码器的设计。选择第一阈值是为了在大多数时间内，一个输入信号只产生一个输出信号的报告。

一旦在编码器设计时确定了第一阈值，就使用两个输入信号进行测试。如 9.6 节所述，由于使用了限幅放大器和 2 位的模数转换器，导致接收机前端具有高度非线性的特性，所以两个输入信号会互相干扰。因此，即使两个强输入信号输入了接收机，有时输出也不能超过第一阈值。这种情况显然不可接受。为了解决这个问题，需要设置第二阈值。第二阈值低于第一阈值，但高于初始阈值。图 9.13 是两个阈值设置情况的示意图。图 9.13(a)表示的是单信号情况。从图中可以看出，一个信号超出了第一阈值，一个寄生信号超出了第二阈值。如果单独使用第二阈值，接收机就会报告一个错误信号。图 9.13(b)表示的是双信号情况。从图中可以看出，两个信号都低于第一阈值，而高于第二阈值。如果单独使用第一阈值，接收机就会漏检两个信号。由于 FFT 的输出是复数形式，所以第一阈值和第二阈值都有实部和虚部。图 9.13 只画出了阈值的实部，频谱也只画了实部。虚部会显示相似的结果。

双阈值设置的工作原理如下。首先，对第一阈值进行测试。如果 FFT 的输出超过了第一阈值，这些输出就会被保持，并且不再对第二阈值进行测试。如果 FFT 的输出达不到第一阈值，就对第二阈值进行测试，并且保持超过第二阈值的 FFT 输出。有限的实验结果表明，在大多数情况下，超过第二阈值的 FFT 输出不超过 4 个。当两个输入信号幅度相同时，超过第二阈值的 FFT 输出在 4 个以上的情况只占很小的百分比。如果出现这种情况，就按输出顺序选择前面的 4 个(不是最大的 4 个)，此时有可能漏检一个实际的输入信号。

超过阈值的 FFT 输出的幅度值根据式(9.3)来计算。这些幅度值还将与一个阈值进行比较，该阈值称为最终阈值。如果接收机的输入端没有信号，FFT 输出结果就不会超出第一和第二阈值。如果有一个或两个 FFT 输出结果超过最终阈值，接收机就会报告检出信号的个数和频率。如果有超过两个 FFT 输出结果超过了最终阈值，就只保留两个最大值作为测量出来的信号。这种方法对接收机进行了限制，使其只能处理两个信号。一旦信号的个数确定下来，根据 FFT 频点的数值就可以得到相应的信号频率。

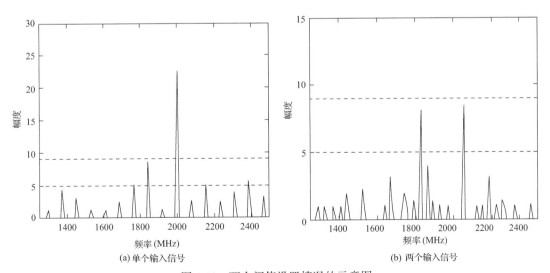

图 9.13 两个阈值设置情况的示意图

9.10 单比特接收机性能的初步测试

为了测试单比特接收机，需要在编码器的输出端连接一台计算机。将编码器的输出结果与输入信号进行比较，得出测量误差。通常重复输入同一信号，比如重复 100~1000 次，以统计的方式测量输出。采用这种方法可以得出错误报告的百分比。然而，计算机还不能读取单比特接收机输出的所有信息。只有有限数量的输入情况可被评估，因此该测试得出的性能结果只能看成初步测试的性能数据。

首先，射频链并没有包含在测试中。这一测试的目的只是测试模数转换器、FFT 和频率编码器芯片。模数转换器可以对频率高达 10 GHz 的输入信号进行数字化。模数转换器在处理过程中将输入信号下变频至基带，从而使 FFT 芯片能够处理输入信号。实验证明，模数转换器和 FFT 芯片能够处理频率达 10 GHz 的信号，这对于设计宽带射频链非常重要。"宽带射频链"这一术语用来区分如图 9.6 所示的射频链。在 2.4 节提到的电子战应用中，关注的频率范围为 2~18 GHz，而基带接收机只有 1 GHz 的带宽。常规方法是将 2~18 GHz 的频率划分成多个带宽为 1 GHz 的频段，每个频段都通过变频变换至基带。在实现该方法时需要混频器和本地振荡器。由于模数转换器可直接处理 2~10 GHz 的信号，因此滤波器和宽带放大器或许足以构成宽带射频链。采用模数转换器的方法可以省去混频器和本地振荡器。

我们已对两端为射频链和 FFT 芯片的单比特接收机进行了测试。在该情况下，射频链将输入带宽限制为 1 GHz。单比特接收机性能的初步测试数据如表 9.1 所示。

表 9.1 单比特接收机性能的初步测试数据

性　　能	初步测试数据
输入频率(GHz)	1.375~2.375
单频分辨率(MHz)	10
单频分辨率(MHz)	10
灵敏度(dBm)	−70
单信号动态范围(dB)	75
双信号无寄生动态范围(dB)	70
瞬时动态范围(dB)	5
最窄脉冲(ns)	200
到达时间(ns)	102.4
能处理的信号数	2

输入频率范围与设计目标一致。当两个信号的频率间隔约为 10 MHz 时，接收机能够测出两个信号。单信号频率分辨率是 9.77 MHz，这是通过 1250/128 计算得到的。接收机灵敏度通常在 1 GHz 带宽频率范围内测量得到。对于该单比特接收机，只要对少数频率值进行灵敏度测量即可，其值约为−70 dBm。虚警概率和检测概率与该灵敏度没有关联。由于接收机可处理的单信号最大幅度为 10 dBm，因此单信号动态范围可达 80 dB。其双信号无寄生（或三阶交调）动态范围比传统接收机的高得多。这是因为接收机只能处理两个同时到达信号，不可能检测到第 3 个信号，而第 3 个信号决定了无寄生动态范围的下限。

接收机的瞬时动态范围为 5 dB，即当两个信号的幅度差在 5 dB 以内时，接收机能够对这两个信号进行处理。但是这个定义并不适用于单比特接收机。当两个信号的幅度相同时，单比特接收机并不能始终检测到两个信号，只有约 24%的时间能检测到两个信号，而有约 76%的时间只能检测到一个信号。当接收机输入端有两个信号时，与 IFM 接收机一样，单比特接收机不会报告错误的频率值，而是会正确地报告一个或两个频率值。当两个信号的幅度差大于 5 dB 时，单比特接收机只报告幅度大的那个信号的频率。上面定义的瞬时动态范围与传统的定义有所不同。在传统定义上，接收机必须能够测量两个信号，这比此处的定义要严格得多。当输入端存在三个幅度相同的信号时，接收机通常能够正确报告一个或两个频率值。如果第三个信号比较弱，则通常不会影响频率的测量。

从上面的测试中只能收集非常有限的数据。有些结果是在设计阶段得到的，并且输入数据是从 8 位模数转换器收集到的，并通过软件程序转换成 2 位数据。两个输入信号的频率是随机选择的，幅度差保持恒定。对于每一种幅度差，随机选择信号的频率，收集 1000 组数据，所得数据的统计结果见表 9.2。表 9.2 的目的是给出关于接收机性能的粗略概念。

表 9.2 两个同时到达信号情况下的性能

第二个信号与第一个信号的幅度差 (dB)	发现第一个信号 (%)	发现第二个信号 (%)	发现两个信号(%)	没有发现信号(%)	发现错误信号(%)
0	65.1	59.3	24.4	0	0
−1	78.9	45.0	23.9	0	0.45
−2	89.2	29.9	20.9	0	0.38
−3	93.9	18.0	12.0	0.13	0.38
−4	97.9	9.5	7.6	0.13	0.25
−5	99.8	3.3	3.0	0	0.13

单比特接收机有时会丢失脉冲，有时又会产生错误的信号。对于一个信号，如果测得的频率偏差超过 6 MHz，即稍微大于频率分辨率 9.77 MHz 的一半，就可以将其定义为错误信号。为了得到定量的结果，需要对单比特接收机硬件进行严格的测试。

最小脉宽大约为 FFT 帧长的 2 倍，即 204.8 ns，因为这样的脉宽才能保证信号数据覆盖一个 FFT 帧，即 102.4 ns。测试结果表明，接收机可以检测到 100 ns 宽的脉冲信号，但是不能在 100%的时间内都能检测到。150 ns 宽的脉冲信号在大部分时间内都可以被检测到。由于没有自动测试装置，只能进行有限的实验，因此给出的最小脉宽检测能力为 200 ns，而时间分辨率为 102.4 ns。

单比特接收机的两个主要缺陷是瞬时动态范围有限和双信号处理能力较弱。我们希望单比特接收机能够具有更大的瞬时动态范围，以及处理多于两个同时到达信号的能力。

9.11 可行的改进方法

我们希望能够消除单比特接收机的两个缺陷。可行的方法是增加模数转换器的位数或者改变接收机的核函数。实验表明，在 1 位核函数取值为 ±1 和 ±j 的情况下，增加输入数据的位数，FFT 的输出几乎没有变化。改变核函数取值应该能够改善接收机性能。然而，增加核函数的位数会导致运算过程中使用乘法运算，而这违背了单比特接收机最少化硬件与处理的理念。

一种可行的方法是增加核函数的位数，而仍然保持 FFT 运算过程只用加法运算。核函数的取值由 4 个增加到 8 个，增加的 4 个值是 $(1+j)/\sqrt{2}$，$(1-j)/\sqrt{2}$，$(-1-j)/\sqrt{2}$ 和 $(-1+j)/\sqrt{2}$。

这 4 个值也位于单位圆上。由于幅度值中包含了因子 $1/\sqrt{2}$，所以产生 FFT 输出需要使用乘法运算。如果增加的这 4 个点移到单位正方形的顶点上，则这 4 个点的值变为 1+j，1−j，−1−j 和−1+j。图 9.14 是该操作过程的示意图。由于因子 $1/\sqrt{2}$ 被消除了，所以产生 FFT 输出不再需要乘法运算。

可以使用仿真数据来检验上述想法。图 9.15 给出了这 8 个值。核函数的 256 个数值可以分成 8 个区域，在每个区域中有 32 个数值。每个区域的所有取值由 1 个点来表示。经过这样的调整以后，输入数据增加到 3 位。有限次实验结果表明，这种方法可以稍微改善接收机的动态范围。

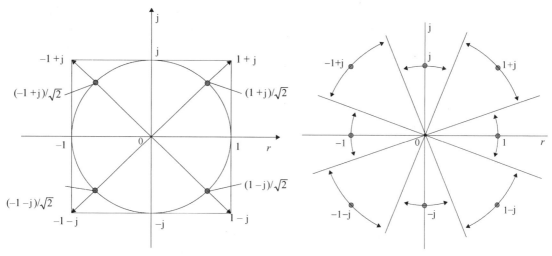

图 9.14　移动核函数值　　　　　　　　图 9.15　数字化核函数值

通过观察 FFT 的输出结果可以看出，寄生信号的峰值只比单比特接收机的信号峰值略低一点(约 3 dB)。由于矩形窗函数的副瓣限制和模数转换器位数少，动态范围不可能得到显著改善。5.7 节提到过，模数转换器输出位数每增加 1 位，动态范围将提高约 6 dB。从结果还可以看出，当输入 3 个等幅度信号时，FFT 在相应的正确频点上输出峰值。这一现象表明，改进核函数后，接收机还可以处理 3 个信号。

如果把这一思想用于接收机设计中，则 FFT 会因为核函数取值的增加而变得更复杂。如果接收机被设计成能处理 3 个信号，频率编码器就会更复杂，因为最后的处理结果可能为 0，1，2 或 3。不过，也可以采用这种思想来设计只处理 2 个信号的接收机，用于改善接收机动态范围。由于潜在的性能改善有限、芯片设计复杂度高，该想法还未得到充分研究。

9.12　芯片设计[2,3]

最后一节提供一些有关芯片设计的信息。虽然可以在现场可编程逻辑阵列(FPGA)上制造这种芯片，但是第一个芯片是使用专用集成电路(ASIC)技术制造的。ASIC 采用双层金属 0.5 μm 可扩展 CMOS 技术制造，并采用 84 引脚的封装形式。因为多路器是 1 分 16，所以芯片的时钟频率为 156.25 MHz，即 2.5 GHz/16。该芯片包含 812 931 个晶体管，模具尺寸约为 15 mm×15 mm。正如前面几节所述，芯片分成 5 个分系统：输入阶段、FFT 模块、初始分选、平方与加法模块、最终分选。每个分系统的处理必须在 102.4 ns（即 0.4×256）内完成，而在 102.4 ns 这段时间内可以收集 256 个数据点。对每个分系统的时序进行仿真，结果见表 9.3。时序分析包括每个流水线型触发器的延迟时间。

表 9.3 每个分系统的时序分析

分 系 统	关键路径 (ns)
输入阶段	99.5
FFT 模块	48.02
初始分选	90.11
平方与加法模块	28.95
最终分选	34.42

虽然输入级的时间最长，但由于它是芯片读取所有输入数据所需的时间，所以并不是我们关心的时间。采集 256 点数据需要约 102.4 ns。需要时间最长的是初始分选。该芯片制成之后性能表现良好。从上面的简要讨论可以看出，这种芯片的设计相当简单。

参考文献

[1] Tsui JBY, Schamus JJ, Kaneshiro DH. 'Monobit receiver'. *Proceedings of the IEEE MTT-S International Microwave Symposium*, vol. 2. New York: IEEE; 1997: 469–471.

[2] Pok D, Chen C-IH, Montgomery C, Tsui BY, Schamus J. 'ASIC design for monobit receiver'. *Proceedings of Tenth Annual IEEE International ASIC Conference and Exhibit.* New York: IEEE; 1997: 142–146.

[3] Pok DSK, Chen C-IH, Schamus JJ, Montgomery CT, Tsui JBY. 'Chip design for monobit receiver'. *IEEE Transactions on Microwave Theory and Techniques* 1997; **45**(12): 2283–2295.

[4] Grajal J, Blazquez R, Lopez-Risueno G, Sanz JM, Burgos M, Asensio A. 'Analysis and characterization of a monobit receiver for electronic warfare'. *IEEE Transactions on Aerospace and Electronic Systems* 2003; **39**(1): 244–258.

第10章 频率信道化及后续处理

10.1 引言

信道化是构建电子战数字接收机的一个重要环节。与其等效的模拟处理部分是滤波器组。因此，可以把数字信道化看成数字滤波器组。也可以将其看成具有 1 个输入和 $N-1$ 个输出的 N 端口网络。输入信号将出现在对应自身频率的某个特定输出端。通过测量滤波器组的输出，可以确定输入信号的频率。

信道化是利用目前的技术来构建宽带电子战数字接收机的唯一可行方法。通常，实现信道化的方法是采用快速傅里叶变换（FFT）。在使用 FFT 法设计接收机时，FFT 的长度和重叠点数是非常重要的参数。这些参数与决定接收机灵敏度的最小脉宽和频率分辨率有关。频率信息可以从数字滤波器的输出中获得。为了得到输入信号的频率，必须进一步处理滤波器的输出。接收机的主要任务是确定输入信号的数目和频率。能够完成这项任务的电路称为编码器。

在电子战接收机的设计中，编码电路是最复杂的分系统，并且大部分研究工作投入编码器的设计上，对数字接收机和模拟接收机来说都是如此。设计中遇到的主要问题是如何避免产生寄生信号和实现对弱信号的检测。对于模拟滤波器组，滤波器的频率响应特性很难控制，也很难构建性能[如带宽、波动系数(ripple factor)等]一致的滤波器，因此在设计编码器时必须考虑这个问题。在数字滤波器组中，每个滤波器的频率响应特性可以得到更好的控制。因此，编码器无须对滤波器之间的性能差异进行补偿，所以它的设计相对容易。由于编码器比较复杂，这里不再详细讨论它的设计。

下面讨论一个具体的滤波器组的设计。这个具体的例子用于说明设计过程，同时避免一般设计中不必要的复杂数学分析。在该例子中，还将介绍多相滤波器和多速率处理的概念。为了能理解这些概念，首先讨论抽取和内插。

10.2 滤波器组[1,2]

实现滤波器组的直接方法是构建多个独立滤波器，每个滤波器具有特定的中心频率和带宽。图 10.1 给出了这种滤波器组的排列形式。每个数字滤波器既可以是有限冲激响应（FIR）类型的，也可以是无限冲激响应（IIR）类型的。理论上，每个滤波器均可单独设计，各自具有不同的带宽或频率响应特性。在这种排列形式中，如果输入数据是实数（相对于复数），则输出数据也是实数。输出结果是通过输入信号 $x(n)$ 与滤波器的冲激响应 $h(n)$ 卷积得到的。该方法的一个缺点是滤波器组工作时运算很复杂。

我们希望能够制造出频率分辨率保持一致的接收机，即各个滤波器具有相同的频率响应特性和带宽。由于 FFT 的功能是把时域数据转换为频域数据，并且 FFT 输出结果的每条谱线均表示在特定频率上的信号分量,所以可以把 FFT 看成一种滤波器组。在设计滤波器组时,利用 FFT 技术比使用单个滤波器设计更容易实现,这是因为前者所需的运算量更少。

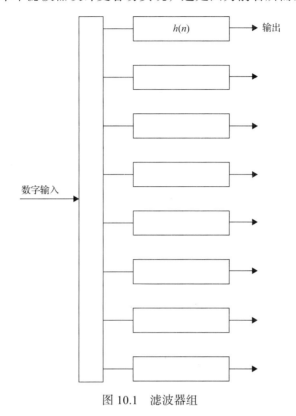

图 10.1 滤波器组

接下来讨论 FFT 运算与卷积运算的相似之处。在 FFT 运算中,可以利用一组时域数据得到一组频域数据。为了连续处理输入数据,必须连续进行 FFT 运算。这个问题将在 10.3 节和 10.4 节中进一步探讨。

参考文献[1]进行了类似的讨论。假设 FFT 输出中的一个频率分量等效于滤波器组中一个滤波器在某个时间点的输出,则 N 点 FFT 运算的第 k 个分量的输出 $X(k)$ 可以写为

$$X(k) = \sum_{n=0}^{N-1} x(n) e^{\frac{-j2\pi kn}{N}} \tag{10.1}$$

为了将这个结果与卷积相联系,定义如下冲激函数:

$$h(k) = e^{\frac{j2\pi kk_0}{N}}, \quad -(N-1) \leqslant k \leqslant 0 \tag{10.2}$$

则可得

$$X(k_0) = \sum_{n=0}^{N-1} x(n) h(k-n)|_{k=0} \tag{10.3}$$

可以看出,上式与式(3.107)一样也是离散卷积,它表示输入信号 $x(n)$ 与 $h(n)$ 的卷积。

该运算表明,FFT 运算输出的某个频率分量,可以视为输入信号与某个冲激函数的卷积。因此,可将 FFT 的每个输出看成滤波器的冲激响应函数与输入信号的卷积。因为 FFT 运算比单个滤波器的设计简单得多,因此本章后面将采用 FFT 法进行滤波器组的设计。Harris 在参考文献[2]中做过类似的讨论,结果表明 FFT 输出的频率分量等效于输入信号与滤波器冲激响应的卷积。

10.3 FFT 运算中的输入数据重叠[2~4]

上一节说明了每个 FFT 输出可以看成一个滤波器的输出。为了处理一个连续的输入信号，FFT 必须在不同时刻对不同时段内的数据进行处理。通常把起始点记为 $n=0$，数据段可以滑动 M 点，并表示为 $n=M$。相应的 FFT 可以写为

$$X(k) = \sum_{n=M}^{N+M-1} x(n) \mathrm{e}^{\frac{-\mathrm{j}2\pi kn}{N}} \tag{10.4}$$

M 的值必须随着输入信号连续变化。这种处理有时称为短时傅里叶变换(STFT)。

图 10.2 显示了输入数据的重叠情况。图中，FFT 运算只用了 8 个数据点。图 10.2(a) 给出了 $M=0,1,2,\cdots$ 的情况，输入数据每次滑动一点，这种处理称为滑动离散傅里叶变换(DFT)，已在 3.12 节中讨论过。这种情况可以视为数据 100%重叠。如果最小脉宽为 8 个数据点，则该方法总可以用最短脉冲覆盖某一个 FFT 窗。2.6 节中提到的到达时间(TOA)分辨率等于 t_s，其中 $t_s = 1/f_s$ 为采样间隔，f_s 为采样频率。在 100%重叠的情况下，每隔 t_s 就必须进行一次 FFT，因此运算量很大。

图 10.2(b) 表示数据 50%重叠的情况(对应于 $M=0,4,8,\cdots$)。在最坏的情况下，最短脉冲只能覆盖某一个 FFT 窗的 75%，此时接收机灵敏度会下降。TOA 分辨率会降低到 $4t_s$。不过，此时只需每隔 $4t_s$ 进行一次 FFT，这意味着需要的运算量减少。

图 10.2(c) 表示既无重叠也无数据丢失的情况(对应于 $M=0,8,16,\cdots$)。在最坏的情况下，最短脉冲只能覆盖某一个 FFT 窗的 50%。TOA 分辨率下降到 $8t_s$，FFT 运算速度降至 $1/8t_s$。这种情况通常能够实现可接受的最低频次的 FFT 运算。该问题将在本节后面予以解释。

图 10.2(d) 表示一些数据丢失的情况(对应于 $M=0,16,32,\cdots$)。一般来说，这是不可接受的，因为在此情况下接收机将会漏检脉冲。

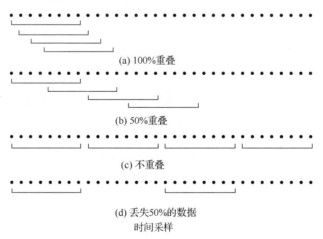

(a) 100%重叠

(b) 50%重叠

(c) 不重叠

(d) 丢失50%的数据

时间采样

图 10.2 时域内输入数据的重叠情况

在图 10.3 中，输入的数据点有 64 个，图中显示了数据只覆盖窗的一半时造成的性能恶化情况。图 10.3(a) 为时域中数据覆盖整个矩形窗的情况；图 10.3(b) 所示为时域中数据覆盖半个矩形窗的情况。相对应的 FFT 结果分别如图 10.3(c) 和图 10.3(d) 所示。为了平滑频域输

出结果，在进行 FFT 时采用了补零法。图 10.3(d) 中的频谱不仅幅度降低，而且发生了扩散。频谱扩散会使 FFT 输出后面的参数解码器的设计难度增加。即使是长脉冲，信号也只是部分覆盖窗的起始或最后位置。矩形窗被信号部分覆盖，会使信号频域能量扩散到相邻信道中，可能会给检测带来问题。

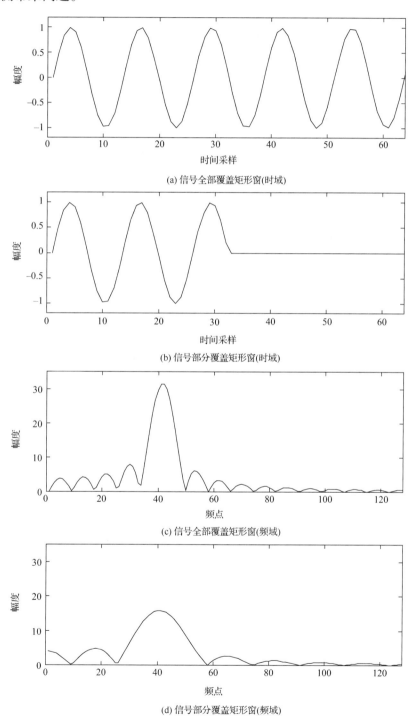

图 10.3 全部覆盖矩形窗和部分覆盖矩形窗时的 FFT 结果

FFT 运算速度的选择取决于 FFT 芯片的技术发展水平。在目前的技术条件下，FFT 的运算速度要比模数转换器的采样速度低得多。这是确定接收机设计方案时需要考虑的一个关键因素。

10.4 FFT 运算的输出数据速率[2~6]

如果对 N 点数据进行 FFT 运算，就会同时得到 N 个频率输出。如果采样速率是 f_s，即输入数据速率为 f_s，则对应的采样间隔为 $t_s = 1/f_s$。输出数据速率①取决于上一节所讨论的数据重叠率。例如，如果输入数据如图 10.2(a)所示的那样 100%重叠，则输出速率也是 f_s。如果输入数据在两次 FFT 运算之间移动 M 个采样点，那么输出采样时间为 Mt_s，对应于输出采样速率为 f_s/M。

在设计接收机时，输出采样速率非常重要，因为 FFT 的输出结果通常还需要进一步处理，以获得更高的频率分辨率。对处理器而言，它的输入速率就是 FFT 的输出采样速率。输出采样速率决定了处理器的带宽。如果使用包含 N 个数据点的矩形窗对输入信号进行无重叠处理，则输出采样速率就是 f_s/N。相对应的输出带宽约为 f_s/N。时域中的矩形窗在频域中的对应输出是一个 sinc 函数，其频率响应特性如图 10.4 所示。该频率响应特性表示滤波器的输出响应。图 10.4(a)显示了滤波器的频率响应特性细节，图 10.4(b)显示了 3 个相邻滤波器的频率响应特性。这种滤波器频率响应特性不理想，因为副瓣很高，且第一副瓣只比主瓣低 13 dB。如果一个频率为 f_i 的信号落在信道 B 和 C 中，它就会通过第一副瓣进入信道 A。这导致接收机的瞬时动态范围被限制在 13 dB 以内。

由于输出带宽被限制在 f_s/N 内，频率为 f_i 的信号位于带外，所以信道 A 无法正确处理该信号。如果信道 A 处理了该信号，则可能会得出错误的频率。较高的输出采样率有助于解决该问题。

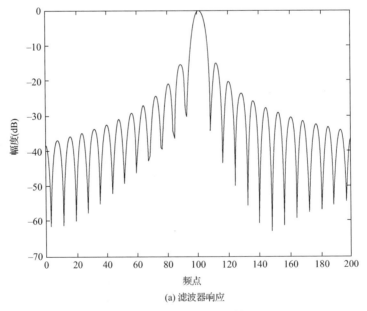

(a) 滤波器响应

图 10.4 矩形窗的 FFT 结果

---

① "输出数据速率"以后简称"输出速率"；同样，"输入数据速率"以后简称"输入速率"。——译者注

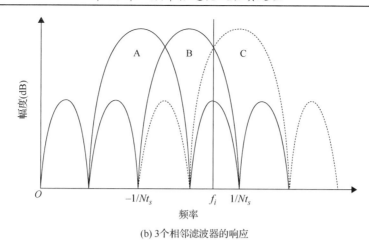

(b) 3个相邻滤波器的响应

图 10.4(续)　矩形窗的 FFT 结果

为了降低滤波器的副瓣，可以在时域中使用加权函数。加权函数会使主瓣展宽，但可以抑制副瓣。因为主瓣变宽，所以覆盖预期输入带宽所需的信道数变少。为了进一步处理该信号，必须提高输出采样速率，以与带宽相匹配。图 10.5 显示了加汉明窗(见 3.10 节)后的 FFT 输出。需要提高输出采样速率的原因也可以从时域的角度进行解释。图 10.6 显示了汉明窗的时域图形。可以看出，只有加权函数中心附近的数据的权重接近于 1，靠近窗边缘的数据的权重大大减小。如果采用无重叠的方法，那么在 FFT 运算中这些数据所起的作用是不一样的，而这不是我们所希望的。如果这些窗在时域中重叠，等效于提高输出采样速率，那么该不足之处可以得到弥补。

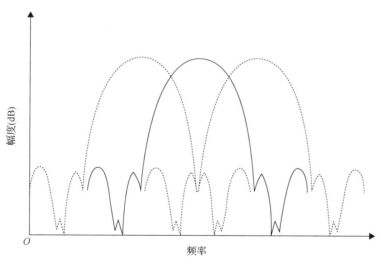

图 10.5　使用汉明窗时 3 个相邻滤波器的输出

10.5　抽取和内插[7~10]

由于在设计滤波器组时需要使用抽取和内插，本节将对它们做简要讨论。数据抽取是指在一组数据中只选用一个数据。例如，如果一组数据表示为 $x(n)$，其中 $n = 0, 1, 2, 3, \cdots$，则

经过 M 分之一（$1/M$）抽取后，结果 x_d 为

$$x_d = x(Mn) \tag{10.5}$$

其中 M 为整数。换言之，$1/M$ 抽取就是每 M 个点选一个点。如果 $M=2$，那么 $x_d(0)=x(0)$，$x_d(1)=x(2)$，$x_d(2)=x(4)$，…。如果 $M=3$，那么 $x_d(0)=x(0)$，$x_d(1)=x(3)$，$x_d(2)=x(6)$，…。对应的结果如图 10.7 所示，其中图 10.7(a) 给出了原始数据，图 10.7(b) 和图 10.7(c) 分别给出了 1/2 抽取和 1/3 抽取的结果。$1/M$ 抽取可以用 $M\downarrow$ 来表示。

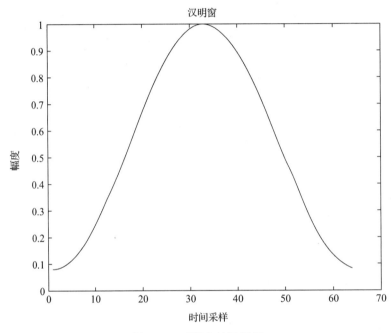

图 10.6　时域中的汉明窗

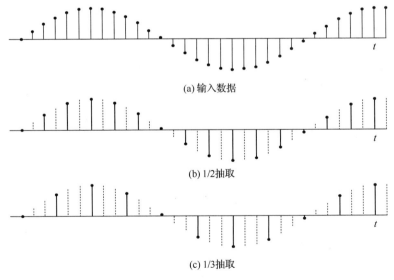

图 10.7　抽取示例

显然，抽取会造成信息损失。如果某个信号的采样速率为 3 GHz，进行 1/2 抽取后等效于采样速率为 1.5 GHz，进行 1/3 抽取后等效于采样速率为 1 GHz。

内插是在原始输入数据中加入数据。由于很难在原始数据中加入信息，因此只能添加 0。从数学上讲，如果对输入数据进行 L 倍内插，则内插结果 $x_l(n)$ 与输入信号有如下关系：

$$x_l(n) = \begin{cases} x\left(\dfrac{x}{L}\right), & n/L \text{ 是整数} \\ 0, & n/L \text{ 不是整数} \end{cases} \qquad (10.6)$$

其中 L 为整数。如果 $L = 3$，那么 $x_l(0) = x(0)$，$x_l(1) = x(0)$，$x_l(2) = x(0)$，$x_l(3) = x(1)$，$x_l(4) = x(0)$，…。图 10.8 给出了 2 倍内插和 3 倍内插的结果。正如所预期的，内插不会给输入数据增加信息。L 倍内插可以用 $L\uparrow$ 来表示。

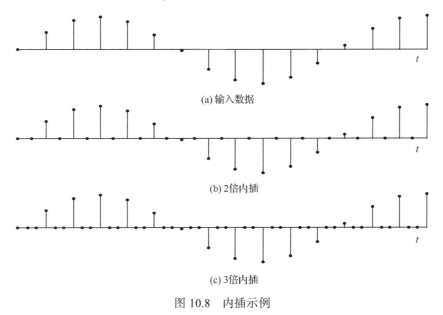

(a) 输入数据

(b) 2倍内插

(c) 3倍内插

图 10.8 内插示例

如果对输入数据先进行 L 倍内插再进行 $1/L$ 抽取，仍可以得到原始数据。其原因显而易见：通过 L 倍内插先为每个数据添加 $L-1$ 个 0，再进行 $1/L$ 抽取后又去掉了这些 0。但如果对输入数据先进行 $1/M$ 抽取再进行 M 倍内插，就得不到原始数据。因为抽取会造成信息丢失，而内插无法恢复丢失的信息。

10.6 抽取和内插对 DFT 的影响[7~10]

本节讨论抽取和内插对 DFT 的影响。正如上一节所提到的，$1/M$ 抽取把采样速率下降为原来的 $1/M$。如果输入数据是实数（与复数相对），采样速率为 f_s，那么输入带宽为 $f_s/2$。如果对输入数据做 N 点 FFT 运算，则频率分辨率为 f_s/N。如果对数据进行 $1/M$ 抽取后做 N 点 FFT 运算，则输入带宽减少至 $f_s/(2M)$，分辨率为 $f_s/(MN)$。因此，虽然输入带宽下降为原来的 $1/M$，但是频率分辨率提高为原来的 M 倍。

内插对 FFT 的影响要略微复杂一些，下面予以说明。如果对输入数据 $x(n)$ 进行 L 倍内插，则得到的结果 $x_l(n)$ 有 NL 个数据点。$x_l(n)$ 的 FFT 可以写为

$$X_l(k) = \sum_{n=0}^{NL-1} x_l(n) e^{\frac{-j2\pi nk}{NL}} \tag{10.7}$$

根据式(10.6)，当 n/L 不是整数时，$x_l(n) = 0$；当 n/L 是整数时，$x_l(n) = x(n)$。因此，上式可以写为

$$X_l(k) = \sum_{n=0}^{NL-1} x_1(n) e^{\frac{-j2\pi nk}{NL}} = \sum_{\substack{n=0 \\ \text{步长}L}}^{NL-1} x\left(\frac{n}{L}\right) e^{\frac{-j2\pi nk}{NL}} \tag{10.8}$$

对于 $k<N$ 的频率分量，上述函数可以写为

$$X_l(k) = \sum_{n=0}^{N-1} x(n) e^{\frac{-j2\pi nk}{N}} \tag{10.9}$$

该式与对原始数据进行常规 FFT 得到的结果一样。由于进行内插后有 NL 个数据点，所以 FFT 有 NL 个频率分量。对于 $k>N$ 的频率分量，可以通过将 $k = mN+k'$ 代入上式求得，式中 m 为整数。结果为

$$X(k) = X(mN + k') = \sum_{n=0}^{N-1} x(n) e^{\frac{-j2\pi n(mN+k')}{N}} = \sum_{n=0}^{N-1} x(n) e^{\frac{-j2\pi nk'}{N}} \tag{10.10}$$

该式表明，输出数据有周期性，周期为 N。

图 10.9 显示了这种运算的一个例子。图 10.9(a) 显示了对正弦波信号进行 FFT 的输出幅度，该输出共有 16 个频率分量。图 10.9(b) 显示的是同样的数据进行 2 倍内插后的 FFT 输出幅度，该输出有 2 个周期，共 32 个频率分量[①]。一般来说，如果对输入数据进行 L 倍内插，FFT 的输出结果就有 L 个周期。

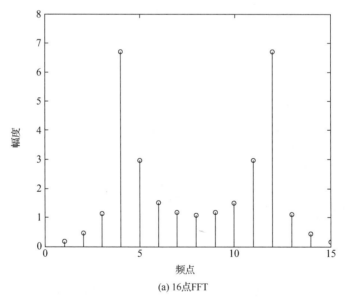

(a) 16点FFT

图 10.9 数据内插后的 FFT 输出

[①] 原文是 3 倍内插，3 个周期，48 个频率分量，与图 10.9(b) 不符。——译者注

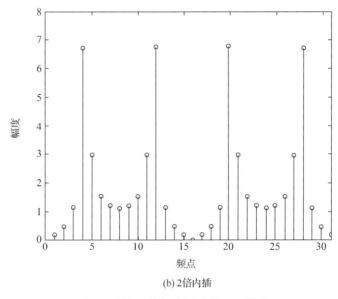

(b) 2倍内插

图 10.9(续)　数据内插后的 FFT 输出

从这个例子可以看出，内插不会在频域内引入任何附加信息。增加的数据会导致重复周期的增加。内插的作用与 4.3 节讨论的补零运算不一样。虽然补零不会给输入数据增加更多的信息，但它起到了对 FFT 输出结果进行内插的效果，这样可以得到更好的频率估计。

10.7　滤波器组的设计方法

接下来的五节内容要讨论滤波器组的设计。假设模数转换器有 8 位，工作频率为 3 GHz。在这样的采样频率下，对脉宽 100 ns 的信号可以采到 300 个数据点。可以选择以 2 为底数的指数幂作为 FFT 的长度，例如 256，此时采样时间略小于 100 ns。这个值略小于 2.19 节所要求的最小脉宽。

如果采用无数据重叠的 256 点 FFT 运算，则 FFT 的运算速度必须大致等于 11.72 MHz，即 3000/256。从 10.2 节可以看出，由于采用矩形窗时存在高副瓣，此时接收机具有的瞬时动态范围较小。为了抑制副瓣，必须采用加权函数（即加窗）。在 10.3 节中提到，时域加窗增大了频域的主瓣宽度。该主瓣宽度就是单个滤波器的宽度。增大滤波器带宽可以减少覆盖期望输入带宽所需的滤波器数目。不过，加窗需要提高 FFT 运算的处理速度。在无数据重叠时加窗，会使不同位置的时域数据对输出所做的贡献不一样。正如 10.4 节所讨论的，这种情况是不希望出现的，因此数据重叠是必要的。

10.8　频域抽取

抽取也可以用于频域处理。本节将对 FFT 的输出结果进行抽取。该操作可以降低 FFT 运算的复杂度。这里不讨论一般情况，而是讨论一种特殊情况，原因在于后者的数学表示更为简单。假设对 256 点 FFT 运算的输出结果进行 1/8 抽取，则 256 点 FFT 运算可以写为

$$X(k) = \sum_{n=0}^{N-1} x(n) \mathrm{e}^{\frac{-\mathrm{j}2\pi nk}{N}} \tag{10.11}$$

其中 $n = 256$。在频域中有 256 个输出结果。如果每 8 个输出结果保留最后 1 个，其余舍弃，则得到的输出结果为 $k = 0, 8, 16, \cdots, 248$。总共有 32（即 256/8）个输出结果，可以写为

$$\begin{aligned} X(0) &= \sum_{n=0}^{255} x(n) \\ X(8) &= \sum_{n=0}^{255} x(n) \mathrm{e}^{\frac{-\mathrm{j}2\pi 8n}{256}} \\ &\vdots \\ X(248) &= \sum_{n=0}^{255} x(n) \mathrm{e}^{\frac{-\mathrm{j}2\pi 248n}{256}} \end{aligned} \tag{10.12}$$

首先，任选两个频率分量 $k = 16$ 和 $k = 248$，并整理为略微不同的形式，结果如下：

$$\begin{aligned} X(16) &= \sum_{n=0}^{255} x(n) \mathrm{e}^{\frac{-\mathrm{j}2\pi 16n}{256}} = \sum_{n=0}^{255} x(n) \mathrm{e}^{\frac{-\mathrm{j}2\pi 2n}{32}} \\ &= [x(0) + x(32) + x(64) + \cdots + x(224)] \\ &\quad + [x(1) + x(33) + x(65) + \cdots + x(225)] \mathrm{e}^{\frac{-\mathrm{j}2\pi 2}{32}} + \cdots \\ &\quad + [x(31) + x(63) + x(95) + \cdots + x(255)] \mathrm{e}^{\frac{-\mathrm{j}2\pi 2 \times 31}{32}} \end{aligned} \tag{10.13}$$

$$\begin{aligned} X(248) &= \sum_{n=0}^{255} x(n) \mathrm{e}^{\frac{-\mathrm{j}2\pi 248n}{256}} = \sum_{n=0}^{255} x(n) \mathrm{e}^{\frac{-\mathrm{j}2\pi 8n}{32}} \\ &= [x(0) + x(32) + x(64) + \cdots + x(224)] \\ &\quad + [x(1) + x(33) + x(65) + \cdots + x(225)] \mathrm{e}^{\frac{-\mathrm{j}2\pi 31}{32}} + \cdots \\ &\quad + [x(31) + x(63) + x(95) + \cdots + x(255)] \mathrm{e}^{\frac{-\mathrm{j}2\pi 31 \times 31}{32}} \end{aligned} \tag{10.14}$$

在上面的几个等式中，当 n 为整数时，使用了关系式 $\mathrm{e}^{-\mathrm{j}2\pi n} = 1$。现在，定义一个新的量 $y(n)$ 如下：

$$y(n) = x(n) + x(n+32) + x(n+64) + \cdots + x(n+224) = \sum_{m=0}^{7} x(n+32m) \tag{10.15}$$

其中 n 为从 0 到 31 的整数。$y(n)$ 表示式 (10.13) 和式 (10.14) 中括号内的值。每个 $y(n)$ 包含 8 个数据。图 10.10 显示了这种运算的过程。图中，256 个输入数据被分成 8 段，每段 32 个点。如图所示，给出了每段数据的起始数据，8 段数据叠在一起并纵向相加。得到的结果是 32 个 $y(n)$ 值。

利用这些 $y(n)$ 值，式 (10.12) 的 FFT 结果可以写成

$$X(0) = \sum_{n=0}^{31} y(n)$$

$$X(8) = y(0) + y(1)\mathrm{e}^{\frac{-\mathrm{j}2\pi}{32}} + y(2)\mathrm{e}^{\frac{-\mathrm{j}2\pi 2}{32}} + \cdots + y(31)\mathrm{e}^{\frac{-\mathrm{j}2\pi 31}{32}} = \sum_{n=0}^{31} y(n)\mathrm{e}^{\frac{-\mathrm{j}2\pi n}{32}} \quad (10.16)$$

$$\vdots$$

$$X(248) = y(0) + y(1)\mathrm{e}^{\frac{-\mathrm{j}2\pi 31}{32}} + y(2)\mathrm{e}^{\frac{-\mathrm{j}2\pi 31 \times 2}{32}} + \cdots + y(31)\mathrm{e}^{\frac{-\mathrm{j}2\pi 31 \times 31}{32}} = \sum_{n=0}^{31} y(n)\mathrm{e}^{\frac{-\mathrm{j}2\pi 31 n}{32}}$$

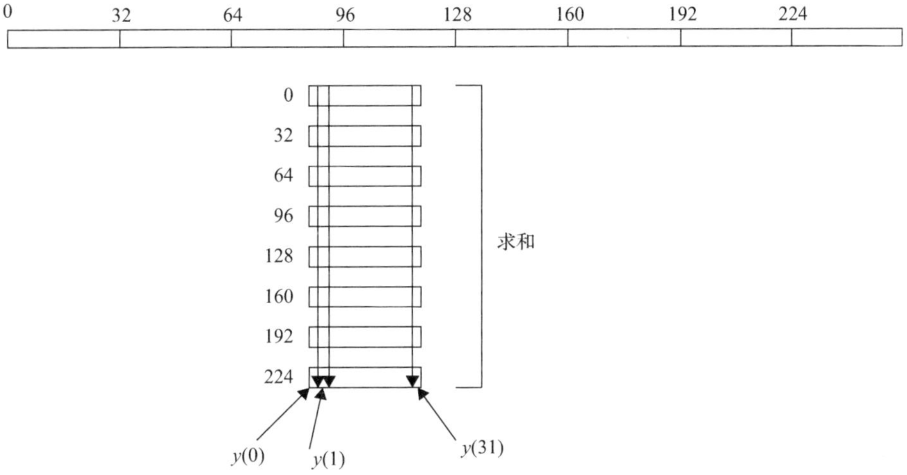

图 10.10 获得 y 值的图示

所有这些等式都可以写成一个等式,即

$$X(8k) = \sum_{n=0}^{31} y(n)\mathrm{e}^{\frac{-\mathrm{j}2\pi kn}{32}} \quad (10.17)$$

其中,$k = 0, 1, 2, \cdots, 31$,并且 $n = 0, 1, 2, \cdots, 31$。

输出结果 $X(8k)$ 可以重新标记为 $Y(k)$,因此上式可以写为

$$Y(k) = \sum_{n=0}^{31} y(n)\mathrm{e}^{\frac{-\mathrm{j}2\pi kn}{32}} \quad (10.18)$$

该式表示 32 点 FFT 运算。为了获得 256 点 FFT 经过 1/8 抽取后的结果,可以用 32 点 FFT 来实现。因此,FFT 的设计可以简化,但为了得到期望的结果,必须对输入数据进行处理。

这里只给出一般说明而不进一步证明。如果要进行 N 点 FFT 运算,并对频域的输出结果进行 $1/M$ 抽取,则可以通过 N/M 点 FFT 运算来实现。首先,必须先构造一个新的输入 $y(n)$,其一般可以写为

$$y(n) = \sum_{m=0}^{M-1} x(n + mN/M) \quad (10.19)$$

其中,$n = 0, 1, 2, \cdots, N/M - 1$。频域中的输出结果可以写为

$$X(n) = \sum_{n=0}^{(N/M)-1} y(n)\mathrm{e}^{\frac{-\mathrm{j}2\pi kn}{N/M}} \quad (10.20)$$

本节举例说明了对 FFT 的输出结果进行 $1/M$ 抽取等同于进行 N/M 点 FFT 运算。

10.9 利用加权函数展宽输出滤波器的频率响应特性

本节将讨论 FFT 的输出结果。如果用于 FFT 的数据点有 256 个,并且保留每个输出结果,那么在频域中有 128 个独立的输出结果。滤波器大约在 –3.9 dB,即 $20\lg[\sin(\pi/2)/(\pi/2)]$ 处重叠,如图 10.4 所示。如果用于 FFT 运算的数据有 32 个,并且保留每个输出结果,那么在频域中有 16 个独立的输出结果。滤波器的频率响应特性与 FFT 的长度无关,但带宽正好与所用的 FFT 长度成反比。

如果用于 FFT 的数据点有 256 个,但仅保留 1/8 的输出结果,则共有 32 个输出结果。在这些输出结果中,其中 16 个携带冗余信息。因此在图 10.11 中只显示了 16 个输出结果。每个滤波器输出使用 sinc 函数表示。图中只显示了部分副瓣,最高的两个副瓣只比主瓣低 13 dB。该滤波器组有很多凹口(高插入损耗区域)。如果输入信号落入其中一个凹口,接收机就无法检测到该信号。这种滤波器的频率响应特性是不可接受的。

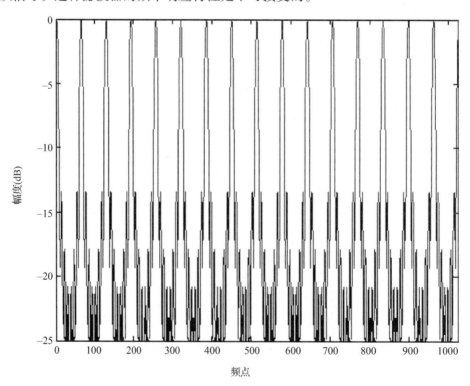

图 10.11 加矩形窗时对 FFT 输出结果抽取后的滤波器输出

为了同时展宽滤波器主瓣和抑制副瓣,可以采用对输入数据施加窗(加权)函数的方法。窗函数有很多不同的类型。这里所用的窗是 Parks-McClellan 窗,因为这种窗可以提供理想的频率响应。该窗函数的系数可以由 MATLAB 的 remez 函数来产生。图 10.12 显示了该窗函数的时域与频域响应。图 10.12(a)显示了使用 MATLAB 的 remez 函数得到的时域响应。我们只对窗函数的相对幅度感兴趣。图 10.12(b)显示了对应的频率响应,它的通带波动很小,副瓣比主瓣低 70 dB 以上。这正是所需要的滤波器频率响应特性。其中的频率响应由 MATLAB

的 freqz 函数得到。从窗函数的时域响应可以看出，256 个采样中的少于 50 个采样被适度衰减，其余的采样被大大衰减。在频域中的对应效果是均匀滤波器组中的每个滤波器的带宽变宽。

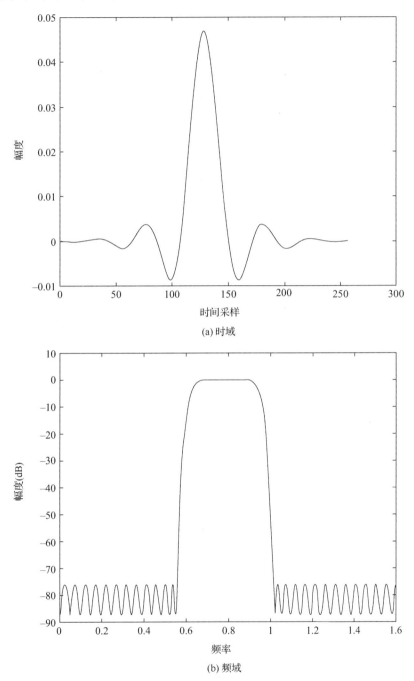

图 10.12 Parks-McClellan 窗的时域与频域响应

对输入数据 $x(n)$ 施加窗函数 $h(n)$。这里的窗函数用 $h(n)$ 来表示，而不是 $w(n)$，因为这里将 $h(n)$ 用于表示滤波器的冲激函数。用作 FFT 输入的已加窗数据 $x_m(n)$ 可以写为

$$x_m(n) = x(n)h(n) \tag{10.21}$$

其中，$n = 0, 1, 2, \cdots, 255$。如前所述，输出结果进行 1/8 抽取。在此情况下，式(10.15)中的加窗数据可用来求出 $y(n)$，即

$$y(n) = \sum_{m=0}^{7} x_m(n + 32m) = \sum_{m=0}^{7} x(n + 32m)h(n + 32m) \qquad (10.22)$$

其中，$n = 0, 1, 2, \cdots, N/M - 1$。$y(n)$ 的各项可以写为

$$\begin{aligned} y(0) &= x(0)h(0) + x(32)h(32) + \cdots + x(224)h(224) \\ y(1) &= x(1)h(1) + x(33)h(33) + \cdots + x(225)h(225) \\ &\vdots \\ y(31) &= x(31)h(31) + x(63)h(63) + \cdots + x(255)h(255) \end{aligned} \qquad (10.23)$$

如果对这些 $y(n)$ 值进行 32 点 FFT 运算，则可以生成 16 个滤波器。每个滤波器的频率响应特性如图 10.12(b)所示。

本节给出的操作可以视为软件方法，式(10.22)中的值可以计算出来。利用这种方法很容易改变输出采样速率。如果希望将输入数据移动 M 点，只需根据式(10.22)计算如下：

$$\begin{aligned} y(0) &= x(M)h(0) + x(M + 32)h(32) + \cdots + x(M + 224)h(224) \\ y(1) &= x(M + 1)h(1) + x(M + 33)h(33) + \cdots + x(M + 225)h(225) \\ &\vdots \\ y(31) &= x(M + 31)h(31) + x(M + 63)h(63) + \cdots + x(M + 255)h(255) \end{aligned} \qquad (10.24)$$

上式中的唯一变化是输入的数据点，它们决定了输出采样速率。如果 $M = 1$，则输出采样速率等于输入采样速率，这对应了图 10.2 中 100%数据重叠的情况。这种软件方法是非常灵活的。

10.10 利用多相滤波器实现信道化[7~10]

虽然前几节讨论的软件方法非常灵活，但由于运算速度的限制，它并不适合高速运算的情况。不过，相同的运算可以使用硬件来完成，此时能够实现更快的运算速度。下面更详细地讨论生成 $y(n)$ 值的过程。式(10.23)中列出的 $y(n)$ 值必须由输入数据经过时间位移来产生。可以看出，这些值中的每一个都可以从一个滤波器的冲激函数与输入数据的卷积输出中得到。时域中的 256 点窗函数可以写为

$$h(n) = h(255)\delta(n) + h(254)\delta(n - 1) + h(253)\delta(n - 2) + \cdots + h(0)\delta(n - 255) \qquad (10.25)$$

其中 δ 函数表示只有在 n 时刻出现 $h(n)$ 的值。滤波器的冲激序列是逆序书写的。该冲激函数通过与输入信号卷积，可以产生由式(10.23)得到的结果。由于图 10.12(a)显示的窗函数在时域中是对称的，因此这种逆序书写只是改变下标而已。这个函数可以进行 1/32 抽取，由此可得到 32 个滤波器，每个滤波器有 8 个抽头。这种抽取后得到的滤波器通常称为多相滤波器。32 个滤波器各自具有的响应表示如下：

$$\begin{aligned} h_0(n) &= h(224)\delta(n) + h(192)\delta(n - 1) + h(160)\delta(n - 2) + \cdots + h(0)\delta(n - 7) \\ h_1(n) &= h(225)\delta(n) + h(193)\delta(n - 1) + h(161)\delta(n - 2) + \cdots + h(1)\delta(n - 7) \\ &\vdots \\ h_{31}(n) &= h(255)\delta(n) + h(223)\delta(n - 1) + h(191)\delta(n - 2) + \cdots + h(31)\delta(n - 7) \end{aligned} \qquad (10.26)$$

这些滤波器必须与合适的输入数据进行卷积，以获得式(10.23)的结果。为了得到正确的数据格式，输入数据也必须进行 1/32 抽取。当抽取后的输入数据与抽取后的滤波器进行卷积并达到稳态时，其输出与式(10.23)的结果相同。

接下来进行 32 点 FFT 运算，输入 FFT 的 $y(n)$ 值为

$$
\begin{aligned}
y(0) &= x(32)h(0) + x(64)h(32) + \cdots + x(256)h(224) \\
y(1) &= x(33)h(1) + x(65)h(33) + \cdots + x(257)h(225) \\
&\vdots \\
y(31) &= x(63)h(31) + x(95)h(63) + \cdots + x(287)h(255)
\end{aligned}
\tag{10.27}
$$

其中，第一个数据点是 $x(32)$，因此输入要移动 32 点。图 10.13 给出了完成这个操作的硬件组成。在图中共有 32 个滤波器，每个滤波器有 8 个抽头。图 10.13 给出了两个周期的输入数据，每个周期包含 32 个数据点。输出为 $y(n)$，用作 FFT 的输入数据。频域的最终结果用 $Y(k)$ 来表示。在此情况下，对输入进行 1/32 抽取，最终频域也有 32 个输出。输入数据移动 32 点，这个数量也是输出频率的数目。这种情况称为临界采样，即输出频率的数目与输入数据移动点数相同。这意味着输出采样频率是输入采样频率的 $1/M$，其中 M 为输入数据移动点数。如果想要提高输出采样速率，就必须要修改硬件，这种方法不如上一节讨论的软件方法灵活。使用相同数量的输出信道而使输出采样速率加倍的详细方法将在 10.19 节中讨论。

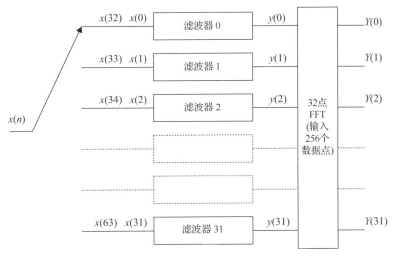

图 10.13　信道化方法

在本节的讨论中用到了有限冲激响应(FIR)滤波器。图 10.14 显示的是滤波器 0，其输出为 $y(0)$。图中显示了抽取后的数据。当输入信号达到稳定状态时，滤波器的输出包含了 8 项。图中还列出了稳态时滤波器的第一个和第二个输出。在图中底部所示的这两个输出中，下面一行表示第一个输出，它与式(10.23)的 $y(0)$ 输出相对应。上面一行表示第二个输出，此时输入数据移动了 32 点，该结果与式(10.27)的 $y(0)$ 输出相对应。剩下的滤波器输出可以使用相似的方法得到。

下面详细讨论多相滤波器的工作过程。首先考虑多相滤波器的处理速度。输入数据的采样速度是 3000 MHz，即模数转换器的采样间隔约为 0.33 ns。如果对多相滤波器的输入数据进行 1/32 抽取，则输入速率为 93.75 MHz，即 3000/32，这也是滤波器的处理速度。为了能

够处理所有数据，需要 32 个并行信道。该运行速度较低，相对容易实现。由于该系统有两个处理速度，因此一般称它为多速率系统。滤波器后面的 32 点 FFT 也以这个较低的速度进行处理。

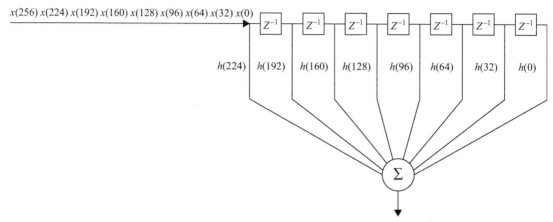

$x(32)h(0) + x(64)h(32) + x(96)h(64) + x(128)h(96) + x(160)h(128) + x(192)h(160) + x(224)h(192) + x(256)h(224)$

$x(0)h(0) + x(32)h(32) + x(64)h(64) + x(96)h(96) + x(128)h(128) + x(160)h(160) + x(192)h(192) + x(224)h(224)$

图 10.14　单个多相滤波器

从图 10.13 可以看出，滤波器的输入数据每次移动 32 点。图 10.15 示意了输入数据的处理过程。

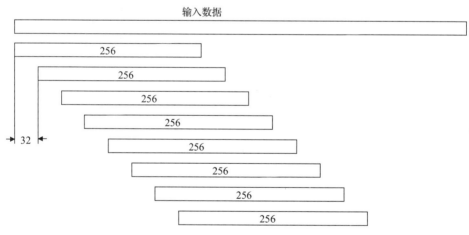

图 10.15　输入数据的处理过程

如图 10.12(a)所示，在窗函数主瓣内的输入数据小于 50 点。这种信道化方法将 256 点的窗函数只移动了 32 点。应该有足够的数据重叠，以使所有数据对输出的贡献几乎相同。

将窗函数移动 32 点的另一个好处是能够获得较高的时间分辨率。如 2.6 节所述，在电子战接收机中，需要产生两个与时间有关的参数：一个是到达时间，一个是脉宽。在现代信号分选算法中，希望获得很高的时间分辨率。多相滤波器能提供的时间分辨率约为 10.7 ns，这适用于大多数处理。输出速率也会受到滤波器之后信号处理的影响，对此将在后续章节中予以进一步讨论。

10.11 信道化之后的处理

我们已经介绍了在频域中如何通过信道化将多个输入信号分开。在频率信道化处理后需要进一步处理，以确定频率的数量及各频率的大小。由 FFT 运算得到的频率分辨率（即频点的带宽）决定了对输入信号的测频精度。通常，希望得到的测频精度能够优于 FFT 运算所能获得的精度。在已讨论过的滤波器组例子中，在采样频率为 3 GHz 时，使用 32 点 FFT 运算得到的频率分辨率为 93.75 MHz。当两个信号进入同一个频率输出信道时，如此宽的频点带宽将带来另一个问题，接收机无法对它们进行有效区分。换言之，双信号频率分辨率仅约为 93.75 MHz。

根据频率分离信号的传统方法是采用滤波器组。虽然本书重点是讨论数字化处理，但是仍会考虑模拟滤波处理方法。在模拟信道化接收机中，在滤波器组和放大器之后，采用晶体视频检波器将射频信号转换为视频信号。视频信号再通过模数转换器进行数字化并进一步处理，以确定信号的数量及各自的频率。在将射频信号转换为视频信号的过程中会丢失一些信息。如果两个信号进入同一个信道，就会很难区分它们。

在数字接收机中，在模拟滤波器组后可以使用模数转换器来获取数字化的射频信息。这些信息可被进一步处理，例如单比特接收机的思想可用来区分同一信道中的两个信号。

在信道化之后进行处理有两个主要目的，即进行更好的频率估计和提高对频率接近的两个信号的处理能力。为了达到这两个目的，在信道化之后可以采用瞬时测频（IFM）接收机和单比特接收机。在第 8 章中，IFM 接收机的概念是作为相位测量方法进行讨论的。这里对模拟滤波器组和数字化信道两方面的内容进行了讨论。

10.12 信道化方法的主要注意事项

通常，在设计接收机时要考虑接收机预期处理的最小脉宽。如果最小脉宽是 100 ns，那么一般的原则是选择带宽为 10 MHz 的滤波器，这是指所需的最窄滤波器带宽。更窄带宽的滤波器会降低信噪比，并且妨碍对脉宽的测量，因为此时滤波器的暂态效应持续时间比脉宽长。在此情况下，具有最小脉宽的脉冲会被滤波器的暂态效应展宽。然而，由于存在多径效应问题，脉宽在电子战接收机中不是一个非常可靠的参数。多径效应是指同一个信号经过多条不同传输路径到达接收机。直达路径就是指信号直接到达接收机。信号也可以通过物体的反射到达接收机。直达信号和反射信号会互相干扰，并改变脉宽。

暂态效应带来的另一个更严重的问题是，在暂态响应期间，输出频率会向滤波器的中心漂移。暂态效应是滤波器对阶跃函数的响应，会引起滤波器中心频率处的阻尼振荡。如果暂态效应持续时间比脉宽长，尤其是当输入信号处在靠近滤波器边缘时，滤波器的输出可能不会包含输入频率。一旦发生这种现象，滤波器后的频率编码电路就会产生错误的频率信息。

短脉冲通过滤波器组时可能在多个邻近的滤波器中产生输出，因为对每个滤波器而言，脉冲的上升沿和下降沿都是一个阶跃函数。不仅信号的中心频率难以确定，而且输入信号的数目也难以确定。根据以往设计接收机的经验，选择的滤波器带宽一般要比最小脉宽的倒数大得多，有时选择的带宽是最小脉宽倒数的 5 倍甚至更大。

设计单信道窄带接收机与设计有许多窄带信道的宽带接收机有明显的区别。在窄带接收机中，采用改变本地振荡器频率的方法可将信号调谐到滤波器的中心。一旦信号移到滤波器的中心，暂态响应的影响就会降至最小。在宽带信道化接收机中，本地振荡器和滤波器的频率都是固定的。信号可能落在滤波器的中心，也可能落在两个信道之间。当一个信道存在多个信号时，情况会变得更加复杂。图 10.16 显示了该问题。图中有三个相邻的滤波器 A、B、C，存在两个输入信号，并且两个信号都位于滤波器 B 的边缘处。由于滤波器边界的有限陡峭性，这两个信号会被三个信道处理。理论上，我们希望由信道 A 和信道 B 来确定信号 1 的频率，由信道 B 和信道 C 来确定信号 2 的频率。然而，在这种情况下确定信号的数目是非常困难的。这就是在许多接收机设计中，最小频率间隔要宽于滤波器带宽的原因，以避免需要在同一信道中分离多个信号。我们非常希望能够设计出可以测量进入同一信道的两个信号的接收机，特别是对宽带接收机而言。

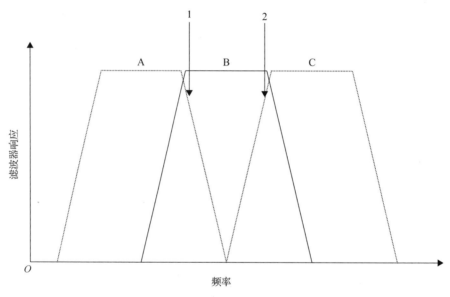

图 10.16 存在两个信号时的滤波器组

10.13 滤波器频率响应特性的选择[11,12]

在设计信道化接收机时，滤波器频率响应特性的选择是主要工作之一。首先，考虑滤波器的带宽。图 10.17 显示了三种不同滤波器的频率响应特性。图中给出了两种带宽。一种是 3 dB 带宽，它等于接收机总带宽除以信道数；另一种是 60 dB 带宽。60 dB 带宽的名称是随意选定的，因为使用数值在后面的讨论中更便于引用。采用该定义后，接收机的最大瞬时动态范围被限定在 60 dB。对宽带接收机来说，这一数值很大。在实际的接收机设计中，该数值取决于所选择的滤波器。

在图 10.17(a)中，60 dB 带宽是 3 dB 带宽的两倍。在此情况下，一个信号在刚好位于滤波器的中心时才会只进入一个滤波器，否则将会进入两个滤波器。此时的 60 dB 带宽为允许的最大 60 dB 带宽。如果滤波器的过渡带比 60 dB 带宽还要宽，如图 10.17(b)所示，那么一个信号在大多数情况下会同时进入 3 个信道。我们很不希望出现这种情况，因为这需要对 3 个信道的输出进行比较才能确定一个信号。

我们希望一个信号同时落入相邻两个信道的概率很小，如图 10.17(c) 所示。如果一个信号进入一个信道，该信道的逻辑电路就会对它进行处理；如果一个信号同时进入相邻的两个信道，则两个信道的逻辑电路都会对它进行处理。一个编码电路对一个信号进行测量比较容易。如果两个信道对一个信号进行测量，就需要对输出结果进行比较，以确定存在一个还是两个信号。

要使一个信号同时落入相邻两个信道的概率很小，需要具有很窄过渡带的滤波器，如图 10.17(c) 所示。当信号的上升沿和下降沿通过锐截止滤波器时，暂态响应时间会相对较长。如前所述，在暂态响应期间，输出信号的幅度和频率都会发生改变。如果暂态响应时间与最小脉宽相当，则脉冲的稳态时间太短，从而不能对信号的频率进行估计。较长的暂态响应时间会抵消所选锐截止滤波器的作用。因此，在选择滤波器时，一定要根据期望的最小脉宽来估计滤波器暂态响应的影响。

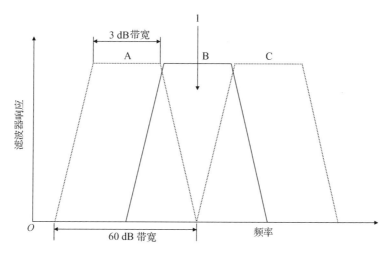

(a) 具有有限过渡带的滤波器

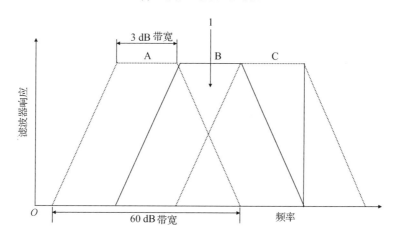

(b) 具有较宽过渡带的滤波器

图 10.17 滤波器频率响应特性

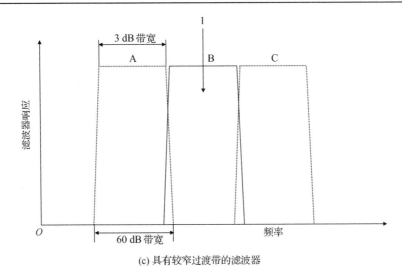

(c) 具有较窄过渡带的滤波器

图 10.17(续)　滤波器频率响应特性

另一个需要考虑的问题是滤波器后续处理电路的带宽。通常，处理电路的频率响应呈现周期性，如同在 FFT 运算中，唯一的频率是从 0 到 $f_s/2$。如 3.9 节所述，当信号靠近通带边缘时，可能会被确定为错误的频率。如果使用 3 dB 带宽做进一步处理，那么由于信号中存在噪声，在处理电路的边缘处通常会出现模糊。该效应可能使信号出现在滤波器的错误一侧，引起大小等于滤波器带宽的频率误差。为了避免这种情况，处理电路的最小带宽应该等于 60 dB 带宽，而不是 3 dB 带宽。在使用 60 dB 带宽的情况下，当一个信号落在两个信道之间时，该处理带宽足够宽，可以避免模糊问题的出现。

这里使用前面提到的信道化接收机作为例子来说明对滤波器的选择。假定窗函数与图 10.12(a) 显示的一样。获得该滤波器的方法如下。

采样频率为 3000 MHz，因此不模糊带宽为 1500 MHz。由于从 32 点 FFT 只能获得 16 个独立信道，因此其等价滤波器组具有 16 个输出。每个信道的带宽为 93.75 MHz，即 1500/16，该带宽可视为 3 dB 带宽。我们希望在 187.5 MHz(93.75 MHz×2，即 3 dB 带宽的 2 倍)的带宽之外至少有 60 dB 的衰减，如图 10.18 所示。该图显示了这种滤波器的频率响应特性，图中只显示了相邻的 3 个滤波器。

为实现这种滤波器响应，必须确定窗函数的长度(即滤波器的抽头数)。参考文献[11]给出了窗函数长度的计算公式：

$$T_p = \frac{-10\lg(R_p R_s) - 13}{2.324 B_{tr}} + 1 \qquad (10.28)$$

其中，R_p 和 R_s 分别与通带波动系数和阻带插入损耗有关；B_{tr} 表示以 rad 计的过渡带，为 $2\pi/64$。在使用分贝表示时，通带波动系数与 R_p 的关系为 $20\lg(1+R_p)$，阻带插入损耗与 R_s 的关系为 $20\lg(R_s)$。当 $R_p = 0.01(0.086\text{ dB})$，$R_s = 0.001(-60\text{ dB})$时，$T_p = 163$。因为整个窗函数包含 256 个数据点，所以应该能够达到或超出所需的滤波器响应。

使用 MATLAB 程序并调整其中一些参数，例如 3 dB 带宽和 60 dB 带宽，就可以选择一个窗函数来生成如图 10.19 所示的滤波器组。由于滤波器的抽头数比较多，该滤波器组的动态范围为 75 dB，高于 60 dB 的设计目标。该滤波器的频率响应特性非常均衡，优于模拟滤波器组的性能。由于滤波器的 3 dB 带宽约为 93.75 MHz,因此它在频域中分离两个频率接近信号的能力非常有限。如果两个信号落在同一个滤波器中,那么在不进一步处理的情况下,接收机就无法分离这两个信号。这里利用 MATLAB 设计的滤波器组的性能与实验室中的实际情况非常接近。

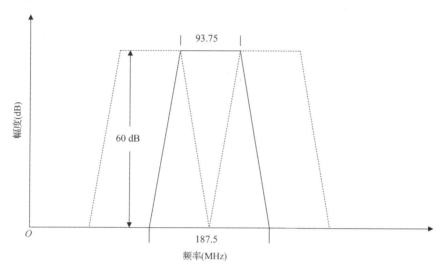

图 10.18 所需的滤波器响应

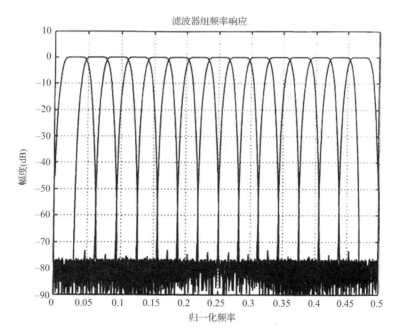

10.19 设计的滤波器组

10.14 后接相位比较器的模拟滤波器

第 8 章已经讨论了相位比较体制接收机(即采用模拟体制的 IFM 接收机)的性能。相位比较可以改善测频精度。虽然理论上可以使用 8.6 节和 8.7 节所讨论的方法来解决上述的双信号问题，但是实际上分开两个信号并不容易。在模拟滤波器后采用窄带 IFM 接收机的方法看起来可以获得令人满意的效果，这一方法通常称为信道化 IFM 接收机。不过，由于频率编码器设计存在的问题，信道化 IFM 接收机还没有得到成功验证。存在的主要问题是，如何确定落入两个信道之间的单信号的频率以及落入相邻信道的两个信号的频率。这是一种模拟方法，在此不做进一步讨论。模拟滤波器组后接窄带相位比较器应会产生类似的结果。

图 10.20 显示了上面所描述的硬件结构。输入信号通过滤波器组。每个滤波器的输出通过 90° 混合耦合器被分成正交的两路信号(I 信道和 Q 信道)，这是因为要得到输入信号的相位，需要以同相输出和正交输出表示的复输出。

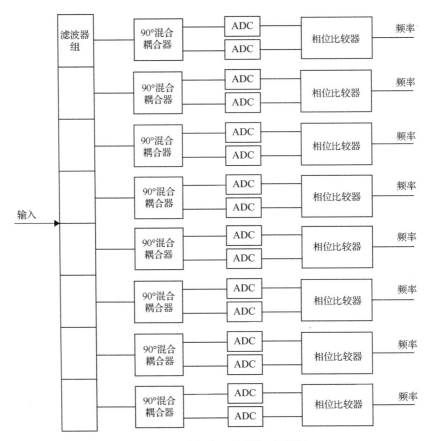

图 10.20 后接相位比较器的滤波器组

这里使用一个例子来说明相位比较的配置。假设输入带宽为 1 GHz，分成 8 个并行信道，每个信道的 3 dB 带宽为 125 MHz，即 1000/8。同时假设 60 dB 带宽为 250 MHz，这是所允许的最大带宽，已在前面的小节中讨论过。由于相位比较器的输入信号是复信号(包括 I/Q 信道)，因此 250 MHz 的采样频率可以覆盖 250 MHz 的带宽。8.7 节提到过，这种方法在理论上可以在每个信道中处理两个信号。如果 I 信道和 Q 信道之间没有达到完全平衡，则对单信号的测量结果可能表现为两个同时存在的信号。这是相位测量法的主要局限之一。

模拟滤波器后接相位比较器的思想还没有经过验证，可能的原因是实现时所需的硬件过于复杂。

10.15 后接相位比较器的单比特接收机

第 9 章所讨论的单比特接收机具有相对较窄的输出频带,约为 9.77 MHz,即 2500/256。对于进入某个特定信道的信号,无论它在信道的中间还是边缘,其频率读数将是相同的。实际上,当信号处在信道中间时测频是比较准确的;而当信号处在信道边缘时测频误差接近信道带宽的一半,约为 4.89 MHz,即 9.77/2。这一频率误差可以看成频率数字化误差。我们期望得到的频率误差优于该值。第 8 章讨论过,采用相位比较的方法能够获得比 FFT 输出更高的单频精度。因此,在单比特接收机后接相位比较器是可取的。

可以采用下面的方法实现相位比较。如果核函数具有 4 种取值的 FFT 的最大输出幅度为 $|X(k)|$,那么其输出的相位可由下式计算:

$$\theta_n(k) = \arctan\left(\frac{\text{Re}[X_n(k)]}{\text{Im}[X_n(k)]}\right) \tag{10.29}$$

其中,$\theta_n(k)$ 表示 n 时刻频率分量 k 的相位,$\text{Re}(\cdot)$ 和 $\text{Im}(\cdot)$ 分别表示 $X_n(k)$ 的实部和虚部。若 $n+1$ 时刻测得的相位为

$$\theta_{n+1}(k) = \arctan\left(\frac{\text{Re}[X_{n+1}(k)]}{\text{Im}[X_{n+1}(k)]}\right) \tag{10.30}$$

则更精确的频率可以由下式求得:

$$f = \frac{\theta_{n+1}(k) - \theta_n(k)}{2\pi t_o} \tag{10.31}$$

其中 t_o 表示输出采样时间。单信号测频精度的改善如 8.4 节所述。

9.77 MHz 的滤波器带宽可以认为是 3 dB 带宽,这也是单比特接收机的频率数据分辨率。频率间隔小于 9.77 MHz 的两个信号很难被相位比较器区分。因为这一带宽相对较窄,所以这种情况出现的概率较低,此处不予考虑。

单比特接收机的输出为复数,它等效于 I/Q 信道,因此可以由输出数据直接得到相位值。如 9.4 节所述,输出采样时间为 102.4 ns,相应的采样速率为 9.77 MHz。因为输出是复数,所以等效带宽也是 9.77 MHz,这与 3 dB 带宽相同。使用式(10.29)至式(10.31)计算精确频率时,计算出的相位值会存在 2π 模糊。2π 相位的范围覆盖了 9.77 MHz 的频带。如果一个信号落在相邻两个信道之间,则也会落在相位比较器的边缘。由于存在 2π 模糊,接收机内的噪声可能会导致信号频率偏差 9.77 MHz。这种效应可能会造成频率读数存在较大误差。

为了消除这一较大误差,可以采用两种方法。第一种方法是比较与输出信道相邻的两个信道的幅度。图 10.21 显示了这样的情况。图中,两个信道 B 和 C 之间存在一个信号。假设信道 B 的输出幅度比信道 C 的大,那么可以用信道 B 的输出来测量频率。由于输入数据中存在噪声,频率可能出现在位置 2,从而得到错误的结果。在该方法中,对信道 A 和信道 C(两者均是信道 B 的相邻信道)的输出进行比较。由于信号处在信道 B 与信道 C 之间,所以信道 C 的输出应比信道 A 的输出大。该条件可用于确定输入信号是处在 B 与 C 之间,而不是在 A 与 B 之间。

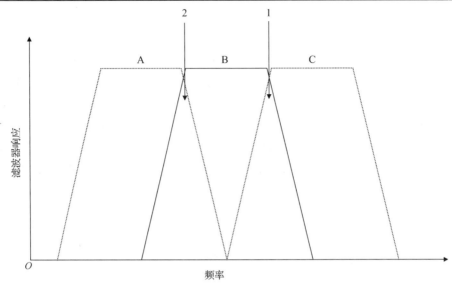

图 10.21　一个信号落在两个信道之间

在单比特接收机之后使用相位比较器是为了改善对输入信号的测频精度。尽管单比特接收机的输入只有 2 位，但是 FFT 的输出有 8 位（包括 1 个符号位）。因此，相位值的计算相当精确。使用计算机来计算式(10.29)至式(10.31)的结果。如果计算出的相位处于相位比较器的边缘，那么对其相邻两个信道的输出幅度进行比较可以确定频率偏移的方向。如此可以将频率误差控制在 0.5 MHz 以内，而不会有大的误差。因此，这种方法可以使单信号的测频精度改善约 10 倍。为了采用该方法，需要使用单比特接收机的两个相继输出，因此最小脉宽必须大于 204.8 ns。

第二种消除 2π 模糊的方法是增加输出采样速率。可以将单比特接收机的输出采样速率倍增至 19.53 MHz，相应的输出采样时间为 51.2 ns。在此情况下，落在两个相邻信道之间的单信号不会落在相位比较器的边缘，因此相位比较器边缘处的 2π 模糊问题不会再出现。这意味着单比特接收机输出速率将增大至 19.53 MHz，那么接收机的时钟频率需要加倍。该方法将显著增加设计的复杂度。采用这种方法的一个优点是，由于使用两个周期的 51.2 ns 输出，因此接收机处理的最小脉宽仍为 102.4 ns。

10.16　后接相位比较器的数字滤波器[13]

如 10.13 节所述，由 FFT 运算获得的数字滤波器与宽带单比特接收机是相似的（例如，它们的输出都是复数）。两者的主要区别在于滤波器的带宽。如果采样速率为 3 GHz，并在加窗函数的情况下进行 32 点 FFT 处理，则得到的滤波器的带宽约为 93.75 MHz，即 3000/32。采用这种宽带滤波器时，频率分辨率为 93.75 MHz。对信号分选来说，该分辨率过低，一般允许的最小测频精度约为 10 MHz。在最小脉宽保持不变的情况下，总是希望能够获得更好的测频精度，因此改善该精度是十分必要的。这里使用与 10.15 节相同的方法，可以使测频精度得到数倍的改善。在这些宽带滤波器中，由于两个信号同时落入一个信道的概率很高，应该考虑存在同时到达信号的情况。

这里使用 10.13 节讨论的数字滤波器组的例子。图 10.19 显示了滤波器组的频率响应特性。如果存在两个信号且全部出现在信道 5 中，那么假定信号 1 接近信道 4，信号 2 接近信道 6，两个信号的间隔为 1/4 信道带宽，信号 1 的功率比信号 2 的高 20 dB。在此情况下，使用三个信道的输出来计算相位。图 10.22 显示了从 3 个信道计算出的相应频率。信道 4 显示了信号 1 的频率，信道 6 显示了信号 2 的频率。信道 5 同时具有两个信号，输出有波动。因为信号 1 比信号 2 强，所以在信道 5 中测得的平均频率是信号 1 的频率，如 8.7 节所述。比较信道 4 和信道 5 的频率，可以看到这种效果。输出存在波动，表示在这个信道中同时存在两个信号。波动自身的频率表示两个信号之间的频率差。在该设计中，通过信道 4 和信道 6 可以测得这两个信号的频率，没有必要再从信道 5 中获取信号的频率。

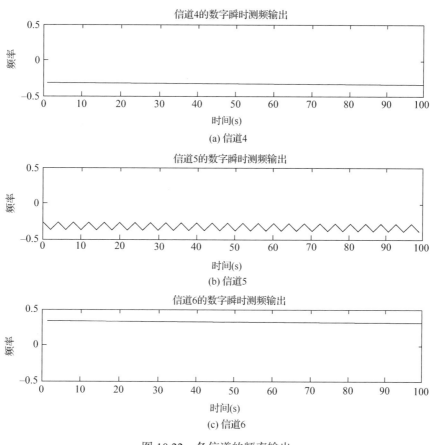

图 10.22　各信道的频率输出

10.17　后接相位比较器的模拟滤波器[14]

第 9 章讨论的宽带单比特接收机主要有两个缺点。第一个缺点是动态范围低，接收机不能处理两个幅度差大于 5 dB 的同时到达信号。当两个同时到达信号出现时，接收机通常无法检测到其中的弱信号。第二个缺点是，为了简化设计，接收机最多只能处理两个同时到达信号。

为了克服这些缺点，可以采用信道化的方法，如图 10.23 所示。信道化可以使用模拟滤波器来实现，这些滤波器根据输入信号的频率将信号分离到不同的信道中。在每个信道中，可以采用一个放大器来提高输入信号电平。如 9.6 节所述，这些放大器可以是限幅放大器。放大器的输出端可以接窄带单比特接收机，每个单比特接收机可以处理两个同时到达信号。理论上，这种方法可以处理 16 个同时到达信号。每个信道的瞬时动态范围限制为 5 dB 左右。因为滤波器限制了带外信号，所以接收机的瞬时动态范围取决于模拟滤波器的频率响应特性。

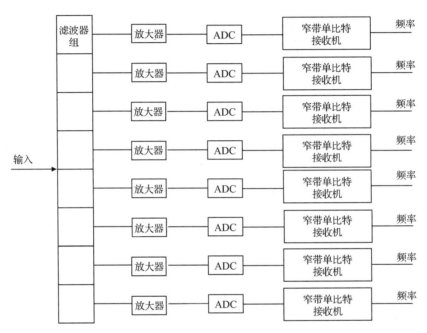

图 10.23　后接单比特接收机的模拟滤波器组

因为窄带滤波器限制了模数转换器输入信号的带宽，所以每个模数转换器只覆盖了接收机输入带宽的一部分。这里使用 10.14 节的例子并采用图 10.23 所示的结构，那么滤波器的 3 dB 带宽为 125 MHz，即 1000/8，60 dB 带宽约为 250 MHz。为了消除信道间的模糊问题，每个信道需要覆盖 250 MHz。根据奈奎斯特采样定理，模数转换器的采样速率应该是实际信号带宽的 2 倍，即 500 MHz，这远低于宽带单比特接收机所采用的 2.5 GHz 采样速率。2 倍信号带宽的采样速率会带来频带混叠的问题，如图 10.24 所示。图中，假设 60 dB 带宽与第二混叠区相匹配。图中也显示了信道 A、B 和 C 的 3 dB 带宽。信道 A 处在混叠区 $f_s/2$ 到 f_s 的中心，信道 C 处在混叠区 f_s 到 $3f_s/2$ 的中心。在此情况下，输出带宽等于输入带宽，不存在模糊问题。信道 B 的中心位于 f_s 处，信道 D 的中心位于 $3f_s/2$ 处。

图 10.25 显示了信道 B 和信道 D 的频带混叠情况。无论是 3 dB 带宽的情况还是 60 dB 带宽的情况，信道 B 和信道 D 的输出带宽只等于输入带宽的一半。因此，在信道 B 中，位于 f_s 两侧的信号频率都会混叠到相同的输出频率上，从而导致测频模糊。当信道 D 中的输入信号频率位于 $3f_s/2$ 两侧时也会出现相同的情况。

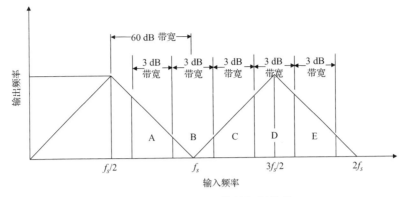

图 10.24 混叠至基带的相邻信道

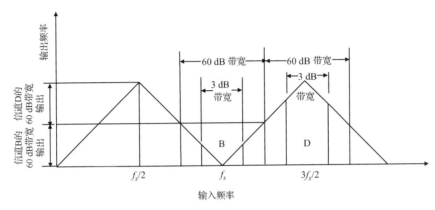

图 10.25 信道 B 和信道 D 的频带混叠情况

从图 10.24 可以看出，尽管信道 G 没有显示出来，但信道 A、C、E 和 G 不存在这样的问题。尽管信道 F 和 H 也没有显示出来，但四个信道 B、D、F 和 H 存在频带混叠问题。解决该问题的一种方法是重新设计接收机前端。信道化单比特接收机只能接收 A、C、E 和 G 四个频段。电子战接收机系统的输入频率范围基本上是 2~18 GHz；而本书讨论的电子战接收机是基带接收机，正如 2.5 节所述，覆盖带宽约为 1 GHz。输入信号必须转换成基带接收机的输入。图 10.26 给出了转换输入信号的一种方法。输入信号经过信道化进入 8 个连续的频段。奇数号信道 1、3、5、7 的输出被转换到 A、C、E、G 频段，而偶数号信道 2、4、6、8 的输出也被转换到 A、C、E、G 频段，采用这种设计不会产生频谱混叠的问题。

因为采样频率为 500 MHz，64 次采样时间长度为 128 ns，比期望的 100 ns 最小脉宽略大一点。在此设计中，FFT 长度为 64 点，输入数据速率为 500 MHz。如果采用 8 个窄带单比特接收机芯片来设计该接收机，那么所需的每个芯片都是相当简单的。将所有 8 个单比特接收机集成在一个芯片上也是可能的。采用图 10.26 所示前端得到的仿真结果表明，接收机可以处理多个同时到达信号，且具有大的瞬时动态范围。

参考文献[14]提出了一种可能增强单比特接收机输出信号的方法，即将相邻信道的输出幅度叠加起来，如图 10.27 所示。图中显示了相邻两个信道的输出。单比特接收机带宽等于滤波器的 60 dB 带宽。如果一个信号位于两个信道之间，则单比特接收机 A 和 B 将同时接收到该信号。如果两个单比特接收机的输出幅度叠加在一起，则信号强度应该会增大。该方法可提高接收机的检测灵敏度。

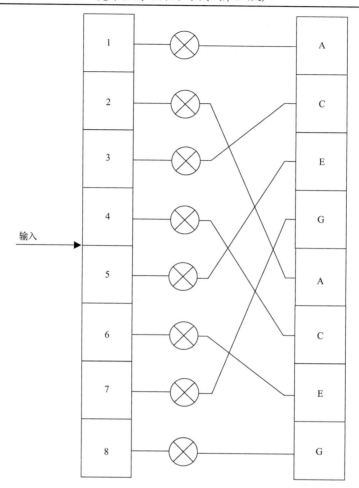

图 10.26　一种信道化模拟单比特接收机的前端构成

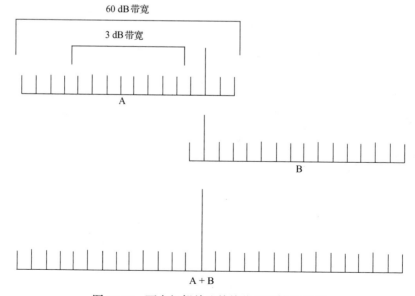

图 10.27　两个相邻单比特接收机的输出求和

10.18 数字滤波器后接单比特接收机时的注意事项

数字滤波器通常具有大的带宽,其带宽受限于FFT芯片的运算速度。采样速率为3 GHz时,加窗32点FFT的信道带宽为93.75 MHz,即3000/32。该值也是输出采样速率和FFT的运算速度。在93.75 MHz的带宽下,两个信号同时落入同一个信道的概率很高。因此,我们希望将一个信道中的两个信号分开,而窄带单比特接收机可以满足这个要求。如10.15节所述,一个信道中的两个信号可以通过与该信道相邻的两个信道来测量。基本操作仍是使用一个相位比较器测量一个信号。在该设计中,相邻两个信道总是处理一个信号。如果滤波器的频响特性如图10.17(c)所示,那么一个信道很可能只处理一个信号。在采用上述设计方法时,由于一个信道中的相位比较器无法有效地分开两个信号,所以将一个信道中的两个信号分开是可取的。

在数字滤波器组后接窄带单比特接收机的基本思想,就是对FFT输出再进行一次FFT运算。FFT输出端的单比特接收机可视为编码电路的一部分。设计该接收机时考虑的一个重要因素是单比特接收机的带宽。为了处理位于两个信道之间的信号,单比特接收机的带宽应大于滤波器的3 dB带宽。我们希望单比特接收机的带宽等于滤波器的60 dB带宽。如果信道化是通过软件来实现的,那么改变输出数据采样速率非常容易(见10.9节)。通过软件操作,输入数据也可以进行任意移位。虽然软件方法比较灵活,但是它仅限于低频操作。操作以3 GHz的速率进行量化的输入数据是不实际的。因此,对宽带数字接收机而言,只能采用硬件来实现信道化。为匹配窄带接收机所需的带宽,必须增加输出采样速率。下一节将讨论如何使用硬件来提高输出采样速率。

10.19 倍增输出采样速率[8,15~17]

在参考文献[15]中可以找到关于提高输出采样速率的一般性讨论。我们已经讨论过临界采样速率。在临界采样的条件下,输出频点的数目和输出采样速率之间的关系为

$$K = M \tag{10.32}$$

其中,K表示输出频点的数目;M表示每次FFT运算移位的数据点数,与输出采样速率有关。令$K=M=32$,输入采样速率为3000 MHz,输出采样速率为93.75 MHz,即3000/32。因为FFT的输出是复数,所以在93.75 MHz采样速率的条件下,处理带宽也是93.75 MHz,此值等于滤波器的3 dB带宽。如10.13节所述,单比特接收机带宽应等于滤波器的60 dB带宽。如果输出采样速率增加到187.5 MHz,即3 dB带宽的2倍,则单比特接收机可以处理如图10.17(a)所示滤波器组的输出信号。因此,只需把输出采样速率乘以2。

参考文献[15]指出,可以将式(10.32)修正为

$$K = MI \tag{10.33}$$

其中，I 为整数，称为过采样比。本节只讨论过采样比为 2，即 $I=2$ 的情况。如果 $K=32$，$I=2$，则 $M=16$。这表示每次 FFT 运算，数据移动 16 点，即我们希望得到的结果。

当滤波器达到稳态时，FFT 运算器的输入与式 (10.23) 相同，这里重写如下：

$$y(0) = x(0)h(0) + x(32)h(32) + \cdots + x(224)h(224)$$
$$y(1) = x(1)h(1) + x(33)h(33) + \cdots + x(225)h(225)$$
$$\vdots$$
$$y(31) = x(31)h(31) + x(63)h(63) + \cdots + x(255)h(255)$$

但是，在 FFT 运算的第二次循环中，输入与式 (10.24) 所示的结果不同，期望的结果如下：

$$y(0) = x(16)h(0) + x(48)h(32) + \cdots + x(240)h(224)$$
$$y(1) = x(17)h(1) + x(49)h(33) + \cdots + x(241)h(225)$$
$$\vdots \tag{10.34}$$
$$y(31) = x(47)h(31) + x(79)h(63) + \cdots + x(287)h(255)$$

输出是从 $x(16)$ 开始，而不是从 $x(32)$ 开始的。为了执行这样的操作，必须对图 10.13 的设计进行修正。Zahirniak 等人在参考文献[16]中进行过类似的讨论。图 10.28 显示，输入数据被抽取成 16 个输出，而不是 32 个输出。这 16 个输出分别送到滤波器 0 至滤波器 15，将 16 个输出延迟 1 个时钟周期后再输入滤波器 16 至滤波器 31。图中显示了部分输入。例如，滤波器 16 的输入是滤波器 0 延迟 1 个时钟周期后的数据，因而该滤波器的输入是 $x(16)$，$x(32)$，…。与 1/32 抽取相比，当输入数据进行 1/16 抽取时，输出速率加倍了。

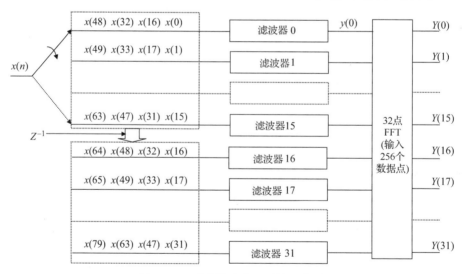

图 10.28 过采样比为 2 时的示意图

图中的滤波器组也可以修改为图 10.29 所示的结构。在每个输出之间有 2 个延迟周期而不是 1 个。图中显示了前两个连续输出，与式 (10.23) 和式 (10.34) 中第一个等式所示的结果匹配。根据这种结构可以看出，从 FFT 产生 $Y(k)$ 的输出速率是原来的 2 倍，输出采样速率是 187.5 MHz，这就是单比特接收机的输入速率。由于 FFT 输出是复数，所以单比特接收机的带宽为 187.5 MHz，这是输出滤波器 3 dB 带宽的 2 倍。

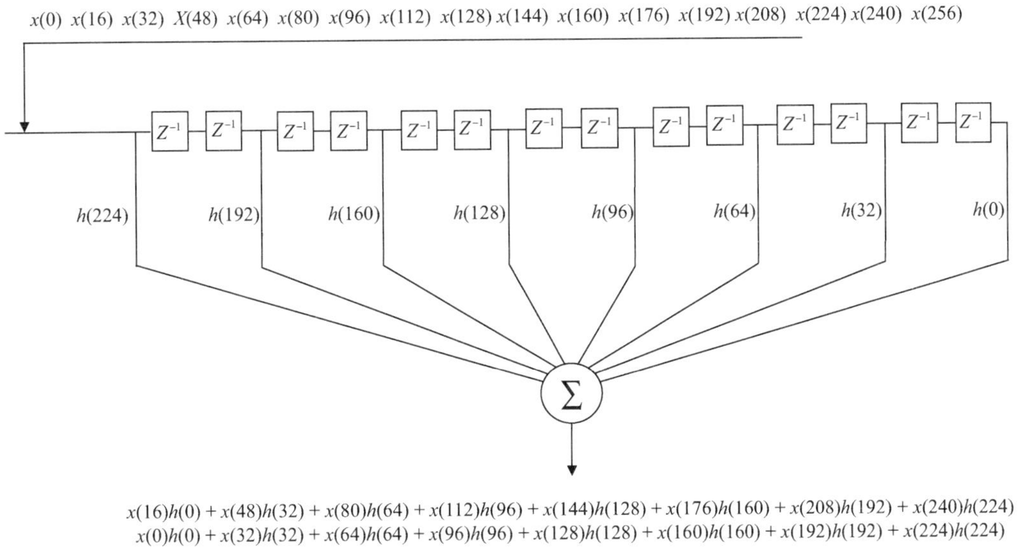

x(0) x(16) x(32) X(48) x(64) x(80) x(96) x(112) x(128) x(144) x(160) x(176) x(192) x(208) x(224) x(240) x(256)
Z^-1
h(224) h(192) h(160) h(128) h(96) h(64) h(32) h(0)
Σ
x(16)h(0) + x(48)h(32) + x(80)h(64) + x(112)h(96) + x(144)h(128) + x(176)h(160) + x(208)h(192) + x(240)h(224)
x(0)h(0) + x(32)h(32) + x(64)h(64) + x(96)h(96) + x(128)h(128) + x(160)h(160) + x(192)h(192) + x(224)h(224)

图 10.29　修改后的滤波器结构

10.20　后接单比特接收机的数字滤波器

这里使用仿真的方法来评估后接单比特接收机的数字滤波器的性能。数字滤波器是通过 FFT 运算产生的，其频率响应特性与图 10.15 所示的相同。唯一的区别是输出速率翻倍，这是因为每次 FFT 运算是把输入数据移动 16 点而不是 32 点。不过，在图 10.15 中无法显示采样速率的变化。应该在每个滤波器的输出端设置一个阈值。如果输出低于阈值，则认为该信道没有信号，输出无须处理。图 10.30 给出了一种合理的结构，图中没有显示每个滤波器输出端的阈值。虽然 32 点 FFT 会产生 32 个输出，但只有其中的 16 个输出携带独立信息，因此只需要 16 个窄带单比特接收机。

x(n)
Z^-1
x(48) x(32) x(16) x(0)
x(49) x(33) x(17) x(1)
x(63) x(47) x(31) x(15)
x(64) x(48) x(32) x(16)
x(65) x(49) x(33) x(17)
x(79) x(63) x(47) x(31)
滤波器0
滤波器1
滤波器15
滤波器16
滤波器17
滤波器31
y(0)
32点
FFT
(输入
256个
数据点)
Y(0)
Y(15)
Y(31)
16点
单比特接收机
只需16个单
比特接收机

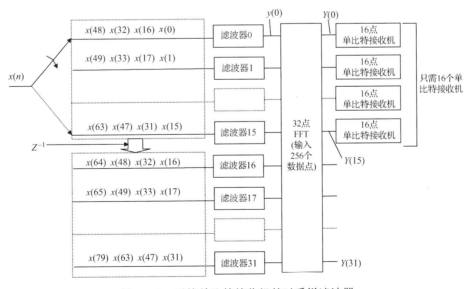

图 10.30　后接单比特接收机的过采样滤波器

单比特接收机只处理有信号的信道，只有实部和虚部的最高两位用作单比特接收机的输入。这样的操作应等效于在滤波器的输出端接一个限幅放大器，尽管实数限幅放大器不能对复信号进行处理。限幅操作破坏了输入信号的幅度信息，因此需要在信道的输出端设置阈值。在时域中，从某个特定频率输出的每 16 个数据点用作单比特接收机的一个输入帧。由于输出采样速率为 187.5 MHz，得到 16 个采样所需时间约为 85 ns，即 $16/(187.5 \times 10^6)$，这与采集 256 个输入数据所需的时间相等，即 $256/(3 \times 10^9) = 85$ ns，因此数字滤波器和单比特接收机均处理 256 个输入数据。单比特接收机的输入数据只有 16 个，其设计非常简单。由于输入数据是复数，输出数据也是 16 个。这 16 个输出覆盖了 187.5 MHz 的带宽，因此每个单比特接收机的输出带宽约为 11.72 MHz，即 187.5/16。这表明接收机能够区分两个间隔为 12 MHz 的信号。但如果宽带数字滤波器中的两个信号的幅度差大于 5 dB，则接收机将无法检测到弱信号。

由于 FFT 运算采用的长度只有 16 点，因此在仿真时使用了图 9.2 和图 9.15 中的核函数。虽然使用两种方法都能发现一个信道中的两个信号，但 8 点核函数能够提供更好的结果，即能够获得更大的瞬时动态范围。单比特接收机限制了瞬时动态范围，因此在一个信道中的两个信号只有在幅度相当时才能都被接收机检测到。在不同信道中的双信号瞬时动态范围由相应数字滤波器的频率响应特性决定。在该仿真中不包括阈值。为了将单比特接收机集成到系统中，需要可行的配置和更深入的仿真。

10.21 后接单比特接收机和相位比较器的数字滤波器组

在 10.15 节中讨论过，单比特接收机的单信号频率分辨率约为 9.77 MHz。在上一节的例子中，每个信道带宽为 11.72 MHz。这样的带宽足以区分两个同时到达信号，但是还不足以给出精确的频率值。我们希望得到更精确的频率值。如 10.15 节所述，可以使用后接相位比较器的单比特接收机来获得精确的频率值。

在采用这种方法时，单信号的测频精度应可达到约 0.5 MHz。为了得到这样的精度，接收机的输入信号脉宽必须增加至采集至少 512 个数据点所需的时间，即约为 171 ns。对于较长的脉冲信号，8.5 节所讨论的相位比较器思想可以用来获得更好的单频精度。我们非常希望将测频精度作为脉宽的函数来测量（即短脉冲的测频精度低，长脉冲的测频精度高）。

10.22 后接另一个 FFT 的数字滤波器组

从 10.20 节的讨论可以看出，接在数字滤波器后面的窄带单比特接收机是非常简单的，它在只取数据实部和虚部的最高两位作为输入的情况下，以 187.5 MHz 的速率运行 16 点 FFT。因为单比特接收机动态范围有限，所以如果两个信号同时落入一个滤波器，那么单比特接收机可能无法检测到较弱的信号。随着数字信号处理技术的发展，窄带单比特接收机可能被常规 FFT 运算，即二次 FFT 运算（或芯片）所替代。这种 FFT 芯片不对数据进行位截断，而是直接将信道输出作为输入。它以 187.5 MHz 的速率运行 16 点 FFT，并且由于输入数据是复数，产生的是 16 个独立的输出数据。

在采用这种设计的情况下，对于相同数字信道中的多个信号，接收机应能获得更高的瞬时动态范围。每个信道能处理的信号数不再像单比特接收机那样受限于 2 个。理论上，每个信道应能处理 16 个同时到达信号。另外一个潜在的优点是，由于输入到二次 FFT 的数据没有被截断，所以信号的幅度信息得以保留。可以在二次 FFT 的输出端设置阈值，那么在前面的信道输出端可能不再需要 10.20 节提出的检测电路。二次 FFT 运算产生的频率分辨率约为 11.7 MHz，即 187.5/16。对这些输出进行信号检测应能得到更高的灵敏度。预计在未来的宽带数字接收机设计中可以考虑这种方法。不过，如果考虑信道间的暂态效应和判读，那么在实现上也绝非易事。

参考文献

[1] Kay SM. *Modern Spectral Estimation Theory and Application*. Englewood Cliffs, NJ: Prentice Hall; 1988.

[2] Harris FJ. 'Time domain signal processing with the DFT', in Elliott DF (ed.), *Handbook of Digital Signal Processing: Engineering Applications*. San Diego, CA: Academic Press; 1987.

[3] Allen JB. 'Short term spectral analysis, synthesis, and modification by discrete Fourier transform'. *IEEE Transactions on Acoustics, Speech, and Signal Processing* 1977; **25**(3): 235–238.

[4] Allen JB, Rabiner L. 'A unified approach to short-time Fourier analysis and synthesis'. *Proceedings of the IEEE* 1977; **65**(11): 1558–1564.

[5] Harris FJ. 'On the use of windows for harmonic analysis with the discrete Fourier transform'. *Proceedings of the IEEE* 1978; **66**(1): 51–83.

[6] Tran-Thong. 'Practical consideration for a continuous time digital spectrum analyser'. *Proceedings of IEEE International Symposium on Circuits and Systems*, vol. 2. New York: IEEE; 1989: 1047–1050.

[7] Crochiere RE, Rabiner LR. *Multirate Digital Signal Processing*. Englewood Cliffs, NJ: Prentice Hall; 1983.

[8] Vaidyanathan PP. *Multirate Systems and Filter Banks*. Englewood Cliffs, NJ: Prentice Hall; 1992.

[9] Vaidyanathan PP. 'Multirate digital filters, filter banks, polyphase networks, and applications: a tutorial'. *Proceedings of the IEEE* 1990; **78**(1): 56–93.

[10] Ansari R, Liu B. 'Multirate signal processing', in Mitra SK, Kaiser JF (eds.), *Handbook for Digital Signal Processing*. New York: John Wiley & Sons; 1993.

[11] Oppenheim AV, Schafer RW. *Digital Signal Processing*. Englewood Cliffs, NJ: Prentice Hall; 1975.

[12] Rabiner LR. *Theory and Application of Digital Signal Processing*. Englewood Cliffs, NJ: Prentice Hall; 1975.

[13] Fields TW, Sharpin DL, Tsui JB. 'Digital channelized IFM receiver'. Proceedings of IEEE MTT-S *International Microwave Symposium Digest*, vol. 3. New York: IEEE; 1994: 1667–1670.

[14] McCormick W. Professor of electrical engineering, Wright State University, Dayton, OH. Private communication.

[15] Crochiere RE, Rabiner LR. *Multirate Digital Signal Processing*. Englewood Cliffs, NJ: Prentice Hall; 1983: 311.

[16] Zahirniak DR, Sharpin DL, Fields TW. 'A hardware-efficient, multirate, digital channelized receiver architecture'. *IEEE Transactions on Aerospace and Electronic Systems* 1998; **34**(1): 137–152.

[17] Vary P, Heute U. 'A short-time spectrum analyzer with polyphase-network and DFT'. Signal Processing 1980; **2**(1): 55–65.

第11章 高分辨率谱估计

11.1 引言

由于快速傅里叶变换(FFT)已用于数字接收机的设计中,因此在前面的章节中关于谱估计的讨论集中于FFT。本章将介绍其他一些谱估计方法,称其为高分辨率谱估计。高分辨率谱估计的最大优势是能够提供比FFT更好的频率分辨率,尤其是在处理同时到达信号时。

如果两个信号的频率靠得很近,在进行FFT运算后可能会出现一个峰值包含两个信号的情况。而高分辨率谱估计能够产生两个尖峰,将两个信号区分开。将高分辨率谱估计用于数字微波接收机的主要缺点是运算较为复杂。由于高分辨率谱估计在频率估算时需要进行大量的运算,因此这类估计方法近期难以用于实现实时处理,但是可以用于实现一些特殊的应用。例如,如果FFT输出的峰值出现包含多个信号的情况,则高分辨率谱估计可以用于求解这些信号频率,因而无须对所有输入数据进行运算。

许多不同的高分辨率方法可用于根据数字化输入数据来估计频率。在本章中将主要讨论其中的7种:

1. 线性预测法,即自回归(AutoRegress,AR)法;
2. Prony谱估计法;
3. 最小二乘Prony谱估计法;
4. 多信号分类法;
5. 基于旋转不变技术的信号参数估计(ESPRIT)法;
6. 最小范数法(minimum norm);
7. 使用离散傅里叶变换(DFT)的最小范数法。

在进行线性预测之前可以对输入数据进行处理。根据数据处理的不同情况,自回归法又可以简单地分为前向法、后向法和Burg法。

最后,本章将介绍一种自适应方法。该方法处理输入数据并每次分离一个信号。

这些方法中的部分方法可以产生令人满意的可视化显示,因此可以通过观察输出结果来确定频率。在前几章中已经多次强调电子战接收机的输出必须是脉冲描述字。因此,这些谱估计方法的输出必须通过实时处理转化为脉冲描述字。在某些方法中,还必须实时完成定阶运算。

参考文献[1]和[2]是两本非常优秀的参考书籍,都包含了大量的相关文章。本章附录中列出了用于产生其中一些图形的计算机程序。

11.2 自回归法[1~18]

在时间序列中,预测法是一种很有效的模型,其中假设了可以根据过去的值来预测当前值。例如，预测可以应用在很多领域，如环境趋势、天气预报、股市变动等，然而可靠性却仍令人怀疑。

如果在谱估计中使用预测法，则当前值可以写为输入和输出的线性组合，即

$$x(n) = -\sum_{i=1}^{p} a_i x(n-i) + Gu(n) + G\sum_{l=1}^{q} b_l u(n-l) \tag{11.1}$$

其中，$x(n)$ 表示数字化数据，a_i 和 b_l 为常量，G 表示系统的增益，$u(n)$ 表示白噪声。在统计学中，式(11.1)称为自回归滑动平均(ARMA)模型。

对式(11.1)进行 z 变换，其结果为

$$X(z) = -\sum_{i=1}^{p} a_i X(z) z^{-i} + GU(z) + G\sum_{l=1}^{q} b_l U(z) z^{-l} \tag{11.2}$$

在式(11.2)中，白噪声通常被看成输入，而数据被看成输出。因此，该方程的传递函数 $H(z)$ 定义为输出除以输入，结果为

$$H(z) = \frac{X(z)}{U(z)} = G \frac{1 + \sum_{l=1}^{q} b_l z^{-l}}{1 + \sum_{i=1}^{p} a_i z^{-i}} \tag{11.3}$$

由于传递函数中既有零点又有极点，所以该方程称为广义零-极点方程。零点是使分子为 0 的 z 值，极点是使分母为 0 的 z 值。

如果式(11.1)中所用的常量 a_i 均为 0，则该式变为

$$x(n) = Gu(n) + G\sum_{l=1}^{q} b_l u(n-l) \tag{11.4}$$

上式称为滑动平均(MA)模型，与其对应的传递函数为

$$H(z) = \frac{X(z)}{U(z)} = G\left(1 + \sum_{l=1}^{q} b_l z^{-l}\right) \tag{11.5}$$

这是一个全零点模型。在滤波器设计中，该模型称为有限冲激响应(FIR)滤波器。为了从 $x(n)$ 中求解出常量 b_l，需要建立一组非线性方程，因此求解比较困难。

如果式(11.1)中所有的常量 b_l 均为 0，则该式变为

$$x(n) = -\sum_{i=1}^{p} a_i x(n-i) + Gu(n) \tag{11.6}$$

这个方程称为自回归模型。由于当前值可以根据过去输出数值的线性组合进行预测，因此该方程又称为线性预测模型，与其对应的传递函数为

$$H(z) = \frac{X(z)}{U(z)} = \frac{G}{1 + \sum_{i=1}^{p} a_i z^{-i}} \tag{11.7}$$

这是一个全极点模型。在滤波器设计中，这个模型也称为无限冲激响应(IIR)滤波器。

由于当式(11.7)的分母趋于零，即极点靠近单位圆时，传递函数 $H(z)$ 有一个非常锐利的峰值，所以由该式产生的频谱是窄带的。同样，求解式(11.6)中常数 a_i 的处理过程也是线性的。

11.3 Yule-Walker 方程[1~21]

在式(11.6)和式(11.7)中定义的线性预测模型可以认为是以噪声 $u(n)$ 为输入，以 $x(n)$ 为输出的滤波器，如图 11.1 所示。图 11.1(a)在方框中显示了滤波器的总传递函数，图 11.1(b)显示了滤波器的反馈电路，即图 11.1(a)的等效电路。第一步是求出滤波器的系数。如果假定输入 $u(n)$ 为一个未知响应，则仅能根据过去项的线性加权求和来近似地预测输出信号 $x(n)$。那么，该线性预测表达式可以写为

$$\hat{x}(n) = -\sum_{i=1}^{p} a_i x(n-i) \tag{11.8}$$

其中 $\hat{x}(n)$ 表示 $x(n)$ 的估计。为了简便起见，在后续讨论中将使用 $x(n)$ 来表示 $\hat{x}(n)$。使用 $x(n-1), x(n-2), \cdots, x(n-p+1)$ 代替 $x(n)$，可得 p 个线性方程。例如，如果有 4 个数据点 $x(1)$，$x(2), x(3)$ 和 $x(4)$，且 $p=2$，则可得两个含有常量 a_1 和 a_2 的方程：

$$\begin{aligned} -x(4) &= a_1 x(3) + a_2 x(2) \\ -x(3) &= a_1 x(2) + a_2 x(1) \end{aligned} \tag{11.9}$$

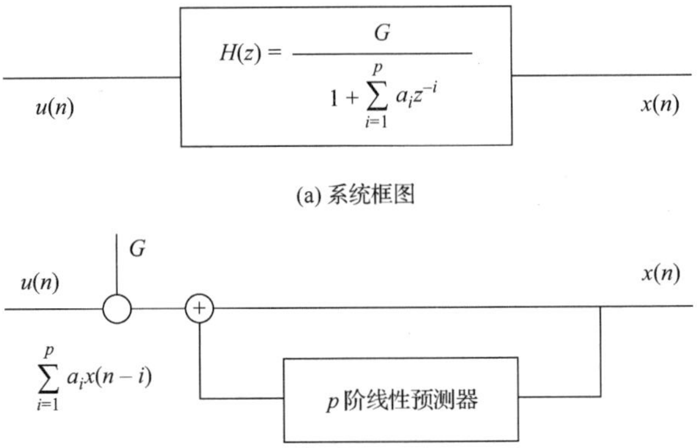

(a) 系统框图

(b) 等效电路

图 11.1 AR 模型

由于所有的 $x(n)$ 值都是已知的，因此理论上可以确定 a 的值。所得结果等价于与之略有差异的 Prony 法。

由于所用数据点通常会被噪声污染，因此上述方程可能存在缺陷。针对这一问题，通常的解决方法是使用最小二乘法。该方法可以通过下面的步骤来说明。式(11.6)可以写为

$$x(n) = -\sum_{i=1}^{p} a_i x(n-i) + u(n) \tag{11.10}$$

其中，假定增益 $G=1$。在方程两边同时乘以 $x^*(n-k)$，其中*表示取复共轭，并对两边求数学期望，结果为

$$E[x(n)x^*(n-k)] = -E\left[\sum_{i=1}^{p} a_i x(n-i) x^*(n-k)\right] + E[u(n)x^*(n-k)] \tag{11.11}$$

使用以下的"样本"自相关代替数学期望值

$$E[x(n)x(n-k)] = \frac{1}{N} \sum_{n=0}^{N-k-1} x(n)x(n-k) \tag{11.12}$$

根据自相关 $R(k-i)$ 的定义，数学期望值可以写为

$$R(k-i) = E[x(n-i)x^*(n-k)] \tag{11.13}$$

数据点 $x(n)$ 由信号和噪声两部分组成，可以表示为如下形式：

$$x(n) = x_s(n) + u(n) \tag{11.14}$$

其中 $x_s(n)$ 表示无噪声信号。因此，

$$E[u(n)x^*(n-k)] = E[u(n)x_s^*(n-k)] + E[u(n)u^*(n-k)] \tag{11.15}$$

式(11.15)的第一部分为 0，因为信号和噪声不相关。由于噪声不相关，因此第二部分可写为

$$\begin{aligned} E[u(n)u^*(n-k)] &= 0, \quad k \neq 0 \\ &= \sigma^2, \quad k = 0 \end{aligned} \tag{11.16}$$

当 $k = 0$ 时，期望值等于噪声功率。根据式(11.12)到式(11.16)，式(11.11)可以写为

$$\begin{aligned} R(k) &= -\sum_{i=1}^{p} a_i R(k-i), \quad k \neq 0 \\ R(k) &= -\sum_{i=1}^{p} a_i R(k-i) + \sigma^2, \quad k = 0 \end{aligned} \tag{11.17}$$

这两个方程就是 Yule-Walker 方程。如果给定 p 值，则这两个方程可以明确地写为

$$\begin{aligned} -R(0) &= a_1 R(-1) + a_2 R(-2) + \cdots + a_p R(-p) - \sigma^2, \quad k = 0 \\ -R(1) &= a_1 R(0) + a_2 R(-1) + \cdots + a_p R(-p+1), \quad k = 1 \\ -R(p) &= a_1 R(p-1) + a_2 R(p-2) + \cdots + a_{pR}(0), \quad k = p \end{aligned} \tag{11.18}$$

这些方程是由 a_i 构成的线性方程，可重写为如下的矩阵形式：

$$\begin{bmatrix} R(0) & R(-1) & \cdots & R(-p) \\ R(1) & R(0) & \cdots & R(-p+1) \\ \vdots & \vdots & \ddots & \vdots \\ R(p) & R(p-1) & \cdots & R(0) \end{bmatrix} \begin{bmatrix} 1 \\ a_1 \\ \vdots \\ a_p \end{bmatrix} = \begin{bmatrix} \sigma^2 \\ 0 \\ \vdots \\ 0 \end{bmatrix} \tag{11.19}$$

如果去掉式(11.18)中的第一个方程，则剩下的方程可写为如下矩阵形式：

$$\begin{bmatrix} R(0) & R(-1) & \cdots & R(-p+1) \\ R(1) & R(0) & \cdots & R(-p+2) \\ \vdots & \vdots & \ddots & \vdots \\ R(p-1) & R(p-2) & \cdots & R(0) \end{bmatrix} \begin{bmatrix} a_1 \\ a_2 \\ \vdots \\ a_p \end{bmatrix} = - \begin{bmatrix} R(1) \\ R(2) \\ \vdots \\ R(p) \end{bmatrix} \tag{11.20}$$

Yule-Walker 方程也可以通过最小均方算法(LMS)求得。该方法说明如下。根据式(11.8)，误差可写为

$$e(n) = x(n) - \hat{x}(n) = x(n) + \sum_{i=1}^{p} a_i x(n-i) \tag{11.21}$$

系数 a_i 可以通过最小化误差平方和而求得，即

$$\sum_{n=0}^{N-i-1} |e(n)|^2 = \sum_{n=0}^{N-i-1} \left| x(n) + \sum_{i=1}^{p} a_i x(n-i) \right|^2 \tag{11.22}$$

为了求得使上式最小化的系数 a_i，可以在式(11.22)中对 a_i 求导数并令其结果为零。由于 a_i 是复数，所以对其求导是分实部和虚部进行的。下面是 LMS 法求解的结果[4,19]：

$$\sum_{n=0}^{N-2}\left(x(n)+\sum_{i=1}^{p}a_ix(n-i)\right)x^*(n-1)=0$$

$$\sum_{n=0}^{N-3}\left(x(n)+\sum_{i=1}^{p}a_ix(n-i)\right)x^*(n-2)=0 \quad (11.23)$$

$$\vdots$$

$$\sum_{n=1}^{N-p-1}\left(x(n)+\sum_{i=1}^{p}a_ix(n-i)\right)x^*(n-p)=0$$

利用自相关的定义，如果将所有期望值用估值代替，则式(11.23)的结果和式(11.18)(除第一个等式外)的结果完全相同。

在式(11.18)中的第一个等式可以通过如下方法得到。将这些结果代入式(11.22)中，误差平方和的最小值等于噪声，可以写为

$$\frac{1}{N}\sum|e_{\min}(n)|^2 = \frac{1}{N}\sum_{n=1}^{N}\left|x(n)+\sum_{i=1}^{p}a_ix(n-i)\right|^2$$

$$= \frac{1}{N}\sum_{n=1}^{N}\left(x(n)+\sum_{i=1}^{p}a_ix(n-i)\right)\left(x(n)+\sum_{i=1}^{p}a_ix(n-i)\right)^* \quad (11.24)$$

$$= \frac{1}{N}\sum_{n=1}^{N}x(n)x^*(n)+\frac{1}{N}\sum_{n=1}^{N}\sum_{i=1}^{p}a_ix(n-i)x^*(n)$$

将式(11.24)中的两项相乘，最终结果将包含 4 项。如果使用式(11.23)中的关系，则可知最后两项为零。利用自相关的定义，该式与式(11.18)中的第一个等式相同。因此，Yule–Walker 方程可以通过不同的方法得到。

11.4 Levinson–Durbin 迭代算法[1~21]

在式(11.19)中，R 矩阵中所有主对角线上的元素以及平行于主对角线上的元素都相等，这类矩阵称为 Toeplitz 矩阵。Toeplitz 矩阵方程可以通过 Levinson-Durbin 算法求解，该算法是一种递归方法，它在计算上比通过 Yule-Walker 方程直接求解更有效率。该递归方程的结果可以写为

$$\sigma_0^2 = R(0)$$
$$\sigma_j^2 = (1-a_{j,j}^2)\sigma_{j-1}^2$$
$$a_{j,j} = \frac{-\left[R(j)+\sum_{i=1}^{j-1}a_{i,j-1}R(j-i)\right]}{\sigma_{j-1}^2} \quad (11.25)$$
$$a_{i,j} = a_{i,j-1}+a_{j,j}a_{j-i,j-1}^*$$

其中，σ_j 称为预测误差功率，可用于确定 AR 法的阶数。$a_{j,i}$ 中的第一个下标表示常数的数字序号，第二个下标表示递归次数。当 j 增大时，σ_j 的值应随之变小。理论上，当递归到正确的阶数时，σ_j 的值将保持不变。

式(11.25)的使用说明如下。当最终阶 $p = j = 2$ 时，第一阶为 $j = 1$，此时有 $R(0)$ 和 $R(1)$，同时 $\sigma_0 = R(0)$ 且 $a_{1,1} = -R(1)/R(0)$。对第二阶而言，有 $R(0)$，$R(1)$ 和 $R(2)$，$a_{2,2} = -[R(2) + a_{1,1}R(1)]/\sigma_1^2$，其中 $\sigma_1 = (1 - a_{1,1}^2)\sigma_0^2$ 且 $a_{1,2} = a_{1,1} + a_{2,2}a_{1,1}^*$。最终结果为 $a_{1,2} = a_1$，$a_{2,2} = a_2$，其中 a_1 和 a_2 均为式(11.20)中的常数。

在上述讨论中，使用了自相关函数来计算常数 a_i，这些量通过对输入数据做平均而得到。因此，计算出的系数 a_i 应该比从式(11.8)得到的结果更好。

在得到系数 a_i 的值之后，可将结果代入式(11.7)中以求解频谱响应。系统的增益等于噪声功率的方差，变量 z 可替换为

$$z = e^{j2\pi f t_s} \tag{11.26}$$

根据式(11.7)得到的 AR 模型的功率谱为

$$P_{\text{AR}}(f) = \left| H(e^{j2\pi f t_s}) \right|^2 = \frac{\sigma^2}{\left| 1 + \sum_{i=1}^{p} a_i e^{-j2\pi f} \right|^2} \tag{11.27}$$

其中，t_s 是假定值，σ^2 的值可以按照 Levinson-Durbin 递归方程中的讨论求解。

我们使用一个例子来说明 AR 模型。假定输入信号由三个无噪声正弦波组成。数据由下式产生：

$$x(n) = \cos(2\pi \cdot 0.21n + 0.1) + 2\cos(2\pi \cdot 0.36n) + 1.9\cos(2\pi \cdot 0.38n) \tag{11.28}$$

其中，$n = 0, 1, 2, 3, \cdots, 31$，共 32 个数据点。该输入包含三个信号，其中两个信号的频率靠得很近，但是无噪声。

对这 32 个数据点进行补零操作，补 4046 个 0，形成 4096 点长度的数据，并进行 FFT 运算，所得结果如图 11.2 所示。在该图中，频率 0.36 和频率 0.38 无法分开，共同形成了一个峰值。

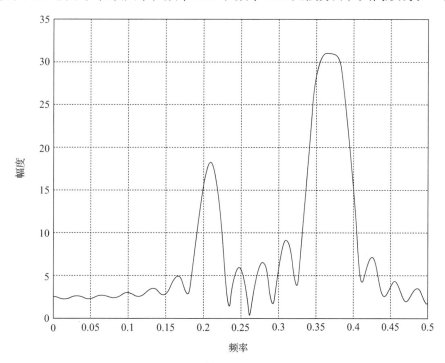

图 11.2 输入信号的 FFT 输出结果

图 11.3 显示了使用 AR 建模方法和式(11.27)而得到的结果。从图 11.3(a)到图 11.3(c)，对应的 AR 过程阶数分别为 $p = 14$, $p = 20$ 和 $p = 30$。从这些图中可以看出，当阶数较低时，具有相近频率的信号可能无法显示。当阶数太高时，可能会出现寄生信号。该问题也会出现在其他高分辨率谱估计方法中。因此，如何正确定阶是 AR 建模和其他高分辨率方法需要解决的一个重要问题。

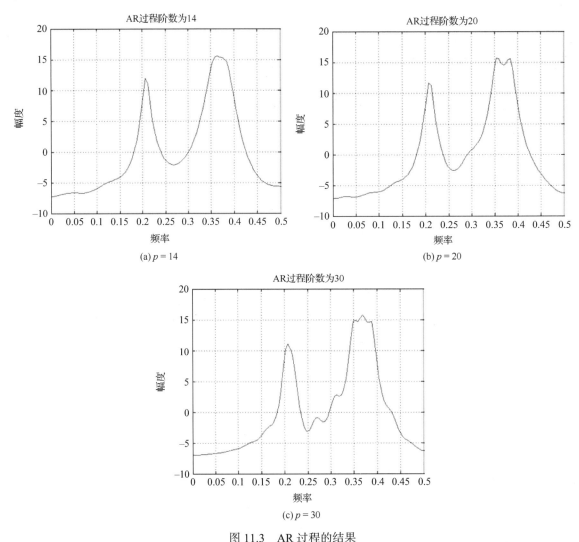

图 11.3　AR 过程的结果

11.5　输入数据处理[3,4,13,19,22]

在式(11.13)中，R 矩阵是根据具有不同延迟的自相关值求得的。但是，这并不是获得 R 矩阵的唯一方法。通过不同的处理可以得到不同的数据结果。换言之，自相关矩阵不是获得式(11.18)中 a_i 常数的唯一方法。使用一些方法可以提高谱估计的质量。为了用其他方法来采用输入数据，将式(11.29)重写为

$$\begin{bmatrix} T_{00} & T_{01} & \cdots & T_{0p} \\ T_{10} & T_{11} & \cdots & T_{1p} \\ \vdots & \vdots & \ddots & \vdots \\ T_{p0} & T_{p1} & \cdots & T_{pp} \end{bmatrix} \begin{bmatrix} 1 \\ a_1 \\ \vdots \\ a_p \end{bmatrix} = \begin{bmatrix} \sigma^2 \\ 0 \\ \vdots \\ 0 \end{bmatrix} \tag{11.29}$$

该方程除了使用 T 替换 R，与式(11.19)完全相同。

根据相同的输入数据，采用不同的方法产生 T 矩阵，会得到非常不同的结果。下面将讨论获得 T 矩阵的两种不同方法。假定有 N 个输入数据点，即从 $x(0)$ 到 $x(N-1)$。

11.5.1 协方差法

在协方差法中，输入数据和 T 矩阵的关系如下：

$$\begin{bmatrix} T_{00} & T_{01} & \cdots & T_{0p} \\ T_{10} & T_{11} & \cdots & T_{1p} \\ \vdots & \vdots & \ddots & \vdots \\ T_{p0} & T_{p1} & \cdots & T_{pp} \end{bmatrix} = \frac{1}{N-p} \begin{bmatrix} x^*(p) & x^*(p+1) & \cdots & x^*(N-1) \\ x^*(p-1) & x^*(p) & \cdots & x^*(N-2) \\ \vdots & \vdots & \ddots & \vdots \\ x^*(0) & x^*(1) & \cdots & x^*(N-p-1) \end{bmatrix}$$
$$\times \begin{bmatrix} x(p) & x(p-1) & \cdots & x(0) \\ x(p+1) & x(p) & \cdots & x(1) \\ \vdots & \vdots & \ddots & \vdots \\ x(N-1) & x(N-2) & \cdots & x(N-p-1) \end{bmatrix} \tag{11.30}$$

该矩阵不再是 Toeplitz 矩阵。尽管可以为该方法找到一种特殊的递归算法，但不能直接使用 Levinson-Durbin 法。在协方差法中，T 矩阵中的所有元素包含来自数据点的相同项数。

如果 $p=1$，$N=3$，则数据为 $x(0)$，$x(1)$ 和 $x(2)$，T 矩阵为

$$\begin{bmatrix} T_{00} & T_{01} \\ T_{10} & T_{11} \end{bmatrix} = \frac{1}{2} \begin{bmatrix} x^*(1) & x^*(2) \\ x^*(0) & x^*(1) \end{bmatrix} \begin{bmatrix} x(1) & x(0) \\ x(2) & x(1) \end{bmatrix} \tag{11.31}$$

如果 $p=1$，$N=4$，则数据为 $x(0)$，$x(1)$，$x(2)$ 和 $x(3)$，T 矩阵为

$$\begin{bmatrix} T_{00} & T_{01} \\ T_{10} & T_{11} \end{bmatrix} = \frac{1}{3} \begin{bmatrix} x^*(1) & x^*(2) & x^*(3) \\ x^*(0) & x^*(1) & x^*(2) \end{bmatrix} \begin{bmatrix} x(1) & x(0) \\ x(2) & x(1) \\ x(3) & x(2) \end{bmatrix} \tag{11.32}$$

这是获得 R 矩阵的一种常规方法。在本章中，一些示例使用该方法来获得 R 矩阵。在无噪声和正确定阶的情况下，采用协方差法能够得到精确的频率估计。

11.5.2 自相关法

在自相关法中，T 矩阵的结果与从自相关函数得到的结果相同，这也是使用该名字的原因。在该方法中，从 $x(0)$ 到 $x(N-1)$ 范围外的数据点都被假定为 0，这意味着加了一个窗函数。T 矩阵和输入数据的关系为

$$\begin{bmatrix} T_{10} & T_{11} & \cdots & T_{1p} \\ \vdots & \vdots & \ddots & \vdots \\ T_{p0} & T_{p1} & \cdots & T_{pp} \end{bmatrix} = \frac{1}{N} \begin{bmatrix} 0 & x^*(0) & \cdots & \cdots & x^*(N-1) & \cdots & 0 \\ \vdots & \vdots & \vdots & \vdots & \vdots & \ddots & \vdots \\ 0 & \cdots & 0 & x^*(0) & \cdots & \cdots & x^*(N-1) \end{bmatrix}$$

$$\times \begin{bmatrix} x(0) & 0 & \cdots & 0 \\ x(1) & x(0) & \cdots & 0 \\ \vdots & \vdots & \ddots & \vdots \\ x(N-1) & x(N-2) & \cdots & x(0) \\ 0 & x(N-1) & \cdots & x(1) \\ 0 & \vdots & \cdots & \vdots \\ 0 & 0 & \cdots & x(N-1) \end{bmatrix} \quad (11.33)$$

在数据点 $x(0)$ 之前和 $x(N-1)$ 之后加入的 0 的数量为 p。以这种方式得到的 T 矩阵是 Toeplitz 矩阵，因此可以使用 Levinson-Durbin 算法来求解式 (11.29) 中的系数。

如果 $p=1$，$N=3$，则数据为 $x(0)$，$x(1)$ 和 $x(2)$，T 矩阵为

$$\begin{bmatrix} T_{00} & T_{01} \\ T_{10} & T_{11} \end{bmatrix} = \frac{1}{3}\begin{bmatrix} x^*(0) & x^*(1) & x^*(2) & 0 \\ 0 & x^*(0) & x^*(1) & x^*(2) \end{bmatrix}\begin{bmatrix} x(0) & 0 \\ x(1) & x(0) \\ x(2) & x(1) \\ 0 & x(2) \end{bmatrix} \quad (11.34)$$

如果 $p=1$，$N=4$，则数据为 $x(0)$，$x(1)$，$x(2)$ 和 $x(3)$，T 矩阵为

$$\begin{bmatrix} T_{00} & T_{01} \\ T_{10} & T_{11} \end{bmatrix} = \frac{1}{4}\begin{bmatrix} x^*(0) & x^*(1) & x^*(2) & x^*(3) & 0 \\ 0 & x^*(0) & x^*(1) & x^*(2) & x^*(3) \end{bmatrix}\begin{bmatrix} x(0) & 0 \\ x(1) & x(0) \\ x(2) & x(1) \\ x(3) & x(2) \\ 0 & x(3) \end{bmatrix} \quad (11.35)$$

上述情况添加了相同数量的 0。即使是在无噪声和正确定阶的情况下，这种方法也可能无法得到正确的频率结果。

11.6 后向预测和修正协方差法[3,4,13,19,22]

下一节将要讨论的两个方法可视为 AR 法的子类。介绍后向预测和修正协方差法的目的是为讨论 Burg 法做准备。前几节讨论的线性预测法使用以往的数据预测当前数据，因此称为前向预测。在后向预测中，过去的数据是由当前的数据预测的。这种方法听起来有点荒谬，因为当前的数据已经知道了。然而，如果将时间序列看成数据集而不是随时间发生的序列，就可以从两个方向上进行线性预测。后向预测可以写为

$$\hat{x}(n-p) = -\sum_{i=1}^{p} c_i x(n-p+i) \quad (11.36)$$

其中 c_i 表示后向预测系数。

前向预测系数和后向预测系数之间的关系可以进行如下求解。在式 (11.36) 两边同时乘以 $x^*(n-p-k)$，并取数学期望，可以得到 Yule-Walker 方程。结果如下：

$$E[x(n-p)x^*(n-p-k)] = -\sum_{i=1}^{p} c_i E[x(n-p+i)x^*(n-p-k)] \quad (11.37)$$

根据自相关的定义，式 (11.37) 可以写为

$$R(k) = -\sum_{i=1}^{p} c_i R(k+i) \quad (11.38)$$

将上式写成分开的方程形式，结果为

$$-R(-1) = c_1R(0) + c_2R(1) + \cdots + c_pR(p-1), \quad k = -1$$
$$-R(-2) = c_1R(-1) + c_2R(0) + \cdots + c_pR(p-2), \quad k = -2$$
$$\vdots$$
$$-R(-p) = c_1R(-p+1) + c_2R(-p+2) + \cdots + c_pR(o), \quad k = -p$$
(11.39)

改写为如下矩阵形式：

$$\begin{bmatrix} R(0) & R(1) & \cdots & R(p-1) \\ R(-1) & R(0) & \cdots & R(p-2) \\ \vdots & \vdots & \ddots & \vdots \\ R(-p+1) & R(-p+2) & \cdots & R(0) \end{bmatrix} \begin{bmatrix} c_1 \\ c_2 \\ \vdots \\ c_p \end{bmatrix} = -\begin{bmatrix} R(-1) \\ R(-2) \\ \vdots \\ R(-p) \end{bmatrix} \quad (11.40)$$

现在，求解前向预测系数 a_i 和后向预测系数 c_i 之间的关系。在上式两边同时取复共轭，结果为

$$\begin{bmatrix} R^*(0) & R^*(1) & \cdots & R^*(p-1) \\ R^*(-1) & R^*(0) & \cdots & R^*(p-2) \\ \vdots & \vdots & \ddots & \vdots \\ R^*(-p+1) & R^*(-p+2) & \cdots & R^*(0) \end{bmatrix} \begin{bmatrix} c_1^* \\ c_2^* \\ \vdots \\ c_p^* \end{bmatrix} = -\begin{bmatrix} R^*(-1) \\ R^*(-2) \\ \vdots \\ R^*(-p) \end{bmatrix} \quad (11.41)$$

利用关系式 $R^*(i) = R(-i)$。上式变为

$$\begin{bmatrix} R(0) & R(-1) & \cdots & R(-p+1) \\ R(1) & R(0) & \cdots & R(-p+2) \\ \vdots & \vdots & \ddots & \vdots \\ R(p-1) & R(p-2) & \cdots & R(0) \end{bmatrix} \begin{bmatrix} c_1^* \\ c_2^* \\ \vdots \\ c_p^* \end{bmatrix} = -\begin{bmatrix} R(1) \\ R(2) \\ \vdots \\ R(p) \end{bmatrix} \quad (11.42)$$

将上式和式(11.20)进行比较，显然有

$$c_i^* = a_i \quad (11.43)$$

这就是前向预测系数和后向预测系数之间的关系。

后向预测误差 $b(n)$ 与式(11.21)中的前向预测误差 $e(n)$ 类似，可根据式(11.36)定义为

$$\begin{aligned} b(n) &= x(n-p) - \hat{x}(n-p) = x(n-p) + \sum_{i=1}^{p} c_i x(n-p+i) \\ &= x(n-p) + \sum_{i=1}^{p} a_i^* x(n-p+i) \end{aligned} \quad (11.44)$$

上式可以改写为略微不同的形式，即

$$\begin{aligned} b(n) &= x(n) - \hat{x}(n) = x(n) + \sum_{i=1}^{p} c_i x(n+i) \\ &= x(n) + \sum_{i=1}^{p} a_i^* x(n+i) \end{aligned} \quad (11.45)$$

将后向预测误差的平方最小化可以得到类似于 Yule-Walker 方程的等式。

修正协方差法可使平均线性预测误差的平方和最小化。使用前后向线性预测误差定义平均线性预测误差的平方 $\varepsilon(n)$ 为

$$\varepsilon(n) = \frac{1}{2(N-p)} \left[\sum_{n=p}^{N-1} e^2(n) + \sum_{n=0}^{N-p-1} b^2(n) \right] \quad (11.46)$$

式中，$e(n)$ 和 $b(n)$ 分别表示式(11.21)和式(11.44)中的前向预测误差和后向预测误差。在上式中，对 a_i 求导并令其结果为 0，以求解 $\varepsilon(n)$ 的最小值，由此可以得到一个与式(11.29)相同的方程。对应的 **T** 矩阵可以写为

$$\begin{bmatrix} T_{00} & T_{01} & \cdots & T_{0p} \\ T_{10} & T_{11} & \cdots & T_{1p} \\ \vdots & \vdots & \ddots & \vdots \\ T_{p0} & T_{p1} & \cdots & T_{pp} \end{bmatrix} = \left[\frac{1}{2(N-p)}\right] \left\{ \begin{bmatrix} x^*(p) & x^*(p+1) & \cdots & x^*(N-1) \\ x^*(p-1) & x^*(p) & \cdots & x^*(N-2) \\ \vdots & \vdots & \ddots & \vdots \\ x^*(0) & x^*(1) & \cdots & x^*(N-p-1) \end{bmatrix} \right.$$

$$\times \begin{bmatrix} x(p) & x(p-1) & \cdots & x(0) \\ x(p+1) & x(p) & \cdots & x(1) \\ \vdots & \vdots & \ddots & \vdots \\ x(N-1) & x(N-2) & \cdots & x(N-p-1) \end{bmatrix} \quad (11.47)$$

$$+ \begin{bmatrix} x(0) & x(1) & \cdots & x(N-p-1) \\ x(1) & x(2) & \cdots & x(N-p) \\ \vdots & \vdots & \ddots & \vdots \\ x(p) & x(p+1) & \cdots & x(N-1) \end{bmatrix}$$

$$\left. \times \begin{bmatrix} x^*(0) & x^*(1) & \cdots & x^*(p) \\ x^*(1) & x^*(2) & \cdots & x^*(p+1) \\ \vdots & \vdots & \ddots & \vdots \\ x^*(N-p-1) & x^*(N-p) & \cdots & x^*(N-1) \end{bmatrix} \right\}$$

修正协方差法比前向预测法或后向预测法使用数据的次数多。由于扩大了数据集，因此修正协方差法看起来对噪声较为不敏感。修正协方差法对输入信号的初始相位也不如自相关法敏感。Haykin[22]研究出一种相对有效的方法来求解系数。

11.7 Burg 法[3,4,13,23~32]

线性预测谱估计中最流行的方法之一是 Burg 法，又称为最大熵法(Maximum Entropy Method，MEM)。Burg 提出，如果存在从 $x(0)$ 到 $x(n-1)$ 的 n 个数据点，且有从 $R(0)$ 到 $R(p)$ 的 $p+1$ 个自相关值，那么 $R(p+1)$，$R(p+2)$，…的未知自相关值可以根据输入数据点进行外推而求得。外推自相关值的方法有无数种。Burg 进一步提出，外推自相关值不应任意给序列增加新的信息。这里所指信息通过香农定理的熵来衡量。最大化熵意味着时间序列处在最随机的状态，且没有新的信息被任意添加到序列中，因此采用了 MEM 这个名字。

研究人员后来指出，为了使用 MEM，必须知道时间序列的自相关值。但是，大多数实验得到的数据通常都是一个由实数或复数组成的序列，且该序列是关于时间的函数。换言之，仅有的已知数据是输入信号的时间序列，而不是其自相关值。而使用该时间序列计算出的自

相关值仅是估计值，而不是真值。那么，在实际应用中永远无法达到 MEM 的初衷。因此，术语 MEM 不再流行，而是使用 Burg 法这一命名来纪念发明者。

Burg 没有直接估算 $R(p+1), R(p+2), \cdots$ 等自相关值，而是设计了一种新的方法。该方法和修正协方差法非常类似，均是最小化平均线性预测误差的平方和。两者的唯一区别是，Burg 法在最小化的过程中使用了约束条件来保证滤波器的稳定。该约束条件就是在式(11.25)中的 Levinson 递归条件，即

$$a_{i,j} = a_{i,j-1} + a_{j,j} a_{j-i,j-1}^* \tag{11.48}$$

本节只给出 Burg 法的结果。令

$$\begin{aligned}
e_{0,n} &= x(n), \quad n = 1, 2, \cdots, N-1 \\
b_{0,n} &= x(n), \quad n = 0, 1, \cdots, N-2 \\
e_{i,n} &= e_{i-1,n} + \Gamma_i b_{i-1,n-1} \\
b_{i,n} &= b_{i-1,n-1} + \Gamma_i^* e_{i-1,n-1}
\end{aligned} \tag{11.49}$$

其中，$e_{i,n}$ 和 $b_{i,n}$ 分别表示前向预测误差和后向预测误差。可以求得系数 a 为

$$\begin{aligned}
a_{j,j} &= \Gamma_j = \frac{-2 \sum_{n=j}^{N-1} e_{n,j-1} b_{n-1,j-1}^*}{\sum_{n=j}^{N-1} \left[|e_{n,j-1}|^2 + |b_{n-1,j-1}|^2 \right]} \\
a_{i,j} &= a_{i,j-1} + a_{j,j} a_{j-i,j-1}^*, \quad j = 1, 2, \cdots, i-1 \\
\varepsilon_j &= \left(1 - |\Gamma_j|^2\right) \varepsilon_{j-1}
\end{aligned} \tag{11.50}$$

其中，Γ_j 表示第 j 次反射系数，ε_j 表示第 j 次误差。因为该方法是一个递归算法，因此使用了双下标。系数 $a_{i,j}$ 的第一个下标表示第 i 阶，第二个下标表示递归序号。

Burg 法可以使用短的数据长度产生非常高的谱峰，且能够分辨出频率相近的信号。但是，频率偏差依赖于输入信号的初始相位和数据长度。Burg 法存在的另一个问题是谱线分裂。这就意味着当只有一个信号时，频谱可能会分裂成两个靠得很近的谱线。谱线分裂取决于输入信号的初始相位。

Burg 法可以通过添加窗函数来减少偏差和减轻谱线分裂问题。窗函数可以加到反射系数中，表示为

$$\Gamma_j = \frac{-2 \sum_{n=j}^{N-1} w_{n,j} e_{n,j-1} b_{n-1,j-1}^*}{\sum_{n=j}^{N-1} w_{n,j} \left[|e_{n,j-1}|^2 + |b_{n-1,j-1}|^2 \right]} \tag{11.51}$$

其中 $w_{n,j}$ 表示窗函数。

Burg 法的结果可以在 MATLAB 中使用指令 lpc 和 freqz 求得。Burg 法的结果如图 11.4 所示。

在这些图中，选择了五个不同的 p 值(14，15，26，29 和 32)。当 $p<14$ 时，在 0.36 和 0.38 处的两个频率难以区分。当 $p=15$ 和 $p=26$ 时，三个频率都可以分辨。当 $p=29$ 时，产生了附加频率。当 $p=32$ 时，出现了 5 个峰值，这种现象称为谱线分裂。

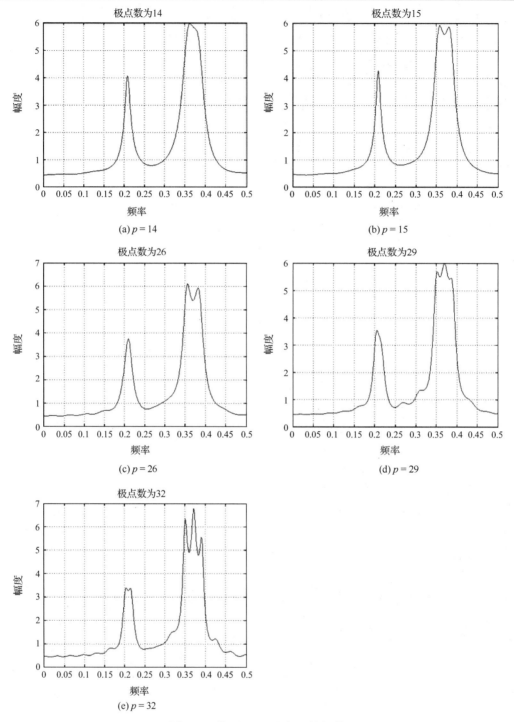

图 11.4 使用 Burg 法产生的频谱

11.8 阶数的选择[3,4,13,27,33,34]

从前一节可知,当使用 Burg 法的过程中选择了错误的阶数时,得到的频谱无法反映真实的输入信号。如果选择的阶数太低,就无法检测到靠得很近的频率。如果选择的阶数太高,就会产生寄生频率。在接收机的设计中不能容忍出现这两种情况,因而正确选择线性模型的阶数非常重要,同时这也是一项棘手的任务。

一种直观的方法是使用递归方法来求解系数和监视预测误差。如果数据确实可以用一个有限阶线性模型来描述,那么当达到正确的阶数时,误差会变为最小或保持不变。但是,这种方法可能无法产生预期的结果。预测误差可能不收敛或单调变化。因此,最小误差的检测并非易事。

确定线性模型阶数的常用准则有四种:①最终预测误差(Final Prediction Error,FPE)准则,②赤池信息准则(Akaike Information Criterion,AIC);③自回归变换准则(Criterion Autoregression Transfer,CAT);④最小描述长度(Minimum Description Length,MDL)准则。使用四种准则所得的结果如下:

$$
\begin{aligned}
\text{FPE}_p &= \frac{\sigma_p^2(N+p+1)}{(N-p-1)} \\
\text{AIC}_p &= N\ln\left(\sigma_p^2\right) + 2p \\
\text{CAT}_p &= \frac{1}{N}\left(\sum_{i=1}^{p}\frac{1}{\sigma_i^2}\right) - \frac{1}{\sigma_p^2} \\
\text{MDI}_p &= N\ln\left(\sigma_p^2\right) + p\ln(N)
\end{aligned}
\quad (11.52)
$$

为了得到 p 值,需要将上述方程之一最小化。例如,AIC 法通过最小化 AIC_p 来确定 p 值。如果数据不符合 AR 模型,那么上述方法没有多大用处。

Ulrych 和 Clayton 在参考文献[27]中提出一种经验方法,如果 p 满足如下关系:

$$
\frac{N}{3} < p < \frac{N}{2} \quad (11.53)
$$

就可以得到满意的结果。应用该关系式来检测图 11.4 中例子的结果,当 $N = 32$ 时,其结果为 $11<p<16$。可以看出,该方法所得 p 值的下边界太低,但上边界是符合要求的。

对数字接收机而言,重要的问题是如何在不产生寄生信号的情况下确定信号数。可认为预期的信号最多是 4 个正弦波。这是电子战应用的常见要求,如此确立的原因在于脉冲重叠的可能性。该要求可为选择线性预测模型的阶数创建一个不同的准则。

11.9 Prony 法[3~5,13,35~40]

推导 Prony 法有多种方式。本节将只介绍一种基于参考文献[35]的推导方法。Prony 法求解的对象是一组特殊的联立非线性方程,该方程组必须符合特定的形式。一种仅由正弦波组成的输入信号可以写成所需的形式。为了简化讨论,首先使用一个简单的例子来阐述 Prony 法的基本思想,然后介绍一种一般情况。

假设输入信号包含两个复杂的无噪声正弦波。输入信号可写为

$$
x(t) = A_1 e^{j(2\pi f_1 t + \theta_1)} + A_2 e^{j(2\pi f_2 t + \theta_2)} \quad (11.54)
$$

式中,A_1 和 A_2 分别表示两个信号的幅度,f_1 和 f_2 分别表示两个信号的频率,θ_1 和 θ_2 分别表示两个信号的初始相位。我们主要关注幅度和频率。幅度和初始相位 A_1,θ_1 和 A_2,θ_2 可以组合为两个未知数。为了求解这些未知数,需要 4 个方程。如果这些信号在 $t = 0, 1, 2, 3$ 处被数

字化，则得到的结果为

$$\begin{aligned}
x(0) &= A_1 e^{j\theta_1} + A_2 e^{j\theta_2} \equiv c_1 + c_2 \\
x(1) &= c_1 e^{j2\pi f_1} + c_2 e^{j2\pi f_2} \equiv c_1 z_1 + c_2 z_2 \\
x(2) &= c_1 e^{j2\pi f_1 2} + c_2 e^{j2\pi f_2 2} \equiv c_1 z_1^2 + c_2 z_2^2 \\
x(3) &= c_1 e^{j2\pi f_1 3} + c_2 e^{j2\pi f_2 3} \equiv c_1 z_1^3 + c_2 z_2^3
\end{aligned} \quad (11.55)$$

其中

$$\begin{aligned}
c_1 &= A_1 e^{j\theta_1}, \quad c_2 = A_2 e^{j\theta_2} \\
z_1 &= e^{j2\pi f_1}, \quad z_2 = e^{j2\pi f_2}
\end{aligned} \quad (11.56)$$

Prony 研究出一种非常聪明的方法，即通过把实际的非线性问题转化为线性问题来求解上述方程。首先，将式(11.55)中的前三个方程分别乘以 a_2, a_1 和 -1，其中 a_2 和 a_1 是未知数，所得结果如下：

$$\begin{aligned}
a_2 x(0) &= a_2 (c_1 + c_2) \\
a_1 x(1) &= a_1 (c_1 z_1 + c_2 z_2) \\
-x(2) &= -(c_1 z_1^2 + c_2 z_2^2)
\end{aligned} \quad (11.57)$$

然后，将式(11.55)中的后三个方程分别乘以 a_2, a_1 和 -1，所得结果如下：

$$\begin{aligned}
a_2 x(1) &= a_2 (c_1 z_1 + c_2 z_2) \\
a_1 x(2) &= a_1 (c_1 z_1^2 + c_2 z_2^2) \\
-x(3) &= -(c_1 z_1^3 + c_2 z_2^3)
\end{aligned} \quad (11.58)$$

将式(11.57)中方程的左右两边相加，并令结果为 0，可得

$$-x(2) + a_1 x(1) + a_2 x(0) = c_1(-z_1^2 + a_1 z_1 + a_2) + c_2(-z_2^2 + a_1 z_1 + a_2) = 0 \quad (11.59)$$

用同样的方法处理式(11.58)，结果为

$$-x(3) + a_1 x(2) + a_2 x(1) = c_1 z_1(-z_1^2 + a_1 z_1 + a_2) + c_2 z_2(-z_2^2 + a_1 z_1 + a_2) = 0 \quad (11.60)$$

通过这些运算，可以得到两个联立的线性方程：

$$\begin{aligned}
-x(2) + a_1 x(1) + a_2 x(0) &= 0 \\
-x(3) + a_1 x(2) + a_2 x(1) &= 0
\end{aligned} \quad (11.61)$$

在这些方程中，a_1 和 a_2 是未知数，$x(i)$ 是已知的数字化数据，$i = 0, 1, 2, 3$。那么，a_1 和 a_2 可以通过这些方程求解。式(11.61)与式(11.9)类似，因此该方法也是线性预测法。

为了使式(11.59)和式(11.60)等于 0，如下关系式必须成立：

$$z_i^2 - a_1 z_i - a_2 = 0, \quad i = 1, 2 \quad (11.62)$$

由于通过式(11.61)可求解出 a_1 和 a_2，所以根据已知的 a_1 和 a_2 可以求出 z_i。一旦获得 z_i 的值，就可以根据式(11.56)得到信号频率 f_i，同时根据式(11.55)可以得到常数 c_i 的值。

同样的方法可以扩展到多于两个信号的情况。如果存在 M 个信号，则结果可以写为

$$x(t) = \sum_{i=1}^{M} A_i e^{j(2\pi f_i t + \theta_i)} \quad (11.63)$$

该方程也可以写为

$$x(t) = \sum_{i=1}^{M} c_i e^{j2\pi f_i t} \quad (11.64)$$

其中 $c_i = A_i e^{j\theta_i}$ 表示复幅度。在式(11.64)中有 $2M$ 个未知数,因此需要 $2M$ 个采样数据,它们可以写为如下形式:

$$\begin{aligned} x(0) &= c_1 + c_2 + \cdots + c_M \\ x(1) &= c_1 z_1 + c_2 z_2 + \cdots + c_M z_M \\ &\vdots \\ x(2M-1) &= c_1 z_1^{2M-1} + c_2 z_2^{2M-1} + \cdots + c_M z_M^{2M-1} \end{aligned} \quad (11.65)$$

为了求解这些方程,引入了 M 个未知数(a_1 至 a_M),并构建了一个关于 a_i 的线性方程组。

第一个方程可以通过以下步骤获得。在上面的方程中,取从 $x(0)$ 到 $x(M)$ 的前 $M+1$ 个方程,将第一个方程乘以 a_M,将第二个方程乘以 a_{M-1},以此类推,将最后一个以 $x(M)$ 开头的方程乘以 -1。通过以上操作,这 $M+1$ 个方程变为如下形式:

$$\begin{aligned} a_M x(0) &= a_M c_1 + a_M c_2 + \cdots + a_M c_M \\ a_{M-1} x(1) &= a_{M-1} c_1 z_1 + a_{M-1} c_2 z_2 + \cdots + a_{M-1} c_M z_M \\ &\vdots \\ -x(M) &= -c_1 z_1^M - c_2 z_2^M - \cdots - c_M z_M^M \end{aligned} \quad (11.66)$$

将式(11.66)中方程左右两边分别相加,并令其等于 0。左边的结果为

$$a_M x(0) + a_{M-1} x(1) + \cdots + a_1 x(M) - x(M+1) = 0 \quad (11.67)$$

该方程是用于求解常数 a_i 值的所需方程之一。需要指出,这是一个线性预测方程,即 $x(M+1)$ 的值可以写为从 $x(0)$ 到 $x(M)$ 的线性组合,其中包含未知系数 a_i。

余下的 $M-1$ 个方程可使用类似的方式获得。例如,为了获得第二个方程,需要从式(11.65)中选择另一组从 $x(1)$ 到 $x(M+1)$ 的 $M+1$ 个方程,将第一个方程乘以 a_M,将第二个方程乘以 a_{M-1},以此类推,将最后一个方程乘以 -1。将这些方程的左边相加,并令其为 0,所得结果为

$$a_M x(1) + a_{M-1} x(2) + \cdots + a_1 x(M+1) - x(M+2) = 0 \quad (11.68)$$

这些方程的右边将另行讨论。如果考虑所有的方程,则以矩阵形式写出的结果为

$$\begin{bmatrix} x(0) & x(1) & \cdots & x(M) \\ x(1) & x(2) & \cdots & x(M+1) \\ \vdots & \vdots & \ddots & \vdots \\ x(M) & x(M+1) & \cdots & x(2M-1) \end{bmatrix} \begin{bmatrix} a_M \\ a_{M-1} \\ \vdots \\ a_1 \end{bmatrix} = \begin{bmatrix} x(M+1) \\ x(M+2) \\ \vdots \\ x(2M) \end{bmatrix} \quad (11.69)$$

根据式(11.69),可线性求解出系数 a_i。

现在,考虑式(11.66)的右边。所得结果为

$$c_1 \left(a_M + a_{M-1} z_1 + \cdots + a_1 z_1^{M-1} - z_1^M \right) + c_2 \left(a_M + a_{M-1} z_2 + \cdots + a_1 z_2^{M-1} - z_2^M \right) + \cdots \\ + c_M \left(a_M + a_{M-1} z_M + \cdots + a_1 z_M^{M-1} - z_M^M \right) = 0 \quad (11.70)$$

该方程可以写为矩阵形式

$$\begin{bmatrix} c_1 & c_2 & \cdots & c_M \\ c_1 z_1 & c_2 z_2 & \cdots & c_M z_M \\ \vdots & \vdots & \ddots & \vdots \\ c_1 z_1^{M-1} & c_2 z_2^{M-1} & \cdots & c_M z_M^{M-1} \end{bmatrix} \begin{bmatrix} a_M + a_{M-1} z_1 + \cdots - z_1^M \\ a_M + a_{M-1} z_2 + \cdots - z_2^M \\ \vdots \\ a_M + a_{M-1} z_M + \cdots - z_M^M \end{bmatrix} = 0 \quad (11.71)$$

为了满足该等式,必须有以下关系式成立:

$$a_M + a_{M-1}z_i + \cdots + a_1 z_i^{M-1} - z_i^M = 0, \quad i = 1, 2, \cdots, M-1 \tag{11.72}$$

或使用略微不同的形式表示为

$$z_i^M - a_1 z_i^{M-1} - \cdots - a_{M-1} z_i - a_M = 0 \tag{11.73}$$

其中 z_i 是方程的根。这些就是 Prony 方法需要的所有方程。这些方程中的 $x(0), x(1), \cdots, x(2M)$ 均是测量值。

根据以上讨论，Prony 法可以总结为如下 4 步。

1. 根据式 (11.69) 可以求得系数 $a_i, i = 1, 2, 3, \cdots, M$；
2. 根据式 (11.73) 可以得到 $z_i, i = 1, 2, 3, \cdots, M$；
3. 根据式 (11.56)，可以求得输入信号的频率 $z_i = e^{j2\pi f_i}$；
4. 一旦得到 z_i，就可以根据式 (11.65) 求得输入信号的幅度和初始相位，即 $c_i = A_i e^{j\theta_i}$。

在高信噪比的情况下，采用 Prony 法可以得到非常准确的结果。然而，当信噪比较低时，Prony 法产生的误差会相当大。

参考文献[40]提出另一种不同的方法，即通过 z 变换来推导 Prony 法。

11.10 使用最小二乘方法的 Prony 法[3~5,13,19,35~40]

为了提高 Prony 法的性能，可以使用更多的数据点。这些数据点用在最小二乘法中以产生需要的系数 a_i。这里使用一个简单的例子来说明这一思路，然后再给出一般情况。

假设只有两个输入信号，需要最少四个复数据点来求解。不过，为了得到更好的精度，获取 6 个复数据点，结果为

$$\begin{aligned} x(0) &= c_1 + c_2 \\ x(1) &= c_1 z_1 + c_2 z_2 \\ x(2) &= c_1 z_1^2 + c_2 z_2^2 \\ x(3) &= c_1 z_1^3 + c_2 z_2^3 \\ x(4) &= c_1 z_1^4 + c_2 z_2^4 \\ x(5) &= c_1 z_1^5 + c_2 z_2^5 \end{aligned} \tag{11.74}$$

由于只有两个输入信号，即 Prony 法仅限于二阶方程，所以只需引入两个系数 a_1 和 a_2 来产生前几节提到的线性方程，即

$$\begin{aligned} x(2) &= a_1 x(1) + a_2 x(0) \\ x(3) &= a_1 x(2) + a_2 x(1) \\ x(4) &= a_1 x(3) + a_2 x(2) \\ x(5) &= a_1 x(4) + a_2 x(3) \end{aligned} \tag{11.75}$$

式 (11.75) 中有 4 个方程，但只有两个未知数。为了求解这些方程，使用最小二乘法，结果为[4,19]

$$\begin{bmatrix} x^*(1) & x^*(2) & x^*(3) & x^*(4) \\ x^*(0) & x^*(1) & x^*(2) & x^*(3) \end{bmatrix} \begin{bmatrix} x(1) & x(0) \\ x(2) & x(1) \\ x(3) & x(2) \\ x(4) & x(3) \end{bmatrix} \begin{bmatrix} a_1 \\ a_2 \end{bmatrix}$$

$$= \begin{bmatrix} x^*(1) & x^*(2) & x^*(3) & x^*(4) \\ x^*(0) & x^*(1) & x^*(2) & x^*(3) \end{bmatrix} \begin{bmatrix} x(2) \\ x(3) \\ x(4) \\ x(5) \end{bmatrix} \quad (11.76)$$

在上式中,所有的六个已知数据都用于求解两个未知系数 a_1 和 a_2。一旦得到 a_i,对应的 z 值就可以由式(11.72)得到,输入信号频率也可以由 z 的定义求得。唯一的区别在于 a_i 的计算,所有的其他步骤和前一节末尾提到的方法相同。

通常,假定有从 $x(0)$ 到 $x(N-1)$ 共 N 个已知值和 M 个信号,为了求解输入信号频率,必须满足 $N \geq 2M$。如果 $N > 2M$,则可以使用最小二乘法求解 a_i,结果为

$$\begin{bmatrix} x^*(M-1) & x^*(M) & \cdots & x^*(N-2) \\ x^*(M-2) & x^*(M-1) & \cdots & x^*(N-3) \\ \vdots & \vdots & \ddots & \vdots \\ x^*(0) & x^*(1) & \cdots & x^*(N-M-1) \end{bmatrix}$$

$$\times \begin{bmatrix} x(M-1) & x(M-2) & \cdots & x(0) \\ x(M) & x(M-1) & \cdots & x(1) \\ \vdots & \vdots & \ddots & \vdots \\ x(N-2) & x(N-3) & \cdots & x(N-M-1) \end{bmatrix} \begin{bmatrix} a_1 \\ a_2 \\ \vdots \\ a_M \end{bmatrix} \quad (11.77)$$

$$= \begin{bmatrix} x^*(M-1) & x^*(M) & \cdots & x^*(N-2) \\ x^*(M-2) & x^*(M-1) & \cdots & x^*(N-3) \\ \vdots & \vdots & \ddots & \vdots \\ x^*(0) & x^*(1) & \cdots & x^*(N-M-1) \end{bmatrix} \begin{bmatrix} x(M) \\ x(M+1) \\ \vdots \\ x(N-1) \end{bmatrix}$$

在求得 $a_i(i = 1, 2, \cdots, M)$ 后,求解关于 z 的非线性方程式(11.72)可以得到 z,进而获得输入信号的频率。由于在计算中使用了更多的数据,该最小二乘法应能产生更好的结果。

11.11 特征向量和特征值[3~5]

本节将介绍特征分解、特征向量和特征值的概念。这些概念将用于后续章节中对频率的估计。

如果 A 是一个给定的方阵,那么存在常数 λ 和向量 X,使得下式成立:

$$A \cdot X = \lambda X \quad (11.78)$$

其中,λ 称为特征值,X 为对应的特征向量。这个过程称为 A 的特征分解。为了找到 λ 和 X,上述方程可写为

$$(A - \lambda I) \cdot X = 0 \quad (11.79)$$

其中,I 表示单位矩阵。为了得到一个非平凡解(即 $X \neq 0$),$A - \lambda I$ 的行列式应等于 0。例如,如果

$$A = \begin{bmatrix} 1 & 2 \\ 3 & 4 \end{bmatrix}, \quad 则 \ A - \lambda I = \begin{vmatrix} 1-\lambda & 2 \\ 3 & 4-\lambda \end{vmatrix} = (1-\lambda)(4-\lambda) - 6 = 0 \quad (11.80)$$

上式的特征值为 $\lambda_1 = -0.3723$，$\lambda_2 = 5.3723$，该结果可以使用 MATLAB 的 eig 命令求得。每个特征值对应一个特征向量。相应的特征向量 $X_i = [x_{i1} \ x_{i2}]^T$ 可以根据式(11.80)得到，其中上标 T 表示矩阵转置。在约束条件 $x_{i1}^2 + x_{i2}^2 = 1$ $(i = 1, 2)$ 下，使用 MATLAB 可以计算出特征向量为 $X_1 = [-0.8246 \ \ 0.5658]^T$ 和 $X_2 = [-0.4160 \ -0.9094]^T$。

我们使用一个简单的例子来说明如何使用特征向量和特征值。如果输入信号为

$$x(i) = A e^{j(2\pi f(i) + \phi)} + u(i) \quad (11.81)$$

其中 A，f 和 ϕ 分别表示正弦信号的幅度、频率和初始相位，$u(i)$ 表示高斯白噪声，则式(11.81)与其自身延迟 k 的自相关结果为

$$\begin{aligned} R(k) &= E[x(i+k)x(i)^*] \\ &= E\left[\{A e^{j[2\pi f(i+k)+\phi]} + u(i+k)\}\{A e^{-j[2\pi f(i)+\phi]} + u(i)^*\}\right] \end{aligned} \quad (11.82)$$

其中，$E[\cdot]$ 表示数学期望值。由于信号和噪声的叉积为 0，且噪声不相关，因此式(11.82)的结果为

$$R(k) = A^2 e^{j2\pi f k} + \sigma^2 \delta_{0k} \quad (11.83)$$

其中，σ^2 表示噪声的方差，δ_{0k} 表示 Kronecker delta 函数。Kronecker delta 函数具有以下性质：

$$\begin{aligned} \delta_{ij} &= 1, \quad i = j \\ &= 0, \quad i \neq j \end{aligned} \quad (11.84)$$

相关矩阵 R 可表示为

$$\begin{bmatrix} R(0) & R(-1) \\ R(1) & R(0) \end{bmatrix} = \begin{bmatrix} A^2 + \sigma^2 & A^2 e^{-j2\pi f} \\ A^2 e^{j2\pi f} & A^2 + \sigma^2 \end{bmatrix} \quad (11.85)$$

R 的特征向量和特征值可以写为

$$\begin{bmatrix} R(0) & R(-1) \\ R(1) & R(0) \end{bmatrix} \begin{bmatrix} 1 \\ a \end{bmatrix} = \lambda \begin{bmatrix} 1 \\ a \end{bmatrix} \quad (11.86)$$

最小特征值对应噪声功率，这一点可以证明如下。在式(11.86)两边同时乘以 $[1 \ a^*]$，所得结果为

$$[1 \ a^*] \begin{bmatrix} R(0) & R(-1) \\ R(1) & R(0) \end{bmatrix} \begin{bmatrix} 1 \\ a \end{bmatrix} = \lambda [1 \ a^*] \begin{bmatrix} 1 \\ a \end{bmatrix} = \lambda \left(1 + |a|^2\right) \quad (11.87)$$

将 $R(k)$ 的值代入上式等号左边，结果为

$$\begin{aligned} [1 \ a^*] \begin{bmatrix} R(0) & R(-1) \\ R(1) & R(0) \end{bmatrix} \begin{bmatrix} 1 \\ a \end{bmatrix} &= [R(0) + a^* R(1) \ \ R(-1) + a^* R(0)] \begin{bmatrix} 1 \\ a \end{bmatrix} \\ &= R(0) + a^* R(1) + a R(-1) + a a^* R(0) \\ &= A^2 + \sigma^2 + A^2 a^* e^{j2\pi f} + A^2 a e^{-j2\pi f} + |a|^2 A^2 + \sigma^2 |a|^2 \\ &= \sigma^2 \left(1 + |a|^2\right) + A^2 \left(1 + a^* e^{j2\pi f} + a e^{-j2\pi f} + |a|^2\right) \\ &= \sigma^2 \left(1 + |a|^2\right) + A^2 \left|1 + a e^{-j2\pi f}\right|^2 \end{aligned} \quad (11.88)$$

对比式(11.87)和式(11.88)，可以得到以下结果：

$$\lambda \left(1 + |a|^2\right) = \sigma^2 \left(1 + |a|^2\right) + A^2 \left|1 + a e^{-j2\pi f}\right|^2 \quad (11.89)$$

式 (11.89) 右侧包含两个非负项。最小值出现在当 $A_2|1+a\mathrm{e}^{-\mathrm{j}2\pi f}|^2=0$ 时，因此可以推断最小特征值为

$$\lambda_{\min}^2 = \sigma^2 \tag{11.90}$$

这就证明了最小特征值等于噪声功率，这一简单的例子可以推广到多信号的情况。

11.12 MUSIC 法[5,41~43]

MUSIC 法是由 Schmidt 在 1981 年提出的。MUSIC 是 MUltiple SIgnal Classification 的缩写，意即多信号分类。MUSIC 法的基本思想是通过特征值分解将信号与噪声分离开。该方法用于求解出 R 矩阵的所有特征值和特征向量，结果可以写为

$$\begin{bmatrix} R(0) & R(1)^* & \cdots & R(p)^* \\ R(1) & R(0) & \cdots & R(p-1)^* \\ \vdots & \vdots & \ddots & \vdots \\ R(p) & R(p-1) & \cdots & R(0) \end{bmatrix} \begin{bmatrix} V_{00} & V_{01} & \cdots & V_{0p} \\ V_{10} & V_{11} & \cdots & V_{1p} \\ \vdots & \vdots & \ddots & \vdots \\ V_{p0} & V_{p1} & \cdots & V_{pp} \end{bmatrix}$$

$$= \begin{bmatrix} \lambda_0 V_{00} & \lambda_1 V_{01} & \cdots & \lambda_p V_{0p} \\ \lambda_0 V_{10} & \lambda_1 V_{11} & \cdots & \lambda_p V_{1p} \\ \vdots & \vdots & \ddots & \vdots \\ \lambda_0 V_{p0} & \lambda_1 V_{p1} & \cdots & \lambda_p V_{pp} \end{bmatrix} \tag{11.91}$$

V 矩阵中元素的第一个下标表示矩阵的行，第二个下标表示特征向量的序号。例如，第一个特征向量是 V 矩阵的第一列，第二个特征向量是 V 矩阵的第二列，以此类推。

特征值用 λ_i 表示。如果有 M 个信号，那么有 M 个特征值 $\lambda_0, \lambda_1, \cdots, \lambda_{M-1}$ 与信号对应，余下的特征值 λ_M 至 λ_p 对应噪声。这些特征值可以按降序排列为 $\lambda_0 > \lambda_1 > \cdots > \lambda_{M-1} > \lambda_M = \cdots = \lambda_p = \sigma^2$。

由特征值 $\lambda_0, \lambda_1, \cdots, \lambda_{M-1}$ 构成的特征向量 V 称为信号子空间，用 V_s 表示。由特征值 λ_M 至 λ_p 构成的特征向量 V 称为噪声子空间，用 V_n 表示。这两个子空间 V_s 和 V_n 可写为

$$V_s = \begin{bmatrix} V_{00} & V_{01} & \cdots & V_{0M-1} \\ V_{10} & V_{11} & \cdots & V_{1M-1} \\ \vdots & \vdots & \ddots & \vdots \\ V_{p0} & V_{p1} & \cdots & V_{pM-1} \end{bmatrix}, \quad V_n = \begin{bmatrix} V_{0M} & V_{0M+1} & \cdots & V_{0p} \\ V_{1M} & V_{1M+1} & \cdots & V_{1p} \\ \vdots & \vdots & \ddots & \vdots \\ V_{pM} & V_{pM+1} & \cdots & V_{pp} \end{bmatrix} \tag{11.92}$$

信号子空间与噪声子空间是正交关系。

MUSIC 法的基本思想是，利用信号子空间和噪声子空间的正交特性。假设输入信号向量 s 为

$$s = \begin{bmatrix} 1 & \mathrm{e}^{-\mathrm{j}2\pi f} & \cdots & \mathrm{e}^{-\mathrm{j}2\pi(N-1)f} \end{bmatrix} \tag{11.93}$$

该向量与噪声子空间正交。由于 s 是关于 f 的函数，所以可以写出一个关于可变频率 f 的函数 P_{MUS}，即

$$P_{\mathrm{MUS}}(f) = \frac{1}{s V_n V_n^{\mathrm{H}} s^{\mathrm{H}}} \tag{11.94}$$

由于信号 s 和噪声子空间 V_n 正交，所以如果 f 的值等于输入信号的频率，则函数 P_{MUS} 的分母为 0（实际上它具有一个最小值）。因此，画出 P_{MUS} 作为 f 的函数的图形，图中峰值就表示输入频率。我们可以使用求根法来找到 $P_{\mathrm{MUS}}(f)$ 的峰值，该方法在参考文献[5]中进行了讨论。

下面对 MUSIC 法进行了总结。

1. 根据输入数据 $x(0), x(1), \cdots, x(N-1)$ 构建 $\boldsymbol{R}$ 矩阵。构建 $\boldsymbol{R}$ 矩阵的常用方法是式(11.47)所示的修正协方差法。在这一步中，需要选择 p 的值。p 值应大于信号的最大数量 $M_{\max}$。如果有 N 个数据点，则 $p = 2N/3$ 似乎是一个不错的选择。

2. 对 $\boldsymbol{R}$ 矩阵进行特征分解，求出特征值 λ_i 和 $\boldsymbol{V}$ 矩阵。如果已知输入信号数 M，那么选择按从大到小排在前面的 M 个特征值，其余的是噪声特征值。但是，如果输入信号数未知，则必须通过检测特征值来判断输入信号的数量。大的特征值对应输入信号，小的特征值对应噪声。然而，这一结论有点主观，且与信噪比有关。如果两个输入信号在频率上靠得很近，那么有时很难将噪声特征值和信号特征值分开。一旦选择了特征值，对应的噪声特征向量 V_n 就可以通过式(11.92)得到。

3. 通过式(11.94)画出 $P_{\text{MUS}}(f)$ 作为 f 的函数的图形。$P_{\text{MUS}}(f)$ 图中的峰值即表示输入信号的频率。

使用计算机程序来执行 MUSIC 法中的计算。该程序没有通过比较特征值的大小来确定输入信号的数量。它需要两个输入：信号数 M 和滤波器(即协方差矩阵) p 的阶数。滤波器阶数必须等于或者大于 $2M+1$。

根据 MUSIC 法得到的结果如图 11.5 所示，所用数据与前面的例子相同。在图 11.5(a) 和图 11.5(b) 中，$M = 4$，并分别有 $p=9$ 和 $p=27$。图中结果如期望的那样，出现了 3 个峰值。这些峰值比图 11.4 中通过 Burg 法得到的峰值更锐利。在图 11.5(c) 中，$M = 4$，$p = 28$，所得结果没有反应出真实的输入信号。在图 11.5(d) 中，$M = 6$，$p = 13$，图中出现了 4 个峰值，最低的峰值是一个寄生响应。

从这些结果可以看出，由于在图 11.5(a) 和图 11.5(b) 中，p 值从 9 变化至 27，所得结果仍然令人满意，所以滤波器的阶数 p 似乎不是十分关键。因此，$p = 2N/3 \approx 21 (N = 32)$ 仿佛是一个合理的选择。然而，输入信号数的选择非常重要。如果选定的输入信号数太大，则结果中会出现寄生响应；如果选定的输入信号数太小，则所需的峰值将不会出现。

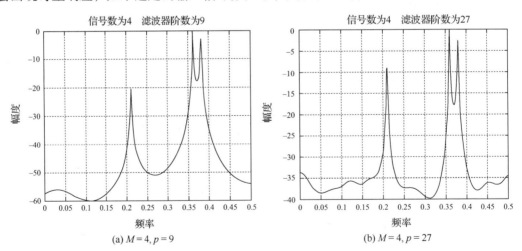

图 11.5 根据 MUSIC 法得到的结果

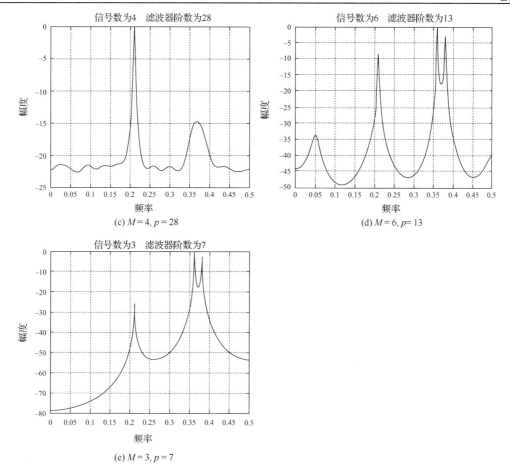

图 11.5(续)　根据 MUSIC 法得到的结果

在宽带接收机中，确定输入信号的数量是非常重要的。在特征分解法中，我们必须要研究出一种有效的方法来确定输入信号的数量。

11.13　ESPRIT 法[5,44~48]

基于旋转不变技术的信号参数估计(Estimation of Signal Parameters via Rotational Invariance Techniques，ESPRIT)法由 Paulraj 等人[44]首次提出。在最初的方法中，有时 R 矩阵是病态的，特征值也不准确。后来，使用几种方法改进了性能，例如总体最小二乘 ESPRIT 法[46,48]和 Procrustes 旋转法[47]。本节主要介绍原始的 ESPRIT 法，并着重讨论该方法的步骤。

1. 假设有 N 个数据点，用 $x(n)$ 表示，其中 $n = 0$ 至 $N-1$。这些数据可分为两组，每组包含 $N-1$ 个数据点。第一组为 G_1，数据取值范围从 $x(0)$ 到 $x(N-2)$；第二组为 G_2，数据取值范围从 $x(2)$ 到 $x(N-1)$。两组数据点可表示如下：

$$G_1 = x(0), x(1), x(2), \cdots, x(N-2)$$
$$G_2 = x(1), x(2), x(3), \cdots, x(N-1) \quad (11.95)$$

这些数据通过协方差法可用于构建两个 R 矩阵，R_{yy} 和 R_{yz}。R_{yy} 矩阵根据 G_1 中的数据获得，而 R_{yz} 矩阵根据 G_1 和 G_2 两组中的数据获得。在获得 R_{yz} 矩阵时，式(11.30)中的第一个矩阵使用来自 G_1 的数据，而第二个矩阵使用来自 G_2 的数据。

例如，如果 N 是偶数，且阶数 $p = N/2-1$，则数据可被排列为如下两个矩阵 y 和 z：

$$y = \begin{bmatrix} x(0) & x(1) & \cdots & x\left(\dfrac{N}{2}-1\right) \\ x(1) & x(2) & \cdots & x\left(\dfrac{N}{2}\right) \\ \vdots & \vdots & \ddots & \vdots \\ x\left(\dfrac{N}{2}-1\right) & x\left(\dfrac{N}{2}\right) & \cdots & x(N-2) \end{bmatrix} \tag{11.96}$$

$$z = \begin{bmatrix} x(1) & x(2) & \cdots & x\left(\dfrac{N}{2}\right) \\ x(2) & x(3) & \cdots & x\left(\dfrac{N}{2}+1\right) \\ \vdots & \vdots & \ddots & \vdots \\ x\left(\dfrac{N}{2}\right) & x\left(\dfrac{N}{2}+1\right) & \cdots & x(N-1) \end{bmatrix}$$

根据这两个矩阵，可以构建如下两个 R 矩阵：

$$\boldsymbol{R}_{yy} = \boldsymbol{y}\boldsymbol{y}^{\mathrm{H}}, \quad \boldsymbol{R}_{yz} = \boldsymbol{y}\boldsymbol{z}^{\mathrm{H}} \tag{11.97}$$

其中，上标 H 表示矩阵的厄米特共轭，即矩阵的转置和共轭变换。可以将 $\boldsymbol{R}_{yy}$ 看成自相关矩阵，将 $\boldsymbol{R}_{yz}$ 看成互相关矩阵。

2. 对 $\boldsymbol{R}_{yy}$ 进行特征分解，以求解特征向量和特征值

$$\boldsymbol{R}_{yy}\boldsymbol{e}' = \lambda'\boldsymbol{e}' \tag{11.98}$$

其中，$\boldsymbol{e}'$ 和 λ' 分别表示特征向量和特征值。根据特征值分布情况，可以确定信号的数量。大的特征值对应输入信号，而小的特征值对应噪声。这与 MUSIC 方法中的观点相同。

3. 定义两个矩阵：$\boldsymbol{I}$ 矩阵和 $\boldsymbol{D}$ 矩阵。两个矩阵的维度都是 $N/2 \times N/2$，与式 (11.96) 中矩阵 $\boldsymbol{R}_{yy}$ 和 $\boldsymbol{R}_{yz}$ 的维度相匹配。$\boldsymbol{I}$ 矩阵是一个对角矩阵。在 $\boldsymbol{D}$ 矩阵中，只有主对角线下方对角线上的元素为 1，其他元素为 0。这两个矩阵表示为

$$\boldsymbol{I} = \begin{bmatrix} 1 & 0 & 0 & \cdots & 0 \\ 0 & 1 & 0 & \cdots & 0 \\ 0 & 0 & 1 & \cdots & 0 \\ \vdots & \vdots & \vdots & \ddots & \vdots \\ 0 & \cdots & 0 & 0 & 1 \end{bmatrix}, \quad \boldsymbol{D} = \begin{bmatrix} 0 & 0 & 0 & \cdots & 0 \\ 1 & 0 & 0 & \cdots & 0 \\ 0 & 1 & 0 & \cdots & 0 \\ \vdots & \vdots & \vdots & \ddots & \vdots \\ 0 & \cdots & 0 & 1 & 0 \end{bmatrix} \tag{11.99}$$

4. 构建两个新的 R 矩阵 $\boldsymbol{R}_s$ 和 $\boldsymbol{R}_t$：

$$\begin{aligned} \boldsymbol{R}_s &= \boldsymbol{R}_{yy} - \lambda_{\min}\boldsymbol{I} \\ \boldsymbol{R}_t &= \boldsymbol{R}_{yz} - \lambda_{\min}\boldsymbol{D} \end{aligned} \tag{11.100}$$

其中，$\lambda_{\min}$ 表示从第 2 步得到的最小特征值。

5. 求出 $\boldsymbol{R}_s$ 和 $\boldsymbol{R}_t$ 的广义特征分解

$$\boldsymbol{R}_s\boldsymbol{e} = \lambda\boldsymbol{R}_t\boldsymbol{e} \tag{11.101}$$

其中，e 和 λ 分别表示特征向量和特征值。

6. 求解输入频率。先求出靠近单位圆的 λ 值。一旦求得这些 λ_i 值，就可以求解出输入频率

$$f_i = \frac{1}{2\pi}\arctan\left(\frac{\operatorname{Im}\lambda_i}{\operatorname{Re}\lambda_i}\right) \tag{11.102}$$

其中，$\operatorname{Im}\lambda_i$ 和 $\operatorname{Re}\lambda_i$ 分别表示 λ_i 的虚部和实部。

该方法进行了两次特征分解，属于计算密集型方法。它的一个主要优点是，一旦求解出式(11.101)中的特征值，只有那些靠近单位圆的特征值会被选择，进而得到对应的信号频率。无须像 AR 法和 MUSIC 法那样在整个频率范围内进行搜索。该方法也存在前面所提到的相同问题，即如何根据式(11.101)得到的特征值来确定输入信号的数量。在附录 11.E 中提供了一个 $p = N/2$ 时的 ESPRIT 程序。

11.14 最小范数法[49,50]

最小范数法是由 Kumaresan 和 Tufts[50] 提出的。该方法和 MUSIC 法有几分相似。最小范数法的基本思想是找出一个向量 d，该向量是噪声子空间内特征向量的线性组合。向量 d 可以写为

$$d = [d_0 \quad d_1 \quad \cdots \quad d_P]^{\mathrm{T}} \equiv [1 \quad d_1 \quad \cdots \quad d_P]^{\mathrm{T}} \tag{11.103}$$

其中，上标 T 表示矩阵的转置。在该方程中，d_0 被置为 1 ($d_0 \equiv 1$)。式(11.103)的范数的平方为

$$|d|^2 = \sum_{i=0}^{P} d_i^2 \tag{11.104}$$

该方法使范数最小化，这也是如此取名的原因。

这里给出最小范数法的计算步骤。前两个步骤与 MUSIC 法相同。

1. 第一步是求解 R 矩阵的特征向量 V。构建 R 矩阵的常用方法是修正协方差法，如式(11.47)所示。
2. 对 R 矩阵进行特征分解，求出特征值 λ_i 和 V 矩阵。如果已知输入信号的数量 M，那么选择按从大到小排在前面的 M 个特征值。剩余的是噪声特征值。但是，如果输入信号的数量未知，则必须通过检测特征值来判断输入信号的数量。大的特征值对应输入信号，小的特征值对应噪声。向量 d 既可以从噪声子空间 V_n 求得，也可以从信号子空间 V_s 求得。
3. 从噪声子空间 V_n 求解向量 d。噪声子空间可以写为

$$V_n = \begin{bmatrix} V_{0M} & V_{0M+1} & \cdots & V_{0p} \\ V_{1M} & V_{1M+1} & \cdots & V_{1p} \\ \vdots & \vdots & \ddots & \vdots \\ V_{pM} & V_{pM+1} & \cdots & V_{pp} \end{bmatrix} \equiv \begin{bmatrix} c^{\mathrm{H}} \\ V'_n \end{bmatrix} \tag{11.105}$$

其中，上标 H 表示厄米特共轭，c^{H} 表示 V_n 矩阵的第一行，V'_n 表示 V_n 的剩余部分，即

$$c^{\mathrm{H}} = [V_{0M} \quad V_{0M+1} \quad \cdots \quad V_{0p}], \quad V'_n = \begin{bmatrix} V_{1M} & V_{1M+1} & \cdots & V_{1p} \\ \vdots & \vdots & \ddots & \vdots \\ V_{pM} & V_{pM+1} & \cdots & V_{pp} \end{bmatrix} \tag{11.106}$$

4. 构建 c^{H} 和 V'_n，可以求得 d 向量为

$$d = \begin{bmatrix} 1 \\ \cdots \\ V'_n c/(c^H c) \end{bmatrix} \tag{11.107}$$

5. d 向量也可以从信号子空间求解。信号子空间可以写为

$$V_s = \begin{bmatrix} V_{00} & V_{01} & \cdots & V_{0M-1} \\ V_{10} & V_{11} & \cdots & V_{1M-1} \\ \vdots & \vdots & \ddots & \vdots \\ V_{p0} & V_{p1} & \cdots & V_{pM-1} \end{bmatrix} \equiv \begin{bmatrix} g^H \\ V'_s \end{bmatrix} \tag{11.108}$$

其中，g^H 表示 V_s 矩阵的第一行，V'_s 表示 V_s 的剩余部分，即

$$g^H = \begin{bmatrix} V_{00} & V_{01} & \cdots & V_{0M-1} \end{bmatrix}, \quad V'_s = \begin{bmatrix} V_{10} & V_{11} & \cdots & V_{1M-1} \\ \vdots & \vdots & \ddots & \vdots \\ V_{p0} & V_{p1} & \cdots & V_{pM-1} \end{bmatrix} \tag{11.109}$$

6. 求得 d 向量为

$$d = \begin{bmatrix} 1 \\ \vdots \\ -V'_s g/(1-g^H g) \end{bmatrix} \tag{11.110}$$

需要注意的是，如果执行了第 3 个和第 4 个步骤，就不再需要执行第 5 个和第 6 个步骤。反之亦然（即第 5 个和第 6 个步骤可以取代第 3 个和第 4 个步骤）。

7. 一旦求得了 d 向量，就可以定义函数 $P_{MN}(f)$ 为

$$P_{MN}(f) = \frac{1}{sdd^H s^H} \tag{11.111}$$

由于 s 如式（11.93）所示是关于输入频率 f 的函数，所以 $P_{MN}(f)$ 也是关于 f 的函数。绘出 $P_{MN}(f)$ 的图形，图中的峰值对应的就是输入频率。这一步骤与 MUSIC 法类似。我们也可以使用求根法来得到 $P_{MN}(f)$ 的频率。

最小范数法的结果如图 11.6 所示。

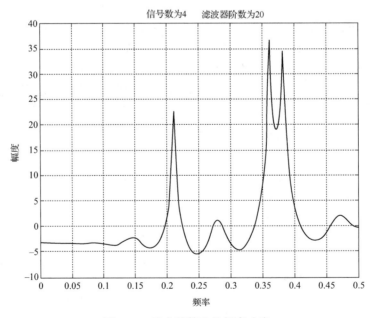

图 11.6 最小范数法的频率响应

这里所用数据与前面的例子相同。在图 11.6 中，选择的信号数为 4，选择的 p 值为 20。该程序使用噪声子空间来求解 d 向量。使用该方法会出现一些低幅度的峰值。

11.15 使用离散傅里叶变换的最小范数法[51]

该方法由参考文献[51]的作者 Shaw 和 Xia 提出，以下的讨论建立在他们研究成果的基础上。此方法可以看成上节所讨论最小范数法的改进方法。主要的区别在于它使用 DFT 替换了特征分解。从硬件的角度讲，DFT 比特征分解更容易实现。求解步骤的区别是替换掉上节中的第 3 个和第 4 个步骤，或者第 5 个和第 6 个步骤。本节只讨论发生改变的步骤，而不再重复所有前述步骤。

相关矩阵 R 的维度为 $(1+p) \times (1+p)$。以下步骤将用于得到最小范数。

1. 定义一个维度为 $(1+p) \times (1+p)$ 的傅里叶矩阵 E，即

$$E = \begin{bmatrix} 1 & 1 & 1 & \cdots & 1 \\ 1 & e^{\frac{j2\pi}{p+1}} & e^{\frac{j4\pi}{p+1}} & \cdots & e^{\frac{j2\pi p}{p+1}} \\ 1 & e^{\frac{j4\pi}{p+1}} & e^{\frac{j8\pi}{p+1}} & \cdots & e^{\frac{j4\pi p}{p+1}} \\ \vdots & \vdots & \vdots & \ddots & \vdots \\ 1 & e^{\frac{j2^p\pi}{p+1}} & e^{\frac{j2\cdot 2^p\pi}{p+1}} & \cdots & e^{\frac{j2^p\pi p}{p+1}} \end{bmatrix} \tag{11.112}$$

根据该结果，构建 F 矩阵如下：

$$F = RE \tag{11.113}$$

其中，R 表示自相关矩阵。F 矩阵的维度也是 $(1+p) \times (1+p)$。

2. 将 F 矩阵的每一列都看成一个向量，因此 F 矩阵可以写为

$$F = \begin{bmatrix} F_{00} & F_{01} & \cdots & F_{0p} \\ F_{10} & F_{11} & \cdots & F_{1p} \\ \vdots & \vdots & \ddots & \vdots \\ F_{p0} & F_{p1} & \cdots & F_{pp} \end{bmatrix} \equiv [f_0 \quad f_1 \quad \cdots \quad f_p] \tag{11.114}$$

其中

$$f_i = [F_{0i} \quad F_{1i} \quad \cdots \quad F_{pi}]^T, \quad i = 0, 1, \cdots, p \tag{11.115}$$

3. 求出所有向量 f_i 的范数，并用 $|f_i|$ 表示。我们需要根据 $|f_i|$ 的幅度来确定输入信号的数量。如果选择输入信号的数量为 M，那么在式(11.114)中可选择按 $|f_i|$ 值从大到小排在前面的 M 列来构建信号矩阵，因此有

$$V_s = \begin{bmatrix} F'_{00} & F'_{01} & \cdots & F'_{0,M-1} \\ F'_{10} & F'_{11} & \cdots & F'_{1,M-1} \\ \vdots & \vdots & \ddots & \vdots \\ F'_{p0} & F'_{p1} & \cdots & F'_{p,M-1} \end{bmatrix} \tag{11.116}$$

其中 $M<p$。需要注意的是，矩阵 V_s 的列是由 F 矩阵中按 $|f_i|$ 值从大到小排在前面的 M 列构成的。例如，如果有两个大的范数，且它们分别是式(11.114)和式(11.115)中的第 2 个元素和第 4 个元素，那么信号子空间矩阵为

$$V_s = \begin{bmatrix} F_{01} & F_{03} \\ F_{11} & F_{13} \\ \vdots & \vdots \\ F_{p1} & F_{p3} \end{bmatrix} \tag{11.117}$$

一旦得到 V_s，就可以利用式(11.108)和式(11.110)来求解向量 d。在知道向量 d 后，可以根据式(11.111)求得频率响应。图 11.7 给出了一个例子。虽然该方法没有使用特征分解，但所得结果与图 11.6 所示结果类似。

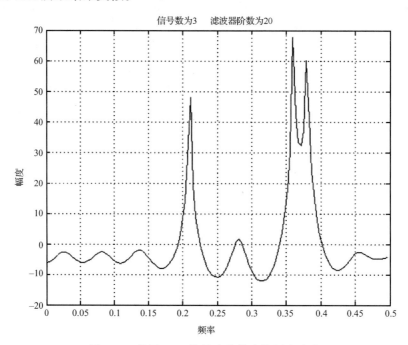

图 11.7 使用 DFT 的最小范数法的频率响应

11.16 自适应谱估计[52~54]

由于已经有许多书籍对自适应方法的一般思想进行了讨论[52,53]，所以本节将不在该问题上浪费篇章。本节仅考虑正弦输入信号，因为这种输入信号适合此处的应用。以下讨论建立在参考文献[54]的基础上。

假设输入信号包含 M 个正弦波，其数字化数据可以写为

$$x(n) = \sum_{i=1}^{M} A_i e^{j2\pi f_i n} + u(n) \tag{11.118}$$

其中，A_i 和 f_i 分别表示输入正弦波的幅度和频率，$u(n)$ 表示噪声。问题的关键仍是求出给定输入信号 $x(n)$ 的频率和幅度。

在该方法中用到的基本关系式为

$$e^{j2\pi fn} = 2\cos(2\pi f)e^{j2\pi f(n-1)} - e^{j2\pi f(n-2)} \tag{11.119}$$

该关系式易于证明，将

$$\cos(2\pi f) = \frac{e^{j2\pi f} + e^{-j2\pi f}}{2} \tag{11.120}$$

代入式(11.119)中即可。类似的方程在 8.8 节中用于求解过零点。式(11.119)表明，如果频率 f 已知，那么当前的样本输出 $x(n)$ 可以通过前两个样本进行预测。

将式(11.118)的第一项分开，可得

$$\begin{aligned} x(n) &= A_1 e^{j2\pi f_1(n)} + \sum_{i=2}^{M} A_i e^{j2\pi f_i(n)} + u(n) \\ x(n-1) &= A_1 e^{j2\pi f_1(n-1)} + \sum_{i=2}^{M} A_i e^{j2\pi f_i(n-1)} + u(n-1) \\ x(n-2) &= A_1 e^{j2\pi f_1(n-2)} + \sum_{i=2}^{M} A_i e^{j2\pi f_i(n-2)} + u(n-2) \end{aligned} \tag{11.121}$$

定义新的量 $x^{(1)}(n)$ 如下：

$$\begin{aligned} x^{(1)}(n) &\equiv x(n) - 2\cos(2\pi f_1)x(n-1) + x(n-2) \\ &\equiv x(n) - 2a_{1,n-1}x(n-1) + x(n-2) \end{aligned} \tag{11.122}$$

其中
$$a_{1,n-1} = \cos(2\pi f_1) \tag{11.123}$$

这里 a 的第一个下标表示信号的序号，a 的第二个下标表示迭代次数。将式(11.121)的结果代入式(11.122)中，所得结果可以写为

$$x^{(1)}(n) = \sum_{i=2}^{M} \alpha_{i,1} A_i e^{j2\pi f_i n} + u^{(1)}(n) \tag{11.124}$$

其中
$$\cos(2\pi f_1)a_{k,m} = 2[\cos(2\pi f_k) - \cos(2\pi f_m)] \tag{11.125}$$

并且 $u^{(1)}(n)$ 表示残余噪声。该操作从数据 $x(n)$ 中移除了第一个正弦波信号，并产生了第二个信号的序列 $x^{(1)}(n)$。

该处理过程可以继续用于从式(11.124)产生的新序列 $x^{(1)}(n)$。所得结果为

$$\begin{aligned} x^{(2)}(n) &\equiv x^{(1)}(n) - 2\cos(2\pi f_2)x^{(1)}(n-1) + x^{(1)}(n-2) \\ &\equiv x^{(1)}(n) - 2a_{2,n-1}x^{(1)}(n-1) + x^{(1)}(n-2) \\ &= \sum_{i=3}^{M} \alpha_{i,1}\alpha_{i,2} A_i e^{j2\pi f_i n} + u^{(2)}(n) \end{aligned} \tag{11.126}$$

其中
$$a_{2,n-1} = \cos(2\pi f_2) \tag{11.127}$$

该操作又移除了第二个信号。

这一过程可反复进行，直至序列中没有正弦信号分量，仅剩噪声。处理的一般过程可写为

$$\begin{aligned} x^{(k)}(n) &= x^{(k-1)}(n) - 2\cos(2\pi f_k)x^{(k-1)}(n-1) + x^{(k-1)}(n-2) \\ &= x^{(k-1)}(n) - 2a_{k,n-1}x^{(k-1)}(n-1) + x^{(k-1)}(n-2) \\ &= \sum_{i=k+1}^{M} \left(\prod_{l=1}^{k} \alpha_{i,l}\right) A_i e^{j2\pi f_i n} + u^{(k)}(n), \quad k = 1, 2, \cdots, M \end{aligned} \tag{11.128}$$

$$x^{(0)}(n) = x(n)$$
$$x^{(k)}(0) = x(0)$$

其中

$$a_{k,n-1} = \cos(2\pi f_k) \tag{11.129}$$

最终的序列 $x^{(M)}(n)$ 仅包含噪声。所有其他通过中间步骤得到的序列 $x^{(1)}(n)$,$x^{(2)}(n)$,…,$x^{(M-1)}(n)$ 都包含信号。

需要注意的是,$a_{k,n}$ 只与 $x^{(k)}$ 和 $x^{(k-1)}$ 有关。一旦得到最终的 $a_{k,n}$ 值,就可以通过式 (11.129) 得到频率值 f_k,即

$$f_k = \frac{\arccos(a_{k,n})}{2\pi} \tag{11.130}$$

利用最陡坡度法,根据梯度方程可以计算出 $a_{k,n}$ 的值。我们将其中的误差定义为

$$\varepsilon(n) \equiv x(n) - \hat{x}(n) \tag{11.131}$$

求解平方误差的梯度就是对 $\varepsilon^{(k)}(n)\varepsilon^{(k)}(n)^*$ 求导,即

$$\begin{aligned}\nabla[\varepsilon(n)\epsilon(n)^*] &= -2\left[\varepsilon x^{(k-1)}(n-1)^* + \varepsilon^* x^{(k-1)}(n-1)\right] \\ &= -2\left[x^M(n) x^{(k-1)}(n-1)^* + x^{M}(n)^* x^{(k-1)}(n-1)\right]\end{aligned} \tag{11.132}$$

其中,上标 * 表示取复共轭;因为只有 M 个信号,所以 $x^M(n)$ 表示噪声。

根据 $a_{k,n-1}$ 求解 $a_{k,n}$ 是借由平方误差的梯度完成的,其结果为

$$\begin{aligned}a_{k,n} &= a_{k,n-1} + \mu\left(\frac{1}{-2}\right)\nabla\left[\varepsilon^{(k)}(n)\varepsilon^{(k)}(n)^*\right] \\ &= a_{k,n-1} + \mu\left[x^M(n)^* x^{(k)}(n-1) + x^M(n) x^{(k)}(n-1)^*\right]\end{aligned} \tag{11.133}$$

上式是由式 (11.132) 的结果得到的。引入的常数 –1/2 是为了将 –2 合并到常数 μ 中,其中 μ 是步长。如果选择的 μ 值过大,则结果可能不收敛;如果选择的 μ 值过小,则结果可能收敛得很慢。在实际计算过程中,各 a_k 值每次计算一个。

下面将该计算中使用的所有方程放在一起,然后利用一个例子来说明具体的操作。需要两组带初始条件的方程。如果有 M 个信号,且初始条件为

$$x^{(0)}(n) = x(n), \quad x^{(k)}(0) = x(0) \tag{11.134}$$

则第一组方程为

$$\begin{aligned}x^{(1)}(n) &= x^{(0)}(n) - 2a_{1,n-1} x^{(0)}(n-1) + x^{(0)}(n-2) \\ x^{(2)}(n) &= x^{(1)}(n) - 2a_{2,n-1} x^{(1)}(n-1) + x^{(1)}(n-2) \\ &\vdots \\ x^{(M)}(n) &= x^{(M-1)}(n) - 2a_{M,n-1} x^{(M-1)}(n-1) + x^{(M-1)}(n-2)\end{aligned} \tag{11.135}$$

第二组方程为

$$\begin{aligned}a_{1,n} &= a_{1,n-1} + \mu\left[x^{(M)}(n)^* x^{(0)}(n-1) + x^{(M)}(n) x^{(0)}(n-1)^*\right] \\ a_{2,n} &= a_{2,n-1} + \mu\left[x^{(M)}(n)^* x^{(1)}(n-1) + x^{(M)}(n) x^{(1)}(n-1)^*\right] \\ &\vdots \\ a_{M,n} &= a_{M,n-1} + \mu\left[x^{(M)}(n)^* x^{(M-1)}(n-1) + x^{(M)}(n) x^{(M-1)}(n-1)^*\right]\end{aligned} \tag{11.136}$$

现在利用一个例子来说明如何使用这些方程。假设输入数据为 $x(0), x(1), …, x(N-1)$,且信号的数量为 2 ($M = 2$)。

任意选择 $a_{1,0} = a_{2,0} = 0.25$ 作为初始值,且从式 (11.134) 得到的初始条件为

$$x^{(0)}(n) = x(n), \quad x^{(k)}(0) = x(0)$$

使用式(11.135)来求解 $x^{(k)}(1)$，即

$$x^{(1)}(1) = x^{(0)}(1) - 2a_{1,0}x^{(0)}(0) = x(1) - 2a_{1,0}x(0)$$
$$x^{(2)}(1) = x^{(1)}(1) - 2a_{2,0}x^{(0)}(0)$$

在这些方程中，$x(-1)$是不存在的，因此只给出了两项。

使用式(11.136)来求解 $a_{k,1}$，即

$$a_{1,1} = a_{1,0} + \mu\left[x^{(2)}(1)^*x^{(0)}(0) + x^{(2)}(1)x^{(0)}(0)^*\right]$$
$$a_{2,1} = a_{2,0} + \mu\left[x^{(2)}(1)^*x^{(1)}(0) + x^{(2)}(1)x^{(1)}(0)^*\right]$$

再次使用式(11.135)来求解 $x^{(k)}(2)$，即

$$x^{(1)}(2) = x^{(0)}(2) - 2a_{1,1}x^{(0)}(1) + x^{(0)}(0)$$
$$x^{(2)}(2) = x^{(1)}(2) - 2a_{1,1}x^{(1)}(1) + x^{(1)}(0)$$

再次使用式(11.136)来求解 $a_{k,2}$，即

$$a_{1,2} = a_{1,1} + \mu\left[x^{(2)}(2)^*x^{(0)}(1) + x^{(2)}(2)x^{(0)}(1)^*\right]$$
$$a_{2,1} = a_{2,0} + \mu\left[x^{(2)}(2)^*x^{(1)}(1) + x^{(2)}(2)x^{(1)}(1)^*\right]$$

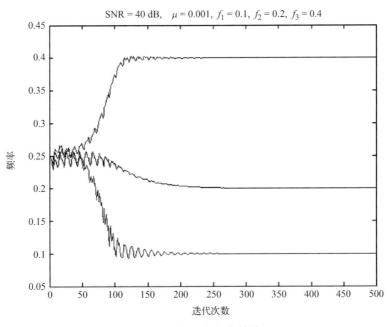

图 11.8　自适应频率估计

式(11.135)和式(11.136)这两组方程可以交替使用，以求解 $a_{1,n}$ 的值，其中 $a_{1,n}$ 是关于 n 的函数。当 $a_{1,n}$ 收敛时，该值可以用于从式(11.130)求解输入频率 f_1。

如果 $a_{k,n}$ 中的 k 值小于输入信号的数量 M，则误差 $x^{(k)}(n)$ 将出现振荡，这意味着仍然有正弦波留在误差信号中。如果 $a_{k,n}$ 中的 k 值等于输入信号的数量 M，误差 $x^{(k)}(n)$ 就会趋于一个很小的值，即噪声电平。

这种方法对噪声敏感。如果输入的信噪比较小，$a_{k,n}$ 的值就可能收敛得很慢，或者出现不收敛的情况。该方法也对计算步长和迭代次数敏感。在附录 11.H 中提供了一个可以预测不多

于 3 个信号的程序。图 11.8 给出了 3 个信号的结果,它们的频率分别出现在 0.1,0.2 和 0.4 等处,且具有相同的幅度和信噪比(SNR = 40 dB)。在该图中,步长 μ = 0.001,迭代次数为 500。可以看出,该特例在迭代至约 200 次时开始向期望的频率收敛。

参考文献

[1] Childers DG (ed.). *Modern Spectrum Analysis*. Piscataway, NJ: IEEE Press; 1978.

[2] Kesler SB (ed.). *Modern Spectrum Analysis, II*. Piscataway, NJ: IEEE Press; 1986.

[3] Marple SL Jr. *Digital Spectral Analysis with Applications*. Englewood Cliffs, NJ: Prentice Hall; 1987.

[4] Kay SM. *Modern Spectral Estimation Theory and Application*. Englewood Cliffs, NJ: Prentice Hall; 1988.

[5] Therrien CW. *Discrete Random Signals and Statistical Signal Processing*. Englewood Cliffs, NJ: Prentice Hall; 1992.

[6] Mitra SK, Kaiser JF. (eds.). *Handbook for Digital Signal Processing*. New York: John Wiley & Sons; 1993.

[7] Parzen E. 'Some recent advances in time series modeling'. *IEEE Transactions on Automatic Control* 1974; **19**(6): 723–730.

[8] Makhoul J. 'Linear prediction: a tutorial review'. *Proceedings of the IEEE* 1975; **63**(4): 561–580.

[9] Jackson LB, Wood S. 'Linear prediction in cascade form'. *IEEE Transactions on Acoustics, Speech, and Signal Processing* 1978; **26**(6): 518–528.

[10] Kay SM. 'The effects of noise on the autoregressive spectral estimator'. *IEEE Transactions on Acoustics, Speech, and Signal Processing* 1979; **27**(5): 478–485.

[11] Kay SM. 'Noise compensation for autoregressive spectral estimates'. *IEEE Transactions on Acoustics, Speech, and Signal Processing* 1980; **28**(3): 292–303.

[12] Toomey JP. 'High-resolution frequency measurement by linear prediction'. *IEEE Transactions on Aerospace and Electronic Systems* 1980; **AES-16**(4): 517–525.

[13] Kay SM, Marple SL Jr. 'Spectrum analysis—a modern perspective'. *Proceedings of the IEEE* 1981; **69**(11): 1380–1419.

[14] Kay SM. 'Robust detection by autoregressive spectrum analysis'. *IEEE Transactions on Acoustics, Speech, and Signal Processing* 1982; **30**(2): 256–269.

[15] Kumaresan R. 'Accurate frequency estimation using an all-pole filter with mostly zero coefficients'. *Proceedings of the IEEE* 1982; **70**(8): 873–875.

[16] Cadzow JA. 'Spectral estimation: an overdetermined rational model equation approach'. *Proceedings of the IEEE* 1982; **70**(9): 907–939.

[17] Kay S, Makhoul J. 'On the statistics of the estimated reflection coefficients of an autoregressive process'. *IEEE Transactions on Acoustics, Speech, and Signal Processing* 1983; **31**(6): 1447–1455.

[18] Tretter S. 'Estimating the frequency of a noisy sinusoid by linear regression'. *IEEE Transactions on Information Theory* 1985; **31**(6): 832–835.

[19] Tsui JBY. *Digital Microwave Receivers: Theory and Concepts*. Norwood, MA: Artech House; 1989.

[20] Levinson N. 'The Wiener rms (root mean square) error criterion in filter design and prediction'. *Journal of*

Mathematical Physics 1947; **25**: 261–278.

[21] Durbin J. 'The fitting of time series models'. *Review of the International Statistical Institute* 1960; **28**(3): 233–244.

[22] Haykin SH. *Adaptive Filter Theory*. Englewood Cliffs, NJ: Prentice Hall; 1986.

[23] Burg JP. 'Maximum entropy spectral analysis'. Paper presented at the Thirty-Seventh Society of Exploration Geophysicists Meeting, Oklahoma City, OK, October 1967.

[24] Burg JP. 'A new analysis technique for time series data'. Paper presented at the NATO Advanced Study Institute on Signal Processing with Emphasis on Underwater Acoustics, Enschede, The Netherlands, August 1968:12–23.

[25] Chen WY, Stegen GR. 'Experiments with maximum entropy power spectra of sinusoids'. *Journal of Geophysical Research* 1974; **79**(20): 3019–3022.

[26] Burg JP. 'Maximum entropy spectral analysis'. Ph.D. dissertation, Stanford University, 1975.

[27] Ulrych TJ, Clayton RW. 'Time series modeling and maximum entropy'. *Physics of the Earth and Planetary Interiors* 1976; **12**(2–3): 188–200.

[28] Fougere PF, Zawalick EJ, Radoski HR. 'Spontaneous line splitting in maximum entropy power spectrum analysis'. *Physics of the Earth and Planetary Interiors* 1976; **12**(2–3): 201–207.

[29] Swingler DN. 'A comparison between Burg's maximum entropy method and a nonrecursive technique for the spectral analysis of deterministic signals'. *Journal of Geophysical Research: Solid Earth* 1979; **84**(B2): 679–685.

[30] Swingler DN. 'A modified Burg algorithm for maximum entropy spectral analysis'. *Proceedings of the IEEE* 1979; **67**(9): 1368–1369.

[31] Kaveh M, Lippert G. 'An optimum tapered Burg algorithm for linear prediction and spectral analysis'. *IEEE Transactions on Acoustics, Speech, and Signal Processing* 1983; **31**(2): 438–444.

[32] Helme B, Nikias CL. 'A high-resolution modified Burg algorithm for spectral estimation'. *Proceedings of IEEE International Conference on Acoustics, Speech, and Signal Processing*, vol. 9. New York: IEEE; 1984: 531–534.

[33] Akaike H. 'Statistical predictor identification'. *Annals of the Institute of Statistical Mathematics* 1970; **22**(2): 203–217.

[34] Akaike H. 'A new look at the statistical model identification'. *IEEE Transactions on Automatic Control* 1974; **19**(6): 716–723.

[35] Hildebrand FB. *Introduction to Numerical Analysis*. New York: McGraw-Hill; 1956.

[36] Chuang CW, Moffatt DL. 'Natural resonances of radar targets via Prony's method and target discrimination'. *IEEE Transactions on Aerospace and Electronic Systems* 1976; **AES-12**(5): 583–589.

[37] VanBlaricum M, Mittra R. 'Problems and solutions associated with Prony's method for processing transient data'. *IEEE Transactions on Antennas and Propagation* 1978; **26**(1): 174–182.

[38] Kumaresan R, Tufts DW. 'Improved spectral resolution III: efficient realization'. *Proceedings of the IEEE* 1980; **68**(10): 1354–1355.

[39] Kumaresan R, Tufts DW, Scharf LL. 'A Prony method for noisy data: choosing the signal components and

selecting the order in exponential signal models'. *Proceedings of the IEEE* 1984; **72**(2): 230–233.

[40] Kumaresan R. 'Spectral analysis', in Mitra SK, Kaiser JF (eds.), *Handbook for Digital Signal Processing*. New York: John Wiley & Sons; 1993.

[41] Tufts DW, Kumaresan R. 'Singular value decomposition and improved frequency estimation using linear prediction'. *IEEE Transactions on Acoustics, Speech, and Signal Processing* 1982; **30**(4): 671–675.

[42] Schmidt RO. 'Multiple emitter location and signal parameter estimation'. *IEEE Transactions on* Antennas and Propagation 1986; **34**(3): 276–280.

[43] Schmidt RO. 'A signal subspace approach to multiple emitter location and spectral estimation'. Ph.D. dissertation, Stanford University, 1981.

[44] Paulraj A, Roy R, Kailath T. 'Estimation of signal parameters via rotational invariance techniques—Esprit'. *Proceedings of the Nineteenth Asilomar Conference on Circuits, Systems and Computers*. New York: IEEE; 1985: 83–89.

[45] Roy R, Paulraj A, Kailath T. 'ESPRIT—a subspace rotation approach to estimation of parameters of cisoids in noise'. *IEEE Transactions on Acoustics, Speech, and Signal Processing* 1986; **34**(5): 1340–1342.

[46] Roy RH. 'ESPRIT: estimation of signal parameters via rotational invariance techniques'. Ph.D. dissertation, Stanford University, 1987.

[47] Zoltowski MD, Stavrinides D. 'Sensor array signal processing via a procrustes rotations based eigenanalysis of the ESPRIT data pencil'. *IEEE Transactions on Acoustics, Speech, and Signal Processing* 1989; **37**(6): 832–861.

[48] Roy R, Kailath T. 'ESPRIT—estimation of signal parameters via rotational invariance techniques'. *IEEE Transactions on Acoustics, Speech, and Signal Processing* 1989; **37**(7): 984–995.

[49] Tufts DW, Kumaresan R. 'Estimation of frequencies of multiple sinusoids: making linear prediction perform like maximum likelihood'. *Proceedings of the IEEE* 1982; **70**(9): 975–989.

[50] Kumaresan R, Tufts DW. 'Estimating the angles of arrival of multiple plane waves'. *IEEE Transactions on Aerospace and Electronic Systems* 1983; **AES-19**(1): 134–139.

[51] Shaw AK, Xia W. 'Minimum-norm method without eigendecomposition'. *IEEE Signal Processing Letters* 1994; **1**(1): 12–14.

[52] Cowan CFN, Grant PM (eds.). *Adaptive Filters*. Englewood Cliffs, NJ: Prentice Hall; 1985.

[53] Widrow B, Stearns SD. *Adaptive Signal Processing*. Englewood Cliffs, NJ: Prentice Hall; 1985.

[54] Cheung JY. 'A direct adaptive frequency estimation technique'. *Proceedings of the 30th Midwest Symposium on Circuits and Systems*. New York: IEEE; 1987: 804–807.

附录 11.A

```
% df12_2.m generate input data
clear
N = 4096;
t = [0:1:31];
x = cos(2*pi*.21*t+.1) + 2*cos(2*pi.36*t) + 1.9*cos(2*pi*.38*t);
xp = [x zeros(1,N-32)];
xpf = fft(xp);
xpa = abs(xpf);
```

```
xaxis = linspace(0,.5,N/2);
plot(xaxis, xpa(1:N/2))
xlabel('Frequency')
ylabel('Amplitude')
grid
```

附录 11.B

```
% ******** df12_3 Autocorrelation method ********
% ******** Autocorrelation method (or the Yule-Walker approach)
clear
load xx.mat
N = length(x);
ip=input(' The order of the model ip = ?');
% ******** Generate the autocorrelation coefficient vector r_xx from x
r_xx=zeros(1,ip+1);
for k=1:ip+1,
    for n=1:N-k+1,
        r_xx(k)=r_xx(k)+conj(x(n))*x(n+k-1);
    end
end
r_xx=r_xx./N;
% ******** Generate the autocorrelation coefficient matrix R from r_xx
for ii=1:ip,
    for jj=ii:ip,
        R(jj,ii)=r_xx(jj-ii+1);
    end
end
for ii=1:ip-1,
    for jj=ii+1:ip,
        R(ii,jj)=R(jj,ii)';
    end
end

% ******** Find the autoregressive model coefficient vector a
a=inv(R)*(-r_xx(2:ip+1)).';
% ******** Find the power spectral density S_xx of the autogressive model
f = linspace(0,.5,100);
for ii=1:100,
    s=0;
    for jj=1:ip,
        s=s+a(jj).'*exp(-i*2*pi*f(ii)*jj);
    end
    S_xx(ii)=1/(abs(1+s)^2);
end
% ****** plot ************
S_xxlog = 10*log10(S_xx);
xaxpt = length(S_xx);
xax = linspace(0,.5,xaxpt);
plot(xax, S_xxlog)
ips = conv_vs(ip);
title(['AR Process      order =', ips])
xlabel('Frequency')
```

```
ylabel('Amplitude')
grid
```

附录 11.C

```
% df12_4.m Burg method
clear
load xx.mat
p = input('enter # of poles = ');
a = lpc(x,p);
H = freqz(1, a, 1000);
xaxis = linspace(0,.5,1000);
plot(xaxis, abs(H))
xlabel('Frequency')
ylabel('Amplitude')
plab = conv_vs(p);
title(['Number of poles = ', plab])
grid
```

附录 11.D

```
% df12_5 MUSIC algorithm
% Updated: July 23 2015
% ************************************************************
clear
close all
load xx.mat
% ************************************************************
numpts = 512;  % input('Enter Number of Output Data Points: ');
Ns = input('Enter Number of Sources: ');
mf = input('Enter Desired Filter Order (min = 2*source#+1) : ');
K = length(x);   % Number of snapshots
% ************************************************************
% Compute the R matrix using the covariance method
% ************************************************************
C2 = [];
for k = 1:mf
  C1 = x(k:K-mf+k);
  C2 = [C2; C1];
end
Cb=C2';
rmat0 = C2*Cb/(K-mf);
% ************************************************************
[v0, d0] = eig(rmat0);                  % find eigenvalues
[lambda0,k10]=sort(diag(d0));
E0=v0(:,k10);
nspace0 = E0(:,1:mf-2*Ns);
% nspace = E(:,1:mf-Ns); % for complex data
for k = 1:numpts
      w0(k) = (k-1)*2*pi/(numpts);
      l = 1:(mf);
      s0 = exp(-1j*w0(k)*(l-1));
      pmu0(k) = inv(s0*(nspace0*nspace0')*s0');
end
pmu0 = abs(pmu0);
pmu0 = 10.0*log10(pmu0/max(pmu0));
% ************************************************************
```

第 11 章 高分辨率谱估计

```
xaxpt0 = length(pmu0)/2;
xax0 = linspace(0,.5,xaxpt0);
figure(1)
plot(xax0, pmu0(1:xaxpt0)-max(pmu0(1:xaxpt0)))
grid;

Nss = conv_vs(Ns);
mfs = conv_vs(mf);
title(['Number of signals = ', Nss, ' Order of filter = ', mfs]);
xlabel('Frequency');
ylabel('Amplitude');
```

附录 11.E

```
% ESPRIT method
clear
load xx.mat
N=length(x);
x=x.';
mm = input('enter the number of signals = ');
l=N/2;
l=diag(diag(ones(l,l)));
% ******** Generate D1 matrix ********
% D1=tril(ones(l,l));
d2 = diag(diag(ones(l-1,l-1)));
d3 = zeros(l-1,1);
d4 = zeros(1,1);
d5 = [d2 d3];
d6 = [d4 d5'];
D1 = d6';
% ******** Generate Ryy Ryz matrices *******
for k=1:l,
      x_k(:,k)=x(k:k-1+l,1);
end
Ryy_est=x_k*x_k'/l;
y=x(2:N);
for k=1:l,
      y_k(:,k)=y(k:k-1+l,1);
end
Ryz_est=x_k*y_k'/l;
% ******** Generate Rs Rss matrices ********
[u_est,q]=eig(Ryy_est);
for ii=1:l,
      m(ii)=q(ii,ii);
end
[y1,g1]=min(abs(m));
var0=q(g1,g1);
Rs=Ryy_est-l.*var0;
Rss=Ryz_est-D1 .*var0;
% ******** Find eigenvalues of Rs Rss *******
[u_est,q]=eig(Rs, Rss);
for ii=1:l,
      m(ii)=q(ii,ii);
end
% ******** Find Frequency ********
for ii=1:mm,
```

```
            [y1 ,g(ii)]=min(abs(1-abs(m)));
            m(g(ii))=0;
            z(ii) = q(g(ii),g(ii));
end
r=angle(z);
f=r/pi/2;
a = find(f>0);
f(a)
```

附录 11.F

```
% df12_6.m Minimum_Norm
% Updated: July 23, 2015
% ***** Input the input vector size and load input data *****
clear
load xx.mat;
X = x;
points = 512;  % input('Enter Number of Output Data Points: ');
Ns = input('Enter the Number of Sources: ');
Fs = input('Enter Desired Filter Size: ');
K=length(X); % Number of snapshots

% ******* Compute the R matrix using covariance method ********

C2 = [];
for k = 1:Fs
  C1 = x(k:K-Fs+k);
  C2 = [C2; C1];
end
Cb=C2';
Rx = (C2*Cb)/(K-Fs);

% ***** Compute the eigenvalues and eigenvectors of Rx *****
[Ea,L] = eig(Rx);
EL = length(Ea);
[lambda,k1]=sort(diag(L));
E=Ea(:,k1);
En = E(:,1:Fs-2*Ns);
% En = E(:,1:Fs-Ns); % for complex data
Enp = En(2:EL,:);
c = Enp(1,:);
% ******** Compute the vector d ********
d = 1/(c*c')*(En*c');
% ******** Compute Pseudospectrum ********
for k=1:points
  w(k) = 2*pi*(k-1)/(points);     % 2pi coverage
  [v,t]=size(d);
  l=1:v;
  B1 = exp(1j*w(k)*(l-1));
  B = B1(:);
  Pmn(k) = 1.0/(B'*(d*d')*B);
end
Pmn = Pmn(:);
Pmn = 10*log10(abs(Pmn));
% ******** Plot ********
xaxpt = length(Pmn)/2;
```

```
xax = linspace(0,.5,xaxpt);
plot(xax, Pmn(1:xaxpt))
xlabel('Frequency')
ylabel('Amplitude')
nss = conv_vs(Ns);
fss = conv_vs(Fs);
title(['Mini-norm no. of sources = ', nss, '  Order of filter = ', fss])
grid
```

附录 11.G

```
% df12_7.m DFT - min norm method (three real signals)

clear
load xx.mat
l= input('enter order of filter = ');
ns = input('enter number of signals = ');
N=length(x);
p=256; % (number of output data points)
f=0:1/p:1-1/p;
for ii=1:p/2,
        for jj=1:l,
                e_f(jj,ii)=exp(j*2*pi*(jj-1)*f(ii));
        end
end

for ii=1:l,
    for jj=1:l,
            D(ii,jj)=exp(i*(2*pi/l)*(ii-1)*(jj-1));
    end
end
for k=1:N-l+1,
    x_k(:,k)=x(k:k-1+l).';
end

for k=1:l,
    x_kk(k,:)=x_k(l-(k-1),:);
end
x_kk=conj(x_kk);

Rxx_est=zeros(l,l);
for k=1:N-l+1,
    Rxx_est=x_k(:,k)*x_k(:,k)'+x_kk(:,k)*x_kk(:,k)'+Rxx_est;
end
Rxx_est=Rxx_est./2./l;
v=Rxx_est*D;
for ii=1:l,
    m(ii)=norm(v(:,ii));
end

for ii=1:ns*2,
    [y,g(ii)]=max(abs(m));
    m(g(ii))=0;
    Es(:,ii)=v(:,g(ii));
```

```
end
g=Es(1,:)';
Es_=Es(2:l,:);
d_s(1,1)=1;
d_s(2:l,1)=-Es_*inv(Es_'*Es_)*g;

for ii=1:p/2,
    P_est(ii)=1/(abs(e_f(:,ii)'*d_s)^2);
end
plot([0:1/p:1/2-1/p],20*log10(P_est))
ylabel('Amplitude')
xlabel('Frequency')
nss = conv_vs(ns);
ls = conv_vs(l);
title(['Mini Norm with FFT # of sig = ', nss, 'filter order = ', ls])
grid
```

附录 11.H

```
% df12_8.m
% This program uses the direct adaptive frequency estimation
% technique (DAFE) by John Y. Cheung, using the least-mean-square
% algorithm (LMS).
% Use u = .001 and iter = 500.

%Steve Nunes
%5/29/92

clear

% Input Parameters.   'order' signifies the number of frequencies detected
% above the number present.  'avnum' is the number of iterations, over
% which, a given estimate is to be to be averaged.  'char' and 'blank'
% are used for printing input frequencies on plots, 'u' is a constant
% used in the adaptive process for convergence.

M=input('Enter the number of frequencies present (max 3):  ');
order=M; avnum=49; char=4; blank=' ';
u=input('Enter value of u (max .01):         ');
SNR=input('Enter the SNR:         ');
iter=input('Enter # of iterations(min of 100): ');

% Set input signal with noise. Set random numbers to normal distribution.
nampl=1/(sqrt(2)*10^(SNR/20));% amplitude of the noise
noise=nampl*(randn(1,iter) + j*randn(1,iter));% and produce sequence.
f=[.1 .2 .4] ;      % Vectors containing input frequencies and
A=[2 2 2];   % amplitudes. M are used.
w=2*pi*f;    % Convert Hz to radians.
x3=zeros(1,iter); % Initialize temp variable x3 to zeros.
k=linspace(1,iter,iter);       % Initialize time vector.
x0=zeros(1 ,M);   % Initialize phase vector x0 to zeros.
x0(1)=j*2*pi*0.125;     % Initialize first phase to its value.
```

```
for i=1:M,     % Loop through the number of
    x1=A(i)*exp(j*w(i)*k + x0(i));%       frequencies present adding
    x3=x3 + x1;          % the next signal to the
end    % previous.
x=x3 + noise;    % Add the noise to signal.

%******** Iterate through the LMS algorithm ********
M1=order;   % Set M1 equal to the order of the LMS algorithm
f_est=zeros(M1,iter);    % used. Initialize the frequency estimate, f_est,
e=zeros(M1+1,iter+1);    % the partial signal error, e, and the adaptation
a=zeros(M1,iter);   % variable, a, to zero. Set the first partial
e(1,1: iter)=x;    % signal, e(1,:), to the sampled sequence, x.

for l=1 :M1,                   % Initialize the first values of
        e(l+1,1)=x(1);         % e and f_est, needed in
        f_est(l,1)=acos(a(l,1))/2/pi;      % calculations below.
        e(l+1,2)=e(l,2) -2*cos(2*pi*f_est(l,1))*e(l,1);
end

for i=2:iter,    % For each sample and for each signal, find next
    for l=1:M1, % values of a and e through iteration.
        a(l,i)=a(l,i-1) + u*(e(M1+1,i)'*e(l,i-1) + e(M1+1,i)*e(I,i-1)');
        f_est(l,i)=acos(a(l,i))/2/pi; % Calculate the estimates.
        if i==2,   % The e(l,i-1) term is zero.
            e(l+1,i+1)=e(l,i+1) - 2*cos(2*pi*f_est(l,i))*e(l,i);
        else
            e(l+1,i+1)=e(l,i+1) - 2*cos(2*pi*f_est(l,i))*e(l,i)+ e(l,i-1);
        end
    end
end

% ******** Convert SNR to string for plot printing ********
plot(f_est')     % Plot the frequency estimates.
xlabel('Iterations')
ylabel('Frequency')
title(['SNR = ' num2str(SNR)' dB, mu = ' num2str(u) ', f1 = '
num2str(f(1)) ',f2 = '
num2str(f(2)) ', f3 = ' num2str(f(3)) ])
```

附录 11.I

```
% CONV_VS converts from a vector to string
% JT April 29 1992

function str = convs(r)
str=[];
for i = 1:length(r)
        eval(['str=[str, '''',num2str(r(i)),' ''];']);
end
```

第 12 章 BPSK 信号的检测

12.1 引言

本章讨论对二相相移键控(BPSK)信号的检测。BPSK 信号的相移为 π rad。相移键控信号的相移还可以是 π/2 rad、π/4 rad 等，这类信号在通信中尤为多见[1]。不过，本章的研究内容聚焦在 BPSK 信号上，因其在雷达应用中更为常见[2~4]。许多不同类型的编码可用于产生 BPSK 信号。例如，全球定位系统的 GPS 信号是采用 Gold 码的 BPSK 信号[5]。在雷达中，常见的编码是可以具有不同长度的巴克码[6]。巴克码的最大长度是 13 位，在本章的讨论中将使用这种巴克码。

应当指出的是，本书研究的主要问题是如何设计出能够在宽频带上检测非合作信号的宽带接收机，而现有接收机主要设计用于侦测常规脉冲信号，这类接收机的例子可在参考文献[8]和本书第 17 章中找到。本章的主要目的不是在于设计一部专用于检测 BPSK 信号的接收机，而是在于拓展现有接收机的性能。因此，本章的重点是检测 BPSK 信号、定位相变位置和确定码元长度。虽然提取发射信号的编码是我们希望接收机所能具备的一项功能，但这里并不对其进行讨论。在参考文献[8]的仿真中，所用接收机的技术规格是：采样率为 2.56 GHz，FFT 帧长为 128 点(相当于 50 ns 的持续时间)，采用 Blackman 窗以减少能量的扩展。输入信号的频率范围为 141~1140 MHz。在处理输入信号时，先对 FFT 帧加 Blackman 窗，然后再连续处理加窗的 FFT 帧。这样的处理方案同样适用于对常规脉冲信号的检测[8]。

由于本书强调对一般宽带接收机技术的介绍，而非对某些特定样式信号的检测，因此，为了简化讨论，仅讨论理想的脉冲 BPSK 信号，即所讨论 BPSK 信号具有理想的±π rad 相变和理想的上升沿与下降沿。另外，BPSK 信号的脉冲宽度假定为 1 μs。虽然可能采用具有更大脉宽的 BPSK 信号，但是使用 1 μs 的信号脉宽应该足以阐明本章提出的检测原理。

本章的讨论分为三个步骤。第一个步骤是检测是否存在 BPSK 信号。首先确定检测灵敏度。检测到的信号可能是连续波信号或 BPSK 信号。那么第二个步骤是辨别检测到的信号，确定它是连续波信号还是 BPSK 信号。辨别这两种信号有两类方法。第一类方法是根据测出的脉宽进行相对较长的数据运算。由于这类方法(例如 FFT 法或特征值法)必须进行长数据运算，它可能使实际的接收机设计变得复杂。另一类方法是使用相对较短的信号数据(例如一帧或两帧数据)，这类方法更加适用于接收机设计。第三个步骤是确定相变的位置。根据相变的位置可以估计码元长度，即在两个相邻相变位置之间的最短时间。码元长度的倒数通常称为码元速率。

12.2 巴克码的基本性质[6,7]

巴克码是一串较短的二元序列，常见于各种雷达应用中。巴克码具有不同的序列长度，如 2 位、3 位、4 位、5 位、7 位、11 位和 13 位。由巴克码自相关产生的副瓣具有恒定的幅度。巴克码的最大长度为 13 位。看来，更长位数的码序列不具备恒定副瓣的特性。11 位和 13 位巴克码如式(12.1)所示[7]

$$B_{11} = [1, -1, 1, 1, -1, 1, 1, 1, -1, -1, -1]$$
$$B_{13} = [1, 1, 1, 1, 1, -1, -1, 1, 1, -1, 1, -1, 1] \tag{12.1}$$

其中，1 和 –1 分别表示正弦波中的零相位和 π rad 相位。13 位巴克码如图 12.1 所示。图 12.1(a) 显示时域中的巴克码，图 12.1(b) 显示巴克码的自相关。在本图中，所有的副瓣具有相同的幅度；这就是巴克码的独特性质。在本章中，只讨论由 13 位巴克码构成的 BPSK 信号。

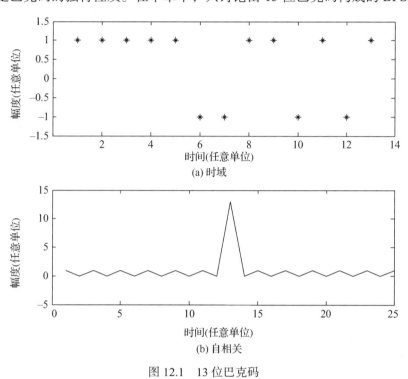

图 12.1　13 位巴克码

12.3　射频与码元长度同步的 BPSK 信号生成

我们期望 BPSK 雷达的射频载波和编码由一个晶振单元产生。换言之，射频载波和编码是相位锁定的。这里的仿真将考虑该特性。仿真中使用 13 位巴克码，码元长度固定为约 77 (≈ 1000/13) ns。从以下步骤可以看出，码元长度随输入频率发生了变化。下面列出了从 2560 个数字化数据点产生 1 μs 的 BPSK 信号的步骤。

1. 产生一个随机初始相位为 θ_i 且输入频率为 f_i 的射频信号。那么，对应于一个射频周期的时间 t_i 和在时间 t_0 的初始相位分别为

$$t_i = \frac{1}{f_i}, \quad t_0 = \frac{\theta_i}{2\pi f_i} \tag{12.2}$$

在本例仿真研究中，相变取在射频波形的 0 相位处。图 12.2 显示了 t_0 时刻的初始相位、射频载波周期 t_i、数字化点和第一相变。这只是一种特殊情况，将用于产生待研

究的所需信号。相变可出现在射频周期内的任意位置,前提条件是它们必须是同步的,即相变出现在所有射频周期内相同的位置。

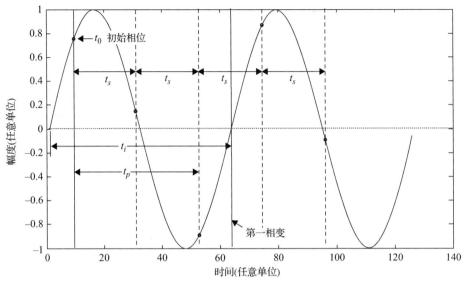

图 12.2 输入信号示意图

2. 在 1 μs 的时间间隔内计算射频周期的总数 N_r

$$N_r = f_i \times 1\ \mu s = f_i \times 10^{-6} \tag{12.3}$$

3. 数字 N_r 除以 13(巴克码的总位数),并只保留计算结果的整数部分。该方法可以同步射频和码元速率。每个码元包含的射频周期总数 N_c 和码元长度 t_c 分别为

$$N_c = \text{floor}\left(\frac{N_r}{13}\right), \quad t_c = N_c \times t_i \tag{12.4}$$

其中,floor()表示对除法运算结果去尾留整。

4. 第一相变发生的时间 t_p 则为

$$t_p = t_0 + \text{round}\left(\frac{t_i - t_0}{t_s}\right) t_s, \quad t_s = \frac{1}{f_s} \tag{12.5}$$

其中, t_s 表示采样时间, f_s 表示采样频率,round()表示取最接近的整数。得到的时间 t_p 位于接近射频周期内 0 相位的一个点,但是并不位于 0 相位处,这是由图 12.2 所示的数字化效应引起的。剩余的相变可通过在 t_p 上增加 t_c 并取最接近的整数来得到。一旦所有的相变被确定,就能够产生巴克编码信号。

图 12.3(a)给出了 13 位巴克码的相变位置。图 12.3(b)至 12.3(g)给出了巴克码信号射频周期内的单个相位变化,而这些相变出现的时间分别与图 12.3(a)所示巴克码出现相变的位置一一对应。得到的结果与预期设计的信号一致,即相变发生在射频周期内接近 0 相位的位置。在该图中,所选输入频率为 141 MHz,即接收机输入频带的最小值,因为在更高的频率上难以将信号内的相变在准确的相位上进行可视化。这里,初始相位是任意选取的,且无任何噪声。可用于产生 BPSK 信号的程序在附录 12.A 中给出。

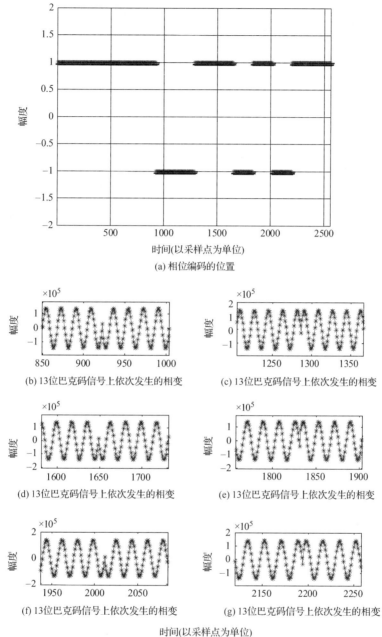

图 12.3 13 位巴克码的相变（幅度为任意单位）

12.4 11 位和 13 位巴克码在频域中的比较

本节通过对 11 位和 13 位巴克码的仿真，显示它们在频域中的差别。在这些示例中，输入频率为 141 MHz，初始相位是任意选取的。这里所选的低输入频率与前面的示例一致。

图 12.4(a) 与图 12.4(b) 分别给出了时域和频域中的 11 位巴克码。实际的巴克码包括从点 21 到点 2416 的 2396 个点，比全部 2560 个数字化点少 164 点，如图 12.4(a) 所示。一个码元

的长度包括约 218 点,共有 6 个"+1"和 5 个"−1"。码元长度接近 85 ns,即 218/(2.56×10^9)。FFT 运算仅在包括 2396 点的实际巴克码上进行,得到的结果如图 12.4(b)所示。在该图中,仅显示了靠近最大频点的邻近点,且载波频率被抑制。11 位巴克码中存在 6 个"+1"和 5 个"−1",这两个数字(5 和 6)是大小相当的,因而载波频率被抑制;这是通常所期望的结果。

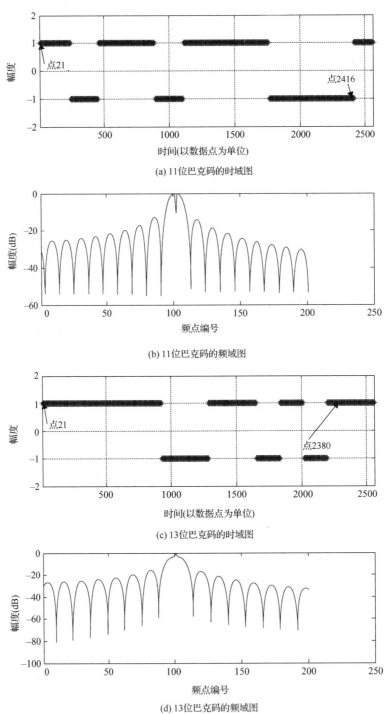

图 12.4　11 位和 13 位巴克码的时域图和频域图(2560 个数据点)

图 12.4(c) 和图 12.4(d) 分别给出了时域和频域中的 13 位巴克码。实际的巴克码包括从点 21 到点 2380 的 2360 个点，比全部 2560 个数字化点少 200 点，如图 12.4(c) 所示。13 位巴克码的码元长度包括 181 或 182 点，共有 9 个"+1"和 4 个"−1"。码元长度接近 71 ns，即 $181/(2.56×10^9)$。由于帧时间为 50 ns，所以一帧仅包含一个相变，但是两个相变可出现在相邻的两帧内。FFT 运算仅在包括 2360 点的实际巴克码上进行，得到的结果如图 12.4(d) 所示。在该图中，仅显示了靠近最大频点的邻近点，且载波频率并未被抑制，而是略微变大。出现此现象的原因在于 13 位巴克码包含 9 个"+1"和 4 个"−1"，正 1 的个数比负 1 的个数的两倍还多，因而载波频率仅被轻微抑制。那么，BPSK 信号的载波频率是部分还是完全被抑制取决于信号中正周期和负周期的数量。如果仅被轻微抑制，载波频率就可能出现凸峰而非凹谷，如图 12.4(d) 所示。这里，功率谱的幅度单位为分贝（相对于峰值）。

12.5 阈值和检测概率

在下面的讨论中，讨论对象仅限于 13 位巴克码。如果 BPSK 雷达只辐射一个完整的 13 位巴克码，信号应该只包含 2360 个数据点（信号频率为 141 MHz）。根据 12.3 节所描述的信号产生步骤，在其他的载波频率上，13 位巴克码将产生不同数量的数字化点。由于灵敏度是基于接收到的全部信号能量来确定的，而 2360 点与 2560 点相比意味着 8% 的能量损失，所以如果只使用带有信号的这些数据点来研究灵敏度，那么总信号长度将对 FFT 点数和灵敏度产生影响。为了消除这一影响，所有的输入信号均被拓展至 2560 点。额外的数据点出现在数字化信号的始端和末端。始端的额外数据点少于一个射频周期内的数据点，而末端的额外数据点由额外的射频周期确定。这种方法可能无法适配实际使用的雷达信号，但是应该可以在灵敏度测试中得到更高的准确度。

由于 BPSK 信号的载波频率是恒定的，可通过幅度求和的方法来检测连续波信号。2560 个数据点可分为 20 帧，每帧包含 128 个数据点。通过对 20 帧具有瑞利分布的噪声输出求和可得到阈值。得到的数值为 185，求解的细节将在第 13 章中讨论（见 13.9 节和表 13.1 的第一行）。检测概率可通过在恒定的输入功率电平上运行 1000 次来获得。每次运行的输入频率在 141~1140 MHz 范围内随机产生，且初始相位也是随机的；得到的结果如图 12.5 所示。当信噪比为 −11.3 dB 时，检测概率大概为 90%。这一信噪比数值与连续波信号的情况相比差了 0.4 dB，如表 13.2 第 8 行所示。这样的结果是正常的，原因在于如果在 20 帧数据中某一特定的帧内出现一次相变，那么由于信号能量会扩展至邻近的频点，所以信号在频域中幅度会略微降低。因此，求和输出的最大值也将略微减小。由于灵敏度只是略微降低一些，所以认为信号检测不是主要问题。

下一个问题是确定被检测信号是连续波信号还是 BPSK 信号。一种方法是估计信号长度，并利用所有可获得的数据进行判断。另一种方法是使用各数据帧来做判断。后一种方法更有可能用于接收机的设计，原因是它能够进行更迅速的判断。下面先讨论第一种方法。

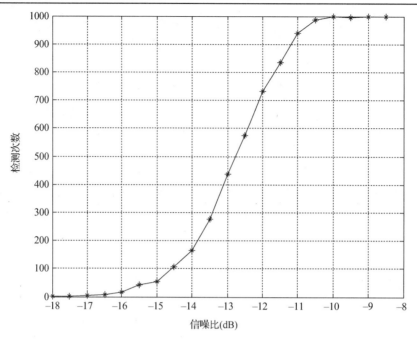

图 12.5　频率在 141~1140 MHz 范围内随机产生且初始相位随机的 BPSK 信号的检测概率

12.6　利用长帧 FFT 检测 BPSK 信号

该检测方法基于长帧 FFT 运算,可能需要特别的设计才能在接收机中应用。如果利用上一节的方法检测到相对较长的信号,下一步骤就是确定该信号是连续波还是 BPSK 信号。这里使用 2560 点作为输入信号的长度。应该注意到,2048 是底数为 2 的整数次幂(2^{11}),而 2560 却不是。为了前后一致,这里将使用 2560 点 FFT 运算。在 12.5 节中已讨论过,实际的信号是少于 2560 点的,在信号的始端和末端填补信号而非补零。得到的频域输出如图 12.6 所示。在该图中,信噪比设置为 100 dB 以消除噪声的影响,并且对输入数据添加 2560 点的 Blackman 窗。输入频率在 141~1140 MHz 范围内随机选取,且初始相位随机。为了放大输出的响应曲线,图中仅显示 FFT 输出的峰值及±20 内的频点。

图 12.6(a) 至图 12.6(c) 显示了不同输入频率 BPSK 信号的频率输出。尽管使用了 Blackman 窗,副瓣依然较高,这是由信号的频谱扩展引起的。对 BPSK 信号来说,如果正负周期均等,载频的输出将具有最小值。如前面小节所述,这里载频的谱线未被抑制。图 12.6(d) 显示的是输入频率随机且初始相位也随机的连续波信号。该图所示的主瓣更窄,并且副瓣也相对较低。根据这些图,选择一条准则来分辨连续波和 BPSK 信号。首先,在频域中选择输出的最大值及其左右邻近的各 4 个频点。选取 9 个频点是依据经验确定的。然后,在这 9 个频点中,计算最小值与最大值的比值。我们将该比值简称为最小最大比。如果信号为 BPSK 信号,最小最大比应该比较大,因为此时选取的频点都具有较高的幅度值。

下面为该检测设置阈值。首先,将噪声用作输入,并运行 100 000 次,用来设置阈值。在每次运行中,2560 点的噪声输入数据与 Blackman 窗相乘。通过 2560 点 FFT 运算,在频域得到 1280 个独立输出。不过,当最大值的频点编号小于 5 或大于 1275 时,无法在最大值的左右两侧都选够 4 个点。这些运行均忽略被，选用的运行总次数为 98 560 次。换言之，1440（即 100 000−98 560）次运行被忽略。得到的最小最大比的最大值为 0.674，那么通过瑞利分布拟合得到的阈值约为 0.73。尽管图中曲线并不是瑞利分布，为了方便起见，使用瑞利分布来确定阈值。

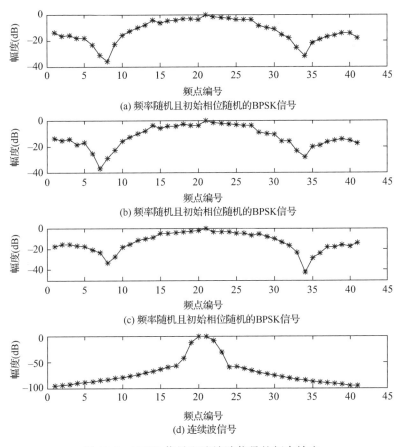

图 12.6 BPSK 信号和连续波信号的频率输出

由于这里的检测是为了区分 BPSK 信号和连续波信号，并非检测在噪声中是否存在信号，所以该阈值相当高，不能用于判断 BPSK 信号是否存在。如果检测出连续波信号，则最小最大比将依赖于输入信噪比。对强信号来说，最小最大比值将会比较小。由于必须先检测到信号，且检测 BPSK 信号的灵敏度为信噪比等于−11.3 dB 时的灵敏度，所以使用该信噪比对应的信号电平来产生阈值。阈值产生的过程如下。使用信噪比为−11.3 dB 的连续波信号作为输入，并生成输入频率随机且初始相位也随机的 2560 点数据。在对输入数据应用 Blackman 窗后，执行 FFT 运算。选取最大幅度的频点及其左右邻近的各 4 个频点，并计算最小最大比。100 000 次运行的结果如图 12.7 所示，所用输入频率在 141~1140 MHz 之间随机选取，且初始相位随机。由于从这些输入频率得到的输出最大值出现的位置均在频率编号 5 和 1275 之间，所以图中包含 100 000 个数据点。使用瑞利分布对得到的输出进行拟合。如图 12.7 所示，在虚警概率为 10^{-4} 时，得到的阈值约为 0.214，该阈值来自三次运行的平均值。获得阈值的另一种方法是降序排列输出值，选择第 10 个值，并运行三次取平均，得到 0.243。由于瑞利分布不能较好地匹配输出数据，因此选择 0.243 作为阈值，该值比通过噪声输入得到的阈值 0.73 小得多。阈值 0.243 仅用于信噪比为-11.3 dB 的连续波信号。当输入信噪比增大时，阈值将减小；反之，阈值将增大。

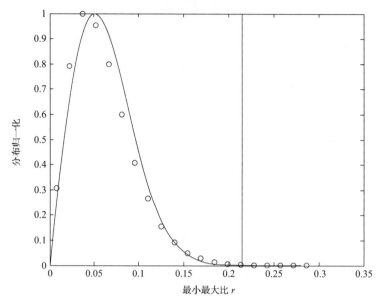

图 12.7　最小最大比分布图：输入为连续波，信噪比为-11.3 dB，加 Blackman 窗，运行 100 000 次

下一个步骤是得到检测概率。图 12.8 给出了输入信噪比从-12 dB 变化至-3 dB 所对应的检测概率。当 BPSK 信号的检测概率为 90%时，信噪比约为-8.9 dB。在运行不同的次数后，得到的检测概率与该值非常接近。得到这些结果的原因可解释如下。当输入为信噪比大于-8.9 dB 的 BPSK 信号时，大约 90%的 BPSK 信号可被该区分方法识别。如果信号强度更大，那么它被识别的概率也越大。如果一个强连续波信号被检测到，则它被识别为 BPSK 信号的概率较小。如果一个弱连续波信号被检测到，则它被识别为 BPSK 信号的概率较大，易产生误检。

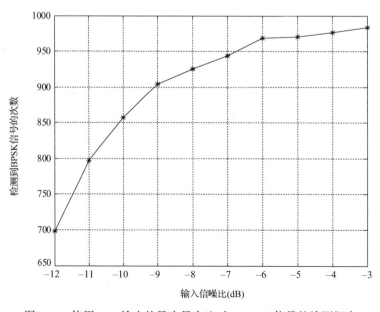

图 12.8　使用 FFT 输出的最小最大比时，BPSK 信号的检测概率

12.7 利用特征值区分 BPSK 信号和连续波信号

我们知道,特征值可被用于确定信号的数量[9~12]和信号的调制类型[13]。在下面的研究中,特征值将用于区分 BPSK 信号和连续波信号。具有 N 个数据点的输入信号的 2×2 相关矩阵可表示为

$$R(1,k) = \begin{bmatrix} z(k-1)^* & z(k)^* & \ldots & z(N)^* \\ z(0)^* & z(1)^* & \ldots & z(N-k+1)^* \end{bmatrix} \begin{bmatrix} z(k-1) & z(0) \\ z(k) & z(1) \\ \vdots & \vdots \\ z(N) & z(N-k+1) \end{bmatrix} \quad (12.6)$$

$$= \begin{bmatrix} R_{11} & R_{12} \\ R_{21} & R_{22} \end{bmatrix}$$

其中,1 表示第一延迟,是一个固定值;*表示复共轭。第二个元素 k 可以是小于 N 的任意正整数。特征值区分法不能使用窗函数,因为加窗使频谱出现扩展并导致发生检测方面的问题。由于输入数据为实数,一个信号将影响两个特征值。为确定输入是否包含第二个信号(即一个扩频信号),需要得到三个特征值。

三个延迟是基于某个复信号选取的。该复信号由一个实信号通过一个 90° 耦合器得到,如第 6 章所述。那么,得到的复信号具有 561 个数据点。首先必须选取相应的延迟。延迟的选取通过序列搜索来实现。对于一个 3×3 矩阵,延迟可表示为 $(1, x, y)$。3×3 相关矩阵可表示为

$$R(1,x,y) = \begin{bmatrix} z(y-1)^* & z(y)^* & \ldots & z(N)^* \\ z(x-1)^* & z(x)^* & \ldots & z(N+x-y)^* \\ z(0)^* & z(1)^* & \ldots & z(N-y+1)^* \end{bmatrix} \begin{bmatrix} z(y-1) & z(x-1) & z(0) \\ z(y) & z(x) & z(1) \\ \vdots & \vdots & \vdots \\ z(N) & z(N+x-y) & z(N-y+1) \end{bmatrix} \quad (12.7)$$

$$= \begin{bmatrix} R_{11} & R_{12} & R_{13} \\ R_{21} & R_{22} & R_{23} \\ R_{31} & R_{32} & R_{33} \end{bmatrix}$$

其中,1 表示第一延迟,是一个固定值;*表示复共轭。

这里的输入信号是一个频率任意选取的无噪声 BPSK 信号。对于 561 个数据点,x 值的变化范围是从 2 至 200,y 值的变化范围是从 3 至 200。两者的变化步长均为 1。在每次步进时均监测第三个特征值,共得到 39 402 个输出。其最大值出现在 $x \approx 45$ 且 $y \approx 115$ 处,位置分别约为全部数据长度的 0.08(45/561)和 0.2(115/561)。看上去,最大值具有一个稳定状态,x 和 y 的值并不是很关键,BPSK 信号的输入频率也不是很关键。当输入频率在 141~1140 MHz 之间变化时,x 和 y 的值没有出现大的改变。鉴于此,将 x 和 y 的值分别大约选取为全部数据长度的 0.08 和 0.2,但是该结论是从非常有限的实验中得出的。

在本例研究中,将全部数据长度的 0.08 和 0.2 两处的值分别用作两个延迟 x 和 y 的值。当输入数据的点数为 2560 时,三个延迟分别为 1,205 和 512。当输入为噪声时,最大的特征值用于产生阈值。图 12.9 给出了运行 100 000 次得到的结果。结果数据使用高斯分布进行拟合。当虚警概率为 10^{-4} 时,阈值位于 0.931。如果结果数据按照降序排列,第 10 个数据非常接近 0.931。由于使用高斯分布拟合结果数据是合理的,所以阈值可以通过该方法得到。

下一个步骤是获得检测概率。使用信噪比既定、输入频率在 141~1140 MHz 之间随机选取且初始相位随机的信号,运行 1000 次。信噪比的变化范围为 $-8 \sim -3.5$ dB,得到的运行结果如图 12.10 所示。当信噪比约为 -5.7 dB 时,检测概率约为 90%。

采用类似的方法,将噪声替换为信噪比为 -11.3 dB 的连续波信号来确定阈值。当信噪比为 -11.3 dB 时,对连续波信号的检测概率约为 90%。使用类似的方法寻找在相同延迟下的三个特征值。将最小的特征值用作检测信号是否为 BPSK 信号的阈值。最大的特征值用于检测信号是否存在。阈值通过高斯分布拟合得到。当检测概率为 10^{-4} 时,阈值约为 0.899,比通过输入噪声获得的阈值(0.931)略小。如果阈值由噪声确定,那么当检测 BPSK 信号的检测概率为 90% 时,需要的相应信噪比约为 -6.6 dB。如果使用连续波信号来产生阈值,则所需的信噪比为 -8.9 dB。

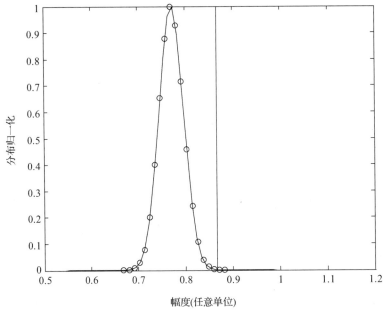

图 12.9　在输入为噪声时,运行 100 000 次所得 3×3 相关矩阵最大特征值的幅度变化

特征值法能够利用噪声产生阈值,而 FFT 法则不能,因而得到的两种结果是不同的,对其原因说明如下。图 12.8 和图 12.10 之间存在多处不同。首先,检测概率为 90% 时所需的信噪比是颇为不同的(分别为 -8.9 dB 和 -5.7 dB)。当输入信噪比为 -8.9 dB 时,特征值法看上去根本无法检测 BPSK 信号。其次,当输入信噪比为 -5 dB 时,特征值法可以近乎 100% 地准确检测到 BPSK 信号,而最小最大比法只能达到约 97% 的准确检测。再者,误检概率也是不同的,但是无法在这两幅图中展示。对最小最大比法来说,误检取决于连续波信号的强度。检测到的较弱连续波信号可引起的误检比强信号更多。由于在只有噪声输入时,特征值法具有非常低的虚警概率,所以该方法有点像传统的检测方法。最后,对这些方法的应用也是不同的。对最小最大比法来说,必须通过 FFT 输出求和法来检测信号。于是该方法用于辨别信号是连续波信号还是 BPSK 信号。特征值法可以通过最大特征值来检测信号是否存在,并通过最小特征值来辨别信号是连续波信号还是 BPSK 信号。结论是,这两种方法得到的结果是不同的,对两者很难做出有意义的对比。

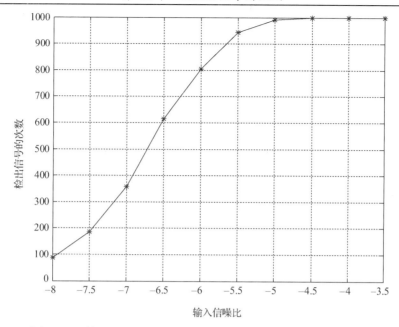

图 12.10 使用 3×3 相关矩阵的特征值时，BPSK 信号的检测概率

12.8 利用帧输出辨别连续波和 BPSK 信号：FFT 法和特征值法

在 12.6 节和 12.7 节中，2560 点 FFT 运算和相关矩阵被用于辨别连续波信号和 BPSK 信号。在本节中，将执行类似的操作，但是输入仅有来自上述 20 帧 FFT 运算结果的 20 个点。在 128 点 FFT 运算的 64 个独立输出中只选择中心部分的 53 个，那么从 20 帧数据中将得到 1060（53×20）个输出。这里的前提条件是使用 12.5 节提到的方法必须检测到信号。换言之，在对 20 帧 FFT 输出求和之后，得到的 53 个频点幅度和之一必须大于阈值 185。一旦检测到信号，就确定了相应的频点，因此在后续处理时仅使用 20 个点。FFT 法和特征值法将用于辨别连续波信号和 BPSK 信号，而这两种方法均需要阈值。

在设置阈值前，首先研究得到的 FFT 输出。在仿真中，将一个输入频率和初始相位均随机的 1 μs 连续波信号与一个输入频率相同但初始相位不同的 1 μs BPSK 信号进行比较。这两个信号均无噪声。两者的输入也都分成帧长为 128 点的 20 帧数据。两个信号均施加 128 点的 Blackman 窗并执行 20 次 FFT 运算。选取所得到频点中幅度和的最大者，在该频点上共有 20 个点。在这 20 点数据上进行不加窗函数的 FFT 运算；该运算被称为二次 FFT 运算。应当指出，这些数据点是 FFT 输出且为复数。由于总数据长度为 1 μs，二次 FFT 运算的频率分辨率为 1 MHz。所得结果如图 12.11 所示。图 12.11(a) 和图 12.11(b) 分别给出了连续波信号和 BPSK 信号的 20 次 FFT 运算结果的求和。如预期的那样，这些输出非常相似。图 12.11(c) 和图 12.11(d) 分别给出了连续波信号和 BPSK 信号二次 FFT 运算的结果。在大多数情况下，BPSK 信号的二次 FFT 运算输出与连续波信号相似，如图 12.11(d) 与图 12.11(c) 所示。不过，尽管输入频率是一样的，但是在该具体频率上，所得峰值出现在不同的输出频点上。图 12.11(d) 显示出频谱的扩展。据此观察，使用 FFT 法可能会难以辨别连续波信号和 BPSK 信号。

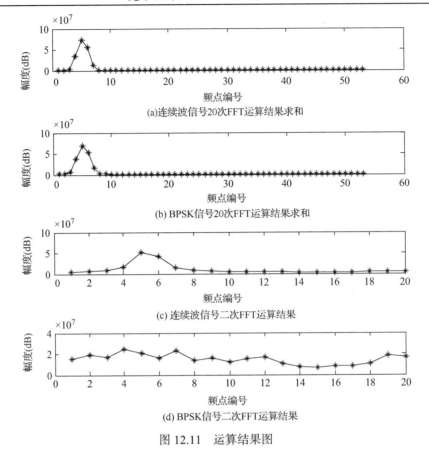

图 12.11　运算结果图

为比较 FFT 法和特征值法的性能，需要先确定阈值。首先讨论 FFT 法的阈值设置。由信噪比为 −11.3 dB 的连续波信号来确定该阈值。在第 20 帧数据完成 FFT 运算后，不与阈值 185 进行比较，直接选取 FFT 输出求和中具有最大幅度和频点，将该频点处的 20 个复数据用作二次 FFT 运算的输入。在二次 FFT 运算的结果中，共有 20 个频率分辨率为 1 MHz 的输出，并选取最大输出及其邻近的两个频点。如果最大幅度在频点 1 处，频点 2 和 20 将被视为邻近的两个频点。如果最大幅度出现在频点 20 处，频点 19 和频点 1 将作为邻近的两个频点。在所选的三个频点中，将最小最大比用作阈值。为得到此阈值，使用频率和初始相位均随机且信噪比为 −11.3 dB 的连续波信号作为输入，运行 100 000 次。得到的输出难以使用某个已知的分布进行拟合。如果将所得的最大值用作阈值，则 100 000 次运行中每次运行所得到的阈值都出现很大的变化。采取的方法是将 100 000 次运行得到的结果升序排列，并将第 99 990 个值用作阈值。根据这种方法，虚警概率可被认为是 10^{-4}。运行 3 回 100 000 次得到的阈值平均值约为 0.838。

特征值法的阈值可以使用同样的方式得到。一次 FFT 运算(相对于二次 FFT 运算而言)的输出是复数，可使用 2×2 相关矩阵来寻找第二个信号。对 2×2 和 3×3 两个相关矩阵进行求解。3×3 相关矩阵所用的延迟为[1, 2, 4]，这是根据 12.7 节的讨论和数据点为 20 个而确定的。2×2 相关矩阵所用的延迟为[1, 3]，第二个延迟位于 2 和 4 之间。阈值由小特征值与大特征值的比值决定。对 3×3 相关矩阵来说，阈值由最小特征值与最大特征值的比值决定。这两种比值的分布均难以使用已知的模型进行拟合。阈值的获取与前面所讨论的方法类似。将信噪比为 −11.3 dB 的连续波信号作为输入信号，运行 100 000 次，并对最小最大比进行计算。经过排序，选取第 99 990 个比值作为阈值。运行 3 回 100 000 次得到阈值的平均值。由 2×2 相关矩阵得到的阈值为 0.551，由 3×3 相关矩阵得到的阈值为 0.310。表 12.1 列出了上述的三种阈值。

表 12.1 用于辨别连续波信号和 BPSK 信号的阈值

方　　法	阈　　值	比　　值
FFT	0.838	最小最大比
特征值 2×2	0.551	小特征值与大特征值之比
特征值 3×3	0.310	最小特征值与最大特征值之比

一旦确定了所有的阈值，就可以得到检测概率。输入信号为脉宽 1 μs 的巴克码信号，信号频率在 141~1140 MHz 之间随机选取且初始相位随机。输入信噪比的变化范围为−11~−1 dB，步幅为 0.5 dB。在每个信噪比上，使用不同的噪声分布对输入信号测试 1000 次。在该过程中，必须先检测到输入信号，再确定信号是否为 BPSK 信号。如果输入信号未被检测到，则认为结果是无检出信号。

将包含噪声的相同信号用于所有三种方法：FFT 法、2-延迟特征值法和 3-延迟特征值法。对 FFT 法来说，检测概率在 10%~45%之间变化，与输入信噪比无明显的关系。该结果可从图 12.11 预料到，并且 0.838 是非常高的阈值。

图 12.12(a) 和图 12.12(b) 分别给出了由 2-延迟特征值法和 3-延迟特征值法得到的结果。看上去 2-延迟特征值法能够在−10.5 dB 的信噪比上达到 90%的检测概率，同时在−4 dB 的信噪比上达到接近 100%的检测概率。在图 12.12(b)中，指定 90%的检测概率需要的信噪比为−8 dB，但是可以看出 3-延迟特征值法根本无法实现接近 100%的检测概率。

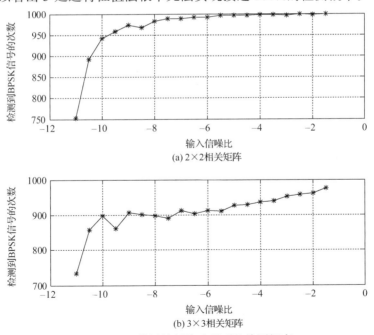

图 12.12 使用特征值法得到的检测概率

在由弱连续波信号产生阈值且虚警概率为 10^{-4} 的情况下，得到的所有灵敏度信噪比在表 12.2 中列出。可以看出，2-延迟特征值法是最优的。有趣的是它碰巧也是最适用于接收机设计的方法。

表 12.2　不同方法得出的灵敏度信噪比

方　法	灵敏度信噪比(dB)
长 FFT 运算	−8.9
使用长数据的特征值法	−5.9
2-延迟特征值法	−10.5
3-延迟特征值法	−8.0

12.9　产生用于相变检测的信号

在前面小节中讨论的检测与分类方法使用了长数据，而应用到接收机设计中还需要特殊的操作。下面使用两帧数据的方法更加适用于接收机设计。另外，如果能够检测到相变，就有希望估计出相变的位置。

在本例研究中，帧时间为 50 ns，选取的码元长度比帧时间长，以避免两次相变出现在一帧内。尽管理论上当码元速率够高时，在一帧时间内会出现两次相变，但是这里不讨论此种情况，我们预计在未来的接收机设计中帧时间会比预期的码元长度短。为了研究相变组合的一般情况，这里将包括两种信号情况。这些情况应该包括帧内所有可能的相变组合。一种情况是某个特定的帧内只有一次相变且在首帧和末帧中无相变出现。另一种情况是在相邻两帧的每一帧内均出现一次相变。这两种情况如图 12.13 所示。图 12.13(b) 显示在第 3 帧和第 4 帧内各出现一次相变。在这两种情况中，相变可出现在帧内任意的位置，例如靠近中心或两边。当两次相变被一帧分割开时，例如出现在第 2 帧和第 4 帧内，这种情况可使用图 12.13(a) 来表示。当相邻两帧的每一帧内均出现一次相变时，该情况可使用图 12.13(b) 来表示。

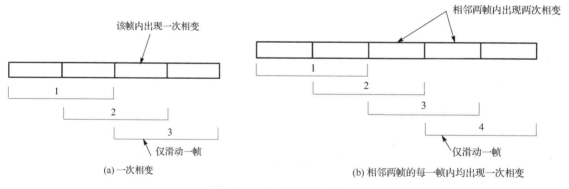

图 12.13　相变位置示意图

为了研究这两种情况，我们希望能够产生用于测试的 BPSK 信号。BPSK 信号产生程序应基于以下要求产生 BPSK 信号：

1. 输入频率带有初始相位；
2. 帧的总数；
3. 以信噪比表示的信号强度；
4. 相变位置使用帧的序号表示，如在帧 2 和帧 3 内(即在第 2 帧和第 3 帧内)。为简便起见，将出现相变的帧称为相变帧；

5. 将帧内出现相变的位置,例如在帧头部或中心,称为帧内相变点。在实际程序中,仅提供6个帧内相变点:0,1/4,1/2,3/4,1和2。0表示相变位置接近帧头部;1表示接近帧尾部;1/4,1/2和3/4分别表示接近帧的1/4,1/2和3/4位置;2表示相变点在帧内的位置随机。射频载波和码元的相位应是锁定的。鉴于此要求,帧内相变点是受限的。如果没有射频与码元相位锁定的要求,相变点可被置于帧内任意位置的采样点上。假设射频载波与码元是相位锁定的,相变一定出现在射频周期内接近零相位的位置,且处于采样点上。因此,相变只能出现在希望其出现的位置附近。

6. 如果相变出现在相邻两帧内,这两次相变的间隔应大于1个帧时间。例如,如果在第一帧内相变位置被随机指定,那么第二帧的帧内相变点也将被随机指定,但是两次相变之间的间隔应大于1个帧时间。如果第一帧内的相变点接近帧的尾部,第二帧内随机选取的相变点也将接近该帧的尾部。不过,在此情况下,由于要求射频载波与码元相位锁定,允许两次相变之间的间隔略小于1个帧时间。在下面的大多数讨论中,将使用随机指定的相变。

本程序在用于实际的仿真前进行了测试。所得结果如图 12.14 所示。图 12.14(a)显示了一个由计算机程序产生的信号,输入频率为 141 MHz,初始相位随机,且共有 4 帧数据,因此有 128×4,即 512 点。相变帧为帧 2 和帧 3,两帧帧内相变点均随机,信噪比为 100 dB(无噪声)。因为相变更容易在较低的频率上进行显示,所以在该图中使用了较低的频率。

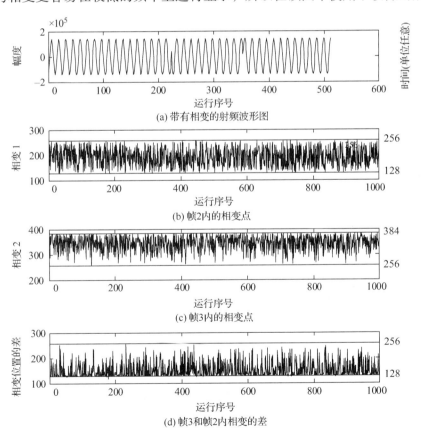

图 12.14 在相邻两帧内产生两个相变的仿真结果

图 12.14(b) 显示了在输入频率和初始相位均随机的情况下，1000 次运行所得帧 2 内的相变位置。相变位置在第 128 点和第 256 点之间，如图中两条水平线所示。图 12.14(c) 显示了帧 3 内的相变位置，位于第 256 点和第 384 点之间。图 12.14(d) 显示了帧 2 和帧 3 内相变位置的差。这些差值在 128~256 范围内。不过，有个别点的差值小于 128。这些结果表明所有要求均得到满足，该程序将被用于产生下面研究所需的信号。

12.10 检测相变的方法

本章的剩余部分专门讨论对 BPSK 信号中相变的检测。这里将介绍三种检测方法，分别是 FFT 法、特征值法和两帧比相法。由于 FFT 法和特征值法均测量第二个频率的能量，所以将它们称为第二频率法。当第二个频率的能量高时，将其分类为扩频信号。比相法使用两帧数据，测量相邻帧间的相位差。

第二频率检测法将一帧或两帧数据作为输入。在使用一帧数据的情况下，当相变接近帧的中心时，由于频谱扩展，检测灵敏度是最高的；当相变接近帧的尾部时，由于此时与连续波信号相似，检测灵敏度是最低的。在使用两帧数据的情况下，输入数据只移动一帧（见图 12.13）。当相变接近帧的中心时，检测灵敏度是最低的。此时，相变接近两帧数据的 1/4 位置。当相变接近两帧间的分界时，相变位于两帧数据的中间位置，此时的检测灵敏度是最高的。

比相法需要至少四帧数据，用来产生作为参考的两个二次相差。如果在相邻三帧中不存在相变，二次相差将接近于零。当相变位于接近两帧的分界处时，比相法将会更加灵敏。当相变接近帧的中心，比相法的灵敏度将变差。因此，第二频率法和比相法是互补的，在应用中可使两者取长补短。

由于第二频率法均基于相似的原理进行检测，因此可比较它们的性能。这里，将两种不同输入的情况用于下面的测试：输入一帧数据和输入两帧数据。在输入为一帧数据的情况下，使用两帧数据进行测试。第一帧数据不包含相变，用于测试误检。第二帧数据包含一次相变，其位置在帧内是随机的。

在输入为两帧数据的情况下，使用四帧数据进行测试。相变位于第三帧数据内，其位置随机，如图 12.13(a) 所示。前两帧数据用于测试误检，帧 2 至帧 3 与帧 3 至帧 4 用于检测相变。

这里将为所有的情况设置阈值。对 FFT 法来说，根据位于灵敏度水平上的连续波信号来设定阈值，12.6 节已对此讨论过。对特征值法来说，根据噪声输入来设定阈值，12.7 节已对此讨论过。选定所偏好的方法，然后进行进一步的研究。图 12.13(b) 所示的输入情况将不用于这里的研究。

12.11 输入一帧数据的 FFT 法

首先，利用 FFT 输出的幅度进行检测，与 12.5 节所述相似。该方法比较连续波信号和 BPSK 信号的频谱输出。对一帧测试的情况来说，使用一帧输入数据来确定阈值。在阈值设定之前，先要选定频点的个数，用于后续的计算。对长输入数据来说，图 12.6(d) 表明选取 9 个频点是合理的。在输入一帧数据时，输入频率和初始相位均是随机选取的，且不存在噪声。对 128 点输入数据施加 Blackman 窗，然后进行 FFT 运算。选取最大幅度频点及其左右相邻的各 4 个频点。使用输入频率和初始相位均相同的正弦波信号进行比较。得到的结果如图 12.15 所示。图 12.15(a) 显示连续波信号的输出。图 12.15(b) 显示相变接近帧的 1/4 位置,图 12.15(c) 显示相变接近帧的中心。

图 12.15(a) 和图 12.15(b) 的差别很小,但是能够轻易地将图 12.15(c) 与图 12.15(a) 区分开来。结果表明,对 128 点 FFT 运算来说,当相变接近帧的 1/4 位置时,将难以区分连续波信号和 BPSK 信号。从图 12.15(a) 和图 12.15(b) 看出,很难确定用于研究的频点个数。

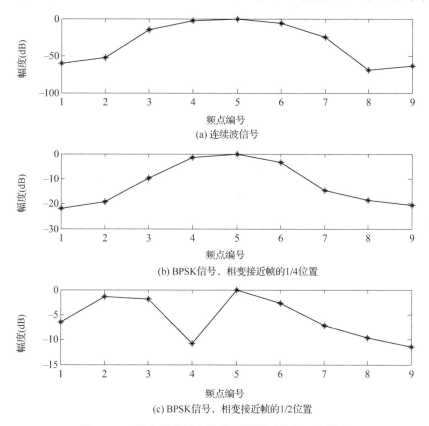

图 12.15 最大幅度频点及其两侧邻近的各 4 个频点

下面的方法用于确定选取频点的个数。在无噪声的情况下,针对连续波信号和 BPSK 信号,对选取 7 个和 9 个频点的两种情况均进行计算。对 BPSK 信号来说,相变的位置在帧内随机选取。针对两种信号,分别运行 10 000 次,且在每次运行中,选取邻近最大输出的 7 个频点,并计算最小最大比。记录所得到这些比值的平均值和标准差。在选取 9 个频点时,执行类似操作。式(12.8)给出了选取标准:

$$R_7 = \frac{|m_{7c} - m_{7b}|}{\sqrt{s_{7c}^2 + s_{7b}^2}}, \quad R_9 = \frac{|m_{9c} - m_{9b}|}{\sqrt{s_{9c}^2 + s_{9b}^2}} \tag{12.8}$$

式中,m_{7c} 和 m_{9c} 分别表示针对连续波信号选取 7 个和 9 个频点情况下所得的最小最大比的平均值,s_{7c} 和 s_{9c} 分别表示针对连续波信号选取 7 个和 9 个频点情况下所得的最小最大比的标准差,m_{7b} 和 m_{9b} 分别表示针对 BPSK 信号选取 7 个和 9 个频点情况下所得的最小最大比的平均值,s_{7b} 和 s_{9b} 分别表示针对 BPSK 信号选取 7 个和 9 个频点情况下所得的最小最大比的标准差。

在选取 7 个和 9 个频点的情况下，R 值均由两种信号平均值之差的绝对值除以两者标准差平方和的平方根得到。如果连续波信号和 BPSK 信号之间的差别比较大，那么区分两者将会比较容易。当运行 10 000 次时，R_7 和 R_9 均接近于 1。当运行的次数不同时，将会存在很大的变化。但是，R_7 总是略微大于 R_9。因此，使用 7 个频点更加容易识别 BPSK 信号，所以这里使用 R_7。

下一步是确定阈值。长 BPSK 信号可在信噪比约为 −11.3 dB 时被检测到，而在一帧检测时，连续波信号可在信噪比为 −1.5 dB 时被检测到（见参考文献[8]的表 6.6）。如 12.5 节所述，使用大小等于灵敏度的连续波信号来设置阈值，以保证 90% 的检测概率。这里，在信噪比为 −1.5 dB 时得到阈值。在虚警率设为 10^{-4} 时，0.411 的阈值由 3 回 100 000 次运行的平均值得到。将所有得到的比值进行升序排列，距离最大值的第 10 个值用作阈值。检测概率将在下一节讨论。

12.12 特征值法检测相变及其与 FFT 法的比较

对特征值法来说，由于输入为实信号，需要 3 个特征值来求解第二个频率。延迟值的选取与 12.7 节相同，即选取全部数据长度的 0.08 和 0.2 两处的值，那么选取的三个值分别为 1、10 和 26。首先，必须确定阈值，该阈值由噪声输入法得到。在使用噪声输入法时，选取的延迟值分别为 1，10 和 26，对输入数据不施加任何窗，得到需要的特征值。将最大的特征值用作阈值。运行 100 000 次。将每次运行得到的最大特征值进行升序排列，使用第 99 990 个值作为阈值；该值为 1.593。由于最大特征值被用作阈值（而不是最小和最大特征值的比值），不需要使用连续波信号来产生阈值。

在相变检测测试时产生两帧数据。只在第二帧中出现一次相变。输入频率在 141~1140 MHz 之间随机选取，且初始相位在 0~2π rad 之间随机选取。在第二帧中的相变位置也随机选取。在输入功率电平恒定的情况下，运行 100 000 次，信噪比从 −3 dB 变化到 26 dB。每次运行处理两帧数据。如果在第一帧数据内检测到相变，则认为是误检，因为在该帧内不存在相变。第二帧数据内的检测用于计算检测概率。图 12.16 和图 12.17 分别显示了由 FFT 法和特征值法得到的检测概率。

图 12.16(a) 和图 12.16(b) 显示由 FFT 法得到的结果。在信噪比较小时，通常出现一些误检。当信噪比增大时，误检（即虚警）现象消失，如图 12.16(a) 所示。在图 12.16(b) 中，相变在第二帧内随机出现。有趣的是，当信噪比增大时，检测概率降低。最佳检测概率接近于 1000 次运行检测到 50 次。当第二帧内的相变接近帧中心时（此时的频率扩展最佳），最大检测概率接近 15%。当第二帧内的相变向帧 1 和帧 2 间的分界处移动时，信噪比从 −1 dB 变化至 26 dB，信号检出次数减小至零。这些结果没有绘图显示。由此看出，在一帧数据上进行 FFT 运算的方法不适合用来检测相变。

图 12.17 显示由特征值法得到的结果。由于虚警概率约为 10^{-4}，在 1000 次运行中未测到误检，如图 12.17(a) 所示。当信噪比约为 14 dB 时，检测概率可大于 90%，如图 12.17(b) 所示。但是，即使在更大的信噪比上，检测概率也无法达到 100%，因为漏检是由相变在帧中的位置而非信号的强度引起的。

第 12 章 BPSK 信号的检测

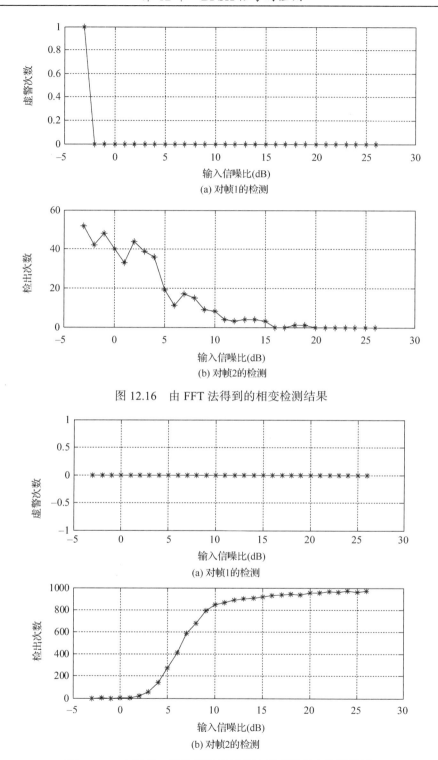

(a) 对帧1的检测

(b) 对帧2的检测

图 12.16 由 FFT 法得到的相变检测结果

(a) 对帧1的检测

(b) 对帧2的检测

图 12.17 由使用一帧数据的特征值法得到的相变检测结果

当相变接近帧 1 和帧 2 间的边界或在帧 2 的尾部时,该检测方法将无法检出相变,这一结果在预料之中。该结果如图 12.18 所示。图 12.18(a) 和图 12.18(b) 分别显示最大特征值和最小特征值关于相变位置的分布图。第二帧的起始点为 129，结束点为 256。当相变接近帧的两端时，最大特征值相对较大，而最小特征值相对较小。如图 12.18 所示，特征值无法用于在帧的两端检测相变。这可解释图 12.17 中所示的检测概率。

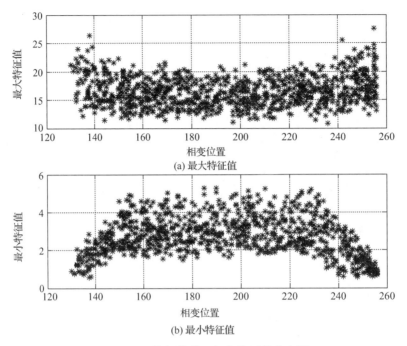

图 12.18　特征值关于相变位置的分布图

根据这里的研究可以得出结论：FFT 法不适用于检测相变；特征值法是首选的方法。甚至当相变接近帧的中心时(即 FFT 法表现最佳的情形)，FFT 法仍然无法产生令人满意的检测概率，因此对该方法将不做进一步讨论。

12.13　使用两帧数据确定相变的特征值法

特征值法在帧内的特定位置检测相变是非常灵敏的，因此该方法应在接收机设计中予以考虑。不过，当相变接近边界时，特征值法将出现漏检现象。在本节的研究中，产生四帧数据，并且相变在第三帧内随机出现，如图 12.13(a)所示。这里将进行三组测试。第一组数据包括帧 1 和帧 2。由于这两帧内没有相变，所以将其用于误检测试。第二组和第三组数据分别包括帧 2 和帧 3，以及帧 3 和帧 4。如果检测发生在第二组或第三组数据，或者在这两组数据中均发生，则认为检测到相变。

首先，必须确定阈值。所用方法与前面的方法类似。使用噪声输入，所用延迟分别为 1、20 和 52，形成 3×3 相关矩阵，得到最大特征值。运行 100 000 次，升序排列所有得到的特征值并将第 99 990 个特征值用作阈值，得到的阈值为 1.29。虚警概率约为 10^{-4}。

误检和正确检测的结果如图 12.19 所示。这些结果从 1000 次运行得到，每次运行的输入频率、初始相位和帧 3 内的相变位置均是随机的。图 12.19(a)显示没有出现误检，这一现象是合理的。图 12.19(b)显示在信噪比约为 6 dB 时，检测概率可达到 90%。在更高的信噪比上，检测概率可达到 100%，因为当使用两帧数据时，最差的相变位置是接近帧的 1/4 和 3/4 位置，而不是像使用一帧数据的情况那样，最差的位置在帧的边界处。

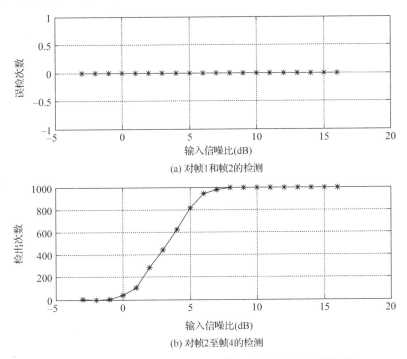

图 12.19　由使用两帧数据的特征值法得到的相变检测结果

特征值法能够确定在帧内是否存在相变，但是它不能确定相变的位置。下面的方法可完成对相变的定位。其思路是测量数据中频谱扩展的程度。我们希望当相变接近数据帧的中心时，相对于相变接近两端的情况，频谱将具有更宽的扩展。如果在测试中使用一帧数据，那么当相变接近帧的中心时，第三个特征值将会大于相变位于帧的两端的情况。不过，使用该方法仍然难以区分，原因解释如下。

当使用两帧数据时，尝试下面的方法。在测试中使用三帧数据。在第二帧内引入相变。获得两组特征值，且每组各包括三个特征值。第一组使用帧 1 和帧 2 的数据，第二组使用帧 2 和帧 3 的数据。特征值升序排列为 e_{1i}, e_{2i} 和 e_{3i}，其中 $i = 1, 2$，表示来自组 1 和组 2：

$$e_{11n} = \frac{e_{11}}{\sqrt{e_{21}^2 + e_{31}^2}}, \quad e_{12n} = \frac{e_{12}}{\sqrt{e_{22}^2 + e_{32}^2}}, \quad e_d = e_{11n} - e_{12n}, \tag{12.9}$$

其中，e_{11n} 可大致认为是最小特征值相对于其他两个较大特征值的归一化值（下标 n 表示 normalized，即归一化）。由于一个输入将影响两个特征值的幅度，所以认为它们平方和的平方根值与信号幅度是有联系的。e_{12n} 则来自第二组数据的测试。差值 $e_d (= e_{11n} - e_{12n})$ 关于相变位置的分布如图 12.20 所示。这些图形显示的是在两个不同输入功率电平的情况下运行 1000 次的结果。在图 12.20(a) 中，输入信噪比为 10 dB，而在图 12.20(b) 中，输入信噪比为 30 dB。这些曲线具有类似的样式，因为当相变接近帧的始端时，差值 e_d 是正值，而当相变接近帧的末端时，差值 e_d 是负值。但是，这些图形显示 e_d 的值覆盖了很宽的范围，所以根据两组最小特征值归一化值的差值很难精准地确定相变的位置。我们需要寻找另一种方法来定位帧内的相变。

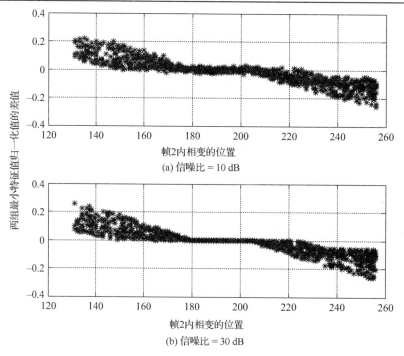

图 12.20 相变位置与两组最小特征值归一化值的差值的关系图

12.14 定位相变的比相法

如前所述,当相变出现在靠近帧两端的位置且接收机无法预测相变的位置时,特征值法难以检测 BPSK 信号。为了解决这个问题,我们研究了使用相位测量方法检测 BPSK 信号的有效性。在本节的研究中,为了产生三个相位差,使用了四帧数据。相变在第三帧数据内引入,且其位置接近帧的中心。这样一来,帧 1 和帧 2 这组数据内没有相变,而帧 2 和帧 3,以及帧 3 和帧 4 这两组数据内存在相变。输入信噪比为 100 dB,频点在 141~1140 MHz 范围内随机选取,且初始相位在 0~2π rad 范围内随机选取。每帧数据与 Blackman 窗相乘,随后进行 FFT 运算。选取在第一帧内具有最大输出的频点。将来自四帧数据的此频点处的相位依次表示为 θ_1、θ_2、θ_3 和 θ_4。需要的相位差和二次相差可表示为

$$\begin{aligned}\theta_{21} &= \theta_2 - \theta_1 \\ \theta_{32} &= \theta_3 - \theta_2 \\ \theta_{43} &= \theta_4 - \theta_3 \\ \Delta\theta_{21} &= \theta_{32} - \theta_{21} \\ \Delta\theta_{32} &= \theta_{43} - \theta_{32}\end{aligned} \quad (12.10)$$

这里将 $\Delta\theta_{21}$ 和 $\Delta\theta_{32}$ 称为二次相差。由于在帧 1 和帧 2 数据内没有相变,所以相位差 θ_{21} 可视为由连续波信号得到,并可用来获取精确频率。如果相变出现在靠近帧 3 和帧 4 的分界处,则同样可认为 θ_{32} 是由连续波信号得到的,且 θ_{43} 在靠近它们的分界处具有相变。当相变出现在靠近帧 3 和帧 4 的分界处时,$\Delta\theta_{21}$ 接近零(或 2π rad),$\Delta\theta_{32}$ 接近±π rad,如图 12.21(a) 和图 12.21(b) 所示。这些结果由 100 次运行得到,并且符合预期。

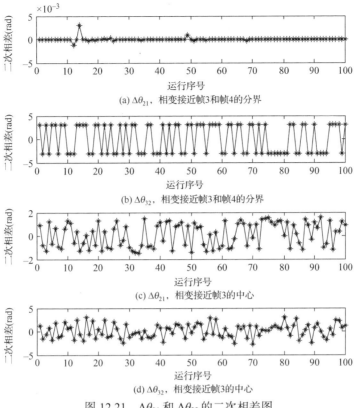

图 12.21 $\Delta\theta_{21}$ 和 $\Delta\theta_{32}$ 的二次相差图

所得结果可做如下解释。当输入是连续波信号时，相邻两帧之间在具体频率处的相位差是恒定的。它们之间的二次相差接近于零。如果在相邻两帧之间的分界处存在相变，那么它们之间的二次相差接近于$\pm\pi$ rad。

该方法可如下使用。首先，计算相邻两帧之间的相位差。然后，计算相邻输出的二次相差，而计算一个二次相差需要三帧数据。如果在这三帧内没有相变，那么二次相差接近于零，否则接近于$\pm\pi$ rad。

在相变出现在接近帧 3 的中心处时，得到的结果如图 12.21(c)和图 12.21(d)所示。这两幅图的输入条件与图 12.21(a)类似。唯一的区别在于相变出现在接近帧 3 的中心位置，而不是在接近帧 3 两端的位置。此时，θ_{21}未发生相位变化，而θ_{32}和θ_{43}则发生了相位变化。这两幅图表明尽管相变已显示出来，但是不如图 12.21(b)清晰。因此结论是，当相变接近帧的中心时，比相法是不灵敏的。这个现象与使用一帧数据的特征值法相反，后者在相变接近帧的中心时比较灵敏。因此，这两种方法可以彼此互补。

下一步是测试误检概率和正确检测概率。在本仿真中，需要五帧数据来产生四个相位差和三个二次相差。在第一帧内，定位具有最大幅度的信号频点。五帧内在此频点处的相位分别表示为θ_1，θ_2，θ_3，θ_4和θ_5。四个相位差和三个二次相差如式(12.10)那样进行定义。例如，$\theta_{54}=\theta_5-\theta_4$，$\Delta\theta_{43}=\theta_{54}-\theta_{43}$。相变在帧 4 内，其位置随机。二次相差可在$\pm 2\pi$ rad 范围内发生变化，其绝对值可用于确定相位变化。在此条件下，如果不存在相变，二次相差的值就接近于零或2π rad。当存在一个相变时，二次相差的值接近于π rad。阈值可设置在$\pi/2\sim 3\pi/2$ rad 范围内。如果二次相差在这两个值之间，就表示检测到相变，否则不存在相变。

如果依据 $\Delta\theta_{21}$ 检测到相变，则认为这是误检。如果依据 $\Delta\theta_{32}$ 或 $\Delta\theta_{43}$（或两者均）检测到相变，则认为存在相变。在信噪比恒定的情况下，运行 1000 次。输入频率在 141~1140 MHz 范围内随机选取，且初始相位随机。所得结果如图 12.22 所示。图 12.22(a) 显示了误检的情况。当输入信号强度大时，误检次数几乎为零。图 12.22(b) 显示了检测相变的情况。在图中的整个信噪比范围内，相变检出次数大于 940 但小于 980。由于比相法在相变接近帧的中心时是不灵敏的，所以无法达到 100% 的检测概率。当相变接近帧 4 的两端时，检测概率为 100%，但相应结果并未显示。

在比相法中，每个二次相差包括三帧数据。例如，$\Delta\theta_{21}$ 包括帧 1、帧 2 和帧 3 的数据；$\Delta\theta_{32}$ 包括帧 2、帧 3 和帧 4 的数据；$\Delta\theta_{43}$ 包括帧 3、帧 4 和帧 5 的数据。因此，如果通过某个二次相差检测到相变，那么很难确定是哪一帧内出现相变。如果连续使用该方法，就能够确定相变位于哪一帧内。例如，如果根据 $\Delta\theta_{21}$ 未检测到相变，就表示在帧 1、帧 2 和帧 3 内均不存在相变。如果根据 $\Delta\theta_{32}$ 检测到相变，就可以确定帧 4 内存在相变。不过，该相变也可通过 $\Delta\theta_{43}$ 检出。

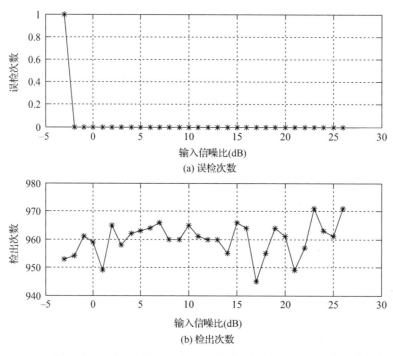

图 12.22　使用比相法运行 1000 次得到的结果（输入频率和初始相位均随机）

同一帧数据会在计算三个相邻的二次相差时都被用到。例如，如果帧 3 内存在相变，那么在计算 $\Delta\theta_{32}$、$\Delta\theta_{43}$ 和 $\Delta\theta_{54}$ 时都会使用帧 3 的数据。因此，使用比相法可能难以确定哪一帧内存在相变。该问题可通过引入常相位 θ_c 来解决。该常相位可由不存在相变的两帧数据得到。换言之，常相位 θ_c 是连续波信号帧数据之间的相位差。在使用时必须假定相变偶尔出现在某一帧数据内，而大多数相邻两帧之间的相位差是恒定值。通过观察由若干帧数据得到的相位差，可以确定常相位 θ_c，它也可通过求若干帧的平均值来获得。一旦确定了 θ_c 的值，前面的相位差就可做如下修正：

$$\begin{aligned}\theta_{43} &= \theta_4 - \theta_3 - \theta_c \\ \theta_{54} &= \theta_5 - \theta_4 - \theta_c\end{aligned} \tag{12.11}$$

其中，θ_c 表示当连续波信号存在（即不存在相变）时，相邻两帧之间的相位差。

在式(12.11)中，假定存在五帧数据，且相变出现在帧 4 内。这样，最少使用两个相位差就能确定常相位 θ_c（θ_c 由 θ_{21} 和 θ_{32} 得到，但上式中未给出 θ_{21} 和 θ_{32}）。常相位 θ_c 将从所有后续的相位差中减去，如式(12.11)所示。如果根据 θ_{43} 检测到相变，由于帧 3 内不存在相变，那么相变将出现在帧 4 内。如果根据 θ_{54} 检测到相变，那么相变将出现在帧 4 或帧 5 内。在此情况下，可指定前一帧存在相变（此时指定帧 4 内存在相变）。

12.15 联合使用一帧特征值法和比相法

从 12.12 节和 12.14 节可以看出，使用一帧特征值法和比相法基本上都能够获得令人满意的结果。两种方法都能获得较高的检测概率，但是达不到 100%。一帧特征值法可检测接近帧中心位置的相变，但是在相变接近帧两端时会变得不灵敏。比相法则具有相反的特性；它在相变接近帧两端时灵敏，而在相变接近帧中心位置时变得不灵敏。因此，这两种方法是彼此互补的。如果在接收机设计中两种方法都使用，那么它们应能识别出大多数包含相变的帧。一帧特征值法能够更容易地确定包含相变的帧。一旦通过特征值法发现相变，就认为该帧内存在相变。如果设计的相变位置在帧的中心，那么当相变出现在接近帧的两端时，最大误差应接近半帧。

当特征值法不能在相邻两帧内检出相变，而比相法能够检出时，意味着相变接近两帧的分界。如前面所述，在此情况下，相变被指定在第一帧内。由于相变接近边界，所以误差可接近半帧。

12.16 在相邻帧内存在两次相变的输入数据

联合使用比相法和特征值法，在检测 BPSK 信号内的相变方面大有前途。本节研究在相变位于帧的边界附近时如何具体实现比相法和特征值法的联合使用。

如果相邻两帧内均存在相变，那么通常一帧特征值法和比相法均能够检测相变，因为图 12.17 和图 12.22 表明检测概率在信噪比良好时是相当高的。不过，如果相变出现在相邻两帧内且位于帧的边界处，像图 12.23(a)那样，那么特征值法可能无法检测到相变或只能检测到其中一个相变。比相法应能在第一次和第二次测试中检测到全部相变，但是无法在第三次测试中检测到相变。

在很多情况中，使用比相法能够在连续两次测试中检测到一次相变。因此，在连续两次测试中检测到相变并不一定表明在相邻两帧内存在两次相变，而从特征值法得到的结果可用于确定相变的出现次数。对于图 12.23(a)所示的输入条件，可使用下面的逻辑进行判断。

1. 如果特征值法在帧 1、帧 2 和帧 3 内未检测到相变，但是比相法在测试 1 和测试 2 中检测到相变，那么可以认为两次相变出现在帧 1 和帧 2 中。这是正确的答案。
2. 如果特征值法在帧 1 或帧 3 内检测到相变，而比相法在测试 1 和测试 2 中检测到相变，那么可以认为两次相变出现在帧 1 和帧 2 内（在帧 1 内检出时），或出现在帧 2 和帧 3 内（在帧 3 内检出时）。这也是正确的答案。

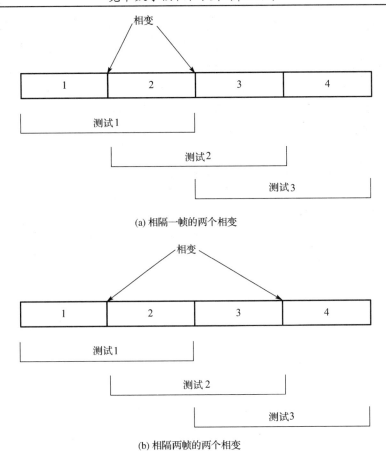

(a) 相隔一帧的两个相变

(b) 相隔两帧的两个相变

图 12.23 位于帧边界处的相变情况

3. 如果特征值法在帧 2 内检测到相变，而比相法在帧 1 和帧 2 中检测到相变，那么将认为只有在帧 2 内出现一次相变。在此输出条件下，将会漏检一个相变。如果相变被两帧分隔开，如图 12.23(b) 所示，那么特征值法可能无法检测到相变，但是比相法应该可以检测到相变。下面的一些情况是可能出现的，可进行相应的判断。

4. 如果特征值法未检测到任何相变，但是比相法的测试 1 和测试 3 检测到相变，那么指定帧 1 和帧 3 内存在相变，这是正确答案。如果使用比相法在所有三次测试中均检测到相变，那么也说明帧 1 和帧 3 内存在相变。测试 2 的结果将被忽略。

5. 如果特征值法在四帧中的任何一帧内检测到相变，那么由比相法得到的包含该帧的结果将被忽略。测试 1 和测试 3 将检测到相变，而测试 2 是否检测到相变均可。这时将出现以下四种情况：

   (1) 特征值法在帧 1 内检测到相变。忽略测试 1，并且无论测试 2 的结果如何，测试 3 将在帧 3 内检测到相变。结果是帧 1 和帧 3 内存在相变。

   (2) 特征值法在帧 2 内检测到相变。忽略测试 1 和测试 2，测试 3 将在帧 3 内检测到相变。结果是帧 2 和帧 3 内存在相变。

   (3) 特征值法在帧 3 内检测到相变。忽略测试 2 和测试 3，测试 1 将在帧 1 内检测到相变。结果是帧 1 和帧 3 内存在相变。

(4) 特征值法在帧 4 内检测到相变。忽略测试 3，并且无论测试 2 的结果如何，测试 1 将在帧 1 内检测到相变。结果是帧 1 和帧 4 内存在相变。

所有的输出均认为是正确的。因此，当两个相变被两帧分隔开时，联合使用特征值法和比相法能够获得正确的结果。唯一可能的问题出现在第三种情况时，此时帧时间和码元长度近似相等。消除这一问题的方法是增大采样频率（即减短帧时间）并使最小码元长度大于帧时间的 1 倍，比如等于 1.5 倍的帧时间。

12.17 小结

对包括多个相变的长 BPSK 信号来说，通过频谱宽度测试，加窗 FFT 法能很有效地将其与连续波信号相互区分。但是，该方法在接收机设计中可能并不是一种好方法，原因在于它需要进行特殊的长 FFT 运算。如果使用一帧数据区分连续波信号和 BPSK 信号，那么由于频率分辨率低和数据长度短，导致得到的频谱彼此相似，所以 FFT 运算不是非常有效。如果使用多帧数据区分连续波信号和 BPSK 信号，那么最有效的方法是使用相关矩阵为 3×3 的特征值法。

特征值法对多帧数据的情况非常有用。在使用一帧数据时，特征值法可确定哪一帧内存在相变。但是，当相变接近帧的两端时，此时信号类似于连续波信号，特征值法无法检测到相变。如果使用两帧数据，就可以解决该问题。特征值法的不足是难以确定哪一帧内存在相变。

比相法是发现相变的一种有效方法。它在相变接近帧的两端时比较灵敏，而在相变接近帧的中心时变得不灵敏。由于需要两帧数据来进行相位比较，所以比相法难以确定哪一帧内存在相变。

如果将采用一帧数据的特征值法与比相法联合起来使用，那么由于这两种方法彼此互补，所以能够非常有效地检测相变。恰当地联合使用这两种方法来检测相变，就能确定帧内是否存在相变。仅在极少数情况下会漏检相变。如果我们能够使帧时间短于码元长度，这种联合方法就会更加有效。

参考文献

[1] Haykin S. *Communication Systems*, 4th ed. New York: Wiley; 2001.

[2] Gau J-Y. *Analysis of Low Probability of Intercept (LPI) Radar Signals Using the Wigner Distribution*. Master's thesis. Naval Postgraduate School, Monterey, CA; 2002.

[3] Skolnik MI. *Introduction to Radar Systems*, 3rd ed. New York: McGraw-Hill; 2001.

[4] Wen J. 'Parameter estimation in detection of BPSK radar signals'. *Proceedings of IET International Radar Conference*. Stevenage, UK: Institution of Engineering and Technology; 2009.

[5] Borre K, Akos DM, Bertelsen N, Rinder P, Jensen SH. *A Software-Defined GPS and Galileo Receiver: A Single-Frequency Approach*. Boston: Birkhâuser; 2007.

[6] Barker RH. 'Group synchronizing of binary digital sequences', in Jackson W (ed.), *Communication Theory*. New York: Academic Press; 1953: 273–287.

[7] Borwein P, Kaltofen E, Mossinghoff MJ. 'Irreducible polynomials and barker sequences', *ACM Communications in Computer Algebra* 2007; **162**(4): 118–121.

[8] Tsui J. *Special Design Topics in Digital Wideband Receivers*. Boston: Artech House; 2010.

[9] Wax M, Kailath T. 'Detection of signals by information theoretic criteria', *IEEE Transactions on Acoustics, Speech, and Signal Processing* 1985; **33**(2): 387–392.

[10] Wong KM, Zhang Q, Reilly JP, Yip C. 'On information theoretic criteria for determining the number of signals in high resolution array processing', *IEEE Transactions on Acoustics, Speech, and Signal Processing* 1990; **38**(11): 1959–1971.

[11] Zhang QT, Wong KM. 'Information theoretic criteria for the determination of the number of signals in spatially correlated noise', *IEEE Transactions on Signal Processing* 1993; **41**(4): 1652–1663.

[12] Zeng Y, Koh CL, Liang Y-C. 'Maximum Eigenvalue Detection: Theory and Application'. *Proceedings of 2008 IEEE International Conference on Communications*. New York: IEEE; 2008:4160–4164.

[13] De Vito L, Napolitano DD, Rapuano S, Villanacci M. 'Eigenvalue-based signal detector for an automatic modulation classifier'. *Proceedings of 2010 IEEE Instrumentation and Measurement Technology Conference*. New York: IEEE; 2010:1131–1136.

附录 12.A

```
% JT Oct 5 2010
% 1 us 13 length Barker data with code and the RF are phase
    locked
% clear all
% close all
function [x, barker, n]=barker13_rf_chip_syn_1us_fct(fs, f1,
    theta, snrdb)
% x: digitized output
% barker: barker code
% n: total number of output points
% fs: sampling frq in Hz
% f1: input frq in Hz
% theta: initial input RF phase
% snrb: input S/N
ts=1/fs;
t_sig_len_ns=1000; %signal length in ns
t_rf_percycle=1/f1; % RF time per cycle
t_total_sig=t_sig_len_ns*1e-9; %Total data time in us
n=2560;
nn=0:n-1;
no_of_rf_cycle=t_total_sig*f1; % Total rf cycles
rf_perchip=floor(no_of_rf_cycle/13); %RFcycles/chip for 13
    bit Barker
t_data_len=rf_perchip/f1*13;
t_data_pt=floor(t_data_len/ts);
dif_data_pt=2560-t_data_pt;
t_per_chip=t_rf_percycle*rf_perchip;
t_data1=theta/(2*pi)*t_rf_percycle; % time for the 1st data pt
t_chip1=t_rf_percycle-t_data1+ts; % Equivalent time for initial
    phase
floor(t_chip1/ts);
amp=sqrt(2)*10^(snrdb/20);
```

```
for ii=1:15; %find phase transition time
      t_chip(ii)=t_chip1+(ii-1)*t_per_chip;
end
for ii=1:2560;
      t_data(ii)=(ii-1)*ts;
end
t_chip(1);
t_data(1:5);
%Building the Barker code
for ii=1:15;
      if ii==1;
            tmp(ii)=length(find(0<t_data & t_data <=
            t_chip(ii)))+1;
      elseif ii==15;
            tmp(ii)=length(find(t_data>t_chip(ii-1)));
      else
            tmp(ii)=length(find(t_chip(ii-1)<t_data &
            t_data<=t_chip(ii)));
      end
end
barker=[];
for ii=1:15;
      if ii==7 || ii== 8|| ii==11 || ii==13;
            barker=[barker,-ones(1, tmp(ii))];
      else
            barker=[barker,ones(1, tmp(ii))];
      end
end
noise=randn(1,n);
x1=sin(2*pi*f1*ts*nn+theta);
len_bar=length(barker);
x=barker.*x1;
x=amp*x+noise;
```

第13章 调频信号的检测

13.1 引言

本章讨论如何利用数字接收机的输出来检测调频(即啁啾)信号。尽管存在不同类型的调频信号,但是由于线性调频信号应用广泛,所以在这里仅讨论该类型信号。脉冲线性调频信号 $x(t)$ 可以表示为

$$x(t) = \cos\left(2\pi\left(ft + \frac{k}{2}t^2\right) + \phi_0\right)\text{rect}\left(\frac{t}{\text{PW}}\right) \quad (13.1)$$

其中,k 表示线性调频速率(简称调频速率);ϕ_0 表示初始相位,那么瞬时频率可表示为 $f+kt$;函数 rect(t/PW) 表示矩形窗函数,其宽度为脉宽(PW)。当 $k=0$ 时,该线性调频信号恢复为常规脉冲信号。调频速率 k 既可以为负值,也可以是正值,而本章给出的信号检测方法对这两种情况均适用,但仅给出了调频速率为正值时检测线性调频信号的仿真结果。因此,这里不讨论锯齿形调频(即信号频率周期性地增大和减小)的调频信号。本章主要关注对线性调频信号的检测,以及确定其调频速率。这里所讨论信号的持续时间为 1 μs,但是本章提出的算法可适用于持续时间更长或更短的信号。同时,为了简化讨论并聚焦于基本原理,这里只讨论理想的线性调频信号。换言之,我们假定信号幅度在持续时间内保持恒定不变,并忽略前后沿的畸变效应。

为了成功地检测线性调频信号,需要达成两个目标:①检测到线性调频信号;②确定调频速率,即起始频率和终止频率,以及脉宽。尽管针对线性调频信号的检测已经提出了各种不同的技术方法[1~7],但是鉴于 FFT 的处理速度快,本章主要关注基于 FFT 的方法。一些讨论将涉及使用特征值法检测调频信号,并将其与基于 FFT 的方法进行比较。

在使用 FFT 运算时,幅相比较法在用于常规脉冲信号时可获得更好的频率估计。从初步研究(在本章给出)来看,针对连续波信号检测问题而提出的比幅法,在用于线性调频信号的检测时仍能提供令人满意的结果,甚至在调频速率非常大时也是如此。在本章中,将针对调频信号对这些方法做进一步的研究。

比相法已被证明可用于获取连续波信号的精确频率。所用方法是比较两相邻时间帧的相位以获取所需的信息。当信号为连续波时,如果输入信号接近两个频点的边界,那么信号频率从一帧到另一帧可能发生变化。在此情况下,在频域得到的最大 FFT 输出保持在一个固定的频点处或者偶尔变至邻近的一个频点。对线性调频信号来说,在 FFT 帧之间可能出现显著的频移,因此来自两相邻帧的最大输出可能相隔若干频点。此时,相位可能缠绕若干次,但得到的精确频率可能仍然是有用的。仿真结果表明,当频率快速改变时,比相法看起来仍然能够用于获得精确的频率。

为了利用大的时间-带宽积[8,9],线性调频信号通常相对较长。时间-带宽积定义为线性调频信号的脉宽与频率范围(起始频率和终止频率的差值)的乘积,又称为处理增益。对

电子战接收机来说,希望其能处理较长的信号以提升检测灵敏度和得到对信号特征的准确估计。所需的信息,即信号检测和调频速率,将从许多帧的数据中获取。这是本章所关注的问题。

13.2 调频信号检测的潜在问题

对线性调频信号来说,当其频率变化迅速时,可能使侦察接收机出现潜在的问题。第一个问题是,当线性调频信号的频率在一帧之内出现大的变化时,可能会出现多个幅度相当的频点。例如,如果采样频率是 2.56 GHz,且一帧包含 128 点数据,每帧的持续时间为 50 ns,则对应的频率分辨率为 20 MHz。假设线性调频信号在 1 μs 内的最大频率变化为 2000 MHz,即调频速率为 2000 MHz/μs,这是调频速率非常大的线性调频信号。由于假定接收机的最大带宽为 1000 MHz,所以接收机可处理的最大脉宽被限定为 0.5 μs。在 0.5 μs 内有 10 帧数据,每帧占时 50 ns。那么,一帧内的最大频率变化为 100 MHz,即有 5 个频点。因此,可能很难得到唯一的最大幅度。

图 13.1 显示了一个线性调频信号的 FFT 输出,该信号的起始频率和相位均随机选取,且其频率在 50 ns 内变化了 100 MHz。每幅图仅由一帧数据获得。得到的输出取决于该线性调频信号的起始频率。正如所料,得到的频谱具有多个峰值,很难识别出单一峰值。

当 FFT 运算用于求解输入频率时,通常需要窗函数来降低在频域中的副瓣。将 Blackman 窗与输入的线性调频信号相乘,然后对加窗后的信号执行 FFT 运算。得到的频谱如图 13.2 所示。该图表明,一旦线性调频信号乘以合适的窗函数,就很容易识别出在频域中的最大幅度,该最大幅度对应于帧内信号的中心频率。

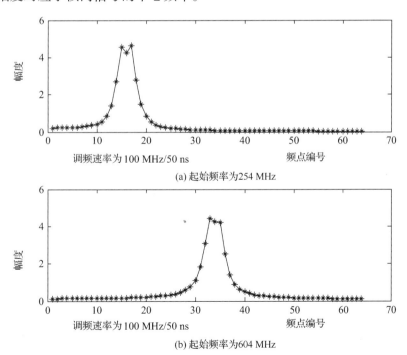

(a) 起始频率为254 MHz

(b) 起始频率为604 MHz

图 13.1 在 50 ns 内频率变化 100 MHz 的线性调频信号的 FFT 输出(无噪声)

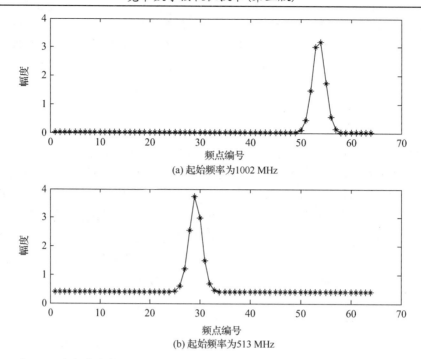

图 13.2 在 50 ns 内频率变化 100 MHz 的加 Blackman 窗的线性调频信号的 FFT 输出(无噪声)

13.3 比幅法和比相法

使用比幅法和比相法可对连续波信号生成精确频率估计,读者可分别在参考文献[10]的 11.6 节和 6.11 节中找到相应的详细论述。下面给出这两种方法的简介。

13.3.1 比幅法

在对一帧数据执行完 FFT 运算后,FFT 输出峰值对应的频率(假定峰值幅度在阈值之上)可用作粗频(coarse frequency)估计,记为 f。假定 X_0 表示 FFT 输出结果的最大幅度值,X_1 表示 X_0 相邻两个频点中的较大幅度。这两个幅度的比值 $r(=X_1/X_0)$ 可用于确定频率调整量 f_{fine},该调整量加在粗频估计上以改善估计的准确度。当使用 Blackman 窗时,设置信号频率为 FFT 输出频点之一,然后改变信号频率,并在等于 FFT 频率分辨率一半的带宽上计算 r。这样可得 r 与 f_{fine}(信号频率与最接近的 FFT 频点之间的差)的关系图。然后使用曲线拟合可得一个二阶多项式 $f_{fine} = a_2 r^2 + a_1 r + a_0$。

13.3.2 比相法

如果能得到两帧 FFT 输出结果,并且这两帧的峰值频率相同,就可以计算这两个峰值之间的相位差 ϕ。然后,通过将该相位差除以 2π 与一个 FFT 帧持续时间的乘积,可以确定频率调整量 f_{fine}。该运算可在式(13.3)中找到,后面将对其进行详细解释。

比幅法和比相法均是针对连续波信号提出的。这两种方法是否适用于线性调频信号,将在 13.4 节中讨论。看上去得到的结果取决于信号的起始频率和起止频率差,后者定义为线性调频信号起始频率与终止频率之差。在研究比幅法和比相法时将使用蒙特卡罗法。在仿真时将采样频率设为 2.56 GHz，帧长为 128 点(持续时间为 50 ns)。每次仿真时产生两帧数据。起止频率差和起始频率均随机选取。对两帧数据来说，起止频率差最大为 200 MHz，如 13.2 节所述，并且最小值可为零，此时表示连续波信号。一旦随机选取起止频率差，起始频率就可在 141~1140 MHz 范围内任意选取，初始相位随机。下面两式可用于选取起止频率差和起始频率：

$$f_1 = (999 - \Delta f)\text{rand} + 141$$
$$f_2 = f_1 + \Delta f \tag{13.2}$$

其中，f_1 和 f_2 分别表示起始频率和终止频率(单位为 MHz)，rand 表示在(0, 1)内均匀分布的随机数，Δf 在下面的讨论中称为起止频率差。

两帧数据如图 13.3 所示。起始频率为 f_1，终止频率为 f_2，则两帧之间边界处的频率为 $(f_1+f_2)/2$。两帧各自中心处的频率分别为 $(3f_1+f_2)/4$ 和 $(f_1+3f_2)/4$。使用比幅法测量第 1 帧和第 2 帧的频率时，预期的频率分别为 $(3f_1+f_2)/4$ 和 $(f_1+3f_2)/4$。使用比相法测量时，由于所测时间对应于两帧整体的中间位置，所以预期的结果应是 $(f_1+f_2)/2$。这是比较两种方法性能的依据。

图 13.3 两帧数据的频率

比相法与参考文献[10]的 6.11 节所讨论的方法相似。两帧之间的角差(angle difference)，即相位差 ϕ 可按如下方式计算：

$$\phi = \text{angle}(y_1 * y_2')$$
$$f_{\text{fine}} = \frac{\phi}{2\pi \times 128 t_s}$$
$$f_o = \left[\frac{k_1 + k_2}{2} - 1\right] \times 20 \times 10^6 + f_{\text{fine}} \tag{13.3}$$
$$\text{或} \quad f_o = (k_1 - 1) \times 20 \times 10^6 + f_{\text{fine}}$$
$$\text{或} \quad f_o = (k_2 - 1) \times 20 \times 10^6 + f_{\text{fine}}$$

式中，angle 为 MATLAB 函数；y_1 表示在第 1 帧内的最大 FFT 输出(位于频点 k_1)；y_2 表示在第 2 帧内的最大 FFT 输出(位于频点 k_2)；'表示复共轭运算符；t_s 表示采样周期；f_{fine} 表示使用比相法得到的频率调整量，f_0 表示输出频率，f_0 可以是图 13.3 所示的三个频率之一。需要指出的是，使用比幅法同样可得到频率调整量。

在式(13.3)中，k_1 和 k_2 是相互独立的两个值。尽管使用 k_1 和 k_2 的平均值来确定频率是一种合理的估计，如式(13.3)中的第三式所示，但如 13.10 节所述，当必须确定一个阈值以检测弱信号时，会存在一些问题。该方法称为平均频率法(涉及 k_1 和 k_2)。最终的频率也可由式(13.3)的第四式或第五式来确定，并且得到的频率应接近第 1 帧或第 2 帧的中心，而不是在两帧之间。此时，该方法称为单频率法(涉及 k_1 或 k_2)。当有噪声输入时，根据这些等式所测得两相邻帧之间差频的分布是不同的。因此，由平均频率法和单频率法这两种方法各自确定的阈值是不同的。13.10 节将对该问题做进一步讨论。

针对线性调频信号，测量三组频率。首先，幅度最大频点用于确定每帧内的输入频率，该频率也称为粗频。该方法在两帧的中心处各产生一个粗频。比幅法也在两帧的中心处各产生一个频率。比相法只在两帧之间的边界处产生一个频率。下文将给出它们的性能比较。

13.4 三种测频方法

本节将比较前文所述三种方法（即比幅法、比相法和基于 FFT 的粗频估计法）估计出的频率。为了进行有意义的比较，将帧边界处的输入频率用作参考。参考图 13.3，如果使用粗频估计法或比幅法测量频率 $(3f_1+f_2)/4$ 和 $(f_1+3f_2)/4$，就可以获得它们的平均值。得到的平均频率应接近 $(f_1+f_2)/2$，该频率与比相法获得的输入频率相同。换言之，基于相同的两帧数据，使用这三种方法可测得两帧间边界处的频率，然后将得到的估计频率与预期值 $(f_1+f_2)/2$ 进行比较，并将其差值称为频率误差。

首先，将一个无噪声连续波信号用作输入。该信号的频率在 141~1140 MHz 之间随机选取，且初始相位随机。前面已经研究过连续波信号，在这里给出的目的是为了便于快速查阅。运行 1000 次，所得结果如图 13.4 所示。图 13.4(a) 显示了粗频估计法的频率误差。由于两相邻频点间的间隔为 20 MHz，所以最大的频率误差接近 10 MHz。结果为，平均误差接近 114 kHz，标准差约为 5.7 MHz。

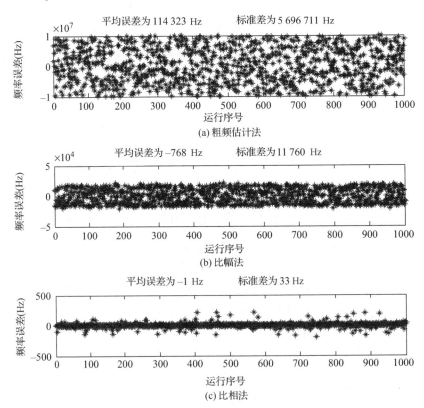

图 13.4 输入频率随机的无噪声连续波信号的频率估计

图 13.4(b) 显示了由比幅法得到的结果，与粗频估计法相比，所得结果提升了两个数量

级。所得频率的平均误差和标准差分别接近 800 Hz 和 12 kHz。图 13.4(c)显示了由比相法得到的结果。所得结果甚至比比幅法更好。频率的平均误差和标准差分别接近 -1 Hz 和 33 Hz。

图 13.5 显示了无噪声线性调频信号运行 1000 次的结果。最大调频速率设为 2000 MHz/μs。两帧(时间长度为 0.1 μs)上的起止频率差在 0~200 MHz 范围内随机选取,且初始相位随机。图 13.5(a)显示了粗频估计法的频率估计误差,与图 13.4(a)相比略有改善。该现象将在后面予以解释。图 13.5(b)表明,使用比幅法测量线性调频信号得到的频率估计,与图 12.4(b)所示对连续波信号的频率估计相比,差了两个数量级。至于比相法,图 13.5(c)表明,其所得频率估计与图 13.4(c)所示对连续波信号的频率估计相比,差了三个数量级。这些结果是可以预见的,因为比幅法和比相法均是针对连续波信号而提出的。

这里的重要信息是,通过将图 13.5(b)、图 13.5(c)与图 13.5(a)进行比较,可得出结论:使用比幅法和比相法将得到更好的频率估计。粗频估计法的标准差接近 4.1 MHz;比幅法和比相法的标准差则分别约为 633 kHz 和 63 kHz。这些简单的图示表明,比幅法和比相法在测量线性调频信号时有显著的改善。由于这两种方法最初是针对连续波信号提出的,它们能有如此表现,也算是意外之喜。

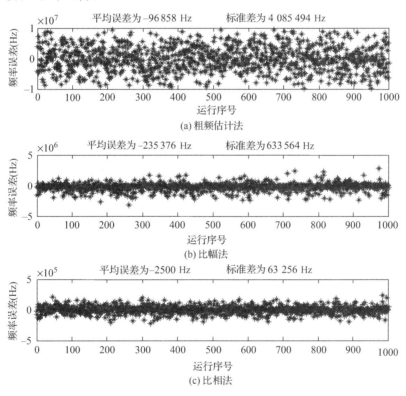

图 13.5 起始和终止频率均随机的无噪声线性调频信号的频率估计

在对比幅法和比相法做进一步讨论之前,先解释一下粗频估计法对线性调频信号的频率估计相对于测量连续波信号时出现改善的原因[比较图 13.4(a)和图 13.5(a)]。图 13.6 给出了图 13.4(a)和图 13.5(a)所示频率估计误差的直方图。对连续波信号来说,由于输入频率是随机选取的,误差应是均匀分布的,如图 13.6(a)所示。另一方面,如图 13.6(b)所示,线性调频信号的频率误差分布略微呈现三角状,具有较小的标准差。该分布可由下式解释:

$$\Delta f_{\text{cw}} = f_1 - f_b$$
$$\Delta f_{\text{ch}} = \frac{f_1 + f_2}{2} - f_b \tag{13.4}$$

其中，Δf_{cw} 和 Δf_{ch} 分别表示对连续波和线性调频信号的频率估计误差，第一式中的 f_1 表示连续波信号的频率，第二式中的 f_1 和 f_2 分别表示线性调频信号的起始频率和终止频率，f_b 表示在两 FFT 帧分界处的信号频率估计。f_1 和 f_2 均是随机选取的，因此它们在 141~1400 MHz 之间均匀分布。两个均匀分布函数之和的概率密度函数是三角状的，这与图 13.6(b) 所示结果是吻合的。

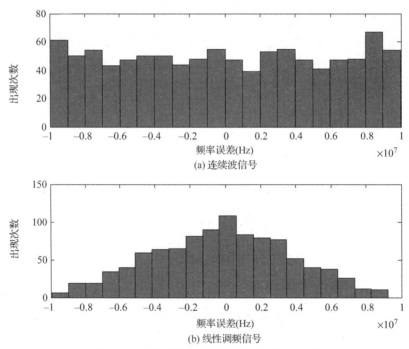

图 13.6 粗频估计法所得频率误差的直方图

根据图 13.5 给出的结果，虽然看上去比相法具有最好的性能，但是它本身隐藏着重要的问题。当运行次数增加到 10 000 次时，甚至在线性调频信号不存在噪声时，有时可能出现由比相法带来的大的频率误差。该问题由模糊相位误差(ambiguity phase error)引起。当相位偏离 2π rad 时，比相法会产生显著的频率估计误差。此时，频率将偏离约 20 MHz，即频点的分辨率。图 13.7 显示了运行 10 000 次的仿真结果。在该图中存在四个大的误差。令人惊奇的是大的误差很少出现。在有些情况下，甚至运行 10 000 次，仅有一个大的误差或没有大的误差出现。是否出现大的误差取决于起始频率和起止频率差。通过有限的观察，看上去当一帧之内的两个最大频点具有相似的幅度时，将出现大的频率误差。

图 13.7 给出的结果是在无噪声的设定下通过仿真得出的。为了在更真实的环境中比较这些频率估计方法，对线性调频信号添加噪声，信号的信噪比设为 0 dB，并重复上面的仿真，所得结果如图 13.8 所示。此时，比幅法相对于粗频估计法略微有改善。比相法有若干大的误差，而如果忽略这些大的频率误差，则比相法所得结果将优于比幅法。

从这些简单的测试来看，尽管比相法能够改善频率读数，但是在特定条件下存在模糊问题。当信号比较弱时，相位模糊将更频繁地出现。比幅法在有噪声输入的情况下可略微改善对频率的测量,不过该方法相当稳健,且不产生任何大的频率误差。下节将探讨比相法偶尔出现的大的频率误差。

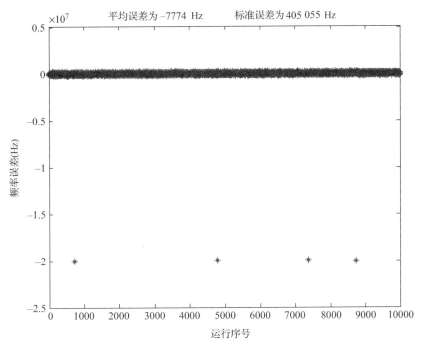

图 13.7　采用比相法测量线性调频信号时产生的大频率误差(无噪声,运行 10 000 次)

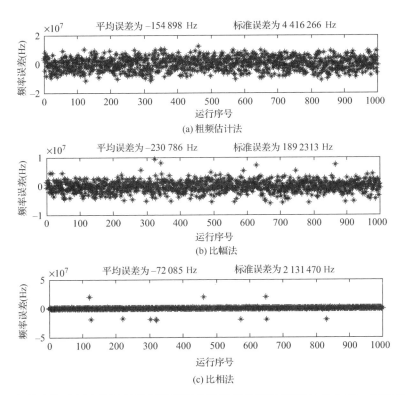

图 13.8　起始和终止频率均随机的线性调频信号测得的频率(信噪比为 0 dB,运行 1000 次)

13.5 幅度辅助比相法

前文为了与使用比相法测得的频率相比，将使用比幅法测得的两 FFT 帧的两个中心频率合成了一个。本节使用比幅法估计第 1 帧和第 2 帧的中心频率，并将这些频率估计用于减轻比相法的模糊问题。其基本原理是由比相法得到的频率估计(在两帧之间的频率)应该在由比幅法得到的两个频率估计(在两帧各自中心的频率)之间。因此，由比幅法得到的频率估计可用于检验由比相法所得频率估计的正确性。

该方法通过比相法使用式(13.3)来获得输出频率。根据该频率产生另外两个频率。这两个频率由测得的频率各加减 20 MHz 来获得，20 MHz 也是 FFT 运算的频率分辨率。这样做的原因在于，如果存在相位模糊，则实际值与测量值的频率差将等于由 FFT 运算产生的频率分辨率。将这三个频率与比幅法所测得两帧的平均频率相比，选取最接近的一个频率。这里将该方法称为幅度辅助比相法。

在仿真测试中，线性调频信号的起始频率和终止频率分别选为 200 MHz 和 400 MHz，信号的脉宽为 0.5 μs(10 个 FFT 帧)，具有 100 dB 的高信噪比。使用比相法和幅度辅助比相法分别得到的信号频率如图 13.9 所示。如图 13.9(a) 所示，使用比相法产生三次误差。当比幅法的结果用于纠正相位信息时，这些误差被修正，并且正如所料，得到的输出频率位于一条直线上，反映了线性调频信号的特征。

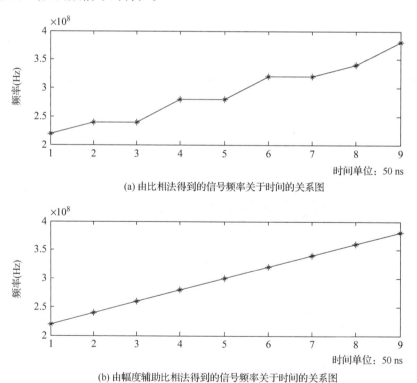

(a) 由比相法得到的信号频率关于时间的关系图

(b) 由幅度辅助比相法得到的信号频率关于时间的关系图

图 13.9　起始和终止频率分别为 200 MHz 和 400 MHz 的输入信号测得的频率(信噪比为 100 dB)

运行 1000 次的结果如图 13.10 所示。输入条件与图 13.8 相同，信噪比同为 0 dB。唯一的区别在于图 13.8(c) 和图 13.10(c) 之间。在图 13.10(c) 中，使用比幅法检验由比相法测得的频率，因此该图中不存在大的频率误差。比较图 13.10(b) 和图 13.10(c) 的标准差，后者改善了约 3 倍。

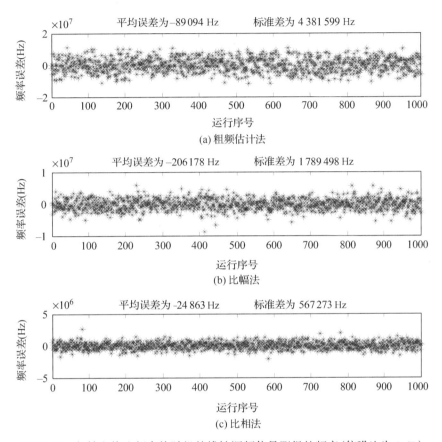

图 13.10　起始和终止频率均随机的线性调频信号测得的频率(信噪比为 0 dB)

下面将对比相法做进一步的研究，以弄清幅度辅助比相法在较低信噪比时是否会产生不良影响。起止频率差在 0~200 MHz 之间随机选取，脉宽为 0.1 μs，信噪比为-2 dB。仿真运行 1000 次，频率误差在图 13.11 中给出。图 13.11(a) 显示了由比相法得到的结果，图 13.11(b) 显示了由幅度辅助比相法得到的结果。幅度辅助比相法的优势显然可见，它消除了许多大的误差，且得到的标准差也比较小。图 13.12 显示了信噪比为-5 dB 时的类似仿真结果。图 13.12(a) 显示了比相法的结果，图 13.12(b) 显示了幅度辅助比相法的结果，这两个结果非常相近。这些仿真结果表明幅度辅助比相法提升了性能并且在信号强度弱时不产生负面的影响。不过，从图 13.12 来看，当信号较弱，例如在信噪比为-5 dB 时，幅度辅助比相法相对于比相法对所得结果并没有改善，因为比幅法同样具有大的误差。另一个值得注意的现象是，频率误差出现在离散值处 (见图 13.11)。这意味着误差是 2π 的倍数。图 13.12 中的频率误差是随机出现的，主要由噪声引起。

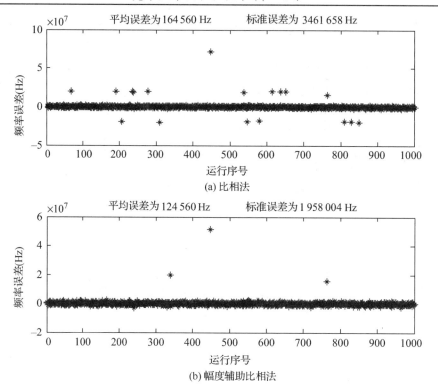

图 13.11　起止频率差在 0~200 MHz 之间随机选取且脉宽为 0.1 μs 时运行 1000 次得到的频率误差(信噪比为−2 dB)

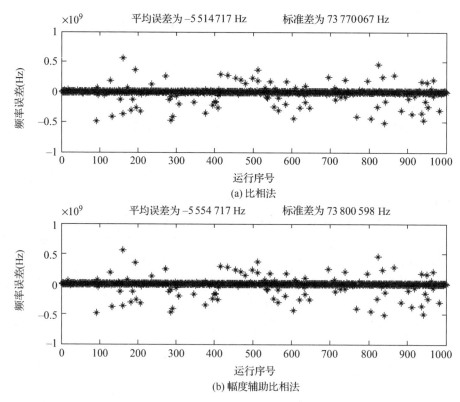

图 13.12　起止频率差在 0~200 MHz 之间随机选取且脉宽为 0.1 μs 时运行 1000 次得到的频率误差(信噪比为−5 dB)

13.6 使用幅相比较法检测线性调频信号

本节使用比幅法和比相法检测线性调频信号。输入信号设为 1 μs 的脉宽，最大随机起止频率差为 1000 MHz，且初始相位随机。此时的调频速率小于 13.2 节讨论的 2000 MHz/μs。选择 1 μs 脉宽的原因在于这里的目的是研究长数据效应，且 1 μs 等于 20 帧的持续时间。在研究中，设定接收机的带宽为 1000 MHz，这既限制了脉宽也限制了调频速率。如果起始和终止频率分别为 f_1 和 f_2，则一帧的开始和结束之间的起止频率差 df_f 为

$$df_f = \frac{f_2 - f_1}{20} \tag{13.5}$$

其中 20 表示帧的总数。图 13.13 显示了与帧 1、帧 2 和帧 k 相关的这些频率。一般而言，如果存在 M 帧，那么在图 13.13 的 k 部分显示的三个频率可记为

$$\begin{aligned} f_{1k} &= \frac{(M+1-k)f_1 + (k-1)f_2}{M} \\ f_{2k} &= \frac{(M-k)f_1 + kf_2}{M} \\ f_{3k} &= \frac{(2M+1-2k)f_1 + (2k-1)f_2}{2M} \end{aligned} \tag{13.6}$$

其中，f_{1k}、f_{2k} 和 f_{3k} 分别表示第 k 帧开始、结束和中心的频率。在此情况下，$M = 20$，并相应地标记第一帧和最后一帧中的频率。

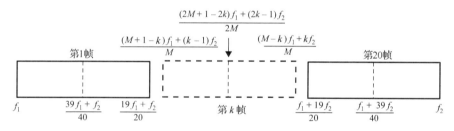

图 13.13　特定帧内线性调频信号的频率

由于使用比幅法可得到表示帧中心处的频率，且使用比相法可得到表示帧两端的频率，所以这两种方法可以有序地组合在一起，给出线性调频信号的实际频率。

图 13.14 显示了由比幅法、幅度辅助比相法和联合使用这两种方法得到的结果。起始频率 f_1 和终止频率 f_2 分别选为 200 MHz 和 400 MHz，且在该仿真中不存在噪声。图 13.14(a) 显示了由比幅法得到的频率，共 20 个数据点。图 13.14(b) 显示了由幅度辅助比相法得到的频率，共 19 个数据点。图 13.14(c) 显示了联合使用比幅法和幅度辅助比相法得到的结果，共 39 个数据点。由于在仿真中不存在噪声，所有三种方法均可给出准确的结果。

信号的信噪比为 –5 dB 时的结果如图 13.15 所示。从图 13.15 所示的三幅图来看，幅度辅助比相法给出了最好的结果，所得频率最接近一条直线。这里应指出，每当使用比幅法出现大的误差时，使用幅度辅助比相法也会出现大的误差。由于误差的修正是基于比幅法的，所以这也是可以预料的。

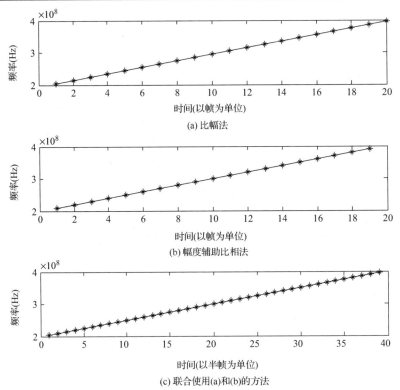

图 13.14 起始和终止频率分别为 200 MHz 和 400 MHz 的线性调频信号在无噪声时的测频结果

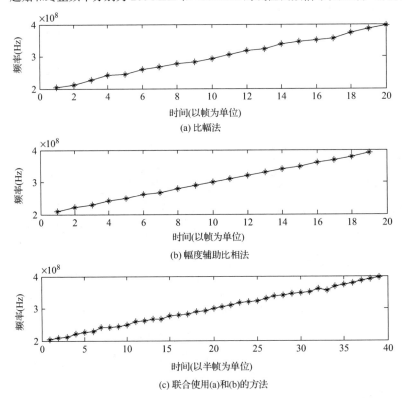

图 13.15 起始和终止频率分别为 200 MHz 和 400 MHz 的线性调频信号在信噪比为 −5 dB 时的测频结果

13.7 确定被测信号的调频速率

为了使用频率估计的结果来检测线性调频信号,需要将所有的频率估计拟合到一条直线上。由于起始频率和拟合线的斜率是未知的,所以寻找匹配的线将是一项繁重的任务。由于我们仅考虑线性调频信号,所以如果绘制出帧与帧之间的差频,就可以忽略对起始频率的要求,而绘制出的差频应该是数值不变的水平线。前面仿真中帧与帧之间的差频在图 13.16 中给出。这些值应该是每帧的调频速率。当输入频率在 20 帧内从 200 MHz 变化至 400 MHz 时,平均的调频速率为 10 MHz 每帧(200 MHz/20 帧)。预期这些结果应接近于 10 MHz 每帧的水平线。由于频率估计是基于近似方法的,所以预期结果会有一些变化。

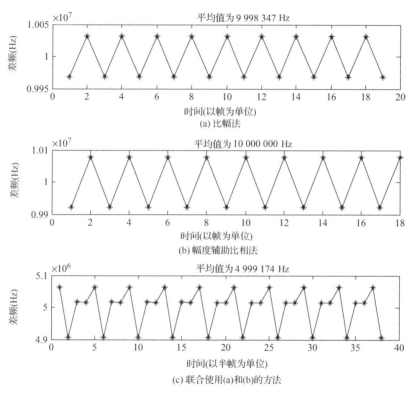

图 13.16　起始频率和终止频率分别为 200 MHz 和 400 MHz
的输入信号在无噪声时测得的帧与帧之间的差频

图 13.16(a)显示了由比幅法得到的结果;每帧的调频速率的平均值为 9 998 347 Hz,偏离预期值 10 MHz 约 1.7 kHz。图 13.16(b)显示了由幅度辅助比相法得到的结果;平均值等于预期的每帧的调频速率。在其他一些仿真中,每帧的调频速率的平均值偏离预期值约 1 Hz 或 2 Hz,结果优于比幅法。图 13.16(c)显示了由联合使用比幅法和比相法得到的结果;平均的每半帧的调频速率为 4 999 174 Hz,预期值应为 5 MHz(当合并两种方法的结果时,每帧得到两个频率估计)。误差约为 800 Hz。从平均的每帧的调频速率来看,幅度辅助比相法给出了最好的结果。不过,当信号较弱,例如当信噪比为−6 dB 时,比幅法和幅度辅助比相法都会产生相对较大的误差,结果如图 13.17 所示。

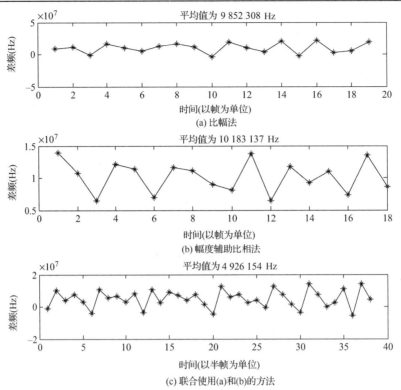

图 13.17　起始和终止频率分别为 200 MHz 和 400 MHz 的输入信号在信噪比为 −6 dB 时测得的差频

13.8　检测弱的长信号的四种方法[8,9]

迄今为止讨论了基于 FFT 的不同方法来估计线性调频信号的频率和调频速率。本节将讨论如何检测线性调频信号的存在，而这类信号通常是相对较长但强度较弱的信号。这里将讨论四种方法。在研究中，为了适应接收机的 1000 MHz 带宽，采用的信号持续时间为 1 μs，最大起止频率差为 1000 MHz。信号包含 20 帧数据。

第一种方法与通过非相干积累检测连续波信号相似。采样率为 2.56 GHz，FFT 长度为 128 点，带宽为 1000 MHz，并且只考虑每帧 FFT 输出中的 53 个频点，如参考文献[10]的表 6.1 所列。由于存在 20 帧，将 53 个频点各自的所有 20 个幅度相加。所得 53 个输出中的最大者与预先确定的阈值做比较以进行检测。对线性调频信号应用相似的方法。线性调频信号检测与连续波信号检测的差别如图 13.18 所示。

为了进行连续波信号检测，将所有 20 帧中相同编号频点的幅度相加。在图 13.18(a)中，竖立的直线指示出所有编号相同、幅度相加的频点。对线性调频信号来说，首先必须确定调频速率，得到的斜率可用于对齐进行幅度相加的频点。在图 13.18(b)中，倾斜的直线指示出幅度相加频点的编号。这里将该方法称为幅度求和法。如果调频斜率估计错误，则求和结果应小于阈值。因此，该方法也取决于频率估计的准确度。

虽然幅度求和法可改善检测长信号的灵敏度，但是可预期的结果要差于检测连续波信号的情况。原因在于，在频域中，连续波信号的幅度要大于线性调频信号，这是由后者的能量展宽造成的。

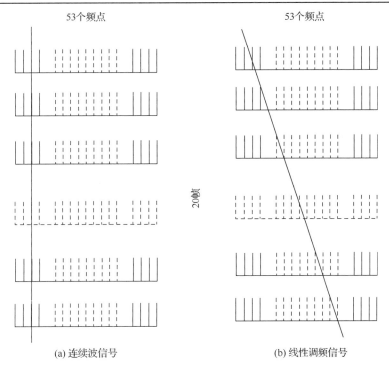

图 13.18 频点幅度的求和

由美国空军研究实验室(Air Force Research Laboratory,AFRL)的 David Lin 提出的第二种方法[11]与刚才描述的幅度求和法十分相似。仅有的差别在于不是对所有的频点求和,而是仅对 20 帧数据中每帧内具有最大幅度的频点求和。该方法将对 53 个频点的求和减至对 1 个频点的求和。一旦求和结果大于特定的阈值,就检测到了信号。信号频率将从进行幅度求和的峰值频点中确定。这里将该方法称为最大幅度求和法。

由 AFRL 的 Lee Liou 提出的第三种方法[12]是在特定的差频范围内寻找差频的数量。在图 13.17 中,大多数差频聚集在特定的值附近,该特定的值即为线性调频信号的调频速率。当信号的持续时间为 1 μs 时,共有 20 帧数据和 19 个差频,如图 13.17(a) 和图 13.17(b) 所示。如果阈值设定在差频附近,就可以得到一个检测准则。这里令差频的数目为 N,此时 N 即为 19。如果 N 个差频中的 L 个在阈值边界内,则认为检测到信号。这里将此方法称为 $L|N$ 检测法。同样的名称已在 7.13 节中使用过,但这两种 $L|N$ 检测法只是相似,并不相同。

最后一种方法是使用参考文献[10]的第 8 章所讨论的特征值法。由 20 帧数据计算得出特征值,并将所得结果相加。为了保持计算的简单性,考虑使用 3×3 相关矩阵。如果只存在一个连续波信号,则仅有两个特征值受到影响。如果输入是线性调频信号,则所有三个特征值都会受到影响。在该方法中,第三个特征值(最大的特征值)用于检测是否存在信号,第一个特征值(最小的特征值)用于检测调频信号。

下面三节将致力于确定本节所讨论四种方法的阈值。

13.9 幅度求和法与最大幅度求和法的阈值设定

对于前文提及的检测方法,首先必须确定所需的阈值。使用 10^{-7} 的虚警概率来确定阈值。

对幅度求和法来说，所需阈值与参考文献[10]的 6.6 节至 6.8 节所讨论的非相干法相同。阈值由对卷积函数的数值计算获得。使用此阈值的原因在于，当线性调频信号的起止频率差较小时，线性调频信号接近于连续波信号。所以针对连续波信号提出的阈值设定和信号检测等方法仍然可以应用于该情况。数据共有 20 帧，阈值由对 20 个频点的求和来获得。

阈值不是由对瑞利函数的 20 次卷积获得的，而是通过近似法得到的。产生 2560 个噪声数据点，将其作为输入，这 2560 个数据点相当于每帧包含 128 点的 20 帧数据。对每帧数据加 128 点的 Blackman 窗，然后对加窗数据进行 FFT 运算。在频域中，选取 53 个（从第 6 个至第 58 个）频点用于研究。将所有 20 帧输出的幅度相加。这个过程共运行 10 000 次，得到 53×10 000 个数据点。假定频点幅度服从高斯分布，由这 530 000 个数据点构成的直方图可得到所需的阈值。不过，该阈值略微低于由对瑞利函数做卷积得到的阈值。在参考文献[10]的表 6.4 结果的基础上，可进行微调。预计在进行求和时，卷积法和高斯分布近似法的结果相差约 4%。所需的阈值将由高斯分布近似法得到的阈值除以 0.96 来获取，最后的数值约为 185。

对最大幅度求和法来说，所需阈值是由近似法获得的，因为最大值分布和求和结果的分布均是未知的。使用蒙特卡罗法来获得两者的分布。运行 10 000 次，所得结果如图 13.19 所示。图 13.19(a)显示了峰值频点的幅度分布，该分布与瑞利分布不同。如果该分布与自身卷积 20 次，则预期所得结果与高斯分布接近，所得结果如图 13.19(b)所示。阈值由高斯分布获得，约为 299。

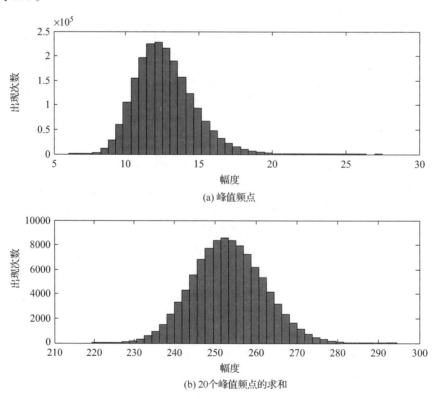

(a) 峰值频点

(b) 20 个峰值频点的求和

图 13.19 峰值噪声输出的直方图

13.10 L|N 检测法的阈值

在设定 L|N 检测法的阈值之前，必须得到来自仅有噪声作为输入的比幅法和比相法的频率报告。我们期望从比幅法获得的频率服从均匀分布。由于需要两帧数据的信息，由比相法（无论是否使用幅度辅助）得到的频率可能都不服从均匀分布。

运行 10 000 次得到的结果如图 13.20 所示。图 13.20(a) 显示由比幅法得到的结果。所得结果表明输出频率可认为服从均匀分布。图 13.20(b) 和图 13.20(c) 分别是由比相法和幅度辅助比相法得到的结果。这些结果通过式(13.3)的第四式或单频率法获得。可认为这两个结果呈三角状。由比相法计算得到的频率从两相邻帧之间的相位差获得。如果每帧内的峰值频率服从均匀分布，如图 13.20(a) 所示，那么它们差值的分布应是三角状的，即两个矩形概率密度函数的卷积。图 13.20 中的频率范围略微宽于 1000 MHz 的输入带宽，因为在获取随机频率时，选取了 53 个频点，频率跨度略微大于 1000 MHz。

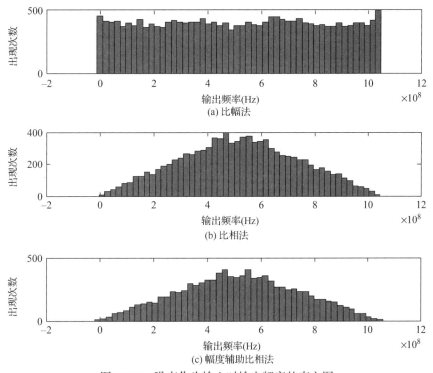

图 13.20 噪声作为输入时输出频率的直方图

图 13.21 显示了 0~1 之间均匀分布的 100 000 个随机输入的直方图。两相邻帧之间的频率差称为差频，两个差频之差称为二次差频。该信号差频和二次差频的直方图分别如图 13.21(a) 和图 13.21(b) 所示。这些结果可由对输入分布的卷积得到。图 13.22(a) 和图 13.22(b) 分别显示了由卷积法得到的差频和二次差频的分布，这些结果与图 13.21 相当匹配。图 13.22(a) 由两个均匀分布的卷积获得，而图 13.22(b) 由两个三角分布的卷积获得。

得到所需的阈值需要以下两个步骤。第一步是从图 13.22 的曲线图中找到出现概率（probability of occurrence）。一旦得到出现概率，第二步就是确定 L|N 检测法的 L 值。

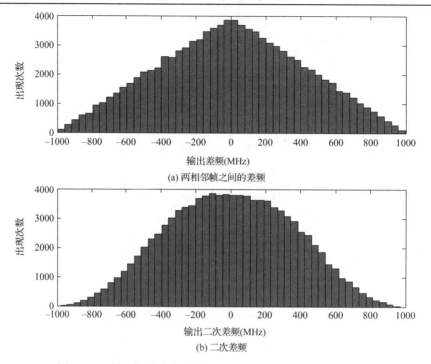

(a) 两相邻帧之间的差频

(b) 二次差频

图 13.21 输入服从均匀分布时运行 100 000 次得到的直方图

首先,得到由比幅法计算所得的频率。差频的分布如图 13.22(a)所示。这里使用图形的一半,选取频率范围为 0~1000 MHz 的那一半,以得到 0~x MHz 范围内频率出现的概率。该概率可以根据面积求得。0~1000 MHz 对应的面积 A 为 500。0~x MHz 频率对应的梯形面积为

$$\text{Area} = \left(1 + \left(1 - \frac{x}{1000}\right)\right)\frac{x}{2} = \left(2 - \frac{x}{1000}\right)\frac{x}{2} \tag{13.7}$$

因此有

$$p_a = \frac{\text{Area}}{A} = \left(2 - \frac{x}{1000}\right)\frac{x}{1000}$$

其中,p_a 表示梯形面积内频率的出现概率。此情况共有 20 帧数据,存在 19 个差频。由于 $N/2$,即 19/2 接近 10,所以选取 $L = 10$。当 L 接近 N 的一半时,可以获得更好的灵敏度。当在此阈值内存在 10 个或更多频率时,将会发生误检。因此,阈值可从下式获得:

$$p_{\text{fal}} = \sum_{i=10}^{19} \frac{19!}{(19-i)!i!} p_a^i (1-p_a)^{19-i} = 10^{-7} \tag{13.8}$$

其中,p_{fal} 表示虚警概率。使用试错法可从该式获得阈值。所得结果如图 13.23(a)所示。在虚警概率为 10^{-7} 时,需要的频率阈值约为 ± 34.24 MHz。

对图 13.22(b)的分布,其结果可从式(13.9)得到:

$$\begin{aligned} y &= 1 - \frac{x^2}{5 \times 10^5}, \quad x \text{ 为 } 0 \sim 500 \\ y &= \frac{(x-10^3)^2}{5 \times 10^5} = \frac{x^2 - 10^3 x + 10^6}{5 \times 10^5}, \quad x \text{ 为 } 501 \sim 1000 \end{aligned} \tag{13.9}$$

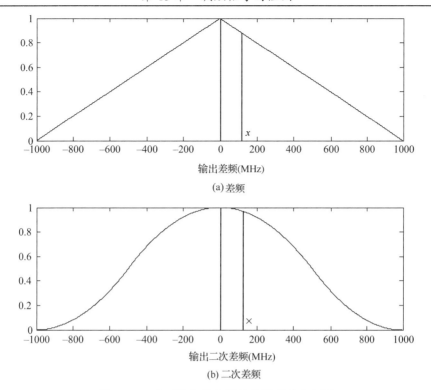

图 13.22　由对均匀分布做卷积得到的直方图

为了求出 0~1000 MHz 二次差频的面积 A，0~x MHz 二次差频的面积，以及 $(0, x)$ 内二次差频的出现概率，可使用下式：

$$A = \int_0^{500} y\,dx + \int_{500}^{1000} y\,dx = \left(x - \frac{x^3}{15 \times 10^5}\right)\bigg|_0^{500} + \frac{\frac{x^3}{3} - 10^3 x^2 + 10^6 x}{5 \times 10^5}\bigg|_{500}^{1000}$$

$$= 500 - \frac{500^3}{15 \times 10^5} + \frac{\frac{10^9}{3} - 10^3 \times 10^6 + 10^9}{5 \times 10^5} - \frac{\frac{500^3}{3} - 10^3 500^2 + 10^6 \times 500}{5 \times 10^5} \quad (13.10)$$

$$= 500 - 83.33 + 666.67 - 583.33 = 500$$

$$\text{Area} = x - \frac{x^3}{15 \times 10^5}$$

$$p_a = \frac{\text{Area}}{A} = \frac{x - \frac{x^3}{15 \times 10^5}}{A}$$

得到的 0~1000 MHz 对应的面积 A 与式(13.7)所得结果相同，该结果是合理的。$(0, x)$ 内二次差频的出现概率可从 A 的第一部分积分得到，因为所需计算的频率范围应小于 500 MHz。在 $(0, x)$ 内频率出现的概率 p_a 可用于确定所需的阈值。使用与式(13.8)相似的一个等式可确定阈值。差别仅在于当使用相位求解输出频率时，仅有 19 个频率和 18 个差频。在此情况下，在上述范围内出现 9 个差频将被视为检测到信号。当虚警概率如下时将获得阈值：

$$p_{\text{fal}} = \sum_{i=9}^{18} \frac{18!}{(18-i)!i!} p_a^i (1-p_a)^{18-i} = 10^{-7} \quad (13.11)$$

阈值如图13.23所示。图13.23(a)显示了使用比幅法得到的频率阈值，为±34.24 MHz。图13.23(b)显示了使用单频率比相法得到的频率阈值，为±26.41 MHz。两者之间较大的差值由被测频率的分布引起，如图13.20所示。

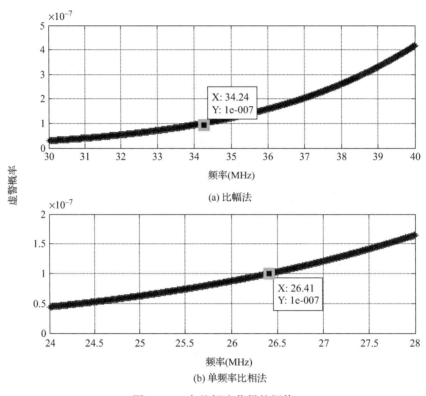

图13.23 由差频法获得的阈值

由平均频率法[见式(13.3)的第三式]所获频率的分布也是三角状的，如图13.20(b)、图13.20(c)、图13.21(a)和图13.22(a)所示。不过，差频的范围为-500~500 MHz，而不是-1000~1000 MHz。该现象可通过一个数值算例来解释。假定四个相邻帧的最大FFT输出的频点编号分别为1, 53, 1和1(即各帧的k值)。使用单频率法，被测的三个频率可能接近0 MHz，1000 MHz和1000 MHz，那么差频可能接近-1000 MHz和0 MHz。使用平均频率法，被测频率可能接近500 MHz，1000 MHz和500 MHz，那么差频将接近-500 MHz和500 MHz。使用平均频率法来获得阈值，阈值应为图13.23(b)中所得数值的一半。

13.11 特征值法的阈值及对阈值的总结

使用白噪声作为输入，运行10 000次，可得到特征值法的阈值。每次运行包含20帧数据，每帧数据包含128点。由128个数据点和分别为1点、20点、51点的三个延迟量，可得到3×3相关矩阵。从所有20帧数据中选取最大的特征值，并将所得结果相加。每次运行产生一个数据点。绘制出10 000次运行结果的直方图，并使用高斯分布来拟合所得的结果。在虚警概率为10^{-7}时，得到的阈值约为17.30。由13.9节至13.11节得到的阈值在表13.1中列出。

表 13.1　用于不同方法的阈值

检测方法		阈　　值	所用方法
1	幅度求和法	185	调整的高斯分布
2	最大幅度求和法	299	高斯分布
3	比幅法测量频率($L|N$检测法)	±34.24 MHz	矩形分布卷积
4	单频率比相法测量频率($L|N$检测法)	±26.41 MHz	三角分布卷积
5	单频率幅度辅助比相法测量频率($L|N$检测法)	±26.41 MHz	三角分布卷积
6	平均频率比相法测量频率($L|N$检测法)	±13.21 MHz	第4行的一半
7	平均频率幅度辅助比相法测量频率($L|N$检测法)	±13.21 MHz	第5行的一半
8	特征值法	17.30	高斯分布

13.12　对所有检测方法的灵敏度研究

一旦得到阈值，就可以通过仿真获得灵敏度。使用 1000 个具有相同信噪比和不同噪声的信号作为输入。每个输入信号的持续时间为 1 μs，即包含 20 帧数据。由比幅法测得的频率有 20 个，由比相法测得的频率有 19 个。计算差频，则由比幅法得到 19 个值，由比相法得到 18 个值。由于这里研究的信号仅限于调频速率为正的线性调频信号，所以差频应该接近于一个正值常量，如图 13.16 和图 13.17 所示。下面求这些输出的平均值。

这里首先考虑 $L|N$ 检测法。表 13.1 第 3 行至第 7 行得出的阈值用作检测判据。对比幅法来说，如果在阈值范围内检测到 10 个信号，就会报告检测到信号。对比相法来说，如果在阈值范围内检测到 9 个信号，就会报告检测到信号。信噪比从 -12 dB 变化至 -2 dB。先使用连续波信号(即起止频率差为 0)作为输入信号。输入频率在 141~1410 MHz 之间随机选取，重复 1000 次。

图 13.24 显示了输入信噪比(单位为 dB)与信号检出次数的关系图。灵敏度可由这些曲线(在检测概率为 90%时)得到。图 13.24(a)显示了比幅法测量的频率结果，灵敏度约为 -6.7 dB。图 13.24(b)显示了单频率比相法测量的频率结果，灵敏度约为 -6.5 dB。如果在过程中进行幅度修正，则得到的灵敏度几乎是相同的(结果未在该图中显示)。图 13.24(c)显示了平均频率幅度辅助比相法测量的频率结果，灵敏度约为 -5.7 dB。如果未进行幅度修正，则灵敏度约为 -5.5 dB(结果未在该图中显示)。

如果调频速率为 1000 MHz/μs(该研究所用的最大值)，那么由比幅法获得的灵敏度将约为 -6.0 dB。应该指出，此时输入的线性调频信号总是起始于 141 MHz，且终止于 1410 MHz，并在每次运行中使用不同的噪声。对单频率比相法来说，灵敏度约为 -5.7 dB，而对单频率幅度辅助比相法来说，灵敏度同样约为 -5.7 dB。平均频率比相法和平均频率幅度辅助比相法的灵敏度均约为 -5.2 dB。

使用最大幅度求和法的接收机具有最好的灵敏度。使用表 13.1 中列出的阈值 299，对连续波信号的灵敏度约为 -8.3 dB。当输入信号的调频速率为 1000 MHz/μs 时，灵敏度接近 -8.1 dB。

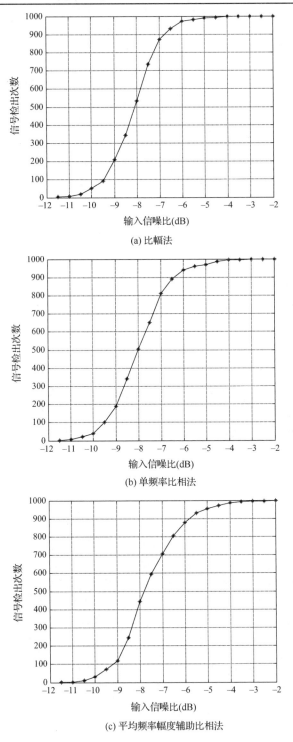

(a) 比幅法

(b) 单频率比相法

(c) 平均频率幅度辅助比相法

图 13.24　由 L/N 检测法测得的灵敏度

对幅度求和法来说，必须先估计调频速率，调频速率用于确定如何对齐各帧的频点。使用比幅法来测量调频速率。这里使用的阈值为 185，如表 13.1 所列。由此得到的灵敏度曲线不是平滑的。运行的次数增加至 5000，以平滑灵敏度曲线，得到的灵敏度约为 -6.8 dB。当输入信号的调频速率为 1000 MHz/μs 时, 灵敏度为 –5.5 dB。由于使用该方法时,在输入连续波信号和输入调频速率为 1000 MHz/μs 的线性调频信号这两种情况下产生的灵敏度之间相差较大,所以使用已知的输入频率对该方法进行测试。换言之,调频速率是已知的,而不是从计算每帧的频率得到的。连续波信号的调频速率已知为 0,该方法是用于检测连续波信号的常用方法。在检测连续波信号时,灵敏度约为 –11.7 dB, 而在检测调频速率为 1000 MHz/μs 的线性调频信号时,灵敏度约为 –11.6 dB。由加 Blackman 窗的 128 点 FFT 得到的灵敏度约为 –1.5 dB[10;表6.6]。对 20 点非相干积累来说,增益约为 10.2 dB[13],并且相应的灵敏度约为 –11.7 dB,即 –1.5–10.2。据此证明,所使用的方法是合理的。

对特征值法来说,在输入为连续波信号时,灵敏度约为 –7.5 dB, 而在输入为调频速率为 1000 MHz/μs 的线性调频信号时,灵敏度为 –7.2 dB。灵敏度从检测曲线(检测概率与输入信噪比的关系曲线)上读取获得。在此过程中,大多数数据的获取来自不止一次的运行。看上去所得结果是相当一致的,并且读数的误差通常在 ±0.1 dB 范围内。根据这里得到的非常有限的经验,估计最终的误差应在 ±0.2 dB 范围内。

13.13 关于灵敏度的小结

本节讨论测得的灵敏度结果。针对连续波信号和线性调频信号(调频速率为 1000 MHz/μs),由不同方法得到的灵敏度结果在表 13.2 中列出。

表 13.2 由不同检测方法得到的灵敏度

方法		灵敏度信噪比(dB)	
		连续波	1 GHz/μs
1	比幅法测量频率 ±34.24 MHz ($L|N$ 检测法)	–6.7	–6.0
2	单频率比相法测量频率 ±26.41 MHz ($L|N$ 检测法)	–6.5	–5.7
3	单频率幅度辅助比相法测量频率 ±26.41 MHz ($L|N$ 检测法)	–6.5	–5.7
4	平均频率比相法测量频率 ±13.21 MHz ($L|N$ 检测法)	–5.5	–5.2
5	平均频率幅度辅助比相法测量频率 ±13.21 MHz ($L|N$ 检测法)	–5.7	–5.2
6	最大幅度求和法	–8.3	–8.1
7	FFT 输出求和法获取频率信息	–6.3	–5.5
8	输入频率已知时,对 FFT 输出求和	–11.7	–11.6
9	特征值法	–7.5	–7.2
10	穷举法*	–11.7	–11.6

*在 13.14 节中讨论

这里根据表 13.2 第一列的方法编号简单概述一下各方法的检测步骤。

方法 1 使用比幅法测量频率。差频用于检测信号。共有 19 个差频;如果 10 个或 10 个以上差频位于 ±34.24 MHz 范围内,就会报告检测到信号。

方法 2 使用比相法测量频率。根据来自第一帧的最大输出使用单频率法来计算频率。共有 18 个差频;如果 9 个或 9 个以上差频位于 ±26.41 MHz 范围内,就会报告检测到信号。

方法 3 该方法与方法 2 相似。唯一的区别在于,该方法使用比幅法来辅助比相法测量频率。

方法 4　使用比相法测量频率。不过，根据来自第一帧和第二帧的两个最大频率输出，使用平均频率法来计算频率。该操作改变了输出噪声的分布，并且阈值降低为±13.21 MHz。共有 18 个差频；如果 9 个或 9 个以上差频位于±13.21 MHz 范围内，就会报告检测到信号。

方法 5　该方法与方法 4 相似。唯一的区别在于，该方法使用比幅法来辅助比相法测量频率。

方法 6　该方法选取所有 20 帧的最大输出并将它们相加。如果超过阈值(299)，就会报告检测到信号。

方法 7　使用比幅法测量频率。根据测得的频率来估计调频速率。来自 20 帧数据的所有 53 个频点的幅度各自相加，与阈值 185 进行比较。

方法 8　与连续波信号相比，线性调频信号从上述方法得到的所有灵敏度相对较差，其中方法 7 用于两种信号之间的比较。在本方法中，调频速率为已知的值。此时，幅度求和用于确定线性调频信号的灵敏度，所得结果与预期值(即连续波信号的灵敏度)非常接近。

方法 9　使用噪声作为输入并使用 3×3 相关矩阵产生三个特征值。将来自 20 帧数据的最大特征值相加，所求之和作为阈值。通过比较线性调频信号的最大特征值之和与阈值，得到灵敏度。

上面的结果表明，在接收机检测调频速率未知的线性调频信号时，灵敏度较低。此时，最好的结果由最大幅度求和法获得。该结果与根据方法 8 和方法 10 检测连续波相比，灵敏度变差了约 3.4 dB，即 11.7-8.3。

比较方法 2 至方法 5 的结果，看上去比相法无论是否使用幅度辅助，得到的结果之间相差很小。该结果与图 13.12(a)和图 13.12(b)的结果是一致的，即在信噪比较低时，幅度辅助并不能改善结果。只有在信噪比较高时，比幅法才能产生更好的结果。

从图 13.15(a)和图 13.15(b)来看，在测量频率方面，幅度辅助比相法优于比幅法，这是因为前者所得频率与时间的关系曲线接近一条直线。不过，根据对灵敏度的研究，方法 1 给出的灵敏度略微好于方法 2。该现象可做如下解释。在该检测方法中，差频用作阈值。对相同的虚警概率而言，各阈值是不同的。由比幅法测得的频率与由比相法测得的频率相比具有更宽松的阈值。当检测到信号时，比幅法的差频约在±34.24 MHz 范围内，而比相法的差频约在±26.41 MHz 范围内。如果使用平均频率法计算频率，则阈值范围甚至更窄，这主要反映在较低的灵敏度上。在该类检测方法中，除了虚警概率，引入了另一个参数，即差频范围。

最大幅度求和法给出了最优结果(-8.3 dB)，特征值法给出了第二好的结果(-7.5 dB)。两者之间的差值约为 0.8 dB。当最大调频速率为 1000 MHz/μs 时，与连续波信号相比，灵敏度大约恶化 0.2~0.8 dB。灵敏度的恶化在预期之中，因为在更高的调频速率上，能量扩散到多个频点中，那么相应的幅度将减小。有趣的是，最大幅度求和法对较大的调频速率不太敏感。

最后，需要关注的是差频的标准差与输入信噪比的关系。在该研究中，使用比幅法测量频率。差频标准差与输入信噪比的关系曲线如图 13.25 所示。为了获得相对光滑的曲线，重复输入 5000 次。图 13.25(a)和图 13.25(b)分别显示了连续波信号和调频速率为 1000 MHz/μs 的线性调频信号的结果。正如我们所预期的，在输入信噪比相同时，连续波信号的差频标准差小于线性调频信号的差频标准差。

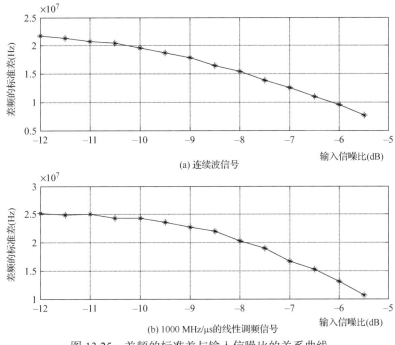

图 13.25　差频的标准差与输入信噪比的关系曲线

13.14　穷举法[14]

根据上面的研究得到的最好灵敏度与连续波信号的情况相比，差约 3.4 dB，因而需要关注的是增大处理负荷能否改善灵敏度。在使用穷举法时，求和要执行 53 次，而在每次求和时使用 20 帧数据。对该方法的描述如下。为了简化讨论，第一帧内的第一个频点将用作示例。第一次求和是将所有 20 个第一个频点相加。这与检测连续波信号是一样的。第二次求和包含所有 20 帧数据中第一个频点的前一半和第二个频点的后一半。该方法适用于在前两个频点上均分的线性调频信号。第三次求和包含第一频点的前 1/3，第二频点的中间 1/3 和第三频点的后 1/3。由于 20 帧的 1/3 不是整数，应使用舍入后的整数。该方法假定线性调频信号在前三个频点上均分。换言之，这一方法以大约 20 MHz/μs 的步长检验所有的调频速率。

将同样的操作模式应用于频点 2 至频点 53。在完成一组求和之后，得到表示不同频点的 53 个输出，且进行了 53 次求和，因此合计共有 2809（即 53×53）次求和与相同数目的输出。如果输入信号包含负调频速率，则全部的操作次数将增加一倍。由于在没有选取最大值的情况下对频点求和，阈值保持在 185。如果 2809 个输出中的任何一个超出阈值，就会报告检测到信号。所得的灵敏度与已知调频速率时得到的灵敏度非常接近[14]。得到的结果在表 13.2 的第 10 行列出。由于在该方法中测得的灵敏度依赖于调频速率，所以起止频率差在 0~1000 MHz 之间随机选取，运行 1000 次，从而得到灵敏度。在本例中，每 20 MHz 对调频速率测试一次。如果每一个检测步长内的调频速率均小于 20 MHz，则应能得到更好的灵敏度，但需要更多的操作。如果调频速率步长大于 20 MHz，则得到的灵敏度应该较差，但所需的求和次数较少。

与最大输出求和法相比，操作次数增加至约 2809 倍，但是与连续波信号检测相比，只是增加至 53 倍。表 13.2 表明，与最大幅度求和法相比，在检测连续波信号时，穷举法将灵敏度改善了 3.4 dB；在检测调频速率为 1000 MHz/μs 的线性调频信号时，穷举法将灵敏度改善了 3.5 dB。

13.15 使用特征值法检测线性调频信号

在本节中，使用特征值法检测线性调频信号。该方法以逐帧的方式执行，适用于接收机设计。假定当每一帧检测到宽带信号时，可认为输入为调频信号。在输入数据有 128 点，三个延迟分别为 1 点、10 点和 26 点的情况下，虚警概率为 10^{-4} 时的阈值为 1.593（见 12.12 节）。

有两个参数影响着对线性调频信号的检测：输入功率电平和调频速率。为了得到特征值与这两个参数之间的关系，首先研究线性调频的影响。将输入信号保持在合理的功率电平，使信噪比为 20 dB。在不同的调频速率下，从 10 000 次运行得到的最小特征值的分布如图 13.26 所示。图 13.26(a) 的结果来自连续波信号，特征值位于阈值 1.593 之下。图 13.26(b) 显示了调频速率为 200 MHz/μs 时的结果，其中的一些最小特征值超过了阈值。图 13.26(c) 显示了调频速率为 400 MHz/μs 时的结果，其中有大量的最小特征值超过了阈值。

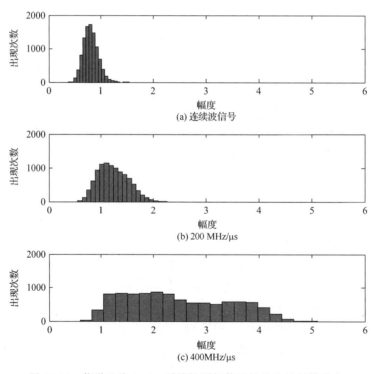

图 13.26　信噪比为 20 dB 时线性调频信号的最小特征值分布

下一步是得到线性调频信号检测概率与调频速率在不同信噪比时的关系。改变功率电平，使信噪比以 2 dB 步进从 10 dB 变化至 36 dB。在每个输入功率电平上，调频速率以 2 MHz/(50 ns)，即 40 MHz/μs 的步进，从 60 MHz/(50 ns)，即 120 MHz/μs 变化至 100 MHz/(50 ns)，即 2000 MHz/μs。在每个输入条件下，运行 1000 次，初始相位、起始频率和终止频率均随机选取，但是后两者的差等于给定的调频速率。

在不同的信噪比上进行仿真,产生了 14 幅关系曲线,但是仅有信噪比为 20 dB 时的结果显示在图 13.27 中。注意,x 轴的单位是 Hz/(50 ns)。900 次检出信号(90%的检测概率)对应的值被认为是灵敏度。由于在该值处的曲线不光滑,灵敏度被估计为 28 MHz/(50 ns)。

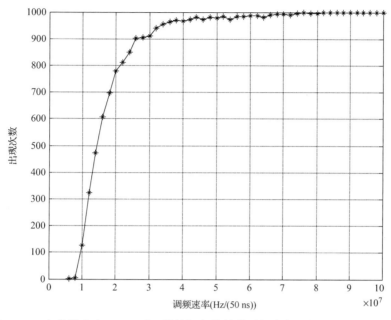

图 13.27 在信噪比为 20 dB 时,线性调频信号检测概率与调频速率的关系曲线

从 14 幅关系曲线(仅有一幅在图 13.27 中显示)读取的值列在表 13.3 中。这些结果绘在图 13.28 中,从该图可得出结论,基于逐帧方式的特征值法在检测线性调频信号时不太灵敏。只有在高信噪比和大调频速率时才能识别线性调频信号。

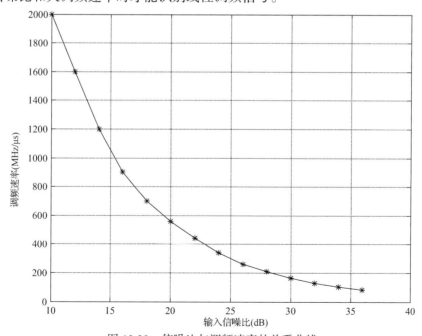

图 13.28 信噪比与调频速率的关系曲线

表 13.3　调频速率与信噪比的对应关系

调频速率(MHz/μs)	2000	1600	1200	900	700	560	440	340	260	210	164	130	102	82
信噪比(dB)	10	12	14	16	18	20	22	24	26	28	30	32	34	36

13.16　小结

尽管不存在理论基础，但由针对连续波信号提出的比幅法和比相法测得的频率却能改善线性调频信号的频率估计准确度。这些现象可以通过仿真予以展示。

在调频速率未知时，检测线性调频信号相对比较困难。貌似大多数高效方法是对每帧的最大值求和。得到的灵敏度与连续波信号的情况相比变差了约 3.4 dB。与最大幅度求和法相比，利用差频的各种检测方法得到的灵敏度更差。不过，一旦检测到信号，差频就会处在一定的范围内，而这可视为对检测的附加要求，降低了检测灵敏度。

这里的研究提出的一些想法可应用在接收机设计中。实际接收机的研发比本章给出的研究复杂得多。在该研究中，输入数据中的信号是已知的。在接收机设计中，到达时间(TOA)和脉宽是未知的。更糟的是同时到达信号问题。当输入信号脉宽相对较长时，同时到达信号出现的概率增大。除穷举法之外的所有方法都使用各帧的最大输出来计算输入信号的频率。相对较强的信号会掩盖对弱线性调频信号的频率测量。一般的方法是丢弃 FFT 输出中的大幅度输出及其相邻频点，以检测第二个信号。在连续波信号检测中，如果两个信号在频率上分开得足够远，该方法就不会影响对第二个信号的检测。但是，在线性调频信号检测中，两个频率的分开距离不是一个恒定值。有时这些频率很接近，而有时它们又很分散。在一段时间内，这两个频率甚至可以具有相同的值。必须对所有这些情况仔细进行评估。

如果一帧包含两个信号且检测到一个信号，那么其他频点可被忽略或选取第二大的值。如果忽略第二大的值，就会影响检测线性调频信号的总帧数。在此情况下，预先确定的阈值将受到影响。为了将对接收机的研究限定在可控的范围内，有人提议仅考虑一帧内包含一个常规脉冲信号和一个线性调频信号的情况。即使如此，仍将存在很多输入情况。选择一组信号条件是研究接收机检测线性调频信号性能的第一步。

参考文献

[1] Djuric PM, Kay SM. 'Parameter estimation of chirp signals'. *IEEE Transactions on Acoustics, Speech, and Signal Processing* 1990; **18**(12): 2118–2126.

[2] Wood JC, Barry DT. 'Tomographic time-frequency analysis and its application toward timevarying filtering and adaptive kernel design for multicomponent linear-FM signals'. *IEEE Transactions on Signal Processing* 1994; **42**(8): 2094–2104.

[3] Wang M, Chan AK, Chui CK. 'Linear frequency-modulated signal detection using radonambiguity transform'. *IEEE Transactions on Signal Processing* 1998; **46**(3): 571–585.

[4] Akay O, Boudreaux-Bartels GF. 'Fractional convolution and correlation via operator methods and an

application to detection of linear FM signals'. *IEEE Transactions on Signal Processing* 2001; **49**(5): 979–993.

[5] Zhang X, Cai J, Wang W, Yang Y, Wen G. 'A new time-frequency transform algorithm for multi-LFM signals parameter estimation'. *Proceedings of the Ninth International Conference on Signal Processing*. New York: IEEE; 2008: 116–119.

[6] Wang P, Yang J, Du Y. 'A fast algorithm for parameter estimation of multi-component LFM signal at low SNR'. *Proceedings of International Conference on Communications, Circuits and Systems*. New York: IEEE; 2005: 765–768.

[7] Ikram MZ, Abed-Meraim K, Hua Y. 'Fast discrete quadratic phase transform for estimating the parameters of chirp signals'. *Proceedings of the Asilomar Conference on Signals, Systems and Computers*. New York: IEEE; 1997: 798–802.

[8] Klauder JR, Price AC, Darlington S, Albersheim WJ. 'The theory and design of chirp radars'. *Bell System Technical Journal* 1960; **39**(4): 745–808.

[9] Skolnik MI. *Introduction to Radar Systems*, 3rd ed. New York: McGraw-Hill; 2001.

[10] Tsui J. *Special Design Topics in Digital Wideband Receivers*. Boston: Artech House; 2010.

[11] Lin D. Air Force Research Laboratory. Private communication.

[12] Liou L. Air Force Research Laboratory. Private communication.

[13] Tsui J. *Fundamentals of Global Positioning Systems: A Software Approach*, 2nd ed. New York: John Wiley; 2005: chap. 10.

[14] Broadstock M. Miami University, Oxford, Ohio. Private communication.

第 14 章 模拟-信息转换

14.1 引言[1]

本章介绍了模拟-信息转换(analog-to-information，A-to-I，常简称为模信转换)的概念。模信转换的名称来自美国国防部高级研究计划局(Defense Advanced Research Projects Agency，DARPA)某项目中的"模信转换接收机研制"概念。模信转换的目标是使用低采样率覆盖超过奈奎斯特采样率允许的宽频带输入信号[2~5]。本章给出了 Northrop Grumman 公司所研制多项模信转换技术的其中一项的分析结果。在此，感谢该公司的贡献和美国空军研究实验室的支持。

实现模信转换思想的前提是，输入频带内的信号具有稀疏性。电子战接收机需要检测很多信号，不过通常仅有一些同时到达信号在较宽的频带上存在，例如包括连续波信号在内的 2~4 个信号，这就满足了实现模信转换思想的必要条件。通常，模信转换问题是从理论的角度进行研究的。所用方法是根据数字化的采样数据来重构输入信号。如果原始信号被重构，则常规的 FFT 方法可用于获得关注的参数，例如载波频率、脉冲幅度等。由于必须先重构输入信号，所以这种方法很耗费时间。本研究的目的是将模信转换思想应用到电子战接收机中，而实时处理是电子战接收机的关键需求，因而需要在不重构原始信号的情况下从数字化的数据中直接获得各种参数。本章给出的资料来自 Northrop Grumman 公司的 DARPA 项目，该项目由美国空军研究实验室管理。

诸如随机采样(或非均匀采样)等多种模信转换方法已被提出[4,5]。本章讨论的概念是随机调制预积分器(Random Modulation PreIntegrator，RMPI)[6]。首先，接收到的模拟信号经过 Gold 码调制，在调制之后采集数字化数据。在该研究中，等效数字化率(equivalent digitizing rate)小于 400 MHz，即 200 MHz 奈奎斯特频率，而覆盖的输入带宽频率范围大于 2000 MHz，超过 10 倍的奈奎斯特频率。

本章将详细讨论模信转换、数据采集和频率测量等具体概念，给出根据模信转换思想设计的接收机，并讨论该接收机的性能，例如频率读数和幅度测量。灵敏度和双信号测量能力尤其重要。低采样率将把噪声和多种信号折叠至基带内。这些问题将通过仿真进行评估。

14.2 数据采集

首先，这里讨论在模信转换接收机中如何数字化模拟信号。数字化数据通过以下步骤产生。使用运行频率为 5 GHz 的内部模拟时钟。该内部时钟频率决定接收机的最大带宽，最大带宽为时钟频率的一半，即 2.5 GHz。该时钟用于产生一系列 Gold 码[7]，用于调制输入信号。模拟输入信号的极性根据 Gold 码的值(+1 或-1)发生变化，这是在模拟域中完成的。Gold 码可由两个伪随机位序列(Pseudo-Random Bit Sequence，PRBS)按位进行异或运算来产生。如果其中一个伪随机位序列在63位后重复，而另一个伪随机位序列在52位后重复，那么得到的 Gold 码具有的长度为3276，即63×52，且该 Gold 码在此长度后重复[8]。如14.3节所述，使用4个 Gold 码，产生的较长 Gold 码可检测较长的信号。为了简化讨论，在模拟输入信号被5 GHz时钟调制后，每个时钟周期内的模拟输入信号称为模拟点，尽管输入在此频率上从未被数字化为点。模拟点的出现频率为5 GHz(即0.2 ns/模拟点)，且积累时间为52个模拟点，这意味着每52个模拟点产生一个数字化数据。等效采样速率 f_{s1} 约为96.154 MHz，即5000/52，相应的采样时间 t_{s1} 为10.4 ns，即 $1/f_{s1}$。在使用这样相对较低的采样速率时，可采用位数较多的模数转换器。

由于共有4个并行信道，所以等效采样速率 f_s 等于384.62 MHz，即 $4 \times f_{s1}$，等效采样时间为2.6 ns。基带带宽为 $f_s/2 = 192.31$ MHz。模拟调制频率为5 GHz，奈奎斯特输入带宽为2.5 GHz。那么输入带宽被折叠进基带内13次，即2500/192.31。每个信道产生的数据不是同时出现的，而是以2.6 ns(13个模拟点)的间隔错开的。一组数字化数据由4个点组成，每个点均来自不同的信道。在下面的接收机仿真中，使用7组或9组数据来测量输入信号。在进行接收机仿真时，假定接收机的输入频率范围为100~2400 MHz，以避开接近奈奎斯特区域边界的频率。该带宽为置于接收机之前的模拟滤波器的边带下降留出了空间。因此，在采样速率为384.62 MHz时，接收机可覆盖的频率范围为2300 MHz。

由于该 Gold 码具有3276个模拟点的长度，在63(即3276/52)个数字化点后，该码将再次重复。该 Gold 码对应的持续时间为655.2 ns，即10.4×63。不过，为了获取63组数字化数据，需要另外3个数字化数据，则模拟点的总数为3315，即3276+39。通过图14.1可以理解需要加39个模拟点的原因。全部的模拟点包含63个周期，每个周期具有52个模拟点，共计3276个模拟点，外加数字化点253(码1)起始点与数字化点256(码4)起始点之间额外的39个点，如图14.1所示。得到的等效时间为663 ns。采集数字化点253和数字化点1时使用的 Gold 码相同，如图14.1所示。

首先，必须确定组的数量，以测量输入信号。由于预期检测的最短脉冲约为100 ns，所以使用由507个模拟点(由52×9+39得到)生成的9组数字化点，对应的时间为101.4 ns。这一选择与最小脉宽非常接近。在时间分辨率约为100 ns的情况下，对应的频率分辨率约为10 MHz。

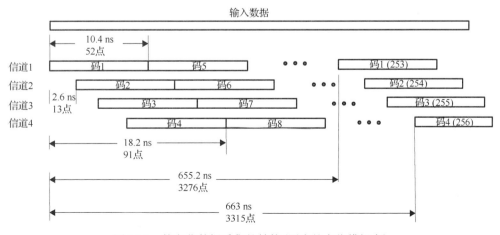

图14.1 数字化数据采集的结构(图中的点指模拟点)

图 14.2 显示了在下面研究中所使用的数据。全部数据可分为 39 个包含 13 点的组，即 39×13 = 507。如图 14.2 所示，为产生 36 个数字化点，第一组的模拟点仅使用 1 次，第二组使用 2 次，第三组使用 3 次。从图 14.2 中还可以看出，最后三组模拟点分别使用 3 次、2 次和 1 次。剩余的模拟点组均使用 4 次。由此引起的效应有点像在时域中加窗。

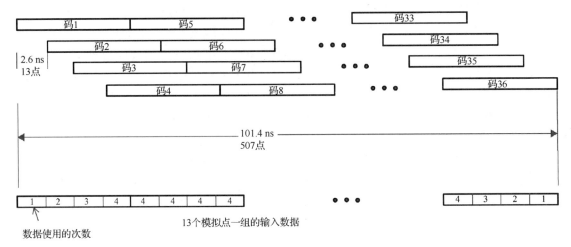

图 14.2　一组数字化点中使用的数据(本图中的点指模拟点)

14.3　频率计算

从压缩数据中测量的第一个参数是输入信号的频率。基于约 100 ns 的数据长度，频率分辨率被选为 10 MHz。但是，该选择将产生错误的频率读数。另一个选择是使用 5 MHz，此时的频率读数是可接受的，即在各种不同的测试下，频率误差在 10 MHz 以内。获取更好的频率分辨率将增加计算时间。

为了测量输入信号，使用 14.2 节所述步骤采集的数字化点与板(plate)相关，而每个板对应于一个具体的频率。本节描述产生这些板的运算。

对于具体的角频率 ω，板 P 可通过下式[8]产生：

$$P = \Phi V_m (V_m^T \Phi^T \Phi V_m)^{-1} V_m^T \Phi^T \tag{14.1}$$

其中

$$V_m = \underbrace{\begin{bmatrix} 1 & 0 \\ \cos \omega t & \sin \omega t \\ \cos 2\omega t & \sin 2\omega t \\ \vdots & \vdots \\ \cos 506\omega t & \sin 506\omega t \end{bmatrix}}_{2} \Big\}507 \tag{14.2}$$

V_m 为 507×2 矩阵，t 表示模拟域中的时间分辨率。由于在 5 GHz 的频率上操作 Gold 码，所以等效时间为 0.2 ns。ω 表示角频率($\omega = 2\pi f$)，其值取决于板的频率分辨率。当频率分辨率为 5 MHz 时，ω 的值相应地发生改变。

$\boldsymbol{\Phi}$ 矩阵表示 Gold 码，可表示为

$$\boldsymbol{\Phi} = \underbrace{\begin{bmatrix} \cdots & 0 & 0 & 0 & 0 & 0 & 0 & 0 & 0 & 0 \\ 0 & \cdots & 0 & 0 & 0 & 0 & 0 & 0 & 0 & 0 \\ 0 & 0 & \cdots & 0 & 0 & 0 & 0 & 0 & 0 & 0 \\ & & & \vdots & & & & & & \\ 0 & 0 & 0 & 0 & 0 & 0 & 0 & 0 & 0 & \cdots \end{bmatrix}}_{507} \Bigg\} 36 \tag{14.3}$$

$\boldsymbol{\Phi}$ 为 36×507 矩阵。在式(14.3)的每一行中，"…"表示 52 个仅包含 1 和 -1（根据图 14.2 所示的 Gold 码）的数据点，而剩余的位置均为零。1、-1 和 0 的位置可参考图 14.2 来确定。在式(14.3)中，信道 1 的 Gold 码在第 0、4、8 等行中使用。信道 2 的 Gold 码在第 1、5、9 等行中使用。信道 3 的 Gold 码在第 2、6、10 等行中使用，信道 4 的 Gold 码在第 3、7、11 等行中使用。对该矩阵中具体的一行而言，其 Gold 码的起始点与上一行 Gold 码的起始点相比，向右偏移 13 个模拟点。式(14.3)中的矩阵可用于处理 36 个输入数据。为了在一次操作中处理更长的数据，需要更大的矩阵。例如，基于图 14.1 所示的排列，以同样的方式可构建一个 252×3315 矩阵。如果想使用小帧长逐帧地处理长数据，可从大的 Gold 码矩阵获得小的 Gold 码矩阵。14.8 节给出了一个例子。

经过式(14.1)的运算后，得到一个 36×36 矩阵，即板 $\boldsymbol{P}$。这表示频率为 f 的板。由于接收机的输入频率范围为 100~2400 MHz，且频率分辨率为 5 MHz，所以共有 460 个频率步长。在每一个频率上都有一个板，共有 460 个板，并且每个板都是 36×36 矩阵。

为了计算频率，将数字化数据 y 和相应的板进行运算，得到输出 y 为

$$y = y\boldsymbol{P}y' \tag{14.4}$$

其中，输入数据 y 是一个 1×36 向量。该运算只产生一个点。由于共有 460 个不同的频率，所以也存在 460 个输出 y。具有最大输出的频点表示输入频率。尽管该 y 值与输入信号的幅度有关，但是其值随输入信号频率和初始相位发生变化。y 值的唯一用途是测量输入频率。信号幅度的测量将在以后讨论。

14.4 虚警概率和检测概率

遵循研究接收机灵敏度的常规方法，这里首先研究虚警概率。如果在输入为噪声时已知输出的分布，问题就会变得非常简单。如果这时的输出分布未知，则很难获得准确的结果。在该研究中使用数值方法。使用噪声作为输入，并且通过前文提到的步骤，每次在频域中得到 460 个点。重复该操作 10 000 次，并采集两组数据。第一组包含所有输出数据，共有 460× 10 000 个点。第二组包含 10 000 个点，它们均是每一次 460 个输出中的最大值。这两组数据的直方图如图 14.3 和图 14.4 所示。

图 14.3 所示噪声输出的理论分布是未知的。很难对该分布进行近似表示。在此情况下，当给定虚警概率时，很难选择阈值。另一种方法是选择图 14.4 中的最大值。理论上可声称这样选择的阈值可提供 10^{-4} 的虚警概率。不过，如此获得的阈值变化非常显著。如果选择第 10

个最大值作为阈值，则它的变化较小，相应的虚警概率约为 10^{-3}。例如，执行四回 10 000 次运行，得到的最大值分别为 1931、1869、1697 和 1851，它们的变化相对较大。第 10 个最大值分别为 1502、1404、1405 和 1471，它们的变化较小。将这 4 个值的平均值用作阈值，得到的阈值约为 1446。只可认为该方法是一种近似。为了获得准确的结果，需要执行很多次仿真，但这在实际中是不可行的。

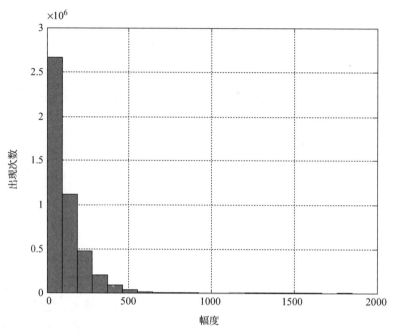

图 14.3　在噪声作为输入时，频域中幅度的分布

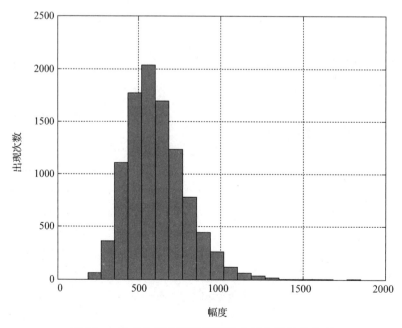

图 14.4　10 000 次运行所得频域中最大输出的分布

一旦确定了阈值，就可以得到检测概率。获得检测概率的方法是检查输出的幅度。输入信噪比以 1 dB 的步进从 –12 dB 变化至 9 dB。在每一个输入信噪比上，信号均输入 1000 次。信号的频率和初始相位分别在 100~2400 MHz 和 0~2π rad 内随机选取。监测频域中的最大输出。如果所得输出大于阈值，则认为检测到信号。得到的结果如图 14.5 所示。在检测概率为 90%时，信噪比约为 1 dB。

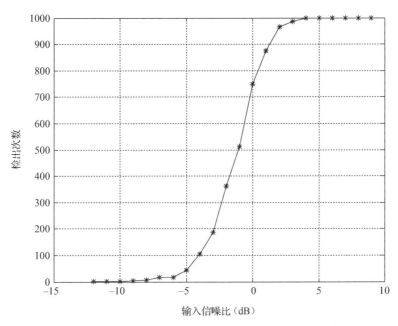

图 14.5 检出次数(在 1000 次中)与输入信噪比的关系曲线

在使用 FFT 运算的情况下，当脉宽为 100 ns，检测概率为 90%且虚警概率为 10^{-7} 时，信噪比约为–7.4 dB。如果虚警概率为 10^{-3}，则信噪比约降低 2.5 dB，即约为–9.9 dB，而所降低的 2.5 dB 是通过读图得到的[9]。对模信转换系统而言，虽然输入信号的范围为 100~2400 MHz，但系统的带宽为 2500 MHz。在采样频率为 384.62 MHz 时，噪声约增大 11.1 dB，即 $10\lg(2500/(384.62/2))$。据此，系统的灵敏度应该约为 1.2 dB，即 11.1–9.9，与仿真结果非常相近。

14.5 测量频率的准确度

本研究评估测量频率的准确度。频率分辨率是预先确定的，而不是从输入数据的长度获得的(例如在 FFT 运算中)。频率分辨率选为 5 MHz，约为 100 ns 下 FFT 运算所得分辨率的一半。如果使用的频率分辨率为 10 MHz，将会产生较大的频率误差。使用两种方法来确定测量频率的准确度。在第一种方法中，频率以 1 MHz 的步进从 100 MHz 变化至 2400 MHz，初始相位在 0~2π rad 之间随机选取。在第二种方法中，输入频率在 100~2400 MHz 之间随机选取，初始相位随机。在两种方法中，均重复输入 2300 次，且信噪比设定为 10 dB，比 90%的检测概率所需的信噪比大 1 dB。频率误差定义为测量频率减去输入频率，在每个输入频率上将频率误差绘制出来。在第一种方法中，顺序输入频率所得的误差结果如图 14.6 所示。其中的误差结果非常好。最大的频率误差为 5 MHz，偏置为–46 kHz，标准差为 1.498 MHz。

在第二种方法中，采用随机输入频率所得的频率误差结果如图 14.7 所示。最大频率误差小于 5 MHz，偏置为−3.6 kHz，标准差为 1.532 MHz。比较图 14.6 与图 14.7 可以看出，图 14.6 的误差呈现出某种程度的结构化，这是因为输入频率以 1 MHz 的步进增大。

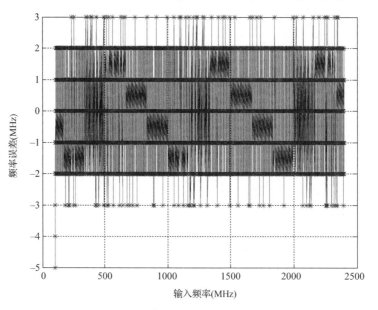

图 14.6　频率误差与输入频率的关系

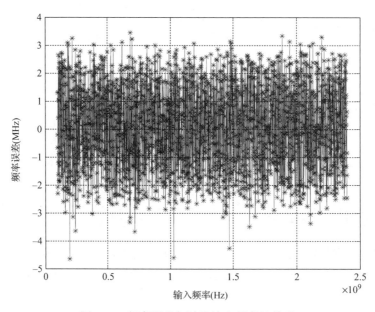

图 14.7　频率误差与随机输入频率的关系

另一个测试是在特定的灵敏度上测量频率准确度。在该测试中，输入功率电平与信噪比约为 1.2 dB 时的灵敏度电平接近，并运行 1000 次以获得频率误差。输入频率和初始相位均随机选取。信号输出必须大于 1446 的阈值才能被检测到。频率阈值任意选取为 10 MHz。当信号被检测到时，如果频率误差大于频率阈值，则认为这是错误的频率。所得结果见表 14.1。

表 14.1 灵敏度附近的频率测量

输入信噪比(dB)	检测次数	错误频率读数的次数	错误频率百分比(%)
1	892	3	0.336
1.2	895	8	0.894
1.4	910	7	0.769
1.6	929	5	0.538

错误频率百分比是错误频率读数的次数除以检测次数。这一简单的例子验证了 90% 的输入在信噪比接近 1.3 dB 时可被检测到。

14.6 幅度测量

14.3 节指出,由式(14.4)计算得到的 Y 值并不代表信号的幅度。该现象可做如下解释。在本研究中,输入信号不包含噪声,输入频率随机选取为一个值。输入信号的初始相位以 100 个均匀步长从零变化至 2π rad。在每一个步进上,记录输出 Y 值。所得结果如图 14.8 所示,Y 值随初始相位发生变化。

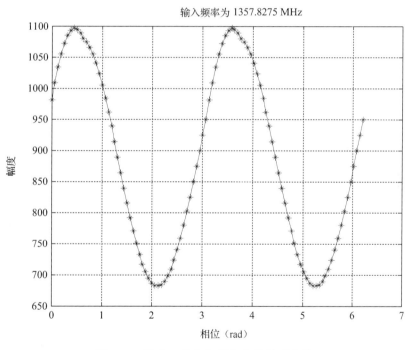

图 14.8 输出 Y 值与初始相位的关系曲线

在图 14.8 中,最小和最大 Y 值分别为 682 和 1096,其比值为 0.6。在特定角频率 ω 上的信号幅度可由下式计算得出:

$$Q = \left(V_m^T \Phi^T \Phi V_m\right)^{-1} V_m^T \Phi^T \tag{14.5}$$

该式与式(14.1)相似。输出 Q 是 2×36 矩阵。a_1 和 a_2 的值可由 Q 得到:

$$\begin{bmatrix} a_1 \\ a_2 \end{bmatrix} = \boldsymbol{Q}y \tag{14.6}$$

其中，a_1 和 a_2 的值源自下式：

$$s(t) = a\sin(2\pi ft + \theta) = a\sin(2\pi ft)\cos\theta + a\cos(2\pi ft)\sin\theta \equiv a_1\sin(2\pi ft) + a_2\sin(2\pi ft) \tag{14.7}$$

这里，$a_1 \equiv a\sin\theta, a_2 = a\cos\theta, a = \sqrt{a_1^2 + a_2^2}$，$\theta$ 表示信号的初始相位，y 表示数字化的输入信号。

使用相同的输入频率和初始相位来计算信号的幅度，结果如图 14.9 所示。所得幅度同样随初始相位发生变化。最小和最大幅度分别为 0.827 和 1.019，其比值为 0.812。

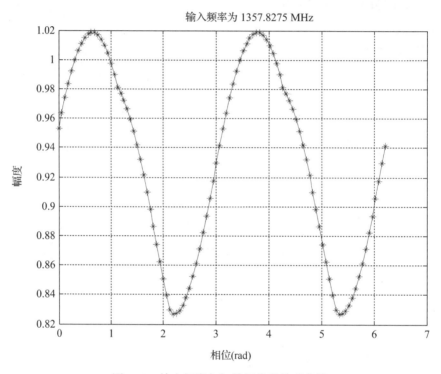

图 14.9 输出幅度与初始相位的关系曲线

所得幅度比值用分贝表示如下：

$$dB = 20\lg(R) \tag{14.8}$$

其中，R 表示最小最大比。使用式(14.4)所示的 Y 值法，该值为 4.1 dB。使用式(14.6)的信号幅度，该值为 1.81 dB，优于采用 Y 值法的 4.1 dB。

使用频率和初始相位均随机且无噪声的相同输入信号来比较 Y 输出和幅度输出。运行 1000 次，记录最大值、最小值和标准差。所得结果在表 14.2 中列出。

表 14.2 由两种方法计算得到的输出

方法	运行次数	最大差值(dB)	式(14.9)的计算结果(dB)
Y 值法	1000	13.24	2.23
	5000	13.98	2.26
幅度法	1000	3.24	0.41
	5000	5.68	0.42

对最大与最小输出的比值取以 10 为底的对数后与 20 相乘，即可得到表 14.2 中的最大差值(dB)。如果运行更多的次数，该数值就会增大。表中根据标准差计算得到的分贝值来自下式：

$$dB = \left| 20 \lg \left(\frac{\text{mean} - \text{std}}{\text{mean}} \right) \right| \tag{14.9}$$

其中，mean 表示均值，std 表示标准差。当运行次数从 1000 增大到 5000 时，最大差值增大，但是根据标准差计算得到的分贝值几乎保持不变。

下一个问题是，信号幅度能否用于确定输入频率？答案是否定的。在大多数时候，使用幅度法能得到正确的频率。在输入信号频率和初始相位均随机且无噪声的情况下，采用幅度法仍会产生一些错误的频率(例如在 10 000 次运行中产生 3~5 个)，因此该方法不能用于频率测量。图 14.10 显示运行 10 000 次得到的结果。两种方法的输入信号是相同的。图 14.10(a)显示了 Y 值法的频率误差，图 14.10(b)显示了幅度法的频率误差。这里的幅度法例子共有两个较大的误差。

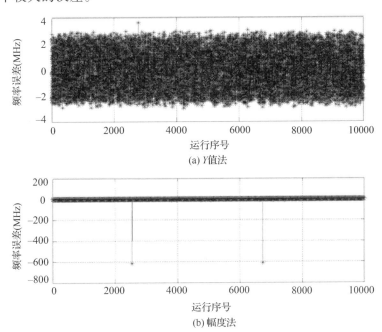

图 14.10　两种方法测得的频率误差

测量输入信号频率和幅度的方法步骤应按下面所述进行。首先，测量信号的频率，得到 ω 的值。一旦确定 ω，幅度 a 就可以通过式(14.5)至式(14.7)得到。信号的幅度采用所得 ω 值对应的幅度值，而不是采用 460 个幅度值中的最大值。

14.7　双信号频率测量的研究

测量双信号的方法是，先测量一个信号，然后使用 MATLAB 离散长球序列(discrete prolate spheroidal sequence，dpss)命令 dpss 将该信号从数字化数据中滤除[10]。接着，可以使用相同的方法在剩余的数据中测量第二个信号。重要的是弄清在双信号的情况下，能否得到正确的频率。这里用来研究双信号情形的仿真使用了幅度相当的两个信号。两个信号的频率和初始相位均随机选取,并且两个信号的频率差必须大于 20 MHz。在该测试中不添加噪声。两个信号的幅度差使用分贝表示,并且在每一分贝幅度差值上产生 10 000 个信号。每次测量只读取一个频率。如果测出的频率在输入频率的 ±10 MHz 范围内,就认为所得结果是正确的。得到的结果如图 14.11 所示。

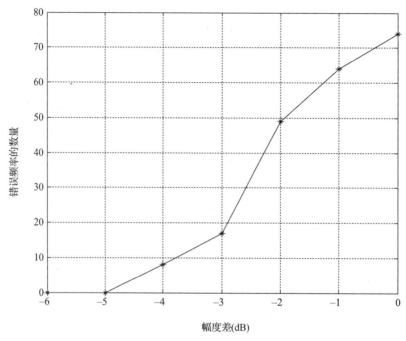

图 14.11 双信号测量时,运行 10 000 次所得错误频率的数量与幅度差的关系

在图 14.11 中,当第二个信号的幅度接近第一个信号的幅度时,错误频率的数量增多。当两个信号的幅度相同时,在 10 000 次运行中,错误频率的数量约为 70 个。当两个信号的幅度差达到 5 dB 时,在该测试中没有检测到错误频率。对电子战接收机来说,不希望出现上面这种情况。错误的频率读数将在后续的信号处理过程中引起许多问题。

然而,需要关注的是,如果第一个信号频率测量错误,那么第二个信号频率能否测量正确?在进行此测试时,用作输入的两个信号具有相同的幅度,输入频率均随机,频率差大于 20 MHz。两个信号的初始相位均在 0~2π rad 之间随机选取,且不存在噪声。测量第一个频率,然后与两个输入频率比较。将较小的频率差作为第一个信号的频率误差。同样的方法应用于第二个信号的频率测量。运行 500 次,所得频率误差如图 14.12 所示。

此时,在图 14.12(a)和图 14.12(b)中均存在三个大的频率误差。图 14.12(a)的第一个误差和图 14.12(b)的第二个误差是相互独立的。

这意味着,如果第一个信号的频率测量正确,第二个信号的测出频率可能是错误的。同样,如果第一个信号的频率测量错误,第二个信号的测出频率仍可能是正确的。看上去两个频率误差是彼此相互独立的。但是,在第 314 次测量和第 447 次测量中,两个频率均测量错误。对其他的测量可得到同样的结论:当第一个频率测量错误时,第二个频率也可能测量错误。

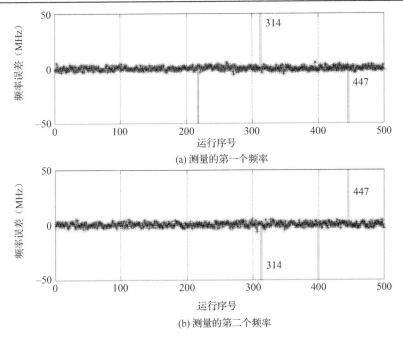

图 14.12　相同幅度双信号的频率误差

14.8　检测双信号的两帧法

在常规的接收机设计中,一帧数据并不单独用于确定是否存在信号,即使信号幅度超过特定的阈值。通常,将两帧数据的结果用于确认信号的存在。通过本研究,我们来确定两帧法能否减少误检。各帧数据可使用相同或不同的 Gold 码。在对两帧法的研究中,将连续产生信号以提供两帧数据,但是数据处理将在单独一帧上完成。每次处理一帧数据,可大致认为这是非相干处理。

使用约 200 ns 的输入来产生两帧数据。这里所用 Gold 码矩阵的大小为 312×4069。该 Gold 码矩阵是由 14.3 节提到的 Northrop Grumman 公司提供的。为了处理包含 36 个数据点的一帧数据,需要从上述的大矩阵构造 36×507 的 Gold 码矩阵。输入的前一半(即第一帧)数据处理一次。输入的后一半(即第二帧)使用不同的 Gold 码处理两次。第一次使用与前一半相同的 Gold 码,即大 Gold 码矩阵的第 1 行至第 36 行以及第 1 列至第 507 列。第二次使用由大 Gold 码矩阵的第 37 行至第 72 行以及第 469 列至第 975 列得到的 Gold 码。

从第一帧和第二帧数据各得到两个频率,将它们分别记为 f_1 和 f_2,以及 f'_1 和 f'_2。比较这两对频率;例如比较 f_1 与 f'_1、f'_2,并比较 f_2 与 f'_1、f'_2。如果差频均小于 10 MHz,就认为是相同的频率,此时检测到一个信号。如果两个差频小于 10 MHz,则检测到两个频率。如果只有一个差频小于 10 MHz,则检测到一个频率。如果差频均大于 10 MHz,则没有检测到信号。一旦获得频率,则需将其与输入频率之一进行比较,以得到频率误差。如果检测到两个信号,则需得到两个频率误差。如果检测到一个信号,则需得到一个频率误差。

运行六回仿真,每回包含 10 000 次仿真。在两帧中使用相同的 Gold 码,得到的结果在表 14.3 中列出。在两帧中使用不同的 Gold 码,得到的结果在表 14.4 中列出。

在两帧中使用不同 Gold 码时,丢失一个信号和两个信号的情况有略微的改善,而产生大于 10 MHz 的频率误差的情况则大为减少。

表 14.3 在两帧中使用相同 Gold 码时的漏检和频率误差情况

运行序号	漏检第一个信号	漏检第二个信号	第一个信号频率误差大于 10 MHz	第二个信号频率误差大于 10 MHz
1	141	114	2	8
2	147	122	2	4
3	130	123	1	8
4	149	107	3	1
5	130	123	1	8
6	149	108	3	7
平均值	141	116.17	2	6

表 14.4 在两帧中使用不同 Gold 码时的漏检情况和频率误差

运行序号	漏检第一个信号	漏检第二个信号	第一个信号频率误差大于 10 MHz	第二个信号频率误差大于 10 MHz
1	125	121	0	1
2	133	101	0	1
3	119	129	0	2
4	136	104	0	0
5	119	129	2	0
6	137	101	0	0
平均值	128.17	114.17	0.33	0.67

表 14.3 和表 14.4 所列第 3 回仿真的结果在图 14.13 中给出。在该图中,共有六幅关系图。图 14.13(a)至图 14.13(c)显示了使用相同 Gold 码得到的结果(表 14.3 所列第 3 回仿真)。图 14.13(d)至图 14.13(f)显示了使用不同 Gold 码得到的结果(表 14.4 所列第 3 回仿真)。这里给出该次仿真结果的原因在于,当使用不同 Gold 码时,所得结果包含两个错误的第二个频率。图 14.13(a)和图 14.13(b)分别显示了当检测到两个信号时第一个和第二个信号的频率误差,图中存在多个大的误差。在表 14.3 中,在漏检第一个信号时,仍检测到一个信号,这种情况出现 130 次。在这 130 次检测中,与第二个信号相比,其中一个频率具有大的误差。图 14.13(c)显示了漏检第一个信号且检测到一个信号时的频率误差,并显示了一个大的误差。

图 14.13(d)至图 14.13(f)显示了使用不同 Gold 码时得到的仿真结果。在表 14.4 中,第 3 回仿真的结果存在两个大的频率误差。这两个频率误差仅略大于 10 MHz,如图 14.13(e)所示。严格地讲,如果阈值从 10 MHz 略微提高一些,这两个错误频率就可视为正确的频率。该现象还出现在其他的仿真中。图 14.13(f)显示了检测到一个信号时的频率误差,没有大的误差出现。

大体上,对使用不同 Gold 码的两帧法来说,在 10 000 次运行中,频率读数确实没有大的误差。两帧法存在的唯一问题是漏检信号。漏检一个或两个信号的概率大于 1%。在使用两帧法时,漏检一个信号的概率约为 1.25%。

第 14 章 模拟-信息转换

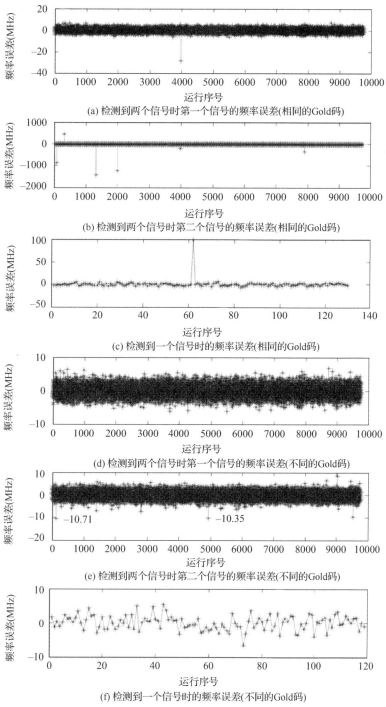

图 14.13 两帧法检测相同幅度双信号的频率误差

14.9 无噪声时双信号幅度不同的情况

在 14.8 节中，仿真时使用的两个输入信号具有相同的幅度。本节将研究两个输入信号幅度不同时的情况。

与使用相同 Gold 码的两帧法相比，使用不同 Gold 码的两帧法可得到更好的结果，所以这里仅讨论使用不同 Gold 码的情况。另外，如果允许频率误差略微大于 10 MHz，例如 11 MHz，那么使用两帧法运行 10 000 次所得结果总是正确的。测量的唯一参数是检测到信号的次数(或漏检次数)。

在该研究中，输入信号未附加任何噪声。输入频率随机选取，且两个频率之间的最小差值为 30 MHz。瞬时动态范围与幅度相关。当考虑两个信号具有相同幅度的情况时，将 20 MHz 作为最小的频率间隔。而在这里，最小频率间隔增大到 30 MHz。两个信号的幅度差值以 2 dB 的步进发生变化，并且在每个功率电平上运行 1000 次。幅度差值从 0 dB 变化至 100 dB。在每一幅度差值处记录漏检一个和两个信号的次数。

图 14.14 显示了漏检一个和两个信号的次数与幅度差值的关系曲线。图 14.14(a) 显示了漏检一个信号的情况。在 0~92 dB 的幅度差值内，运行 1000 次所得漏检一个信号的次数在 1~17 之间。当幅度差值大于 94 dB 时，漏检一个信号的次数增多。这可能是由强信号所产生的遮蔽弱信号的寄生信号引起的。在 0~92 dB 的幅度差值内，漏检一个信号的平均次数为 6.9，占比约为 0.7%。

图 14.14(b) 显示了在不同幅度差值时漏检两个信号的次数。当幅度差值小于 6 dB 时，接收机可能会漏检两个信号。当幅度差值大于 6 dB 时，接收机总能接收到至少一个信号。这些结果与图 14.11 所示结果是吻合的。从这一简单的研究来看，当第二个信号的功率比第一个信号的功率低至少 5 dB 时，接收机能够接收到至少一个信号。但是，当两信号之间的幅度差值进一步增大时，漏检第二个信号的概率增大。由于在该研究中未附加任何噪声，所以这可以视为极限情况。

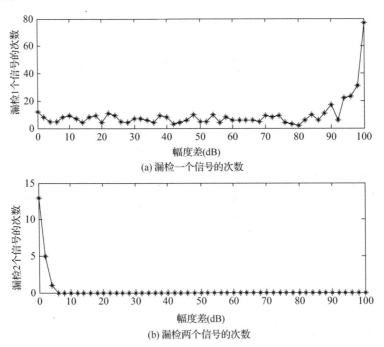

(a) 漏检一个信号的次数

(b) 漏检两个信号的次数

图 14.14 运行 1000 次所得漏检信号次数与两个信号幅度差值的关系曲线

14.10 两帧法的阈值生成问题

由于 14.9 节的研究未附加任何噪声，所以它不能代表实际情况。本节将把噪声考虑在内。首先，必须确定阈值。凭直觉，阈值可由 FFT 法的阈值设定方法来确定，即使用噪声作为输入来产生阈值。所得阈值决定虚警概率。这里的检测方法使用两帧数据，虚警概率将根据该方法产生。第二个信号在移除第一个信号后获得。为了执行该操作，将最大的噪声尖峰视为输入信号以移除第一个信号。由于输入只有噪声，所以该操作将降低获得第二个信号阈值时的噪声。因此，通过该方法得到的第二个信号的阈值将会比较低。本节将说明这一常规的阈值设定方法。

在该研究中，为获得阈值，将随机噪声作为输入，并运行 10 000 次。在每次运行中，产生 460 个输出。所得结果的分布如图 14.15 所示。图 14.15(a)显示了第一个信号输出的分布情况，图 14.15(b)显示了第二个信号输出的分布情况。很难使用已知的分布对这两个分布图形进行拟合。阈值选取为 460 个输出的最大值。10 000 次运行产生相同数量的最大值，所得结果如图 14.16 所示。图 14.16(a)显示了第一个信号的最大输出分布情况，图 14.16(b)显示了第二个信号的最大输出分布情况。将第十大的输出值选作阈值，因为与最大值相比，它的变化更小。从理论上讲，此时的阈值产生的虚警概率为 10^{-3}。第一个和第二个信号得到的阈值分别为 1726 和 837。

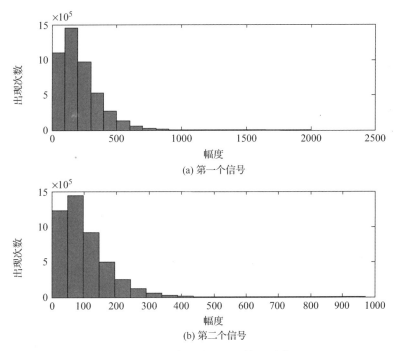

图 14.15 噪声作为输入时的输出分布图

不过，使用该常规方法得到的第二个信号的阈值可能不正确。从理论上讲，第二个信号的阈值应等于第一个信号的阈值。理由如下：当输入中存在信号时，移除操作将会移除信号而非噪声。第二个信号的噪声情况应该与第一个信号的是相同的。如果在该过程中加入一个信号，就应该通过移除该信号并得到正确结果来产生阈值。但是，第一个信号的强度和信号移除过程的效率等因素可能会影响到结果。

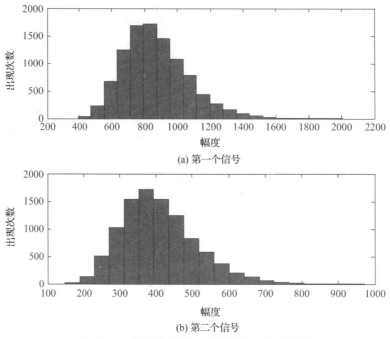

图 14.16　噪声作为输入时的最大输出分布图

将噪声用作两个输入信号，评估误检的次数。运行 10 000 次，检测到第一个信号 10 次，检测到第二个信号 4 次，这接近 10 次的设计目标。当仅存在一个超过噪声 10 dB 的中等强度输入信号时，第一个信号超过第一个阈值 10 000 次，频率误差读数在±5 MHz 范围内。第二个信号超过第二个阈值 1839 次，所有这些情况均为虚警。这证明第一个信号并未全部从输入中移除。当输入信号增大到超过噪声 60 dB 时，检测到第一个信号 10 000 次，频率误差读数在±5 MHz 范围内。第二个信号的误检次数为 1925，非常接近前面情况中的 1839 次。这里将进行系统的研究，以获得第一个信号的检测概率和第二个信号的误检概率。第二个阈值可由上面的方法通过对误检的评估来获得。如果在输入数据中存在一个信号，那么将检测到第一个信号，但是不应检测到第二个信号。所有对第二个信号的检出将全部是误检。

14.11　两帧法中二次检测的灵敏度与误检

在 14.10 节的讨论中，第二个信号的阈值过低。为了得到更好的第二个信号阈值，需要先确定灵敏度和误检概率。在该研究中，附加噪声并使用两帧法。首先，对频率读数进行测试。在测试中，使用超过噪声 60 dB 且幅度相同的两个强信号，其频率和初始相位均随机选取。该测试包含 10 000 次运行，所得频率误差如图 14.17 所示。图 14.17(a)显示第一个信号的频率误差，误差值在±5 MHz 范围内。图 14.17(b)显示第二个信号的频率误差，误差值在−4~6 MHz 范围内。但是，在 10 000 次运行的其中一次运行中，对第一个信号的频率测量存在大的误差。该结果表明当两个信号具有相同的幅度时，频率测量的结果仍然会出现错误。

第 14 章　模拟-信息转换

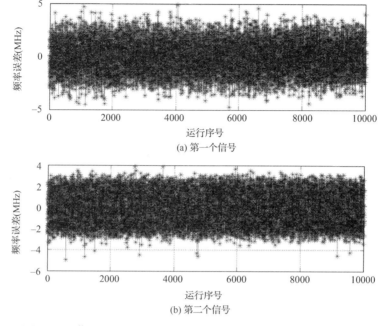

图 14.17　信噪比为 60 dB 的两个相同幅度的信号测得的频率误差

在确定灵敏度时，只有一个输入信号，其频率和初始相位均随机，但信噪比是固定的。灵敏度仅由过阈值这一个条件来确定。信噪比以 1 dB 的步进发生变化，在每个信噪比上运行 1000 次，测量两个信号的输出。由于仅存在一个信号，测量到的第二个信号将视为虚警。

图 14.18 显示了检测概率。输入信噪比从 -9 dB 变化至 2 dB。在信噪比约为 -1.5 dB 时，第一个信号被检测到约 900 次，那么可认为灵敏度为 -1.5 dB。与由一帧数据得到的 1.2 dB 灵敏度相比，此处灵敏度改善了 2.7 dB，即 1.2+1.5，这也是在累积两帧数据做非相干检测时所预期的值。

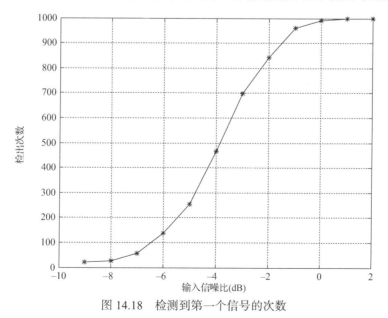

图 14.18　检测到第一个信号的次数

图 14.19 显示了第二个信号的误检次数。为了覆盖第一个信号的大输入范围，输入信噪

比以 2 dB 的步进从 -10 dB 变化至 60 dB。当输入信号较弱时，误检的次数保持在一个接近 200 的恒定值。对该现象的解释如下。为了检测第二个信号，需要先将第一个信号移除。只有残余的第一个信号影响对第二个信号的检测，或者增加误检的次数。这些结果表明，当信噪比在 0~60 dB 范围内时，残余的信号接近于一个恒定值。当第一个信号被移除后，还存在一些残余的信号。残余信号的幅度在某种程度上是一个恒定值，其引起的误检保持在恒定水平上。显然，由这些结果可以看出，获得的第二个信号的阈值应取决于第一个信号的幅度。

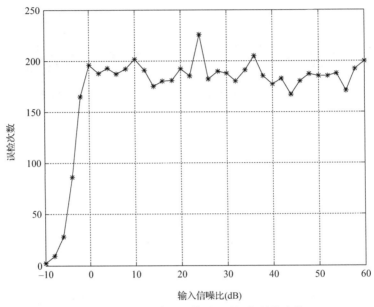

图 14.19 噪声（第二个信号）引起的误检次数

14.12 根据第一个信号获取第二个阈值

从 14.10 节和 14.11 节可以得出结论：第二个信号的阈值应该取决于第一个信号的幅度。如果使用一个恒定值，那么不是当第一个信号较弱时灵敏度较低，就是当第一个信号较强时虚警率较高。因此，第二个信号的阈值通过下面的方法获得。首先，将频率和初始相位均随机的一个信号作为输入。该输入信号的信噪比以 2 dB 的步进从 -10 dB 变化至 60 dB。在每一个信噪比上，均运行 10 000 次。在每次运行中，在频域中找到最大的幅度，以确定第一个信号的频率。然后，使用 MATLAB 的离散长球序列命令 dpss 将该信号从时间序列中移除。重复找出该信号的步骤，以便从已移除第一个信号的剩余时间序列中得到第二个信号。通过第一个信号的频域最大输出来产生第一个信号的幅度，尽管这样做会有较大的幅度变化，如 14.5 节所述。该值由 10 000 次运行所得结果的平均值得到。第二个信号的阈值根据 14.9 节所述来确定。在这 10 000 个输出中，将第十大的值用作阈值，其产生的虚警概率约为 10^{-3}。

所得结果如图 14.20 所示。x 轴表示第一个信号的最大输出平均值（单位为 dB），而不是输入信号的信噪比。y 轴表示第二个信号的阈值。该图与图 14.19 相似，而这也是我们所希望得到的结果。图中星号表示计算得出的数据，带小圆圈的曲线表示近似的结果。在约 29~40 dB 的范围内，阈值出现了变化。在 40 dB 以外，阈值在某种程度上呈现出平坦的变化趋势；但是，所得数据点在 35 dB 以外有很多变化，很难进行较好的拟合。

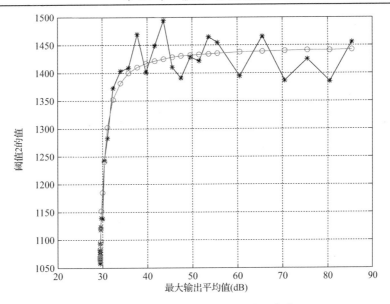

图 14.20 阈值与输出幅度的关系曲线

参考文献[1]提供了阈值 2 的近似表达式：

$$1446.4 - 3.79\left(\exp\left(\frac{78}{A-26.1}\right) - 1\right) \tag{14.10}$$

其中，$A = 10\lg(P)$，P 表示测量第一个信号时的频域最大输出。在式(14.10)中，第二个信号的阈值取决于所测第一个信号的幅度。

下一步，使用该方法测量第二个信号的虚警情况。仅使用一个输入信号，在一个固定的功率电平上运行 1000 次，信号的频率和初始相位均随机选取。信号功率从低于噪声 10 dB 变化至高于噪声 60 dB。记录第一个和第二个信号的超过阈值的所有输出。第二个信号的检测结果如图 14.21 所示。在 1000 次运行中，检出次数为 0、1、2 或 3，接近所设计的虚警概率 10^{-3}，即 1/1000。

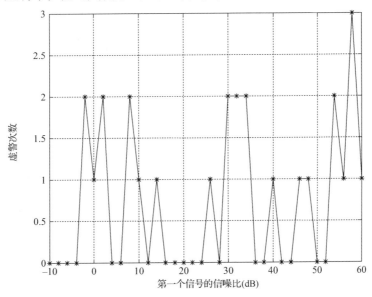

图 14.21 第二个信号的检测(虚警情况)

14.13 检测第二个信号的灵敏度与瞬时动态范围

第一个信号的灵敏度已在 14.10 节中确定。第二个信号的灵敏度将通过下面的方法确定。将相同幅度的两个信号作为输入,它们的频率和初始相位均随机选取。这两个信号的频率最少间隔 30 MHz,且其信噪比都以 1 dB 的步进从 –10 dB 增大至 5 dB。在每一信噪比上,均运行 1000 次。如果所得输出的幅度超过基于第一个信号幅度所设定的阈值,则可以检测到第二个信号。所得结果如图 14.22 所示。如果以 90% 的检测概率来确定灵敏度,那么所得灵敏度接近于 0 dB,劣于第一个信号 –1.5 dB 的灵敏度。这与预期的结果比较接近,因为当第一个信号的幅度增大时,第二个信号的阈值也会增大。

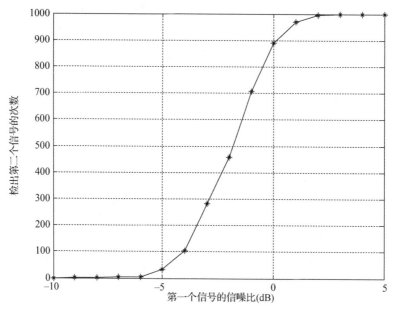

图 14.22 双信号幅度相同时,第二个信号的检测概率

最后,我们将研究瞬时动态范围。瞬时动态范围可通过下面的方法得到。第一个信号(强信号)设定为超过噪声 60 dB。该值常用于对瞬时动态范围的研究中。在这里的研究中,采样速度接近 400 MHz(384.62 MHz),等效带宽约为 200 MHz。实际输入带宽约为 2500 MHz,等效底噪约为 –80 dBm,后者可从下式得到:

$$N_f = -114 + 10\lg(200) + \lg(2500/200) \approx -80 \text{ dBm} \tag{14.11}$$

考虑到检测到弱信号需要 14 dB 的信噪比,那么该弱信号必须大于 –66 dBm。超过噪声 60 dB(即 –20 dBm)的强信号可视为合理的选择。

该强信号保持在超过噪声 60 dB 的功率电平,其频率和初始相位均随机选取。选择的第二个信号低于第一个信号 20 MHz,且初始相位随机。如果第二个信号的频率低于接收机输入频带的下限(即 100 MHz),那么将对第一个信号的频点加上 20 MHz。下一步,改变第二个信号的幅度,以使信噪比以 1 dB 的步进从 –3 dB 变化至 6 dB。在每一个信噪比上,运行 1000 次,并记录对第二个信号的检出次数。绘制第二个信号的检出次数与双信号的幅度差(单

位为 dB)的关系曲线,后者可视为瞬时动态范围。结果如图 14.23 所示。如果将 90%的检测概率用作设定阈值的标准,那么瞬时动态范围约为 58.4 dB。

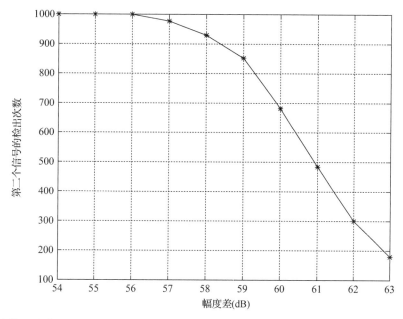

图 14.23　当第一个信号超过噪声 60 dB 且两个信号频率间隔为 20 MHz 时,第二个信号的检出次数

然后,将频率间隔变化为 15 MHz,20 MHz,40 MHz 和 80 MHz。所得的结果如表 14.5 所列。正如我们所预期的,当两个信号的频率间隔减小时,瞬时动态范围也减小。如果频率间隔超过某一特定的值,则瞬时动态范围将保持为一个恒定值。表 14.5 中的结果体现了上述特点。

表 14.5　频率间隔与瞬时动态范围的关系

频率间隔(MHz)	瞬时动态范围(dB)
15	53.5
20	58.4
40	60
80	604

14.14　小结

本章给出的初步研究表明,使用模拟二相码信号来调制输入信号的模信转换法可降低接收机对采样频率的要求,并且输入带宽由该模拟信号的频率决定。该方法可增加输入带宽,并且对一个信号测得的频率可在整个输入带宽上提供正确的频率。测得的灵敏度与预期值一致。双信号瞬时动态范围给出了非常可观的数字。

看上去,仅有的问题是关于双信号幅度相同的情况。如果仅使用一帧数据测量频率,错误频率上报的百分比就会非常高。如果使用两帧数据测量频率且两帧数据的模拟编码不同,那么错误频率可减至在 10 000 次运行中少于 1 个,如 14.8 节所示。对电子战接收机应用来说，这也许是可接受的。应该对在双信号情况下如何减少错误频率读数做进一步的研究。

不同的方案可使用相同的思路予以评估。例如，在本章考虑的具体情形中，奈奎斯特输入带宽为 2500 MHz，基带带宽约为 192.3 MHz，两者之比约为 13。应该在考虑所需输入带宽与最近的模数转换技术的情况下，研究两者之间不同的比例。该方法的一个较大瓶颈是测量第二个信号的算法。为了测量第二个信号，必须先移除第一个信号，并使用相同的频率估计法来测量第二个信号。如果我们还关注第三个信号，那么再次重复相同的方法。该程序步骤烦琐冗长。如果可以使用信号重构技术，那么所有的信号可通过 FFT 运算进行测量。

一些实际问题需要进一步的深入研究，例如调频信号和 BPSK 信号的检测，以及硬件的实现。本章考虑的模信转换法尚处于起步阶段，但看起来在电子战接收机设计方面颇具前景。应该考虑模信转换法的不同思路，尤其是随机采样法。需要许多方面的研究来确定模信转换法在电子战接收机中的应用。

参考文献

[1] Liou L. Private communication. Dr. Liou monitored DARPA's A-to-I receiver contracts and was also personally involved in the study.

[2] Baraniuk RG. 'Compressive sensing' [Lecture Notes]. *IEEE Signal Processing Magazine* 2007; **24**(4): 118–121.

[3] Candes EJ, Wakin MB. 'An introduction to compressive sampling'. *IEEE Signal Processing Magazine* 2008; **25**(2): 21–30.

[4] Mishali M, Eldar YC. 'Blind multiband signal reconstruction: compressed sensing for analog signals'. *IEEE Transactions on Signal Processing* 2009; **57**(3): 993–1009.

[5] Wakin M, Becker S, Nakamura E, Grant M, Sovero E, Ching D, Yoo J, Romberg J, Emami-Neyestanak A, Candes E. 'A nonuniform sampler for wideband spectrally-sparse environments'. *IEEE Journal on Emerging and Selected Topics in Circuits and Systems* 2012; **2**(3): 516–529.

[6] Becker SR. *Practical Compressed Sensing: Modern Data Acquisition and Signal Processing.* Ph.D. dissertation, California Institute of Technology, 2011.

[7] Gold R. 'Optimal binary sequences for spread spectrum multiplexing'. *IEEE Transactions on Information Theory* 1967; **13**(4): 619–621.

[8] Yoo J, Turnes C, Nakamura EB, Le CK, Becker S, Sovero EA, Wakin MB, Grant MC, Romberg J, Emami-Neyestanak A, Candes E. 'A compressed sensing parameter extraction platform for radar pulse signal acquisition'. *IEEE Journal on Emerging and Selected Topics in Circuits and Systems* 2012; **2**(3): 626–638.

[9] Tsui J. *Microwave Receivers with Electronic Warfare Applications.* New York: John Wiley & Sons; 1986:23.

第15章 到达角的测量

15.1 引言[1~6]

正如第2章所提到的,到达角是从敌方雷达所获取的最有价值的信息,因为雷达不可能在非常短的时间(例如几毫秒)内急剧地改变其位置。遗憾的是,到达角信息也是最难获得的,它需要带有接收器的多幅天线。测量到达角的两种常用方法是比幅法和比相法。另一种方法是利用飞机运动产生的多普勒频移,不过该方法与相位测量系统密切相关。如果需要对同时到达信号测量到达角,问题就会变得更复杂,因为此时需要具有多信号接收能力的接收机。

在比幅测向系统中,从天线到接收机输出,所有接收机的幅度必须匹配。通常,这种方法所得到达角的分辨率为±15°,达不到现代电子战应用所要求的±1°。在相位测量系统中,从天线到接收机输出,所有接收机的相位必须匹配,这在接收机设计中是一项非常棘手的任务。通常,比相系统具有的到达角分辨率为±1°,满足现代电子战应用的需求。从比幅系统获得的精度在理论上是不受限制的,但在大多数比幅系统中,到达角的覆盖范围相当宽,因此天线波束很宽,导致到达角精度较差。如果天线具有窄波束(例如单脉冲雷达),就可以获得高精度的到达角。

从理论上讲,如果系统中的各个天线/接收机间不够平衡,则可以使用校准表,以将误差减至最小。如果一个系统严重失配,则需要很多校准点,通常很难实现。在实际设计到达角测量系统时,通常把主要注意力放在天线/接收机不同信道之间的平衡上。校准表仅用于纠正剩余的硬件失配。

如果采用数字方法测量到达角,产生的数据就是二维的(在时间和空间维度上)。显然,二维处理将比时域一维的情况更复杂。为了采集到达角数据,需要使用多个模数转换器。在模数转换器的前端,各天线/接收机必须相位匹配,正如相位测量系统中所要求的。模数转换器的数字化应当以同步方式进行。与雷达系统的电扫天线相比,可用在到达角系统中的天线数量非常少。在机载系统中,天线的最多数量也许是10个,而在舰载应用中,因为可用的空间更大,天线数量可能会更多。

本章不讨论比幅到达角测量中的数字信号处理,因为其处理方法与模拟比幅系统中的没有太大的区别。这里的讨论将集中于比相法或者与相位比较有关的方法,如多普勒频率测量法。最近关于到达角测量数字方法的大多数研究集中在高分辨率方法上,例如多信号分类(MUSIC)法、基于旋转不变技术的信号参数估计(ESPRIT)法和最小范数法等。这些方法与第11章所讨论的频率测量方法非常相似,因此这里不再对它们进行讨论。然而,由于在空域中采集的数据量较小,这些方法在特殊应用方面应是有用的。

首先讨论排队的概念。这一概念并不局限于到达角测量数字系统,可以为数字接收机设计提供一些思路。其次,给出由线阵和圆形阵列产生的数据,并讨论一种简单的基于过零法的单信号处理方法,以及一种利用快速傅里叶变换(FFT)的多信号处理方法。本章还将介绍孙子定理，它可以用于解决天线位置问题。最后，将给出一个简单的配合数字系统使用的到达角数据采集系统。

15.2 排队接收机[7]

能够使用合理数量的硬件处理多个同时达到信号的到达角测量方法不多，排队接收机可能是其中之一。该概念已成功应用于模拟接收机的设计中。排队接收机先以粗略的方式在宽带瞬时带宽上测得某一量值，再将获得的信息用于引导窄带测量系统，以获得输入信号的精确信息。有许多不同类型的排队方式，这里讨论其中的一种。

一种频率排队系统如图 15.1 所示。接有低频率分辨率宽带接收机的全向天线用来接收输入信号。测得的输入信号频率用于调谐一组窄带接收机。其中一个窄带接收机通常专门用来测量除到达角以外的细粒度信息，例如频率、脉冲幅度、脉宽和到达时间，其他窄带接收机用来测量到达角。到达角可以通过幅度比较或相位比较的方式测量。宽带射频延迟线置于窄带接收机组的前面，用于延迟输入信号，以完成频率调谐。

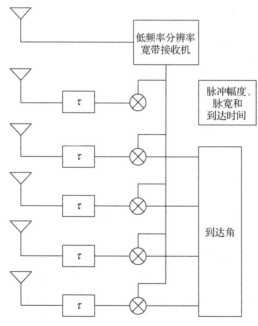

图 15.1　一种简单的排队到达角测量系统

尽管该宽带接收机可以处理同时到达的多个信号，但是该方案只能对一个输入信号提供细粒度信息(包括到达角在内)。如果需要处理多个信号，就要增加硬件。每一路窄带接收机只能处理一个信号，窄带系统的数量与要处理的信号数匹配。如果这个数字较大(例如 4 个同时到达信号)，用于分配输入信号给窄带系统的逻辑电路就会变得非常复杂。

这种排队方案的优点是，窄带接收机组只需处理一个信号，因此它们相对容易构建。此外，窄带接收机组比宽带系统更容易在不同信道之间进行幅度和相位的匹配。需要特别注意，该方法是以逐个脉冲的方式来获得到达角和细粒度信息的。

这种设计可能存在一些技术问题，例如宽带延迟线难以构建，插入损耗通常较高，延迟线的幅相特性可能对温度敏感等。信号通过长延迟线时会有许多相位变化，因此在长延迟线上难以进行相位匹配。

这种方法的缺点是系统灵敏度可能较低。由于天线是全向的，所以天线增益较低。另外，信道频率分辨率低的接收机包含更多的噪声，因此灵敏度较低。使用低增益天线和低灵敏度接收机进行信号的初始检测，造成整个系统的灵敏度较低。尽管高增益天线和高灵敏度窄带接收机用于获取细粒度信息，但是它们不是用于信号的初始检测。

从理论上讲，如果数字接收机用于无须宽带射频延迟线临时存储信息的窄带系统，那么数字技术可用于构建上述的宽带或窄带接收机。

15.3 来自线阵天线的数字化数据[7~9]

本节将给出由线性天线阵列获取的数据，这些数据可用于不同的到达角测量方案。在电子战应用中，阵列天线通常只有少数几个阵元。三元线性天线阵列在实际应用中并不少见。通常，放置于水平方向的线阵用于测量方位角。从理论上讲，一个线阵可以覆盖 π rad 或者 180° 的方位角，然而通常限制在 120° 范围内，以避免工作在端射模式。如果还关注仰角，则需要在垂直方向上增加一个线阵。至于涉及的到达角测量，两个线阵通常分开处理。

图 15.2 给出了一个沿 x 方向具有 $Q(q = 0, 1, \cdots, Q{-}1)$ 个阵元的线阵天线，该线阵中的阵元均匀分布，阵元间距为 d。假设只有一个平面波，其等相面如图所示。如果输入信号为正弦波，则第 q 个阵元的输出为

$$x(q,t) = A_1 \cos[2\pi f_1(t - \tau_q)] \tag{15.1}$$

其中，A_1 和 f_1 分别表示输入信号的幅度和频率，τ_q 表示第 q 个阵元相对于第 1 个阵元 ($q = 0$) 的相位延迟时间。由于阵元间距为 d，因此该延迟时间可写为

$$\tau_q = \frac{-qd \sin\theta_1}{c} \tag{15.2}$$

其中，θ_1 表示输入信号的入射角（见图 15.2），c 表示光速。公式中的负号来自等相面先到达第 q 个阵元，后到达 0 号阵元。从图中可以看出，线阵不能区分信号来自阵列的上方还是下方；因此，为了避免模糊，角 θ_1 通常限制在 $\pm\pi/2$ rad 范围内。

将式 (15.2) 的结果代入式 (15.1)，可得

$$x(q,t) = A_1 \cos\left[2\pi f_1 \left(t + \frac{qd \sin\theta_1}{c}\right)\right] \tag{15.3}$$

通常将上式写成另一种形式。令 $\hat{k}_1$ 表示指向波的传播方向的单位向量，$\hat{x}$ 为沿着线阵方向的单位向量。不要把 $\hat{x}$ 和输入 $x(q,t)$ 搞混。式 (15.3) 可写为

$$x(q,t) = A_1 \cos\left(2\pi f_1 t - \frac{2\pi f_1 q d \hat{k}_1 \cdot \hat{x}}{c}\right)$$

其中

$$\hat{k}_1 \cdot \hat{x} = \cos\left(\frac{\pi}{2} + \theta_1\right) = -\sin\theta_1 \tag{15.4}$$

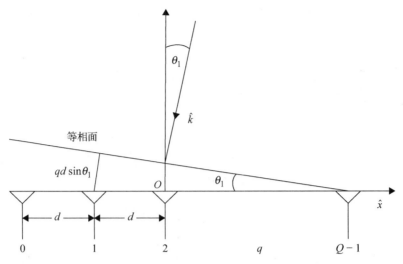

图 15.2 线阵和平面入射波

如果有两个信号，那么天线阵列第 q 个阵元的输出为两个信号之和，即

$$x(q,t) = A_1\cos\left(2\pi f_1 t - \frac{2\pi f_1 q d \hat{k}_1 \cdot \hat{x}}{c}\right) + A_2\cos\left(2\pi f_2 t - \frac{2\pi f_2 q d \hat{k}_2 \cdot \hat{x}}{c}\right) \tag{15.5}$$

如果有 M 个信号，那么第 q 个阵元的输出为

$$x(q,t) = \sum_{m=1}^{M} A_m \cos\left(2\pi f_m t - \frac{2\pi f_m q d \hat{k}_m \cdot \hat{x}}{c}\right) \tag{15.6}$$

式中，f_m 和 $\hat{k}_m$ 分别表示第 m 个输入信号的频率和方向。通常使用指数形式来表示结果，即

$$x(q,t) = \sum_{m=1}^{M} A_m e^{j\left(2\pi f_m t - \frac{2\pi f_m q d \hat{k}_m \cdot \hat{x}}{c}\right)} \tag{15.7}$$

为了得到数字化数据，时间 t 将被整数 $n = 0, 1, \cdots, N–1$ 代替。

前几章讨论过的频率测量方法都可用于获取到达角。例如，当 FFT 应用于时域输出信号时，它的输出在频域。如果 FFT 应用于在特定时刻从不同天线阵元采集的空域数据，则所得输出将表示到达角（给定频率 f）。主要的区别在于时域数据包含许多数据点，而空域数据点数则等于线阵中的天线数。空域数据的傅里叶变换将在 15.8 节中进一步讨论。

15.4 圆形天线阵列的输出[10~13]

本节将介绍圆形阵列的输出。圆形阵列是一种二维排列，因此可以用来测量方位角和俯仰角。这种类型的阵列比线阵占据更多的空间，可能适合于某些特殊的机载和舰载应用。一个圆形天线阵列如图 15.3 所示。在该图中，圆的半径为 R，并且有 $Q(q = 0, 1, \cdots, Q–1)$ 个阵元。天线阵列位于 x-y 平面内，第 1 个阵元是位于 x 轴上的 0 号阵元，因此 $\phi=0$。天线阵元位于角度 ϕ_q 的整数倍处。

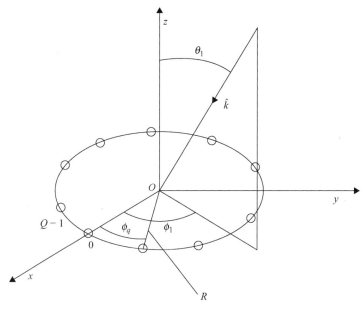

图 15.3 圆形天线阵列

假设幅度为 A_1,频率为 f_1 的平面波以角度 ϕ_1 和 θ_1 入射在该阵列上,则第 q 个阵元的输出可写为

$$e(q,t) = A_1 e^{j2\pi f_1\left(t-\frac{\tau_{q1}}{c}\right)} \tag{15.8}$$

其中,相对于阵列中心的延迟时间 τ_{q1} 为

$$\tau_{q1} = -R\sin\theta_1 \cos\phi_{q1} \tag{15.9}$$

其中,R 表示阵列半径,θ_1 为入射线与阵列法线之间的夹角。在该例中,由于天线阵元位置是离散的,所以角度 ϕ_{q1} 可写为

$$\phi_{q1} = q\phi_q - \phi_1 \tag{15.10}$$

其中,ϕ_1 表示入射波的方位角,ϕ_q 为相邻两个相邻阵元之间(相对于圆心)的夹角,即

$$\phi_q = \frac{2\pi}{Q} \tag{15.11}$$

将式(15.9)至式(15.11)代入式(15.8),结果为

$$e(q,t) = A_1 e^{j2\pi f_1\left(t+\frac{R\sin\theta_1\cos\left(\frac{2\pi q}{Q}-\phi_1\right)}{c}\right)} = A_1 e^{j2\pi\left(f_1 t+\frac{R\sin\theta_1\cos\left(\frac{2\pi q}{Q}-\phi_1\right)}{\lambda_1}\right)} \tag{15.12}$$

例如,若入射信号来自 x 轴方向(即 $\theta_1 = 90°$),则 $\phi_1 = 0$,第一个天线阵元 ($q = 0$) 的输出为

$$e(0,t) = A_1 e^{j2\pi f_1\left(t+\frac{R}{c}\right)} \tag{15.13}$$

这意味着该输出比圆阵中心提前了 R/c,这也是预期的结果。

所得结果可以写成向量的形式。输入信号的入射方向可以使用笛卡儿坐标系下的单位向量 $\hat{k}_1$ 表示,即

$$\hat{k}_1 = -(\sin\theta_1 \cos\phi_1 \hat{x} + \sin\theta_1 \cos\phi_1 \hat{y} + \cos\theta_1 \hat{z}) \tag{15.14}$$

其中,$\hat{x}$、$\hat{y}$ 和 $\hat{z}$ 表示笛卡儿坐标系中的单位向量。前面的负号表示向量指向坐标系原点。第 q 个阵元的位置所在方向 $\hat{r}_q$ 为

$$\hat{r}_q = \cos(q\phi_q)\hat{x} + \sin(q\phi_q)\hat{y} \tag{15.15}$$

$\hat{k}_1$ 和 $\hat{r}_q$ 的点积结果为

$$\begin{aligned}\hat{k}_1 \hat{r}_q &= -\left[\sin\theta_1\cos\phi_1\cos(q\phi_q) + \sin\theta_1\sin\phi_1\sin(q\phi_q)\right] \\ &= -\sin\theta_1\cos(q\phi_q - \phi_1)\end{aligned} \tag{15.16}$$

因此，式(15.12)可写为

$$e(q,t) = A_1 e^{j2\pi f_1\left(t - \frac{R\hat{k}_1 \cdot \hat{r}_q}{c}\right)} = A_1 e^{j\left(2\pi f_1 t - \frac{2\pi f_1 R \hat{k}_1 \cdot \hat{r}_q}{c}\right)} \tag{15.17}$$

将该式扩展到包含 M 个信号，有

$$\begin{aligned}e(q,t) &= \sum_{m=1}^{M} A_1 e^{j2\pi f_m\left(t + \frac{R\sin\theta_m \cos\left(\frac{2\pi q}{Q} - \phi_m\right)}{c}\right)} \\ &= \sum_{m=1}^{M} A_m e^{j2\pi\left(f_m t + \frac{R\sin\theta_m \cos\left(\frac{2\pi q}{Q} - \phi_m\right)}{\lambda_m}\right)} \\ &= \sum_{m=1}^{M} A_m e^{j2\pi f_m\left(t - \frac{R\hat{k}_m \cdot \hat{r}_q}{c}\right)} \\ &= \sum_{m=1}^{M} A_m e^{j2\pi\left(f_m t - \frac{R\hat{k}_m \cdot \hat{r}_q}{\lambda_m}\right)}\end{aligned} \tag{15.18}$$

该结果可以视为等同于式(15.7)。

对于数字化数据，t 被 $n = 0, 1, \cdots, N-1$ 代替，阵元序数为 $q = 0, 1, \cdots, Q-1$。因此，数据关于 n 和 q 是二维的。如果在 n 域(时域)进行信号处理，则结果将是频率；如果在 q 域进行信号处理，则结果将是到达角。

从线阵和圆阵得到的结果非常相似。在后续的讨论中表明，两种数据都可用到，并且结果也非常相似。线阵只能提供方位角信息，因为与其相对应的 $\hat{k}$ 是二维的。圆阵可以提供方位和俯仰信息，因为与其相对应的 $\hat{k}$ 是三维的。为了简单起见且考虑机载的情况，在下面的几节中将使用线阵。

15.5 二元相控阵天线

第 8 章讨论的相位测量可用于测量到达角信息。为了使讨论简单明了，这里使用只有两个阵元的线阵天线，如图 15.4 所示。图中，角 θ_1 是正向的。假定这是一个窄带系统。换言之，只有一个输入信号。二元阵的输出为

$$\begin{aligned}e(0,t) &= A_1 e^{j2\pi f_1 t} \equiv A_1 e^{j\psi_0(t)} \\ e(1,t) &= A_1 e^{j\left(2\pi f_1 t + 2\pi f_1 \frac{d\sin\theta_1}{c}\right)} \equiv A_1 e^{j\psi_1(t)}\end{aligned} \tag{15.19}$$

其中，A_1 和 θ_1 分别表示输入信号的幅度和入射角，d 表示两个天线阵元的间距，$\psi_0(t)$ 和 $\psi_1(t)$ 表示相位角。式中的时间视为连续时间。

在模拟相位测量系统中，$\psi_0(t)$ 和 $\psi_1(t)$ 均为测量值。这两个相位的差可用于测量到达角

$$\psi \equiv \Delta\psi_{10}(t) = \psi_1(t) - \psi_0(t) = \frac{2\pi f_1 d\sin\theta_1}{c} = \frac{2\pi d\sin\theta_1}{\lambda_1} \tag{15.20}$$

上式中有两点值得注意：一是 ψ 独立于时间 t，二是有两个未知数 f_1 和 θ_1。

因为ψ独立于时间t,所以只需要任意时刻的一个测量值即可获得到达角。这只在理论上是正确的,但是由于噪声污染,由一个或几个数据样本得到的结果可能不准确。一般而言,需要许多数据样本来产生到达角。

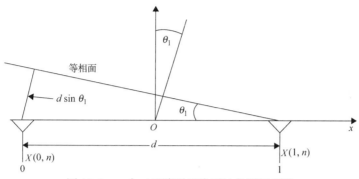

图15.4 一个二元阵列天线到达角测量系统

由于存在两个未知数,首先必须获得频率f_1。在比相系统中总是先测量输入信号的频率。频率可由从一个天线阵元(例如0号阵元)得到的数据测得。因为窄带系统只包含一个输入信号,所以其频率可以使用第8章讨论过的比相系统获得,即

$$f_1 = \frac{\psi_0(n) - \psi_0(0)}{nt_s} \equiv \frac{\Delta\psi_0(n)}{nt_s} \tag{15.21}$$

为了避免频率模糊,相位角$\Delta\psi_0(n)$必须小于2π rad。如前所述,小的n值代表短的延迟时间,用于覆盖宽频带,而大的n值代表长的延迟时间,用于产生高的频率分辨率。

一旦获得输入信号的频率,其到达角就可以从式(15.20)得到,即

$$\sin\theta_1 = \frac{c\psi}{2\pi f_1 d} = \frac{\lambda_1 \psi}{2\pi d} \tag{15.22}$$

如前所述,入射角限制在$\pm\pi/2$ rad 范围内,相应的$\sin\theta_1$的差值为$\sin(\pi/2) - \sin(-\pi/2) = 2$。由于$\psi$的最大值为$2\pi$ rad,结合式(15.22)可得两个天线阵元间的最大间距为

$$2 = \frac{\lambda_1 \psi_{\max}}{2\pi d_{\max}} = \frac{2\pi\lambda_1}{2\pi d_{\max}}$$

即

$$d_{\max} = \frac{\lambda_1}{2} \tag{15.23}$$

这是线阵中众所周知的关系式,即两个阵元间的最大间距必须小于或等于$\lambda/2$。

以上讨论过的方法可总结如下。

1. 在相位测量到达角系统中,两个天线阵元的最大间距为$\lambda/2$,λ表示输入信号波长。
2. 根据任意一个天线阵元的时域输出,可通过测量作为时间的函数的相位差,得到输入信号的频率,这在第8章中进行了详细的讨论。计算到达角需要输入信号的频率(或波长)。
3. 根据两个天线阵元间的相位差,可以通过式(15.22)测量到达角信息。从理论上讲,只需一对相位测量值就能确定到达角,但如此所得到达角的准确度很差。

为了改进测量精度,相位测量值可通过下式得到:

$$\psi = \Delta\psi_{10} = \frac{1}{N}\sum_{n=0}^{N-1}[\psi_1(n) - \psi_0(n)] \tag{15.24}$$

这是在多个时间间隔内取两个天线阵元的相位差的平均值。

15.6 使用过零法测量到达角

第 8 章讨论的用于测量输入信号频率的过零检测法,也可以用于测量到达角。与相位测量系统相似,这种方法只能处理单个输入信号。如果多个信号到达天线/接收机,则测得的到达角可能出错。正如第 8 章所提到的,过零法需要每个天线只接一部接收机和一个模数转换器,无须 I/Q 信道设计。改进的过零检测方法已经在第 8 章中详细给出,不再赘述。这里只讨论原理。

一个二元过零检测到达角系统如图 15.5 所示。两个天线的位置用两个圆圈表示,入射角为 θ_1。两个正弦波代表输入信号,第一个过零点在 t_0 时刻出现在左天线。在时刻 t_0,过零点离第二个天线的距离为 $d\sin\theta_1$。因此,在两个天线之间的过零时间差可写为

$$\Delta t = \frac{d\sin\theta_1}{c}$$

即

$$\sin\theta_1 = \frac{c\Delta t}{d} \tag{15.25}$$

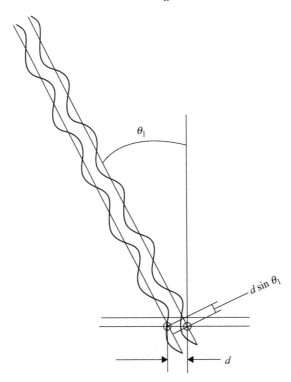

图 15.5 双天线系统的过零检测示意图

值得注意的是,用这种测量方法得到的到达角与信号载频无关,因为测量的是时间差而不是相位差。

在该测量方案中,两个天线不能离得太远,否则系统将出现模糊。当入射角 $\theta_1 = 90°$ 时,可以确定两个天线的最大间距。因为每个周期有两个过零点,所以两个过零点的最大距离为

$\lambda/2$。为了避免在两个不同过零点之间进行比较,两个天线间的最大间距取为 $\lambda/4$。

不过,如果能够跟踪过零前后的符号变化,则两个模糊过零点之间的长度为 λ。在此情况下,为避免在两个不同过零点之间进行比较,两个天线间的最大间距取为 $\lambda/2$。

尽管上述讨论基于一个过零点数据,但是在实际测量中应该将许多过零点取平均,以减小噪声带来的影响。

15.7 多天线到达角测量系统的相位检测[14,15]

在上一节中,利用双天线系统测得的到达角准确度通常十分有限。根据式(15.22),大的 d 值意味着较小的 θ_1 值。从物理上讲,这意味着更大的阵元间距 d 可以提供更精确的到达角,代价是入射角的不模糊范围变窄。对于一个二元线阵,最大间距 d 必须小于 $\lambda_1/2$,以避免到达角模糊问题。如果 d 大于该值,则测得的 ψ 角将大于 2π rad,角 θ_1 将是模糊的。

多元线阵既能避免模糊,又能提供精确的到达角信息,可以解决上述问题。图 15.6 显示了一个四元系统。图中,左边两个天线之间的间距最小,两者的间距 d 小于 $\lambda_1/2$,其余两个天线距离左边第一个天线的距离分别为 $4d$ 和 $16d$。入射角的覆盖范围将小于 π rad,即 θ_1 在 $\pm\pi/2$ 范围内。

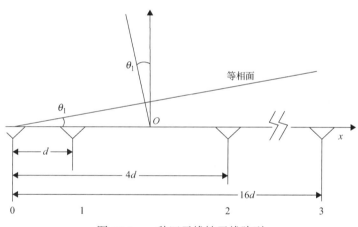

图 15.6 一种四元线性天线阵列

为了简单起见,假设入射角的覆盖范围为 π rad。具有最短间距的一对天线将提供粗略的到达角,并且分辨率必须优于 $\pi/4$ rad,例如 $\pi/8$ rad。第二对天线的最大不模糊角为 $\pi/4$ rad,因为它们的间距为 $4d$。由于间距最长的天线对的最大不模糊角为 $\pi/16$ rad,所以这对天线提供的到达角分辨率最小应为 $\pi/16$ rad。间距最长的天线对将提供最好的到达角分辨率。

同样的思想可应用于过零检测法。间距短的天线对用于解模糊,而间距长的天线对用于提供更好的分辨率。

15.8 空域的傅里叶变换[8,9,15]

本节将对在某个时刻来自天线阵列的数据进行傅里叶变换,以获得到达角。假设线阵天线是均匀排列的,且只有一个输入信号。同时假设数据是在 $t=0$ 时刻采集的。该假设简化了

计算，且不失一般性。在此条件下，根据式(15.7)，输入信号为

$$x(q) = A_1 e^{\frac{-j2\pi f_1 q d \hat{k}_1 \cdot \hat{x}}{c}} \tag{15.26}$$

其中，A_1、f_1 和 $\hat{k}_1$ 分别表示到达信号的幅度、频率和入射方向，q 表示天线阵元序号，d 表示相邻天线的间距。

如果有 Q 个天线阵元，那么空域的傅里叶变换可写为

$$X(\hat{k}) = \sum_{q=0}^{Q-1} x(q) e^{\frac{-j2\pi f q d \sin\theta}{c}} = \sum_{q=0}^{Q-1} x(q) e^{\frac{j2\pi f q d \hat{k} \cdot \hat{x}}{c}}$$

$$= \sum_{q=0}^{Q-1} A_1 e^{\frac{j2\pi f q d (\hat{k}-\hat{k}_1) \cdot \hat{x}}{c}} = A_1 \frac{1 - e^{\frac{j2\pi f Q d (\hat{k}-\hat{k}_1) \cdot \hat{x}}{c}}}{1 - e^{\frac{j2\pi f d (\hat{k}-\hat{k}_1) \cdot \hat{x}}{c}}} \tag{15.27}$$

该函数的幅度可写为

$$|X(\hat{k})| = A_1 \frac{\left|1 - e^{\frac{j2\pi f Q d (\hat{k}-\hat{k}_1) \cdot \hat{x}}{c}}\right|}{\left|1 - e^{\frac{j2\pi f d (\hat{k}-\hat{k}_1) \cdot \hat{x}}{c}}\right|} = A_1 \frac{\left|\sin\left(\frac{2\pi f Q d (\hat{k}-\hat{k}_1) \cdot \hat{x}}{2c}\right)\right|}{\left|\sin\left(\frac{2\pi f d (\hat{k}-\hat{k}_1) \cdot \hat{x}}{2c}\right)\right|} \tag{15.28}$$

这是众所周知的线性阵列响应[1,2]，其峰值出现的位置为

$$\hat{k} = \hat{k}_1$$

或

$$\Delta\theta = 0 \tag{15.29}$$

因为 $(\hat{k} - \hat{k}_1) \cdot \hat{x} = -\sin(\Delta\theta)$。该峰值出现在入射波方向上，这是预期的结果。

假设 d 和 λ 呈线性关系（即 $d = \lambda/2$），则可以消除 $X(\hat{k})$ 对频率的依赖性。在这种特殊情况下，式(15.28)可简化为

$$|X(\hat{k})| = A_1 \frac{\left|\sin\left(\frac{\pi Q(\hat{k}-\hat{k}_1)\cdot\hat{x}}{2}\right)\right|}{\left|\sin\left(\frac{\pi(\hat{k}-\hat{k}_1)\cdot\hat{x}}{2}\right)\right|} = A_1 \frac{\left|\sin\left(\frac{\pi Q \sin(\Delta\theta)}{2}\right)\right|}{\left|\sin\left(\frac{\pi \sin(\Delta\theta)}{2}\right)\right|} \tag{15.30}$$

容易看出，$X(\hat{k})$ 在 $\hat{k} = \hat{k}_1$ 处出现一个峰值，与式(15.29)的结果相同。第一个零点出现的位置为

$$\frac{\pi Q \sin(\Delta\theta)}{2} = \pi$$

即

$$\Delta\theta = \arcsin\left(\frac{2}{Q}\right) \tag{15.31}$$

波束宽度 θ_{bw} 可认为是

$$\theta_{bw} = 2\Delta\theta = 2\arcsin\left(\frac{2}{Q}\right) \tag{15.32}$$

该式表明，大的 Q 值（即天线阵元数）将产生窄的波束和高的到达角分辨率。小的天线阵元数将产生宽的波束和低的到达角分辨率。因为 $d = \lambda/2$，所以 Q 值越大，天线越长。众所周知，长的线阵天线可以提供窄的波束宽度。

图 15.7(a) 显示了一个十元阵的响应情况，而图 15.7(b) 为三元阵的响应情况。幅度以对数形

式表示,角度覆盖范围为 π rad,即 Δθ 在 ±π/2 rad 范围内。两幅图清楚地表明,天线阵元数越多,提供的到达角分辨率越高。由于空域傅里叶变换的项数(即天线阵元数)少,所以副瓣很高。

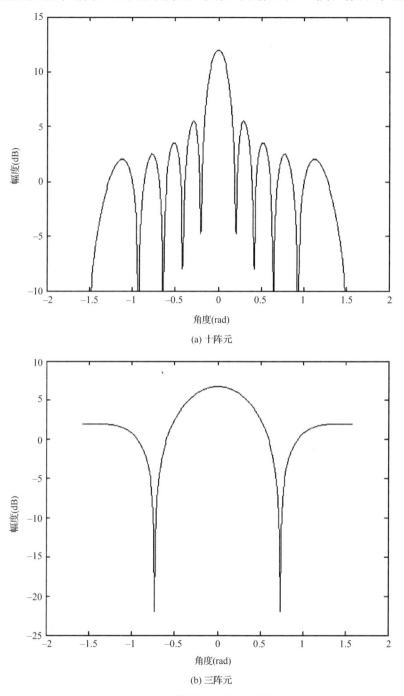

图 15.7 空域傅里叶变换的输出

如果存在多个同时到达信号,则高副瓣将使瞬时动态范围变小,也使参数编码器的设计变得更加复杂。如果对天线阵列施加适当的加权函数,则可以降低副瓣电平。对天线阵列施加加权函数的一种方法是减小某些阵元的输出,使靠近阵列两端的输出具有更大的衰减。

图15.8显示了一个简单的例子，底部的曲线表示施加的衰减，该曲线关于中心阵元对称。阵元的衰减值应当满足 $A_1 > A_2 > A_3 > A_4 = 0$，其中的中心阵元不施加任何衰减。如第3章所述，加权函数将增加主瓣宽度。除了这个问题，如果仅有几个天线阵元，那么无论如何，加权方法可能都不会很有效。

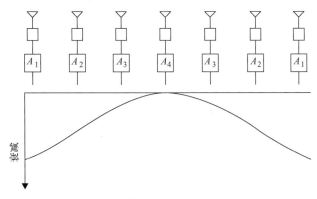

图15.8 带加权函数的天线阵列

由此看来，如果系统中仅有几个天线阵元（例如在机载系统中），则很难使用空域傅里叶变换获得高的到达角分辨率。如果在不同角度有多个输入，那么从理论上讲，空域傅里叶变换应当在所有入射角方向上产生峰值，但是由于有限的阵元数和高副瓣，空域傅里叶变换的波束很宽，所以很难区分存在的多个同时到达信号。

15.9 二维傅里叶变换[16,17]

本节将介绍二维傅里叶变换。一个天线阵列的输出数据是二维的：一维是时域数据，另一维是空域数据，如图15.9所示。需要注意，时间间隔是均匀的，且所有的天线在同一时间采样。天线间距也是均匀的。

对时域数据进行傅里叶变换得到频率信息，而对空域数据进行傅里叶变换得到到达角信息。与频域傅里叶变换相似，空域傅里叶变换能处理具有不同输入频率和不同入射角的多个同时到达信号。

输入数据 $x(q,t)$ 的二维傅里叶变换可写为

$$X(\hat{k}, f) = \int_{-\infty}^{\infty} \int_{-\infty}^{\infty} x(q,t) e^{-j2\pi f\left(t - \frac{qd\hat{k}\cdot\hat{x}}{c}\right)} dq dt \tag{15.33}$$

该式是以连续形式表示的。如果只有一个输入信号，则由式(15.7)可得

$$x(q,t) = A_1 e^{j\left(2\pi f_1 t - \frac{2\pi f_1 q \hat{k}_1 \cdot \hat{x}}{c}\right)} \tag{15.34}$$

将上式代入式(15.33)，结果为

$$\begin{aligned} X(\hat{k}, f) &= \int_{-\infty}^{\infty} \int_{-\infty}^{\infty} A_1 e^{-j2\pi(f-f_1)t} e^{j\frac{2\pi f q d(\hat{k}-\hat{k}_1)\cdot\hat{x}}{c}} dt dq \\ &= \int_{-\infty}^{\infty} A_1 e^{-j2\pi(f-f_1)t} dt \int_{-\infty}^{\infty} e^{j\frac{2\pi f q d(\hat{k}-\hat{k}_1)\cdot\hat{x}}{c}} dq \end{aligned} \tag{15.35}$$

其中，假定信号在时域中是连续的(例如在模拟接收机中)。不过，由于天线总是离散分布的，所以一般不认为信号在空域中是连续的。甚至在模拟接收机系统中，接收的空域信号也是离散的，因为天线在空间中是离散分布的。

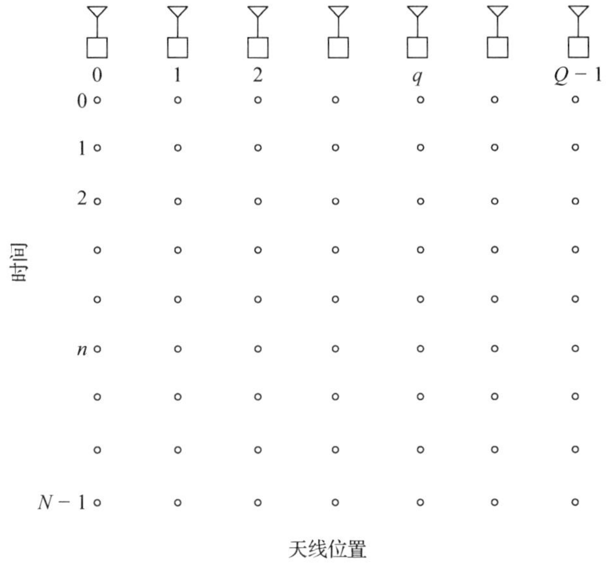

图 15.9 线阵天线的输出数据

考虑到空域的离散性，上式可写为

$$X\left(\hat{k}, f\right) = \sum_{q=0}^{Q-1} \int_{-\infty}^{\infty} x(q,t) e^{-j2\pi ft} e^{-j\frac{2\pi fq d\hat{k}\cdot\hat{x}}{c}} dt \tag{15.36}$$

这是一个二维傅里叶变换，在时域中的数据是连续的，而在空域中的数据是离散的。如果采集的数据在时域和空域中都是离散的，如图15.9所示，那么二维傅里叶变换可写为

$$X\left(\hat{k}, k\right) = \sum_{q=0}^{Q-1} \sum_{n=0}^{N-1} x(q,n) e^{\frac{-j2\pi nk}{N}} e^{-j\frac{2\pi kq d\hat{k}\cdot\hat{x}}{c}} \tag{15.37}$$

其中 $\hat{k}$ 是一个单位向量，表示根据空域傅里叶变换计算所得的到达角，而 k 是根据时域傅里叶变换计算所得的频域中的离散频率分量。

以离散形式表示的傅里叶逆变换为

$$x(q, n) = \frac{1}{QN} \sum_{k=0}^{Q-1} \sum_{k=0}^{N-1} x\left(k, \hat{k}\right) e^{\frac{j2\pi nk}{N}} e^{j\frac{2\pi kq d\hat{k}\cdot\hat{x}}{c}} \tag{15.38}$$

二维离散傅里叶变换需要 $(MN)^2$ 次的复数乘法运算，因此其计算相当复杂。

我们可以将二维傅里叶变换看成两个一维傅里叶变换的组合。例如，可以对所有天线输出进行时域傅里叶变换(一维)，以得到频域信息。然后，在每一个频率分量上对不同天线的所有输出进行空域傅里叶变换(一维)，以得到该频率分量上的到达角信息。因此，得到的最终结果将是每个输入信号的频率和相应的到达角信息。

在二维傅里叶变换中，为了抑制副瓣，加权函数既可以施加在空域中，也可以施加在时域中。然而，由于二维傅里叶变换比较复杂，且所得到达角分辨率较低，因此这种方法在数字接收机应用中可能用处不大。

15.10 频率分选后的到达角测量

在前面所讨论过的相位测量系统中,假定接收机只处理一个输入信号。通常,相位测量系统可以提供高精度的到达角信息。实际用于单信号比相系统的接收机必须具备窄带宽,以限制截获多于一个信号的概率。然而,窄带接收机的截获概率较低,这对电子战应用来说是不可取的。宽带相位到达角测量系统可能受多个同时到达信号的影响而产生错误信息。尽管从理论上讲,空域傅里叶变换可以处理不同入射方向的多个同时到达信号,但是由于受电子战系统中可用天线阵元数目的限制,得到的到达角分辨率非常低。使用空域傅里叶变换的宽带到达角测量系统能够用来分离不同入射角的信号,是非常值得怀疑的。

本节将介绍一种更有前景的方法,即两步法。第一步是将输入信号通过时域傅里叶变换从频率上分开。如果采集数据的时间够长,则频率分辨率可以变得相当高。例如,一个 100 ns 宽的数据串可以得到约 10 MHz 的频率分辨率。在电子战应用中,通常认为当频率信道宽度为 20 MHz 时,存在同时到达信号不是一个严重的问题。有时甚至考虑使用 50~100 MHz 的信道宽度以容纳短脉冲信号。

上述第一步是利用从一个天线(例如 $q=0$)得到的数据进行时域快速傅里叶变换(FFT)。根据输出的功率谱,可以得到输入信号的频率。假设存在 M 个输入信号,它们的峰值分别出现在频率 $k_1, k_2, \cdots, k_M$ 处,输出结果可写为 $X(0, k_1), X(0, k_2), \cdots, X(0, k_M)$,这里括号内的第一个参数是指天线的序号。同样的峰值应当可以从其他天线获得,即

$$X(q,k_1) = \sum_{n=0}^{N-1} x(q,n) e^{\frac{-j2\pi k_1 n}{N}}$$

$$X(q,k_2) = \sum_{n=0}^{N-1} x(q,n) e^{\frac{-j2\pi k_2 n}{N}} \qquad (15.39)$$

$$\vdots$$

$$X(q,k_M) = \sum_{n=0}^{N-1} x(q,n) e^{\frac{-j2\pi k_M n}{N}}$$

其中,$q = 1, 2, \cdots, Q-1$。在上式中只需在 $k_1, k_2, \cdots, k_M$ 处计算序号 $q=0$ 的天线所得峰值对应的频率分量。因此,与从全部的天线输出中通过傅里叶变换求解所有的频率分量相比,这种方法的计算量更小。

第二步是根据由式(15.39)求解得到的 $X(q, k_i)$ ($i = 1, 2, \cdots, M$) 来获得到达角。由于频率已知,所以很多种方法可用来得到在这些频率处的到达角,这里给出两种简单方法。

第一种方法是通过相位测量来获取到达角。因为相位信息已可从 $X(q, k_i)$ ($i = 1, 2, \cdots, M$) 中得到,所以这种方法可以看成直接法。所得 FFT 结果是复数,可以写成关于幅度和相位的如下形式:

$$X(q,k_i) = |X(q,k_i)| e^{j\phi(q,k_i)} \qquad (15.40)$$

其中,$\phi(q,k_i)$ 表示第 q 个天线阵元的输入信号在频率 k_i 处的相位。两个天线阵元相位 $\phi(q,k_i)$ 的差值与信号到达角的关系为

$$\phi(q_r, k_i) - \phi(q_s, k_i) = \frac{d_{rs} \sin \theta_i}{\lambda_i} \qquad (15.41)$$

其中，q_r 和 q_s 表示两个天线阵元，d_{rs} 表示这两个阵元的间距，θ_i 和 λ_i 分别表示在频率 k_i 处的信号入射角和波长。如前面所提到的多天线阵元的情况，最小间距的天线对可以用于解到达角模糊，而最长间距的天线对可以提供高的到达角分辨率。

第二种方法是利用空域 FFT 来获取到达角。在该方法中，天线阵元应均匀排列。这里 FFT 的输入是 $X(q, k_i)$，且具有相同的频率分量 k_i，关系式可写为

$$X\left(\hat{k}, k_i\right) = \sum_{q=0}^{Q-1} x(q, k_i) e^{-j\frac{2\pi k q d \hat{k} \cdot \hat{x}}{c}} \tag{15.42}$$

主瓣宽度取决于天线阵元数和使用的加权函数。这种方法与相位测量方法相比，潜在的优势在于具有处理多个同时到达信号的能力。由于相位测量法不能处理多个同时到达信号，所以如果两个输入信号具有相同的频率，但入射角不同，相位测量法就可能给出错误的结果。虽然空域 FFT 法可以分开这两个信号，但是这两个信号的到达角必须形成大的夹角。

其他一些方法也可以用于获得到达角信息，例如 Prony 法或者 MUSIC 方法。有趣的是，许多高频率分辨率方法最初是为估计到达角而设计的。这些方法需要更多的计算量，但是当数据长度较短时，它们可能适用于一些特殊情况。

15.11 最小天线间隔[18~21]

在前几节讨论过的到达角测量系统中，为了避免到达角的模糊问题，天线间距不能太大。两个天线间的最短间距 $d_{\min}$ 必须小于最高频率所对应波长的一半，可以写为 $d_{\min} < \lambda_{\min}/2$，其中 $\lambda_{\min}$ 为最高频率对应的波长。

为了强调该要求，这里将从采样的角度再次介绍。图 15.10 显示了一个正弦波沿靠近 x 轴的方向入射到天线阵。输入信号的波长为 λ，则沿 x 轴相应的波长为

$$\lambda_x = \frac{\lambda}{\sin\theta} \tag{15.43}$$

其中，θ 表示入射角。当 $\theta = 90°$，即信号入射方向沿 x 轴时，$\lambda_x = \lambda_{x\min} = 1$。为了满足奈奎斯特采样定理的要求，必须在每个周期内采样两次；换言之，两个相邻天线阵元的最小间距 $d_{\min}$ 必须满足

$$d_{\min} < \frac{\lambda_{\min}}{2} \tag{15.44}$$

其中，$\lambda_{\min}$ 为天线阵预期接收的波长最短(频率最高)的信号。

现在考虑天线的一些实际问题。在电子战应用中，螺旋天线是常用的一种天线，尤其是在机载系统中。这种天线覆盖了宽的频段和宽的角度范围。它可以接收垂直极化或者水平极化的信号。只有当输入信号具有与螺旋方向相反的圆极化特性时，螺旋天线才难以截获它。螺旋天线可以覆盖 2~18 GHz 的频率范围。天线直径约等于 $\lambda_{\max}/2$，其中 $\lambda_{\max}$ 表示对应于最低频率信号的波长。对于覆盖 2~18 GHz 的天线，$\lambda_{\max} = 3 \times 10^{10}/2 \times 10^9 = 15$ cm，而 $\lambda_{\min} = 3 \times 10^{10}/18 \times 10^9 = 1.67$ cm。因此，天线的直径约为 7 cm。将两个天线放置在一起，两天线中心之间的最小距离为 7 cm。

为了满足式(15.44)中的关系，两个螺旋天线的最小间隔必须小于约 0.8 cm，即 1.67 cm/2。由于天线直径为 7 cm，所以不可能将天线安装得如此之近。因此，如果在天线阵列中选用螺旋天线来覆盖宽的频带，在输入频率较高时就会不可避免地存在模糊问题。模糊问题可以使用下一节讨论的孙子定理加以解决。

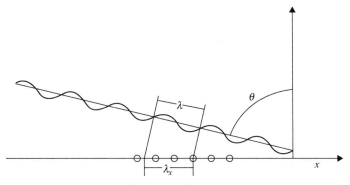

图 15.10 沿 x 轴方向的波长

15.12 孙子定理[22,23]

故事是这样的。在中国古代,有一位将军想知道他有多少名亲兵。他没有直接清点亲兵人数,而是将他的亲兵按行排列多次。他没有数行数,而是仅仅数一下每次排列剩余的亲兵人数,就能得到亲兵总数。这里使用两个例子来解释这个概念。

例 1 将军把他的亲兵按每行 7 人排列剩余 3 人,如果按每行 10 人排列剩余 2 人。两个数字 7 和 10 必须是互质的。如果他的亲兵少于 70 人,即 7×10,就可以从两个余数 3 和 2 得到亲兵总数。

如果未知数 $x < 70$,被 7 除余 3,那么 x 的可能值为

$$x = 3+7n = 3, 10, 17, 24, 31, 38, 45, 52, 59, 66$$

其中,n 表示 0 至 9 之间的一个整数。同理,同一个未知数被 10 除余 2 时,其可能值为

$$x = 2+10n = 2, 12, 22, 32, 42, 52, 62$$

其中,n 表示 0 至 6 之间的一个整数。比较这两个序列,可以发现 52 是正确的答案。对士兵进行排列的次数可以大于 2 次,例如亲兵可以按每行 11 人重新排列。在这种情况下,亲兵总数可以增加到 $x<770$,即 $7 \times 10 \times 11$。

孙子定理可以使用稍正式的方式表示如下。如果未知数 x 被 m_i 除余 a_i,则结果可以使用下式表示:

$$x = a_i \bmod(m_i), \quad \text{其中 } i = 0, 1, \cdots, I-1 \tag{15.45}$$

在孙子定理中,不同 i 值的 m_i 之间是互质的。可以得到这个问题的解为

$$M \equiv \prod_{i=0}^{I-1} m_i, \quad t_i \equiv \frac{M}{m_i}$$

$$x = \left(\sum_{i=0}^{I-1} a_i t_i u_i\right) \bmod(M) \tag{15.46}$$

$$t_i u_i \equiv 1 \bmod(m_i)$$

其中,I 表示进行排列的总次数,u_i 是一个整数。用下面的示例可以演示如何使用该公式。

例 2 给定 $a_0 = 3$, $m_0 = 7$; $a_1 = 2$, $m_1 = 10$; $a_2 = 5$, $m_2 = 11$, 其中 7, 10 和 11 互为质数, 求解 x。根据式(15.46), $M = 7 \times 10 \times 11 = 770$, $t_0 = 110$, $t_1 = 77$, $t_2 = 70$, 于是可得

$$t_0 u_0 = 110 \times 3 = 1 \bmod(7) \Rightarrow u_0 = 3$$
$$t_1 u_1 = 77 \times 3 = 1 \bmod(10) \Rightarrow u_1 = 3$$
$$t_2 u_2 = 70 \times 3 = 1 \bmod(11) \Rightarrow u_2 = 3$$

其中, u_i 是通过试错法得到的。巧合的是, 所有的 u_i 均等于 3, 那么有

$$x = (3 \times 110 \times 3 + 2 \times 77 \times 3 + 5 \times 70 \times 3) \bmod(770)$$
$$= (990 + 462 + 1050) \bmod(770) = 2502 \bmod(770) = 192$$

当然, 可以使用与例 1 相同的方法, 将所有可能的数字排列成三行, 从而获得这一结果。正确答案将出现在所有三行中。随着数字信号处理技术的进步, 这种方法可能变得相当简单。

15.13 孙子定理在到达角测量中的应用

正如 15.11 节所提到的, 由于天线尺寸较大, 因此两个天线靠得再近也无法满足式(15.44)的要求。对于直径为 7 cm 的螺旋天线(2~18 GHz), 可以使两个天线中心的间隔为 $5\lambda_{\min} = 8.35$ cm。这种排列将产生模糊问题。为了解模糊, 需要另一个天线对。图 15.11 显示了这样的天线排列。一个天线对的间隔为 $5\lambda_{\min}$, 另一个天线对的间隔为 $8.5\lambda_{\min}$, 则两端天线的间隔为 $13.5\lambda_{\min}$。这三个间隔相对于 $\lambda_{\min}/2$ 可以分别表示为 10, 17 和 27, 这三个数是互质的。不过, 这 3 个天线可以视为两个天线对, 第三个天线对不产生额外的信息。计算中仅考虑两个天线对, 它们的间距分别为 10 倍和 17 倍的 $\lambda_{\min}/2$。

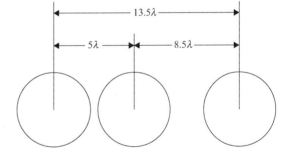

图 15.11 三元相位干涉系统

尽管余数可以用于得到所需的到达角, 但是其计算过程与前一节提到的孙子定理稍有不同。首先, 研究不模糊的情况。假设天线阵元间距为 $\lambda/2$。在此假设条件下没有模糊, 并且式(15.20)可写为

$$\psi = \pi \sin\theta \tag{15.47}$$

其中, ψ 在 $\pm\pi$ rad 范围内, 所以 $\sin\theta$ 的范围为 $-1\sim1$, 结果如图 15.12 所示, ψ 随 $\sin\theta$ 线性变化。在该图中不存在模糊, 一个 ψ 值对应一个 $\sin\theta$ 值。

当 $d = 5\lambda$ 时, 由式(15.20)可得

$$\psi = 10\pi \sin\theta \tag{15.48}$$

其中, 模糊值有 10 个。因为 $\sin\theta$ 的范围为 $-1\sim1$, 所以 ψ 在 $\pm10\pi$ rad 范围内。但是, 由于 ψ 的角度测量值限制在 $\pm\pi$ rad 范围内, 因此任何超出这个范围的测量值将折叠回该区间。这意味着任何小于 $-\pi$ rad 的角度应加上 $n\pi$ rad, 而任何大于 π rad 的角度应减去 $n\pi$ rad。式(15.48)的关系如图 15.13 所示。在该图中, 每个 ψ 值有 10 个可能的 $\sin\theta$ 值, 这与预想的结果相符。即使测得了某个相位角 ψ, 也不能确定信号的入射角。与图 15.12 相比, 图 15.13 中的斜线更陡, 因而后者得到的分辨率更好。

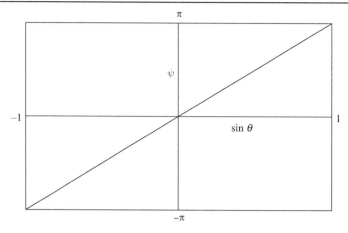

图 15.12　ψ 与 $\sin\theta$ 的关系 $(d = \lambda/2)$

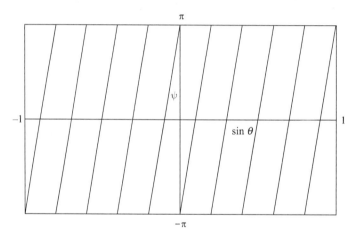

图 15.13　ψ 与 $\sin\theta$ 的关系 $(d = 5\lambda)$

为了解决该模糊问题，需要使用另一个间距为 8.5λ 的天线对，结果如图 15.14 所示。在该图中，在任何入射角 θ_1 处均有两个唯一值 ψ_{10} 和 ψ_{17}。因此，如果测得 ψ_{10} 和 ψ_{17}，就可以得到入射角 θ_1。在实际测量中，可以生成一张转换表。一旦获得 ψ_{10} 和 ψ_{17}，就可以通过查表得到入射角 θ_1。

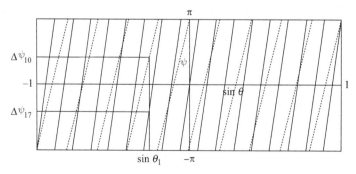

图 15.14　ψ 与 $\sin\theta$ 的关系 $(d = 5\lambda$ 和 $d = 8.5\lambda)$

15.14 关于孙子定理的几点思考

以上表明，利用孙子定理可以很好地解决天线阵列问题。实际上，当使用孙子定理解决此类问题时，还有一些问题需要详加考虑。其中的一些问题包括以下几个方面。

1. 在 15.2 节的理论讨论中，余数被精确地测量为整数，而实际测量的余数存在误差。在传统的到达角测量系统中，最终值的误差只会影响测量精度。然而，如果利用余数来确定实际值，那么最终值（余数）的测量误差将引起灾难性的错误，即误差很大。这一大的误差很容易在 15.12 节的例子中出现。如果其中一个余数变化了一个数值，那么最终结果将完全不同。
2. 如果考虑余数测量中的噪声，整体的模糊范围就必须减小。例如，如果两个除数分别是 5 和 7，那么最大值应该是 34（即 5×7−1）。所有 0~34 的整数都是可能的解。如果允许余数有误差，那么最大值应该小于 34。通过图 15.15 可以直观地理解该问题。该图显示的结果与图 15.14 相同。仅有的区别是这些余数中存在噪声，噪声增加了线条的宽度。该图中，在入射角为 θ_1 时测得的 ψ_{10} 和 ψ_{17} 覆盖了一定范围内的数值，而不是像图 15.14 那样指示单一的数值。如果减小 θ_1 的范围，则该方法仍可用于测量到达角，但是总的角度覆盖范围也将减小。

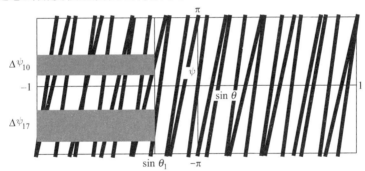

图 15.15　噪声存在时 ψ 与 $\sin\theta$ 的关系（$d = 5\lambda$ 和 $d = 8.5\lambda$）

3. ψ 和 $\sin\theta$ 之间的关系是线性的，如式（15.20）和图 15.14、图 15.15 中的直线所示。如果实际数据是从天线采集的，这些线就不再是直线，而是稍微弯曲的。与线性关系直线的偏离将使测量过程变得复杂。这意味着无法直接生成上述转换表（根据 ψ_{10} 和 ψ_{17} 查表获取入射角 θ_1）。曲线上的曲率必须包含在转换表上。
4. 增加硬件可以改善测量结果。例如，不是只使用 2 个天线对及其余数来获得入射角，而是增加另一个天线，利用 3 个天线对提供更多的冗余测量。这种方法不仅需要多一个天线和接收机，而且转换表也将变得更复杂。增加冗余度来降低错误概率是以增加额外的硬件为代价的。

15.15　到达角测量数字系统的硬件方面的注意事项[7,25]

在到达角测量模拟系统中，最难的问题是构建多个并行天线/接收机信道，并使它们的幅度和相位匹配。一些实验系统很难实现不同接收机之间的幅度和相位匹配，特别是在宽带系统中。

在到达角比幅测量模拟系统中,多天线分时共享一部接收机是比并行使用多部接收机更简单的一种方法[7]。不过,这种方法不能推广到到达角比相测量模拟系统中,因为在比相测量时必须在同一时间比较不同接收机中信号的相位。然而,这种分时方法可以应用于数字相位测量系统中。

如前所述,在数字接收机设计中,模数转换器的处理速度远快于其后面的处理器件。因此,可以使用一个模数转换器来采集数据,而使用多个处理器进行处理。为了使用数字方法测量到达角,需要采集图 15.9 所示的数据。

图 15.16 给出了一种方案,使用一部射频接收机和一个模数转换器(ADC)来采集所需的数据。图中有 4 个天线,4 个天线分时共享后面的接收机和模数转换器。一个四选一开关依次旋转接通四个天线,其切换时间必须与模数转换器的采样时间匹配。如果采样时间为 t_s,那么开关必须以相同的速度工作,在 t_s 时刻切换到下一个天线。

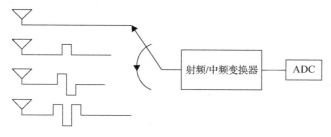

图 15.16　4 个天线共享一部接收机

如果想要如图 15.9 那样,在同一时间采集所有 4 个天线的数据,则需插入延迟线以补偿切换时间。延迟时间应以 t_s 为单位。在图 15.16 中,天线 0 没有延迟,天线 1 延迟 t_s,天线 2 延迟 $2t_s$,天线 3 延迟 $3t_s$。由于模数转换器可以工作在 1 GHz,相应的 $t_s = 1$ ns,该延迟时间不是什么大问题。

我们希望可以省去图 15.16 中的延迟线。在此情况下,采集的数据如图 15.17 所示,数据不是在同一时刻采集的,而是在时间上有偏移。如果可以获得这样的数据,数字信号处理方法就可以用于处理时间偏移,并得到正确的到达角。

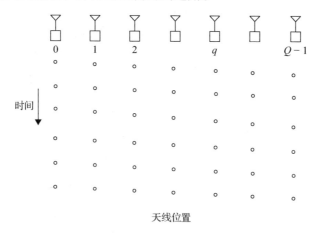

图 15.17　无延迟校正的分时系统的采集数据

参考文献

[1] Capon J. 'High-resolution frequency-wavenumber spectrum analysis.' *Proceedings of the IEEE* 1969; **57**(8): 1408–1418.

[2] Reddi SS. 'Multiple source location-a digital approach'. *IEEE Transactions on Aerospace and Electronic Systems* 1979; **AES-15**(1): 95–105.

[3] Johnson DH. 'The application of spectral estimation methods to bearing estimation problems'. *Proceedings of the IEEE* 1982; **70**(9): 1018–1028.

[4] Kumaresan R, Tufts DW. 'Estimating the angles of arrival of multiple plane waves'. *IEEE Transactions on Aerospace and Electronic Systems* 1983; **AES-19**(1): 134–139.

[5] Shan TJ, Wax M, Kailath T. 'Spatial smoothing approach for location estimation of coherent sources'. *Proceedings of the Seventeenth IEEE Asilomar Conference on Circuits, Systems, and Computers*. New York: IEEE; 1983: 367–371.

[6] Li F, Vaccaro RJ. 'On frequency-wavenumber estimation by state-space realization'. *IEEE Transactions on Circuits and Systems* 1991; **38**(7): 800–804.

[7] Tsui JBY. *Microwave Receivers with Electronic Warfare Applications*. New York: John Wiley & Sons; 1986.

[8] Jordan EC. *Electromagnetic Wave and Radiating Systems*. Englewood Cliffs, NJ: Prentice Hall; 1950.

[9] Kraus JD. *Electromagnetics*. New York: McGraw-Hill; 1953.

[10] Longstaff ID, Chow PEK, Davies DEN. 'Directional properties of circular arrays'. *Proceedings of the Institution of Electrical Engineers* 1967; **114**(6): 713–718.

[11] Sheleg B. 'A matrix-fed circular array for continuous scanning'. *Proceedings of the IEEE* 1968; **56**(11): 2016–2027.

[12] King WP, Harrison CW. *Antennas and Waves: A Modern Approach*. Cambridge, MA: MIT Press; 1969.

[13] Ma MT. *Theory and Application of Antenna Arrays*. New York: John Wiley & Sons; 1974.

[14] Shelton J, Kelleher KS. 'Multiple beams from linear arrays'. *IRE Transactions on Antennas and Propagation* 1961; **9**(2): 154–161.

[15] Jacobs E, Ralston EW. 'Ambiguity resolution in interferometry'. *IEEE Transactions on Aerospace and Electronic Systems* 1981; **AES-17**(6): 766–780.

[16] McClellan JH. 'Multidimensional spectral estimation'. *Proceedings of the IEEE* 1982; **70**(9): 1029–1039.

[17] Haykin S (ed.). *Array Signal Processing*. Englewood Cliffs, NJ: Prentice Hall; 1985.

[18] Kraus JD. *Antennas*. New York: McGraw-Hill; 1950.

[19] Rumsey V. *Frequency Independent Antennas*. New York: Academic Press; 1966.

[20] Stutzman WL, Thiele GA. *Antenna Theory and Design*. New York: John Wiley & Sons; 1981.

[22] Taylor FJ. 'Residue arithmetic a tutorial with examples'. *Computer* 1984; **17**(5): 50–62.

[23] Wolf J.K. 'The Chinese remainder theorem and applications', in Blake JF, Poor HV (eds), *Communications and Networks: A Survey of Recent Advances*. New York: Springer; 1985: chap 16.

[24] McCormick WS, Tsui JBY, Bakkie VL. 'A noise insensitive solution to an ambiguity problem in spectral estimation'. *IEEE Transactions on Aerospace and Electronic Systems* 1989; **25**(5): 729–732.

[25] Tsui DC. Wright Laboratory/Association for the Advancement of Artificial Intelligence. Private communication.

第 16 章 时间反转技术研究

16.1 目的

本章将研究利用时间反转滤波器,根据接收机输出信号确定输入信号的方法。输入信号通常由接收机测量,这会使输入信号失真。假定接收系统为线性系统,则其输出信息表示经过接收系统冲激响应作用后的输入信号。为了补偿接收系统对输入信号的影响,接收系统的冲激响应用于设计时间反转滤波器。时间反转滤波器可以补偿由接收系统导致的信号失真,从而还原输入信号。大多数的应用都关注输入信息,并且通过掌握接收系统的冲激函数可以得到输入信号。时间反转滤波器首先被提出用于声学领域[1,2],并在通信领域中得到广泛应用[3~6]。本章将说明如何使用时间反转滤波器加快完成到达角测量系统的校准。在到达角测量系统中,输入信号的信息用于获取信号的入射角度。本章的内容源于空军研究实验室 David Lin 和 Lihyeh Liou 博士[7]以及田纳西理工大学 Robert Qiu 博士的合作项目。这里特别感谢 Liou 博士仔细审阅并帮助修订本章。

由于在实验室环境中很难产生冲激函数,线性调频信号可以作为一种替代来确定冲激响应。然后,时间反转滤波器可基于冲激响应来确定,并用于得到输入信号。本章深入研究了线性调频信号对所得时间反转滤波器性能的影响,还讨论了分数时延(延迟时间小于采样周期)的概念,这个概念对到达角测量系统的校准是非常重要的。

16.2 在到达角测量中的应用

图 16.1 显示了一个到达角测量系统,它由两个天线和两部接收机组成。如果这两个天线和接收机具有相同的冲激响应,比较两路输出就可以得到精确的到达角结果。如果两路系统的冲激响应不一样,就必须对这两路系统进行校准。常规的计算方法将连续波(CW)信号作为输入。测量两路系统间的幅度差和相位差,它们是输入频率的函数。良好的校准需要多个输入频率。校准过程比较复杂,并且会生成一张庞大的校准表。

在图 16.1 中,如果可以根据两个接收机的输出信号确定其输入信号,就能使用比幅法和比相法测量到达角,因为在此时的计算中不包括接收机的冲激函数。接收机输入和输出信号的关系如下:

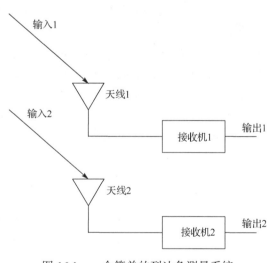

图 16.1 一个简单的到达角测量系统

$$y(t) = x(t) \circledast h(t), \quad Y(f) = X(f)H(f) \tag{16.1}$$

其中，$x(t)$ 和 $X(f)$ 分别表示在时域和频域中的输入信号，$y(t)$ 和 $Y(f)$ 分别表示在时域和频域中的输出信号，$h(t)$ 和 $H(f)$ 分别表示在时域和频域中的冲激响应，$\circledast$ 表示卷积运算。一旦测得接收机的输出，就可以获得其输入为

$$x(t) = y(t) \circledast h'(t), \quad h'(t) = F^{-1}\left\{\frac{H(f)^*}{|H(f)|^2}\right\} \tag{16.2}$$

其中，*号表示复共轭。由于接收系统的冲激响应没有使输入信号失真，所以这些输入信号可以用于获得到达角信息。函数 $h'(t)$ 被定义为函数 $h(t)$ 的时间反转函数。

16.3 冲激响应的测量

冲激响应的定义是冲激作为输入时的系统输出。然而，在真实的实验室测试中，很难产生冲激函数。例如，如果采样频率为 2.56 GHz，则相应的采样时间约为 0.39 ns，因此必须产生一个脉宽小于 0.39 ns 的脉冲。即使能够产生该脉冲，脉冲能量也会受限，通常难以产生有意义的系统输出。

为了克服这个困难，通常使用线性调频信号代替冲激函数。基本的思路是，冲激函数的带宽是无限的，而线性调频信号也可以覆盖大的带宽，因此线性调频信号可以较好地成为冲激函数的替代者。除此之外，当线性调频信号 $x(t)$ 的带宽很大时，它可以满足以下关系[7]：

$$\delta(t) \cong x(-t) \circledast x(t) \tag{16.3}$$

其中，$\delta(t)$ 表示冲激函数，$x(-t)$ 表示 $x(t)$ 的时间反转形式。当输入信号为线性调频信号时，系统输出可以写成式(16.1)。基于式(16.1)和式(16.3)，可导出以下公式：

$$x(-t) \circledast y(t) = x(-t) \circledast x(t) \circledast h(t) \cong \delta(t) \circledast h(t) \cong h(t)$$

或

$$x(t) \circledast y(-t) = x(t) \circledast x(-t) \circledast h(-t) \cong \delta(t) \circledast h(-t) \cong h(-t) \tag{16.4}$$

根据式(16.4)，可以确定系统的冲激响应：

1. 将输入和输出信号数字化，分别得到 $x(n)$ 和 $y(n)$。输入为正斜率线性调频信号，其频率范围覆盖整个系统带宽。
2. 通过快速傅里叶变换(FFT)将 $x(n)$ 和 $y(n)$ 变换到频域，所得结果为 $X(k)$ 和 $Y(k)$。
3. 将 $X(k)$ 与 $Y(k)$ 的复共轭相乘，或者将 $Y(k)$ 与 $X(k)$ 的复共轭相乘。注意，$Y(k)$ 的复共轭是由 $y(-t)$ 的 FFT 得到的，而 $X(k)$ 的复共轭是由 $x(-t)$ 的 FFT 得到的。
4. 将上述的结果进行傅里叶逆变换，得到所需的结果。

这些运算可以表示为

$$H(k) = Y(k)X'(k) \rightarrow H'(k) = Y'(k)X(k)$$

$$h(n) = \sum_{n=0}^{N-1} H(k) e^{\frac{j2\pi kn}{N}} \tag{16.5}$$

图 16.2 显示了从冲激信号和线性调频信号得到的结果。该系统任意选择了一个输入频率范围为 141~1140 MHz 的四抽头巴特沃思滤波器。由于采样频率为 2.56 GHz，所以奈奎斯特输入频

率范围为 0~1280 MHz。在该仿真中，使用了 256 个点的输入数据。图 16.2 显示了全部输出，而图 16.3 只显示了前 50 个输出采样。预计在时间反转滤波器的设计中所用抽头数小于 50。冲激信号的幅度为 1，调频频率在 0~1280 MHz 范围内变化，此频率范围是采样频率的一半。

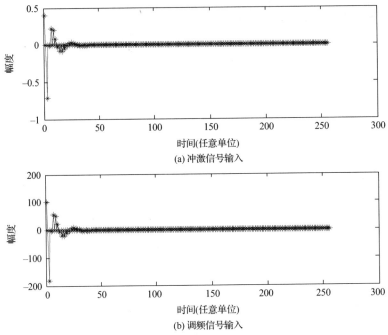

图 16.2　四抽头巴特沃思滤波器的冲激响应

尽管图 16.2 和图 16.3 各自的两幅图看起来很像，但它们在幅度上具有不同的刻度。下一节评估利用线性调频信号模拟冲激信号的质量。

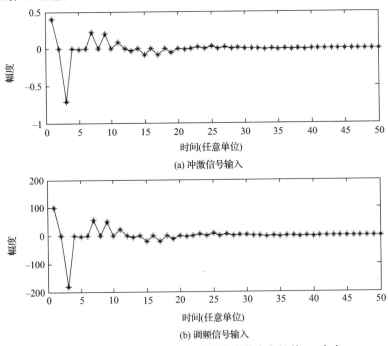

图 16.3　四抽头巴特沃思滤波器的冲激响应的前 50 个点

16.4 线性调频信号产生的冲激响应的质量

如果将冲激输入产生的冲激响应视为理想情况,则可将线性调频信号产生的冲激响应与其进行对比。然后,两者的差值作为一个参数,用来判定线性调频信号产生的冲激响应与理想情况的相似程度。图 16.2 中两张图的 y 轴刻度不同,必须使它们具有可比性。一种实现可比性的方法是找到图 16.3(a) 和图 16.3(b) 中各自输出冲激响应的最大值,并计算二者的比值 (R)。将该比值与冲激输入产生的输出[见图 16.3(a)]相乘,结果如图 16.4 所示,与线性调频信号产生的结果[见图 16.3(b)]是相似的。

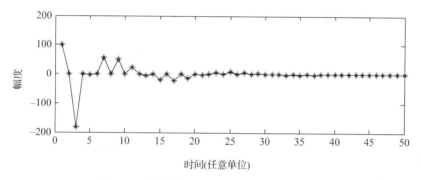

图 16.4 冲激输入时按比例放大的冲激响应

比较图 16.3(b) 和图 16.4 之间相似度的判据是两图中对应每点间的差值 Δh。在该例中有 30 个点的 Δh,这 30 个点是从图 16.3 中得到的。在时间反转滤波器的设计中,使用尽量少的抽头是有必要的,这样可以减少运算负担。将 Δh^2 的求和结果记为误差数据。将图 16.4 用作参考输出,因为它是由冲激输入产生的响应。将该图中的数据进行平方求和,并记为总值。误差数据与总值的比值称为相对误差。

使用相对误差是为了显示误差的百分比,而不是绝对值。这些运算可用下列各式表示:

$$\Delta h(n) = h_i(n) - h_c(n), \quad E = \sum_{n=1}^{30} \Delta h(n)^2$$
$$T_v = \sum_{n=1}^{30} h_i(n)^2, \quad E_r = \frac{E}{T_v} \tag{16.6}$$

其中,h_i 和 h_c 分别表示冲激输入和线性调频输入产生的冲激响应,E 表示误差数据,T_v 表示总值,而 E_r 表示相对误差。

16.5 输入数据长度的影响

在 16.3 节中,使用 256 点输入数据进行仿真,其结果显示在图 16.2 至图 16.4 中。需要关注的是数据长度对相对误差的影响。由于采样率为 2.56 GHz,所以要产生一个在 100 ns 内频率从零变化至 1280 MHz 的线性调频信号,只能获得 256 点数据。凭直觉,数据点不够,因为调频速率很快或者脉宽较窄。当脉宽增加而频率范围仍为 0~1280 MHz 时,调频速率降低。将相对误差作为度量参数,结果如图 16.5 所示。图中,脉宽从 0.1 μs 变化至 12.8 μs。相对误差从 3.8×10^{-4} 降至 1.1×10^{-12},相差 8 个量级。

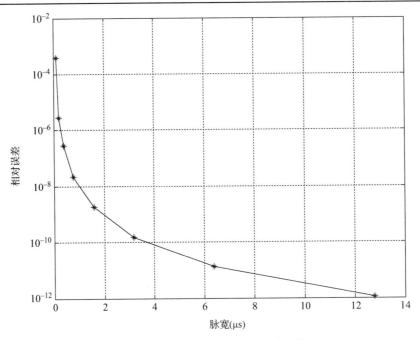

图 16.5 相对误差与脉宽的关系曲线

从这个简单的研究可以看出，使用慢速调频信号比快速调频信号能够产生更好的冲激响应。为了研究线性调频信号给冲激响应带来的其他影响，使用脉宽为 6.4 μs 的调频信号(16 384 点数据)。该值是任意选取的，这种情况下的相对误差为 1.3×10^{-11}。

16.6　输入调频信号对冲激响应的影响

本节将研究调频信号对确定冲激响应的影响。该研究中的输入信号不含噪声。16.3 节定义的相对误差将用作度量参数。研究线性调频信号的两个参数，第一个是线性调频信号的初始相位，第二个是频率范围。

当信号频率范围为 0~1280 MHz，输入信号的初始相位，即式(13.1)中的 ϕ_0 从零变化至 π rad 时，得到的相对误差如图 16.6 所示，大约从 6.6×10^{-8} 变化至 1.3×10^{-11}。尽管变化范围有 3 个量级，但是最大的相对误差仍小于 10^{-7}。因此，初始相位变化所贡献的误差可以忽略不计。除此之外，在实际实验过程中，可能难以控制输入信号的初始相位。

研究线性调频信号的带宽带来的影响是很重要的。从理论上讲，时域的冲激输入应当覆盖整个奈奎斯特带宽。换言之，当输入信号覆盖整个奈奎斯特带宽时，它可以大致表示时域的冲激函数。但是，在实际测量中产生的信号可能无法覆盖整个奈奎斯特带宽。因此，这里将研究输入信号的带宽所带来的影响。假设线性调频信号应至少覆盖 1000 MHz 带宽内的全部所需频率。当输入信号的初始相位为 π/2 rad (即图 16.6 所示的最佳初始相位情况)时，线性调频信号带宽与相对误差之间的关系如图 16.7 所示。当输入带宽为 1000 MHz (141~1140 MHz)时，相对误差为 1.9×10^{-5}，而当输入带宽增加至 1280 MHz (0~1280 MHz)时，相对误差则减少至约 1.3×10^{-11}，提高了接近 6 个量级。从这个仿真可以看出，为了产生正确的冲激函数，输入信号带宽应该超过设计的频率范围。冲激函数的频谱是平坦的，具有无限带宽。因此，与较窄带宽的线性调频信号相比，更大带宽的线性调频信号产生的系统响应将更接近冲激响应。

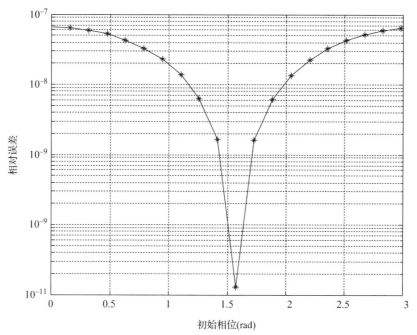

图 16.6　相对误差与线性调频信号初始相位的关系曲线

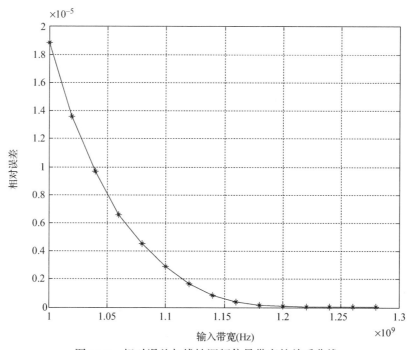

图 16.7　相对误差与线性调频信号带宽的关系曲线

当输入信号的初始相位为 0（即图 16.6 所示的最差初始相位情况），带宽为 1000 MHz 时，相对误差仍然约为 1.9×10^{-5}，但是当带宽增加至 1280 MHz 时，相对误差约为 6.6×10^{-8}。该结果进一步说明了输入信号初始相位和带宽给相对误差带来的影响。

16.7 从输出信号恢复输入信号

该研究的目的是弄清楚能否利用时间反转滤波器从输出信号恢复输入信号。一旦得到冲激函数 h，就可以通过式(16.2)根据输出来确定输入。从理论上讲，根据通过时间反转滤波器的输出信号是可以获取输入信号的。本节和下一节将通过仿真研究这一结论。

当输入信号通过一个滤波器及其时间反转滤波器时，输出信号存在暂态效应，而输入信号不包含由滤波器引入的暂态效应。即使忽略输入和输出信号的前沿，仍然难以比较输入信号与时间反转滤波器的输出。因此，在估计时间反转滤波器时，需要利用一种不同的方法来减轻滤波器的暂态效应。为了克服这个困难，需要使用图16.8所示的两个滤波器。在该图中，输入信号被分成两个并行支路，然后进入两个接收滤波器。这两个滤波器具有不同的响应，即 h_{11} 和 h_{12}。两个滤波器的输出也是不一样的，分别记为输出11和输出12。该仿真是为了得到时间反转滤波器 h_{21} 和 h_{22} 的各自输出，分别记为输出21和输出22，并对两者进行比较。如果这两个时间反转滤波器的作用与预期的一致，则输出21和输出22应该是大致相同的。由于两个滤波器的输出都具有与之相关的暂态效应，所以可以正常地比较两个结果。

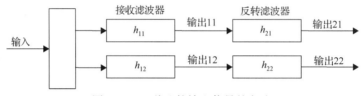

图 16.8 一种比较输入信号的方法

这种利用两个不同滤波器的方法可以用于模拟实际情况。通常，为了获取到达角，应使用多个天线和接收机。为简单起见，把天线和接收机的组合称为接收单元。假设所有的接收单元在设计的工作频率范围内是相同的。然而，在现实中这些接收单元会有所不同，而时间反转滤波器可用于产生更好的匹配输入。这些输入可用于获取到达角。

为了仿真研究，将两个滤波器任意选取为一个四抽头巴特沃思滤波器和一个七抽头椭圆滤波器。为了使滤波器的边缘效应最小化，滤波器通带选为 121~1160 MHz，比设计的范围 141~1140 MHz 宽了 40 MHz，采样频率保持为 2560 MHz，且滤波器的冲激响应是由频率变化范围为 0~1280 MHz 且初始相位为 $\pi/2$ rad 的线性调频信号得到的。在这种情况下，如 16.6节所述，产生的冲激响应与在时域中由冲激信号得到的结果是相近的。

16.8 恢复信号的结果

在下面的研究中，输入信号为频率固定且初始相位随机的正弦波。首先，下面的两个图分别显示了两个特定频率的结果。图16.9显示了频率为 141 MHz(输入信号的频率下限)的输入信号的输出。图中，第76点至第100点输出数据是任意选取的，目的是为了避开滤波器输出起始阶段的暂态效应。图16.9(a)显示了接收滤波器 h_{11} 和 h_{12} 的输出，即图16.8中的输出11和输出12。这两个信号是不匹配的。图16.9(b)显示了反转滤波器的输出，即图16.8中的输出21和输出22，这两个信号比较匹配。上述结果表明反转滤波器确实纠正了不同的输出，使其更好地匹配。

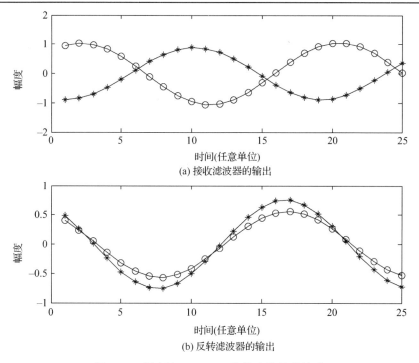

(a) 接收滤波器的输出

(b) 反转滤波器的输出

图 16.9 频率为 141 MHz 的输入信号的输出

图 16.10 显示了频率为 640 MHz 的输入信号的输出,而 640 MHz 为输入带宽的中心频率。图 16.10(a) 表明两个接收滤波器输出的信号非常匹配。图 16.10(b) 显示了反转滤波器的输出结果,比图 16.10(a) 的结果稍差。因此,在该特定频率上,反转滤波器会使输出稍微变差。

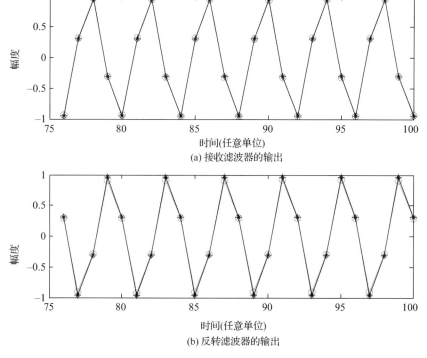

(a) 接收滤波器的输出

(b) 反转滤波器的输出

图 16.10 频率为 640 MHz 的输入信号的输出

需要关注的是在输入频带内评估反转滤波器的效果，其判据与 16.4 节所讨论的相似。在该研究中，任意选取四抽头巴特沃思滤波器作为参考滤波器。获取输出响应之间的差值，并对该差值进行平方求和，结果记为 E_f。巴特沃思滤波器的响应输出也进行平方求和，结果记为 T_B。相对误差 E_B 定义为 E_f 除以 T_B。

上述运算如下式所示：

$$\Delta x(n) = x_1(n) - x_2(n), \quad E_f = \sum_{n=76}^{256} \Delta x(n)^2$$

$$T_B = \sum_{n=76}^{256} x_1(n)^2, \quad E_B = \frac{E_f}{T_B} \tag{16.7}$$

这些等式与式(16.6)几乎相同，唯一的区别是输入数据来自滤波器的输出。为了避开边缘的暂态效应，用于对比的数据选取为第 76 个至第 256 个点。为了减少与式(16.6)的混淆，式(16.7)使用了新的符号。滤波器输出 $x_1(n)$ 可以表示接收滤波器的输出，或巴特沃思滤波器路径的反转滤波器输出。$x_2(n)$ 可以表示椭圆滤波器的输出，或其后反转滤波器的输出。

在该仿真研究中，输入频率在 141~1140 MHz 之间变化，初始相位是随机的。输入频率的变化步长为 1 MHz。对每个输入频率计算相对误差，其结果如图 16.11 所示。

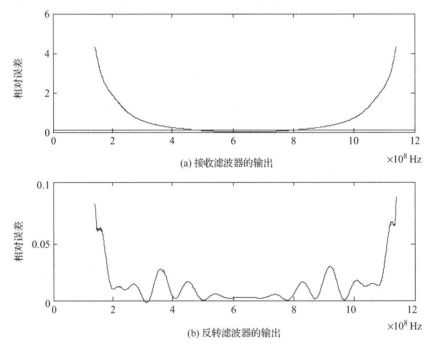

图 16.11　相对误差与输入频率的关系曲线

图 16.11(a)显示了接收滤波器输出的结果，所得相对误差很大，只有滤波器频带中心的误差较小。图 16.11(b)显示了反转滤波器输出的结果，所有相对误差均小于 0.1。在图 16.11(a)中绘制一条值为 0.1 的水平线，以匹配图 16.11(b)的最大刻度。当输入频率约为 500~800 MHz 时，图 16.11(a)中的相对误差小于 0.1。

从这些仿真可以看出，当信号通过不同的滤波器时，输出结果是不一样的，但是在通过反转滤波器之后，输出信号与输入信号匹配得更好。对于到达角测量系统来说，应比较各天线处的相位和幅度；然而，测量数据却是在接收机的输出端得到的。两个信道间的失配将导致到达角误差。经过反转滤波器之后，输入信号可以得到更好的匹配。

16.9 分数时延[8,9]

从理论上讲，如果在图 16.8 所示到达角测量系统的一个信道上增加恒定的延迟 τ，以使两路输出的相位匹配，则可从该延迟时间 τ 得到到达角。这种测量方法与频率无关，因此它是一种适用于宽带的方法。如果引入可调节的模拟延迟线，这种方法似乎很有希望提供正确的结果。然而，可调节的模拟延迟器件很难制造。幸运的是，可以利用数字方法获得相似的结果。

由于输入信号的数字化处理以采样时间 t_s 为单位，为了简单直观，可以以采样时间的倍数表示延迟时间 τ。更需要关注的是，延迟时间能否在某种程度上以连续的方式变化且小于 t_s。如果延迟时间 τ 小于 t_s，则称该延迟时间 τ 为分数时延(fractional time delay)。下面的讨论是以 Laakso 等人所著的参考文献[8]为基础的。

下面讨论的目的是从原始信号 $x(t)$ 得到 $x(t-\tau)$。信号 $x(t)$ 在时间上延迟 τ 后的傅里叶变换可写成

$$\int_{-\infty}^{\infty} x(t-\tau) e^{-j2\pi ft} dt = e^{-j2\pi f\tau} X(f) \equiv H_d(f) X(f)$$

其中，

$$H_d(f) = e^{-j2\pi f\tau} \tag{16.8}$$

时域延迟信号 $x(t-\tau)$ 可写成 $h_d(t)$ 和 $x(t)$ 在时域的卷积，即

$$x(t-\tau) = h_d(t) \circledast x(t)$$

其中，

$$\begin{aligned} h_d(t) &= \int_{-B/2}^{B/2} e^{-j2\pi f\tau} e^{j2\pi ft} df = \left. \frac{e^{j2\pi f(t-\tau)}}{j2\pi(t-\tau)} \right|_{-B/2}^{B/2} \\ &= \frac{2j\sin(\pi B(t-\tau))}{j2\pi(t-\tau)} = B\sin c(2\pi B(t-\tau)) \end{aligned} \tag{16.9}$$

其中，B 表示系统带宽，h_d 表示包含延迟时间的传递函数。从该式可以看出 sinc 函数与输入信号卷积可产生所需的时移。sinc 函数如图 16.12 所示。图中，圆圈表示无延迟的 sinc 函数，方块表示有延迟的 sinc 函数。如果无延迟，则在 $x=0$ 处的 sinc 函数为 1，且其余处的 sinc 函数均为零。如果有延迟，则 sinc 函数有很多非零值。

考虑图 16.8 所示的双信道系统。如果反转滤波器正常工作且输入信号同时到达两部接收机，那么输出 21 和输出 22 应当是相同的。如果由于入射方向不平行于两天线连线的法线方向，信号在不同时间到达接收机，那么输出 21 输出 22 将不相同。如果在其中一个信道中加入适当的延迟，使输出 21 和输出 22 相等，那么可利用该延迟来计算到达角。

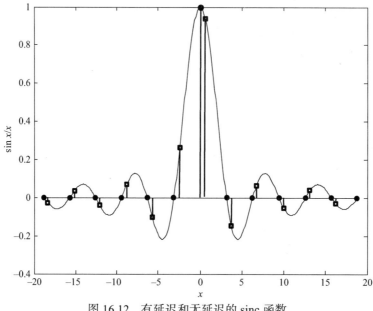

图 16.12 有延迟和无延迟的 sinc 函数

16.10 相位调整

在接收机系统中，输入信号在数字化之前通常在频率上被变换到期望的带宽内。例如，如果关注的频率范围为 2~18 GHz，而基带接收机的带宽为 2~3 GHz，那么输入信号在数字化之前必须被变换到基带内。如果输入信号在数字化前是通过下变频处理得到的，就必须把本振（Local Oscillator，LO）考虑在内。引起相移的因子有两个：延迟 τ 和相移 $\omega_0\tau$，其中 ω_0 表示本振的角频率，延迟 τ 用于确定到达角。这两个值包含在数字化的数据里。如果输入信号为正弦函数，则可以写成 $x(t)=\cos(2\pi f t)$，而延迟值可由式 (16.9) 通过 $h(t)$ 的卷积得到。

如果相位角 $2\pi f_0\tau$ 包含在输入信号里，则得到的结果为

$$\cos(2\pi f(t-\tau)+2\pi f_0\tau)=\cos(2\pi f(t-\tau))\cos(2\pi f_0\tau)-\sin(2\pi f(t-\tau))\sin(2\pi f_0\tau) \quad (16.10)$$

其中，f_0 表示混频器频率。整个运算过程可分为以下 3 个步骤。

1. 如 16.9 节所述，通过将 $\cos(2\pi f t)$ 与滤波器传递函数 $h(t)$ 卷积得到 $\cos(2\pi f(t-\tau))$。
2. 通过 6.8 节和 6.9 节所述的希尔伯特变换，对于 $\cos(2\pi f(t-\tau))$，引入一个 90°的相移，得到 $\sin(2\pi f(t-\tau))$。
3. 通过式 (16.10) 的运算得到所需的结果。

以上这些运算较为复杂且耗时。特别是在卷积之后，得到的输出必须用于产生一个 90°相移的信号。下一节将给出一种简化的方法。

16.11 引入相位角的另一种方法[10]

美国空军研究实验室（AFRL）的 David Lin 给出了简化 16.10 节所述运算的建议。目标如下：

1. 省去正交（90°相移）信号的产生（节省电路、所需的额外处理和响应时间）；

2. 根据一组观测数据生成一个包含冲激滤波器信息的表，以减少收集和平均多组数据所需的处理时间；
3. 处理过程与输入频率无关。该表将是到达角和输入频带的函数，而输入频带与本振频率 f_o 相关。

这个表的大小取决于接收机的数量、接收机带宽、总输入带宽和到达角分辨率。假定接收机系统的输入带宽为 1~18 GHz，每个接收机的瞬时带宽为 1000 MHz，到达角的覆盖范围为 -60°~60°，分辨率为 1°。同时假设有 16 个等间距的天线和接收机组合，因此滤波器的总数为 32 912，即 17×121×16。为了观察某一特定方向，只需用到 17 个冲激滤波器。这 17 个滤波器是基于输入带宽和输入到达角进行选择的。

图 16.13 显示了一个只有两路信道的系统，每路包含了一副天线和一部接收机。为了简化讨论，将其分别称为信道 1 和信道 2。有两种方法可以校准系统。第一种方法可以视为直接法。在该方法中，输入到达角被改变，并在每个到达角上采集两组输出数据。正如 16.3 节所述，输入是覆盖整个 1000 MHz 频率范围的线性调频信号。这两个输入在图 16.13 中被分别标记为输入 1 和输入 2，数字化后的数据被分别标记为输出 1 和输出 2。这些数据分别与本振信号数据 $x_{o1}(n)$ 和 $x_{o2}(n)$ 卷积。如果来自接收机的两信道输入数据是根据不同的到达角得到的，那么两个本振信号相同并使用 $x_o(n)$ 表示。尽管这种方法的原理简单，但是数据采集过程比较耗时。此类实验通常在暗室中进行，并且必须采集很多组数据。如果有 16 路接收机，且有 121 组到达角输入数据以 1° 的分辨率来覆盖 -60°~60° 范围，则采集的总数据组数为 1936，即 16×121。Lin 的方法只需在视轴方向上测量 16 组数据。在该方案中，数据通常更容易采集，并且信号同时到达所有的接收机。其他到达角的剩余数据组则可以通过分析得到。其思路是人为地在本振信号 $x_{o1}(n)$ 和 $x_{o2}(n)$ 中引入延迟。在使用这种方法时，两组输入数据相同，在视轴方向上使用 $x(n)$ 表示，而两个本振信号不同。

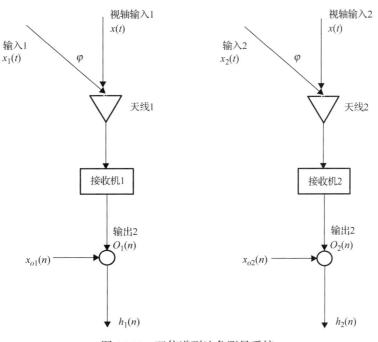

图 16.13 双信道到达角测量系统

在对上述方法做进一步讨论之前，阐明几个概念是很重要的。首先，假设两个输入 $x(n)$ 来自视轴方向，且得到的两个冲激响应分别是 $h_1(n)$ 和 $h_2(n)$。现在，改变来自某特定到达角的两个输入，分别记为 $x_1(n)$ 和 $x_2(n)$。如果将信道 1 用作参考信道，则得到的两个冲激函数分别为 $h_{1\varphi}(n)$ 和 $h_{2\varphi}(n)$，其中 φ 表示输入到达角。在此条件下，$h_1(n) = h_{1\varphi}(n)$。由于信道 1 用作参考，所以与自身相比没有延迟，并且其冲激响应也没有变化。然而，$h_2(n) \neq h_{2\varphi}(n)$，因为与信道 1 相比，信道 2 存在延迟。

一个重要的步骤是，证明延迟时间可以在本振信号中引入，而无须从输入信号中获取。下一节将对此证明。由于 $h_1(n)$ 与输入到达角无关，所以将只针对第二个信道进行证明。

16.12 将延迟从输入信号转换至本振信号

首先，定义基带上的线性调频信号为

$$\cos(2\pi f(n\Delta t)) = \cos(2\pi f_{\text{start}} \cdot n\Delta t + \pi \alpha \cdot (n\Delta t)^2) = \cos(2\pi k_d n + \pi a n^2)$$

其中，

$$f(n\Delta t) = f_{\text{start}} \cdot n\Delta t + \frac{1}{2}\alpha \cdot (n\Delta t)^2, \quad k_d = f_{\text{start}} \cdot \Delta t, \quad a = \alpha \cdot \Delta t^2 \quad (16.11)$$

变量 f_{start} 表示基带线性调频信号的起始频率，a 与输入信号的调频速率有关。

在特定到达角上存在输入信号时，所得数字化输出为 $O_{2\varphi}(n)$，本振信号为 $x_o(n)$，即

$$O_{2\varphi}(n) = \cos\left(2\pi k_d(n-\tau) + \pi a(n-\tau)^2\right) \circledast h_2(n) = \cos\left(\pi a(n-\tau)^2\right) \circledast h_2(n)$$

$$x_o(n) = \cos\left(2\pi k_d(N-n) + \pi a(N-n)^2\right) = \cos\left(\pi a(N-n)^2\right) \quad (16.12)$$

$$h_{2\varphi}(n) = O_{2\varphi}(n) \circledast x_o(n)$$

其中，τ 表示信道 1 和信道 2 之间的延迟时间，a 与输入信号的调频速率有关，$h_2(n)$ 表示从视轴方向输入时信道 2 的冲激函数，N 表示处理的总数据长度，k_d 与基带线性调频信号的起始频率有关。由于基带线性调频信号的起始频率 f_{start} 非常接近于零，所以上式采用了关系式 $k_d = 0$。

如果在本振信号中引入延迟时间 τ，那么得到的结果为

$$O_2(n) = \cos(\pi a n^2) \circledast h_2(n)$$

$$x_{o2}(n) = \cos\left(\pi a(N-(n-\tau))^2\right) \quad (16.13)$$

$$h_{2\varphi}(n) = O_2(n) \circledast x_{o2}(n)$$

该方法是为了证明从式 (16.12) 和式 (16.13) 得到的 $h_{2\varphi}(n)$ 结果是一样的，或简单地表示为

$$\cos\left(\pi a(n-\tau)^2\right) \circledast \cos\left(\pi a(N-n)^2\right) = \cos(\pi a n^2) \circledast \cos\left(\pi a(N-(n-\tau))^2\right) \quad (16.14)$$

该方程的频域形式可写为

$$F_1(k) = \sum_{n=0}^{N-1} \cos\left(\pi a(n-\tau)^2\right) e^{-\frac{j2\pi nk}{N}} = \frac{1}{2}\sum_{n=0}^{N-1}\left(e^{j(\pi a(n-\tau)^2)} + e^{j-(\pi a(n-\tau)^2)}\right) e^{-\frac{j2\pi nk}{N}} = G_1(k) + G_2(k)$$

$$F_2(k) = \sum_{n=0}^{N-1} \cos(\pi a n^2) e^{-\frac{j2\pi nk}{N}} = \frac{1}{2}\sum_{n=0}^{N-1}\left(e^{j(\pi a n^2)} + e^{-j(\pi a n^2)}\right) e^{-\frac{j2\pi nk}{N}} = K_1(k) + K_2(k)$$

其中

$$G_1(k) \equiv \frac{1}{2}\sum_{n=0}^{N-1}e^{j(\pi a(n-\tau)^2)}e^{-\frac{j2\pi nk}{N}}, \quad G_2(k) \equiv \frac{1}{2}\sum_{n=0}^{N-1}e^{-j(\pi a(n-\tau)^2)}e^{-\frac{j2\pi nk}{N}}$$
$$K_1(k) \equiv \frac{1}{2}\sum_{n=0}^{N-1}e^{j(\pi an^2)}e^{-\frac{j2\pi nk}{N}}, \quad K_2(k) \equiv \frac{1}{2}\sum_{n=0}^{N-1}e^{-j(\pi an^2)}e^{-\frac{j2\pi nk}{N}}$$
(16.15)

根据傅里叶变换的时移性质，可得

$$G_1(k) = K_1(k)e^{-j2\pi k\tau}, \quad G_2(k) = K_2(k)e^{-j2\pi k\tau}$$

根据这些定义，式(16.14)的左侧可以写为

$$\cos\left(\pi a(n-\tau)^2\right) \circledast \cos\left(\pi a(N-n)^2\right) \Rightarrow (G_1(k)+G_2(k))(K_1(k)+K_2(k))^*$$
$$= G_1(k)K_1^*(k) + G_1(k)K_2^*(k) + G_2(k)K_1^*(k) + G_2(k)K_2^*(k) \quad (16.16)$$
$$= K_1(k)K_1^*(k)e^{-j2\pi k\tau} + K_1(k)K_2^*(k)e^{-j2\pi k\tau} + K_2(k)K_1^*(k)e^{-j2\pi k\tau} + K_2(k)K_2^*(k)e^{-j2\pi k\tau}$$

式(16.14)的右侧可以写为

$$\cos(\pi an^2) \circledast \cos\left(\pi a(N-(n-\tau))^2\right) \Rightarrow (K_1(k)+K_2(k))\left(K_1^*(k)e^{-2\pi k\tau}+K_2^*(k)e^{-2\pi k\tau}\right)$$
(16.17)
$$= K_1(k)K_1^*(k)e^{-j2\pi k\tau} + K_1(k)K_2^*(k)e^{-j2\pi k\tau} + K_2(k)K_1^*(k)e^{-j2\pi k\tau} + K_2(k)K_2^*(k)e^{-j2\pi k\tau}$$

由于式(16.16)和式(16.17)的结果相同，所以式(16.14)得证。

16.13 从一组输入测量值产生输入数据

通过在本振信号中插入不同的 τ 值，根据式(16.13)可得到第二个信道的冲激响应 $h_{2\varphi}(n)$。从式(16.13)可以得出一种改进的方法，写为

$$h_{2\varphi}(n) = O_2(n) \circledast x_{o2}(n) = \cos(\pi an^2) \circledast h_2(n) \circledast \cos\left(\pi a(N-(n-\tau))^2\right) \quad (16.18)$$

上式中的最后一项包含延迟时间，该项可以通过 $x_o(n)$ 与式(16.9)所示 sinc 函数的卷积得到。因此，所需的冲激函数 h_φ 可以根据视轴方向的冲激响应 h_2 获得。冲激函数 $h_{2\varphi}$ 可以用于与输入信号卷积，以确定到达角。如果需要校准表，则可以通过频域计算得到冲激函数 $h_{2\varphi}$。

16.14 小结

本章介绍了时间反转滤波器的概念。这种方法可以在实验室环境下用于校准工作。通过利用产生的特殊信号，可以从天线接收系统的数字化输出生成实验数据。这些数据可用于获得时间反转滤波器的抽头。同时，还给出了影响时间反转滤波器性能的输入条件。最后，举例说明了一个信号通过几种不同的信号路径可以恢复至其输入状态。换言之，可以减少不同信道间的系统不平衡。由于时间反转滤波器是根据系统的冲激响应得到的，所以它可以覆盖较宽的频率范围。

如果接收机中存在频率变换，问题就会变得相当复杂。对宽带系统来说，延迟时间引起相移，而相移与用于变频处理的本振频率有关。该相移可以加在用于与输入信号卷积的本振信号上。利用这种方法，只需要一组输入数据就可以产生不同输入到达角的所有冲激函数。由于该方法适用于宽带，所以结果与频率无关。时域和频域都可以用于产生冲激函数。

结论表明，时间反转滤波器的概念适用于到达角的测量，可以消除由不同信道间的特征失配导致的差异。最吸引人的特性是，线性调频输入信号可以用于获得覆盖宽输入带宽的反转滤波器。以往的传统校准方法是在不同的输入频率处采集数据，并在频域内补偿差值。为了更好地补偿输入频带内的差值，测量中需要较高的频率分辨率，这一过程比较耗费时间。由此看来，在时域中采用时间反转滤波器是一种更简单的方法。

参考文献

[1] Kuperman WA, Hodgkiss WS, Song HC, Akal T, Ferla C, Jackson D. 'Phase conjugation in the ocean: experimental demonstration of an acoustic time-reversal mirror'. *Journal of the Acoustical Society of America* 1998; **103**(1): 25–40.

[2] Fink M. 'Time-reversed acoustics'. *Scientific American* 1999; **281**(5): 91–97.

[3] Edelmann GF, Akal T, Hodgkiss WS, Kim S, Kuperman WA, Song HC. 'An initial demonstration of underwater acoustic communication using time reversal'. *IEEE Journal of Oceanic Engineering* 2002; **27**(3): 602–609.

[4] Yang TC. 'Temporal resolutions of time-reversal and passive-phase conjugation for underwater acoustic communications'. *IEEE Journal of Oceanic Engineering* 2003; **28**(2): 229–245.

[5] Higley WJ, Roux P, Kuperman WA. 'Relationship between time reversal and linear equalization in digital communications'. *Journal of the Acoustical Society of America* 2006; **120**(35): 35–37.

[6] Qiu RC, Zhou C, Guo N, Zhang JQ. 'Time reversal with MISO for ultrawideband communications: experimental results'. *IEEE Antennas and Wireless Propagation Letters* 2006; **5**(1): 269–273.

[7] Liou LL, Lin DM, Longbrake M, Buxa P, McCann J, Dalrymple T, Tsui JB, Qiu R, Hu Z, Guo N. 'Digital wideband phased array calibration and beamforming using time reversal technique'. *Proceedings of 2010 IEEE International Symposium on Phased Array Systems and Technology (ARRAY)*. New York: IEEE; 2010: 261–266.

[8] Laakso TI, Valimaki V, Karjalainen M, Laine UK. 'Splitting the unit delay [FIR/all pass filters design]'. *IEEE Signal Processing Magazine* 1996; **13**(1): 30–60.

[9] Liou L, Lin D. Air Force Research Laboratory. Private discussions.

[10] Lin D. Air Force Research Laboratory. Private discussions.

第 17 章 多帧长 FFT 电子战接收机

17.1 引言

基于快速傅里叶变换(FFT)的电子战接收机的性能取决于 FFT 的长度。使用较多点数 FFT 的电子战接收机具有更高的灵敏度和更好的频率分辨率[1]。但是,这种接收机在时域中的分辨率较差,因此测得信号的时域特征,例如到达时间(TOA)和脉宽,在准确度方面较差。对持续时间较短的信号来说,尤其如此。另一方面,使用短帧长 FFT 的电子战接收机能够更好地测量信号的脉宽和到达时间,但是可能漏检弱的长信号,且频率分辨率较低。解决该问题的一种方法是制造一部具有多帧长 FFT 的电子战接收机,基于不同帧长 FFT 运算所得的输出结果来测量信号的特征。不过,将使用不同帧长 FFT 得到的对信号特征的估计进行融合,并不是轻而易举的事,而本章正致力于完成该任务。本章给出了电子战接收机中基于多帧长 FFT 的编码算法。在本章中给出的资料来自作者早期的研究成果[2]。

17.2 电子战接收机示意图

我们将使用一个例子来解释说明使用多帧长 FFT 的电子战接收机的设计思路。基于多帧长 FFT 的电子战接收机的示意图如图 17.1 所示。在数字化之前,使用放大器以使信号幅度的范围与模数转换器(ADC)的工作范围相匹配。数字化数据在进行相应的 FFT 运算之前,先与 64 点、256 点或 1024 点 Blackman 窗相乘。三个 FFT 的输出结果送给产生脉冲描述字(PDW)的三个编码器,脉冲描述字由载频、功率、脉宽和到达时间组成。这里的研究不考虑到达角。由这三个编码器产生的三个脉冲描述字,通过一个脉冲描述字合并器合并成一个脉冲描述字。该研究使用的仿真设定如下:模数转换器采样频率为 1.33 GHz,模数转换器的位数为 10,放大器的增益为 12 dB,放大器的噪声系数为 10 dB,FFT 帧长为 64 点、256 点或 1024 点。注意,本章给出的仿真主要关注对多个编码器结果的合并,而放大器和模数转换器的特性并不是关键。

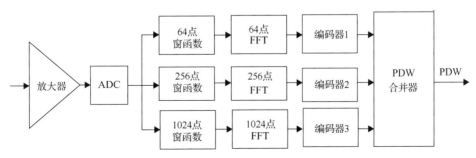

图 17.1 多帧长 FFT 电子战接收机示意图

最小的 FFT 帧长（64 点）由电子战接收机对可检测信号的最小脉宽要求来决定。这里所考虑的电子战接收机对信号的最小脉宽要求为 150 ns。为了避免"兔耳效应"（rabbit-ear effects）[3,4]，需要在至少相邻三个 FFT 帧的两帧内检测到信号。后面将对该检测准则进行解释。在 1.33 GHz 的采样频率下，64 点 FFT 帧的持续时间为 48.12 ns，因此选择 64 点 FFT 运算。其他的 FFT 帧长（256 点和 1024 点）则是任意选取的。电子战接收机可能使用更多个 FFT 帧长，但是本章描述的合并脉冲描述字的原则仍然适用。

17.3 编码器说明

编码器产生的信号特征包括：信号的载波、功率、脉宽和到达时间。编码器用一个信号特征缓冲区来存储当前的信号特征；脉冲描述字的产生步骤总结如下。

1. 由 FFT 处理器得到加窗数据的 FFT 运算结果。Blackman 窗的长度为 64 点、256 点或 1024 点。
2. 确定各 FFT 输出结果中最大值的位置。可能存在不止一个最大值。
3. 基于得到的 FFT 输出结果估计最大载频和最大信号功率。
4. 如果最大功率超过阈值，编码器就保存当前信号特征缓冲区中的信号特征（载频、功率和检出信号 FFT 输出的频点编号）。该 FFT 输出的频点编号可用于频率的粗略估计，使用 13.3 节描述的插值法来得到信号的载频。在这里的接收机设计中，FFT 输出的频点编号用于确定信号是否存在，具体使用将在下文描述。

一旦保存了信号特征，就执行下面的步骤。

1. 如果第一次检测到信号，则在信号特征缓冲区中保持其信号特征。
2. 如果在相同的 FFT 输出频点上，或者在前一帧或前前一帧内与该频点相邻的两个频点之一上检测到信号，那么编码器认为该信号存在且仍在出现，该信号的特征将在信号特征缓冲区中更新。
3. 编码器通过对所有"检出帧"内得到的信号载频估计和功率估计分别取平均值，来计算信号的载频和功率。如果存在三个或更多个"检出帧"，则由第一帧和最后一帧得到的功率估计不参与平均计算。当仅存在两个检出帧时，将最后一帧的功率估计用作信号的功率估计，这样做的原因在于容易实现。注意，接收机的设计目标是检测脉宽至少为帧持续时间三倍的信号。当仅存在两个检出帧时，对信号功率的估计可能存在错误。
4. 需要在至少相邻三帧中的两帧内检测到信号，否则认为是虚警，信号的特征将从信号特征缓冲区中删除。"检出帧"之间允许的最多的"未检出帧"为一帧。这就是需要最小脉宽约为 150 ns，即三个窗的长度以确保两帧法检测的原因。
5. 对检出信号来说，在其于连续两帧内丢失之后，编码器认为信号消失并向主程序的脉冲描述字缓冲区输出其脉冲描述字，包括载频、功率、脉宽和到达时间。然后，从信号特征缓冲区中删除该信号的特征。

注意，只有在相邻三帧的至少两帧内检测到信号，才产生脉冲描述字，以避免兔耳效应[3]。当信号没有占满 FFT 帧时，通常在信号的上升沿和下降沿出现"兔耳"，信号能量将扩展到多个频点上。当一个强信号在一个弱信号的中间出现/消失时，在强信号出现/消失的 FFT 帧内，弱信号可能无法被检测到。原因在于来自强信号的能量扩展，而扩展的能量可能引起虚警。因此，由于兔耳效应，接收机可能出现虚警概率增大或漏检其他信号的情况。这里提出的编码方法能够有效地减轻由兔耳效应引起的这些问题。

17.4 脉冲描述字合并器

多帧长 FFT 接收机使用多个帧长来分析数据。处理长帧数据的编码器产生的脉冲描述字具有更好的频率分辨率，并能够检测弱的长信号，但是得到的到达时间估计和脉宽估计可能存在错误。处理短帧数据的编码器可以产生更好的到达时间估计和脉宽估计，但是很难检测到弱信号。通过同时使用这两种编码器，我们希望能够结合它们的优点。脉冲描述字合并器用于合并来自多个编码器的结果。脉冲描述字合并器用一个脉冲描述字缓冲区来暂时存储每个编码器的脉冲描述字。

在合并脉冲描述字时需要解决两个重要的问题：①如果同一个信号通过不同的编码器产生了多个脉冲描述字，那么脉冲描述字合成器如何确定这些脉冲描述字来自同一个信号？②脉冲描述字合并器如何合并来自不同编码器的脉冲描述字？为了解决这两个问题，脉冲描述字合并器需要执行两项任务：脉冲描述字关联和脉冲描述字合并。

为了完成这两项任务，将用到几个阈值：

- 频率差阈值。该阈值用于确定由处理不同帧长数据的两个编码器检测到的信号是否为同一个信号。我们使用短帧数据的频率分辨率作为频率差阈值。由于来自长帧数据的测频结果具有更好的分辨率，所以只需表明长帧脉冲描述字的频率落在短帧脉冲描述字的分辨率范围内。

- 脉宽差阈值。该阈值用于确定来自两个编码器的脉宽估计之间的差是否过大。在理论上，短帧数据可产生更好的脉宽估计。但是，如果脉宽估计差在该阈值之上，那么需要进一步深入研究，以产生可靠的脉宽估计。在我们的仿真中，脉宽差阈值为较短 FFT 帧持续时间的两倍。

- 脉宽阈值。该阈值用于确定信号的脉宽是否过短，脉宽过短会导致对长帧数据的信号功率估计不可靠。当脉宽低于该阈值时，由于信号无法占满整个长 FFT 帧，该长 FFT 帧可能产生不正确的信号功率估计。在我们的仿真中，脉宽阈值等于较长 FFT 帧持续时间的三倍。

- 信号功率估计差阈值。该阈值用于确定两个编码器的信号功率估计之间的差值是否过大。在理论上，长 FFT 帧应该产生更准确的信号功率估计。但是，如果信号功率估计差超过该阈值，则需进一步深入研究才能确定哪个信号功率估计更可靠。详细的描述将在下节给出。在我们的仿真中，信号功率估计差阈值为 15 dB。

- 到达时间估计差阈值。该阈值用于确定两个编码器的到达时间估计之间的差值是否过大。在理论上，短 FFT 帧产生了更好的到达时间估计。但是，如果到达时间估计差超过该阈值，则需进一步深入研究以得到可靠的到达时间估计。在我们的仿真中，到达时间估计差等于较短 FFT 帧持续时间的两倍。
- 离开时间估计差阈值。信号的离开时间(TOD)定义为到达时间与脉宽之和。该阈值用于确定两个编码器的离开时间估计之间的差值是否过大。在理论上，短 FFT 帧应该产生更好的离开时间估计。但是，如果离开时间估计差超过该阈值，则需进一步深入研究，以得到可靠的离开时间估计。在我们的仿真中，该阈值等于较短 FFT 帧持续时间的两倍。

在我们的接收机程序中设置的各阈值均为经验值。

17.4.1 脉冲描述字关联

脉冲描述字合并器关联来自各编码器的脉冲描述字的步骤，即脉冲描述字关联的步骤总结如下。

1. 一个编码器在信号消失后产生脉冲描述字，之后检验其他的编码器是否检测到与消失信号的载频差小于频率差阈值的信号。如果是，那么将所产生的脉冲描述字放入脉冲描述字缓冲区。否则，搜索其他编码器脉冲描述字缓冲区中的脉冲描述字。
2. 如果来自不同编码器的各脉冲描述字之间的频率差小于预设的"频率差阈值"，则认为这些脉冲描述字来自同一个信号。
3. 如果由长帧产生的脉冲描述字与不止一个由短帧产生的脉冲描述字是关联的，且由短帧产生的各脉冲描述字在时间上没有重叠，则认为由短帧产生的各脉冲描述字与同一个信号关联。通过"连接"这些不重叠的各脉冲描述字产生一个新的与短帧关联的脉冲描述字，并将这些不重叠的各脉冲描述字从脉冲描述字缓冲区中删除。注意，在一些情况下，一个长信号可能被检测为两个或更多个分开的短信号。例如，当信号功率接近接收机的检测阈值时，信号可能在一些帧中被检测到，而在另一些帧中被漏检。还有一种情况是，当一个较高功率的信号到达或离开另一个信号的中间时，由于前面描述的兔耳效应，接收机可能漏检后一个信号。
4. 如果由长帧产生的两个或更多个脉冲描述字与由短帧产生的脉冲描述字关联，则认为由短帧产生的脉冲描述字与多个信号关联，并被丢弃。处理短帧的编码器可能无法辨别频率接近的多个信号，而这些信号可被处理长帧的编码器辨别。

一旦确定来自不同编码器的脉冲描述字属于同一个信号，下一个步骤就是基于来自不同编码器的脉冲描述字来产生准确的脉冲描述字。

17.4.2 脉冲描述字合并

在合并由处理不同帧长的各编码器产生的脉冲描述字时，每次考虑来自两个编码器的结果。如果一个信号均被 64 点、256 点和 1024 点的编码器检测到，则先合并 256 点和 1024 点的编码器产生的脉冲描述字，然后再将得到的脉冲描述字与由 64 点编码器产生的脉冲描述字合并。因此，这里所述的脉冲描述字合并过程每一步仅合并来自两个编码器的脉冲描述字。

在理论上，处理较长帧的编码器应该具有较好的信号载频估计和功率估计，而处理较短帧的编码器应该具有较好的脉宽估计和到达时间估计。但是，对一个弱的长信号来说，短帧可能无法检测到整个信号。此外,对一个短的强信号来说,它可能在长帧中被检测到,并导致错误的脉冲描述字。因此,在接收机进行脉冲描述字合并任务时需要特别注意。由不同帧长所得关于信号载频、到达时间、脉宽和功率等估计的合并流程图分别如图 17.2 至图 17.5 所示,而详细的脉冲描述字合并流程图说明则在下文给出。

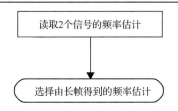

图 17.2 合并两个编码器的频率估计的流程图[2]

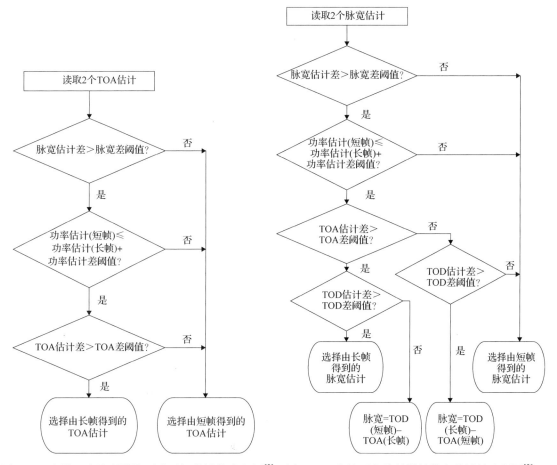

图 17.3 合并两个编码器的到达时间估计的流程图[2]　　图 17.4 合并两个编码器的脉宽估计的流程图[2]

确定信号载频

选择由较长帧得到的频率估计。

确定信号到达时间

在理论上,选择由较短帧得到的到达时间(TOA)估计。但是,如果满足下面所有的条件,那么选择由较长帧得到的 TOA 估计:

1. 两个脉冲描述字的脉宽估计差大于脉宽差阈值;

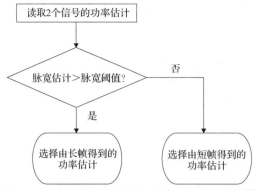

图 17.5　合并两个编码器的功率估计的流程图[2]

2. 由较短帧得到的信号功率估计与由较长帧得到的信号功率估计之差不大于信号功率估计差阈值；
3. 两个脉冲描述字的 TOA 估计差大于 TOA 估计差阈值。

信号脉宽估计

在脉冲描述字的四个信号特征中，脉宽估计的合并是最复杂的。原因是脉宽（PW）被定义为 TOA 和 TOD 之差（TOD = TOA+PW），因而脉冲描述字合并器需要同时考虑 TOA 估计和 TOD 估计这两个参数。合并脉宽估计的过程描述如下。

- 如果满足下面所有的条件，那么选择由较长帧得到的脉宽估计：①两个编码器的脉宽估计差大于脉宽差阈值；②由较短帧得到的信号功率估计与由较长帧得到的信号功率估计之差不大于信号功率估计差阈值；③两个编码器的 TOA 估计差大于 TOA 估计差阈值；④两个编码器的 TOD 估计差大于 TOD 估计差阈值。
- 如果满足下面所有的条件，那么将脉宽估计取为由较短帧得到的 TOD 估计与由较长帧得到的 TOA 估计之差：①两个编码器的脉宽估计差大于脉宽差阈值；②由较短帧得到的信号功率估计与由较长帧得到的信号功率估计之差不大于信号功率估计差阈值；③两个编码器的 TOA 估计差大于 TOA 估计差阈值；④两个编码器的 TOD 估计差小于 TOD 估计差阈值。
- 如果满足下面所有的条件，那么将脉宽估计取为由较长帧得到的 TOD 估计与由较短帧得到的 TOA 估计之差：①两个编码器的脉宽估计差大于脉宽差阈值；②由较短帧得到的信号功率估计与由较长帧得到的信号功率估计之差不大于信号功率估计差阈值；③两个编码器的 TOA 估计差小于 TOA 估计差阈值；④两个编码器的 TOD 估计差大于 TOD 估计差阈值。
- 如果满足下面所有的条件，那么选择由较短帧得到的脉宽估计：①两个编码器的脉宽估计差大于脉宽差阈值；②由较短帧得到的信号功率估计与由较长帧得到的信号功率估计之差大于信号功率估计差阈值；③两个编码器的 TOA 估计差和 TOD 估计差分别小于 TOA 估计差阈值和 TOD 估计差阈值。

信号功率估计

如果信号脉宽估计大于脉宽阈值，则使用由较长帧得到的信号功率估计，否则使用由较短帧得到的信号功率估计。

17.5 仿真结果与讨论

因为多帧长 FFT 接收机既使用长帧也使用短帧，所以它能够同时获得令人满意的时间分辨率和频率分辨率。为了证明所提出方法的优势，考虑以下四种仿真情形：①频率间隔小的两个信号；②持续时间短的两个信号；③一个强的短信号与一个弱的长信号重叠；④功率差为 50 dB 的两个信号。

尽管多帧长 FFT 接收机能够检测多于两个信号，且检测方法与信号的数量是无关的，但是，为了简明起见，只给出存在两个信号的情形。为了进行比较，还包括仅由 256 点 FFT 接收机产生的脉冲描述字。

情形 1：频率间隔小的两个信号

由于多帧长 FFT 接收机的其中一个编码器使用长帧（1024 点），所以它能够检测出频率间隔很小的两个信号。在采样率为 1.33 GHz 时，64 点、256 点和 1024 点 FFT 的频率分辨率分别为 20.7813 MHz、5.1953 MHz 和 1.2988 MHz。在使用 1024 点 FFT 时，多帧长 FFT 接收机可辨别频率间隔为 2.6 MHz（2 个 FFT 相邻频点间隔）的两个信号。我们将频率间隔为 3 MHz 的两个信号作为测试信号。这两个信号的特征以及由多帧长 FFT 接收机产生的脉冲描述字在表 17.1 中列出。

表 17.1 测试信号的特征以及由多帧长和单帧长 FFT 接收机得到的估计（情形 1）

	信号 1			信号 2		
	真值	多帧长 FFT 估计	单帧长 FFT 估计	真值	多帧长 FFT 估计	单帧长 FFT 估计
载频(MHz)	247	247.00	248.2	250	250.42	不适用
脉宽(ns)	1900	1913.48	2562	1400	1319.29	不适用
到达时间(ns)	890	874.34	240.03	240	220.56	不适用
功率(dBm)	−50	−50.77	−53.13	−60	−60.69	不适用

如表 17.1 所示，多帧长 FFT 接收机能够区分两个测试信号，并给出准确度尚可的脉冲描述字。另一方面，256 点的单帧长 FFT 接收机无法辨别这两个信号。因此，该单帧长 FFT 接收机仅能检测具有很长脉宽的信号。多帧长 FFT 检测的直观显示如图 17.6 所示，其中实线代表真实信号的特征，星号代表由电子战接收机得到的估计。

情形 2：持续时间很短的两个信号

由于多帧长 FFT 接收机的其中一个编码器使用短帧（64 点），所以它能够检测持续时间很短的信号。在采样率为 1.33 GHz 时，64 点、256 点和 1024 点 FFT 的帧时间分别为 48.1203 ns、192.4812 ns 和 769.9248 ns。在使用 64 点 FFT 时，多帧长 FFT 接收机能够检测出脉宽为 150 ns（3 个 FFT 帧时间）的两个信号。我们将脉宽为 150 ns 的两个信号作为测试信号。这两个信号的特征以及由多帧长和单帧长 FFT 接收机得到的脉冲描述字在表 17.2 中列出。应指出，由于到达时间是基于在第一帧内估计的信号功率与平均的估计功率（不包括第一帧）之比进行估计的，所以得到的到达时间估计可能比实际的到达时间早，如表 17.2 所示，而这不应解读为接收机在信号出现之间就将其检测到。

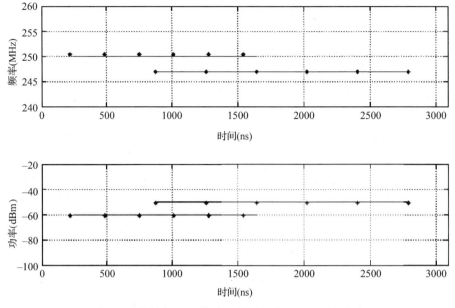

图 17.6　多帧长 FFT 接收机结果的直观显示（情形 1）

表 17.2　测试信号的特征以及由多帧长和单帧长 FFT 接收机得到的估计（情形 2）

	信号 1			信号 2		
	真值	多帧长 FFT 估计	单帧长 FFT 估计	真值	多帧长 FFT 估计	单帧长 FFT 估计
载频（MHz）	223	222.87	不适用	457	456.82	不适用
脉宽（ns）	150	144.36	不适用	150	133.81	不适用
到达时间（ns）	98	96.24	不适用	150	133.81	不适用
功率（dBm）	−50	−52.67	不适用	−40	−41.67	不适用

如表 17.2 所示，多帧长 FFT 接收机能够检测到两个测试信号，并产生准确度尚可的脉冲描述字。另一方面，256 点的单帧长 FFT 接收机无法检测到这两个信号中的任何一个。多帧长 FFT 检测的直观显示如图 17.7 所示，其中实线代表真实信号的特征，星号代表由电子战接收机得到的估计。

情形 3：一个强的短信号与一个弱的长信号重叠

由于多帧长 FFT 接收机使用多种帧长，所以它能够检测载频频率差较小的一个弱的长信号和一个强的短信号。强的短信号可被处理短帧的编码器检出，弱的长信号可被处理长帧的编码器检出。我们使用两个信号，其中一个持续时间短但强度强，另一个持续时间长但强度弱。这两个信号的信号特征以及由多帧长和单帧长 FFT 接收机产生的脉冲描述字在表 17.3 中列出。

如表 17.3 所示，多帧长 FFT 接收机能检出两个测试信号，并产生准确度尚可的脉冲描述字。另一方面，256 点的单帧长 FFT 接收机可检出弱的长信号，但是会漏检强的短信号。多帧长 FFT 检测的直观显示如图 17.8 所示，其中实线代表真实信号的特征，星号代表由电子战接收机得到的估计。

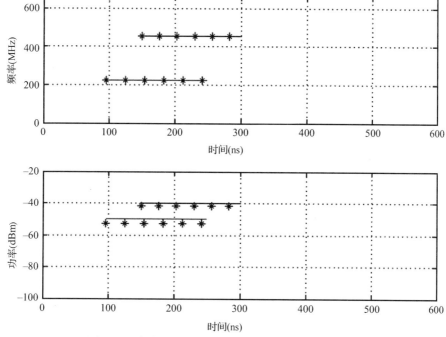

图 17.7 多帧长 FFT 接收机结果的直观显示(情形 2)

表 17.3 测试信号的特征以及由多帧长和单帧长 FFT 接收机得到的估计(情形 3)

	信号 1			信号 2		
	真值	多帧长 FFT 估计	单帧长 FFT 估计	真值	多帧长 FFT 估计	单帧长 FFT 估计
载频(MHz)	245	244.91	不适用	250	250	249.28
脉宽(ns)	150	131.99	不适用	2450	2118.37	2118.37
到达时间(ns)	877	873.74	不适用	245	441.47	441.47
功率(dBm)	−30	−29.42	不适用	−76	−72.19	−72.19

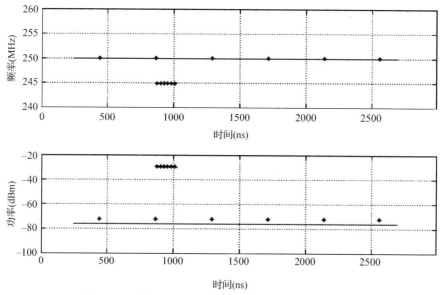

图 17.8 多帧长 FFT 接收机结果的直观显示(情形 3)

情形 4：功率差为 50 dB 且部分重叠的两个信号

由于多帧长 FFT 接收机使用多种帧长，所以它能够增大瞬时动态范围。如果信号的持续时间长，则弱信号可被长帧 FFT 检测到。对于情形 4，我们对功率差为 50 dB 且部分重叠的两个信号的情况进行仿真。接收机的最小瞬时动态范围为 45 dB，但是假如信号载频差大于 Blackman 窗主瓣和第一副瓣之间的频率差，则能够得到更大的瞬时动态范围。这两个信号的信号特征以及由多帧长和单帧长 FFT 接收机产生的脉冲描述字在表 17.4 中列出。多帧长 FFT 检测的直观显示如图 17.9 所示，其中实线代表真实信号的特征，星号代表由电子战接收机得到的估计。

表 17.4　测试信号的特征以及由多帧长和单帧长 FFT 接收机得到的估计（情形 4）

	信号 1			信号 2		
	真值	多帧长 FFT 估计	单帧长 FFT 估计	真值	多帧长 FFT 估计	单帧长 FFT 估计
载频(MHz)	224	223	223.99	338	338.23	337.51
脉宽(ns)	1450	1435.84	1452.85	2550	2006.85	1246
到达时间(ns)	333	340.79	331.58	613	1020.43	1780.48
功率(dBm)	−27	−28.16	−27.52	−77	−74.78	−74.78

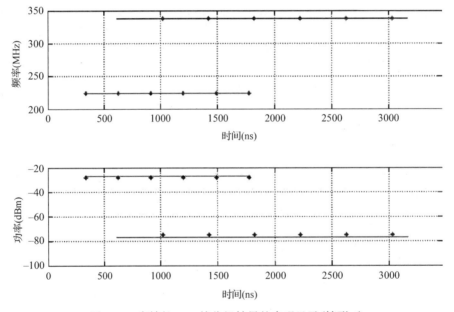

图 17.9　多帧长 FFT 接收机结果的直观显示（情形 4）

如表 17.4 和图 17.9 所示，两个信号均能被多帧长 FFT 接收机检测到。信号 1 的脉冲描述字与真实信号的特征更接近，因为该信号被所有的三个编码器检测到。信号 2 仅被处理 256 点帧和 1024 点帧的两个编码器检测到。因此，信号 2 的到达时间估计和脉宽估计均是不准确的。在该情形中，256 点的单帧长 FFT 接收机可检出这两个信号。但是，该接收机在强信号（即信号 1）消失之前，无法检测到弱信号（即信号 2），从而具有较小的瞬时动态范围。

本节给出的以上四种仿真情形证明，我们提出的电子战接收机设计结合了短 FFT 帧接收机和长 FFT 帧接收机的优势。因此，该多帧长 FFT 电子战接收机能够达到令人满意的时间分辨率和频率分辨率。仿真结果也表明，多帧长 FFT 接收机的表现优于 256 点单帧长 FFT 接收机。

这里需要对到达时间估计和脉宽估计的准确度进行一些讨论。对于多帧长 FFT 接收机，到达时间和脉宽的估计准确度由最短的 FFT 帧来决定。假如信号被 64 点 FFT 准确检出，那么最大的到达时间和脉宽的估计误差分别为 48.12 ns 和 96.24 ns。但是，如果两个信号无法被 64 点 FFT 区分(情形 1)，或者信号太弱以至于无法被 64 点 FFT 检测到(情形 3 的信号 2 和情形 4)，则到达时间和脉宽的估计准确度将变差，如仿真结果所示。当一个弱的长信号仅能被 1024 点 FFT 检测到时，其到达时间和脉宽的估计误差可分别高达 769.92 ns 和 1539.84 ns。多帧长 FFT 接收机的到达时间和脉宽的估计准确度取决于接收机的瞬时动态范围、频率分辨率和实际信号的脉宽，这需要进行全面系统的研究。

17.6 小结

本章给出了使用不同帧长的多帧长 FFT 电子战接收机设计。通过合并由短 FFT 帧和长 FFT 帧产生的脉冲描述字，可以得到更好的时域和频域估计。在该研究中，仅考虑常规脉冲信号。建议后续的研究将该方法拓展到检测非常规雷达信号，例如调频信号和 BPSK 信号。

参考文献

[1] Tsui J. *Special Design Topics in Digital Wideband Receivers. Boston*: Artech House; 2010.

[2] Cheng C-H, Lin DM, Liou LL, Tsui JB. 'Electronic warfare receiver with multiple FFT frame sizes'. *IEEE Transactions on Aerospace and Electronic Systems* 2012; **48**(4): 3318–3330.

[3] Ji LY, Gao MG. 'Analysis and solution of rabbit ear effect in channelized receiver'. *Proceedings of the 2009 IET International Radar Conference*. New York: IEEE; 2009: 1–4.

[4] Sanders FH. 'The rabbit ears pulse-envelope phenomenon in off-fundamental detection of pulsed signals'. NTIA Technical Report TR-12-487. Washington, DC: U.S. Department of Commerce, July 2012.

第18章 接收机测试

18.1 引言

本章讨论数字接收机的性能和性能测试。性能是接收机的研究重点之一。接收机研究的主要困境之一是,没有被普遍接受的电子战接收机性能标准。由于这一缺点,研究者不知道从何处着手来改善电子战接收机的性能。如果有人声称已改善了接收机性能的某些方面,但是无法报告包含定量分析的结果,那么这些说法很难令人信服。更糟糕的是,人们可以声称实现了电子战接收机的某些性能,但是这些性能甚至无法在系统中使用。例如,如果接收机漏检很多信号或产生大量的寄生响应,那么通常这种接收机无法在任何系统中使用。在此情况下,无论它的其他性能多么优异,都不应报告其结果。为了将一部接收机认定为工作正常,对该接收机的测量结果必须满足应有的一些最低要求。

在研究信道化接收机的过程中获得了一个有趣的经验。在此领域中,需要重点研究的是参数编码器,它将信道输出编码为频率字。但是,由于没有关于参数编码器的性能标准,很少有人从事该领域的工作。即使有人获得了一些研究结果,由于无法声称获得任何改善,也无法发表这些结果。另一方面,滤波器组本身具有足够的性能标准,例如插入损耗、带宽、频域和时域的寄生响应等。因此,很多研究集中在该领域,且已发表了许多技术论文,但是在信道化接收机的主要问题上进行的研究工作却很少。

为了激励对电子战接收机的研究,不但需要性能标准,还应该发布这些性能标准。另外,应该鼓励研究人员发表他们的研究结果,以便从事该领域工作的工程师和科学家了解相关的问题并能寻求解决方法。本章将讨论在第 2 章中提到的所有有关性能的问题。

本章还讨论了对不同类型接收机的测试。由于实验室测试和暗室测试以受控方式进行,并可以产生关于电子战接收机性能的测试结果,所以本章的内容集中在这两种测试方式上,对外场测试(Field Test)则略加提及。

18.2 接收机测试的类型

电子战接收机应在不同的情况下进行测试。无论对接收机的测试有多么全面,似乎无人能够涵盖所有可能的输入信号情况。对接收机的测试应按照以下顺序:

1. 实验室测试
   a. 初步测试
   b. 常规测试
      (1) 单信号测试
         (a) 频率测试

(b) 频率标准差测试

(c) 虚警测试

(d) 灵敏度测试

(e) 动态范围测试

(f) 脉冲幅度(脉幅)测试

(g) 脉宽测试

(h) 到达角(AOA)测试

(i) 到达时间(TOA)测试

(j) 保护时间、等待时间和吞吐率测试

(k) 随机频率/幅度测试

(2) 双信号测试

(a) 频率分辨率测试

(b) 无寄生动态范围测试

(c) 瞬时动态范围测试

(d) AOA 分辨率测试

(e) 随机频率/幅度测试

2. 暗室测试
3. 仿真测试
4. 外场测试

由于实验室测试在受控环境下进行，所以被认为是最重要的测试。接收机的大多数重要特性可从这些测试中获得，因此这些测试结果确定了接收机的性能。首先应进行初步测试，以确定接收机状态是否足够良好到能够接受下一步的常规测试。本章进行的讨论将专注于所有的实验室测试。

暗室测试与实验室测试是一样的。如果接收机的射频输入可以通过射频电缆注入，如图 18.1(a)所示，那么应该采用实验室测试，因为该测试方式可使输入信号得到更好的控制。如果接收机的输入是阵列天线，如图 18.1(b)所示，那么输入无法通过射频电缆注入。在此情况下，将采用暗室测试。在暗室中，输入信号通过辐射的方式进入接收机。暗室测试可生成关于接收机所有性能的测试结果，与实验室测试所列项目相同。暗室测试应该能够提供更可靠的到达角测量。

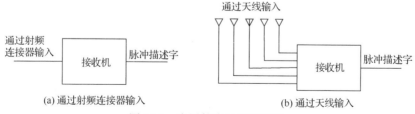

图 18.1 由黑箱表示的接收机

如果接收机具有阵列式接收天线，且不具备暗室条件，那么必须模拟平面波前，作为射频连接器的输入。平面波前很难模拟，尤其在宽频带和大范围入射角的情况下。但是，如果接收机具有到达角比幅测量系统，即可在实验室或暗室中测试，因为到达角比幅测量模拟系统的信号输入比较容易。

仿真测试通常采用特殊的设备来模拟电子战接收机遭受的信号环境。信号环境可以是静态的或动态的,动态的信号环境随时间发生变化。在仿真测试中,可以在很大的信号密度下评估接收机。有时,接收机的输出由一个实时信号处理机来处理,以确定包括该信号处理机在内的全系统的性能。如果不具备实时信号处理机,可以记录被测接收机的输出数据,并将其与输入信号进行比较。

在理论上,外场测试的输入信号状况是未知的。在输入信号状况未知时,无法确定接收机的性能。为了克服这个缺点,可以同时测试两部接收机以比较它们的结果。如果在野外能够控制一些雷达,则可以开启特定的一些雷达来辐射信号。在此情况下,至少这些雷达的信号是已知的,可用于检验接收机的性能。

18.3 实验室接收机测试的预备知识

在讨论对电子战接收机的实验室测试之前,应当先考虑接收机测试的基本原理。实验室测试应仅限于能够处理多个同时到达信号的接收机。可设计具体的测试程序来评估仅能处理单个信号的接收机。例如,通常可获得瞬时测频接收机和超外差式接收机的性能。

1. 将被测接收机视为一个黑箱,射频作为输入,脉冲描述字作为输出。因此,这些测试既可应用于数字接收机,也可应用于模拟接收机。
2. 被测接收机必须以脉冲描述字作为输出。每一个脉冲描述字包含所有需要的信息(即频率、脉幅、脉宽、到达时间和到达角)。为了强调这一点,电子战数字接收机由如图 18.2 所示的框图表示。在该图中,时间-频率和空间-到达角的变换通过数字信号处理来实现,因此得到的输出为数字形式,表示频域和到达角域的信息。但是,这些数字化数据不应被视为接收机的输出。得到的信息必须转换为包含所需信息的脉冲描述字。生成脉冲描述字并不是一项简单的任务,不应使用脉冲描述字之外的其他形式的信息作为输出,即使这种信息是数字形式的,例如使用 FFT 输出来评估接收机的性能。

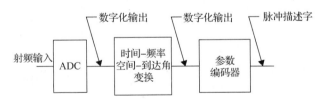

图 18.2 数字接收机的三个处理模块

3. 输入情况。在测试中,想覆盖所有的输入情况是不实际的。例如,如果接收机能够接收两个同时到达信号,输入带宽为 1000 MHz,单信号动态范围为 70 dB(-60~10 dBm)且瞬时动态范围为 40 dB(-60~-20 dBm),则可得的输入情况列举如下。
   a. 单信号测试。如果接收机的频率分辨率为 1 MHz,幅度分辨率为 1 dB,那么对单信号测试而言,所需输入次数至少为 70 000 即 1000×70,才能测试每一种输出情况。但是,频率和幅度的分辨率步长可能并不分别局限于 1 MHz 和 1 dB。如果信号发生器可按 1 kHz 和 0.1 dB 的步进分别改变频率和幅度,那么可能的输入情况可扩大到 7 亿种,即 1 000 000×700,完成所有情况的测试是不现实的。

b. 双信号测试。对于两个信号的情况来说，输入信号情况的数量甚至更多。每一个信号有 40 000 种输出情况，即 1000（频率）×40（幅度）。全部可能的输出情况共有 7.9998 亿种，即 40 000×39 999/2，数量过大。这是测试所有可能输出情况所需的最小数量的输入次数。如果信号发生器比接收机具有更高的频率分辨率和幅度分辨率，那么输入情况的数量之多将达到难以想象的程度。

如果接收机能够处理不止两个同时到达信号，那么输入情况的数量甚至更多。实际上，不可能使用数千种输入情况来测试接收机，即使测试的设置是自动进行的。从该讨论中可以明显看出，仅能测试占所有输入情况很小百分比的一部分情况。有限的测试可能无法暴露接收机的所有缺陷，即使在实际环境中性能表现良好的接收机，也可能产生意想不到的数据。

4. 输入方式。可使用两种可能的方式将输入信号送达被测接收机。第一种方式，顺序方式（例如，频率以均匀步进从低变高）。第二种方式，随机方式（例如随机频率和幅度）。使用规则输入的优势是，得到的结果能够以图形展示，且易于重复相同的测试。有时，希望针对接收机产生错误信息的情况进行重复测试，从而能够改正接收机的设计。顺序方式的主要劣势是，输入可能是有偏的，且局限于很小的区域。

随机输入信号的优势是，在所需范围内输入分布能够更均匀。真正随机的输入信号是很难重复的。可能难以对该种测试方式的所得结果进行图示。或许表示所得数据的最简单方式是制表。

在接收机测试中，这两种输入方式应该一起使用。

5. 测试结果显示。由接收机得到的测试结果必须通过某种简单的显示（即图示或制表）变得易于理解。通过产生成页的打印数据来定位一些错误信息是不可行的。如果测量数据无法以简单的形式显示，最初产生这些数据就没有多大意义。

6. 单信号和双信号测试。基于前一情况的讨论，将接收机测试限定为一个或两个信号是合理的。大多数接收机性能的定义是基于一个或两个信号的。如果接收机能够处理四个同时达到信号，可能的输入信号情况的数量就会非常大。在测试中使用所有输入情况中的一小部分可能根本不能说明问题。因此，仅测试接收机实际上能否处理四个同时到达信号是合理的。

18.4 接收机的软件仿真测试

在接收机被完全制造出来以前，我们非常希望能够评估它的性能。通常情况下，研制电路板式电子战模拟接收机，从设计到完成需要超过 3 年的时间。遗憾的是，有时存在明显的设计缺陷，但是却不容易发现它。不过，一旦接收机被制造出来，这些缺陷就很难再被纠正。如果可通过软件仿真进行所有的接收机测试，其中一些缺陷可能在很早的阶段就会被发现，也易于采取纠正措施。

模拟接收机设计仿真的实现已经有一段时间。研究工作可分为两个部分：①从射频到视频输出的模拟部分；②从视频到脉冲描述字的参数编码器，如图 18.3 所示。第一部分从射频到视频信号的工作可认为是非常成功的。实际的视频输出与软件仿真输出几乎完全匹配。由于参数编码器设计的复杂性，对其仿真即使有所实现，也非常有限。随着计算机技术的发展，在参数编码器被制造出来之前,有可能对其进行仿真与评估。

对数字接收机而言,时间-频率和空间-到达角的变换全部在数字域中执行。但是,正如早先所述,这些数字化输出仅能被视为中间的输出,

图 18.3　模拟接收机的两个处理模块

不应作为接收机的最终输出。将频率和到达角信息转换为脉冲描述字是通过数字处理完成的。因此,所有这些操作可由计算机仿真实现。接收机在实际制造之前应充分地对其仿真。仿真应与实际接收机测试程序等效,即给定特定的输入应产生特定的输出。如果能够以非常高的速度执行仿真,那么仿真在数字接收机设计中将会非常有用。

18.5　实验室测试配置

实验室测试配置如图 18.4 所示。图中共有两个信号源。每个信号源包含一个信号发生器,后接 PIN 调制器,而该调制器由脉冲发生器控制,用于产生具有所需脉宽的射频信号。后面的衰减器用于调整信号强度。应该指出,在该方案中 PIN 调制器的输入功率是恒定不变的。在此情况下,当输入功率变化时,所得脉冲的形状不发生改变。如果衰减器被置于 PIN 调制器的前面,则 PIN 调制器的输入发生改变。在此情况下,当信号功率改变时,所得信号的形状可能发生改变。

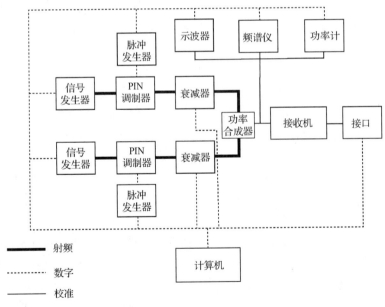

图 18.4　接收机的实验室测试配置

两个信号发生器的输出信号最后通过一个功率合成器后,用作被测接收机的输入。功率计、频谱分析仪和示波器各一部,用于检验功率合成器的输出。由于从信号发生器到接收机输入之间的功率损耗与频率有关,所以接收机的输入功率需要校准。图 18.5 显示未校准和已校准两种情况下的 2~4 GHz 的接收机输入功率。正如所料,未校准的接收机输入功率在低

频端较高，在高频端较低，如图 18.5(a)所示。通过在低频上增大衰减来均衡整个频率范围内的输入功率，可得到已校准的输入信号，如图 18.5(b)所示。接收机输出的采集通过数据采集器实现。DAS 9200(Tektronix，Beaverton，OR)可用于采集数据。但是，所用的数据采集器应能被计算机在直接内存寻址(Direct Memory Addressing，DMA)模式下使用。

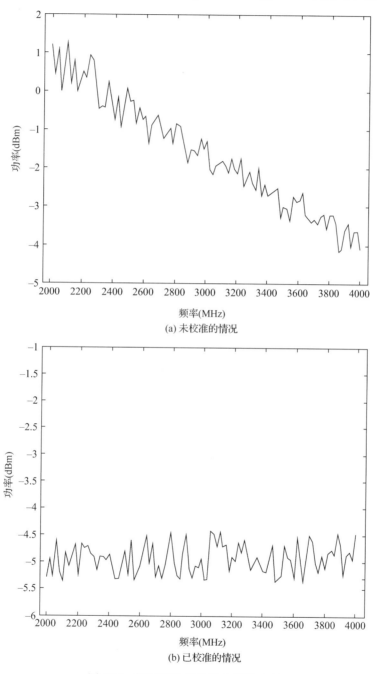

图 18.5 被测接收机的输入信号功率

除了被测接收机，所有设备均由计算机控制。一些接收机是由计算机控制的，但是在测试时，这类接收机应保持在特定的工作模式。信号源由计算机控制，产生所需的信号。然后，将输出数据与输入数据进行比较。比较这些数据有两种方法。一种方法是得到一个输出后立即将其与输入进行比较。另一种方法是在测试的最后，将所有输出数据与所有输入数据进行比较。后一种方法似乎能够节省时间。

18.6 暗室测试配置

暗室测试配置与实验室测试配置非常相似。唯一的区别是将信号辐射至被测接收机的接收天线。图 18.6 显示了这样一种测试配置。在该测试中，使用与前面实验室测试配置中完全相同的两个信号源。但是，未对产生的两个信号进行功率合成；而是每个信号均馈给一个发射天线。两个发射天线均对准被测接收机。该图中的箭头表示天线的运动方向。可将发射天线手动置于合适的位置。将带有接收天线的接收机置于转台之上。通过旋转接收天线来改变输入信号的到达角。为了改变两个发射天线之间的入射角，必须改变发射天线的位置。

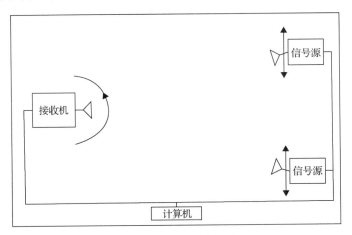

图 18.6　暗室测试配置

到达接收天线的功率必须进行校准。通常需要增益已知的标准喇叭天线来测量信号的强度。测得的功率不再是 mW 或者 dBm，而是每单位面积的 mW 或者 dBm。在校准过程中，接收天线必须与发射天线的视轴对齐。

18.7 初步测试

在做进一步测试之前，接收机必须通过至少两个简单的初步测试。如果接收机的设计目标是在带宽上覆盖 1000 MHz（1000~2000 MHz），并能够在 40 dB（−60~−20 dBm）的范围内处理两个同时到达信号，那么应该进行简单的单信号和双信号测试。输入信号的范围必须完全在所需性能的范围内。例如，输入频率范围限定在 800 MHz 内（1100~1900 MHz），幅度范围限定在 20 dB（−50~−30 dB）内。在这些限制条件下，设计良好的接收机应能表现出令人满意的性能。

1. 单信号测试。在限定的频率和动态范围内随机选取一个信号，用于检查信号漏检的情况和寄生信号的情况，后者是指检测到不止一个信号。随机选取 1000 个不同的输入信号，以确定信号漏检百分比和寄生信号检出百分比。如果两个百分比均较高（即信号漏检百分比大于 1%，寄生信号检出百分比大于 2%），那么不应再做下一步的测试。
2. 双信号测试。在限定的频率和动态范围内随机选取两个信号，用于检查信号漏检的情况和寄生信号的情况。可以使用单信号测试的判据来决定是否进行下一步的测试。

过去的经验表明，在单信号测试中，一些设计拙劣的接收机通常产生高百分比的寄生信号。这些接收机不应再进行双信号情况的测试。即使一部接收机通过单信号测试，它也可能无法通过双信号测试。设计拙劣的接收机在双信号测试中可能漏检其中一个输入信号，或者更糟的情况是全部信号被漏检。

18.8 单信号频率测试

本节将讨论两种关于频率的测试：频率准确度测试与频率标准差（即精度）测试。

18.8.1 频率准确度测试

在测试中，输入频率为变量，而脉幅和脉宽保持不变。在测试过程中，选择特定的脉幅和脉宽。输入频率从初步测试中接收机的频率下限变化至频率上限。在每一个频率间隔仅有一个信号送给接收机。如果输入频率为 f_i，测得频率为 f_m，那么频率误差 f_e 可定义为

$$f_e = f_m - f_i \tag{18.1}$$

频率准确度的测试结果被绘制成 f_e 与 f_i 的关系曲线，如图 18.7 所示。使用该图可确定频率的分辨率和偏移误差。从频率误差的宽度可获得频率数据的分辨率。从该图中可看出，频率的分辨率约为 4 MHz。如果接收机设计得当，则频率误差的宽度是均匀的。如果送给接收机的输入频率有 N 个，频率偏移误差 f_b 则定义为

$$f_b = \sum_{i=0}^{N-1} f_{ei} = \sum_{i=0}^{N-1} (f_{mi} - f_{ii}) \tag{18.2}$$

其中，第二个下标 i 表示第 i 个数据点，第一个下标 m 和 i 分别表示测得频率和输入频率。如果不存在频率偏移误差，则 $f_b = 0$。

在图 18.7 中，在低频处，频率偏移误差为正，而在高频处，频率偏移误差为负。如果使用式 (18.2) 计算频率偏移误差，由于低频处的偏移误差可能抵消高频处的偏移误差，所以结果可能不准确。频率变化的宽度大概等于频率分辨单元的宽度。在此情况下，频率分辨单元宽度约为 4 MHz。

18.8.2 频率精度测试

频率精度测试的目的是测定接收机输出数据的一致性。一些接收机在相同的输入条件下可能报告不同的输出。在该测试中，相同的输入数据重复输入 N 次，测量输出 N 次。均方根误差定义为

$$f_s = \sqrt{\frac{1}{N} \sum_{i=0}^{N-1} (f_{mi} - f_i)^2} \tag{18.3}$$

其中，下标 mi 中的 i 表示第 i 个数据点，f_i 表示输入频率。

图 18.8 所示为对某部接收机测量 100 次得到的测频结果的均方根误差。看起来频率读数在信道中心附近是一致的，该处的均方根误差等于或接近于零。

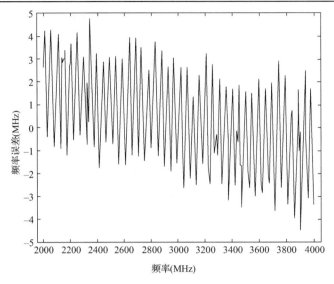

图 18.7　频率测量

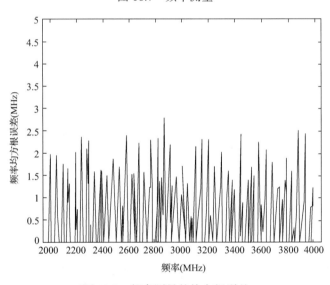

图 18.8　频率测量的均方根误差

18.9　虚警测试[1~6]

虚警测试是最难的测试，尤其是在需要一个具体数值时。通常，电子战接收机的虚警概率是很低的，仅有有限的时间可用于对其进行测量。例如，如果对接收机测量 1 小时，且记录的虚警次数为零，那么仅能声称该接收机已经过 1 小时的测试，且记录的虚警次数为零。实际上，接收机的虚警次数可能在几天甚至几个月的时间里只出现几次。因此，很难获得一个具体的数值。不过，我们希望在对虚警的测量中得到一个具体的数值。如果长时间对接收机进行测试，则很难保持环境（即噪声电平）不发生变化。

获得可测的虚警次数有两种方法。第一种方法是降低接收机的阈值。该方法称为重要性采样法（importance sampling）[1~3]。在电子战接收机中使用该方法的难点在于可能存在很多阈值。

例如，在信道化接收机中，每个信道的输出都存在一个阈值。调整所有这些阈值是很困难的。第二种方法是增大虚警的次数，即在接收机的前端增加噪声[4]。这里对第二种方法进行讨论。

噪声可附加在接收机的输入上，以便在不改变阈值的情况下获得可测的虚警次数。为了得到具体的数值，射频带宽 B_R 与视频带宽 B_V 之比（$\beta = B_R/B_V$）以及接收机的噪声系数必须是已知的。另外，还必须知道接收机是直流耦合还是交流耦合的。这里不讨论推导过程，仅给出最后的结果。测试配置如图 18.9 所示。在该图中，噪声系数已知且衰减器可调，以获取可测的虚警次数（即 1 s 内出现几次虚警）。在此情况下，如果相对于 1 s，在相对较长的时间（例如 10 min）内进行测量，则可得到更可靠的数值。一旦获得虚警的数量，就可以根据测量值推算出虚警概率。

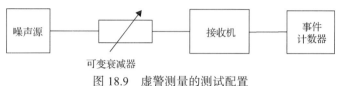

图 18.9 虚警测量的测试配置

附录 18.A 给出的计算机程序可用于测量虚警概率。该程序的输入为交流或直流耦合、衰减器设定、接收机噪声系数、噪声源功率（单位为 dBm）、射频带宽、视频带宽，以及虚警测量时间。如果提供这些信息，就能够计算接收机的虚警概率。

18.10 灵敏度与单信号动态范围

接收机的灵敏度可能是关于脉宽的函数，所以测试应在固定的脉宽上进行。灵敏度还随频率发生变化，因此测得的灵敏度应是关于频率的函数。

在单个频点上测量灵敏度的程序如下。给定固定的脉宽和频率，脉幅从很小的值开始，以至于接收机无法检测到信号。以步进的方式增大脉幅，直到接收机可以接收到信号（即信号触发数据报告位）。通常，如果接收机设计得当，在灵敏度电平上的频率报告就应是准确的，否则数据报告位不应被触发。不过，在一些接收机设计中，我们希望达到最大灵敏度，即使报告的频率不能满足所需的准确度。

为了保持灵敏度测量的一致性，应评估频率准确度，以确认灵敏度。这里规定，在灵敏度电平上，90% 的频率读数应是准确的。因此，当接收机检测到输入信号时，该信号应在该功率电平上重复输入 100 次。同时，应记录该频率。如果 90 次频率读数在预定的频率准确度范围内，那么该功率电平即为灵敏度。如果正确的频率读数少于 90 次，则应进一步以步进的方式增大功率电平，重复相同的步骤，直至超过 90% 的频率读数是正确的。

为了测量单信号的动态范围，继续增大输入信号的幅度，直至检测到额外的信号，即寄生信号。在一些接收机中，当输入功率较大时，接收机可能漏检该信号。有时，接收机能够毫无问题地接收大功率的输入信号。在此情况下，由于信号发生器提供的输入信号功率有限，可能很难测量动态范围的上限。可认为该接收机具有超过某一特定数值的最小单信号动态范围。如果使用放大器放大输入信号的功率电平，就必须采取预防措施，使功率放大器避免产生寄生信号。图 18.10 显示了某典型接收机的灵敏度。

在图 18.10 中，当两个信号被记录时，打印数字 2。如果接收机漏检信号，则打印数字 0。如果频率读数在所希望的范围之外，则打印字母 x。在该图中，动态范围的上限在 0 dBm 以上。

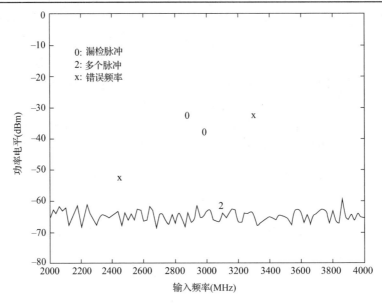

图 18.10　灵敏度与频率的关系曲线

18.11　脉幅和脉宽的测量

脉幅和脉宽的测量比较简单明了。在脉幅测量中，输入频率和脉宽保持不变。以步进的方式增大输入功率，并记录每一步进处的脉幅输出。可以绘制误差与输入幅度或输出与输入幅度的关系曲线。尽管前者可提供更准确的结果，但后者可提供更好的图像显示。图 18.11 显示了输出幅度与输入幅度的关系曲线。

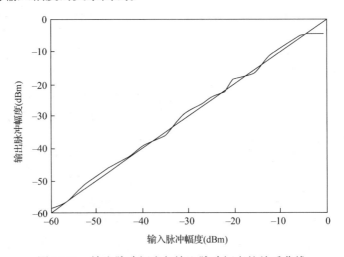

图 18.11　输出脉冲幅度与输入脉冲幅度的关系曲线

在脉宽测量中，频率和脉幅保持不变。以均匀或非均匀步进从脉宽最小值增大至最大值。最小值等于接收机能够处理的最短脉宽。最大值为接收机刚开始报告检测到连续波信号时的脉宽。记录每一步进处的脉宽输出。输出脉宽与输入脉宽的关系曲线如图 18.12 所示。

在这些测试中，如果输入信号在相同值上重复输入多次，那么可获得相应的标准差。

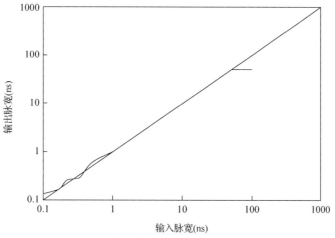

图 18.12 输出脉宽与输入脉宽的关系曲线

18.12 到达角准确度测试

在到达角准确度测试中,如果接收机使用比幅法来获得到达角信息,那么输入可通过若干射频连接器送给接收机。分别控制每个输入的幅度,以模拟输入天线方向图。如果无法准确地模拟输入天线方向图,测得的到达角仅能用于定性分析。

如果接收机为相位干涉系统,可在暗室内对其进行到达角测试。此时,需要一个输入信号源,且其位置固定。输入频率、脉幅和脉宽也是固定的。接收天线置于转台之上。以步进的方式旋转转台来改变输入到达角。记录每一步进处的输入到达角。到达角测试的结果如图 18.13 所示。

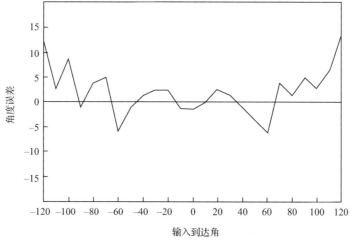

图 18.13 角度误差与输入到达角的关系曲线

为评估接收机性能的一致性,可进行标准差测试。

18.13 到达时间测试

在到达时间测试中,频率、脉幅和脉宽是固定的。输入信号必须是脉冲重复频率(PRF)或脉冲重复间隔(PRI)非常稳定的脉冲串。接收到的每个脉冲均有一个与之关联的到达时间。

该到达时间以一个内部时钟为基准,因此难以直接比较测得的到达时间和输入的到达时间。通常将测得的到达时间差(即 PRI)与输入的 PRI 进行比较。到达时间差定义为

$$\Delta TOA_i = TOA_i - TOA_{i-1} = PRI \tag{18.4}$$

即到达时间差由两个相邻的到达时间获得。在该测试中,结果以 PRI(ΔTOA_i)误差的形式给出。PRI 误差定义为

$$\Delta PRI = PRI_m - PRI_i \tag{18.5}$$

其中,PRI_m 和 PRI_i 分别表示测得的 PRI 和输入的 PRI。通常,接收机产生的到达时间不会有什么大的问题。

18.14 保护时间、吞吐率和等待时间测试

保护时间是指接收机在接收第一个脉冲后再接收第二个脉冲所需的时间。在本节中,保护时间被定义为起于第一个脉冲的后沿且止于第二个脉冲的前沿的这段时间。有时,保护时间与脉宽有关,其原因如下。通常,频率测量和到达角测量在脉冲的前沿处开始。如果脉宽较短,脉宽数据在频率和到达角测量之前就已获得,则需要相对更多的时间来接收第二个脉冲。如果脉宽较长,频率和到达角测量将在脉冲结束前完成。在此情况下,第一个脉冲一结束,接收第二个脉冲就只需要相对较短的时间。

上面的讨论可总结如下。对短脉冲来说,保护时间可能比长脉冲情况时的更长。因此,保护时间与脉宽有关。不过,如果脉宽增大到超过特定的范围,则保护时间将保持恒定不变。因此,保护时间应在预期最小脉宽以及较长脉宽的情况下测量。那么,保护时间可能具有多个值。

另一个与保护时间有关的量是吞吐率。吞吐率可被定义为接收机能够处理的最大脉冲密度。对吞吐率的测量程序与测量保护时间的相似。脉宽应为最小值,且输入频率和脉冲幅度保持不变。如果接收机被设计用于处理 4 个同时到达信号,则需要 4 个同步的信号发生器。如果接收机能够处理两个同时到达信号,则需要两个同步信号发生器。

这里使用处理两个同时到达信号的接收机为例。从两个最小脉宽的低 PRF 同时到达信号开始,接收机能够处理所有的输入信号。持续增大 PRF 直至接收机仅能处理一半的输入信号,这表明接收机能够处理当前两个同时到达信号,而丢失了两个同时到达信号。接收机在不丢失脉冲的情况下能够处理的最大脉冲数即为吞吐率。相应的保护时间可由第一个脉冲后沿至第二个脉冲前沿之间的时间得出,如其所定义的那样。例如,如果被测接收机能够处理的最小脉宽为 200 ns,在不丢失脉冲的情况下能够处理的最大 PRF 为 2 MHz,那么考虑到接收机能够处理两个同时到达信号,吞吐率则为 4 MPs/s(百万脉冲每秒)。

等待时间被定义为从输入脉冲至达接收机至产生数字输出字之间的时间延迟。等待时间可从一定的时间范围来测量,它的长短可覆盖几十纳秒至几毫秒。

18.15 双信号频率分辨率测试

在双信号测试中,为了使数据受控,两个信号被限定为相同的脉宽且两个脉冲的前沿触发时间是相同的。如果希望在两个脉冲之间设置特定的延迟,或者使用两个不同脉宽的脉冲,则应仔细地明确规定测试条件。输出数据的呈现也必须预先规划。

这些测试是为了确定接收机区分两个频率接近信号的能力。应将两个信号设定为相同的幅度且接近接收机能够处理的最大功率。脉宽应设定为足够长,以免由短脉冲引起的频谱展宽影响测量。将第二个信号的频率设定为远离第一个信号的频率,并确保接收机能够准确测量这两个信号。使第二个信号的频率移向第一个信号,直至接收机丢失其中一个信号或对其中一个输入频率指示错误。接收机能够处理两个信号的最小频率间隔即为双信号频率分辨率。

18.16 双信号无寄生动态范围测试

在该测试中,两个输入信号的频率具有固定的间隔。将两信号的频率改变相同的数值时,两信号的频率差保持不变。最小的频率间隔必须大于所需的双信号频率分辨率。两个信号的幅度保持相同。

在开始测试时,将两个信号设置为略低于接收机的灵敏度电平。以步进的方式增大两个信号的幅度。如果两个信号可被正常接收,那么此时的功率被标记为动态范围的下限,且相应的频率为两个信号频率的平均值。增大两个信号的幅度直至不止两个信号被上报。为了确保额外出现的信号包含三阶交调产物,其中一个额外信号的频率必须为

$$f = 2f_1 - f_2$$

或
$$f = 2f_2 - f_1 \tag{18.6}$$

其中,f_1 和 f_2 分别表示两个输入信号的频率。如果额外的信号与此不匹配,则它可能由其他的寄生响应引起。信号的幅度持续增大至额外的信号满足上面的条件。该功率电平被标记为动态范围的上限。

在测试中,如果接收机报告多于或少于两个信号(包括无输出的情况),则记录信号的数量。如果一个或两个信号的频率读数是错误的,那么记录符号 x。该测试可在不同频率间隔的情况下重复进行。图 18.14 显示了被测接收机的测试结果。频率刻度表示两个输入信号的平均频率。

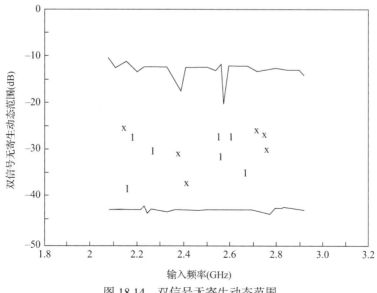

图 18.14 双信号无寄生动态范围

18.17 瞬时动态范围测试

瞬时动态范围测试是为了测定接收机同时接收一个强信号和一个弱信号的能力。第一个信号设置为固定的频率(例如输入频带的中心频率),且大小接近单信号动态范围的上限。第二个信号的幅度小于接收机的灵敏度电平,且频率为接收机的频率下限。增大第二个信号的幅度,直至接收机正确报告两个输入信号,此时的幅度即为该频率处瞬时动态范围的下限。增大第二个信号的频率,并重复上面的步骤,以获得另一频率处的瞬时动态范围下限。第二个信号应覆盖接收机的全部频率范围。两信号之间的最小频率间隔应等于或略微大于双信号频率分辨率。图 18.15 显示了典型瞬时动态范围测试的测试结果。

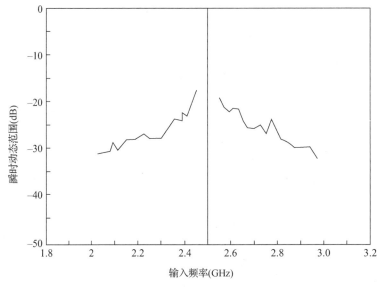

图 18.15 瞬时动态范围

18.18 暗室测试

如果无法将输入信号通过射频连接器注入电子战接收机(即接收机的输入方式为阵列天线),那么在 18.7 节至 18.17 节中提到的所有测试应在暗室中进行,以确定接收机的性能。不过,如果可能,建议避免在暗室中测试接收机,因为在暗室中的测试准备远比在实验室中复杂。另外,一般情况下不易获得暗室测试条件。即使接收机的输入端与相位干涉测量到达角系统一样具有阵列天线,也存在能够断开其中一个输入天线并更换为射频连接器的可能。如果可能,该方法可用于测量除到达角外的其他所有参数。

在暗室中,应正确分析和测量入射波相位波前的失真。还应该知道暗室中的反射量,它是关于频率的函数。如果可能,接收机应置于发射天线的远场区域内。应将影响接收机测试的波前曲率考虑在内。那么,在暗室中进行到达角测试所得的数据应比通过天线仿真所得的结果更可靠。

18.19 到达角分辨率测试

该测试的目的是确定接收机分辨到达角不同的两个信号的能力。该测试应在暗室中进行。如果两个频率相同的信号以不同的到达角到达接收机,那么一些接收机可区分这两个信号(即当到达角由在空域中进行的 FFT 运算获得时),而另一些接收机则不能(即当到达角由相位干涉系统获得时)。由于机载系统只能安装少量的天线,预期电子战接收机的到达角测量大多数情况中,将使用相位干涉系统。如第 15 章所讨论的,在测量到达角的一些情况中,首先根据频率将输入信号分开。如果两个信号具有相同的频率,则无法将它们分开,干涉仪的相位也无法用于测量到达角。

根据到达角将具有相同频率的两个信号分开的能力才是真正的到达角分辨率。真正的到达角分辨率应该与频率无关。由于大多数电子战接收机不具备该能力,因而这里讨论的到达角分辨率与频率有关。

为了简化测量过程,两个输入信号应在频率上分开得较远,以便在测试中能够被接收机区分开。这两个输入信号具有相同的脉幅和脉宽。接收天线保持静止,其中一个输入信号源放置在接收天线波束的中心处。第二个信号源放置在接收波束的边缘处,并向相对的另一边缘移动,如图 18.16 所示。在每一步进处,记录两个信号的到达角。如果接收机设计得当,那么它应该能够在全部的角度范围内准确地获取两个信号的到达角数据。如果输入的两个信号具有相同的到达角和不同的频率,那么接收机应能准确获取两个信号的到达角数据。得到的结果可由两条曲线表示,每条曲线表示输入到达角与对应信号源输出到达角的关系。不断减小两个输入信号之间的频率差,重复相同的测试,以得到接收机的性能极限。

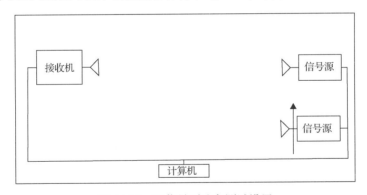

图 18.16 双信号到达角测试设置

18.20 仿真测试

仿真测试的目的是,确定接收机在密集信号环境下的性能。仿真器模拟电子战接收机预期工作的电子环境。一般而言,仿真器能够产生包含很多雷达信号在内的非常密集的信号环境。它通常能够模拟雷达发射机的天线方向图,例如雷达的扫描速率。复杂的仿真器具有许多并行的输入端口。这些端口能够与被测接收机的并行输入端口相连,以模拟输入天线的幅度方向图。因此,如果接收机具有比幅到达角测量系统,则它可通过仿真器进行测试。在测试相位干涉到达角测量系统时，使用当前技术来模拟许多信号的波前可能会比较困难，但模拟一个信号的波前是有可能的。

仿真器应该能够产生数以百计的雷达波束，但使用几百个信号发生器来模拟所有波束是不切实际的。即使有人能够负担得起购买这些信号发生器的费用，将其合成为一个输出而不出现显著的功率损耗也是很难的。由于这方面的困难，仿真器通常只包含几个信号发生器，而每个信号发生器分时模拟多个波束。这种设计会出现丢失脉冲的现象。例如，如果一个仿真器包含4个信号发生器，它就不可能产生5个同时脉冲。信号发生器在产生正确的频率之前有特定的稳定时间，这使得分时问题变得更为严重。

仿真器通常能够产生两种信号情形：静止的和动态的。在静止情形中，电子战接收机位于战场的某一固定位置。各种雷达保持不变，但是雷达可以开启和关闭，并且它们的波束可以进行周期扫描。在动态情形中，电子战接收机在战场上移动。因此，沿着接收机的移动路径，各种雷达可以出现或消失。

通过仿真器来测试电子战接收机面临的主要问题是，如果接收机丢失一个脉冲或多报一个脉冲，没人知道这是接收机的问题还是仿真器的问题。通常使用两种方法来解决这一问题。第一种方法是使用一个信号源模拟一种特定的雷达，那么可以确保该雷达不丢失脉冲。第二种方法是使用窄带超外差式接收机来接收某种特定的信号，并将其所得结果与电子战接收机的输出进行比较。第二种方法可用于检验由电子战接收机引起的脉冲丢失和寄生响应的情况。

仿真测试很难得出定量的结果，仅能得出定性的测试结果。不过，如果接收机与实时信号处理机一起工作，就可以从系统工作性能的角度得到定量的结果。如果包括电子战接收机和电子战处理机的整个系统的表现不能令人满意，那么仿真测试可用于测试电子战接收机，以确定问题是由接收机引起的，还是由处理机引起的。在此情况下，必须逐个脉冲地高速记录电子战接收机的输出。

18.21 外场测试

看起来，前面的测试能够覆盖接收机所有可能的性能，但是过去的经验表明事实未必如此。正如前面提到的，不可能在所有的信号情况下测试一部电子战接收机。外场测试用于测试处于实际雷达信号环境中的接收机。被测接收机必须连接至天线或阵列天线，并置于外场。外场测试可分为受控测试和不受控测试。

在受控外场测试中，可以命令外场的雷达开始和停止发射信号。因此，该测试与暗室测试有些类似。为了评估被测接收机的性能，需要一部超外差式接收机来确认接收到的信号。例如，如果接收机报告在多个特定频率上出现的多个信号共同具有某个特定的脉冲重复频率，那么该脉冲重复频率可由对到达时间的测量得到。超外差式接收机可被调谐至这些频率上。应分别检查每个信号，以确保电子战接收机报告的频率和脉冲重复频率是正确的。

在不受控外场测试中，电子战接收机置于可能接收到预期雷达信号的区域。此时，没有任何关于雷达类型和雷达工作时间的先验信息，进行该项测试非常困难。如果接收机报告特定的数据，这些数据就很难得到确认，尤其是当雷达脉冲的辐射时间很短时。在此情况下，使用超外差式接收机来检验所得结果也很困难，因为可能没有足够的时间将超外差式接收机调谐至所需的频率上。有时，可使用两种不同的电子战接收机来互相检测彼此所得的结果。

如果报告的是两种不同的结果，那么很难确定哪个接收机报告了正确的结果。

在此将简单提及由过去的外场测试获得的少量有用信息。雷达波束扫过电子战接收机总会出现信号强度超过灵敏度的情况。如果设计接收机阈值时没有使用迟滞环，那么每当雷达信号超过阈值时，接收机可能报告多个脉冲。

这里用外场测试中的一次趣事来结束此书。为了搜索信号，在对接收机调谐了一定的频率范围后，最终接收到了一个信号。但是，后来该信号被确认为另一部接收机本振产生的信号。

参考文献

[1] Hahn P, Jeruchim C. 'Developments in the theory and application of importance sampling'. *IEEE Transactions on Communications* 1987; **35**(7): 706–714.

[2] Jeruchim MC, Hahn P, Smyntek KP, Ray RT. 'An experimental investigation of conventional and efficient importance sampling'. *IEEE Transactions on Communications* 1989; **37**(6): 578–587.

[3] Jeruchim MC, Balaban P, Shanmugan KS. *Simulation of Communication Systems*. New York: Plenum Publishing; 1992.

[4] Bahr RK, Bucklew JA. 'Quick simulation of detector error probabilities in the presence of memory and nonlinearity'. *IEEE Transactions on Communications* 1993; **41**(11): 1610–1617.

[5] Tsui JBY. *Microwave Receivers with Electronic Warfare Applications*. New York: John Wiley & Sons; 1986.

[6] Xia W. Wright State University. Private communication.

附录 18.A

```
% file name: falseala.m
% Find probability of false alarm under normal operating conditions( signal
% is not present).

clear

fprintf(' n The Test of False Alarm Tfa under normal conditions: n');
fprintf(' ------------------------------------------ n');
M=input(' the noise source expressed in power ratio M = ? in dB ');
A=input(' attenuator A = ? in dB ');
dcac=input(' dc-coupled (1) or ac-coupled (0) ? ');
NF=input(' noise figure of the receiver NF = ? in dB ');
Br=input(' RF bandwidth Br in Hz = ? ');
Bv=input(' video bandwidth Bv in Hz = ? ');
Tfa_i=input(' with noise generator: Tfa = ? in sec. ');

r=Br/Bv;
pfa_i=1/(Tfa_i*Br);
F=A+NF;
R=1+10^((M-F)/10);
N=R;
if dcac==0,
k1=1;
else
```

```
        k1=N;
        end

        k2=(N^2)/sqrt(1+(r^2)/2);
        k3=4*(N^3)/(2+3*(r^2)/4);
        k4=(k1^2)/k2;

        vt=10;
        vt1=0;
        vt2=0;
        for ii=1:20,
        fprintf(' n%g n',ii);
        k5=(vt-k1)/sqrt(k2);
        b1=k3*((k5^2)-1)*exp(-(k5^2)/2)/sqrt(2*pi)/6/sqrt(k2^3);
        b=b1+quad('xp',k5,(vt*3)/sqrt(k2))/sqrt(2*pi);
        if b<=pfa_i,
        vt2=vt;
        vt=(vt+vt1)/2;
        else
        vt1=vt;
        vt=(vt+vt2)/2;
        end
        fprintf('vt=%g n',vt);
        end

        kk1=1;
        kk2=1/sqrt(1+(r^2)/2);
        kk3=4/(2+3*(r^2)/4);
        kk5=(vt-kk1)/sqrt(kk2);

        bb1=kk3*((kk5^2)-1)*exp(-(kk5^2)/2)/sqrt(2*pi)/6/sqrt(kk2^3);
        pfa=bb1+quad('xp',kk5,(vt*3)/sqrt(kk2))/sqrt(2*pi);
        Tfa=1/(pfa*Br);
        fprintf(' n Under Normal Conditions in sec : Tfa=%g n n',Tfa);

        end
```

附录 18.B

```
        % filename xp.m
        function y=xp(x)
        y=exp(-(x.^2)/2;
        end
```